Das Geheimnis des Alterns

C(

Roland Prinzinger

Das Geheimnis des Alterns

Die programmierte Lebenszeit bei
Mensch, Tier und Pflanze

Campus Verlag
Frankfurt/New York

Redaktion: Ursula M. Ott, Frankfurt

Die Deutsche Bibliothek – CIP-Einheitsaufnahme

Prinzinger, Roland:
Das Geheimnis des Alterns : die programmierte Lebenszeit bei
Mensch, Tier und Pflanze / Roland Prinzinger. –
Frankfurt/Main ; New York : Campus Verlag, 1996
ISBN 3-593-35451-9

Satz: Fotosatz L. Huhn, Maintal-Bischofsheim
Druck und Bindung: Druckhaus Beltz, Hemsbach
Gedruckt auf säurefreiem und chlorfrei gebleichtem Papier
Printed in Germany

Keine Kunst ist's, alt zu werden.
Es ist eine Kunst, es zu ertragen.

Der Tod ist ein Kunstgriff der Natur,
um viel Leben zu haben!

Johann Wolfgang Goethe

Inhalt

Einleitung 15

1. Einige wichtige Definitionen und Begriffe 21
   Alter, Altern und Alterung 21
   Biologische Systeme – Organisationsformen der Natur 23
   Alternsforschung, Altersforschung, Gerontologie und Geriatrie . 24
   Senescenz, Senilität und Senium 25

2. Der Lebenszyklus als Lebensuhr 27
   Wie bestimmen wir die Lebensdauer von Organismen? 28
   Menschen altern auch juristisch – der Alternsablauf
      im Rechtssystem 33

3. Altern auf verschiedenen Organisationsstufen
   des Lebens I: *Das Altern der Zellen* 38
   Die Zellwand – Membranen degenerieren mit dem Alter 40
   Der Zellkern und assoziierte Systeme – Fehler häufen sich . . . 42
   Die Mitochondrien – Kraftwerke, die schwächer brennen 48
   Die Lysosomen – verantwortlich für das Alterspigment 52
   Das Endoplasmatische Retikulum – die Proteinsynthese
      nimmt ab 53
   Der Golgi-Apparat – die »Drüse« der Zelle 56

Eine kurze Zusammenfassung der Organellenalterung 56
Die Altersabhängigkeit der Zellteilungsfähigkeit 57
Das Hayflick-Phänomen – Zellen teilen sich nicht ewig 63
Ewige Teilbarkeit – tödliche Unsterblichkeit 66
Apoptose – aktiver Selbstmord der Zelle als Systemeigenschaft . 67
Unsterblichkeit von Zellen ist möglich – aber meist unnötig . . 70
Blutzellen – sind Knochenmarkstammzellen unsterblich? 72
Immortalisation durch Transformation – wie sterbliche Zellen
    unsterblich gemacht werden 74
Die Differenzierung der Zelle – ein Alternsvorgang 76

4. Altern auf verschiedenen Organisationsstufen des Lebens II: *Wie Organe altern* 83

Warum Haare grau werden 83
Die Haut – Altersausweis per Falten 85
Bänder, Sehnen und Gelenke – rheumatoide Arthritis im Alter . 89
Wenn Knochen brüchig werden – Osteoporose 90
Die Skelettmuskulatur – Alte werden schwächer 91
Das Gastro-Intestinal-System – nicht nur Zähne fallen aus . . . 94
Die Leber – die Durchblutung nimmt ab 95
Zähne, die immer weiter wachsen 98
Das Blut und die Blutgefäße – das Problem Arteriosklerose . . . 101
Das Herz – der Druck nimmt zu 105
Die Milz – ihre Größe nimmt ab 107
Die Lunge – die Luft wird knapper 108
Das Urogenitalsystem – Schwangerschaften mit 62 111
Das endokrine System – Altersgries im Hirn 113
Das Nervensystem – wird das Gehirn kleiner? 117
Die Sinnesorgane – die Altersringe der Augenlinse 122

5. Altern auf verschiedenen Organisationsstufen des Lebens III: *Das Altern auf der Stufe von einzelligen Organismen* 129

Stand am (prokaryotischen) Anfang des Lebens
    die Unsterblichkeit? 130

Das Altern der Hefen als Modell 132
Altern und Tod der eukaryotischen Einzeller 133

6. Altern auf verschiedenen Organisationsstufen des Lebens IV: *Das Altern bei Pflanzen* 136

Samen und Sporen – Informations- und Baustoffträger in
    Ruheposition können sehr alt werden 137
Die Juvenilität – die Pflanze im Kindesalter 139
Juvenilitätsfaktoren – der Jugendtrank der Pflanze 141
Maturität, Adultstadium – die Pflanze schaltet auf
    Erwachsensein um 142
Totipotenz und Altern (?) der Meristeme 144
Senescenz – Altern und Tod auf botanisch 146
Blätter welken, Blätter fallen ab 147
Senescenzfaktoren – weshalb man alte Rosenblüten abschneidet 149
Abscission – wie man alte Organe los wird 152
Warum Kartoffeln keine Äpfel mögen 153
Verlangsamtes Altern bei Früchten – ein Millionengeschäft . . 154
Senescenz bei Blüten – warum die Blütenfarbe wechselt . . . 156
Die Senescenz der ganzen, höheren Pflanze 158
Bäume – die wahren Methusalems der Erde 161
War die erste Leiche eine Pflanze? 164
Knospen und Samen – jungerhaltende Ruhezustände bei
    Pflanzen 167
Exogene Faktoren, die das Pflanzenaltern beeinflussen 169

7. Altern auf verschiedenen Organisationsstufen des Lebens V: *Das Altern von Tieren* 172

Schwämme – werden sie sehr alt dank extremer Regenerations-
    fähigkeit? 172
Hohltiere (Coelenterata) – bleiben Polypen ewig jung? 174
Würmer – »Ihr habt den Weg vom Wurme zum Menschen
    gemacht, und vieles ist in euch noch Wurm!« (Zarathustra) . 177
Die Stachelhäuter (Echinodermata) – 20 Lebensjahre sind
    kein Problem 183

Altern und Lebensdauer bei Weichtieren – die »Killerdrüse«
des Kraken 184
Arthropoden – Alternsforschung bei Insekten, Spinnen
und Krebsen 186
Fische – der plötzliche Tod der Lachse 196
Amphibien – wie alt werden Frösche und Lurche? 199
Reptilien – sie erreichen ein biblisches Alter 201
Vögel – Papageien leben mindestens so lange wie ihre Besitzer . 204
In Gefangenschaft lebt es sich länger 210
Säugetiere – ein relativ kurzes Leben 212

8. Altern auf verschiedenen Organisationsstufen des Lebens VI: *Das Altern und die Lebensspanne des Menschen* 219

Der Mensch altert nicht erst im Alter 220
Nicht alle Organe altern gleich schnell 224
Ist das normale Altern der Organe existenzbedrohlich? 232
Altern auf komplexer Ebene 233
Altert auch unsere Seele – Selbstmord aus Angst vor dem Tod? . 239
Die soziokulturellen Bedingungen des Alterns 241
Die mittlere Lebenserwartung – werden wir immer älter? . . . 243
Die maximale Lebenserwartung – auch Methusalem wurde keine
969 Jahre alt 250
Wie erreicht man ein hohes Lebensalter? 254
Frauen leben länger als Männer – die grundlegenden Faktoren für
ein hohes Lebensalter 256
Risikofaktoren kosten Lebenszeit 264
Kompensation von Organveränderungen rettet Lebensjahre . . 265
Mentale Prävention – die Seele jung halten 267
James Dean: wer intensiv lebt, lebt kurz – der stoffwechsel-
physiologische Aspekt der Altersspanne 267
Warum werden Menschen in manchen Regionen besonders alt? 268

9. Altern auf verschiedenen Organisationsstufen des Lebens VII: *Das Altern von Populationen* . . 274

Altersbezogene Sterblichkeitsraten – die Gompertz-Gleichung . 275
Überlebenskurven und absolute Mortalitätsraten 284
Alterspyramiden – kopflastig in industrialisierten Ländern . . 286
Methoden der Untersuchung des Alterns von Populationen . . 291

10. Altersmerkmale und Alternserscheinungen . . . 295

Einem geschenkten Gaul schaut man nicht ins Maul 296
Zeig mir dein Geweih, und ich sage dir, wie alt du bist 299
Jahresringe – dokumentierte Lebensjahre 302
Babyface – ein Kindchenschema macht Geschichte 305
C14 – ein radioaktives Isotop als Altersuhr 311

11. Alterskrankheiten 314

Osteoporose – Kalkverlust auf Raten 316
Arthritis und Arthrose – Gelenke verlieren ihre Funktion . . 318
Rheuma – unheilbarer Altersschmerz für immer? 320
Wenn die Gefäße verkalken – Arteriosklerose und Cholesterin 322
Cholesterin – Herzfeind Nr. 1? 325
Blut- und Kreislaufsystem im allgemeinen – der Druck
    nimmt zu 332
Die Alzheimer-Krankheit – ein Mensch gibt seinen Geist auf . 333
Das Prostata-Adenom – ein Strahl wird zum Tröpfeln 337
Parkinson – die Schüttellähmung der Alten 340
Altersdiabetes – wenn das Blut zu süß wird 342
Grauer Star – der Katarakt als Lichtfalle 345
Das Lungenemphysem – die Blähung der Alterslunge 346
Krebs und andere Leiden 347

12. Progerie – das Phänomen vorzeitiger Vergreisung 349

Das Hutchinson-Gilford-Syndrom – ein Kind schon Greis . . . 349
Das Werner-Syndrom – beschleunigtes Altern Erwachsener . . 354
Das Rothmund-Thomson-Syndrom, das Hallermann-Streiff-
    Syndrom und verwandte Syndrome 355

Auch Tiere können vorzeitig vergreisen 357
Gibt es verzögertes Altern? 358

13. Mittel gegen das Alter(n)? 360

Chirurgie contra Alter – jung ist schön und alt ist häßlich? . . 361
Mit Kosmetik gegen Falten und Altershaut 363
Frischzellenkuren – Jugend von toten Tierembryonen 366
Wie sich Mao Tse-tung jung halten wollte 368
Verjüngungsmittel, die man essen kann 370
Der Vitamin-Schwindel 373
Die Jugendpille des Professor Baulieu 375
Geriatrika – Mittel gegen Altersbeschwerden 377
Der Kampf gegen die Alterstrauer der Seele 381
Geriatrika – Sinn und Unsinn des Geschäftes mit dem Alter . . 383
Gehirnzellen von menschlichen Feten contra Parkinson 385
Sport als Alternsprävention – ist Sport Mord? 387

14. Sterben und Tod 395

Wie wir sterben 396
Wann ist man tot, wann stirbt man noch? 397

15. Krebs, Viren, Regeneration 401

Krebs – Unsterblichkeit, die tödlich ist 401
Das »Molekül des Jahres 1994« 408
Viren – biologische Transformation durch Genpiraten 409
Regeneration – Frischzellen auf Vorrat? 413

16. Warum müssen wir altern: Alter(n)stheorien . . 416

Alternstheorien und Alterstheorien – eine Begriffsbestimmung 416
Die Grundprinzipien des Alterns 418
Fundamentale und epiphänomenale Theorien im Vergleich . . 419
Stochastische Theorien – bestimmt der Zufall das Alter(n)? . . 421
Deterministische Programmtheorien I: das Hayflick-Phänomen 429
Deterministische Programmtheorien II: die Stoffwechseltheorie
  von Rubner 433

Die Stoffwechseltheorie am Beispiel der Vögel 436
Konkrete Belege zur Stoffwechseltheorie 445
Tickt die biologische Zeit in Energieeinheiten? 451
Die Theorie der maximalen Stoffwechselrate – keine Theorie,
   sondern ein Glaube!? .453

17. Der programmierte Tod 464

Biologisches Altern und technische Alterung – zwei grund-
   verschiedene Dinge 464
Für unsterbliche Organismen hat die Natur keine Verwendung 466
Aussichten und Einsichten 469

Tabellenanhang: *Maximale Lebensdauer
von Organismen* 470

Glossar 481

Abbildungsverzeichnis 507

Literaturverzeichnis .508

Register 543

Einleitung

Als ich vor rund 20 Jahren anfing, den Sauerstoffverbrauch von Vogelembryonen zu untersuchen, habe ich nicht im entferntesten daran gedacht, je einmal damit die Altersforschung zu tangieren.

Mich interessierte als Ziel meiner stoffwechselphysiologischen Experimente zu Beginn allein die Frage, zu welchem Zeitpunkt im Verlaufe seiner Entwicklung der Vogelembryo mit der Lungenatmung beginnt. Anfangs atmet er nämlich über eine spezielle Eihaut, die Chorioallantois. Die zweite Frage war dann, wie lange die Umstellung von der Chorioallantoisatmung auf die Lungenatmung dauert.

Zu dieser Zeit (ab ca. 1975) begannen Computer gerade einigermaßen handlich zu werden. Ich beschloß, einen Bedienungs- und Programmierkurs für solche Rechner zu machen. Als eine lohnende Aufgabe für ein relativ einfaches Rechenprogramm schien mir, für den Verlauf der Stoffwechselkurven meiner Vogeleieruntersuchungen eine mathematische Beziehung ausrechnen zu lassen.

Ich hatte den Sauerstoffverbrauch der Embryonen im Laufe der Bebrütungszeit bei vielen unterschiedlichen Arten bestimmt. Das erhaltene Programm errechnete mir nun die dazu passenden, logarithmischen Funktionen. Sie ermöglichten den einfachen Vergleich der einzelnen Arten untereinander. Von den Korrelationsgleichungen ausgehend, ließ ich – einfach so aus Spielerei – auch das Integral der Kurven berechnen. Dies war über die vorhandenen Gleichungen relativ einfach durchzuführen. Das Integral ist nun aber nichts anderes als die Fläche unter den Stoffwechselkurven. Und diese Fläche wiederum repräsentiert die während der vollen Embryonalzeit insgesamt umgesetzte Sauerstoffmenge der Vogelembryonen.

Ich erhielt ein erstaunliches Ergebnis. Vorausschicken muß ich, daß unter den untersuchten Eiern sehr unterschiedliche Entwicklungstypen vertreten waren: Es fanden sich solche mit einer Entwicklungsdauer von über 40 Tagen und solche, bei denen sie nur 10 Tage dauerte. Die Eigewichte schwankten noch stärker – von unter ein Gramm bis knapp über 340 Gramm. Es waren Nesthocker und Nestflüchter darunter. Das Spektrum war also sehr breit gestreut. Trotzdem hatten alle Embryonen ein gewichtsabhängig identisches Integral. Der Wert lag nämlich bei rund 100 ml Sauerstoff pro Gramm Frischeigewicht, was einem Energieumsatz von rund zwei kJ pro Gramm entsprach. Das war natürlich ein frappierendes Ergebnis. Am Anfang dachte ich an einen Rechen- oder Gedankenfehler in meinem Programm, was aber nicht zutraf.

Die logische Folgerung aus den Berechnungen war nun aber, daß alle Vogelembryonen, egal wie lange sie zeitlich gesehen bebrütet wurden und wie groß die Eier waren, in denen sie sich entwickelten, vom Bebrütungsbeginn bis zum Schlupf die gleiche Menge an Sauerstoff und damit die identische Menge an Energie umgesetzt haben mußten. So unterschiedlich lange ihre chronologische oder physikalische Zeit der Entwicklung (gemessen in Tagen, Wochen usw.) auch gedauert hatte, in biologischen (physiologischen) Zeiteinheiten (gemessen in Energieumsatz pro Gramm), schlüpften sie alle zum gleichen Zeitpunkt!

Als ich diese Beobachtungen im Kollegenkreis vortrug, wurde ich von vielen zunächst eher mitleidig belächelt. Man hielt das schlicht für unmöglich. Heute akzeptiert man diese Befunde als Selbstverständlichkeit; sie sind inzwischen vielfach auch von anderen Autoren bestätigt worden. Ein größeres Publikum interessierte sich aber in der Folge nicht dafür.

Das änderte sich geradezu schlagartig, als ich viele Jahre später, auf einer internationalen Tagung in Bonn 1989, die Alternstheorie der »Maximalen Stoffwechselrate« in einem Übersichtsvortrag neu belebte. Diese Theorie basierte auf diesen Daten und denen weiterführender Untersuchungen, die mit ihren Ergebnissen in einem eigenen Kapitel dieses Buches dargestellt sind. Es waren aber wiederum nicht die Fachwissenschaftler, die davon besonders beeindruckt waren. Es war vielmehr eine Journalistin von der Deutschen Presseagentur dpa, die das Thema aufgriff und einen Bericht darüber schrieb, der in praktisch allen Druckmedien der Bundesrepublik (und weit darüber hinaus) veröffentlicht wurde. Diese Meldung machte die Theorie einer breiten Öffentlichkeit bekannt. In zahlreichen Interviews in Skriptmedien, vielen Radio- und Fernsehbeiträgen und zahlreichen Vorträgen konnte ich in der Folge meine Vorstellungen dann einem zahlreichen, offenen Publikum darlegen.

Woher kam das plötzliche Interesse? Altwerden und Lebenszeitbegrenzung (d.h. Sterben) sind eigentlich alltägliche Phänomene des Daseins, die jeder an sich und anderen mehr als augenfällig wahrnehmen und beobachten kann. Sie wirken sehr ambivalent auf uns. Auf der einen Seite faszinieren und ängstigen sie uns, und wir wollen das »Wie und Warum« möglichst genau ergründen. Auf der anderen Seite ist Altern und Tod ein für viele Menschen unangenehmer Bestandteil unseres Lebens, der vor allem in neuerer Zeit immer stärker aus unserem täglichen Blickfeld eliminiert und verdrängt wird. Diese Seiten des Lebens finden oft genug eigentlich nur noch in Krankenhäusern und Altersheimen statt. Man versucht, Altern und Tod am besten aus dem Bewußtsein solange zu streichen, bis es uns unausweichlich als Fakt gegenüber steht. Es paßt nicht so recht in eine Gesellschaft, die vor allem jung und dynamisch sein will und dem augenblicklichen, egozentrischen Genuß höchste Priorität einräumt, eine Gesellschaft, die in weiten Bereichen sogar einem wahren Jugendwahn verfallen ist. Bekommt man das Thema allerdings wieder ins Gesichts- und Gedankenfeld gerückt, hat es doch oft genug eine geradezu magische Anziehungskraft.

Bei meinen Vorträgen vor Laienpublikum, das im Vergleich zum Fachpublikum ungeheuer dankbar, unvoreingenommen und dennoch qualifiziert fragen und diskutieren kann, ist mir immer wieder aufgefallen, wie stark das Interesse um das Altern doch ist. Für dieses »normale« Publikum war die dargestellte »Stoffwechseltheorie« eine Theorie, die sie leicht verstehen und letztendlich auch logisch einfach nachvollziehen konnten. Und dieses Publikum forderte mich auch dazu auf, dieses Buch zu schreiben.

Das tat ich auch gerne, denn auch mich faszinierte in der Folge das Thema »Altern« immer mehr. Es blieb allerdings stets ein absolutes Randgebiet meiner eigentlichen Forschungsarbeit – mehr ein Hobby. Dieses Beiseitestehen, aber doch Verstehen der Materie, sah ich immer als Vorteil an. Ich konnte relativ objektiv und locker an das Thema herangehen und mußte nicht mit dem Fall oder Wiederauferstehen der von mir natürlich klar favorisierten »Stoffwechseltheorie« gleichzeitig mein eigenes Wissenschaftlerschicksal verbinden, da ich ja kein Gerontologe war. Meine biologische Grundausbildung erlaubte es mir aber andererseits auch, mehr holistisch, systemorientiert an die ganze Problematik »Altern und Tod« heranzugehen, was sehr vielen Fachgerontologen offensichtlich schwerer fällt.

Für die grundlagenforschenden Gerontologen sind entweder Zellkulturen oder Modellorganismen meist das Nonplusultra. Sicher ist so eine Beschränkung experimentell bedingt und daher auch notwendig. Bei der Übertragung solchermaßen erhaltener Ergebnisse ist allerdings immer Vorsicht angesagt, und Urteile *ex cathedra* sind zu vermeiden. Es ist manchmal geradezu erschreckend, wie monokausal und atomistisch manche Forscher dieses grundlegende Phänomen organismischen Daseins behandeln. Viele hätten am liebsten ein einziges Gen P_{alt}, das sie für alle Alternscharakteristika und den Tod verantwortlich machen könnten.

Mit dem vorliegenden Buch möchte ich versuchen, dieser Elfenbeinturm-Einseitigkeit, dieser Beschränktheit im Überblick, ein wenig Paroli zu bieten. Ich wollte ein Buch über die allgemeine Biologie des Alterns im weitesten Sinne schreiben. Auf geisteswissenschaftliche Aspekte, wie Bereiche der Alterspsychologie, Alterssoziologie und verwandte Themen, habe ich bewußt verzichtet. Das Buch sollte dabei sowohl für den interessierten Laien voll einigermaßen vernünftig lesbar als auch für Wissenschaftler inhaltlich voll umfassend brauchbar, d.h. »informationsfüllig« sein. Manchmal sind beide Dinge nicht ganz konfliktfrei miteinander kombinierbar. Das habe ich bei der Schlußdurchsicht des Manuskriptes sehr häufig selbstkritisch feststellen müssen. Der Laie möge es mir deshalb nachsehen, wenn es manchmal zu wissenschaftlich aufzählend, detaillistisch, trocken und deshalb eventuell zu schwer verständlich wird. Der Wissenschaftler andererseits sollte mir verzeihen, wenn manche Dinge sehr flott und mit populärjournalistischen Zugeständnissen in Sprache und visueller Darstellung abgehandelt werden.

Nicht entschuldigen möchte ich mich allerdings ausdrücklich für einige bewußt emotional gefärbte Passagen. Die Darstellung von Altern, Krankheit und Tod kann davon meines Erachtens nicht ganz frei sein, und dazu möchte ich stehen. Es gibt Menschen, die glauben, die Auseinandersetzung in der Naturwissenschaft spiele sich immer auf einer hoch rationalen Ebene, ohne gefühlsbetonte Semantik und vergleichbare Verhaltensweisen ab. Jeder aber, der selbst in dieser Wissenschaftsgemeinschaft steckt, weiß, daß es sich hierbei nur um ein sehr ausgefeiltes, ritualisiertes System der äußeren Gelassenheit handelt, dem jedoch im Inneren die üblichen Gefühlsregungen des Menschen absolut nicht fremd sind. Für die braucht man sich aber nicht zu schämen. Ich bin nicht in jedem

Falle der sachlich objektivierende, gelassen über der Sache stehende, rational und emotionsfrei berichtende Beobachter. So sehen sich leider viel zu viele der Selbstkritik unfähige Wissenschaftler in einer besonderen Form der selbstgefälligen Arroganz. Ich wollte ganz bewußt in einigen Punkten, die u.U. unterschiedlich interpretiert werden können, eine eindeutige Position beziehen. Diese kommt dann manchmal nicht ohne Gefühlsregungen aus. Zeigt man sie unverkrampft nach außen, hat der Leser es um so leichter, diese Passagen mit der nötigen Skepsis zu betrachten.

Zum Schluß ein Wort des Dankes. Dieses Buch habe ich während eines Forschungsfreisemesters geschrieben, das mir die Universität Frankfurt gewährt hat. Nur wenige Menschen sind in der glücklichen Lage, für solche Tätigkeiten von den alltäglichen Aufgaben ihrer Arbeit freigestellt zu werden. Ich habe diese Möglichkeit gehabt und sie immer als einen ganz besonderen, unbezahlbaren Vorteil meines sowieso schon enorm freizügigen Berufes angesehen, der mir heute noch genauso viel Spaß und Freude macht, wie zu Beginn meiner Tätigkeit. Der Steuerzahler – also auch Sie als Leser – ist letztendlich derjenige, der mir diese Arbeitsform sowohl ideell als auch finanziell ermöglicht. Vielen Dank dafür! Vielleicht kann ich mit diesem Buch zeigen, daß sich Ihre Unterstützung gelohnt hat.

Kapitel 1

Einige wichtige Definitionen und Begriffe

Bevor wir uns in die Materie »Altern und Alter« stürzen, müssen einige wichtige Begriffe und Definitionen in ihrer semantischen und wissenschaftlichen Bedeutung geklärt werden, damit wir wissen, wovon wir reden. Einige haben nämlich verschiedene Bedeutungen und werden oft von verschiedenen Autoren unterschiedlich benutzt.

Alter, Altern und Alterung

Der wichtigste Begriff dürfte wohl der des »Alters« selbst sein. Liebe- und vertrauensvoll kann man damit zwar auch einen Freund, einen Kameraden, ein Tier, seinen Ehemann oder einen vergleichbaren Partner titulieren, indem man z.B. sagt: »Na, mein Alter.« Dabei wird nicht unbedingt ein hohes zeitliches Lebensalter vorausgesetzt. In diesem Sinne verwenden wir dieses Wort hier in der folgenden Darstellung aber sicher nicht.

»Alter« in unserem Sinne – darunter versteht man die Zeit des chronologischen Bestehens eines Systems. Das kann ein biologisches System, aber auch ein technisches oder unbelebtes System der Natur (z.B. eine Gesteinsformation) sein. Normalerweise drücken wir das Alter eines solchen Systems in sogenannten physikalischen Zeiteinheiten aus: Jahrmillionen, Jahrtausende, Jahre, Monate, Tage, Stunden, Minuten, Sekunden, Millisekunden usw. Dieses Alter ist somit bedeutungsgleich mit der sogenannten chronologischen Lebensdauer. Chronologisch deshalb, weil dieses Alter mit einer Uhr, einem physikalischen Chronometer (Zeitmesser) gemessen wird.

»Alter« wird aber auch in der Bedeutung einer bestimmten, genau definierten Altersstufe benutzt. Beim Menschen ist es so der letzte Lebensabschnitt vor dem Greisenalter, oder aber es wird als Kennzeichnung für Lebensabschnitte angewandt, wenn man z.B. sagt: das jugendliche Alter, das Alter der Kindheit, das Pubertätsalter usw.

Das daraus resultierende Eigenschaftswort »alt« stammt aus dem indogermanischen Verbalstamm *al-* (gotisch *alan*) und bedeutet hier aufwachsen, wachsen, wachsen machen, ernähren. Wir können schon aus dem Wortstamm deutlich erkennen, daß es anfangs primär den dynamischen, zeitlichen Ablauf einer Entwicklung charakterisiert und weniger einen stationären und zudem negativen Zustand, den wir häufig heute mit dem Adjektiv »alt« verbinden. Je nach Anwendungsbereich kann das Wort aber auch heute noch sehr unterschiedliche Bedeutung haben, die uns oft gar nicht mehr so richtig bewußt wird. Am häufigsten dient es wohl zur Charakterisierung von »nicht mehr jung«, »bejahrt« (altes Mädchen, alter Greis), oder »nicht mehr frisch« (altes Brot), »längst bekannt« (alte Geschichte), »nicht mehr neu«, »gebraucht« (altes Auto, altes Fahrrad) und »veraltet« (alte Mode). Es kann aber – schon in einer eher übertragenen Bedeutung – »leidig, lästig« (alter Quertreiber, alte Leier) charakterisieren, oder auch in Farbadjektiven »verdunkelnde« Eigenschaft (altgold, altweiß, altrosa) bedeuten (die dunklere »Altstimme« der Sängerin gehört hier auch dazu). Für unsere Betrachtungen ist aber natürlich primär die mit dem Alter im chronologischen Sinne gebrauchte Semantik entscheidend. Hier kann der Begriff auch definitiv zählend eingesetzt werden, wenn man z.B. sagt, jemand ist zehn Jahre alt. Sonst definiert das Adjektiv »alt« ja in einem ungewissen Sinne, d.h., daß es vom jeweiligen Standpunkt aus sehr unterschiedlich sein kann, was alt und was jung ist. Für ein sechsjähriges Kind ist ein 30jähriger u.U. uralt und für die 95jährige der 70jährige noch relativ jung.

Zu den Begriffen »alt« und »Alter« gehört das Verb »altern«, das auch substantivisch gebraucht werden kann. Normalerweise ist es gleichbedeutend mit »alt werden«, »älter werden«, aber auch »reifen« (ein Quark altert, d.h., er reift zu Käse). Das heißt, es charakterisiert primär den zeitlichen Ablauf von chronologischen Lebenszyklen in biologischen Systemen. Im engeren Sinne (vor allem beim Menschen und bei Tieren) ist es die Zeit nach der Fortpflanzungsreife, in der schon deutlich mehr Abbauprozesse als Aufbauprozesse stattfinden. Dies wäre dann Altern im mehr biologisch-medizinischen Sinne. Es kann beim Nervensystem aber z.B. schon kurz nach der Geburt einsetzen oder bei den Geschlechtsdrüsen (Eierstöcken) der Frau lange vor der Geburt. Altwerden, Altern ist immer von einer generellen Veränderung von Organen und deren Leistungen und Funktionen begleitet, die aber beim Altern im weiteren Sinne ganz sicher nicht zwangsläufig in ihrer Leistungs- oder Funktionsfähigkeit abnehmen müssen. Sehr viele Systeme reifen (altern) in ihrer frühen Phase des Alterns oft erst aus; ja, sie benötigen sogar das Altern, um maximale Leistungsfähigkeit zu erlangen. Die gesamte Jugendentwicklung ist in diesem Sinne nichts weiter als Altern (Wachstum und Reifung).

In nichtbiologischen Systemen wird das Verb bei Metallen auch dazu benutzt, um die Änderung eines Metallgefüges zu beschreiben. Sonst benutzt man für diese toten Systeme den physikalischen Begriff der »Alterung«, der oft genug synonym für »altern« auch bei manchen Autoren für Mensch, Tier und Pflanze angewandt wird. Da jedermann weiß, um was es geht und was gemeint ist (was ja die eigentliche Aufgabe der sprachlichen Kommunikation ist), hat diese »Falschanwendung« keinerlei Bedeutung. Man sollte sich nur, wenn man sich damit näher beschäftigt, über den unterschiedlichen Wortsinn im klaren sein.

«Alterung« wird in diesem definitiv engeren Sinne allgemein für die zeitliche Veränderung von toten Stoffen oder Gegenständen verwandt. Alterung kann so z.B. in Form von Oxidation (Rost am Auto), Relaxation (Gummi verliert Elastizität), Dehnung (Feder verliert Dämpfungseigenschaft), Stauchung (Beule im Auto), Auskristallisieren (Honig), Entmischung (alte Milch trennt sich in Rahm und Rest), Umwandlungen des Gefüges, Versprödung (Beton), Erweichung und ähnlichem auftreten. Meist ist Alterung als negativ sich auf die Haltbarkeit oder die Funktion auswirkende Eigenschaft unerwünscht. Wie bereits erwähnt, wird dieser Begriff oft fälschlicherweise und ungenau mit dem »Altern« gleichgesetzt. Altern in biologischen Systemen beruht aber auf den mehr physikalisch-chemischen Grundlagen der Alterung, ist also nicht das gleiche, sondern eine Folge der Alterung.

Biologische Systeme – Organisationsformen der Natur

Nun haben wir schon mehrere Male den Begriff »biologisches System« benutzt. Zeit also, auch diese vielleicht etwas aufgeblasene Wortschöpfung zu erklären. Unter biologischen Systemen faßt man alle biologischen

Organisationsformen zusammen, die wir in der Natur finden können. Das sind alle im weitesten Sinne lebenden Strukturen, wie Zellen, Zellkulturen, Organe, Organismen, Populationen. Leben kennzeichnet sich dabei durch folgende drei wichtigen und grundlegenden Eigenschaften: Die Systeme müssen einen eigenen Stoffwechsel haben, der der Energieversorgung und der Synthese von Substanzen dienen kann. Sie müssen weiterhin in der Lage sein, sich fortzupflanzen. Schlußendlich müssen sie Umweltreize aufnehmen und auf sie reagieren können (Reizbarkeit des Systems). Alle anderen Strukturen auf der Welt, die diese Bedingungen nicht erfüllen, gehören zum unbelebten, nichtbiologischen, toten Materiebereich. Biologische Systeme kommen nun in sehr vielfältigen Organisationsstufen verschiedener Komplexität vor, die ich oben gerade aufgezählt habe. Dazu zählen wir aber auch noch künstliche Systeme, wie z.B. Zellkulturen.

Alternsforschung, Altersforschung, Gerontologie und Geriatrie

Dieses Buch beschäftigt sich unter anderem mit »Alternsforschung«. Der »schlaue« Name dafür ist »Gerontologie«. Es handelt sich um die Lehre von den Grundlagen, den Ursachen und dem Vorgang des Alterns an sich. Die meisten Gerontologen verstehen dabei das Altern mehr im Sinne von medizinischem Altern im letzten Lebensabschnitt. Das kommt daher, daß diese Forscher vor allem medizinisches Interesse geprägt hat, das sich in erster Linie an den negativen Alternserscheinungen mit ihrem Funktionsverlust und der allmählichen Degeneration aller Systeme orientiert. Es ist also mehr der angewandten Forschung zugehörig, da sie diese Effekte letztendlich zu erklären und zu beheben sucht. Ich möchte in diesem Buch den Begriff des Alterns allerdings mehr biologisch verstanden wissen. Und dann muß die Gerontologie, so wie ich sie verstehe und darlegen werde, den gesamten Lebensabschnitt eines Organismus im Sinne der o.g. weiten Definition von »altern« und »Alter« umfassen.

Orthographisch versierte und gerontologisch vorgebildete Zeitgenossen werden immer leicht nervös, wenn sie den Begriff »Altersforschung« lesen oder hören. Mir ist dies bei vielen Vorträgen und Artikeln so gegangen. Dudenfest machen sie einen gern belehrend darauf aufmerksam, daß man wohl ein »n« vergessen habe. Doch weit gefehlt! Neben der bereits charakterisierten Alternsforschung (mit »n«) gibt es sehr wohl auch eine Altersforschung (ohne »n«). Was charakterisiert also letztere? Die »Altersforschung« beschäftigt sich mit dem Phänomen eines bestimmten Alters. Es ist die Lehre von den Grundlagen, den Ursachen und dem Erscheinungsbild des Alters per se. Sie ist somit primär unabhängig vom Alter und vom Altern als letztem Lebensabschnitt. Mit einigen charakteristischen Fragen aus diesem Altersforschungsbereich kann man die Differenzierung beider Begriffe vielleicht besser verdeutlichen. Sie lauten z.B. »Wie alt wird man?« und »Warum ist ein ganz charakteristisches Lebensalter für Organismen typisch?« und »Wie wird dieses Alter vom System selbst bestimmt und gesteuert?«. Damit und mit weiteren Fragen werden wir uns im vorliegenden Buch sehr intensiv beschäftigen. Die Altersforschung wäre somit mehr der Grundlagenforschung zugehörig, die Alternsforschung mehr der angewandten Forschung der Geriatrie.

Ich muß allerdings zugestehen, daß dieser Begriff der »Altersforschung« unter den Wissenschaftlern kein allgemein feststehender ist. Um aber zu dokumentieren und daran zu erinnern, daß ich beide Aspekte gleichberechtigt hier behandeln möchte, habe ich oft im Text beide Begriffe folgendermaßen zusammengefaßt: Alter(n)sforschung.

Ein weiterer, häufig auftauchender Begriff kommt dazu. Es ist die »Altersheilkunde«, die »Geriatrie«. Die Altersheilkunde ist die Wissenschaft von der Erkennung, Behandlung und Heilung von altersbedingten Krankheitserscheinungen, den sogenannten Alterskrankheiten. Dieser Forschungsbereich hat in der Arzneimittelindustrie und der Medizin einen hohen Stellenwert, da man damit schon jetzt, aber besonders in der Zukunft, enorm viel Geld verdienen kann. Die hohe und noch weiter wachsende Zahl alter und altersleidender Menschen schafft einen großen Markt für alterserleichternde Mittel. Diesen Aspekt der Alter(n)sforschung werde ich aber nur kurz im Kapitel über Geriatrika streifen.

Senescenz, Senilität und Senium

Weniger bekannt dürfte der Begriff der »Senescenz« sein. Er stammt vom lateinischen *senescere*, was heißt »alt werden«. Von manchen Forschern wird der Begriff teilweise synonym mit Altern verwendet, als gesamter

Ablauf der ontogenetischen Veränderungen von der Genese eines biologischen Systems bis zu seinem Tode. Unter »Senescenz« im eigentlichen Sinne versteht man aber allein die in der letzten Altersphase ablaufenden Veränderungen, die schließlich zum Tode führen. Es handelt sich also um die letzte Phase des Alterns. Die Senescenz ist vor allem bei Pflanzen untersucht worden, wo man zahlreiche Senescenz-Faktoren fand und charakterisieren konnte. In der Regel wird der Begriff heutzutage deshalb auch auf botanische Phänomene beschränkt und beim Tier und beim Menschen nicht angewandt.

Die »Senilität« ist dagegen ein Begriff, der wohl exklusiv dem Menschen vorbehalten ist. Man spricht auch von der senilen Altersstufe (von lateinisch *senilis* = greisenhaft), wenn ein Zeitabschnitt des Lebens gekennzeichnet werden soll. Das ist dann gleichbedeutend mit »Senium«. Diese Altersphase ist eine durch Gewebsstrukturveränderungen und starke Abnahme der physiologischen Funktionen gekennzeichnete Zeitspanne im Leben höherer Säugetiere und des Menschen. Ihr Beginn ist nicht exakt angebbar. Beim Menschen liegt sie meist zwischen dem 50. und 70. Lebensjahr (in manchen Industrienationen auch erst zwischen dem 70. und 80. Lebensjahr). Durch mangelnde Durchblutung des Gehirnes oder atrophische, degenerative Erscheinungen kann es zu typischen Krankheiten dieser Altersstufe kommen: z.B. senile Demenz, senile Psychosen u.a.

Neben der Kennzeichnung des letzten Lebensabschnittes wird die Senilität im Umgangssprachgebrauch auch für die Alterskrankheiten benutzt, die in dieser Lebensspanne auftreten, indem man sagt, jemand leide an Senilität.

Auch ein populärwissenschaftliches Sachbuch, wie das Ihnen hier vorliegende, kommt ohne eine Vielzahl von weiteren Fremdwörtern und Spezialausdrücken kaum aus. Ich habe mich zwar im Text immer bemüht, zumindest beim ersten Gebrauch eines solchen Wortes dieses in Klammern zu erklären und/oder einzudeutschen, trotzdem kann es vorkommen, daß der Leser die Bedeutung eventuell wieder vergessen hat, was nur allzu verständlich ist. Dann kann man sich in den meisten Fällen im angefügten Glossar schnell und prägnant nochmals informieren, so daß dem generellen Verständnis nichts mehr im Wege stehen sollte.

Kapitel 2

Der Lebenszyklus
als Lebensuhr

Im vorangegangenen Kapitel haben wir schon gesehen, daß das Altern im weitesten Sinne als Ablauf des Lebens definierbar ist. Vom Beginn der befruchteten Eizelle (Zygote) an bis zum Lebensende des Organismus durchläuft das Individuum einen chronologischen und biologisch-medizinischen Alternsvorgang. Dieser Vorgang ist insgesamt gesehen zyklisch, weshalb wir auch von einem Lebenszyklus sprechen. Zwar wiederholt er sich nicht kreisförmig – wie es das Wort ursprünglich wohl meint – an ein und demselben Individuum. Normalerweise ist aber die kontinuierliche Aufeinanderfolge von Geburt und Tod dadurch nicht abgerissen, daß jeder Organismus sich normalerweise fortpflanzt und damit seine Keimzellen in den nächstfolgenden Zyklus »Zygote → Tod« einschleust. Die Keimzellen, bzw. genauer gesagt das Erbmaterial, gelangen so, ohne zu sterben, über die sogenannte unsterbliche Keimbahn von Generation zu Generation, von Zyklus zu Zyklus. In unseren Genen, in unserem Erbgut ist so das Erbgut der allerersten Lebewesen noch vorhanden.

Diese Tatsache der grundlegend gemeinsamen Erbeigenschaften, die bei allen Organismen in der völlig gleichen Art und Weise in Form von hochorganisierten Molekülen (Desoxyribonucleinsäure DNA oder Ribonucleinsäure RNA) in Chromosomen im Zellkern niedergelegt sind, hat dementsprechend auch zu einer erstaunlichen Übereinstimmung der einzelnen Lebenszyklen geführt. Bei allen höher organisierten Lebewesen lassen sich die Lebensabschnitte in die in Tab. 2.1 (auf S. 28) dargelegten Phasen einteilen.

TABELLE 2.1: Die verschiedenen Lebensabschnitte von höher organisierten Lebewesen im Verlaufe des Lebenszyklus.

Lebensabschnitt	Charakterisierung
KEIMZELLEN-ENTWICKLUNG (GAMETOGENESE)	Bildung von Samen-(Spermien) und Eizellen (Oocyten; Keimzellen = Gameten) im Elternorganismus. Durch Begattung oder sonstige Mechanismen der Zusammenführung der Gameten, die jeweils nur einen Chromosomensatz haben, wird die Befruchtung eingeleitet. Chromosomensatz wird während der Gametenbildung halbiert.
ZYGOTENBILDUNG	Durch Fusion der Gameten (= Befruchtung) entsteht die »Urzelle«, die Zygote, aus der sich das Individuum entwickelt. Je ein Chromosomensatz der Gameten bildet zusammen einen doppelten Chromosomensatz, der für alle kommenden Zellen charakteristisch sein wird.
EMBRYOGENESE	Die Zygote teilt sich beständig und bildet so den Embryo. Diese Keimesentwicklung erfolgt bei Tieren mit Geburt pränatal.
ONTOGENESE	Jugendentwicklung im engeren Sinne*, bei Organismen mit Geburt postnatal, also nach der Geburt, Immaturität: Jugendstadium.
ADULTSTADIUM	Erwachsenenstadium: »Alter«, Maturität (Reife). Organismus ist fortpflanzungsreif und produziert selbst wieder Gameten, die den Zyklus erneut beginnen und durchlaufen können. Organimus altert dann im engen Sinne des Wortes.
TOD	Lebensende, Verlöschen aller Funktionen.

* Der Begriff »Ontogenese« wird hier benutzt im engeren Sinne des Wortes. Meist wird er für die gesamte Individualentwicklung vom Beginn der Keimesentwicklung an bis zum Tode angewandt.

Wie bestimmen wir die Lebensdauer von Organismen?

Die Frage des Titels vermag den Leser vielleicht verwundern. Erscheint es uns doch logisch und einfach, die Lebensdauer eines Organismus zu bestimmen. Ist es aber wirklich so unstrittig und unproblematisch? Schauen wir uns die Frage am besten anhand von einigen Beispielen an.

Unter Lebensdauer wird von uns Menschen in der Regel nur die postnatale Zeit verstanden. Wenn wir unser Alter angeben, zählen wir also nur die Jahre nach der Geburt. Betrachten wir uns den Lebenszyklus eines Menschen (Tab. 2.2, S. 34), stellen wir fest, daß wir dabei eigentlich einen Fehler machen, da wir die Zeit unserer pränatalen Phase nicht mitzählen. Die Entwicklungszeit von der Zygote über den Keimling und weiter vom Embryo zum Fetus, also die Zeit der rund neunmonatigen Schwangerschaft, rechnen wir nicht in unser Lebensalter ein. Ist das korrekt? Natürlich nicht! Unser Leben beginnt mit der Befruchtung der Eizelle. Allerdings ist der Fehler, den wir bei unseren Altersangaben machen, natürlich relativ gering – nämlich eben jene neun Monate, die wir nicht einbeziehen. Auf ein potentielles Durchschnittsalter von rund 80 Jahren bezogen, ist dies ein Fehler von ganz grob 1 % der Endspanne, und das ist wohl tatsächlich vernachlässigbar. Das gilt nun aber nur für den Menschen.

Im Tierreich sieht die Sache nämlich bei vielen Arten ganz anders aus. Hier kommen wir schnell zu ganz falschen Schlüssen, wenn wir als Lebensalter nicht den gesamten Lebenszyklus, sondern nur die letzte Lebensspanne, die postnatale Zeit als erwachsenes Tier, betrachten. Schauen wir uns dies im Detail einmal bei Insekten an.

Die Enwicklung der Insekten verläuft nach den grundlegenden Abläufen und Stufen, die wir schon oben beim Menschen dargelegt haben. Je nach Entwicklungstyp sieht aber das Jugendstadium (die Ontogenese) unterschiedlich aus. Zwei Typen können wir unterscheiden:

Bei den sogenannten holometabolen Insekten (Abb. 2.1 und 2.2, S. 30) entsteht aus der befruchteten Eizelle, der Zygote, zunächst eine Larve, die sich vom erwachsenen Insekt (Imago) völlig unterscheidet. Jeder kennt das charakte-

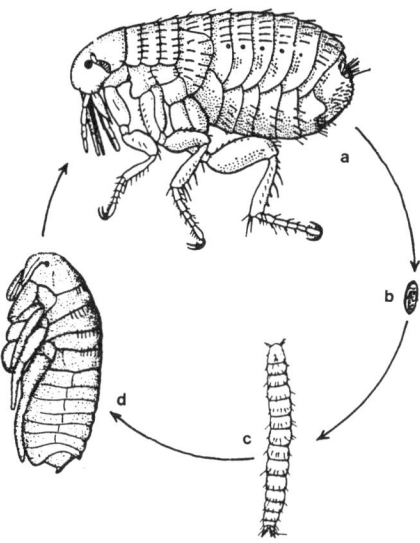

ABBILDUNG 2.1: Der Lebenszyklus des holometabolen Menschenflohs *Pulex irritans* (Männchen). **a**: Ausgewachsener Floh – Imago; **b**: Ei; **c**: Larve; **d**: Puppe.

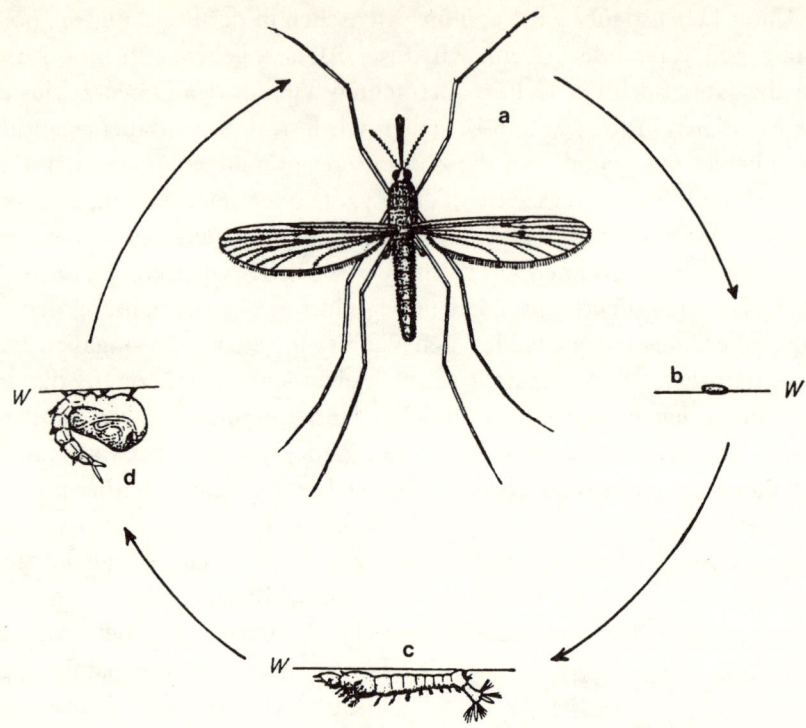

ABBILDUNG 2.2:   Der   Lebenszyklus   der   holometabolen   Malariamücke
Anopheles. **a:** Ausgewachsene Mücke (Weibchen) – Imago; **b:** Ei; **c:** Larve;
d: Puppe. **W** = Wasserspiegel; die Stadien b-d entwickeln sich im Wasser.

ristische Beispiel vom Schmetterling, wo diese Larve die vollkommen unterschiedliche Raupe darstellt. Diese Larve ist eine Art »Freßmaschine«,
die nur die Aufgabe hat, möglichst viel Bau- und Energiesubstanz anzu-
sammeln. Sie häutet sich mehrfach (bei den meisten Arten ist die Anzahl
der Häutungen genau definiert) und wächst dabei stark heran. Aus der
Larve entwickelt sich ein zweites Jugendstadium. Hat die Larve nämlich
genügend Bau- und Energiesubstanz angesammelt, verwandelt sie sich zu
einem Ruhestadium. Sie verpuppt sich. In diesem Puppenstadium verwandelt sich das Insekt in das reife, erwachsene (adulte, mature) Tier, das
man Imago nennt. Ist die Reifung beendet, schlüpft aus der Puppe der
Imago aus, und der Zyklus kann erneut beginnen.

Bei den hemimetabolen Insekten (Abb. 2.3, S. 32) entwickelt sich aus
der Zygote eine Larve, die schon wie ein kleiner Imago aussieht, dem erwachsenen Insekt also äußerlich sehr ähnlich ist. Wie beim holometabo-

len Insekt wächst diese Larve über verschiedene, ebenfalls zahlenmäßig genau determinierte Häutungsphasen zum adulten Tier heran. Erwachsene Insekten häuten sich dann in der Regel nicht mehr. Die letzte Häutung ist also immer die zum Imago. Ähnlich verhält es sich z.B. auch bei Krebsen und sehr vielen anderen Tieren (erstere inbesondere darin, was das Auftreten verschiedener Larvenstadien in der Jugendentwicklung anbetrifft).

Wenn man sich nun in diesem Lebenszyklus die Dauer der einzelnen Lebensabschnitte anschaut, stellt man häufig fest, daß bei zahlreichen Tieren die Jugendentwicklung z.T. wesentlich länger dauert als das Adultstadium. Das gilt besonders für Insektenarten, aber auch für sehr viele andere Organismen. So wird die Eintagsfliege unter diesem Gesichtspunkt eben nicht nur einen oder ein paar wenige Tage alt. Ein- bzw. mehrtägig ist nur ihr Stadium als erwachsenes, fortpflanzungsfähiges Tier. Als Larve kann sie sogar mehrere Jahre leben – das trifft für sehr viele andere Insekten in gleicher Weise zu.

Insbesondere Käfer machen sehr häufig und regelmäßig ein oft jahrelanges Larven- und damit Jugendstadium durch, während sie als Imago nur wenige Tage bis Wochen leben. Die nordamerikanische 17-Jahreszikade (*Magicicada septemdecim*) lebt sogar bis zu 17 Jahre als Larve, bis sie sich verpuppt. Nur wenige Wochen alt wird sie dann als erwachsenes Insekt, das sich allein der Fortpflanzung widmet. Viele adulte Insekten haben ihre Lebenszeit als Imago so exklusiv auf die Vermehrung reduziert, daß sie nicht einmal mehr Organe zur Futteraufnahme und Verdauung haben. Mund und Darmsysteme können völlig fehlen. Ist die Fortpflanzung erfolgt, sterben sie deshalb auch innerhalb kürzester Frist ab. Wir werden sehen, daß dies für die Betrachtung des Alterns und der Lebenszeitbegrenzung als Programm sehr wesentlich ist. Fortpflanzung und darauf folgender Tod sind eng miteinander gekoppelt. Verhindert man die Fortpflanzung, leben viele dieser Organismen in der logischen Folge wesentlich länger.

Für die Angabe der gesamten Lebenszeit ist also die Berücksichtigung aller Lebensstadien entscheidend. Und so lebt dann die Eintagsfliege eben nicht nur einen Tag, sondern mindestens drei bis fünf Jahre, auch wenn ihr in ihrem ganz spezifischen Lebensprogramm als Imago nur wenige Tage zugestanden werden.

Einige wenige Organismen sind noch weiter gegangen. Sie haben sogar das Adultstadium ganz eingespart. Sie werden schon als Larven ge-

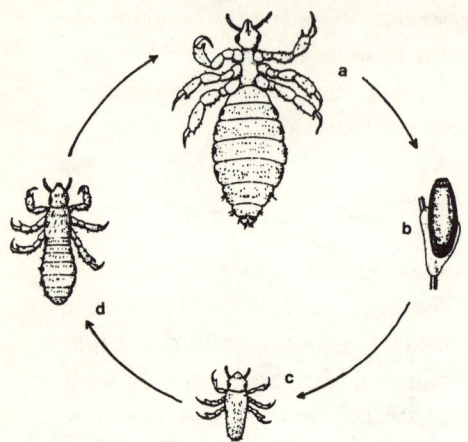

ABBILDUNG 2.3: Der Lebenszyklus der hemimetabolen Kleiderlaus *Pediculus*. a: Ausgewachsene Laus (Weibchen) – Imago; b: Ei an einem Haar angeheftet; c: junge Larve; d: alte Larve.

schlechtsreif. Ein typisches Beispiel dafür ist der Grottenolm, ein Schwanzlurch, der Axolotl und andere Höhlenbewohner, die gleichzeitig ein enorm hohes Lebensalter erreichen können (wie wir noch sehen werden), ohne je »erwachsen« zu werden.

Bei einfachen Organismen, wie z.B. den Einzellern, treten solche komplizierten Lebensabschnitte, die uns die Bestimmung der Lebensdauer erschweren, kaum auf, obwohl auch hier zum Teil extrem ausgeklügelte Generationswechsel und ähnliches auftreten können, auf die ich hier allerdings nicht eingehen möchte. Bei der normalen vegetativen (ungeschlechtlichen) Querteilung eines Pantoffeltierchens rechnet man die Lebensdauer als die Zeit, die von der erfolgten Querteilung bis zur nächsten Querteilung vergeht. Es ist – zumindest äußerlich – nicht zu erkennen, daß das Pantoffeltierchen dabei irgendwelche, besonders abgegrenzte Altersstadien durchläuft (Abb. 2.4, S. 33).

Einige weitere Beispiele für Lebenszyklen werden wir im Laufe der Lektüre noch kennenlernen. Hier eine komplette Übersicht (inklusive derjenigen im Pflanzenreich) zu geben, ist aus Platzgründen nicht möglich, aus inhaltlicher Notwendigkeit aber auch nicht erforderlich. Der ganz am Anfang beschriebene Ablauf läßt sich – mit geringen, spezifischen Abweichungen – auf praktisch alle mehrzelligen Organismen anwenden, die sich geschlechtlich fortpflanzen. Die einzelnen Abschnitte können allerdings durch zahlreiche Sonderformen gekennzeichnet sein. Davon ausgeschlossen sind jedoch die ersten drei Abschnitte (Keimzellenbildung, Zygotenbildung, Embryo). Sie sind universell für praktisch alle Organismen.

Entscheidend ist, daß Altern im biologischen Sinne den gesamten Ablauf des Lebenszyklus betrifft und daß das Lebensalter eines Organismus logischerweise auch über die chronologische Summe aller Lebensabschnitte gerechnet werden muß.

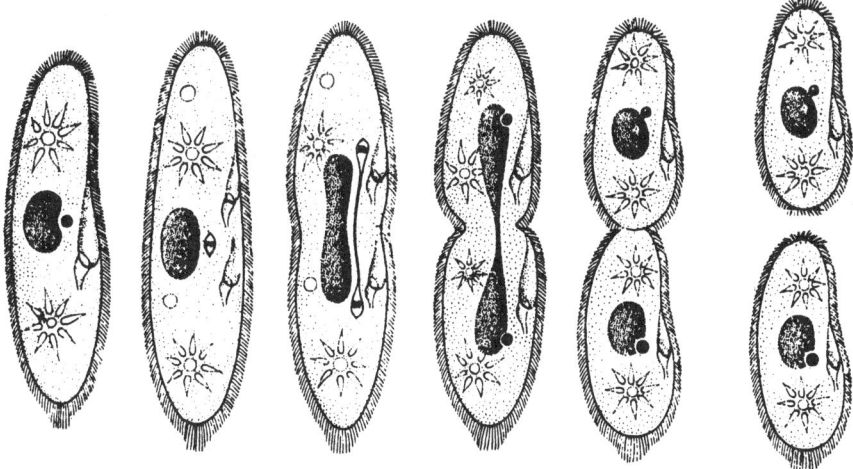

ABBILDUNG 2.4: Der Lebenszyklus eines Pantoffeltierchens *Paramecium*. Die Mutterzelle wächst heran und vergrößert sich. Ab einer bestimmten Kern-Plasma-Relation teilt sich der Einzeller und es entstehen auf vegetativem Wege (keine geschlechtliche Fortpflanzung) zwei Tochterzellen. Ähnlich verläuft die Fortpflanzung bei anderen Einzellern und auch einfachen, mehrzelligen Organismen (durch Querteilung). Früher ging man davon aus, daß aus diesem Grunde Einzeller unsterblich seien. In Wirklichkeit unterbleibt nur eine Leichenbildung. Zwar sind die biologischen Strukturen der Mutterzelle an die Tochterzellen weitergegeben worden, unsterblich ist jedoch allein die Zellinie. Das Individuum »Mutter« hat aufgehört zu existieren; die Tochterzellen sind neue Organismen.

Menschen altern auch juristisch – der Alternsablauf im Rechtssystem

Das biologische Altern ist uns ein nahestehendes, bekanntes Phänomen. Doch gibt es daneben eine weitere Form des Alterns!

Kaum ein Teil unseres Lebens ist frei von Paragraphenregelungen. Und so ist es wohl nicht verwunderlich, wenn unsere Rechte und Pflichten in unserem soziokulturellen Verbund sinnvollerweise auch für verschiedene Altersstufen differenziert aufgeschlüsselt werden und wiederum in Vorschriften und Gesetze verpackt werden. Während früher diese Rechtsnormen durch die »Alten« einer Gesellschaft getragen und definiert wurden (z.B. »Ältestenrat«) und die Tradition dafür sorgte, daß sie

TABELLE 2.2: Die verschiedenen biologischen Lebensabschnitte im Lebenszyklus beim Menschen. Für die verschiedenen Stadien der Keimesentwicklung haben sich beim Menschen und Säuger verschiedene Spezialnamen eingebürgert. (Lebensjahr abgekürzt Lj.).

Stadium/Abschnitt		ca. zeitliche Abgrenzung
SAMENZELLE/EIZELLE		laufende Produktion
BEFRUCHTETES EI (ZYGOTE)		nach der Befruchtung
		0 Tage
KEIMLING	Blastocyt	bis Ende der 1. Woche[1]
	Entoblast	bis Ende der 2. Woche[2]
		nach der Nidation[3]
EMBRYO		ab Ende 3./4. Woche
FETUS		ab 13. Woche
	pränatal	
	postnatal	
NEUGEBORENES		Geburt → bis 28 Tage
SÄUGLINGSALTER (BABY)		bis zum 1. Lj.
KLEINKINDALTER		1. – 3. Lj.
VORSCHULALTER		4. – 5. Lj.
SCHULALTER		6. – 12. Lj.
JUGENDALTER (TEENAGER)		13. – 17. Lj.
Pubertät		
ADOLESZENZ (TWEN)		18. – 21. Lj.
MATURITÄT (ERWACHSENENALTER)		22. – ca. 50. Lj.
Leistungsphase		
(RENTEN)ALTER		55. – 70. Lj.
Rückbildungsalter		
GREISENALTER (SENILITÄT)		(50)70. – 80. Lj.
Senium		
SENESZENZ		80.- ff. Lj.
TOD		maximal 115-120 Lj.

Bemerkungen: Die zeitliche Einteilung vor allem der späteren Lebensabschnitte schwankt bei verschiedenen Autoren stark und ist zudem in hohem Maße von individuellen Parametern abhängig. Sie können hier nur als grobe Anhaltswerte verstanden werden.

1 Größe etwa 0,1 mm
2 Größe etwa 1,2 mm
3 Einnistung des Embryos in die Gebärmutterschleimhaut

weitergegeben wurden, sorgen heutzutage die Symbole »§§« für die nötige Klarheit (genauer gesagt für die »Rechtssicherheit«, die mit Recht und Klarheit nicht unbedingt übereinstimmen muß). Sie bestimmen, in welchem Alter wir rechtsfähig werden, wann und wie lange wir Wehrdienst leisten müssen, in welchem Alter wir wählen dürfen und gewählt werden können, wann wir volljährig oder minderjährig sind, wann wir aufhören dürfen zu arbeiten usw. Tab. 2.3 auf S. 37 gibt uns den chronologischen Ablauf der wichtigsten juristischen Altersstufen in Deutschland an. Diese Regelungen sind uns wenig bewußt und scheinen uns auch wenig zu tangieren. In Wirklichkeit haben sie aber oft genug gravierende Bedeutung.

In diesem rechtlichen Altersablauf beginnt die Rechts- und Parteifähigkeit des Menschen mit der Geburt, was wohl kaum einem von uns in irgendeiner Weise je durch direkte Erfahrung bewußt wurde und uns deshalb auch meist unberührt läßt.

Mit einer anderen Frage dagegen sind wir stärker konfrontiert: Wann in seiner pränatalen, vorgeburtlichen Entwicklung ist ein Mensch unwiderruflich ein Mensch, und man müßte sinnvollerweise hinzufügen, was ist er davor? Über diese Fragen, die man wohl kaum naturwissenschaftlich beantworten kann, da es keine sprunghaften Entwicklungsschübe gibt (wie z.B. den plötzlichen Übergang von der Larve zur Puppe bei den Insekten), sondern nur einen kontinuierlicheren Ablauf des Lebenszyklus, gab und gibt es heftige Diskussionen.

Im Rahmen der Abtreibungsfrage ist die Kontroverse, wann menschliches Leben beginnt, immer noch von großer Bedeutung. Man hat sie eher opportunistisch entschieden, als man die Grenze der Abtreibungserlaubnis auf zwölf Wochen festlegte. Ohne Zweifel gibt es gewichtige Gründe für gerade diesen Zeitpunkt. Es wird aber wohl keinen partei- oder sozialpolitisch unabhängigen Mediziner oder Biologen geben, der diese oder eine andere Grenze naturwissenschaftlich unbestreitbar nicht auch anders begründen könnte. Die Grenzziehung erfolgte so im Endeffekt mehr nach pragmatisch sozialpolitischem Kalkül, das sich mehr an den (ebenso nachvollziehbaren) Wünschen und Forderungen des Wählervolkes und der Parteiprogramme orientierte, als an entwicklungsbiologisch eindeutig fundierten Gegebenheiten. Ganz abgesehen davon, daß ich auf die Frage nach dem »Menschwerdungszeitpunkt« (auch) keine Antwort wüßte, muß es erlaubt sein, an dieser Stelle, wo über juristische und biologische Altersgrenzen des Menschen geschrieben wird, diese Frage und Problematik als Denkanstoß weiterzugeben, auch wenn es für manche sonst sich sehr tolerant und liberal gebende Personen zu den nicht mehr diskussionsfähigen Tabuthemen gehört, mit denen man schnell in eine mit einem negativen Image belegten Ecke gestellt wird.

Für den Naturwissenschaftler oder Mediziner, der mit sich entwickelnden Menschen arbeiten will, beginnt die Tabuzone dagegen schon extrem früh. In Deutschland ist es nach dem Embryonenschutzgesetz sogar völlig untersagt, mit Embryonen zu forschen. Allein die (sofortige) Verpflanzung einer befruchteten Eizelle (Zygote) zu Zwecken der Einleitung einer »künstlichen« Schwangerschaft ist erlaubt. Es ist aber schon verboten, überzählige Zygoten, die bei diesem Vorgang produziert wurden, für spätere Einpflanzungen aufzubewahren (einzufrieren). In anderen Ländern herrschen andere Gesetze. In England liegt die Grenze für Versuche z.B. bei 14 Tagen nach der Befruchtung, wenn das Blastulastadium vollständig abgeschlossen ist und bevor die Organanlagen beginnen. In sehr vielen islamischen Gemeinschaften sind sowohl Abtreibung als auch Embryonenforschung moralisch und ethisch als Grundkonsens aller Bevölkerungsschichten generell absolut verwerflich.

Was ist das Resümee aus den vorangegangenen, primär ethisch-moralischen Problemen des menschlichen Alterns, die ich nur am Rande streifen wollte? Eine befruchtete Eizelle enthält potentiell alle Eigenschaften des zukünftigen Menschen. Ist sie deshalb ein Mensch? Die eine extreme Position sagt »ja«. Für die anderen »Extremisten« beginnt das Leben erst mit bzw. nach der Geburt. Eine für alle moralisch-ethisch und naturwissenschaftlich akzeptable Grenze zwischen beiden zu finden, geht nicht, weil es keine biologisch klar definierten Entwicklungssprünge und damit exakt definierbaren Grenzen gibt. Und wenn es sie gäbe, wären sie noch längst nicht für alle Bevölkerungsschichten gleich akzeptierbar. Außerdem sind Moral und Ethik eben auch nicht normierbar. Man kann diese Grenze nur – und das ist rein sachlich ohne negative Hintergedanken gemeint – mehr oder weniger willkürlich juristisch festlegen. Anders sind soziale Normen in diesem Bereich einfach nicht machbar. Sie bleiben jedoch ein schwieriges, stark emotionsbeladenes Diskussionsfeld.

Tabelle 2.3: Alter und Lebensalter im Recht der Bundesrepublik Deutschland: das »juristische Altern«. Einige der dargestellten Altersbedingungen unterliegen ständigen Veränderungen. Die Darlegung beruht auf den Grundlagen bis 1994.

0. Lebensjahr; Geburt:	Beginn der Rechts- und Parteifähigkeit.
1.-7. Lebensjahr:	absolute Geschäfts- und Schuldunfähigkeit.
7. Lebensjahr:	beschränkte Geschäfts- (§§ 106 ff. BGB) und bedingte Schuldfähigkeit nach bürgerlichem Recht (§ 828 BGB) für unerlaubte Handlungen.
10. Lebensjahr:	Anhörungsrecht zum Bekenntniswechsel (§§ 2, 3 Ges. über religiöse Kindererziehung).
12. Lebensjahr:	Zustimmungserfordernis zum Bekenntniswechsel.
14. Lebensjahr:	bedingte strafrechtliche Verantwortlichkeit (§§ 1, 3 Jugendgerichtsges.), religiöses Selbstbestimmungsrecht.
16. Lebensjahr:	beschränkte Testierfähigkeit (§§ 2229, 2247 BGB), Beginn der Eidesfähigkeit (§§ 393, 455 ZPO, § 60 StPO), Mindestalter für Führerschein Kl. 4 und 5, Pflicht zum Personalausweisbesitz (§ 1 Personalausweisgesetz).
18. Lebensjahr:	Volljährigkeit (§ 2 BGB), volle Geschäfts- und Testierfähigkeit sowie volle Schuldfähigkeit nach bürgerlichem Recht, Ehefähigkeit, Straffähigkeit als Heranwachsender (§§ 1, 105, 106 Jugendgerichtsges.), aktives Wahlrecht zu Bundestag und Länderparlamenten, aktives und passives Wahlrecht zum Betriebsrat (§ 7 Betriebsverfassungsges.), Mindestalter für Führerschein Kl. 3, Wehrpflichtbeginn.
21. Lebensjahr:	Straffähigkeit als Erwachsener, passives Wahlrecht zu Bundes- und Landtag, Mindestalter für Führerschein Kl. 2.
25. Lebensjahr:	Mindestalter für Adoptionen.
40. Lebensjahr:	Wählbarkeit als Bundespräsident der Bundesrepublik Deutschland.
45. Lebensjahr:	Ende der Wehrpflicht für Mannschaften.
60. Lebensjahr:	Ende der Wehrpflicht für Unteroffiziere und Offiziere, Rentenansprüche aus Sozialversicherungen für Frauen.
65. Lebensjahr:	Altersgrenze für Beamte (Eintritt in Ruhestand schon ab 63 möglich), Rentenansprüche aus Sozialversicherungen für Männer (schon ab 63); Steuervergünstigungen (z.T. ab 50, 60) wie Altersfreibetrag.

Kapitel 3

Altern auf verschiedenen Organisationsstufen des Lebens I:
Das Altern der Zellen

Organismen haben sich im Laufe der Evolution zu unterschiedlich hohen Organisationsstufen entwickelt. Die einfachste, mit der ich mich hier in diesem Buch beschäftigen werde, ist die Zelle. Sie ist die kleinste, selbständig funktionsfähige Einheit des Lebens, und bei ihr sollte man die grundlegenden Bedingungen des Alterungsvorganges am einfachsten kennenlernen können. Sie ist zu allen Lebensfunktionen befähigt und besitzt dazu alle Eigenschaften, die man für Stoffwechsel, Reizbarkeit, Fortpflanzung, Evolution, Individualität usw. braucht. Hier findet danach primär Alterung statt. Alle folgenden Organisationsstufen des Lebens bauen auf dieser Grundeinheit auf. Es sind die Organe, der individuelle Organismus, die Gruppe zahlreicher gleichartiger Individuen und die Population, als höchste Organisationsstufe des Lebens. Diese vier Gruppen werden in den folgenden acht Kapiteln hinsichtlich ihres biologischen Alters und Alterns betrachtet.

Man könnte sich als unterste Organisationsstufe unschwer auch das Molekül vorstellen, aus dem Zellen ja aufgebaut sind. Tatsächlich findet Alterung natürlich auch auf dieser Stufe statt, die allerdings zu keinem eigenständigen Leben in unserer biologischen Definition mehr befähigt ist. Molekülalterung wird jedoch im Rahmen des Zellalterns – z.B. bei der Desoxyribonucleinsäure DNA und vielen anderen Molekülen – besprochen werden.

Da alle biologischen Systeme auf der Funktionseinheit »Zelle« aufbauen, kann man beobachtbare Alternsphänomene prinzipiell auf die Vorgänge des Zellalterns zurückführen. Man bewegt sich allein in Richtung geringere Komplexität, indem man die Zahl der möglichen Variablen reduziert. Aber schon eine einfache eukaryotische Zelle (bei ihr ist das Erbmaterial, die Gene, in einem »richtigen« Zellkern zusammenge-faßt; siehe weiter unten) ist ein äußerst komplexes Gebilde mit zahlrei-chen Organellen und Funktionen, die einer einfachen Untersuchung des zellulären Alterns nicht zugänglich sind.

So existieren zwar zahlreiche Arbeiten über das »Altern in vitro« an Zellkulturen, generelle oder universelle Aussagen über das zelluläre Al-tern per se (gültig für alle zellulären Systeme) lassen sich aber leider kaum finden. Auch auf Zellniveau zeigt das Altern einen äußerst komplexen Ablauf, der, wie wir noch sehen werden, durch zahlreiche Faktoren be-stimmt wird.

Im wesentlichen werde ich im folgenden das zelluläre Altern unter fol-genden drei Hauptgesichtspunkten darstellen:

– das Altern der Zellbestandteile (Organellen),
– die Altersabhängigkeit der Zellteilungsfähigkeit,
– die Differenzierung der Zelle als Alternsvorgang.

Wie bereits erwähnt, enthalten Zellen – zumindest zu Beginn ihres »Le-bens« – alle morphologischen und funktionellen Eigenschaften, die für das Leben erforderlich sind. Sie sind theoretisch omnipotent (totipotent). Bei Einzellern, den Protozoen, ist es sogar so, daß sie als Einzelzelle als eigenständiger Organismus voll funktions-, d.h. lebensfähig sind. Sie brauchen zum Überleben und zur Fortpflanzung keinen Zellverband. Das gleiche gilt im wesentlichen auch für künstliche Zellkulturen.

Zellen sind nun keine amorphe, undifferenzierte Plasmamasse, son-dern in sich wohlorganisierte Systeme, die aus verschiedenen, morpholo-gisch beständigen Zellbestandteilen bestehen, die ganz bestimmte Aufga-ben in der Zelle übernehmen (Abb. 3.1, S. 40). Diese Strukturen nennt man Zellorganellen. Auf der Basis dieser Zellorganellen werde ich zunächst die – wenn man so will – partiellen Alterserscheinungen inner-halb der Zelle betrachten und später erst auf die Alterung der Gesamtzel-le (als Organellenverband) eingehen.

Generell läßt sich sagen, daß dank des ständigen Umsatzes alte Zellbe-standteile laufend durch neue ersetzt werden: Die Zelle kommt dadurch dem (scheinbaren) Ideal der ewigen Jugend ziemlich nahe. Selbst in nicht ersetzbaren Nervenzellen (siehe weiter unten), die schon mehrere Jahr-zehnte alt sind, findet man Organellen (Ribosomen, Mitochondrien, Membranen, Lysosomen und andere), die altersmäßig quasi ihr Eigenle-ben führen und meist sogar weniger als einen Monat alt werden. Zum

Teil sind sie hunderte oder tausende (manche sogar hunderttausende) Male abgebaut und wieder neu gebildet worden. Der Mensch erneuert sich nach diesem Prinzip etwa alle sieben Jahre zu über 90 %, d.h., er besteht nach dieser Zeit und diesem Prozentsatz aus überwiegend völlig neuem Grundmaterial.

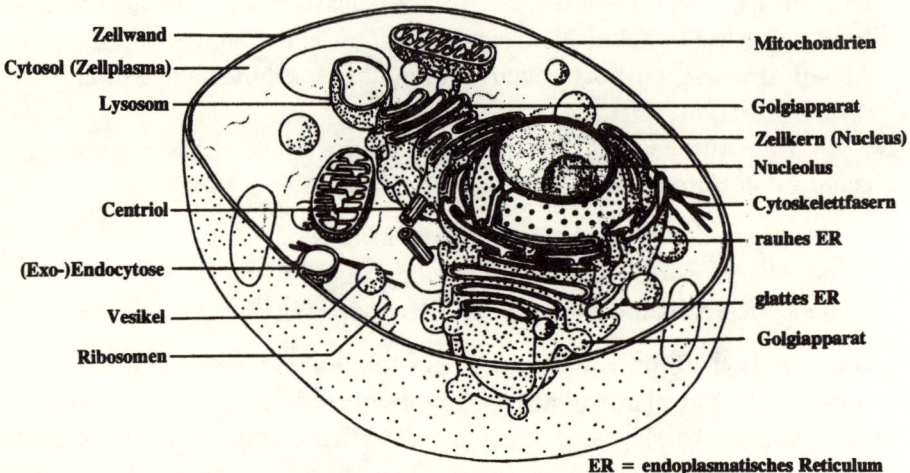

ABBILDUNG 3.1: Wichtige Zellbestandteile. Aufbau und wichtige Zellbestandteile (Organellen) einer eukaryotischen Zelle. Pflanzen- und Tierzellen unterscheiden sich in ihrem grundsätzlichen Bau nicht. Bei Pflanzen finden sich als zusätzliche Organellen noch Farbstoffträger (Chloroplasten) als Funktionseinheiten der Photosynthese und in der Regel eine Vakuole, und die Zellwand besteht meist aus Zellulose.

Die Zellwand – Membranen degenerieren mit dem Alter

Die meisten Zellen sind von einer mehr oder weniger festen Zellmembran (Plasmalemma) umgeben, die bei der Pflanze durch Einlagerung von Zellulose eine feste Zellwand darstellt (ich benutze hier den Begriff »Zellwand« der Einfachheit halber auch für tierische Zellen). Sie dient dem Abschluß der Zelle nach außen und erlaubt bzw. bewerkstelligt aber gleichzeitig auch den kontrollierten Transport und die Diffusion von Stoffen durch die Zellwand-Membran. Die Zellwand ist eigentlich eine

Doppel-Membranschicht, die aus zwei Lagen Lipiden (»Bilayer«) besteht, zwischen die Proteine eingelagert sind (Abb. 3.2, S. 42). Nach einem anderen Modell sollen auf die bimolekulare Schicht der Lipide beidseitig anliegend Proteine aufgelagert sein (Danielli-Modell). Das ist für unsere Betrachtungen hier allerdings nicht wesentlich. Bei Pflanzen – im Gegensatz zu den Tieren – enthält die äußerste, feste Zellschicht in der Regel noch Zellulose, wie ich bereits erwähnt habe. Die beiden Lipidschichten der Zellmembran enthalten vor allem Cholesterin, Neutralfettsäuren und andere Lipide. Die nach außen gerichteten »Köpfchen« sind wasserliebend (hydrophil), die nach innen zeigenden »Schwänzchen« fettliebend (hydrophob, lipophil). Organisatorisch verhält sich die Schicht fluid, wie ein zähflüssiges System (ähnlich dickem Olivenöl). Die Proteine bestehen zu ca. 10 % zusätzlich aus sogenannten Zuckerproteinen (Glykoproteinen).

Mit dem Alter gibt es nun eine Reihe von Änderungen, sowohl in der Struktur als auch in der Funktionsfähigkeit der Zellmembran. Die Änderungen sind allerdings bei verschiedenen Organismen und teilweise sogar innerhalb des gleichen Individuums sehr unterschiedlich. Bei einer Reihe von Organismen kann der absolute Lipidgehalt mit dem Alter sehr stark schwanken; meist nimmt er ab. Dies gilt im übrigen auch für die anderen (Elementar-)Membranen, die wir als Abschlußsysteme bei den Organellen finden. Zusätzlich nimmt der Gehalt an gesättigten Fettsäuren zu. Das Verhältnis Cholesterol zu Phospholipiden steigt dagegen an (beide Stoffklassen werden später noch näher beschrieben). In der Folge nimmt die Fluidität der Membran ab. Im menschlichen Gehirn nehmen z.B. die Serotonin-Bindungsstellen zu, die in den Membranen lokalisiert sind. Auch andere Änderungen in der Verteilung membranständiger Proteine (wie Serotonin), die durch die veränderte Fluidität gestört wird, sind zu beobachten. Eine Reihe dieser Effekte lassen sich durch den Einfluß freier Radikale (z.B. Superoxyd) erklären, die leicht die ungesättigten Fettsäuren zerstören können. Das erkläre ich später noch genauer.

Auch Membranveränderungen an Organellen (Elementarmembranen) können zu zahlreichen Defekten führen. So können membrangebundene Transportprozesse behindert werden, aus entstehenden Lecks von Lysosomen Enzyme ins Zellplasma gelangen, der Aufbau vieler Systeme kann behindert oder erschwert werden usw.

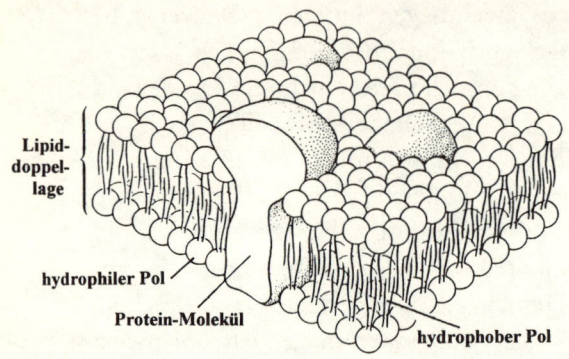

Lipid-
doppel-
lage

hydrophiler Pol

Protein-Molekül

hydrophober Pol

ABBILDUNG 3.2: Vereinfachter Bauplan einer typischen Zellmembran (Fluid-Mosaic-Modell). In die Lipiddoppelmembran tauchen sogenannte integrale Proteine tief ein. Nicht eingezeichnet sind periphere Proteine, die auf der Oberfläche der Lipidschicht schwimmen können.

Der Zellkern und assoziierte Systeme – Fehler häufen sich

Der Zellkern ist die oberste Steuerzentrale für die Bau- und Funktionseigenschaften der Zelle und enthält die Erbsubstanz in Form von sogenannter chromosomaler Desoxyribonucleinsäure (DNA) mit der in ihr in Chromosomen gespeicherten genetischen Information zur Struktur und Funktion. Er ist eingehüllt in eine durch Poren (3 000 – 4 000 bei Säugern) durchlöcherte Zellmembran, die einen Teil des Endoplasmatischen Reticulums (ER) darstellt. Innerhalb der Kernhülle findet sich das Kernplasma. Der Kern selbst enthält noch (meist zwei) kleine rundliche Kernkörperchen (Nucleoli). Die genetische Kerninformation wird über Ribonucleinsäuren (RNA) nach außen ins Zellplasma weitergegeben. Die Umschreibung der DNA-Information in die m-RNA (Boten-RNA von »messenger«) heißt Transkription; die Übersetzung wiederum dieser m-RNA-Botschaft in die entsprechend aufzubauende Struktur (Eiweiße, Enzyme etc.) heißt Translation. Dazu werden die anderen RNA-Typen (t- und r-RNA) benötigt, die man noch in der Zelle findet. Auf die Einzelheiten dieser Vorgänge möchte ich hier aber nicht eingehen. Sie sind doch sehr kompliziert.

Der Zellkern zeigt zahlreiche, altersabhängige Veränderungen in Bau (Morphologie) und Funktion (Abb. 3.3, S. 43). Die Kernmembran von Leberzellen des Menschen zeigt z.B. mit zunehmendem Alter vermehrte Invaginationen (Einstülpungen) und Septenbildungen. Die Nucleoli sind häufig vergrößert. Die Größe des Zellkerns kann bei verschiedenen Zel-

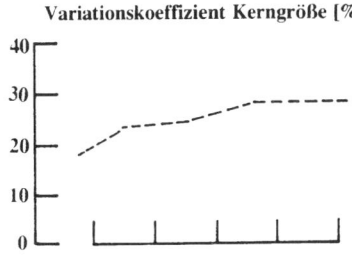

Variationskoeffizient Kerngröße [%]

ABBILDUNG 3.3: Veränderungen verschiedener Zelleigenschaften (Kerngröße, Zellgröße, Kern-Plasma-Relation) mit dem Lebensalter. Alle Werte nehmen mit dem Alter zu. Die Beispiele stammen aus menschlichen Leberzellen. Näheres siehe im Text.

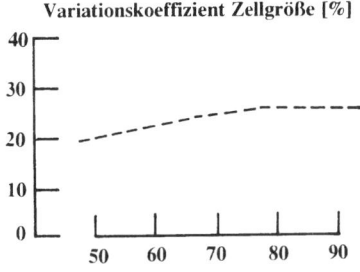

Variationskoeffizient Zellgröße [%]

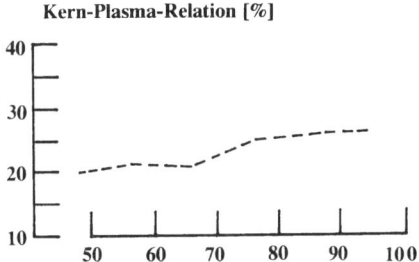

Kern-Plasma-Relation [%]

len sowohl ab- als auch zunehmen. Die Kern-Plasma-Relation steigt an. Auch in der Form der Kerne gibt es teilweise altersabhängige Veränderungen. Das Chromatingerüst (das sind Histone, spezielle Kernproteine, die die DNA umhüllen und ihr Halt geben) zeigt u.U. eine zunehmende Verdichtung, eine Glättung seiner Oberfläche, sowie eine Verkleinerung des Nucleolus, was in der Summe mit einer Reduktion der m- und r-RNA-Synthese einhergeht. Bei einer Reihe von Zellen konnte man auch eine Abnahme des Kern-DNA-Gehaltes nachweisen, so daß in der Folge auch die Kern-Plasma-Relation abnimmt. Die Zahl von Polyploiden, das sind Zellen mit mehrfachem Chromosomensatz, nimmt zu. Zu diesem Effekt zählt z.B. auch die Zunah-

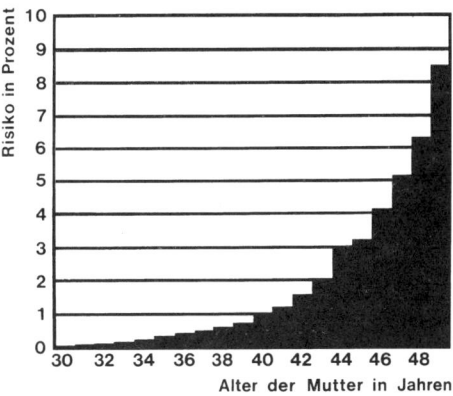

ABBILDUNG 3.4: Trisomie 21-Risiko in Abhängigkeit vom Gebäralter der Frau. Das Risiko nimmt mit dem Alter exponentiell zu.

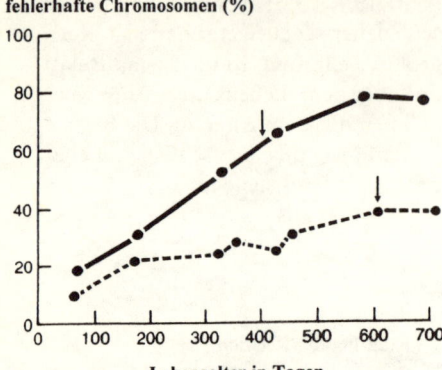

fehlerhafte Chromosomen (%)

Lebensalter in Tagen

ABBILDUNG 3.5: Die altersabhängige Zunahme von lichtmikroskopisch in der Metaphase der Mitose erkennbaren Chromosomenfehlern (Chromosomen-Aberrationen) in den Leberzellen von zwei Mäusestämmen mit unterschiedlicher Lebenserwartung, die durch die zwei Pfeile gekennzeichnet sind (medianes Lebensalter rund 400 bzw. 600 Tage). Es zeigt sich deutlich, daß der länger lebende Stamm auch weniger fehlerhafte Chromosomen aufweist als der kürzer lebende Mäusestamm. Die Zahl der Aberrationen nimmt aber in beiden Stämmen mit dem Alter sehr deutlich zu.

me der Trisomie 21 (Down-Syndrom, Mongolismus) mit dem Gebäralter der Mutter (Abb. 3.4, S. 43).

Die Chromosomen sind die primären Informationsträger der Zelle. Struktur und Funktion dieser Information werden durch die sie aufbauenden DNA-Doppelstränge gesteuert. Zahlreiche Umweltfaktoren können nun diese DNA schädigen und dadurch Alternsvorgänge bewirken. Tatsächlich nehmen DNA-Schäden mit dem Alter zu (Abb. 3.5 u. 3.6, S. 45). Allerdings hat die Zelle vielfache Möglichkeiten, Schäden wieder zu reparieren. Man geht davon aus, daß z.B. pro Tag in einer normalen Säugerzelle rund 10 000 Basenpaare, die die DNA aufbauen, durch Schäden verloren gehen. Eine enorme Anzahl also. Spezielle Reparaturkits im Genom (der Gesamtheit aller Erbinformationen) können solche Informationsfehler erkennen und entfernen. Das funktioniert folgendermaßen: Das DNA-Reparatursystem kann nur dann perfekt arbeiten, wenn lediglich die eine Hälfte des DNA-Doppelstrangmoleküls beschädigt ist (ein DNA-Molekül besteht aus zwei zueinander komplementären Strängen; vergleichbar mit den zwei Hälften eines Reißverschlusses). Der intakte, zweite Einzelstrang dient dann als Vorlage für die Reparatur. Fehlt diese Vorlage, kann die Reparatur nicht fehlerfrei arbeiten, und die Zelle verliert an genetischer Information, was auf molekularer Ebene – neben dem Verlust an Teilungsaktivität – als zellulärer Alternsprozeß verstanden wird. Da der Doppel-Molekülstrang der DNA an die zwei Meter lang ist, ist es normalerweise sehr unwahrscheinlich, daß beide Teilstränge an der identischen Stelle einen Schaden aufweisen. Aber es kann natürlich trotzdem vorkommen. Vermutlich werden dann solchermaßen geschädigte Zellen durch Apoptose (siehe weiter unten) aktiv aus dem Zellverband eliminiert. Das Reparatursystem der Zelle ist sehr wirkungsvoll. Es kann pro Minute bis zu 300 Reparaturen durchführen. Besonders bei Sonnenbestrahlung arbeitet es auf Hochtouren, da die UV-Strahlung die DNA stark schädigen kann.

Auf der Ebene der »unsterblichen« Keimzellen (Spermien und Eier), deren DNA ja keine groben Fehler aufweisen darf, herrschen allerdings andere Bedingungen, wie wir später noch erfahren werden.

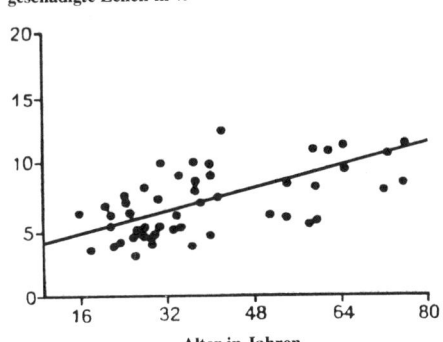

ABBILDUNG 3.6: Genetische Schädigung von einkernigen (mononukleären) Blutzellen von gesunden Menschen als Funktion des Lebensalters. Als geschädigte Zellen wurden solche angesehen, die in der G2-Phase des Zellzyklus arretiert sind.

Das Reparatursystem der Zelle scheint in seiner Leistungsfähigkeit mit dem Alter deutlich nachzulassen, und die Reparatur-Fähigkeit der Zelle gegen DNA-Schäden nimmt ab. Vermutlich gibt es aber auch nur eine bestimmte Anzahl von Reparaturkits, die, mit dem Alter einmal aufgebraucht, nicht mehr neu zur Verfügung stehen (Abb. 3.7, S. 46). Jedoch darf man diesen Effekt nicht als Versagen des biologischen Systems deuten. Dem steht nämlich gegenüber, daß Keimzellen oder transformierte Zellen offensichtlich absolut keine Probleme haben, ihr Erbmaterial unbeschädigt zu halten bzw. sogar wieder völlig intakt zu bekommen. Erstaunlicherweise haben länger lebende Organismen – ich hatte es schon angedeutet – auch mehr Reparaturkits und zeigen in der Folge anscheinend weniger Chromosomenfehler (»Aberrationen«). Außerdem ist in einer normalen, ausdifferenzierten Zelle kaum mehr als 1 % der gesamten DNA-Länge überhaupt noch aktiv. Schäden beträfen also eigentlich nur kleine Ausschnitte aus dem Gesamtprogramm des laufenden Funktionsablaufes. Es scheint eher so zu sein, daß die Zelle bzw. das biologische System es – anthropomorph ausgedrückt – nicht für erforderlich erachtet, die somatische Zelle (das ist die normale Körperfunktionszelle, die Zelllentypen, die nicht an der Fortpflanzung direkt als Keimzellen beteiligt sind) längere Zeit als unbedingt notwendig voll funktionsfähig zu erhal-

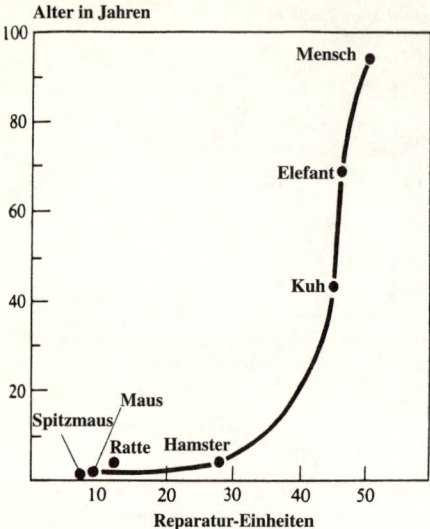

ABBILDUNG 3.7: DNA-Reparatur-Kapazität in Abhängigkeit vom erreichbaren Lebensalter bei verschiedenen Tieren und beim Menschen. Je älter ein Organismus werden kann, um so mehr Reparatur-Einheiten stehen ihm ganz offensichtlich zur Verfügung. Mit der Zeit auftretende Schäden können so bei länger Lebenden auch länger ausgebessert werden.

ten. Ist das Lebensende und damit das Ende der Funktionsnotwendigkeit in Sicht, wird in die Reparatur von Aberrationen nicht oder nicht mehr viel investiert. Darüber werden wir in einem späteren Kapitel noch ausführlich diskutieren.

Woher kommen nun diese Schäden? Viele erfolgen vermutlich spontan, ohne erkennbaren äußeren Anlaß. Viele sind allerdings auch umweltbedingt (man nennt dies »extrinsisch« – von außen – verursacht). Man nimmt z.B. an, daß Sauerstoffradikale zu den Hauptverursachern der DNA-Schäden zählen. Zu schädigenden Parametern gehören außerdem energiereiche Strahlungen (wie natürliche und künstliche Radioaktivität, UV-Strahlung etc.), aromatische Kohlenwasserstoffe, thermische Belastungen usw. Weiterhin wird die DNA mit zunehmendem Alter stärker methyliert, d.h. von der Zelle selbst mit einer chemischen Substanz ($-CH_3$) verbunden, und somit nicht mehr »richtig« ablesbar. Als vermutliche Folge nimmt bei der Zellteilung die Länge des Zellteilungszyklus mit zunehmendem Alter zu. Zudem quervernetzen (»cross-linking«) sich manche Chromosomen miteinander und werden ebenfalls schwerer transkribierbar. Durch diese Quervernetzung erhöht sich u.a. auch die Schmelztemperatur der DNA mit dem Alter.

Wie bereits erwähnt, besteht der funktionelle Chromatinkomplex, den wir im Zellkern finden, aus DNA, Histonen und Nichthistonproteinen. Das Verhältnis Gesamthiston zu DNA scheint sich mit dem Alter nicht zu ändern. Aber es konnten sowohl qualitative als auch quantitative Änderungen einzelner Histonfraktionen mit dem Alter festgestellt werden (sowohl Anstieg als auch Abfall; z.B. auch Erhöhung des Methylierungs-,

Acetylierungs- und Phosphorylierungsgrades der Histone und anderer Bestandteile).

Die DNA-Replikation, die bei der Zellteilung für die Neusynthese des Genommaterials unerläßlich ist, damit jede neuentstandene Zelle wieder den kompletten Erbsatz erhält, scheint in einigen Systemen häufiger fehlerhaft zu werden. Die Transkriptions-Rate nimmt mit dem Alter der Zelle ebenfalls signifikant ab. Die dafür notwendigen Bauteile, die Nucleotide, sind in alten Zellen viel seltener zu finden als in jungen. Für die m-RNA ist so z.B. das Vorkommen einer sogenannten Polyadylensäure wichtig, die als »Anhängsel« der RNA beigegeben ist. Mit dem individuellen Altern der m-RNA nimmt die Kettenlänge dieser Poly(A)-Sequenz von etwa 200 auf etwa 50 Adenosinmonophosphat-(AMP)-Nucleotide ab. Nun kann man beobachten, daß der Anteil längerkettiger Poly(A)-Fraktionen in verschiedenen Organen ebenfalls mit zunehmendem Alter zurückgeht (Abb. 3.8), was zur Folge hat, daß es letztendlich auch zu einer Abnahme an translations-aktiver m-RNA und damit wiederum zu einer Herabsetzung der Proteinsyntheserate mit zunehmendem Alter kommt.

Gleiches scheint für die Translation zu gelten. An diesen Vorgängen sind zahlreiche altersabhängige Änderungen beispielsweise in der Struk-

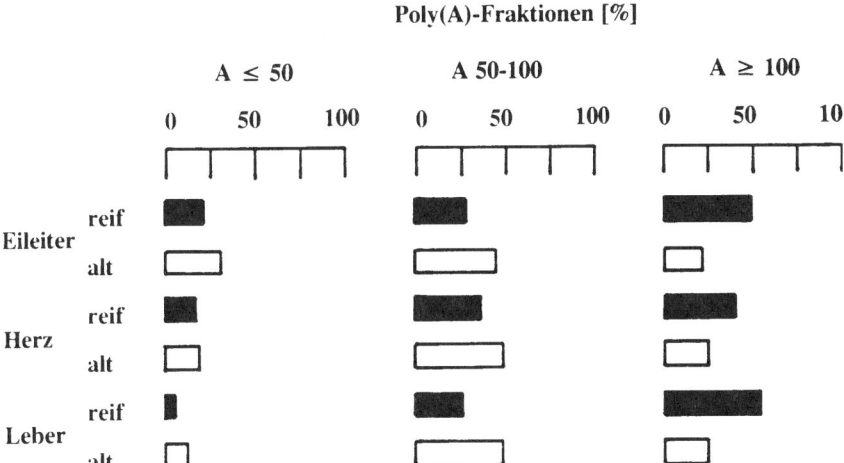

ABBILDUNG 3.8: Altersabhängige Veränderungen der prozentualen Verteilung der Kettenlängen der Poly(A)-Sequenz an der mRNA aus verschiedenen Organen der Wachtel. Deutlich ist zu erkennen, wie sich der Anteil der verschiedenen Fraktionen mit dem Alter ändert.

tur und Funktion der beteiligten speziellen RNA-Fraktionen zu finden, die hier im Detail nicht angeführt werden sollen, weil sie doch sehr stark in schwer nachvollziehbare biochemische Darlegungen münden müßten und die bisher angeführten Vorgänge der Transkription vielleicht schon für viele Leser komplex genug waren.

Die Mitochondrien – Kraftwerke, die schwächer brennen

Die Mitochondrien sind genetisch gesehen sogenannte semiautonome, d.h. mit einem eigenen, weitgehend zellkernunabhängigen genetischen System ausgestattete Organellen, die zu einer eigenen Proteinbiosynthese fähig sind. Sie stammen alle (meist einige hundert) aus der mütterlichen Eizelle. Wichtig – für die Beurteilung von Klonen (siehe weiter unten) – ist, daß diese Hunderte von Mitochondrien nicht alle genau die gleiche DNA besitzen. Zufälle bei der normalen Zellteilung (Mitose) können zusätzlich nun dazu führen, daß nicht beide Tochterzellen die identische Mitochondrienausstattung (aber auch andere Zellgruppen und Organellen) mitbekommen.

Evolutionsbiologisch gesehen sind Mitochondrien Abkömmlinge von Bakterien, die vor rund 1,5 Milliarden Jahren, als der Sauerstoffgehalt der Erde durch die Photosynthese der Pflanzen erstmals rund 1 % erreichte, die Energiegewinnung durch Oxidation (Atmung mit Sauerstoff) entwickelt haben. Dabei kann aus einer gegebenen Menge Kohlehydrate in einer fünfstufigen Reaktionskette achtzehn Mal mehr Energie gewonnen werden als bei der bis dahin üblichen Gärung (Atmung ohne Sauerstoff). Andere Bakterien haben solche Sauerstoffatmer dann offensichtlich als Symbionten aufgenommen, was für die Entwicklung der Eukaryonten und der folgenden Vielzeller sehr wichtig war. Alle Sauerstoff atmenden Organismen benutzen heute praktisch identische Mitochondrien mit dem identischen Atmungsweg zur Energiegewinnung, was für unsere späteren Betrachtungen noch von elementarer Bedeutung sein wird.

Mitochondrien bestehen aus einer Doppelmembran, deren innere faltenförmig zur Vergrößerung der Membranoberfläche in sogenannte Cristae strukturiert ist. Durch die Doppelmembran besitzen Mitochondrien zwei Reaktionsräume (Kompartimente): einen Innenraum, die Matrix und den zwischen den beiden Membranen gelegenen Intermembranraum. Beide Membranen bestehen aus unterschiedlichen Proteinen und Lipiden. Die äußere Form der Mitochondrien hängt vom Zelltyp ab. Meist sind sie längliche Zylinder, mit sehr unterschiedlicher, innerer Membranfaltung. Eine Leberzelle besitzt etwa 1 000 bis 2 000 Mitochondrien; sie nehmen ca. 20 % des Zellvolumens ein und enthalten ca. 35 % des Gesamtproteins und 25 % der Gesamtlipide der Zelle.

Mitochondrien vermehren sich durch Zweiteilung (etwa alle zehn bis dreißig Tage teilen sie sich, auch wenn sich die »Wirtszelle« nicht teilt). Sie enthalten mehrere Kopien einer eigenen, ringförmigen DNA, die aus etwa nur 17 000 Nucleotidpaaren besteht. Sie besitzen einen eigenen Replikations-, Transkriptions- und Proteinsyntheseapparat, der aber nur mitochondrieneigene Enzyme (Cytochrom b, ATP-Synthetasen etc.) produziert. Die Hauptfunktion der Mitochondrien ist die Bereitstellung von Energie in Form von ATP (Adenosin-Tri-Phosphat). Mitochondrien leben nur wenige Tage (siehe oben). Sie werden ständig nachgeliefert durch irisblendenartige Querteilung (Verdoppelung) und Abschnürung von Frühformen (Pro-Mitochondrien). Eigentlich könnten so deshalb auch in einer alternden Zelle stets nur neue, voll funktionsfähige Mitochondrien vorhanden sein. Dem ist aber nicht so.

Mit dem Alter scheint die Zahl der Mitochondrien abzunehmen und ihre Größe und ihr Volumen zuzunehmen (Abb. 3.9, S. 50). Es gibt aber auch gegenteilige Berichte. Die Größen- bzw. Volumenzunahme kann eventuell als kompensatorische Überfunktion als Folge der zahlenmäßigen Reduktion interpretiert werden. Allerdings könnte es auch als Störung ihrer Vermehrung durch Querteilung angesehen werden. Es konnten aber keine degenerativen Änderungen an Altersmitochondrien festgestellt werden. Allein die Anordnung der Cristae scheint unregelmäßiger zu werden und sie sind häufiger durch lamelläre Strukturen ersetzt. Bei Hühnchen scheint die äußere Form im Alter von mehr oval zu mehr nierenförmig zu gehen.

Ist die zahlenmäßige Reduktion ein Problem? Die Zellen haben weitaus mehr Mitochondrien, als sie für ihre normale Energieversorgung benötigen. Man geht davon aus, daß ein Viertel der vorhandenen genügt, um unter Normalbedingungen die Zelle ausreichend zu versorgen. Dennoch bedeutet der zahlenmäßige Verlust primär zunächst nur einen Verlust an maximaler Leistungsfähigkeit.

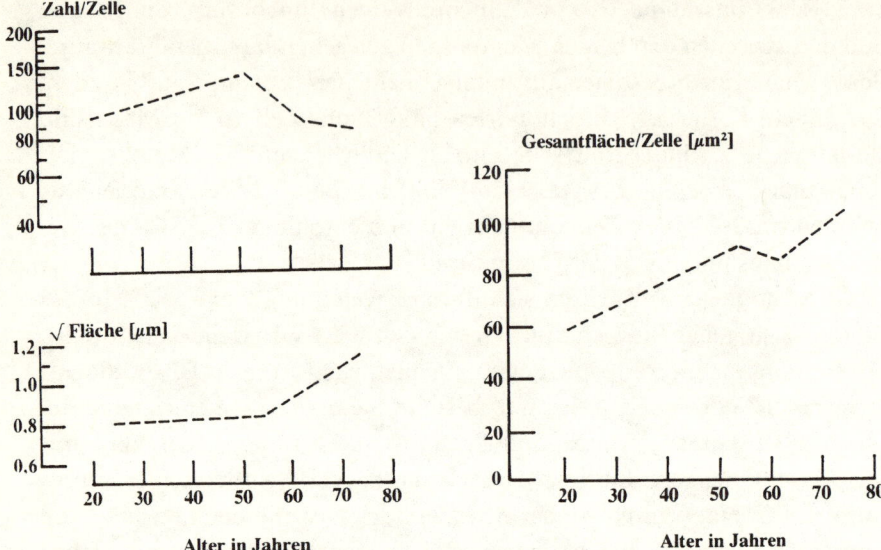

ABBILDUNG 3.9: Veränderungen verschiedener Mitochondrieneigenschaften (Zahl pro Zelle, Maß für die Gesamtzellfläche, Gesamtfläche pro Zelle) mit dem Lebensalter. Die Zahl der Mitochondrien nimmt ab, ihre Eigenfläche (die Quadrierung der angegebenen Zahlen – sie repräsentieren die Quadratwurzel der Fläche – ergibt die konkrete Fläche) und ihr Flächenanteil an der Fläche der Zelle aber zu. Die Beispiele stammen aus menschlichen Leberzellen.

Signifikante, altersabhängige Änderungen fand man weiterhin in der Proteinzusammensetzung der inneren Membran und im Verhältnis Cholesterin zu Phospholipid-Phosphor sowie im Anstieg der passiv erduldeten Lipidperoxidation, die die Membrane schädigt.

Bezüglich der generellen Funktion konnte man bisher keine altersabhängige Änderungen, weder bei der Phosphorylierungskapazität noch bei der Kapazität des Elektronentransportsystems, finden. Abnahmen mit dem Alter zeigt aber u.a. folgender Funktionsbereich: Zumindest die Atmungskontrolle (Kopplung der oxydativen Phosphorylierung an den mitochondrialen Elektronenfluß) ist bei Mitochondrien aus jungen Zellen besser. Deutliche altersabhängige Reduktionen findet man auch bei der Atmungsrate, der Aktivität der Superoxid-Dismutase, der Stoffwechselgeschwindigkeit des Tricarbonsäurezyklus und der ß-Oxidation. Die Superoxid-Dismutase der Zelle liegt zu etwa 50 % in den Mitochondrien. Dieses Enzym dient dazu, Superoxidradikale in der Zelle zu inaktivieren und dadurch die Zelle vor Oxidationsschäden zu schützen. Diese Radikale, in Form von Superoxid O_2^- und Wasserstoffperoxid H_2O_2, werden u.a. aus etwa 1 bis 2 % des in die Mitochondrien gelangenden Sauerstoffs O_2 im Zuge normaler Reaktionsketten gebildet. In einer normalen Zelle werden pro Tag zwischen 10 000 und 100 000 DNA-Basen durch diese Oxidantien und andere freie Radikale beschädigt. Die meisten dieser Schäden werden durch die Reparaturenzyme rasch wieder beseitigt. Dennoch kommt es zu einer allmählichen Ansammlung funktionsunfähiger Teile, und man geht davon aus, daß bei Tieren am Ende der natürlichen Lebensspanne 30 bis 50% aller Proteine beschädigt sind. Die Schutzwirkung der Mitochondrien-Enzyme hat also eine sehr große Bedeutung.

Dem Mechanismus dieser Inaktivierung von freien Radikalen wird in der »Radikaltheorie« des Alterns (s. Kap. 16 auf S. 416 f.) eine wesentliche Rolle bei der Bestimmung der Lebensspanne zugesprochen. Je länger die Lebensdauer, desto höher ist die (Anfangs-)Aktivität der Superoxid-Dismutase, und ihr Abnehmen auf etwa die Hälfte bis auf ein Viertel soll nach der Radikaltheorie letztendlich das Ende der Lebensspanne bewirken. Bei der Taufliege *Drosophila* kann man die Aktivität der Enyzme genetisch erhöhen. Die so behandelten Fliegen leben um etwa ein Drittel länger. Diese Erkenntnis hat u.a. auch dazu geführt, daß die Pharmaindustrie sogenannte »Radikalfänger« als Mittel gegen frühzeitiges Altern (Geriatrica) anbietet.

Mit dem Alter treten in den Mitochondrien auch gehäuft verkettete Formen der zirkulären, mitochondrialen DNA auf. Da den Mitochondrien ein DNA-Reparatursystem (siehe weiter oben) fehlt, kommt es leicht zu einer Anhäufung von DNA-Schäden (allerdings wesentlich weniger als im Zellkern), gegen die das Mitochondrium allerdings sehr unempfindlich ist. Zumindest gibt es keine Hinweise auf daraus resultierende funktionelle Beeinträchtigungen.

Die Alternserscheinungen der Mitochondrien sind in soweit von besonderem Interesse, als diese Zellorganelle ja als inkorporierte »Bakterien« angesehen werden (Symbiontentheorie; vgl. dazu Altern bei Prokaryoten im Kap. 5 auf S. 129 f.). Geschädigte Mitochondrien werden im übrigen von Lysosomen in Vakuolen abgebaut.

Funktionsschäden in den Mitochondrien werden für einige Krankheiten verantwortlich gemacht. So sollen möglicherweise bestimmte Formen der Diabetes, das PEARSON-Syndrom (ungenügende Produktion von Blutkörperchen bei Kindern), das PARKINSON-Syndrom (siehe Alterskrankheiten; Kap. 11) und verschiedene Muskelschwächen und -lähmungen dafür ursächlich mitverantwortlich sein. Ein in der zweiten Stufe der Oxidationskette vorkommendes Coenzym der Mitochondrien, das Q_{10}, hat sich zumindest bei Muskelschwächen in einigen Fällen gut bewährt. Es wird in der Zwischenzeit deshalb auch eifrig als Geriatricum angepriesen.

Die Lysosomen – verantwortlich für das Alterspigment

Lysosomen sind membranbegrenzte, kugelige Organellen, die zahlreiche saure, hydrolytische Enzyme vor allem für die intrazelluläre Verdauung enthalten. Sie entstehen durch Knospung aus dem Golgi-Apparat (primäre Lysosomen) oder durch Verschmelzung primärer Lysosomen mit Teilen endocytotischer Vesikel (sekundäre Lysosomen). Eine Leberzelle enthält im Mittel etwa 300 dieser Organellen.

Man nimmt an, daß Lysosomen eine wichtige Rolle beim zellulären Altern spielen. Die Lysosomenmembran kann durch zahlreiche Faktoren während des Alterns zerstört werden (besonders durch Peroxide), wodurch es zu einer Freisetzung der Lysosomenenzyme in das Zellplasma kommt. Dies führt zwangsläufig zu einer vermehrten »inneren Verdauung« und damit Schädigung der Zelle. Durch Zerstörung der Zelle selbst können diese Enzyme zusätzlich in den Extrazellulärraum gelangen und dort zum Abbau von Bindegewebsanteilen führen. Dies wiederum kann zu einer erhöhten Bildung von Autoantikörpern führen. Viele Enzyme der Lysosomen zeigen mit dem Alter Aktivitätsveränderungen, wobei sowohl ein Anstieg als auch ein Abfall (je nach Enzym und Zelle) beobachtet werden konnte.

Der ständige Auf- und Abbau von Strukturen (siehe oben) geht nicht spurlos an der Zelle vorbei. In den Lysosomen sammeln sich immer mehr Rückstände an, die durch Überladung nicht mehr vollständig abgebaut werden können. Sie bleiben als sich anhäufendes Material im Lysosom enthalten. Dieses sogenannte Alterspigment oder Lipofuscin ist die Folge einer nicht ganz perfekten lysosomalen Verdauung von Membranbestandteilen und Proteinen und kann relativ genauen Aufschluß über das Alter einer Zelle geben (Abb. 3.10, S. 53). In vielen Zellen konnte man einen mit dem Alter linear ansteigenden Alterspigmentanteil feststellen. Die meisten Lipofuscin-Granula findet man in den Zellen von Leber,

Herz und Gehirn. Lipofuscin wird dabei in den sogenannten Sekundärlysosomen vor allem in der Nähe des Zellkerns gefunden. Im Herzen beträgt die mittlere, jährliche Zuwachsrate etwa 0,06 % des Herzmuskelzellenvolumens. Hier nimmt es bei 90jährigen schon 6-7 % des Volumens der Herzmuskelzelle ein. In Rattenneuronen alter Tiere hat man schon Konzentrationen bis zu 25 % gefunden, und in der Leber findet sich dieses Pigment auch schon beim Neugeborenen. Vitamin-E-Mangel führt zur einer verstärkten Ablagerung, ohne daß Gaben dieses Vitamins die Ablagerung als solche verhindern könnten. Dieses Alterspigment ist eines der auffälligsten Altersmerkmale auf zellulärer Ebene.

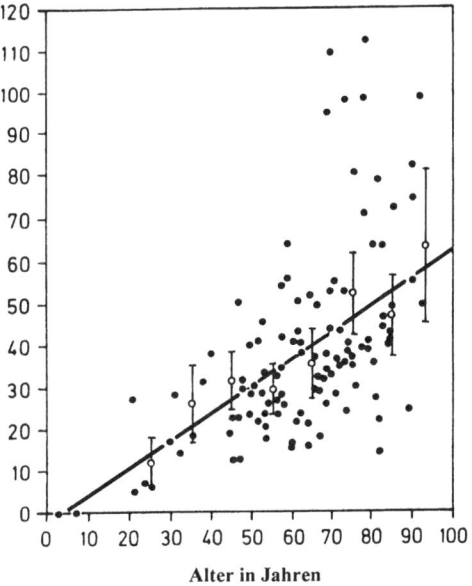

ABBILDUNG 3.10: Die Abhängigkeit zwischen Lipofuscingehalt (»Alterspigment«) und Lebensalter in menschlichen Herzzellen. Die Konzentrationszunahme beträgt im Durchschnitt 0,6 % des intrazellulären Volumens pro Lebensjahrzehnt. Sie erreicht Werte um 6 % (im Extrem sogar über 10 %) in der 9. und 10. Lebensdekade.

Das Endoplasmatische Retikulum – die Proteinsynthese nimmt ab

Das Endoplasmatische Retikulum ER ist ein ausgedehntes System membranbegrenzter Schläuche, Säcke und Taschen, das mit dem Plasmalemma und der Kernmembran verbunden ist. Dadurch entsteht eine direkte Verbindung zwischen dem Lumen des ER und dem perinukleären Spalt. Es teilt (kompartimentiert) funktionell die Zellmatrix von den eigenen Hohlräumen ab. Wir finden es im Grundplasma bei allen Zelltypen (Ausnahmen: Erythrocyten und Thrombocyten). Es durchzieht den größten

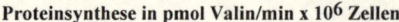

Proteinsynthese in pmol Valin/min x 10⁶ Zellen

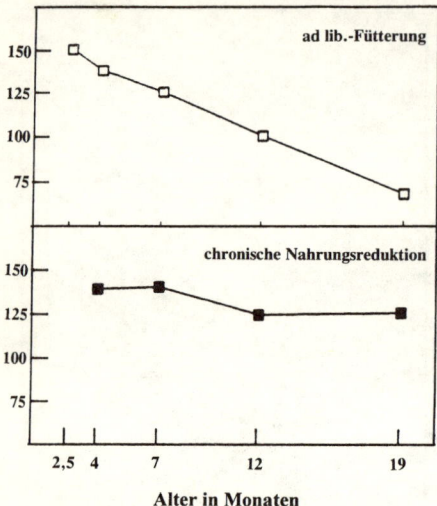

ad lib.-Fütterung

150
125
100
75

chronische Nahrungsreduktion

150
125
100
75

2,5 4   7   12   19

Alter in Monaten

ABBILDUNG 3.11: Der Einfluß chronischer Nahrungsreduktion auf die altersabhängigen Veränderungen der Gesamtproteinsynthese isolierter Leberzellen in Kultur. Bei »ad lib.-Fütterung« erhielten die Spenderratten soviel Nahrung, wie sie fressen wollten. Hier nimmt die Proteinsynthese der Zellen mit dem Alter ab. Bei »chronischer Nahrungsreduktion« stand den Tieren nur eine Mangeldiät zur Verfügung, die 60 % der ad lib. Futtermenge entsprach. Hier fand man keinen Abfall in der Proteinsynthese-Rate der Leberzellen. Es zeigte sich auch, daß nahrungsreduzierte Ratten wesentlich länger leben als solche, die ad lib. gefüttert werden.

Teil des Cytoplasmas und macht rund 1/5 des Plasmavolumens aus. Seine Oberfläche beträgt ungefähr das Zehnfache des Plasmalemmas. Bei ganz jungen Zellen (pränatal bei Ratten) kann das ER noch fehlen; Gaben von vielen Pharmaka können zu einer Verdoppelung innerhalb von 16 Stunden führen. Man kann ein rauhes (viel Ribosomen auf der Oberfläche) und ein glattes ER unterscheiden, die beide vermutlich miteinander in Verbindung stehen.

Das ER hat die Aufgabe, Membranproteine, Membranlipide und Zellproteine zu synthetisieren (Abb. 3.11). Weiterhin dient es zur Speicherung (Lipide, Glykogen, Proteine, Calcium) und zum Transport von Zellbestandteilen. Es besteht im wesentlichen aus ungefähr 70 % Proteinen und ungefähr 30 % Lipiden.

Mit zunehmendem Alter kommt es beim ER zu einem Abfall des Gehalts an verschiedenen Bausubstanzen (Phosphatidylcholin, Sphingomyelin und Glyconlipiden). Das rauhe ER nimmt in seiner Oberflächendichte mit zunehmendem Alter ab. Die Ribosomen, die ihm aufsitzen, sind für die Proteinsynthese (vor allem Glycoproteine) verantwortlich. Die Gesamtprotein-Synthese zeigt eine altersabhängige Störung, die in einer Abnahme mündet (einige Proteinfraktionen werden aber auch mehr synthetisiert, z.B. Albumin). Welche Ursachen dies hat, ist noch nicht geklärt. Es wird jedoch vermutet, daß die Abnahme der m-RNA-, Gesamt-t-RNA-Konzentration und andere Faktoren daran beteiligt sind.

Die Zahl der Ribosomen scheint sich im Verlauf des Alterns nicht zu ändern (siehe aber oben bezüglich der Zusammensetzung verschiedener Poly-A-Sequenzen; bei *Drosophila* konnte man aber eine Abnahme mit dem Alter um über 23 % feststellen). Allerdings könnte sich die Funktion der Ribosomen verlangsamen. Deshalb gehen einige Autoren davon aus, daß auf der Ebene der Translation Störungen auftreten. Wie diese im Detail aussehen, ist umstritten. Die Fehlerhäufigkeit der Translation (normal ungefähr $1: 10^4$ bis $1:10^5$) nimmt nämlich während des Alterns nicht wesentlich zu. Sie ist jedoch wesentlich (rund 10 Millionen Mal) größer als bei der DNA-Replikation, bei der das Verhältnis nur $1:10^{12}$ beträgt. Allerdings konnte bei Ratten gezeigt werden, daß die Expression retroviraler Sequenzen altersabhängig deutlich zunimmt.

Auf dieser Argumentationsebene sind auch zwei weitere Alternstheorien angesiedelt. Die Fehlerkatastrophentheorie geht davon aus, daß bei der Translation mit zunehmendem Alter vermehrt Fehler auftreten. Man konnte jedoch keine altersabhängige Zunahme fehlerhafter Proteine in der Zelle beobachten, was nach dieser Hypothese aber der Fall sein müßte. Bei der Codon-Restriktionstheorie geht man davon aus, daß der genetische Code mit dem Alter degeneriert. Vereinfacht ausgedrückt besagt diese Hypothese, daß die Fähigkeit der Zelle, bestimmte m-RNAs zu translatieren, sich mit dem Alter ändert, was zu Störungen oder gar Schäden in den folgenden Abläufen führen müßte. Allerdings gibt es gegen diese Theorie ebenfalls gewichtige molekularbiologische Einwände.

Das glatte ER ist nicht mit Ribosomen besetzt. Es hat einen Membrananteil an der Zelle von etwa 16 % (rauhes ER etwa 35 %) und einen Volumenanteil von etwa 6 %. Es synthetisiert vor allem Lipide und Steroidhormone und hat einen Anteil bei der Durchführung von Entgiftungsvorgängen. Seine Oberfläche nimmt im Gegensatz zum rauhen ER altersabhängig deutlich zu. Funktionell konnte auch eine Abnahme des Elektronentransportsystems mit dem Alter nachgewiesen werden. Dadurch ändert sich in der Leber z.B. die Metabolisierbarkeit (durch Oxidation/Reduktion z.B. über das sogenannte Cytochrom P-450-System), d.h. der Abbau und die Ausscheidung von Pharmaka mit dem Alter in Richtung geringerer Geschwindigkeit, was pharmakologisch bei der Medikamentation älterer Menschen berücksichtigt werden muß.

Der Golgi-Apparat – die »Drüse« der Zelle

Den Golgi-Apparat nennt man auch die »Zelldrüse«. Die Aufgabe des Golgi-Apparates oder Golgi-Komplexes (die Gesamtheit aller Dictyosomen) besteht im Sammeln und dem Abtransport von Sekreten, der Ergänzung und Neubildung der Zellmembran und der Lysosomenbildung. Er ist ein Stapel von 3-12 aufeinander geschichteten Hohlkörpern (Zisternen) von sehr flacher Schüsselform (Dictyosomen), die sich an den Rändern zu Kanälen verzweigen und zu kleinen Bläschen auftreiben, die als Golgi-Vesikel abgegliedert werden können. Einzelne Dictyosomen sind direkt mit dem glatten ER verbunden.

Über altersabhängige Veränderungen des Golgi-Apparates ist kaum etwas bekannt. Möglich sind Anschwellungen der Zisternen mit dem Alter und/oder Abnahmen in der Volumendichte.

Eine kurze Zusammenfassung der Organellenalterung

Versucht man eine Zusammenfassung der wichtigsten Alternsveränderungen in Zellorganellen, kommt man aufgrund der oben genannten Beobachtungen zu folgendem Ergebnis: Man kennt eine große Zahl von alternsabhängigen Veränderungen in den Zellbestandteilen und Zellfunktionen verschiedener Organismen. Am meisten untersucht sind dabei Ratten-, Mäuse- und Menschenzellen. Die Ergebnisse sind zum Teil sehr widersprüchlich. Keines der Ergebnisse ist zudem in der Lage, alle beobachteten Alternseffekte auch nur annähernd universell zu erklären. Wichtig und einigermaßen allgemein gültig scheinen folgende Effekte zu sein: Es findet eine Änderung in der Membranfluidität statt; es kommt zu einer Verlängerung und Reduktion der Protein-Synthese; DNA-Defekte, DNA-Maskierungen (cross-linkages, Methylierungen etc.) und posttranslationale Modifikationen der Proteine nehmen zu.

Die Altersabhängigkeit der Zellteilungsfähigkeit

Zum Entwicklungsablauf und damit zum Altern der Zelle gehört auch die Verdopplung und Weitergabe der Erbinformation auf Tochterzellen durch Zellteilung. Diese Wachstums- und Vermehrungsteilung nennt man Mitose. Die Mitose ist also eine sogenannte somatische Zellteilung, die als Ziel die Vermehrung der Mutterzelle mit diploidem Chromosomensatz hat und nicht, wie die Meiose (Reduktionsteilung), der Bildung von Keimzellen mit haploidem Chromosomensatz dient.

Man kann die Mitose in verschiedene Subphasen unterteilen (Abb. 3.12, S. 58). Die Hauptlebenszeit (u.U. über mehrere Jahre) der teilungsfähigen Zelle ist die sogenannte Interphase; hier wird die DNA in der S(ynthese)-Phase repliziert. Danach befindet sich die Zelle in der G2-Phase (Postsynthese-Phase). Zu Anfang durchlebt sie die G1-Phase, in der die S-Phase vorbereitet wird. Die meisten Körperzellen sind funktionell gesehen in der G1-Phase. Einige nicht mehr teilungsfähige Leberzellen sind in der S-Phase polyploid, d.h., sie haben einen vielfachen Chromosomensatz. Die übrigen Phasen (Pro-, Meta-, Ana-, Telophase) sind nur direkt in der Mitose zu beobachten und dienen unmittelbar der gleichmäßigen Verteilung der Erbsubstanz auf die entstehenden Tochterzellen. Zellen, die ihre Teilungsfähigkeit verloren haben oder sich nicht sofort wieder teilen wollen, befinden sich postmitotisch (nachdem keine Mitosen mehr stattfinden können) in einer mit G_0 bezeichneten Phase. In dieser G_0-Phase finden Wachstums- und/oder Differenzierungsvorgänge statt.

Viele unserer Körperzellen gelangen sofort nach der Mitose in eine normalerweise irreversible G_0-Phase (Nervenzellen, Muskelzellen, Erythrocyten); andere erst nach einigen Mitoseteilungen (Leberzellen, Lymphocyten). Eine dauernd anhaltende Mitosefähigkeit haben dagegen alle Epithelien (vor allem Darmepithel, Basalzellen der Haut). Ist diese irreversible, postmitotische Phase erreicht, kann nur durch spezielle Mechanismen die erneute Mitosefähigkeit wieder erreicht werden. Dies kann durch Transformation durch Viren, durch Entartung durch Krebs oder auch spontan geschehen. Ich werde darauf später noch näher eingehen.

Tatsache ist, daß man früher davon ausging, daß Zellen, zumindest in Kultur, sich ewig teilen können. Ausgangspunkt dieser Vorstellung waren Versuche von Carrel, der über 34 Jahre lang Hühnerherz-Fibroblasten

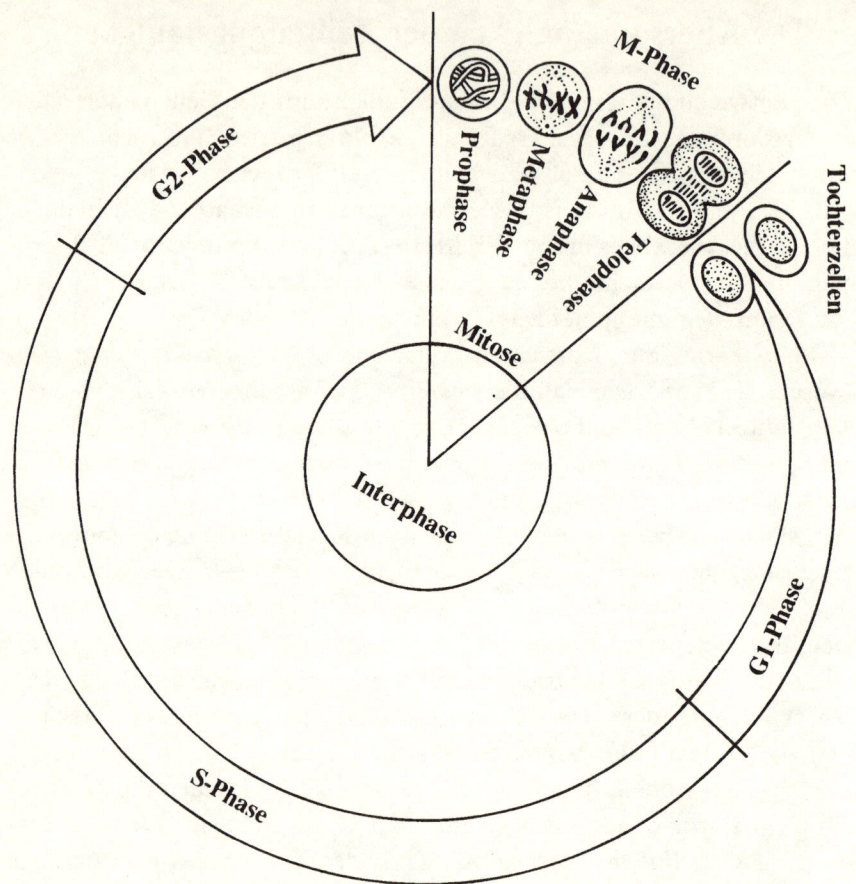

ABBILDUNG 3.12: Der Zellzyklus einer eukaryotischen Zelle (Eucyte), die der Verdopplung und Weitergabe der genetischen Information in der Mitose auf die Tochterzellen dient. Normalerweise dauert dieser Zyklus je nach Zelltyp bei schnell wachsenden, höheren Organismen zwischen 10 und 30 Stunden. Die Interphase kann allerdings u.U. auch Jahrzehnte dauern; postmitotisch natürlich ein Leben lang. Bezogen auf den erstgenannten Zeitrahmen verteilen sich die verschiedenen chronologischen Zeitanteile wie folgt auf die verschiedenen Phasen: G1-Phase 30 bis 40 %, S-Phase 30 bis 50 %, G2-Phase 10 bis 20 %, Mitose(M)-Phase 5 bis 10 %.

(Fibroblasten sind Bindegewebszellen) kontinuierlich in Kultur hielt und dabei keinerlei Änderungen in der Zellteilungsfähigkeit feststellen konnte. Er postulierte aus seinen Resultaten die dann von der Wissenschaft allgemein akzeptierte Hypothese der prinzipiellen Unsterblichkeit von Zellkulturen, die man noch heute in vielen Schul- und Lehrbüchern finden kann (Abb. 3.13). Auch konnte er keine Altersveränderungen oder Differenzierungen seiner Zellen in Kultur feststellen. Carrels großer Verdienst war, daß er bereits 1912 in der Lage war, Zellkulturen moderner Art zu betreiben und sie vor allem über eine heutzutage kaum vorstellbar lange Zeit aufrecht zu erhalten. Andererseits war sein Versuch mit einem elementaren Fehler behaftet, wie sich erst Ende der 60er Jahre herausstellen sollte. Zellen in Kultur brauchen natürlich »Futter«, um wachsen und sich vermehren zu können. Dazu benutzte Carrel eine Brühe aus Rindsbouillon und Serum. Allein damit wuchsen und vermehrten sich seine Hühnerherz-Fibroblasten allerdings nicht. Er mußte ihnen (das ergab sich aus Versuchen) einen Embryo-Extrakt dazu geben. Heute wissen wir, daß es – neben dem reinen »Futter« – tatsächlich bestimmter Wachstum-

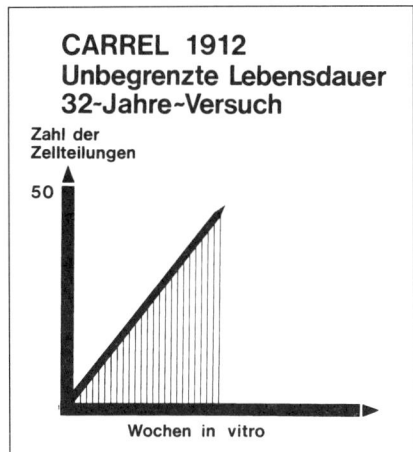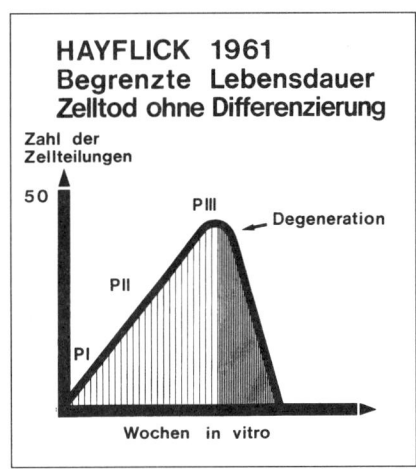

ABBILDUNG 3.13: Die verschiedenen Theorien zur Alterung von menschlichen Fibroblastenzellkulturen in ihrer chronologischen Entwicklung. **Links:** Carrel ging 1912 aufgrund eines 32 Jahre dauernden Versuches noch davon aus, daß sich Zellen in Kultur unbegrenzt verdoppeln können, also unsterblich seien. **Rechts:** Hayflick (1961) stellte dagegen eine begrenzte Lebensdauer fest, die durch eine bestimmte Zahl von möglichen Zellteilungen definiert wurde (Hayflick-Zahl). Der Zelltod erfolgte ohne vorherige Zelldifferenzierung im Sinne von Alterung oder ähnlichem.

In Ergänzung zu Hayflick fand Bayreuther (1991) eine deutliche alternsabhängige Differenzierung der Fibroblasten, die sich bereits in der Mitosephase zeigt (s. Abb. 3.18, S. 65).

faktoren bedarf, um eine Zellkolonie am Leben zu halten, die unter anderem in diesem Embryoextrakt zu finden sind.

Nun scheint es allerdings so gewesen zu sein, daß mit diesem Embryoextrakt auch immer wieder embryonale, teilungsfähige, neue, junge Zellen in die Kultur gelangten und so das falsche Ergebnis des Langzeitversuches lieferten. Carrel war damals der Meinung, daß die Zellen

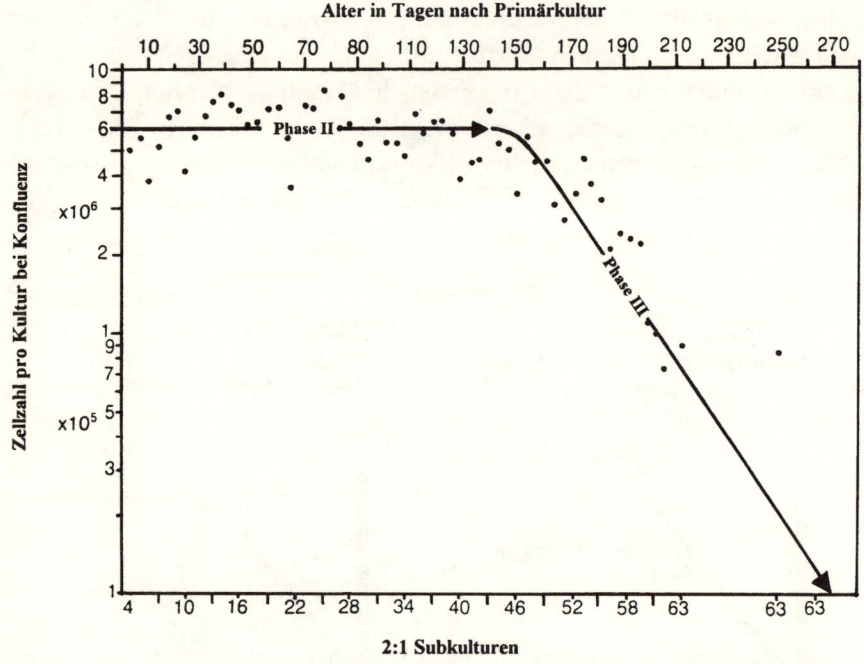

ABBILDUNG 3.14: Altern einer Zellkultur (WI-44) aus menschlichen Fibroblasten. Die Phase I (Primärkultur) besteht vom Einsetzen einiger Zellen bis zur Ausbildung einer ersten, zusammenhängenden (konfluenten) Zellschicht. Die Phase II ist dann durch weitere Zellteilungen charakterisiert, die regelmäßige Subkulturen (meist im Verdünnungsverhältnis 2:1) erfordern. Die Abfolge dieser Subkulturen, die meist aus ca. 6×10^6 Zellen bestehen, sind auf der unteren x-Achse dargestellt. Auf der oberen x-Achse ist der Zeitablauf in Tagen nach der Primärkultur aufgeführt. Bis zu etwa der 45. Subkultur teilen sich die Zellen regelmäßig (verdoppeln sich), was einem exponentiellen Wachstum entspricht. Dann tritt eine abrupte Verlangsamung der Teilungsrate auf (45. bis 63. Subkultur), die mit Phase III bezeichnet wird. Hayflick bezeichnet den Übergang von II nach III als den Beginn des Alterns dieser Kultur, die in der 63. Generation dann abstirbt. Bereits nach der 45. Kultur reichte die Teilungsrate allerdings nicht mehr aus, eine Konfluenz der Zellen aufrecht zu halten.

vielzelliger Organismen im Gegensatz zu Einzellern nur deshalb sterblich seien, weil sie im hinfälligen, alternden Körper gefangen seien und mit diesem zugrunde gingen. Würden sie vereinzelt, seien aber alle als Einzelzellen unsterblich. Carrel umgab alle seine Versuche mit einem Hauch von Mystik und Magie. Alles war mit schwarzen Tüchern abgedeckt und er selbst und seine Assistenten waren schwarz gekleidet. Er wähnte sich stets in der erhabenen Position, den Zellen ihre Freiheit und damit ihre Unsterblichkeit wiederzugeben.

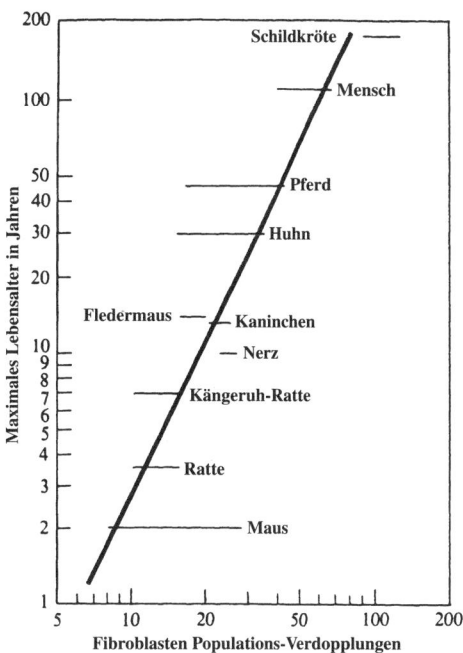

ABBILDUNG 3.15: Hayflick-Zahlen (maximale Zahl von möglichen Zellverdopplungen) menschlicher Fibroblasten in Abhängigkeit vom Alter des Zellspenders. Deutlich ist zu erkennen, daß die Zahlen mit zunehmendem Alter des Spenders abnehmen. Offensichtlich scheinen sich die Zellen die Zahl der bereits durchgeführten Mitosen zu »merken« und auch bei optimalen Bedingungen nur die genetisch fixierte Zellteilungszahl durchführen zu können.

Diese Vorstellung konnte dann Hayflick ab 1961 mit einer Reihe sehr eindrucksvoller Versuche widerlegen. Er fand heraus, daß sich Hühnerfibroblastenzellen tatsächlich nur etwa 15 bis 35mal teilen und dann absterben, Zellen also auch in Kultur in Wirklichkeit einen Alterungsvorgang und Tod erleiden (Abb. 3.13 u. 3.14, S. 59 und 60). Man nannte diesen Effekt dann später Hayflick-Effekt. Es sollte allerdings erwähnt werden, daß man inzwischen auch transformierte Hühnerfibroblasten kennt, die tatsächlich unsterblich sind. Diese hatten aber mit den Zellen von Carell nichts zu tun.

Menschliche (embryonale) Fibroblasten können sich in Kultur etwa 50±10mal teilen (im Mittel also 40 bis 60mal), und diese Zahl wurde dann mit dem Begriff »Hayflick-Zahl« belegt. Viele Forscher begannen, sich mit dieser Problematik zu beschäftigen, und sie erhielten eine Reihe sehr interessanter Befunde. So haben verschieden lang lebende Organismen verschiedene Hayflick-Zahlen. Dabei ist es so, daß die potentielle Mitosehäufigkeit um so größer ist, je länger ein Organismus lebt (Abb. 3.15, S. 61). Die Hayflick-Zahl hängt also eindeutig mit dem Lebensalter zusammen. Weiterhin konnte gezeigt werden, daß menschliche Lungenfibroblasten bezüglich ihrer bereits durchgeführten Anzahl von Teilungen »Bescheid wissen«. Je nach Alter des Spenders sind z.B. die so gewonnenen Zellen zu unterschiedlich häufigen Zellteilungen in der Lage. Je älter der Fibroblasten-Spender, um so geringer die Zahl der noch möglichen Teilungen in Kultur (Abb. 3.16). Hayflick hat solche Zellen in verschiedenen Kulturen sich verschieden oft teilen lassen und sie dann in flüssigen Stickstoff für bis zu sage und schreibe 28 Jahre tiefgefroren. Bis dahin hatte man keine ähnlich lange Konservierungszeit von Zellen durchgeführt. Als man die Zellen nun wieder auftaute, machten sie noch so viele Teilungen durch, wie ihnen zur Hayflick-Zahl fehlten. Offensichtlich befindet sich also in der Zelle eine

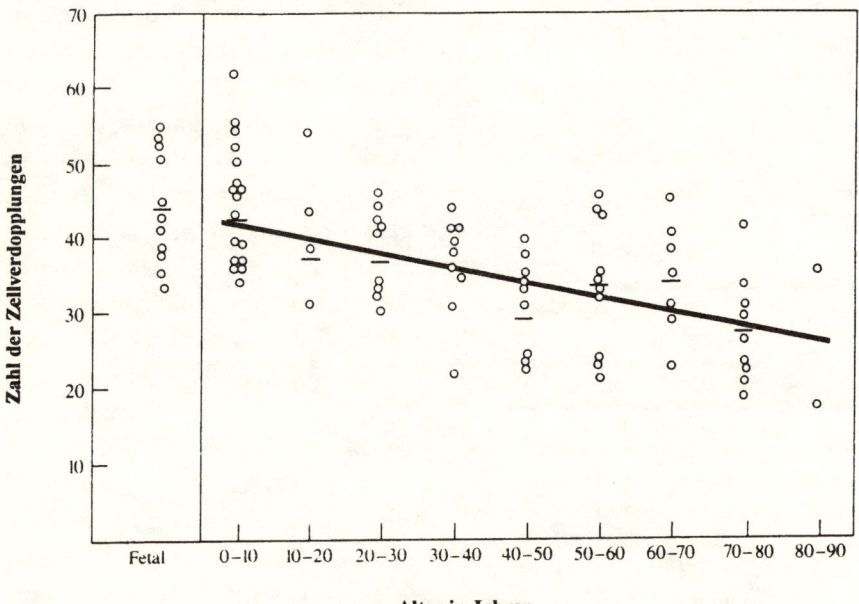

ABBILDUNG 3.16: Hayflick-Zahlen (maximale Zahl von möglichen Zellverdopplungen) in vitro in Abhängigkeit vom potentiellen Lebensalter des Zellspenders verschiedener tierischer Organismen und des Menschen. Deutlich ist zu erkennen, daß die Zahlen mit steigendem möglichem Lebensalter des Spenders zunehmen. Die höchste Zahl möglicher Mitosen haben Tiere mit der höchsten Lebenserwartung.

Art innere Uhr im Sinne eines Mitose-Zählwerkes, das durch die Kälte angehalten wird, sein »Gedächtnis« bezüglich der bereits abgelaufenen Mitosen aber nicht verloren hat. Diese Beobachtung ist wohl der deutlichste, sinnfälligste und wichtigste Hinweis für ein in der Zelle vorhandenes genetisches Programm, das die Alterung im Sinne begrenzter Teilungsfähigkeit mit anschließendem Tod ablaufen läßt.

Wo diese Uhr sitzt und wie sie arbeitet, läßt sich bis heute nicht sagen. Allerdings kennt man inzwischen einige Gene, die für Abschalt- und Anschaltvorgänge in der Zelle verantwortlich sind, die die gerade beschriebenen Prozesse steuern könnten. Darauf werde ich gleich noch näher eingehen. Man vermutet aber, daß es sich nicht um ein Gen, sondern um eine Vielzahl von Genen (vermutlich über 20) auf unterschiedlichen Chromosomen handelt, die diese Hayflick-Zahl steuern.

Das Hayflick-Phänomen – Zellen teilen sich nicht ewig

Hayflick gewann seine Zellkulturen aus Gewebeproben. Beginnend vom Probenansatz unterschied er drei Wachstumsphasen, die bei allen entsprechend durchgeführten Gewebekulturen zu beobachten sind, unabhängig vom Alter des Spenders. In Phase I (auch lag-Phase genannt) verharren die Zellen auf einer Art Ruhestadium, in dem sie aus dem Gewebeverband auswandern. Dieses Stadium ist für unsere Betrachtungen relativ uninteressant. In Phase II (auch log-Phase) findet durch kontinuierliche Mitosen ein exponentielles Wachstum statt. Die Zellen verdoppeln sich beständig, wenn das Nährmedium ebenso kontinuierlich durch ständiges Verdünnen auf einer bestimmten Zelldichte gehalten wird. Die letzte Phase III ist durch eine Degeneration der Zellen mit einem Ende der Mitosen gekennzeichnet (Abb. 3.14, S. 60). Diese Phase kann bei vielen Zellen bis zu zwei Jahre lang dauern. Hayflick ging davon aus, daß allein in dieser Phase Alterung im klassischen Sinne stattfindet. Für ihn ist es eine Alterung, die sich in zahlreichen Funktionsverlusten manifestiert, obwohl die Außenbedingungen sich nicht verschlechtert oder verändert haben.

Viele Funktionsverluste sind mit denen identisch, die sich beim alternden Menschen zeigen. Deshalb lieferten die Beobachtungen auf Zellniveau in der Phase III nach Ansicht von HAYFLICK wertvolle und grundlegende Erkenntnisse zu diesem Fragenkomplex und sind von elementarer Bedeutung für das Verständnis des menschlichen Alterns und für die Gerontologie im allgemeinen (Abb. 3.17).

Erstaunlicherweise konnte man auch zeigen, daß erbliche Erkrankungen, die zu einer frühzeitigen Vergreisung führen (Progeria, Hutchinson-Gilford-Syndrom, Werner-Syndrom), mit einer starken Reduktion der Zellteilungshäufigkeit von Fibroblasten der entsprechenden Spender einhergeht. So liegt die Hayflick-Zahl solcher Personen statt bei rund 50 bei nur 2 bis 18. Auch das ist wiederum ein sehr deutlicher Hinweis auf die genetische Fixierung des gesamten Teilungspotentials und auf den programmatischen Charakter der Lebenszeitbeschränkung, was aber viele Autoren neuerdings heftig bestreiten.

In neuerer Zeit wurden deshalb zahlreiche Einwände gegen das Hayflick-Modell erhoben. Vor allem der Alterungsvorgang in Kultur selbst wurde teilweise anders beobachtet. Bayreuther und andere Autoren konnten das Leben der Fibroblasten in der Zellkultur stärker in verschiedene Abschnitte differenzieren. Neben der bereits bekannten Phase der Mitosezeit, die er in Anlehnung an Hayflick mit MF I bis MF III bezeichnete, fand er eine postmitotische Reifungs- und Alterungsphase, die er PMF IV bis PMF VI nannte (Abb. 3.18, S. 65). Erst an sie schließt sich eine Degenerationsphase an (PMF VII), während der die Zelle abstirbt. Sowohl die einzelnen Mitose- als auch Postmitosephasen sind durch klar

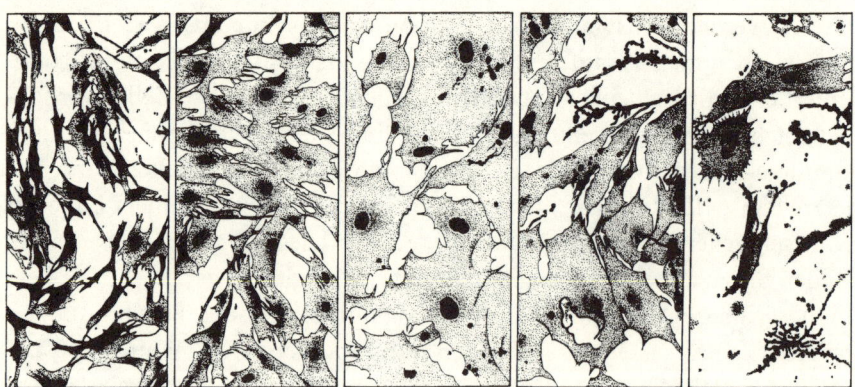

ABBILDUNG 3.17: Veränderung einer Zellkultur mit zunehmendem Alter (von links nach rechts). Die anfänglich gleichgestalteten Zellen haben Kontakt zueinander und Kontakt zum Boden des Kulturgefäßes. Im Alter sind die Zellen sehr unterschiedlich, degeneriert und verlieren z.T. den Bodenkontakt.

unterscheidbare, biochemische Zellzusammensetzungen, aber auch durch
strukturelle Änderungen, die die äußere Form betreffen, gekennzeichnet.
Sie zeigen, daß in der Zelle von Beginn der ersten Teilung an ein bedeutender Wandel stattfindet und Alterung nicht erst postmitotisch in der
Degenerationsphase erfolgt. Allerdings weiß man über Einzelheiten und
ihre mögliche Bedeutung für den Alternsvorgang per se immer noch sehr
wenig Bescheid. In der PMF VII-Phase stirbt die Zelle nun ab oder kann
durch eine Transformation immortalisiert werden. Sie durchläuft dann
den dargestellten Zyklus erneut.

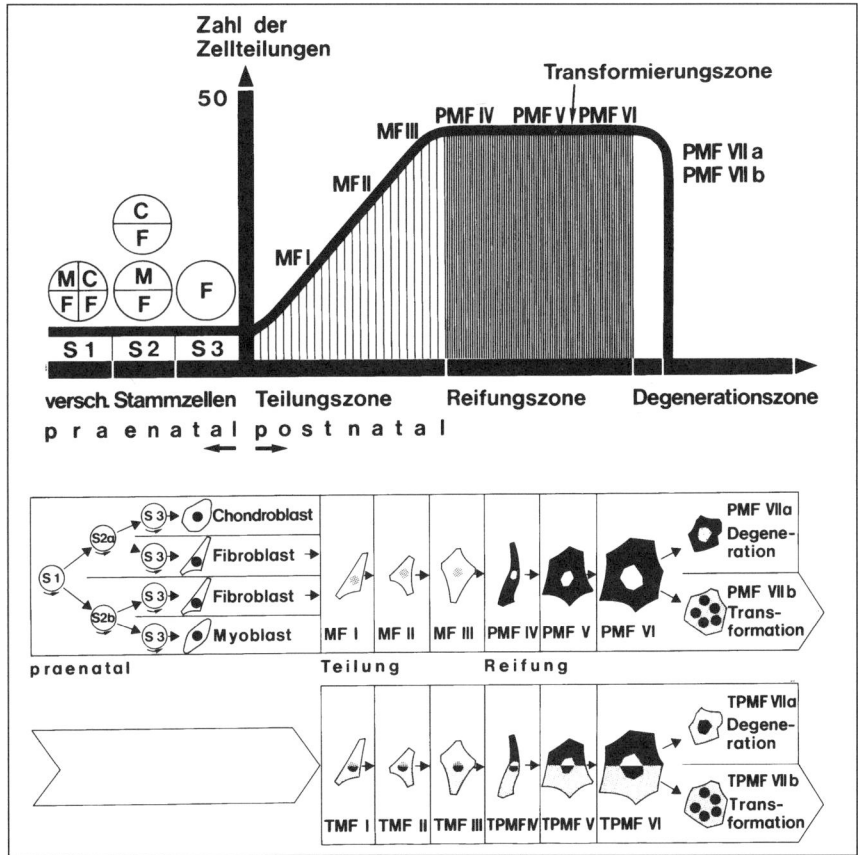

ABBILDUNG 3.18: Aktuelles Schema des Alterns bei Fibroblasten (MF = mitotische Fibroblasten; PMF = postmitotische Fibroblasten; TMF = transformierte
mitotische Fibroblasten). Statt in der Phase PMF VII zu degenerieren (natürlicher
Zelltod), kann der Fibroblast durch spontane Transformation »unsterblich« werden und den Teilungs-/Reifungszyklus erneut durchlaufen.

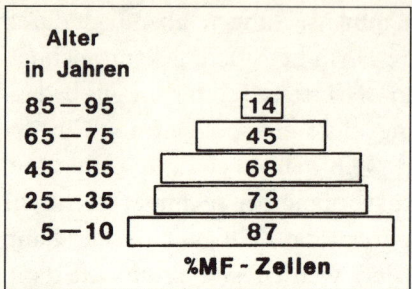

ABBILDUNG 3.19: »Alterspyramide« teilungsfähiger Fibroblasten in den verschiedenen Altersstufen des Menschen. Die Abbildung zeigt zweierlei: Der Anteil teilungsfähiger Zellen nimmt mit zunehmendem Alter stark ab. Aber auch sehr alte Menschen haben eine noch relativ große Zahl mitosefähiger Fibroblasten.

Auch in Gewebe-Transplantaten von alten Spendern gibt es allerdings noch genügend junge Zellen, die eine hohe Teilungskapazität besitzen. So hat man selbst bei einem 94jährigen Fibroblastenproben entnommen, die sich in Kultur noch 25mal teilten. Altersabhängig nimmt also vermutlich lediglich der Anteil teilungsfähiger Fibroblasten (Phasen MF II bis MF III) insgesamt ab (Abb. 3.19). Man konnte jedoch auch zeigen, daß teilungsfähige Fibroblasten aus alten Spendern in jungen Empfängern nicht die gleiche Teilungszahl haben, wie die »Gast«fibroblasten. D.h., daß eben doch eine »Erinnerung« daran besteht, wie alt der Spenderorganismus bereits geworden ist. Wir sehen, daß die erhaltenen Ergebnisse auch hier noch sehr widersprüchlich sind.

Wie bereits erwähnt, sind die Zellen des Nervensystems und der Muskulatur im postnatalen Zustand bei den meisten höheren Organismen nicht mehr teilungsfähig. Für sie gilt das oben Gesagte also nicht, sie befinden sich im postmitotischen Zustand. Und das betrifft somit die meisten Zellen eines höheren Organismus. Für sie beginnt postmitotisch das, was man als das eigentliche Altern der Zelle versteht (Phase III bzw. PMF VII) – und dies bereits von Geburt an. Eine wesentliche (Jugend-)Eigenschaft der Zelle, nämlich die Teilungsfähigkeit, ist verloren gegangen. In dieser Phase kann allerdings selbst eine voll teilungsfähige Zelle über zwei Jahre (die Muskel- und Nervenzellen natürlich die gesamte Lebensdauer des Organismus) weiterhin lebensfähig sein.

Ewige Teilbarkeit – tödliche Unsterblichkeit

Die Überschrift mutet paradox an, und dennoch trifft sie voll zu, wie Sie schnell sehen werden. Der Verlust der Mitosefähigkeit scheint uns primär ein negativer Vorgang zu sein, so wie wir alles, was wir verlieren, gerne auf der Negativseite verbuchen. Das ist aber natürlich eine nicht ganz richtige Sicht der Angelegenheit. Ein Stop der Mitose trotz potentiell noch vorhandener, genereller Teilungsfähigkeit ist nämlich auch absolut unerläßlich zur Begrenzung des Wachstums. Organismen und Organe können nicht beliebig groß werden und aus beliebig vielen Zellen bestehen. Jeder Zelltyp ist so ab einem gewissen Differenzierungs- und Wachstumsschritt gezwungen, zu überprüfen, ob er sich weiterhin teilen soll, die Teilung zeitweise besser aufhört oder aber mit der Teilung wieder beginnt (z.B. bei der Wundheilung, Regeneration etc.). In sehr vielen Fällen ist es sogar notwendig, daß sich die Zelle selbst – wenn man so will – umbringt, also auflöst. Die Kontrolle dieser Abläufe und »Fragen« verschlingt einen Großteil unserer Erbinformationen. So nimmt es nicht Wunder, daß man sich intensiv mit den Fragen um diesen Regelkreis herum beschäftigt hat. Denn Unsterblichkeit von Zellen, wie sie bei Krebs auftritt, hat für den Organismus tödliche Folgen; der Tod käme vor allem viel zu früh und zu keinem planbaren Zeitpunkt mehr. Unsterblichkeit wäre grundsätzlich gesehen einfach möglich, da sich unser Organismus als lebendes System dauernd erneuert und daher keine alten Strukturen besitzen müßte, wie wir schon gesehen haben und noch weiter sehen werden.

Apoptose – aktiver Selbstmord der Zelle als Systemeigenschaft

Unser menschlicher Körper besteht aus über fünf Billionen Zellen. Das sind 50mal mehr, als es Sterne in der Milchstraße gibt. Wie bereits erwähnt, leben diese Zellen sehr unterschiedlich lange. Manche teilen ihre Lebensdauer mit der des Organismus: Sie werden nur einmal gebildet und werden viele Jahrzehnte alt. Dazu gehören Nervenzellen, Skelettmuskelzellen, aber auch die Zellen in den Nieren, in den Schweißdrüsen oder die Eizellen der Frau. Andere Zellen leben nur kurze Zeit: Harnblasenzellen z.B. durchschnittlich 66 Tage, Hautzellen 19 Tage und manche weiße Blutkörperchen (Leukocyten) nur wenige Minuten. Das gesamte Zellsystem unseres Körpers muß fein ausbalanciert sein. Millionen Zellen werden pro Minute gebildet. Allein das Blutsystem bildet pro Tag über 10 000 Milliarden Ersatzzellen.

Viele Zellen gehen durch Verschleiß zugrunde. Eine große Zahl davon muß aber auch durch aktive Vernichtung eliminiert werden. Auch das betrifft viele zig Millionen von Zellen jeden Tag. Meist sind es verbrauchte, fehlerhafte, alte Zellen. Es kann sich aber auch um junge Zellen handeln, die im Prinzip voll funktionsfähig wären, aber die zur Zeit nicht mehr gebraucht werden, die also funktionslos geworden sind. Dazu gehören wiederum sehr viele Blutzellen, die z. B. nach einer erfolgreich bekämpften

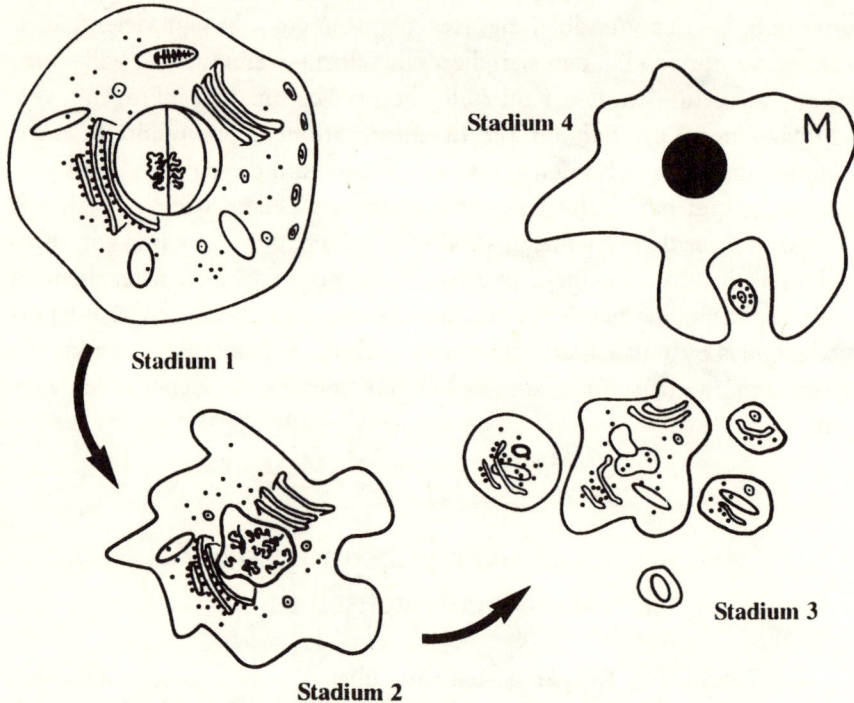

ABBILDUNG 3.20: Der Verlauf des programmierten Zelltodes (Apoptose) im Schema. Die apoptotische Selbstvernichtung liegt in der Zelle selbst begründet. Sie beginnt mit »wilden Zappelbewegungen« (im Zeitraffer gesehen) der Zelle (Stadium 1). Die Zellmembran verformt sich langsam und gleichzeitig zerlegen spezielle Enzyme das im Zellkern eingelagerte Erbmaterial und die außerhalb des Kernes liegenden Organellen (Stadium 2). Dann bilden sich an der Zelloberfläche blasenförmige, pulsierende Protuberanzen, die sich ablösen (Stadium 3). Die abgesprengten Zelltrümmer werden von Freßzellen (Makrophagen) des Immunsystems (M, ganz weiß mit schwarzem Zellkern gezeichnet) phagozytiert, d.h., in deren Zellkörper aufgenommen, dort verdaut und damit beseitigt (Stadium 4). Die Vorgänge laufen in Zeiträumen von wenigen Minuten bis zu einigen Stunden ab.

Infektion überflüssig geworden sind. Hier setzt offensichtlich in der Zelle selbst eine Art Zell-Harakiri ein, mit dem Ziel, die eigene Existenz zu vernichten (Abb. 3.20, S. 68).

Diesen Vorgang nennt man Apoptose – (aus dem Griechischen für »Verwelken«; s. auch beim konkreten Verwelken beim Pflanzenaltern; Kap. 6). Es handelt sich dabei nicht um einen pathologischen Zelltod, eine Nekrose, bei der nach Verletzungen die Zelle z.B. anschwillt und zerplatzt (meist verbunden mit einer Entzündung, die durch die freigesetzten Zellbestandteile ausgelöst wird), sondern um eine »normal« und sehr koordiniert ablaufende Abbaureaktion mit anschließender Entsorgung der Zellreste. Dazu scheint es ein Gen in jeder Zelle zu geben, das man p53 genannt hat. Gen p53 scheint in der Zelle dieses Todesprogramm über ein spezielles Protein auszulösen, nachdem es durch äußere (extrinsische) oder innere (intrinsische – von innen her kommend-) Faktoren dazu angeregt worden ist. Es macht wahllos alle Zellen, gesunde oder kranke, »lebensmüde«. So konnte man mit implantiertem p53-Protein Leukämie-Zellen und manche Darmkrebszellen zum Absterben bringen. Natürlich braucht so ein Todesgen auch ein anderes Gen, einen Antagonisten, das seine Funktion kontrolliert. Dieses Gen kann man mit Fug und Recht dann als Überlebensgen bezeichnen. Zwei solcher Zelltodblocker sind bislang bekannt; man bezeichnete sie als LAG-Gene (Langlebigkeit-gewährleistende Gene; englisch: longevity assurance gene = lag), die in jungen Zellen aktiver sind als in alten. Sie scheinen auf den Genen bcl-2 und myc lokalisiert zu sein. Es handelt sich hier um äußerst wirksame Antagonisten zum p53. Das Gen bcl-2 und sein Produkt, das bcl-2-Protein, scheinen dabei je nach Konzentration unterschiedlich mit dem myc-Gen und seinem Protein in Wechselwirkung zu stehen, um über Tod oder Leben der Zelle zu entscheiden. Ist viel bcl-2-Protein vorhanden, »entscheidet« sich myc dafür, der Zelle Wachstum und Vermehrung zu verordnen. Ist wenig bcl-2-Protein vorhanden, wirft myc (über p53) das Todesprogramm an.

Der vorgestellte Regelkreis ist nicht nur sehr vereinfacht und anthropomorph dargestellt, man muß auch sagen, daß er bis heute auch noch rein hypothetisch ist. Man findet immer neue Gene, die mittel- oder unmittelbar an diesem ganzen Geschehen beteiligt sind. So z.B. die Proteine max und mad, die ähnlich wie bcl-2 arbeiten, und ein Terminator III genanntes System, das antagonistisch zu bcl-2 das Todesprogramm anwerfen kann. Wir sehen, an eindrucksvollen Begriffen mangelt es den untersuchenden Molekularbiologen dabei offensichtlich weniger als an einfachen Regelschemata für das äußert komplexe Wirkungsgefüge.

Entscheidend ist allerdings auch hier – und das sollten wir auch für die folgenden Kapitel immer im Hinterkopf behalten –, daß der gesamte Vorgang nicht auf einem Verlust oder einer Unfähigkeit des biologischen Systems beruht, sondern daß er – über in der eigenen Zelle selbst vorhandene Erbinformation – sehr gezielt und gesteuert abläuft. Der Zelltod in Form der Apoptose ist in diesem Falle also nicht ein Unfall des Betriebssystems, sondern eine normale Folge einer vorprogrammierten Entwicklungsphase, die in den Genen der Zelle als intrinsische Information vorliegt.

Unsterblichkeit von Zellen ist möglich – aber meist unnötig

Der Körper aller Organismen zeigt – für jedermann erfahrbar – eine Alterung. Wie wir gesehen haben, geht dieses Altern bis auf das Niveau der Einzelzelle zurück, beziehungsweise beruht auf Vorgängen auf zellulärer Ebene. Andererseits scheinen für die generativen Keimzellen (Eier, Samenzellen), Zellen also, die der Fortpflanzung dienen, andere Verhältnisse zu gelten. Ein Säugling, ein frisch geschlüpfter Vogel, ein junges Reptil, eine neu keimende Pflanze, kurz, jedes neu auf die Welt kommende Lebewesen ist immer gleich jung und hat die gleiche Lebenserwartung, egal, wie alt die Eltern bei der Zeugung waren. Zumindest müssen wir nach dem augenblicklichen Stand unserer Wissenschaft davon ausgehen.

In den Keimzellen sind die Erbinformationen aller vorangegangener Generationen zwar teilweise durch die Evolution langsam verändert worden, im Grundprinzip bei den überlebenden Lebewesen aber ohne elementare Schäden auf jeweils die nächste Generation weitergegeben worden. Manche Informationen – z.B. die der funktionalen Mechanismen des Energieumsatzes – sind wohl einige zigmillionen Jahre lang unverändert geblieben, wie wir noch sehen werden. Dabei sind die generativen Keimzellen wie alle anderen somatischen Körperzellen den gleichen, über z.T. viele Jahrhunderte – z. B. bei Reptilien und Bäumen – wirksamen Umwelteinflüssen ausgesetzt gewesen, ohne offensichtlich Schäden oder degenerative, schädliche Alterserscheinungen davonzutragen.

Bei der Frau ist die Grundlage der Keimzellenproduktion für die neu entstehende Generation im Endeffekt bereits in der 20. Schwangerschaftswoche gelegt. Ab diesem Zeitpunkt ist die Zahl der im späteren Leben theoretisch bereitstehenden Eizellen in Form der Vorläuferzellen irreversibel festgelegt. Wie wird nun verhindert, daß in diesen Eizellen Alternserscheinungen und DNA-Schäden auftreten? Auch in diesen Eizellen gibt es DNA-Reparatursysteme, die offensichtlich leistungsfähiger als die normaler Zellen sind. Man fragt sich natürlich, warum eigentlich? Zunächst entstehen aus einer Vorläuferzelle vier Tochterzellen, von denen drei Zellen zugrunde gehen (dies trifft jedoch nicht für alle Organismen zu, kann also nur beschränkt für die folgende Erklärung benutzt werden). Man vermutet, daß mit den drei Zellen gezielt geschädigte Eizellen eliminiert werden.

Bei den zigmillionen-fach produzierten Samenzellen kann man sich so einen Eliminationsvorgang ebenfalls leicht vorstellen. Die Eizelle enthält – im Gegensatz zur Samenzelle – noch Erbmaterial in Form von im Plasma vorhandener, bereits transkribierter RNA. Außerdem ist die Keimzelle (also auch die Samenzelle) nur haploid, enhält also nur einen Chromosomensatz. Da bei der Vereinigung von Same und Ei (Befruchtung) zwei haploide Systeme verschiedener Individuen zusammentreffen, sollen hier ebenfalls durch die Möglichkeit, wechselseitig die DNA-Stränge zu vergleichen, Schädigungen besser erkannt und repariert bzw. eliminiert werden. Durch diesen Vorgang kann sich die genetische Information der Keimzellen jeweils wechselseitig verjüngen und das DNA-Molekül könnte auf diese Weise weitgehend von Fehlern befreit und so die Lebensuhr beim Start eines neuen Lebewesens wieder auf »Null« zurückgedreht werden.

Die vorstehend beschriebenen Mechanismen sind nur beschränkt in der Lage, das erstaunliche Phänomen der genetischen Stabilität dieser unsterblichen Keimzellen zu erklären. Sie steht als Fakt auf jeden Fall fest, verdanken wir ihr doch letztendlich alle unsere Existenz. Sie zeigt uns wiederum auch, daß dort, wo es unerläßlich ist, das biologische System keine Probleme hat, Schädigungen auszumerzen und »Unsterblichkeit« zu produzieren.

Allerdings gibt es doch eine direkte Wechselbeziehung zwischen dem Alter der Mutter zum Zeitpunkt der Geburt und DNA-Veränderungen beim Neugeborenen. Mütter unter 30 haben nur selten Kinder mit Chromosomenstörungen (1 auf 500 Geburten). Bei über 35jährigen ist die Rate schon 1 auf 180 Geburten, bei über 45jährigen sogar 1 auf 20 Geburten (vgl. Abb. 3.4 auf S. 43). Chromosomalgeschädigte Kinder kämen also entgegen dem anfangs Gesagten dann eigentlich molekularbiologisch gesehen schon »alt« auf die Welt. Mehrfach chromosomengeschädigte Embryonen werden allerdings schon im Mutterleib offensichtlich als solche erkannt und durch Fehlgeburten an der Weiterentwicklung gehindert. Solche Fehlgeburten nehmen mit dem Alter der Mutter folgerichtig zu.

Blutzellen – sind Knochenmarkstammzellen unsterblich?

Das Blut gehört zu den extrem stark regenerierenden Geweben; es wird ständig mit neuen Zellen beliefert (pro Tag rund 10 000 Milliarden Zellen). Dies hält bis ins hohe Alter hinein ohne große Einschränkungen an.

Die Blutzellen (weiße, rote, Thrombocyten usw.) stammen alle aus einem Speicher von sogenannten Stammzellen, die bei allen Wirbeltieren in Knochen mit rotem Knochenmark liegen (bei jungen Tieren in nahezu allen Knochen; bei erwachsenen Säugetieren nurmehr in den flachen Knochen des Brustbeines und des Schädeldaches). Aus diesen undifferenzierten Stammzellen können alle Typen von Blutzellen (Erythrocyten, Leucocyten, Lymphocyten, Thrombocyten) nachgeliefert werden; die undifferenzierten Stammzellen sind also omnipotent. Über die Teilungsfähigkeit dieser Stammzellen streiten sich die Wissenschaftler. HAYFLICK behauptet, daß die Potenz von 50 Teilungen pro Zelle beim Menschen bei weitem ausreiche, um ihn sein ganzes Leben lang mit Blut zu versorgen. Andere sagen, die Stammzellen seien unsterblich und würden nicht altern und somit auch ihre Mitosefähigkeit niemals verlieren. Wer hat nun recht?

Tatsächlich kommt man beim Menschen selbst für eine einzige Zelle mit 50 Teilungen auf rund $2^{50} = 10^{15}$ Zellen; das sind eine Billiarde Zellen und damit mehr als genug Blutzellen für ein ganzes Leben. Anders ist es bei der Maus oder beim Huhn. Hier kommen wir bei rund 20 Teilungen (Hayflick-Zahl für die Maus 14 bis 28; für das Huhn 15 bis 35) eigentlich auf zu wenige Zellen. Bei 20 Teilungen wären es erst $2^{20} = 1\ 048\ 576$ oder bei 10 Teilungen erst $2^{10} = 1\ 024$ Zellen. Sowohl für die Maus als auch für das Huhn resultieren daraus also sehr geringe Blutzellenzahlen, und eine Autorin spricht ihnen in diesem Falle sogar potentielle Blutleere im Alter zu. Das ist allerdings eine vielleicht zu stark rechnerische Betrachtung des Problems. Geringere Änderungen in der Hayflick-Zahl können nämlich sehr große Sprünge in der Zahl der theoretisch produzierbaren Zellmenge liefern.

Aber sind die undifferenzierten Knochenmarkstammzellen vielleicht doch tatsächlich unsterblich? Betrachten wir zunächst differenzierte Zellen, müssen wir die Frage mit einem klaren »nein« beantworten. Auf dem Weg zu einer bestimmten funktionsfähigen Blutzelle wird ein genetisch genau definierter, vorprogrammierter Differenzierungs- und damit auch Alternsweg beschritten, den ich noch im Detail erklären werde. Dieser Vorgang besteht aus genau vorgegebenen »Ausbildungs«- und Teilungsschritten und endet letztendlich mit dem Tod der ausdifferenzierten Blutzelle, der ebenfalls programmiert ist (siehe oben). So haben alle Blutzellen eine charakteristische, z.T. sehr kurze Lebenserwartung. Sie sind sterblich und zeigen einen eindeutigen Alternsvorgang. Will man die anfangs gestellte Frage beantworten, ist es notwendig, aus dem Knochenmark noch absolut undifferenzierte Stammzellen zu gewinnen. Das ist außergewöhnlich kompliziert, da im Knochenmark alle Typen von Stammzellen (undifferenzierte, stark und schwach differenzierte) in unmittelbarer Nachbarschaft nebeneinander vorkommen. Eine undifferenzierte Stammzelle kann sich nämlich – wie folgende Beispiele zeigen – auf mindestens drei Weisen in Tochterzellen teilen:

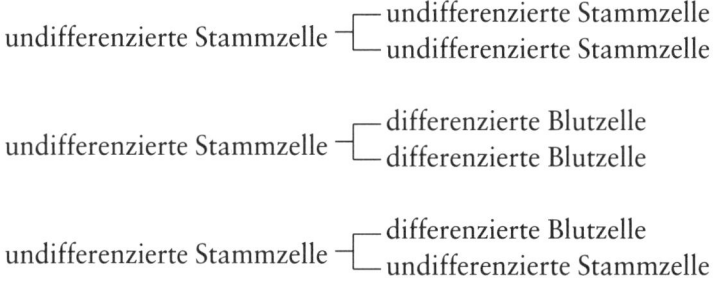

Die ersten beiden Teilungsformen nennt man synchrone Teilungen, weil jeweils die Tochterzellen identisch sind. Die dritte Teilungsform ist eine sogenannte asynchrone Teilung: Es entstehen sowohl differenzierte als auch undifferenzierte Zellen. Dies zeigt deutlich, wie schwer, wenn nicht sogar unmöglich es ist, tatsächlich exklusiv undifferenzierte Stammzellen aus einem Gemisch solcher Zellen im Knochenmark für Unsterblichkeits-versuche zu erhalten. Hat man solche allerdings in Kultur, scheinen sie nach den bisherigen Befunden tatsächlich das Kriterium der Unsterblich-keit in Sinne unbegrenzter Teilungsfähigkeit zu besitzen.

Immortalisation durch Transformation – wie sterbliche Zellen unsterblich gemacht werden

Postmitotische, ausdifferenzierte Zellen sind also teilungsunfähig und sterblich. Sie können durch verschiedene Faktoren aber wieder teilungs-fähig und damit jugendlich gemacht werden. Dies geschieht spontan oder insbesondere durch chemische Reagenzien, Mutationen, bestimmte Viren und Krebs. Die beiden letzteren Themenkreise werden im Kap. 15 genauer besprochen. Hier werde ich deshalb nur auf die grundsätzlichen Fragestellungen eingehen.

Das Umschalten von begrenzter auf unbegrenzte Teilungsfähigkeit wird als Transformation (ursprünglich Alteration) bezeichnet; das Un-sterblichmachen als Immortalisation (Abb. 3.18, S. 65). Immortalisierte Zellen altern nicht und zeigen unbegrenzte Mitosefähigkeit. Wie kommt es dazu? Wäre die Zahl der Teilungen auch in diesen Zellen von Anfang an vorprogrammiert, könnten prinzipiell eigentlich keine transformierten Zellen entstehen. Möglich wäre allerdings auch, daß dieser Zelltyp durch einen Trick das Mitosezählwerk ausschaltet. Nichts spricht im Grunde dagegen.

Wichtige Voraussetzung für eine Transformation ist jedoch, daß die Zelle noch prinzipiell teilungsfähig ist. Endgültig mitoseunfähige Zellen können nicht transformieren. Aus diesem Grunde kennt man auch keinen Krebs der Herzmuskelzellen oder der Neurone (z.B. Gehirn, Rücken-mark; Krebs im Nervensystem betrifft in der Regel Nervenbegleitzellen, die noch teilungsfähig sind). Ausdifferenzierte, teilungsfähige Zellen ver-lieren mit der Transformation in den folgenden Tochterzellen ihre Diffe-renzierung, sie werden entdifferenziert. D.h. aber auch, daß auch wieder alle Gene des Genoms und nicht nur die beschränkte Auswahl der Diffe-renzierungsgene aktiv sind. Voraussetzen müssen wir zudem, daß trans-formierte Zellen offensichtlich wieder über ein voll funktionsfähiges DNA-Reparatursystem verfügen, das auch keine altersabhängigen Funktionsverluste mehr in sich birgt. Dies alles sind schwere und beinahe unverdauliche Brocken für jene Forscher, die im passiv erduldeten Verlust und in Mängeln eben dieser Systeme die primäre Ursache für das Altern sehen. Und sie haben nur wenige Argumente dagegen zu setzen. DNA-Reparaturfähigkeit und Altern können, müssen aber nichts miteinander zu tun haben. Eine »einfache« Transformation kann die Zelle offensichtlich von all diesen, von vielen als elementar betrachteten Mängeln aus sich heraus befreien und zu einer unproblematischen Dauerteilungsfähigkeit mit quasi ewigem Leben führen.

Hier zeigt sich wiederum sehr deutlich, daß das biologische System nicht das unfähige, passive Alternsopfer sein muß, als das es in diesem Zusammenhang oft dargestellt wird. Es besitzt durchaus Mechanismen, um Fehler, Mängel, Unzulänglichkeiten usw. bei Bedarf kurzfristig und ad infinitivum in Ordnung zu bringen und sich somit ein ewiges Leben und die Immortalität zu »beschaffen«. Das biologische System hat aber offensichtlich daran kein Interesse – wenn ich es so stark anthropomorph ausdrücken darf. Unsterblichkeit auf der Basis der Keimzellen reicht völlig aus. Wie wir noch sehen werden, ist der Organismus (der »somatische Körper«) als Träger und Weiterverbreiter der Keimzellen und damit des Erbmaterials nach der erfolgreichen Fortpflanzung entbehrlich und steht zur Verbesserung durch neue Träger für evolutionäre Vorgänge zur Verfügung. Eine Aufrechterhaltung seiner Funktion durch Dauerreparatur und Erneuerung ist kostspieliger und weniger effektiv als eine Neukonstruktion, die den Umweltbedingungen besser angepaßt werden kann.

Was passiert nun auf molekularer Ebene bei dieser Transformation? Man vermutet, daß für die Immortalisation ein Unsterblichkeitsenzym verantwortlich ist. Gewöhnliche Zellen verlieren bei jeder Zellteilung (neben zahlreichen anderen Effekten) offensichtlich kurze Endstücke ihrer Chromosomen, die an den sogenannten Telomeren ansitzen. Diese Telomere werden dadurch mit jedem Verdopplungsschritt immer kürzer. Um eine Reduplikation des DNA-Stranges starten zu können, braucht die Vervielfältigungsmaschinerie der Zelle aber so etwas wie eine Art Dummy-Text als Anfang, der am Schluß der Mitose wieder verworfen wird.

Eine Hypothese zum Zellaltern geht davon aus, daß die Zellen ihre Teilungsfähigkeit einbüßen, wenn die Telomere eine kritische Länge unterschreiten. Nun gibt es andererseits wieder ein als Telomerase bezeichnetes Enzym, das die schützenden Telomere wieder auf ihre ursprüngliche Länge bringen kann. Menschliche Zellen enthalten das dafür notwendige Gen zwar ebenfalls, es scheint aber kurz nach der Geburt abgeschaltet zu werden. Bei Einzellern ist es dagegen offensichtlich immer aktiv. Es liegt also nahe, zu vermuten, daß transformierte Zellen ihr Telomerase-Gen wieder aktivieren und dadurch ihre Teilungsfähigkeit wieder erlangen. Tatsächlich fand man dafür konkrete Hinweise. Durch Tumorviren entartete Zellen zeigten in ihren immortalisierten Kulturen wieder – vorher verschwundene – Telomerase-Aktivität, die über die ganze Teilungsphase stabil blieb.

Sicher liegt in dieser Beobachtung nicht der einzige denkbare Mechanismus. Er zeigt aber eine vielversprechende Richtung auf, mit der die Zelle das eigene Todes-Programm »austrickst« und unsterblich wird. Allerdings – und das muß zum Schluß hier nochmals ausdrücklich betont werden – ist die Transformation eine Entartung und somit in sich selbst eine pathologische Fehlleistung des Systems, die nach bisherigen Befunden (schließt man bisher unter »spontan« geführte Transformationen aus) immer von außen der Zelle pathologisch aufoktroyiert wird und keinen Normalzustand darstellt.

Die vorangegangenen Abschnitte kann man nun folgendermaßen zusammenfassen: Selbst unter optimalen Bedingungen bleiben Zellen nicht unbeschränkt teilungsfähig. Sie können nur eine bestimmte, festgelegte Zahl von Mitosen durchführen und sterben dann endogen, d.h. aus sich selbst heraus (intrinsisch gesteuert) ab. Daß dies durch die Zelle genetisch determiniert geschieht, d.h. über ein zelleigenes Programm ausgelöst und kontrolliert wird und nicht aufgrund eines Mangels, einer Unfähigkeit oder durch Zufall erfolgt, wird dadurch gezeigt, daß dieses Todesprogramm durch z.B. Viren, Chemikalien oder spontan über Transformation ausgeschaltet werden kann und die Zellen wieder ins jugendliche »Mitosealter« gelangen können und damit unsterblich und jung werden.

Die Differenzierung der Zelle – ein Alternsvorgang

Jugendliche, mitosefähige Zellen sind omnipotent (totipotent) und nicht besonders differenziert. D.h., sie haben auch keine voneinander abweichende besondere Form, Struktur oder Funktion. Jede Zelle trägt die kompletten Eigenschaften, das gesamte Genom des ganzen Organismus in sich. Mit Ausnahme von ruhenden Stammzellen (ganz allgemein werden sie als Blastem bezeichnet; bei Pflanzen im speziellen als Meristem), die als Reserve für nachzuliefernde Zellen dienen, hat jede Zelle im Organismus aber letztendlich auch eine ganz bestimmte Aufgabe zu erfüllen. Auf diese Aufgabe wird sie durch eine spezifische Differenzierung vorbereitet, die aus der Vielzahl der potentiellen Möglichkeiten eine ganz klare, eng begrenzte Auswahl trifft und diese dann optimiert.

Da jede undifferenzierte Zelle mit dem gleichen Genom ausgestattet ist und somit auch den gleichen Satz genetischer Information enthält, muß die Zelldifferenzierung als ein progressives Abschalten der nicht mehr benötigten Gene verstanden werden. Abschalten bedeutet dabei, daß die betroffenen, nicht mehr benötigten Gene irreversibel blockiert werden. Das hat gravierende Folgen: Aus einer einmal zur Leberzelle differenzierten Zelle kann nicht durch »Umdifferenzierung« eine Herzzelle werden, obwohl das Genom (die Erbgrundlagen) prinzipiell dafür vorhanden ist. Somit bedeutet Differenzierung immer einen altersabhängigen Verlust von exprimierbarem, d.h. abrufbarem Genmaterial. Zwar ist dieser Vorgang gewiß eine Reduktion der potentiellen Möglichkeiten der

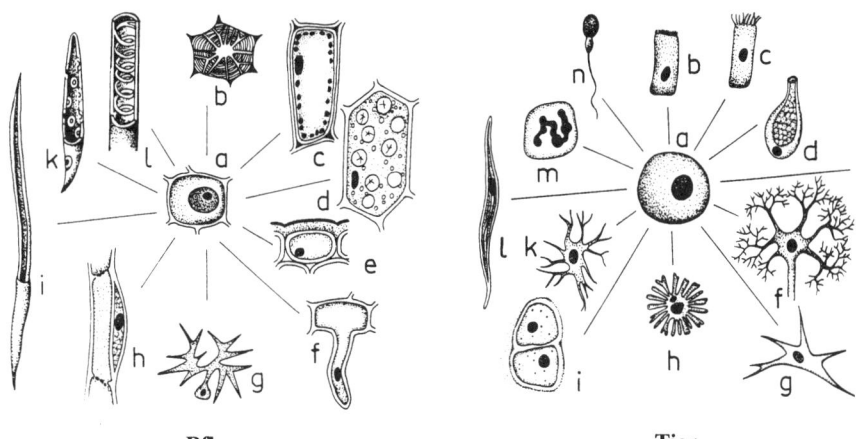

Pflanze   **Tier**

Abbildung 3.21: Beispiele für Zelldifferenzierungen aus einer einheitlichen »Mutterzelle« bei Pflanze und Tier.

Pflanze: (**a**) undifferenzierte Zelle; (**b**) Steinzelle; (**c**) Assimilationszelle; (**d**) Speicherzelle; (**e**) Epidermiszelle; (**f**) Wurzelhaarzelle; (**g**) Sternhaar; (**h**) Siebzelle mit Geleitzelle; (**i**) Bastfaser; (**k**) Tracheide; (**l**) Trachee.

Tier: (**a**) Eizelle; (**b**) Epithelzelle; (**c**) Wimperepithelzelle; (**d**) Drüsenzelle; (**e**) Sinneszelle; (**f**) Nervenzelle; (**g**) Bindegewebszelle; (**h**) Farbstoffzelle; (**i**) Knorpelzelle; (**k**) Knochenzelle; (**l**) glatte Muskelzelle; (**m**) Blutzellen; (**n**) Samenzelle.

Zelle, er ist aber andererseits für die Entwicklung vernünftiger und optimaler Strukturen (z.B. Organe) absolut unerläßlich.

Auf diese Weise entsteht aus einer omnipotenten, jugendlichen Embryonalzelle nach verschieden häufigen, nicht spezialisierenden Mitosen (vgl. z.B. Abb. 3.12, S. 58) durch die Differenzierung (man könnte sie als »Berufsausbildung« bezeichnen) eine hochspezialisierte, adulte (erwachsene) Zelle, mit irreversibel repressierten Genen (Abb. 3.21, S. 77). In diesen »erwachsenen« Zellen sind nach der Beendigung der Differenzierung nur noch ungefähr 1 bis 10 % der gesamten genetischen Information verfügbar (und auch notwendig).

Daß die gesamten Erbinformationen aber noch vorhanden sind, konnte John B. Gurdon anfangs der sechziger Jahre in aufsehenerregenden Experimenten zeigen. Andere Forscher setzten diese Versuche fort. Sie entnahmen Zellkerne aus (differenzierten) Darmzellen, Augenzellen und selbst aus bereits verhornten Hautzellen des südafrikanischen Krallenfrosches *Xenopus laevis* und verpflanzten sie in entkernte Eier dieser Amphibienart. In der »Umgebung« dieser Eizelle wurden diese Zellkerne wieder reprogrammiert und lieferten in der folgenden Entwicklung normale, junge Frösche. Das bedeutet, daß Gene, die durch die Differenzierung geschlossen waren, wieder aktiv wurden. Dieser Vorgang tritt auch bei der Konjugation der Wimpertierchen (Ciliaten; z.B. Pantoffeltierchen; Abb. 5.1, S. 134) auf.

Reprogrammierung findet z.T. aber auch bei der Regeneration bei Lebewesen statt, die in der Lage sind, verloren gegangene Organe nachzubilden. Mehr dazu in Kapitel 15.

Wie kommt es nun dazu, daß der ins Ei verpflanzte Zellkern quasi »vergißt«, daß er vorher ein Körperzellkern gewesen ist? Es sind offensichtlich Eiweiß-Faktoren im Ei-Cytoplasma (vom Kern aus gesehen extrinsische Faktoren), die im Ei die Furchungsteilungen (Mitosen) einleiten. Diese Eiweiße verdrängen nun die mitgebrachten Proteine des Körperzellkerns, legen sich selbst an dessen DNA an und beeinflussen ihn offensichtlich ganz gewaltig, indem sie ihn »verjüngen«. Was sind das nun für Proteine?

Die DNA enthält zwei wichtige Fraktionen von Eiweißen: Als Verpackungsmaterial der Chromosomen dienen solche, die man Histone nennt. Alle anderen Eiweiße, die im Zellkern vorhanden sind, nennt man Nichthistonproteine (NHPs). Sie treten zell- und klassenspezifisch auf und werden heutzutage als die eigentlichen Programmierer der DNA-

Tätigkeit angesehen. In der Umgebung und mit Hilfe dieser neuen Ei-NHPs wird der alte (adulte) Körperzellkern nun zum jungen (juvenilen) Eizellkern umprogrammiert. Wenn man so will, also auch eine Art Transformation, die jetzt aber keine pathologischen Folgeteilungen undifferenzierter Zellen liefert, sondern das normale genetische Programm des Zellkerns neu aktiviert und auch normal bis zum vollständigen Organismus ablaufen läßt. Sowohl Teilungsfähigkeit als auch Funktionsdifferenzierung sind bei der Reprogrammierung des Zellkerns neu in Gang gesetzt worden.

Um es abermals zu wiederholen: Für die Gerontologie bedeutet dies, daß der Zellkern nicht in dem Sinne altert, daß in ihm ein unwiederbringlicher und passiver Funktionsverlust stattfindet, der schließlich im Sinne eines unvermeidlichen Verschleißes zum Zelltod führt. Vielmehr bleiben alle Erbinformationen – sowohl struktureller als auch funktioneller Art – auch in alten, ausdifferenzierten Zellen erhalten. Sie sind nur auf Grund zeitabhängiger Prozesse, die mit dem Alternsablauf im Rahmen von Differenzierung und Lebenszeitbegrenzung notwendig sind, vom System selbst abgeschaltet, aber nicht entfernt worden. Unter bestimmten Bedingungen, wie z.B. der Reprogrammierung oder der Transformation, können sie ganz offensichtlich wieder unproblematisch reaktiviert werden. So gesehen gibt es meines Erachtens absolut keine Schwierigkeiten, die Phänomene Reprogrammierung oder Transformation mit normalerweise begrenzter Teilungsfähigkeit (Hayflick-Phänomen) und Alterung im Sinne DNA-Funktionsreduzierung in Einklang zu bringen. Erstaunlicherweise haben dennoch viele Gerontologen diese Probleme. Und das ist wirklich nicht notwendig. Beide Phänomene sind rational betrachtet sogar die logische Konsequenz voneinander; sie repräsentieren lediglich die zwei Seiten der gleichen Medaille.

Die Zelldifferenzierung hängt aber nun nicht allein von intrinsischen (= von der Zelle selbst stammenden, innenliegenden) Faktoren ab. Die Lage der Zelle im Gewebeverband sowie hormonelle und neuronale Effekte (extrinsische Faktoren) bestimmen diese Differenzierung in starkem Maße mit. Teilungsfähige Zellen aus ausdifferenzierten Organen können in Zellkulturen z.B. ihre Differenzierung wieder verlieren und entdifferenzieren zu mehr oder weniger »einheitlichen« Zelltypen. Dies gilt auch und im besonderen Maße für Krebszellen. Andererseits können undifferenzierte Zellen, unter bestimmten extrinsischen Bedingungen, ihre Lebensdauer extrem verlängern: So gibt es bei Insektenlarven bestimmte

Zellfelder (Imaginalscheiben) aus undifferenzierten Zellen, die während der Verpuppung die Organe des erwachsenen Insektes (Imago) zu bilden haben (insofern sind sie also determiniert; siehe unten). Verpflanzt man die Imaginalscheiben auf erwachsene Tiere, bleiben die Imaginalzellen auf ihrem Jugendzustand stehen, das bedeutet, sie differenzieren sich nicht aus und altern auch nicht. Halbiert man sie, ergänzen sie die fehlende Hälfte mit entsprechenden Zellen nach. Da Fruchtfliegen z.B. nur etwa vier Wochen leben, verpflanzte der Züricher Zoologe Hadorn, der diese Versuche durchführte, die Imaginalscheibe von alten, sterbenden Fliegen auf junge Fliegen. Und diese Prozedur setzte er über 160 Generationen (sechs Jahre lang) hinweg fort. Die Imaginalzellen starben nicht ab und blieben jung; sie zeigten keine Alterung. Auf menschliche Verhältnisse übertragen, wären die Zellen über 5 000 Jahre alt geworden (ohne transformiert zu sein!). Verpflanzte er dann eine Hälfte einer auf diese Weise jung gehaltenen Imaginalscheibe wieder in eine Larve zurück, entwickelten sich aus ihr während der Verpuppung normale Organe.

Die Imaginalzellen erhielten also in ihrer richtigen Larvalumgebung den richtigen zeitlichen Anschub, ihr chronologisch definiertes Differenzierungsprogramm durchzuführen. In der Zellumgebung einer erwachsenen Fliege fehlte diese extrinsische Information über den chronologischen Zeitablauf der Entwicklung. Die Imaginalzellen »verpaßten« so quasi ihre eigene Differenzierung und damit ihre Alterung.

Der Schritt von der omnipotenten zur differenzierten Zelle kann nach sehr unterschiedlichen Teilungsschritten auftreten. Auch gibt es verschiedene Ebenen der Differenzierung, die chronologisch zu sehr unterschiedlichen Zeitpunkten auf unterschiedlichem Niveau stattfinden müssen. Eine der ersten wichtigen Ebenen ist wohl die, ob sich Zellen zu Ektoderm, Entoderm oder Mesoderm differenzieren. Es handelt sich hier um die sogenannten drei Keimblätter (man nennt sie auch 1., 2. und 3. oder äußeres, inneres und mittleres Keimblatt), Zellverbände, die später exklusiv ganz charakteristische Organe formen und damit ganz unterschiedliche Funktionen zu erfüllen haben. Das Ektoderm z.B. bildet später die Haut und das Nervensystem; das Entoderm vor allem den Verdauungskanal und dessen Verdauungsdrüsen; das Mesoderm schließlich die Muskulatur, das Skelett und einige Hormondrüsen.

Schon bei den ersten Teilungsschritten der Zygote (das ist die befruchtete Eizelle), müssen sich die entstehenden Tochterzellen bei höheren Organismen »entscheiden«, zu welchem Keimblatt sie später gehören wollen. Den Zellen sieht man ihre Entscheidung nun zwar nicht von außen an, aber in der Zelle selbst muß ihre Festlegung, die Determination, bereits gefallen sein. Und mit der Determination verschwindet bereits ein erster, wichtiger Teil des Erbgutes in einer Schublade mit der Aufschrift: »Wird in Zukunft nicht mehr gebraucht – aber bitte auf keinen Fall vernichten!«.

Kann eine Determination umgangen oder sogar aufgehoben werden? Durch Transformation geht – wie wir bereits gesehen haben -Differenzierung verloren, aber eine erneute Determination mit folgender anderer Differenzierung ist meines Wissens noch nicht gelungen. Dieser Vorgang der Transdetermination gelingt in einigen Fällen nur mit größten experimentellen Tricks, auf die ich hier nicht näher eingehen möchte, da er mit unserem Thema nur wenig zu tun hat. Ein einmal eingeschlagener Entwicklungsweg wird von der Zelle unter natürlichen Bedingungen nicht mehr verlassen. Das wäre für den Organismus zu gefährlich, und dazu besteht in der Natur in der Regel auch kein Bedarf, da eventuelle Regenerationen etc. leichter über undifferenzierte Zellverbände geregelt werden können.

Versuchen wir auch für diesen Abschnitt eine kurze Zusammenfassung: Im Laufe ihrer Entwicklung legen sich Zellen durch Determination fest und differenzieren sich entsprechend ihrer speziellen Aufgaben aus. Sie verlieren dabei irreversibel die Exprimierungsfähigkeit von bis zu 99 % ihrer Gene, die aber nicht verloren gehen oder zerstört werden. Betrachtet man Altern nicht nur aus dem Blickwinkel der anthropozentrischen Geriatrie, ist bereits der komplette Differenzierungsvorgang ein Alternsvorgang, der normalerweise nicht rückgängig zu machen ist. Er steht unter einer ganz klaren endogenen Kontrolle eines Programms, das von extrinsischen Faktoren u.a. chronologische Informationen erhält und sonstigen Beeinflussungen von außen unterliegt.

Inwieweit damit ein mehr als naheliegender Programmcharakter des Alterns bewiesen ist, bleibt für manche Forscher dennoch umstritten. Für viele gibt es kein genetisches Programm des Alterns für die Zelle. Sie umschreiben ihre Ansicht u.a. wie folgt: »Das Altern ist das Fehlen eines Programmes zur Verhinderung desselben.« Streckenweise scheint mir die Kontroverse sehr stark auf einem semantischen Niveau ausgetragen zu werden. Dazu möchte ich ein Beispiel bringen, das uns vielleicht näher steht und das die Problematik verdeutlicht: Wenn ein Auto allmählich altert, beteiligt sich der Besitzer daran in der Regel nicht dadurch, daß er aktiv Verschleiß und Schäden provoziert. Ist er aus diesem Grunde völlig unbeteiligt am Alterungsvorgang seines Fahrzeuges? Beileibe nicht! Scheinbar passiv gibt er sich im Laufe der Zeit nämlich immer weniger Mühe, Verschleiß und Schäden zu verhindern oder auszubessern, obwohl er dies natürlich problemlos könnte. Und die Entscheidung dazu, nämlich nichts zu tun, ist auch von unserer Ratio aktiv gefällt und wird im Sinne eines folgerichtigen Handlungsablaufes aktiv gesteuert. In der realen Konsequenz führen beide Einstellungen sowieso zum identischen, wenn auch unterschiedlich schnell eintretenden Ergebnis. Beim Zellaltern kommt allerdings noch dazu, daß viele Alterungsvorgänge so ablaufen, als wenn – in der Metapher – der Autobesitzer zusätzliche Beulen anbrächte oder den Rostansatz beschleunigen würde oder notwendige, voll funktionsfähige Teile ausbaute und wegschlösse – der aktive Anteil ist also wesentlich höher! Gibt es nicht auch manche Zeitgenossen, die sich auf diese Art und Weise Argumente beschaffen, daß bald ein neues Fahrzeug zur Anschaffung ansteht?

Kapitel 4

Altern auf verschiedenen Organisationsstufen des Lebens II:
Wie Organe altern

Wir wissen jetzt, daß und wie Zellen altern. Ein Verband gleichartig differenzierter Zellen fügt sich nun im Organismus zu einem Gewebe zusammen, das für eine spezielle Aufgabe besonders qualifiziert ist. Solche Gewebezusammenschlüsse nennen wir Organe. Das Organ ist in unserer Betrachtungsweise somit die nächsthöhere Organisationsstufe biologischer Systeme.

Wenn nun die zellulären Bestandteile von Organen Alterungserscheinungen zeigen, müssen solche natürlich auch im Gewebeverband manifest werden, obwohl in entdifferenzierten Zellkolonien ganz andere Bedingungen herrschen können als im Organverband.

Die folgenden Beispiele, die im wesentlichen summarisch die Alterseffekte auflisten, stellen vor allem Alternserscheinungen bei menschlichen Organen vor, da sie am besten untersucht worden sind. Die meisten beschriebenen Effekte gelten aber in ihrer wesentlichen Aussage auch für die meisten Säuger und auch für die Vögel. Weitere Beispiele finden sich im übrigen in den Kap. 10 (s. S. 295) und 11 (s. S. 314).

Warum Haare grau werden

Haare sind Bildungen der Oberhaut, genauso wie Schuppen und Federn. An den Haaren läßt sich – neben der Haut – das Altern besonders auffällig beobachten. Es werden nicht nur weniger, die wenigen werden auch grauer, dünner und brüchiger. Die Haare ergrauen bzw. werden sogar weiß durch Einlagerungen von Luftvakuolen in die Hornsubstanz und durch eine parallel erfolgende Abnahme des Melaningehaltes. Melanin ist ein Farbstoff des Haares und der Haut. Das Wachstum, die Dehnbarkeit, die Reißfestigkeit, der Eiweißgehalt und die Haardichte nehmen ab. Allerdings muß erwähnt werden, daß es durch genetische Disposition auch schon im frühen und mittleren Lebensalter zu diesen Erscheinungen kommen kann, so daß diese Merkmale nur bedingt ein Zeichen des kalendarischen Alters sein müssen.

Alle Haare entstehen in speziellen Zellen, den sogenannten Haarfollikeln. Ihre Zellen geben nach oben verhornte Zellen ab, die absterben. Das Haar ist also ein totes Gebilde. Es wächst allerdings von unten her dauernd nach und bildet so eigentlich einen Hornfaden. Eine Follikelzelle wächst etwa fünf bis sieben Jahre kontinuierlich und hört dann mit der Produktion von Hornsubstanz allmählich auf, und das aufsitzende Haar fällt aus. Der Follikel fällt dann in eine Art Ruhezustand. Er heißt in diesem Zustand »telogen«, und die Zahl der telogenen Follikel nimmt mit dem Alter zu. Aus dem Ruhezustand kann der Follikel nach einer gewissen Zeit wieder mit der Haarproduktion beginnen.

Besonders bei Männern kann es durch zusätzlich veränderte Produktion und prozentuale Zusammensetzung von Geschlechtshormonen (Testosteron u.a.) zu einem starken oder kompletten Haarverlust (Haar-Follikelzellen sterben ab) am Kopf und Körper kommen; dann bekommen sie schnell eine Glatze. Bei ihnen löst das Testosteron neben der Glatzenbildung auch oft den sogenannten androgynen Bierbauch aus, und dieser ist an der Risikoausbildung von Herzinfarkt beteiligt. Bei beiden Geschlechtern kommt es zusätzlich zu einem Haarverlust im Bereich der Schambehaarung. Auf der anderen Seite ist vor allem bei Männern verstärktes Haarwachstum in den Ohren und der Nase zu beobachten; bei Frauen findet dieses oft an Oberlippe und Kinn statt.

Viele Haare zeigen charakteristische Oberflächenstrukturen. Auch diese können in den Altersprozeß eingebunden werden. Bei Ratten hat man festgestellt, daß die Oberflächenschuppen der Haare kürzer werden und unregelmäßigere Randkonturen zeigen (Abb. 4.1, s. S. 85). Es bilden sich zahlreiche Einschlüsse und ein unebenes Oberflächenrelief. In den verschiedenen Altersgruppen ändert sich auch die Zusammensetzung der Eiweißbestandteile der Haare signifikant.

Zu den Haaren sind die Federn der Vögel homolog. Auch sie sind typischen Altersveränderungen ausgesetzt. Sie werden brüchiger; die Farben werden blasser und teilweise »fehlerhaft«. Der Federwechsel kann ins Stocken geraten und unvollständig werden (sogenannte »Stockmauser«). Bei Reptilien kann bei alten Tieren der Wechsel der Haut und damit der Schuppen (auch sie sind mit den Haaren homolog) problematisch werden. Zusammenfassend kann man sagen, daß bei allen Tierarten ähnliche Probleme mit Hautepidermisbildungen auftreten wie mit den Haaren der Säugetiere.

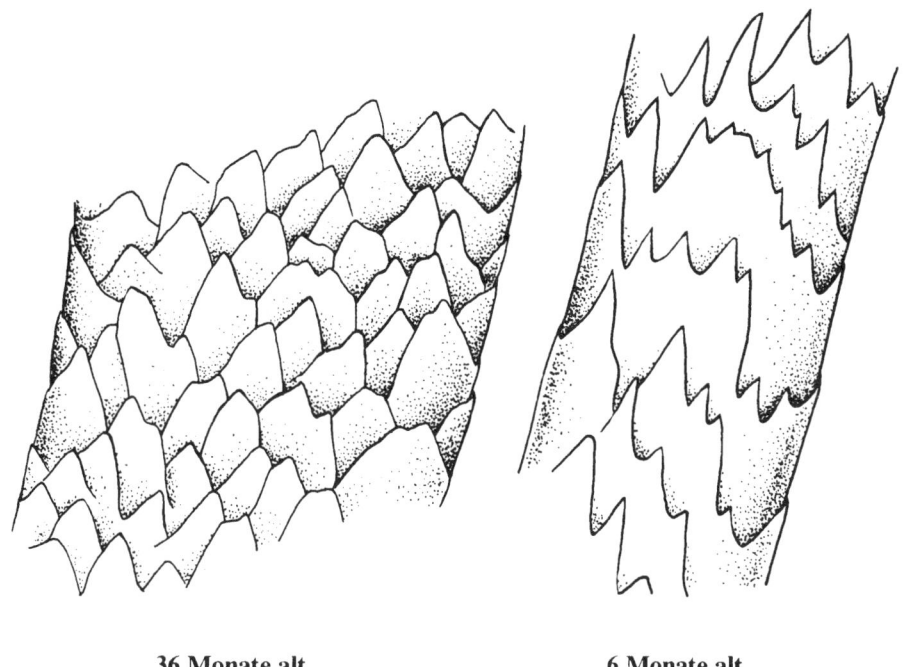

36 Monate alt   **6 Monate alt**

ABBILDUNG 4.1: Veränderungen in der Oberflächenstruktur von Rattenhaaren nach rasterelektronenmikroskopischen Aufnahmen. Bei der älteren Ratte ist die Oberfläche der Haare unregelmäßiger gestaltet (rauher, brüchiger etc.).

Die Haut – Altersausweis per Falten

Die Haut ist vielleicht das Organ, das als wichtigstes äußerliches Altersmerkmal dienen kann. Wer allein in der Kosmetikindustrie nach alternsverhindernden Mitteln sucht, wird wohl die größte Auswahl im Bereich von Hautmitteln finden, da sie als sichtbarstes Merkmal, als Ausweis unseres Alters gilt. Nicht selten ist allein der Hautzustand des Gesichts für uns der wesentliche Anhaltspunkt, uns über das Alter eines Gegenüber klar zu werden (Abb. 4.2 und 8.2, s. S. 222). Was sind nun die Altersmerkmale unserer Haut?

Mit dem Alter wird die Haut dünner und faltiger. Sie verliert an Elastizität, da das Netzwerk elastischer Fasern, das die junge Haut wie Gummibänder durchzieht, kollabiert (Abb. 4.3 und 4.4, s. S. 87 und 88). Das hat seine Ursache u.a. darin, daß Bindegewebemoleküle vernetzen, feste, sogenannte kovalente Bindungen ausbilden, und ihr Wassergehalt geringer wird. Die Fettpolster in der Unterhaut gehen verloren, wodurch wir

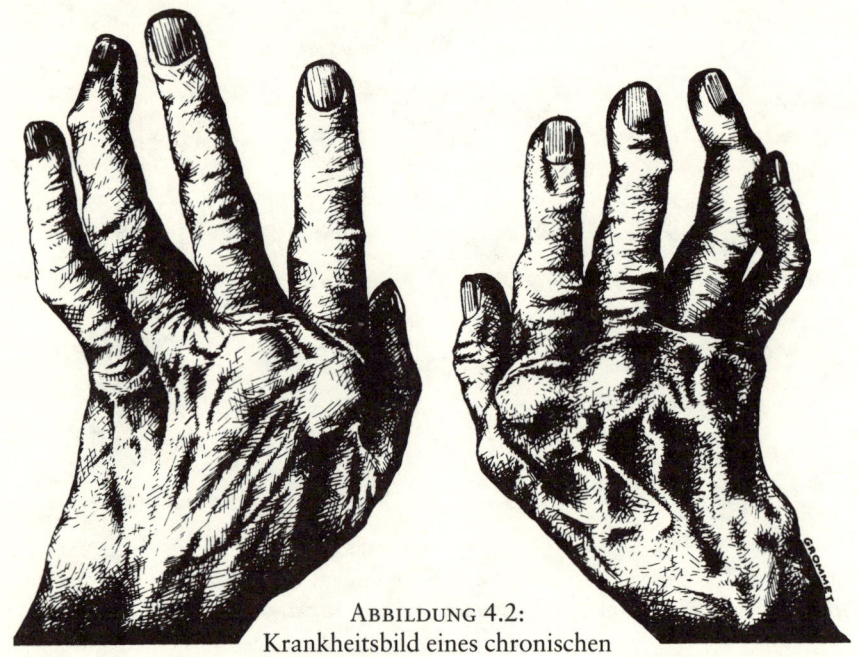

ABBILDUNG 4.2:
Krankheitsbild eines chronischen
Gelenkrheumatismus der Hände, wie er im Alter gehäuft auftritt.

nicht mehr so rundlich frisch wie als Kind aussehen. Haut wird auch dünner durch die Atrophie zahlreicher Zellen. Durch vermehrte, unkontrollierte und ungleichmäßige Pigmenteinlagerung des Sonnenschutzfaktors Melanin bilden sich Altersflecken. Daneben gibt es noch Ablagerungen von Lipofuscingranula, die aus Wirkstoffen der Lysosomen stammen (s. Kap. 3, S. 38). Altersflecken sind übrigens auch bei sehr vielen anderen Organismen (Rinder, Ratten, Mäuse, Vögel, Wirbellose) aber auch bei einzelnen Zellen und Organen bekannt.

Es gibt noch zahlreiche weitere Alternserscheinungen. Da wären die kollagenen Stützfasern, die die Haut reißfest und elastisch halten, die sich zu unregelmäßigen, leicht brechenden Bündeln zusammenballen. Zudem werden die zwischen den Fasern liegenden Zellen des Bindegewebes weniger zahlreich, und sie sind unregelmäßiger geformt. Dadurch kommt es zu einer starken Verhornung der Oberhaut (*Altersskleratose*). Die Elastizität der Haut geht insgesamt verloren. Der Tastsinn läßt sehr stark nach. Das Hautgewebe wird viel schlechter durchblutet und Wunden heilen wegen der geringeren Regenerationsfähigkeit schlechter ab. Die Produktionsschichten der Haut (Malpighi-Schichten) allerdings bleiben bis ins hohe Alter teilungsfähig. Die Haut reißt auch leichter, weil die Verzahnung der Hautschichten untereinander abflacht und die Talgdrüsen weniger Sekret bilden.

Auch die Schweißdrüsen der Haut lassen in ihrer Funktion und in ihrer Zahl stark nach. Dennoch, auch die alte Haut ist in ihren Hauptfunktionen (Schutz, Atmung) immer noch sehr leistungsfähig.

Diese genannten Alternssymptome der Haut werden durch Sonneneinstrahlung stark beschleunigt. Die Sonne (genauer gesagt deren UV-Strahlung) bewirkt, daß sich die Hautzellen schneller teilen und somit auch schneller »ins Alter kommen«. Körperteile, die das ganze Jahr hinweg bedeckt sind, zeigen weniger Alternserscheinungen. Wer sich in sei-

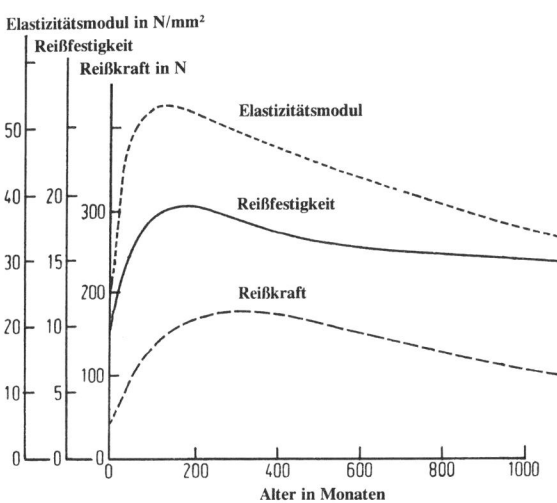

ABBILDUNG 4.3: Verschiedene mechanische Eigenschaften der menschlichen Haut und ihre Veränderungen mit zunehmendem Lebensalter. Der Elastizitätsmodul ist ein Maß für die Dehnbarkeit der Haut. Alle Eigenschaften nehmen beim Erwachsenen mit dem Alter ab.

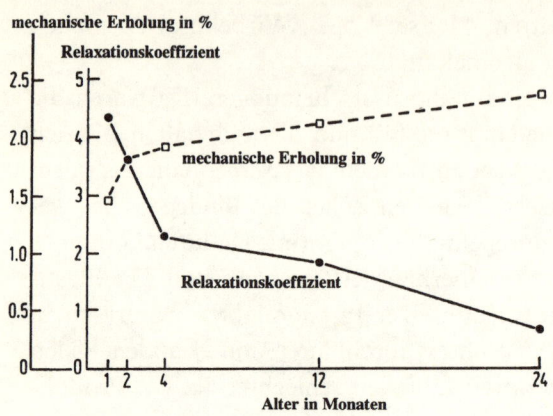

ABBILDUNG 4.4: Altersab-
hängige Veränderungen der
Hautelastizität bei der Ratte,
gemessen über das Relaxa-
tionsverhalten nach Strek-
kung. Die mechanische Erholung (Zeit, um wieder die alte
Länge zu erreichen) braucht
mit dem Alter mehr Zeit. Die
Dehnbarkeit insgesamt (Re-
laxationskoeffizient) nimmt
gleichzeitig stark ab; d.h., die
Haut wird mit dem Alter immer weniger elastisch.

ner Jugend also kräftig der Sonne aussetzt, um mit einem dunklen Haut-
teint möglichst jugendlich und sportlich auszusehen, muß dies in späteren
Jahren mit verstärkter Alterung der Haut bezahlen. Da helfen dann auch
die vielen angepriesenen, kosmetischen Präparate nur wenig, von denen
man nur eines sicher weiß, daß sie die unteren Zellschichten der Haut gar
nicht erreichen.

Kurz zurück zur Wundheilung der Haut. Die Haut regeneriert sich
zeitlebens. Die obersten Zellschichten sterben kontinuierlich ab und werden abgestoßen. Von unten her rücken neue Zellschichten nach. Dennoch
sind diese neuen Zellen bei einem 80jährigen nicht mehr so jung wie bei
einem Achtjährigen. Trotz beständiger Regeneration unterliegen sie einem Alterungsprozeß. Das erklärt auch den erwähnten Sonneneffekt. Es
gibt einige Kosmetika, die durch organische Säuren ein »Peeling« (ein
Abschälen) der obersten Haut herbeiführen und dadurch kurzfristig frische, junge Haut produzieren (s. im Detail Kap. 13 auf S. 360 f.). Aber
wir wissen jetzt, daß dies im späteren Alter durch frühzeitiges Hautaltern
erkauft wird, denn auch die obersten, teilungsfähigen Hautschichten haben trotz ihrer scheinbar unbegrenzten Teilungsfähigkeit nicht beliebig
viele junge Zellgenerationen »auf Lager«. Ganz offensichtlich wird mit
jeder neuen Zell-Generation ein Stück Alterung mit auf den Weg gebracht.

Bei der Wundheilung ist diese Teilungsfähigkeit und ihre altersabhängige Veränderung von großer Bedeutung. Hautwunden junger Menschen
heilen mit dem normalen Regenerationsprozeß schnell und meist glatt ab.
Dies geschieht von den Wundrändern aus und meist ohne Narbenbil-

dung, sofern nicht das darunter liegende Bindegewebe mit verletzt wurde. Daran beteiligt ist ein Hormon aus der Nebenniere. Beim alten Menschen sind die Wundränder unregelmäßiger und die Wunde wächst auch langsamer wieder zu. Dies hat seinen Grund darin, daß die Kontrolle der Wundheilung über das Hormon der Nebenniere nicht mehr so reibungslos funktioniert wie beim jungen Organismus. Der Anreiz zum Wundränderwachstum erfolgt beim Alten unregelmäßiger und z.T. »überstürzt«, so daß auch das Wachstum der Zellen ungleich schnell erfolgt, wodurch ungleiche Wundränder und damit schneller Narben entstehen.

Bänder, Sehnen und Gelenke – rheumatoide Arthritis im Alter

Wie in der Haut finden sich auch in Bändern, Sehnen und Gelenken kollagene Fasern, die mit dem Altern die gleichen Veränderungen wie die bei der Haut beobachteten durchmachen (Abb. 4.5). Sie verlieren an Elastizität, sie werden starrer, und sie enthalten weniger Wasser. Der in den Gelenken vorhandene Reibflächenschutz, der hyaline Knorpel (ein spezieller, stark wasserhaltiger, besonders elastischer, durchsichtiger Knorpel) der Gelenkflächen, wird porös. Dieser Prozeß kann schon im Alter von 20 bis 30 Jahren meist unmerklich beginnen.

Zusätzlich nimmt die Gelenkschmiere in ihrer Produktion und Qualität ab, und die Gelenkflächen reiben sich sehr schmerzhaft aufeinander. In der

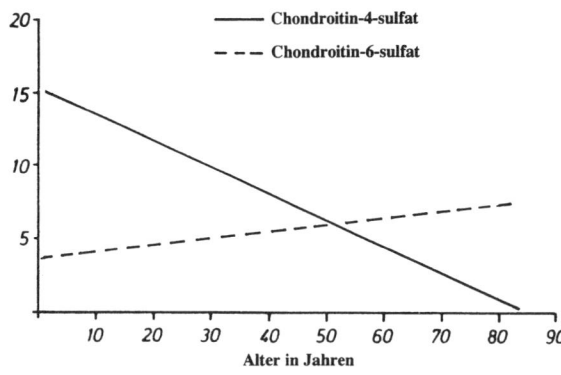

Anteil Chondroitinsulfat in μmol pro 100 mg KTG

— Chondroitin-4-sulfat
--- Chondroitin-6-sulfat

Alter in Jahren

ABBILDUNG 4.5: Die Altersabhängigkeit verschiedener Typen von Chondroitin-Sulfat im Knie-Gelenkknorpel des Menschen. Es zeigt sich, daß manche Fraktionen zunehmen, andere dagegen abnehmen. In der Gesamtsumme überwiegt allerdings deutlich die Abnahme.

Folge kann es zu Arthritis kommen, die die Bewegungsfähigkeit stark einschränkt. Bei einem chronischen Verlauf kann es zu einem totalen Funktionsverlust des Gelenks kommen. Diese Krankheit (vor allem die rheumatoide Arthritis) nimmt mit steigendem Alter beinahe linear zu, wobei Frauen etwa dreimal häufiger betroffen sind als Männer. Diese Erkrankung kann man als typische Alterskrankheit bezeichnen (auch wenn eine besondere Form im Jugendalter auftritt). Bei Arthritis kommt es meist auch zu einer Deformation der Gelenke (besonders auffällig an den Händen; Abb. 4.2. S. 86). Im Detail wird Arthritis auch unter den Stichworten Arthrose bzw. Sudecksches Syndrom im Glossar näher beschrieben.

Wenn Knochen brüchig werden – Osteoporose

Im Knochen gibt es zwei typische, wichtige Zellformen, die den Knochenaufbau steuern: Die Osteoblasten sind Zellen, die die Knochensubstanz aufbauen; die Osteoklasten sind Zelltypen, die alte Knochensubstanz wieder abbauen. Im normalen Knochen sind beide Zellformen je nach Anforderungen nebeneinander aktiv, so daß ein ständiger Wechsel (Auf- und Abbau) der Knochensubstanz stattfindet. Man geht davon aus, daß – bei voller Tätigkeit beider Zelltypen – in der Jugendzeit (theoretisch) in etwa sieben Jahren einmal die gesamte Knochensubstanz von ihren Mineralbestandteilen her total erneuert wird. Mit zunehmendem Alter nimmt allerdings die Funktion der Osteoklasten und damit der Knochenabbau zu. Die Aktivität der Osteoblasten (Knochenaufbau) nimmt ab. Dadurch werden die Knochen poröser und instabiler und brechen leichter. Zudem heilen sie nach einem Bruch schwerer und langsamer wieder zusammen. Der Knochen enthält weniger und dünnere Knochenbälkchen und größere Lumina (»Entkalkung«) und wird bei den langen Extremitätenknochen auch kürzer (Abb. 4.6, S. 91): Diesen Vorgang nennt man Osteoporose (Knochenschwund)! Der Knochen kann im hohen Alter so brüchig werden, daß spontane Frakturen auftreten.

Dieser Vorgang der Entkalkung beginnt bei praktisch allen Menschen mit etwa 40 Jahren. Wirbel, Hände, Hüfte und Beine sind besonders davon betroffen. Bei Frauen schreitet die Osteoporose schneller voran als bei Männern. Ursache ist vermutlich die in den Wechseljahren geringer werdende Östrogenproduktion. In der Folge der Entkalkung nimmt die

Körpergröße ab und die Haltung kann gebückt werden. Bewegungsmangel verstärkt den Abbau, da körperliches Training und leichter Sport die Osteoblasten etwas aktivieren kann. Details zur Osteoporose sind im Kap. 11 auf S. 314 näher beschrieben.

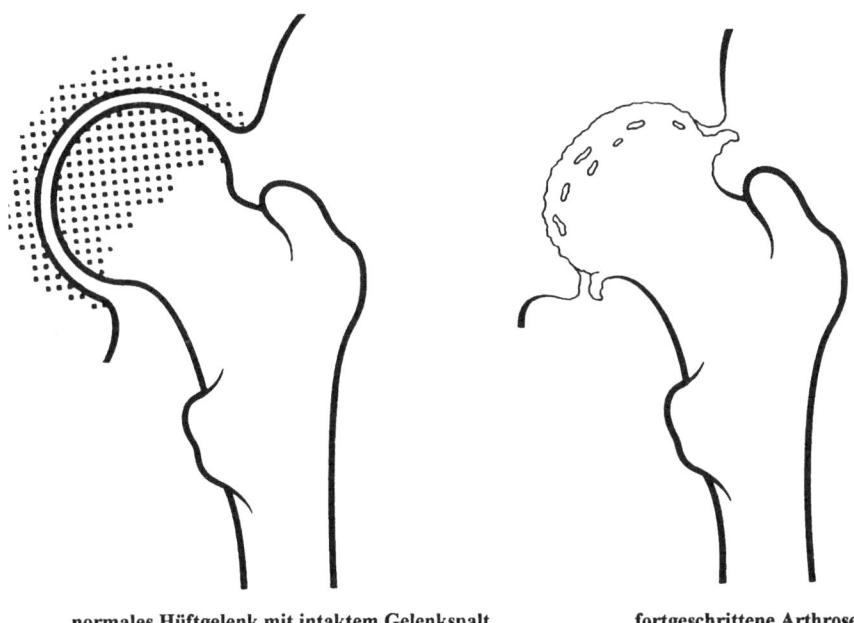

normales Hüftgelenk mit intaktem Gelenkspalt   **fortgeschrittene Arthrose**

ABBILDUNG 4.6: Änderung des Hüftgelenkes bei Arthrose schematisch. Der Gelenkknorpel und der Gelenkspalt degenerieren bei Arthrose, so daß die Knochen von Oberschenkelkopf und Gelenkpfanne direkt aufeinanderliegen, was zu extremen Schmerzen bei Bewegungen führt.

Die Skelettmuskulatur – Alte werden schwächer

Die Muskulatur ist mit einem Anteil von etwa 40-50 % am Gesamtorganismus das größte Organ des Menschen überhaupt. Sie dient zur Bewegung, zur Haltung, zur Gestik und für die Mimik des Körpers. Im Zusammenspiel all dieser nach außen wirksamen Faktoren bestimmt die Muskulatur ganz wesentlich das altersabhängige Erscheinungsbild und die Persönlichkeit eines Individuums. Alterserscheinungen sind hier also besonders auffällig.

Mit dem Alter geht eine deutliche Verminderung der Muskulatur einher. Die Muskelfasern, die die Muskulatur aufbauen, gehen in ihrer Zahl mit dem Alter deutlich zurück; sie gehen verloren und verkürzen sich. Zum Teil werden sie durch funktionsunfähiges Bindegewebe oder durch Fett ersetzt. Neue Zellen werden nicht gebildet, da die Zahl der Muskelzellen festgelegt ist und die Muskelzellen ausdifferenziert nicht mitose-, d.h. teilungsfähig sind (vgl. Kapitel 3).

Innerhalb der Zelle selbst geht die Zahl der kontraktilen Elemente (Muskelfibrillen) z.T. drastisch zurück. Sie werden eingeschmolzen, phagozytiert und die entstehenden Lücken durch Fetttropfen und andere Einlagerungen geschlossen, die aber natürlich funktionslos sind (in das Muskelgewebe wird als Altersmerkmal Alterspigment, das Lipofuscin eingebaut). Die übriggebliebenen Fibrillen können sich u.U. kompensatorisch vergrößern (hypertrophieren). Bis zum etwa 70. Lebensjahr hat sich so die Muskelmasse im Vergleich zum 20jährigen im Mittel um etwa 30 % reduziert, wobei es zwischen den einzelnen Muskeltypen erhebliche Unterschiede gibt. Der Muskeldurchmesser und das Verhältnis unterschiedlicher Muskelfasertypen zueinander kann, bezogen auf 100 % beim 20jährigen, auf rund 55 % beim 100jährigen abfallen.

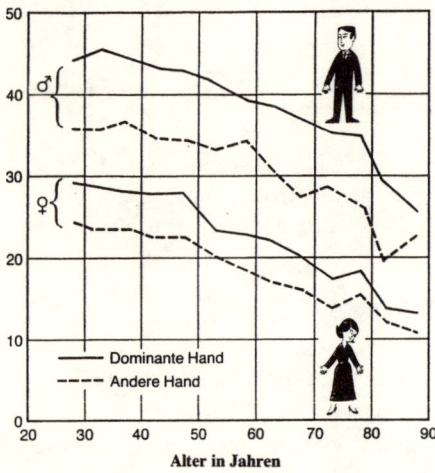

Druckkraft in Kilogramm

Alter in Jahren

Die Muskelkraft nimmt bis zum 65. Lebensjahr um etwa 20 bis 40 % ab (Abb. 4.7). In der Summe aller Muskelleistungen hat der Mensch seinen Höhepunkt in etwa in einem Alter von 25 bis 30 Jahren. Dann sinkt dieser Wert kontinuierlich mit dem Alter ab. Mit 70 liegt sein Wert beim Mann nur noch etwa bei 70 % und bei der Frau bei 65 % des Maximalwertes (Abb. 4.8, S. 93).

ABBILDUNG 4.7:   Alternsabhängige Veränderung der Stärke der Muskelkontraktion beider Hände bei Mann und Frau. Die Kraft der Muskeln nimmt mit dem chronologischen Alter beinahe linear ab.

Neben der Abnahme der Masse der Muskulatur findet auch eine langsame Atrophierung (die untere Körperhälfte ist dabei stärker betroffen als die obere) durch allmähliche Inaktivierung und Verminderung der innervierenden Nervenzellen (Moto-Neurone) statt. Diese zeigen auch eine Verminderung ihrer Leitungsgeschwindigkeit: Sie nimmt pro Jahr um etwa 0,15 m/s ab. Die Zahl der terminalen Nervenendigungen kann sogar um über 50 % abnehmen, wodurch die Zahl der (synaptischen) Verbindungen zwischen Nerv und Muskulatur erheblich reduziert wird. Dadurch kommt es zu einer deutlichen Abnahme der Feinmotorik, da die Kontrolle über einzelne Faserbündel verringert ist. Auch die Aktivität der Übertragungssubstanzen (Transmitter) nimmt ab. Sie kann z.b. bei 24 Monate alten Mäusen bereits um 50-70 % reduziert sein (Vergleichsalter 12 Monate = 100 %).

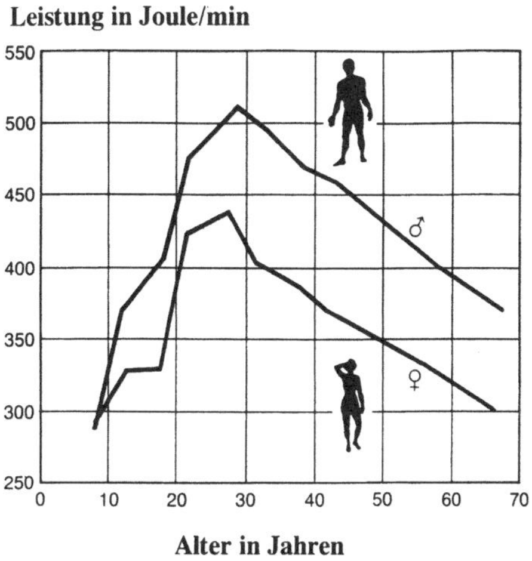

Die Reaktionszeit des Muskels nimmt altersabhängig ebenfalls stark ab. Beim etwa 70jährigen liegt sie rund 50 % unter der eines 20jährigen.

ABBILDUNG 4.8: Alternsabhängige Veränderung der Gesamt-Dauerleistung beim Menschen. Gemessen wurde die Leistungsabgabe bei Frauen und Männern über 1 Minute am Ergometer. Beide Geschlechter zeigen zunächst einen Anstieg und im Alter von 28 Jahren das Maximum der Leistungsfähigkeit. Die auf diese Altersstufe folgende Abnahme ist mit dem Alter direkt linear korreliert. 1 Joule (J) pro Sekunde entspricht 1 Watt. 1 J/min ist demnach 1/60 Watt.

Außerdem klappt die Koordination zwischen Muskulatur und Nervensystem nicht mehr so geschmeidig wie in der Jugend. Alte Menschen haben deshalb weniger elegante und weniger geschmeidige Bewegungen als junge Menschen. Die Trainierbarkeit der Muskulatur führt bei einem 20jährigen noch zu einer Erhöhung der Zahl der Mitochondrien (der Energiekraftwerke der Zelle) um bis zu 100 %. Beim 75jährigen liegt der Steigerungswert bei nur noch maximal 20 %. Aber wir sehen deutlich, daß auch hier das Training hilft, die abnehmende Leistungsfähigkeit deutlich zu verzögern.

Das Gastro-Intestinal-System –
nicht nur Zähne fallen aus

Zum Gastro-Intestinal-System gehört der gesamte Verdauungstrakt vom Mund über die Speiseröhre, den Magen, den Darmtrakt bis hin zur Ausscheidungsöffnung, dem After. Die dazugehörenden Verdauungsdrüsen werde ich getrennt besprechen.

Im Mundbereich stellt man fest, daß die Mundmucosa (Mundschleimhaut) mit dem Alter atrophiert, also in ihrer Dicke und Zellzahl abnimmt. Als Folge davon läßt die Mundschleimproduktion nach. Die Zahl der Geschmacksknospen verringert sich extrem. Im Alter von 75 Jahren sind teilweise nurmehr 35 % der ursprünglich vorhandenen noch zu finden. Insgesamt nimmt die durchschnittliche Zahl von etwa acht- bis zwölftausend auf zwei- bis dreitausend ab. Die Geschmacksknospen unterliegen einer lebhaften sogenannten Mauserung; alte werden regelmäßig durch neue ersetzt (etwa alle zehn Tage ist so die Hälfte der vorhandenen durch neue Geschmacksknospen ersetzt). Diese Mauserung läßt mit dem Alter stark nach. Es kommt zu einem Schwellenanstieg der Geschmacksempfindung für viele Substanzen, die Geschmacksorgane werden weniger empfindlich und höhere Konzentrationen bestimmter Stoffe werden benötigt, um einen Geschmackseindruck auszulösen.

Der Geruchssinn läßt mit dem Alter ähnlich nach. Im Vergleich zu 20jährigen haben 78-90jährige einen bis zu 10fach höheren Schwellenwert für die Geruchsempfindung mancher Stoffe. Auch die Riechzellen der Nase zeigen eine Mauserung und auch bei ihnen läßt der Ersatz verlorengegangener Geruchszellen stark nach. Insgesamt weiß man allerdings über all diese Alternsformen immer noch sehr wenig, und sie sind auch nur wenig auffällig.

Alternserscheinungen in einem anderen Mundbereich des Menschen kennt dagegen jeder: Die Zähne nutzen sich ab und fallen aus. Wir werden allerdings gleich sehen, daß es zahlreiche Tiere gibt, bei denen die Zähne kontinuierlich nachwachsen oder durch immer neue ersetzt werden, daß also hier keine Zwangsläufigkeit des Alterns gegeben ist.

Zahnbettschwund (Paradontose) ist eine Krankheit, die im Alter häufiger, oft urplötzlich auftritt, ohne daß man die Ursachen genau kennt. Sie ist eng mit allgemeinen Alternserscheinungen verknüpft und es gibt keine Heilungschancen (im Sinne von Rückgängigmachung).

Kommen wir zum eigentlichen Verdauungssystem. Generell arbeiten im Alter alle Verdauungsorgane weniger effektiv. Die Muskeln, die den Nahrungsbrei durch den Verdauungskanal drücken, werden langsamer und sind weniger kräftig. Der gesamte Verdauungstrakt wird weniger elastisch und dehnbar. Die Speiseröhren-(Ösophagus-)Peristaltik wird langsamer und zum Teil sogar unkoordiniert. Der Bissen rutscht beim Schlucken nicht mehr immer problemlos in den Magen weiter. Der Mageneingangsmuskel erschlafft nicht immer rechtzeitig, was zu häufigerem »Verschlucken« führen kann. Die Magensäureproduktion läßt nach und in der Folge nimmt die Azidität des Magensaftes ab. Gleiches beobachtet man für die Produktion der Verdauungsenzyme. In der Begleitfolge findet man oft eine chronische Gastritis (Magenschleimhautentzündung), eine schlechtere (Protein-)Verdauung und eine damit verbundene, verminderte Vitamin-B12-Aufnahme.

Im auf den Magen folgenden Darmkanal werden ebenfalls die Verdauungssäfte weniger stark produziert, und sie bereiten deshalb die Nahrung wesentlich langsamer auf. Die verdauten Nahrungsbestandteile wandern schlechter durch die Darmwand ins Blut.

Die Leber verliert durch Zugrundegehen einzelner Leberzellen (Hepatozyten) und Wasserverlust an Gewicht. Die Stoffwechselleistung der Leber läßt damit in der Summe nach.

Der Dickdarm verliert an Motilität (Beweglichkeit), und durch Nachlassen des Muskeltonus kommt es zu häufigerer Verstopfung. Jeder zweite Mensch über 70 hat zudem Darmdivertikel. Das sind Ausstülpungen der Darmwand ins Lumen des Darmes, die stark den Weitertransport des Nahrungsbreies beeinträchtigen können. Weiterhin kann die Kontrolle über den After-Schließmuskel (Anusmuskel) vermindert werden, was dazu führen kann, daß die Kontrolle der Stuhlabgabe erschwert wird oder sogar ganz verloren geht!

Alle diese Effekte führen dazu, daß alte Menschen leichter verdauliche Nahrung und geringere Mengen Nahrung pro Mahlzeit zu sich nehmen sollen.

Die Leber – die Durchblutung nimmt ab

Die Leber (Hepar) ist mit 1,5 kg die größte Drüse im menschlichen Körper. Auch bei Tieren hat sie meist eine entsprechende Ausdehnung und

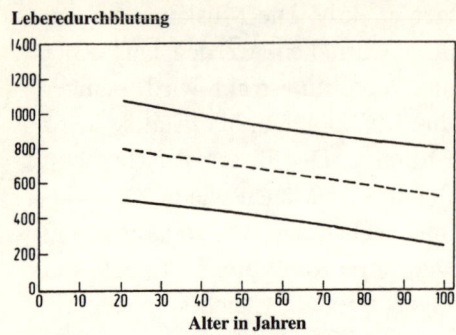

Lebereredurchblutung

Alter in Jahren

ABBILDUNG 4.9: Veränderung der Leberdurchblutung beim Menschen mit dem Alter, gemessen über die extrarenale Sorbit-Clearance-Methode. Der Mittelwert der Meßwerte ist durch die gestrichelte Linie markiert und das 95%-Konfidenz-Vorhersageintervall für die Ermittlung der Leberdurchblutung aus dem Lebensalter durch die Begrenzung der durchgezogenen Linie.

Bedeutung. Sie produziert als Verdauungssaft die Gallenflüssigkeit und ist darüberhinaus ein Zentralorgan für chemische Umsetzungen und Speicherung von Stärke und anderen Stoffen. Die Leber erhält Blut über das Pfortadersystem von Magen, Darm, Milz und Bauchspeicheldrüse. Sie entgiftet den Körper, produziert Exkretstoffe und speichert vor allem Glykogen (tierische Stärke).

Mit dem Alter nimmt das Gewicht der Leber deutlich ab. Sie kann im Minimum bei nur noch 550 g liegen (ein Drittel des ursprünglichen Jugendgewichtes!). Diesen Vorgang nennt man »braune Atrophie« (die Leber hat ein braunes Aussehen). Der relative Gewichtsanteil der Leber am gesamten Körpergewicht beträgt beim Neugeborenen etwa 4 %, beim 50jährigen etwa 2,5 % und beim 90jährigen nur noch etwa 1,6 %. Die Ursache dieser Gewichtsabnahme liegt vor allem darin begründet, daß die Zahl der Leberzellen (Hepatozyten) durch eine verminderte Teilungs-

TABELLE 4.1: Alternserscheinungen bei der Leber: Einfluß des Lebensalters auf die Synthese einiger wichtiger Enzyme und anderer Substanzen am Beispiel der Leber der Ratte.

Enzymtyp	Altersbereich [Monate]	Änderung in [%] im Altersbereich
Albumin-Eiweiß	3 – 36	+ 120
Globulin-Eiweiß	6 – 29	- 98
Aldolase	6 – 29	0
Tryptophanoxigenase	10 – 24	- 23
Superoxiddismutase	6 – 37	- 30
Katalase	6 – 37	- 30
Tyrosinaminotransferase	10 – 24	- 34
Cytochrom-P-450	6 – 29	- 50

fähigkeit abnimmt. Parallel zur Massenabnahme nimmt das Volumen zwischen der 2. und 9. Lebensdekade um bis zu 40 % ab.

Funktionell ist die Leber – wie bereits erwähnt – das zentrale Stoffwechselorgan des Organismus. Sie dient der Produktion (Galle, Plasmaproteine, Exkretstoffe), Speicherung (Kohlehydrate) und Veränderung (Bildung von Ketonkörpern, Reduktion und Konjugation von Steroidhormonen, Umwandlung von Hormonen, Entgiftung von Fremdstoffen, Inaktivierung von Insulin usw.). Die Vielzahl an Aufgaben und ihre Größe führt dazu, daß die Leber zu den am besten durchbluteten Organen des Körpers zählt. Mit zunehmendem Alter nimmt die Durchblutungsrate dieses Organs deutlich ab (Abb. 4.9, S. 96). So liegt sie bei einem 20jährigen bei etwa 800 ml/min und bei einem 90jährigen bei etwa 500 ml/min. Im mittleren Bereich liegt die Abnahme bei etwa 30-50 %, und diese Abnahme ist bei Frauen stärker ausgeprägt als bei Männern.

Mehr oder weniger parallel nimmt auch die Fähigkeit der Leber ab, bestimmte Fremdstoffe aus dem Blut herauszufiltern. Diese Leber-Clearance-Rate sinkt, weil weniger Enzyme zur Verfügung stehen, für eine Reihe von Stoffen um 20-30 % (s. Tab. 4.1 auf S. 96). Mit dem Alter steigt zu dem die Anfälligkeit für eine Reihe von Lebererkrankungen.

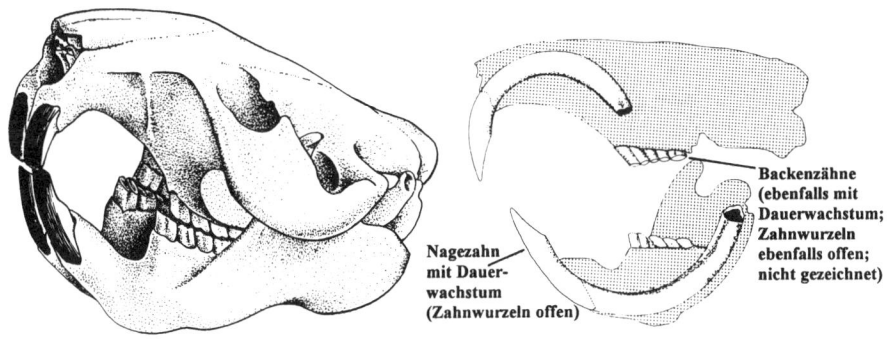

ABBILDUNG 4.10: Links: Gebiß eines Bibers. Rechts: Schädel einer Taschenratte schematisch zur Verdeutlichung der Lage der Nagezähne. Sie stecken tief in den Kiefern und zeigen (wie der Stoßzahn des Elefanten) eine weite, offene Basis, wie sie für dauernd nachwachsende Zähne charakteristisch ist. Auch die Backenzähne wachsen bei Nagetieren dauernd nach.

Zähne, die immer weiter wachsen

Der Zahnwechsel ist beim Menschen eine bekannte und oft schmerzhafte Tatsache. Unsere erste Zahngeneration, das Milchgebiß, hat 20 Zähne. Die ersten Milchzähne treten im Alter von etwa 0,5 bis 1,5 Jahren auf. Sie werden in der Regel ab dem 6. Lebensjahr einmalig durch ein bleibendes Gebiß ersetzt, das bei Menschen normalerweise aus 32 Zähnen besteht. Der letzte Weisheitszahn kann erst mit 40 Jahren durchbrechen. Bei manchen Völkern verbleibt er zeitlebens unter der Zahnhaut. Fallen auch diese zweiten Zähne aus oder werden durch Karies u.ä. zerstört, gibt es keinen weiteren Ersatz. Ein künstliches Gebiß ist die einzige Alternative. Zahnausfall ist in unserer Vorstellung deshalb immer auch mit Altern verbunden. Der zahnlückige, alte Mensch wird oft genug als Karikatur dargestellt.

Tatsache ist aber, daß die Natur dort, wo sie es für unbedingt notwendig erachtet, kein Problem hat, mit stetig nachwachsenden Zähnen oder

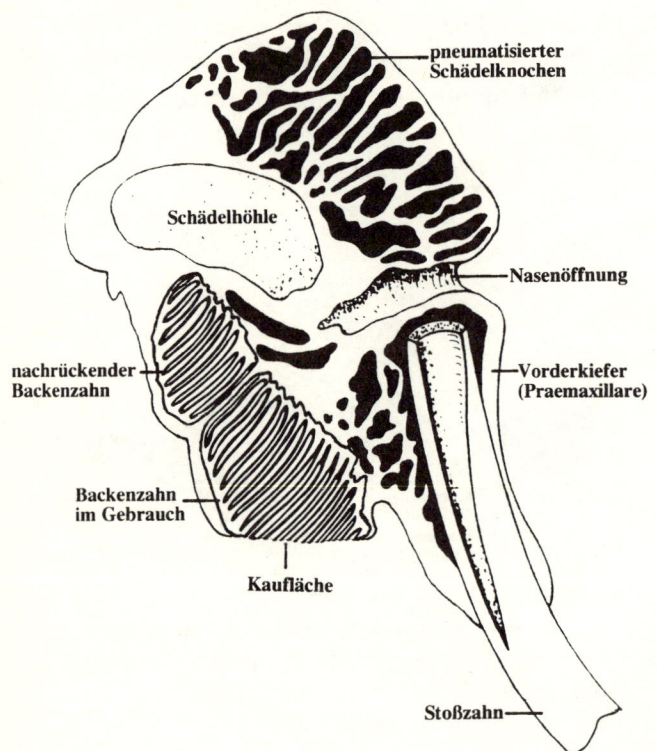

pneumatisierter
Schädelknochen

Schädelhöhle

Nasenöffnung

nachrückender
Backenzahn

Vorderkiefer
(Praemaxillare)

Backenzahn
im Gebrauch

Kaufläche

Stoßzahn

ABBILDUNG 4.11: Ein Schnitt durch den oberen Schädel des Asiatischen Elefanten schematisch mit Darstellung des vertikalen Zahnwechsels der Backenzähne im Oberkiefer. Wie beim Unterkiefer (nicht dargestellt) schiebt der zweite, obere, nachrückende Backenzahn den im Gebrauch befindlichen Backenzahn nach unten weiter und ersetzt ihn später. Auch der Stoßzahn wächst kontinuierlich weiter.

mit komplett neuen Gebissen auf-
zuwarten. Ein typisches Dauerwachstum weisen z.B. alle Nagezähne und Backenzähne von
Nagetieren auf (Abb. 4.10, S. 97).
Diese Zähne besitzen während des
ganzen Lebens ihres Trägers eine
weite Öffnung an der Basis (wur-
zeloffene Zähne), was charakteristisch für solche dauerwachsenden
Zähne ist. Durch das Fressen har-
ter Kost werden diese Zähne dauernd abgeschliffen, und sie wachsen deshalb auch kontinuierlich
nach. Haben Nagetiere nur weiche
Nahrung zur Verfügung, kann
mangelnder Abrieb zu Überwach-
sungen der Zähne führen, die tödlich sein können. Jeder Tierhalter
kennt dieses Problem, das durch
Abschneiden zu langer »Beißer-
chen« gelöst werden muß.

Ein Dauerwachstum der Zähne
findet man aber z.B. auch bei den
Stoßzähnen der Elefanten. Diese
Stoßzähne sind umgewandelte
Schneidezähne (also den Nagezäh-
nen der Nagetiere direkt vergleichbar = homolog). Sie werden zum
Graben, Kämpfen und zum Nah-
rungserwerb eingesetzt. Dabei nutzen sie sich beständig ab und müssen durch Nachwachsen erneuert
werden. Aber auch die Backenzähne, die durch die Mahlarbeit der
Pflanzenkost abgerieben werden,
müssen regelmäßig ersetzt werden.
Sie wachsen aber nun nicht konti-

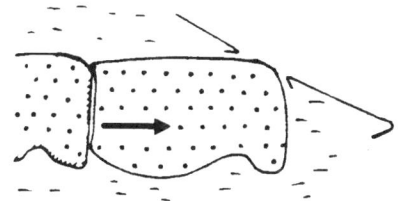

nachrückende Zähne

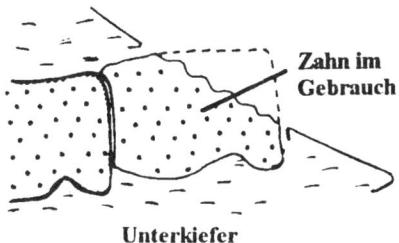

Zahn im Gebrauch

Unterkiefer

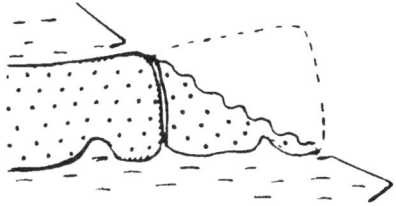

ABBILDUNG 4.12: Schema zum hori-
zontalen Zahnwechsel im Unterkiefer
des Afrikanischen Elefanten. Von hinten nachschiebende Backenzähne ersetzen verbrauchte Zähne kontinuierlich. Das gleiche Prinzip findet man
z.B. auch bei Seekühen und einigen anderen Säugetieren.

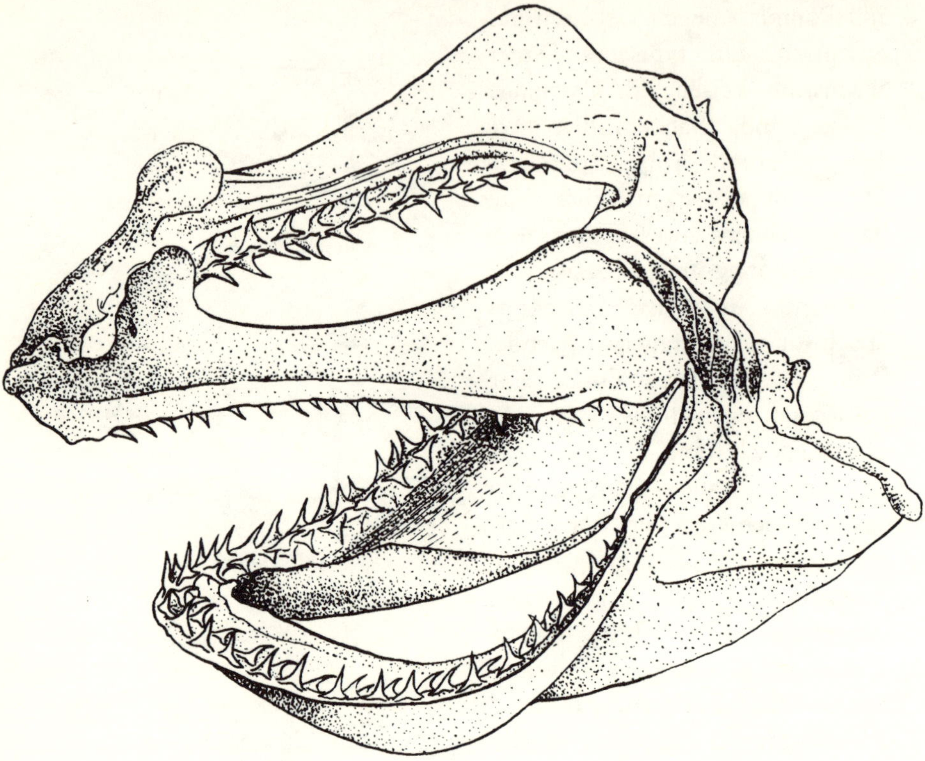

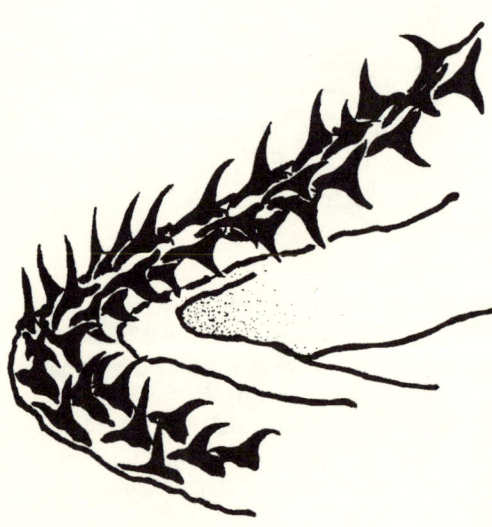

Abbildung 4.13: Gebiß und Ausschnitt aus dem Gebiß eines Haies. Die Zähne stehen in Reihen hintereinander und werden langsam vom Maulinneren nach außen geklappt. Sie ersetzen dort ausgefallene Zähne. Dieses »Revolvergebiß« zeigt keine altersabhängigen Grenzen seines Wachstums; d.h. die Zähne werden zeitlebens neu und in beliebiger Menge nachgeliefert. Eine nur begrenzte Zahl möglicher Zahnwechsel, wie beim Menschen, ist in der Natur also nicht zwingend notwendig.

nuierlich nach, sondern der (einzige) alte, verbrauchte Backenzahn wird durch einen (einzigen) nachrückenden neuen Zahn ersetzt (Abb. 4.11, S. 98).

Dieser horizontale Zahnwechsel kommt z. B. auch bei Seekühen (Sirenen) vor. Mit den aufgenommenen Pflanzen gelangt bei ihnen oft Sand ins Gebiß, der die Zähne übermäßig abnutzt. Den starken Abrieb gleichen die Sirenen dadurch aus, daß am hinteren Ende der Zahnreihe fortlaufend neue Zähne gebildet werden, die sich langsam im Kiefer nach vorne schieben. Der jeweils vorderste, abgekaute Zahnstumpen fällt aus (Abb. 4.12, S. 99).

Zähne geradezu im Überfluß haben Haie und Rochen. Ihre ganze Haut ist mit winzigen Zähnchen besetzt, die im Prinzip genauso aufgebaut sind wie die Zähne des Menschen. In der Kieferregion findet man die sogenannten Kieferzähne, die ebenfalls wie die Hautzähne gebaut, nur viel größer sind. Diese Kieferzähne sind in Reihe angeordnet. Sie müssen messerscharf sein und werden nach Abnutzung abgestoßen und durch neue Zähne ersetzt. Dazu ist das Gebiß in einer völlig einmaligen Art und Weise gebaut. Hinter jeder Zahnreihe findet sich eine Reihe immer kleiner werdenden Zähne, die gleichsam in Wartestellung zurückgeklappt sind. Fällt der vorderste Zahn aus, richtet sich der nächste Zahn der Reihe rasch auf und schließt so schnell wieder die Lücke (Abb. 4.13, S. 100).

Auch hier zeigt sich deutlich, daß die Natur nicht unfähig ist, Ersatz für verbrauchte oder verlorengegangene Strukturen zu liefern, wenn es für das unmittelbare Überleben des Organismus notwendig erscheint.

Das Blut und die Blutgefäße – das Problem Arteriosklerose

Die Blutkörperchen wie auch die Epidermiszellen des Darmkanals unterliegen einer dauernden Mauserung, d.h. sie werden dauernd erneuert (bis zu zehntausend Milliarden Blutzellen pro Tag werden neu produziert und wieder abgebaut). Die mittlere Lebensdauer der roten Blutkörperchen (Erythrocyten) des Menschen liegt bei etwa 120 Tagen (Bereich 105-127 Tage). Je nach Organismus können die Erythrocyten sehr unterschiedlich lange leben (Tab. 4.2 und 4.3, S. 104 und 105).

Bei den weißen Blutkörperchen (Leucocyten; dazu gehören Granu-

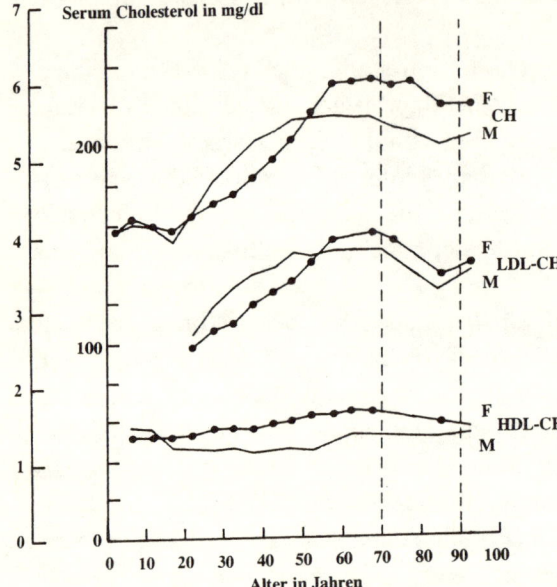

Serum Cholesterol in mmol/l

Serum Cholesterol in mg/dl

Alter in Jahren

Abbildung 4.14: Die Veränderung verschiedener Plasma-Cholesterin-Konzentrationen mit dem Lebensalter bei Männern (M) und Frauen (F). Der Altersbereich abfallender Konzentrationen ist durch senkrechte gestrichelte Linien markiert. Die Werte nehmen also nicht über das ganze Lebensalter hinweg zu! Gesamtcholesterol CH, Lipoproteine niedriger Dichte LDL-CH, Lipoproteine hoher Dichte HDL-CH.

locyten, Monocyten und Lymphocyten) liegt die Lebensdauer bei einigen Stunden bis zu etwa 100 Tagen, je nach Aufgabe. Die meisten leben nur wenige, in der Regel unter zehn Tage (Granulocyten leben zwei bis acht Tage; Monocyten 20 bis 32 Stunden im Knochenmark bzw. im Blut). In anderen Organen leben Monocyten aber bis zu 45 Tage lang. Von den Lymphocyten gibt es zwei Populationen. Die eine lebt drei bis vier, die andere etwa 200 Tage. Einige Gedächtniszellen der weißen Blutkörperchen (Lymphocyten) müssen allerdings auch ein Menschenleben lang lebensfähig bleiben, um ihrer Funktion zu genügen.

Bei den Blutplättchen, den Thrombocyten, gibt es eine Hypothese, die besagt, daß sie im Alter durch arteriosklerotische Gefäßveränderungen vermehrt aktiviert werden und dadurch eine verkürzte Lebensdauer aufweisen (Tab. 4.3, S. 105). Normalerweise leben sie beim Menschen drei bis fünf Tage. Insgesamt werden die Thrombocyten mit dem Alter immer größer und proteinreicher und scheinen sich schneller zusammenzuklumpen; die Blutgerinnungszeit wird verkürzt, wodurch eine erhöhte Gefahr für Thrombosen entstehen kann. Ein altersabhängiges Funktionsdefizit konnte man bei den Thrombocyten bisher aber nicht feststellen.

Die Blutkörperchen zeigen also keine besonderen Alternserscheinungen im Sinne eines auffälligen Funktionsverlustes. Allerdings können sie – je nach Alter – verschiedene Größen, Formen, Zellinhalte, Funktionen und Färbbarkeiten annehmen, die aber erst bei speziellen mikroskopischen Präparationen deutlich werden. Auf diese Erscheinungen möchte ich hier im Detail aber nicht eingehen. Alte Blutkörperchen werden vom Organismus schnell als solche erkannt und aus der Blutbahn gezogen. Sie werden offensichtlich vor allem über veränderte Membraneigenschaften ausselektiert.

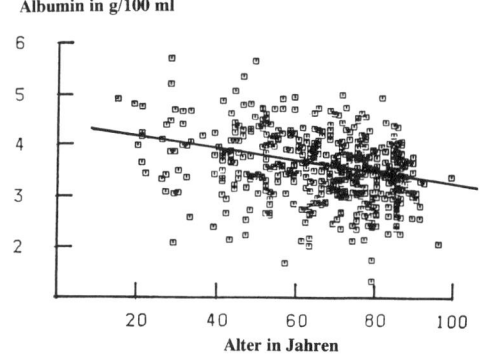

ABBILDUNG 4.15: Albumin-Konzentration im Plasma in Abhängigkeit vom Lebensalter beim Menschen. Die Konzentration dieses Bluteiweißes geht praktisch linear mit dem Alter zurück.

Die mittlere Gesamtzahl der Lymphocyten fällt mit zunehmendem Alter deutlich ab: Bei einem 80jährigen findet man im Durchschnitt rund 1 500 Zellen pro µl; bei einem normalen Erwachsenen sind es 2 000 bis 3 000.

Das Blut gehört zu den regenerierenden Organen. Aus diesem Grunde hat es einen Speicher aus undifferenzierten Stammzellen, die sich im roten Knochenmark befinden. Diese hämopoetischen Knochenmarkstammzellen liefern dauernd alle Typen von Blutkörperchen nach (siehe auch weiter oben). Es ist bis heute ungeklärt, ob diese ruhenden Stammzellen altern oder nicht (vgl. Kap. 3). Hayflick behauptet, daß die Teilungspotenz dieser Zellen beim Menschen rund 50 Teilungen ausmacht, daß also auch sie keine unbegrenzte Mitosefähigkeiten aufweisen.

Im Blut selbst kann man beobachten, daß der Cholesterinspiegel im Plasma mit dem Alter ansteigt (Abb. 4.14, S. 102). Er liegt im Mittel bei etwa 2 g/l (200 mg/dl). Höhere Werte sollen zu Arteriosklerose führen, auch Atherosklerose oder Arterienverkalkung genannt. Es handelt sich dabei um eine Vermehrung von Faserstoffen und Ablagerung von Eiweißkörpern, Fettstoffen und »Kalk« in die Arterienwand. Dies führt zu Verhärtung, Elastizitätsverlust und Einengung von Gefäßen. Als Folge treten geringere Organdurchblutung, Schlafstörungen, Minderung des Leistungsvermögens, Vergeßlichkeit u.ä. auf. Die Arteriosklerose nimmt in der Todesstatistik den 1. Platz in zivilisierten Ländern ein. Im Detail wird diese typische Krankheit im Kap. 11 auf S. 322 ff. besprochen.

Im Blut nimmt auch die Regulationsfähigkeit der Säurestärke (pH) des Plasmas ab. Im Vergleich zum 30jährigen sinkt diese Fähigkeit bei 75jährigen auf etwa 17 % ab – es ist also ein dramatischer Verlust. Den gleichen dramatischen Abfall findet man in der Albumin-Konzentration des Blutes (Abb. 4.15, S. 103). Albumin ist ein wichtiger Eiweißbestandteil des Plasmas.

Zu den Blutaufgaben gehört auch die Blutgerinnung, die verhindert, daß auf Verletzungen von Gefäßen ein Ausbluten des Organismus erfolgt. Daß auch hier altersabhängige Veränderungen in der Funktion stattfinden, zeigt sich darin, daß im Alter häufiger Thrombosen, Embolien und ähnliche Effekte auftreten, die auf ein gestörtes Gerinnungssystem hindeuten. Auch allgemeine Blutungen (z.B. in der Haut) werden im Alter häufiger. Am gesamten Blutgerinnungssystem sind kaskadenförmig außergewöhnlich viele

TABELLE 4.2: Die Lebensdauer verschiedener Tiere und des Menschen und ihrer Erythrocyten angeordnet nach steigender Lebensdauer. Innerhalb einer einheitlichen Gruppe (Vögel, Säuger, Reptil) scheint es so zu sein, als würde eine lange Lebensdauer des Organismus auch eine lange Lebensdauer des Erythrocyten zur Folge haben.

Tierart	Max. Lebensalter in [Jahren]*	Mittlere Lebensdauer der Erythrocyten [Tage]
Maus	4	20 - 45
Ratte	4	45 - 68
Meerschweinchen	15	80 - 90
Kaninchen	18	45 - 68
Hund	20	90 - 135
Schaf	20	70 - 153
Ziege	20	106 - 125
Ente	25	42
Huhn	30	35
Schwein	30	62 - 71
Katze	35	68 - 77
Taube	35	105
Pferd	61	140 - 150
Schildkröte	116	500
Mensch	118	105 - 127

* Im Tabellenanhang auf S. 470 ff. finden sich u.U. Werte, die von den hier vorgestellten abweichen. Die hier angegebenen Zahlen beruhen auf den unmittelbar untersuchten Populationen.

Tabelle 4.3: Veränderung verschiedener Eigenschaften der Roten Blutkörperchen (Erythrocyten) mit dem Alter.

Eigenschaft	Veränderung	Eigenschaft	Veränderung
1. Struktur		4. Membranstrukturen	
– Volumen MCV	Abnahme	– Gesamtlipide	Abnahme
– Flexibilität	Abnahme	– Phospholipide	Abnahme
– Hämoglobin-Konz. rel.		– Proteine	Abnahme
pro Ery MCHC	Zunahme	– Insulinrezeptoren	Abnahme
– Hämoglobin-Konz.		– Cholesterin	Zunahme
absolut pro Ery MCH	Zunahme	– Hämoglobin-A	Zunahme
– Dichte	Zunahme	– oxidierte PUFA	Zunahme
– Osmotische Stabilität	Zunahme		
		5. Enzymausstattung	
2. Elektrolytgehalt		– Glucose-6-Phosphat	
– Natrium	Zunahme	– Dehydrogenase	Abnahme
– Kalium	Abnahme	– Pyrophosphatase	Abnahme
		– Malat-Dehydrogenase	Abnahme
3. Gehalt an energiereichen		– Hexokinase	Abnahme
Phosphaten		– Lysophosphatlipase	Abnahme
– ATP	Abnahme	– Enolase	Abnahme
– ADP	Abnahme	– Aldolase	Abnahme
– AMP	Abnahme	– Pyruvat-Kinase	Abnahme
– DPN	Abnahme	– Cytochrom-b5-	
– TPN	Abnahme	Reduktase	Abnahme
– TPNH	Abnahme	– Phospho-Frukto-	
– DPG	Abnahme	Kinase	Abnahme

Stoffe und Bedingungen beteiligt, die es nicht einfach machen, festzustellen, wo die alternsabhängige Änderung einsetzt. Es gibt zahlreiche Hinweise dafür, daß es Veränderungen in der Struktur und der Funktion beteiligter Proteine sind, und daß das gesamte Umsatzgeschehen in diesem Funktionsbereich in Sinne einer eingeschränkten Kompensationsfähigkeit bei auftretenden Störungen dafür verantwortlich ist.

Das Herz – der Druck nimmt zu

Das Herz pumpt das Blut durch das Kreislaufsystem. Ein Ausfall dieses Organs führt innerhalb weniger Minuten zum Tode. Wie altert dieses Organ? Eine Übersicht gibt Tab. 4.5 auf S. 109.

Herzmasse in Gramm

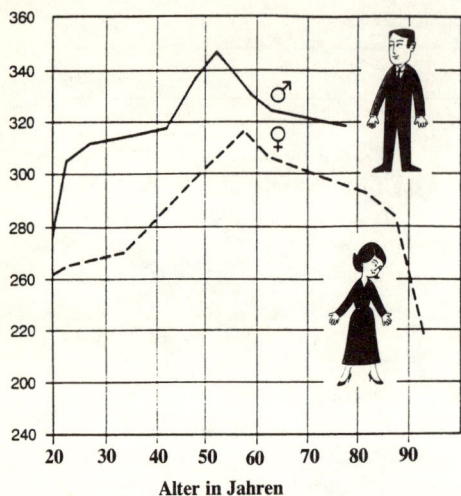

ABBILDUNG 4.16: Die Abhängigkeit der Herzmasse vom Lebensalter bei Mann und Frau. Bis zum Alter von 50 bis 55 Jahren steigt die Masse an und fällt dann wieder ab.

Renaler Plasmafluß

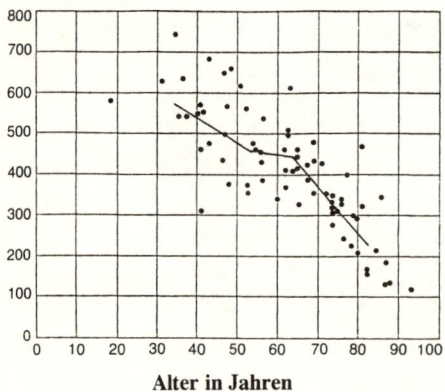

ABBILDUNG 4.17: Die individuelle biologische Variabilität des Plasmaflusses in der Niere beim Mann in Abhängigkeit vom Alter. Der Plasmafluß nimmt mit dem Alter auf ein Siebtel der Normalwerte erwachsener Individuen ab.

Zunächst zeigt das Herz in seiner Größe eine deutliche Altersabhängigkeit. Beim 20jährigen liegt das Gewicht bei etwa 260-280 Gramm. Es steigt bis ins Alter von 50-60 Jahren auf etwa 310-350 Gramm an, um danach ganz dramatisch bis auf 220 Gramm wieder abzufallen (Abb. 4.16).

Woher kommt dieser Altersabfall? Wie bei allen anderen Organen beobachtet man auch beim Herz altersabhängige Gewebeverluste. Die Myokardfasern werden z.T. bindegewebig umstrukturiert, d.h., daß die Funktionsanteile der Herzmuskelzellen abnehmen. Die Herzmuskelzellen lagern auch vermehrt das Alterspigment Lipofuscin ein (Abb. 3.10, S. 53).

Der Blutdruck steigt mit dem Alter an, wobei die einfache Faustformel gilt: Alter + 100 = »normaler« Altersblutdruck im mm Quecksilbersäule. Für einen 50jährigen wäre also ein systolischer Druck von 150 normal.

Dieser Anstieg des Blutdrucks hängt vermutlich mit der Arteriosklerose zusammen, die die Blutgefäße weniger elastisch und engvolumiger macht und damit indirekt den Druck erhöht. Dazu gehört, daß die Windkesselfunktion der Aorta stark beeinträchtigt wird, die die starken Blutdruckspitzen am linken Herzausgang normalerweise abpuffert. In der Folge kommt es dadurch zu stärkeren Schwankungen im Blutdruck. Andererseits sind schnelle Änderungen im Blutdruck als Anpassungen an veränderte Leistungsanforderungen nicht mehr möglich. Es kann so z.B. zu kurzfristigen Mangeldurchblutungen kommen. Im Vergleich zu einem 30jährigen (= 100 %) sind bei einem 75jährigen folgende Leistungsreduktionen zu beobachten: zerebrale Zirkulation auf 80%; Herzausstoß in Ruhe auf 70 %; Nierendurchblutung auf 42 % der vollen Leistung. Die

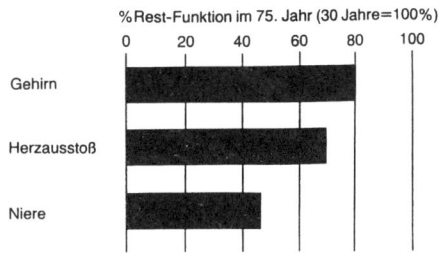

ABBILDUNG 4.18: Abnahme der Herz- und Kreislauffunktionen beim Mann. Im 75. Lebensjahr sind noch 80 % der maximalen Gehirndurchblutung eines Erwachsenen, aber nur noch 42 % der Nierendurchblutung vorhanden. Die Altersstufe 30 Jahre ist gleich 100 % gesetzt.

meisten dieser Funktionen nehmen mit dem Alter linear ab (Abb. 4.17 und 4.18).

Die Milz – ihre Größe nimmt ab

Die Milz (Lien, Splen) ist vor allem ein Abwehrorgan des Körpers gegen Infektionen, das zum sogenannten Retikulo-Endothelialen-System (RES) gehört. Außerdem wird in ihr der Abbau der funktionsgestörten roten Blutkörperchen eingeleitet. Bei manchen Tieren (z.B. beim Hund) dient die Milz auch als Blutspeicher. Unter pränatalen, fötalen Bedingungen werden hier beim Säuger auch Blutkörperchen gebildet.

Mit zunehmendem Alter (deutlich bemerkbar etwa ab der 3. Lebensdekade bei Männern und ab der 4. Lebensdekade bei Frauen) nimmt die Milzgröße ab. Teile der Milz (die sogenannte Milzpulpa), haben einen bis zu 90 %igen Anteil an dieser Reduktion, die allmählich schon bei etwa 20jährigen einsetzt. Sie beginnt damit etwa zur gleichen Zeit wie die Reduktion der Thymusdrüse. Neben dieser Reduktion der Pulpa werden Funktionszellen der Milz auch zunehmend fibrös, verlieren ihre Arbeitsfähigkeit, wie man es von zahlreichen anderen Organzellen her auch kennt. Die Verweildauer der Erythrocyten in der Milz (zur Kontrolle ihrer Funktion und Struktur) steigt daher mit zunehmendem Alter deut-

Tabelle 4.4: Einige altersabhängige Veränderungen (Mittelwerte) bei menschlichen Blutplättchen (Thrombocyten).

Eigenschaft	jung	alt
Konzentration im Blut in [1000/µl]		
nach versch. Untersuchungen	231	221
	245	215
	264	225
mittleres Volumen [fl]	7,44	7,45
Verteilungsbreite	15,83	16,12
Anteil Plättchen geringer Dichte [%]	56	66
Blutungszeit [min]	4,10	3,50
β-Thromboglobulin [ng/ml]	28,2	42,4
Plättchenfaktor [ng/ml]	12,95	18,7
Halbwertszeit [h]	111	99
Überlebenszeit [Tage]	9,9	9,1
Adhäsionsvermögen	keine Änderung	
Aggregationsvermögen	Zunahme	
Retraktionsvermögen	Zunahme	
Membranzusammensetzung:		
– Cholesterin [nmol/mg Protein]	116,5	139,1
– Phospholipide [nmol/mg Protein]	256,2	256,1
– Cholesterin/Phospholipide	0,47	0,57
– Proteingehalt [% Trockengew.]	52,0	50,5
– Protein gesamt [mg/10^9 Thrombocyt]	1,98	2,49

lich an. Funktionsverluste der Milz können jedoch (z.B. nach einer vollständigen Entfernung der Drüse) von anderen Systemen des Körpers übernommen werden, so daß aus diesen altersabhängigen Verlusten zumindest keine existentiellen Probleme resultieren müssen.

Die Lunge – die Luft wird knapper

Die Lunge ist im Hinblick auf ihre funktionellen Veränderungen in Abhängigkeit vom Lebensalter besonders gut untersucht. Auch bei unserem Atmungsorgan sind deutliche, altersbedingte Leistungsabnahmen zu beobachten (Abb. 4.19, S. 109). Bezogen auf einen 30jährigen (= 100 %) ist die Restkapazität eines 75jährigen wie folgt: maximale Lungenkapazität 95 %, Vitalkapazität 56 %, maximale Ventilation 53 %, maximaler Ex-

TABELLE 4.5: Übersicht über die wichtigsten Veränderungen im Altersherz des Menschen.

– Herzmuskel-Faseratrophie	– Abnahme des Kaliumgehaltes
– Lipofuscin-Zunahme	– Koronararteriensklerose
– Zunahme des interstitiellen Binde-gewebes	– Innenschicht- und transmurale Infarkte
– Verbreiterung der Transitstrecke (längere Erregungsdauer)	– Herzklappensklerose
– Zunahme des Kalziumgehaltes	– Herzskelettsklerose
	– Gefügedilatation

spirationsstoß (FEV) 43 % und maximale O_2-Aufnahme-Rate 40% der vollen Leistung. Bezogen auf die vier wichtigsten Funktionsparameter nimmt so die Leistung der Lunge zwischen dem 30. und 75. Lebensjahr auf etwa die Hälfte ab. Pro zehn Jahre Alterung reduzieren sich die FEV-Werte (wieviel Luft kann innerhalb von einer Sekunde maximal ausgeatmet werden) um etwa 240 ml.

Das am Ende einer normalen Ausatmung in der Lunge verbleibende Gasvolumen (intrathorakales Gasvolumen IGV) nimmt ebenfalls in Abhängigkeit vom Lebensalter linear zu, und zwar bei Frauen viel deutlicher als bei Männern. Pro Lebensjahrzehnt liegen die Werte bei 170 bzw. 30 ml Zunahme. Das IGV liegt bei einem 15jährigen je nach Körpergröße zwischen 2 300 und 3 100 ml und bei einem 75jährigen bei 2 700 und 3 600 ml. Die mittlere Dehnbarkeit nimmt zwischen dem 20. und 70. Lebensjahr um rund 35 % ab (Abb. 4.20, S. 110). Eine geringe altersabhängige Zunahme zeigt auch der Strömungswiderstand in den Atemwegen; er ist allerdings klinisch ohne Bedeutung, auch wenn er die Ventilationsarbeit bei einem über 60jährigen doch um immerhin 20 % erhöht.

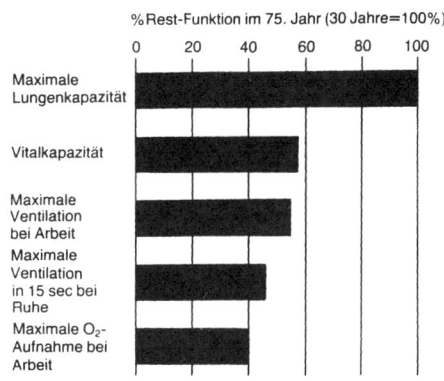

ABBILDUNG 4.19: Abnahme der verschiedenen Lungenfunktionen mit dem chronologischen Alter beim Mann. Die Lungenkapazität (das Lungenvolumen) hat sich nicht verändert. Die Leistung der anderen 4 Funktionsparameter ist bis zum 75. Lebensjahr aber auf etwa die Hälfte der Maximalleistung abgesunken. Die Altersstufe 30 Jahre ist gleich 100 % gesetzt.

Die voranstehend beschriebenen Funktionseinbußen führen zwangsläufig auch zu Änderungen in der Sauerstoffsättigung des Blutes durch
die Lunge. Der als arterieller Sauerstoffpartialdruck Po_2 gemessene Wert
liegt bei 15jährigen bei 91-98 mm Hg. Beim 70jährigen liegen die entsprechenden Werte zwischen 77-84 mm Hg, wobei die Abnahme ziemlich genau linear mit dem Alter erfolgt. Das bedeutet, daß innerhalb von
55 Lebensjahren der arterielle Sauerstoffdruck um rund 14 mm Hg abnimmt und demnach dem Organismus auch weniger Sauerstoff zur Verfügung steht.

Bezogen auf die morphologischen Parameter der Lunge lassen sich folgende Beobachtungen machen: Die Alveolenzugänge nehmen vom Volumen her zu, das Alveolarvolumen nimmt aber ab (Alveolen sind die Lungenbläschen). Es paßt – anders ausgedrückt – weniger Luft in die Lunge,
und der Totraum der Lunge nimmt zu. Die Alveolarschleimschicht nimmt
in ihrer Dicke außerdem ab. Keine Änderung findet man dagegen in der
Zahl der Alveolen (etwa 300 Millionen ab dem 8. Lebensjahr = Erwach-
senenwert; bei der Geburt etwa 24 Millionen). Die Kollagenfasern, die
die Lunge dehnbar und elastisch halten, nehmen im Durchmesser bis auf
das Doppelte zu. Außerdem werden sie anders in die Lungenmatrix eingelagert. Als Folge nehmen die Dehnbarkeit und Elastizität der Lunge ab.

Die Folgen der funktionellen Altersveränderungen haben auch einen
Einfluß auf die Gesundheit dieses wichtigen Organs. Häufig treten mit
zunehmendem Alter einfache bronchitische Beschwerden wie Husten und
Schleimauswurf auf. Bei den über 60jährigen zeigen über 30 % der Personen solche Bronchitiden. Hartnäckiger Husten kann aber auch ein Zei-

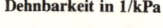

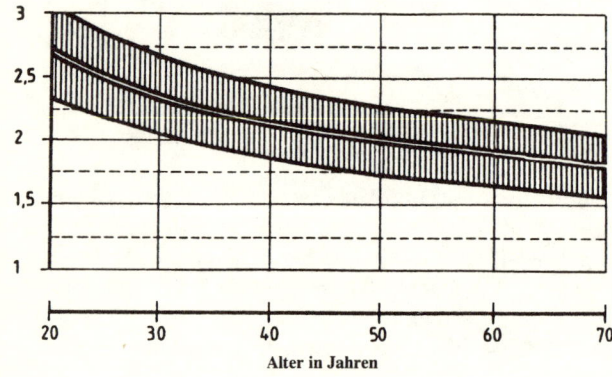

ABBILDUNG 4.20: Das mittlere Dehnungsverhalten (Bereich) der menschlichen Lunge in Abhängigkeit vom Lebensalter. Die mittlere Dehnbarkeit nimmt zwischen dem 20. und 70. Lebensjahr um rund 35 % ab.

chen eines Bronchialkarzinoms sein. Der Lungenkrebs ist bei unter 40jährigen sehr selten (s. Kap. 11, S. 314).

Das Lungenkrebsrisiko im Alter wird noch besonders durch Risikofaktoren erhöht, wobei das Rauchen das schwerwiegendste ist. Rund 7,5 % aller älteren Raucher sterben an dieser Krankheit, wobei ihre Chance, an Lungenkrebs zu erkranken, rund 13fach höher ist als bei Nichtrauchern. Diese leben im Schnitt, bezogen auf Lungenkrebserkrankungen, um mindestens sieben Jahre länger als Raucher.

Auch die Lungentuberkulose und die Lungenembolie sind Lungenkrankheiten, die mit zunehmendem Alter (wieder) häufiger auftreten.

Das Urogenitalsystem – Schwangerschaften mit 62

Zum Urogenitalsystem zählen wir die Harnorgane und die Geschlechtsorgane mit ihren Anhangssystemen. Mit dem Alter nehmen Gewicht und Volumen der Niere zwischen 20 und 30 % ab. Woher kommt der alters-

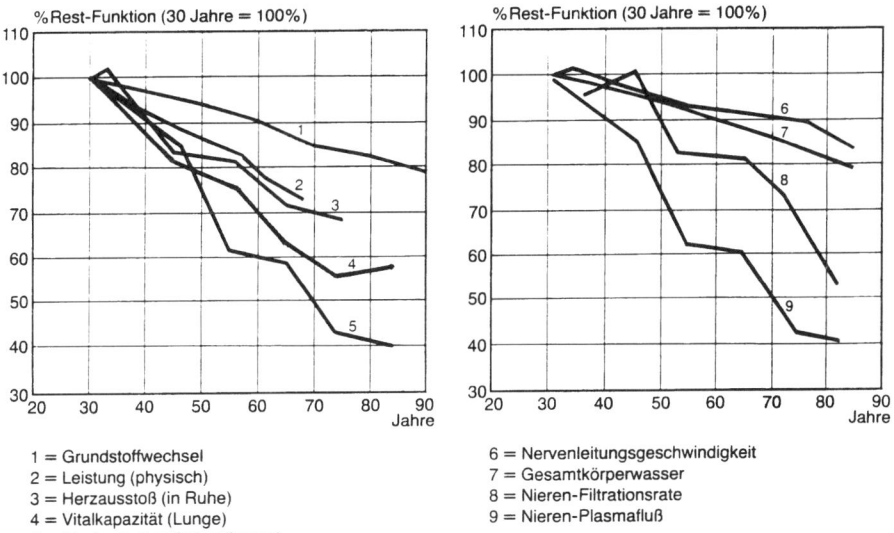

1 = Grundstoffwechsel
2 = Leistung (physisch)
3 = Herzausstoß (in Ruhe)
4 = Vitalkapazität (Lunge)
5 = Maximale Ventilation (Lunge)

6 = Nervenleitungsgeschwindigkeit
7 = Gesamtkörperwasser
8 = Nieren-Filtrationsrate
9 = Nieren-Plasmafluß

ABBILDUNG 4.21: Relative, alternsabhängige Veränderungen von verschiedenen physiologischen Funktionen beim Menschen (Mann). Als Basiswert ist der Wert eines 30jährigen mit 100 % angegeben. Die verschiedenen Organe zeigen in ihrem Leistungsverhalten sehr unterschiedliches Alterungsverhalten.

abhängige Gewichtsverlust der Niere? Teils verschwinden die kleinsten Funktionseinheiten, die Nephronen, und werden wie bei anderen Organen durch Bindegewebe ersetzt. Weiterhin kommt es oft zur Stenosierung (»Verstopfen«) von zuführenden, kleinsten Arterien (Arteriolen), die zu einem Unterbrechen der Blutzufuhr führt und in der Folge zum Absterben von Nephronen. Ein 75jähriger hat nur noch 56 % der Nephrone eines 30jährigen. Die Nierenoberfläche wird durch diese Vorgänge vernarbt und durch das Bindegewebe knorpelig. Außerdem nimmt die Durchblutung stark ab (Abb. 4.21, S. 111): Beim Nierenplasmafluß geht sie beim 75jährigen auf 50 % und beim 80jährigen schon auf 42 % zurück. Der renale Plasmafluß zeigt ebenso deutliche Abnahmen mit dem Alter (Abb. 4.17, S. 106); er kann um das 5fache reduziert werden. Insgesamt finden wir beim Gesamtorgan einen deutlichen, altersabhängigen Funktionsverlust: Die Clearancerate (gibt an, wie schnell ein Stoff von der Niere ausgeschieden werden kann) sinkt stark ab (Abb. 4.22). Die glomeruläre Filtrationsrate sinkt zwischen dem 30. und 75. Lebensjahr um 31 %.

Bei den Geschlechtsorganen finden wir ebenfalls die bekannten Alterserscheinungen: nachlassende Durchblutung, nachlassende Produktion von Samenzellen usw. Der Eintritt der Wechseljahre bei der Frau ist ein Aufhören der Periode (Klimakterium), das mit einer Beendigung der Keimdrüsentätigkeit und Rückbildung der inneren Geschlechtsorgane einhergeht (s. auch Abb. 8.9, S. 228). In unseren Breiten geschieht dies normalerweise zwischen dem 48. und 50. Lebensjahr. Es ist von zahlreichen körperlichen und seelischen Beschwerden (nervöse Symptome, flie-

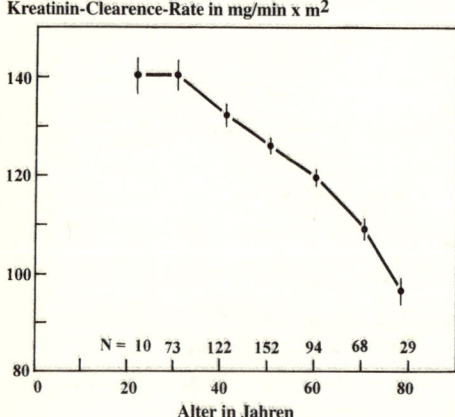

ABBILDUNG 4.22: Die Veränderungen in der Nierenleistung mit dem Alter. Angegeben ist die sogenannte Clearence-Rate für Kreatinin, ein Stickstoffexkretprodukt. Die Clearance-Rate ist ein Maß dafür, wie effektiv und schnell ein Stoff von der Niere ausgeschieden werden kann. Diese Funktion nimmt mit dem Alter ab. Die Anzahl der Probanden ist über den Alterswerten angegeben.

gende Hitze, starkes Schwitzen, Herzklopfen, tiefe Depressionen) begleitet. Diese Beschwerden vergehen aber bei angepaßter und ruhiger Lebensweise in mehr oder weniger kurzer Zeit. Beim Mann gibt es auch ein Klimakterium, aber kein so auffälliges, da bei ihm die Funktion der Hoden viel später und in einem sehr langen Übergang allmählich nachläßt. So können Männer oft selbst im Greisenalter noch Kinder zeugen.

Unabhängig vom gerade Beschriebenen sind aber auch Frauen nach dem Klimakterium noch voll zu sexueller Liebe fähig. Auch die Funktion, ein Kind auszutragen, kann bis ins hohe Alter erhalten bleiben, die Fortpflanzungsmediziner machen es heute möglich. Das Problem der Altersschwangerschaften ist allerdings eine nicht nur unter Medizinern sehr kontrovers betrachtete Angelegenheit. Ob es vernünftig ist, sehr alten Frauen noch (vielleicht das erste Mal!?) einmal zu einer Schwangerschaft zu verhelfen, ist sehr umstritten. Die bisher älteste Frau soll die 60jährige Mosche Rotschild aus Jerusalem sein, die im Februar 1994 durch Kaiserschnitt (nach künstlicher Befruchtung) ein Mädchen auf die Welt gebracht hat. Im gleichen Jahr hat eine Britin 59jährig sogar Zwillinge gesund zur Welt gebracht. Von einer 62jährigen Italienerin, die ebenfalls 1994 künstlich befruchtet wurde, ist mir das weitere Schicksal nicht bekannt. Auf jeden Fall kann man sehen, daß im Prinzip die entsprechenden Fortpflanzungsorgane im Alter nicht per se funktionsunfähig sind. Durch entsprechende hormonelle Behandlung kann man sie offensichtlich unproblematisch wieder in ihre ursprüngliche Funktion bringen. Für die Alterstheorien ist dies von großer Bedeutung, zeigt es sich doch auch hier, daß der altersabhängige Funktionsverlust eben nicht auf einer unwiderruflichen Degeneration des Systems allein beruht.

Das endokrine System – Altersgries im Hirn

Zum endokrinen System gehören alle Hormondrüsen des Körpers. Es sind dies folgende: Epiphyse (Pinealorgan, Zirbeldrüse), Hypophyse (Hirnanhangsdrüse), Schilddrüse und Nebenschilddrüse, Thymusdrüse, Bauchspeicheldrüse, Nebenniere und Geschlechtsdrüsen (Hoden, Eierstöcke).

Hormondrüsen kann man unter dem vorliegenden Gesichtspunkt in zwei Hauptgruppen einteilen: Solche, die die Entwicklung steuern und deshalb nur für einen bestimmten Altersabschnitt von Bedeutung sind, und solche, die Organfunktionen über das gesamte Leben zu steuern haben. Allerdings ist eine klare Trennung zwischen beiden Systemen nur bei wenigen Hormondrüsen klar möglich, da in der Regel von einem Hormon oft genug beide Funktionskreise betroffen sind.

Über Veränderungen im endokrinen System liegen nur wenige Untersuchungen vor. Einiges weiß man jedoch über die Keimdrüsen (s. Abb. 4.27 bis 4.29, S. 124 ff.). Bei praktisch allen Organismen ist die Einstellung der Keimdrüsenfunktion im höheren Alter ein ganz typisches Altersphänomen. Dies gilt zumindest für die Weibchen. Männchen sind meist in der Lage, zeit ihres Lebens Nachkommen zu zeugen. Die Qualität der Spermien nimmt aber in der Summe deutlich ab, was jedoch wiederum keinen unbedingten Einfluß auf die Nachkommenschaft haben muß, da die guten bei der Befruchtung in gewisser Weise bevorzugt werden. Nur die besten gelangen zum Ei.

Jenseits der 50 wird die Libido beim Menschen deutlich geringer und die meisten sexuellen Reaktionen sind verlangsamt. Die Menstruation (beim Säugetier) setzt aus. Im Vergleich zu den übrigen Organfunktionsabnahmen sind diese Abnahmen eigentlich marginal. Bei Vögeln und vielen anderen Tierarten hat man festgestellt, daß die Anzahl der abgelegten Eier mit zunehmendem Alter abnimmt. Zu erwähnen wäre in diesem Zusammenhang noch, daß nachgeburtlich beim Menschen, aber auch bei anderen Säugern und beim Vogel keine Produktion von Eizellen mehr stattfindet. Diese sind in ihrer Zahl bereits im Embryonalzustand entstanden und festgelegt und nehmen bereits beim Fötus (Mensch) vor der Geburt wieder stark ab. Wir sehen, daß bereits pränatal ein irreversibler Altersvorgang mit Zellzahlreduktionen stattfindet. Von den etwa 200 000 bei der Geburt noch vorhandenen Ur-Eizellen (ursprünglich sind in den Eierstöcken rund 400 000 davon angelegt) des Menschen reifen postnatal lediglich 200-500 der präformierten Eier noch komplett aus.

Auch viele andere Zelltypen (Nervensystem, Muskelzellen) sind postnatal ab einem bestimmten Zeitpunkt nicht mehr teilungs- und damit vermehrungsfähig, wie wir im vorangegangenen Kapitel schon erfahren haben.

Die Geschlechtshormone selbst beteiligen sich auch deutlich an der Altersdifferenzierung des Körpers. Führt man einem unausgewachsenen Organismus Östrogene (zum Beispiel über die »Pille«) zu, »glaubt« er, schon erwachsen zu sein, und er stellt das Längenwachstum ein. Auch das Knochenwachstum hört auf, und die Epiphysenfugen in den Schädelknochen schließen sich frühzeitig. In einem späteren Alter kann die gleiche Pille den gegenteiligen Effekt haben. Nimmt eine Frau zur Zeit der Wechseljahre Geschlechtshormone zu sich, »meint« der Körper, er sei noch nicht so alt, wie er chronologisch tatsächlich ist, und macht z.B. mit der Menstruation weiter. Es kann sogar zu einer Glättung der Haut kommen und die Frau kann »mit Pille« unter Umständen jünger aussehen, als sie in Wirklichkeit ist. Die Nebenwirkungen kann man jedoch natürlich nicht außer acht lassen.

Die Reduktion der Insulin-Produktion des Pankreas (Bauchspeicheldrüse) scheint mit dem Alter funktionell viel stärker verbunden zu sein als andere Hormone. Durch im Alter erhöhten Ausstoß von Insulin kann es zu einer sogenannten Down-Regulation der Insulinrezeptoren kommen, was dann zur Stoffwechselerkrankung *Diabetes mellitus* (Alterszuckerkrankheit) führt. Sie äußert sich u.a. darin, daß die Senkung des Blutzuckerspiegels zu langsam erfolgt.

Die Thymusdrüse (Bries, innere Brustdrüse) ist eine typische Jugenddrüse aller höheren Organismen, die im Alter bei Säugetieren völlig reduziert wird (Abb. 8.1, S. 222). Feinschmeckern ist sie vom Rind als Kalbsbries bekannt. Sie steuert das Wachstum, die Pubertät und ist Reifungsort für Lymphocyten. Neben dem Knochenmark, der Milz und den Lymphknoten (beim Embryo auch die Leber) dient die Thymusdrüse vor allem der Bildung und Differenzierung derjenigen Blutzellen, die an der Immunabwehr des Körpers maßgeblichen Anteil haben. Die Blutzellen werden in dieser Drüse quasi ausgebildet (immunkompetent gemacht). Mit dem Alter (ab der Pubertät) gehen diese Funktionen stark zurück, weil die Drüse degeneriert und durch Fettkörper (retrosternaler Fettkörper) ersetzt wird. Man nennt diesen Vorgang auch Involution der Thymusdrüse. Das meist sehr teure Kalbsbries kann so bei einem unehrlichen Metzger, der diese Drüse seinem unwissenden Kunden von einem älteren Rind oder gar einer Kuh verkauft, zu einem teuer erkauften, einfachen Talgbrocken degeneriert sein, der für den Kochtopf absolut ungeeignet ist.

Im übrigen ergibt sich im Tierreich für die Bedeutung der Thymusdrüse ein sehr uneinheitliches Bild. Nicht bei allen Tiergruppen verschwindet die Drüse mit dem Alter. Auch bei manchen alten Menschen bleibt sie aus unerklärlichen Gründen erhalten. Wahrscheinlich handelt es sich bei Menschen jedoch um pathologische Fälle. Primitive Tiere haben gar keine und altern dennoch. Das ist insofern wichtig, als diese Drüse auch Grundlage einer Alter(n)stheorie wurde.

Die oben beschriebene Bedeutung der Thymusdrüse und ihre normalerweise postpubertäre Involution haben auch einen Einfluß auf das Immunsystem. Wie alle Gewebe altert auch dieses Funktionssystem. Im großen und ganzen äußert sich dies in einem Nachlassen der Immunantwort. Die Zahl der weißen Blutkörperchen nimmt ab, und auch ihre Funktion wird in vielfacher Hinsicht stark altersabhängig reduziert. Diese Effekte sind sehr gut untersucht und mündeten sogar in einer eigenen Alternstheorie, der sogenannten »(Auto)Immuntheorie des Alterns«. Sie wird im Kap. 16 (S. 428 f.) über Alter(n)stheorien näher beschrieben.

Auch die Epiphyse degeneriert mit dem Alter. Sie kontrolliert – über das Hormon Melatonin – u.a. den Sexualzyklus bei Tieren und auch beim Menschen. Melatonin unterdrückt die Produktion von Geschlechtshormonen und die Geschlechtsreifung. Fehlt im Jugendalter diese Drüse, kommt es zu einer frühzeitigen Pubertät. Weiterhin ist sie an der Perzeption (Wahrnehmung) von Licht (»3. Auge«) beteiligt. Mit zunehmendem Alter (etwa ab dem 2. Lebensjahrzehnt beim Menschen) wird das Pinealgewebe durch Verkalkung ersetzt, und übrig bleibt der sogenannte »Hirnsand« (*Acervulus*).

Bei Insekten gibt es eine spezielle Hormondrüse, die im oben genannten Sinne – wenn man so will – die Jugend steuert. Die verschiedenen Larval-Häutungen der Insekten im Laufe ihres Wachstums werden durch ein kompliziertes Zusammenspiel verschiedener Hormone geregelt. Als Hormon, das die Häutung auslöst, gilt Ecdyson. Wird ein bestimmter Konzentrationswert dieses Häutungshormons erreicht, setzt die Häutung ein. Ist parallel dazu das Jugendhormon (Juvenilhormon) vorhanden, entsteht aus der Larve wieder eine (größere) Larve. Fehlt das Juvenilhormon, entsteht aus der Larve eine Puppe oder ein erwachsenes Tier. Bei Krebsen verläuft der Vorgang im Prinzip ähnlich. Diesen Vorgang kann man nun experimentell sehr gut beeinflussen. Verhindert man z.B. schon bei der ersten Larvalhäutung die Produktion des Juvenilhormons, entsteht sofort ein sehr kleines Adulttier. Andererseits kann man durch Gaben von Juvenilhormon Larvalhäutungen wiederholen bzw. die Häutung zum Erwachsenen (Imago) verhindern. Dadurch erreicht man, daß die Larve nur wächst, sich aber nicht zu einem erwachsenen Tier verpuppt. Erstaunlicherweise wird die Lebenserwartung des Tieres durch diesen Eingriff um genau die chronologische Zeit der zusätzlich durchgeführten Häutung verlängert. Wie könnte man schöner zeigen, daß hier eine innere Uhr verstellt worden ist, die schon programmiert weiß, wieviele Häutungszyklen (normalerweise fünf) sie in einer bestimmten Alternsstufe zu absolvieren hat?

Ähnliches kennt man bei vergleichbaren Funktionen der Epiphyse und der Thymusdrüse des Menschen. Auch dort kann bei fehlerhafter Hormonproduktion ein Säugling schon quasi geschlechtsreif auf die Welt kommen oder als Kind auf vorpubertärem Stand verweilen. Auch die Schilddrüsenhormone sind an der Altersdifferenzierung beteiligt. Werden z.B. kleine Kaulquappen mit Thyroxin behandelt, wachsen sie nicht weiter, sondern entwickeln sich sofort zu winzigen Fröschen.

Was lehren uns all diese Beispiele? Die Entwicklung und Differenzierung (auch und vor allem in Sinne eines Funktionsverlustes) sind nicht primär die Folge eines unabwendbaren, altersabhängigen Versagens des biologischen Systems, sondern ein Alternsablauf, der von eben diesem System aus sich heraus »bewußt«, d.h. programmatisch gesteuert abläuft. Diese Erkenntnis ist für unsere späteren Betrachtungen noch sehr wichtig.

Das Nervensystem – wird das Gehirn kleiner?

Das Nervensystem verarbeitet und koordiniert Sinneseindrücke, gibt Befehle an Organsysteme und ist Sitz unserer Erfahrung. Wir unterscheiden ein zentrales Nervensystem (Gehirn, Rückenmark) und ein peripheres Nervensystem, zu dem die außerhalb von Gehirn und Rückenmark liegenden Nervenfasern (Axone) und Nervenzellen (Neurone) gehören.

Zunächst zum Gehirn: Die Masse des Gehirns nimmt mit dem Alter etwas ab; obwohl nicht besonders ausgeprägt, ist und war es ein besonders auffälliges und lange bekanntes Phänomen. Ein 20jähriger hat eine mittlere Gehirnmasse von etwa 1 400 g; ein 60jähriger nur noch eine von im Mittel etwa 1 335 g. Worauf beruht dieser (geringe) Massenverlust? Wie bereits erwähnt, sind die Zellen des Nervensystem nicht regenerationsfähig. Einmal verloren gegangene Neurone können nicht mehr ersetzt werden. Gehen wir kurz auf den biologischen Grund ein, weshalb der Verlust der Teilungsfähigkeit der Neurone irreversibel, vollständig und doch sehr vernünftig ist.

Wir könnten diesen Verlust wiederum als Unvollkommenheit und gravierenden Mangel des biologischen Systems verstehen – und würden »total daneben« liegen. In Wirklichkeit ist es – teleologisch gesprochen – sogar notwendig, daß die Neurone sich im Alter nicht mehr teilen können. Warum ist das so?

Eine wesentliche Aufgabe des Nervensystems ist ja das Speichern, Abrufen und Verarbeiten von Informationen und Erfahrungen. Diese Tätigkeit des Gehirns fassen wir gemeinhin als »Lernen« und »Gedächtnis« zusammen. Diese komplexe Funktion wird nun nicht primär in der Einzelzelle als solche gespeichert (z.B. durch die Synthese informationstragender Moleküle, obschon solche beteiligt sind), sondern durch den Aufbau von Verschaltungen von Neuronen untereinander. Durch eine riesige Zahl von Verbindungen verschiedenster Neurone untereinander, durch sogenannte Synapsen (pro Zelle können es über 10 000 sein), kommt es zu einer unvorstellbaren, komplexen synaptischen Vernetzung der Nervenzellen. Jede Zellteilung einer in ein solches System integrierten Zelle ist schlechterdings unmöglich und würde das gesamte Schaltwerk in ein verheerendes Chaos stürzen. Das gesamte Gedächtnis und die Lernerfolge würden im einfachsten Falle verzerrt und damit unbrauchbar. Eine Mitosefähigkeit am Ende der Ausdifferenzierung der Nervenzelle ist also auf keinen Fall wünschenswert und wird deshalb gleich im Rahmen der Differenzierung sinnvollerweise unmöglich gemacht.

Auch hier wird wieder sehr deutlich, daß ein scheinbarer Mangel des Systems in Wirklichkeit eine sinnvolle Einrichtung der Evolution darstellt. Gegen Zellverluste, z.B. durch Unfall oder Krankheit in der Jugendphase, im besonders wichtigen Großhirn hat der Organismus dennoch eine Möglichkeit vorgesehen, Verluste auszugleichen. Hier gibt es nämlich riesige Bereiche, die offensichtlich »leer« sind; d.h., deren Zellen bisher keine integrative Funktion beim Lernen oder beim Gedächtnis haben. Fallen an anderer Stelle funktionsintegrierte Neurone aus, können diese in Reserve gehaltenen Neurone als Substituenten deren Funktion zumindest teilweise übernehmen. Insofern ist einem größeren Verlust der nicht vermehrungsfähigen Neurone im Gehirn durch Vorratshaltung scheinbar »überflüssiger« Nervenzellen quasi vorgesorgt. Allerdings wird durch diese Ersatzsysteme nie mehr die frühere Leistungsfähigkeit erreicht.

Das (auch funktionelle) Altern des Nervensystems ist aufgrund des gerade Geschilderten lange Zeit auf den fortlaufenden Verlust von Neuronen zurückgeführt worden. Man konnte jedoch zeigen, daß die Schrumpfung des Gehirnes nicht unbedingt auf diesem Neuronenverlust beruhen muß. Eine einfache Rechnung zeigt dies auch: Das menschliche Gehirn besteht aus etwa einhundert Milliarden Neuronen (10^{11} Zellen). Dazu kommen noch etwa tausend Milliarden Begleitzellen (10^{12} Gliazellen). Weiterhin gehören noch die Axone und andere Nervenbahnen (z.B. Dendriten) dazu. Pro Tag verliert der Mensch nun in etwa einhunderttausend (10^5) Zellen. Bei einer Lebensdauer von rund 80 Jahren (etwa 30 000 Tage) beträgt der mittlere Neuronenverlust danach »nur« etwa 3×10^9 Zellen, was maximal rund 3 % der insgesamt vorhandenen Nervenzellen entspricht (andere, weniger zuverlässige Zahlen gehen von rund 20 % Verlustquote aus). Dies wäre ein relativ geringer Verlust. Die Hirnzellen

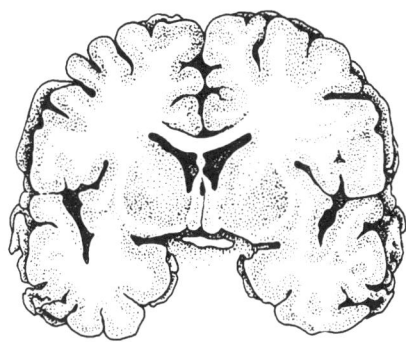

normales Gehirn

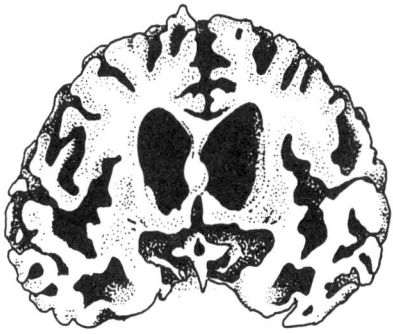

Pick-Krankheit (Demenz)

ABBILDUNG 4.23: Querschnitte durch verschiedene Gehirne des Menschen. Ein normales Gehirn ist dicht strukturiert und zeigt Einfaltungen und Ventrikel (Gehirnhohlräume; schwarz gezeichnet), die mit *Liquor cerebrospinalis*, der Gehirnflüssigkeit, gefüllt sind. Beim Picks-Syndrom kommt es (meist um das 40. Lebensjahr) zu einer Hirnatrophie, mit einer Vergrößerung der Ventrikel und Verminderung der Neuronenzahl. Das Gehirn wird schwammig, löcherig. Es handelt sich um eine krankhafte (pathologische)

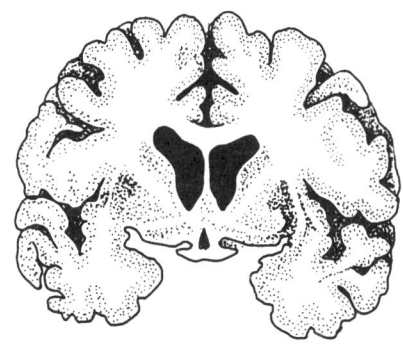

normales Gehirn eines 72jährigen

Demenz. Das Gehirn zeigt aber auch eine normale, altersbedingte Demenz, die eine ähnliche Ätiologie (das ist das klinische Erscheinungsbild) wie das Picks-Syndrom aufweist.

sind im Alter also offensichtlich nur enger gepackt; der Massen- und Volumenverlust beruht vor allem auf anderen Komponenten des Gehirns.

Dieser Verlust betrifft nicht alle Hirnbereiche in gleicher Weise. In manchen Großhirnarealen kann er bis zu 30 % ausmachen (Abb. 4.30, S. 128). Der Anteil der grauen Hirnsubstanz (das sind allein die Körper der Nervenzellen; Anteil am Gehirn etwa 48 %) am Schrumpfungsprozeß des Gehirns ist dabei wiederum nur halb so groß wie der Anteil der weißen Hirnsubstanz (Nervenleitungsbahnen; Axone), was bedeutet, daß außer der Zahl der Neuronen auch die Zahl der Nervenfasern beträchtlich(er) sinkt (beim 75jährigen nur noch 63 % eines 35jährigen).

Weitere Veränderungen am Gehirn sind u.a., daß sich die Ventrikel vergrößern, die Furchungen des Telencephalon (Vorderhirn = Großhirn) zunehmen und die Durchblutungsrate um rund 20 % sinkt (Abb. 4.23, S. 119 und 4.18, S. 107).

Weitere, generelle alternsabhängige Veränderungen aller Teile des Nervensystems möchte ich hier nur noch summarisch auflisten. In der Nervenleitungsgeschwindigkeit kann man folgendes feststellen (Abb. 4.21, S. 111): Bezogen auf einen 35jährigen ist sie beim 75jährigen um 10 % gesunken. Daneben kommt es zu einer Ansammlung von Lipofuscin in den Neuronen (intrazellulär) und u.U. zu einer extrazellulären Anlagerung von Amyloid (Glycoprotein; vgl. Alzheimer-Syndrom, S. 333) als Plaques oder fibrilläre Strukturen (Abb. 4.24, S. 121). Altersabhängig kommt es auch zu einer Abnahme der Neuronen-Verzweigungen und z.T. zu einem Abfall in der Synthese von Neurotransmittern (Bsp. Dopamin; s. Parkinson-Syndrom = Schüttellähmung, S. 340), das sind Stoffe, die Informationen von Zelle zu Zelle weiterleiten. Auch nimmt die Versorgung

TABELLE 4.6: Altersabhängigkeit der Hirndurchblutung beim Menschen: Vergleich der morphometrischen Eigenschaften der Kapillaren aus der menschlichen Hirnrinde von jungen (18 und 27 Jahre) und alten (69 und 72 Jahre) Probanden. Deutlich ist zu erkennen, daß die kapillare Versorgung abnimmt.

gemessene Eigenschaft	jung	alt
Durchmesser [µm]	6,73	7,21
relatives Kapillarvolumen [%]	2,32	2,97
Oberfläche/Volumen [Quotient]	0,129	0,120
mittlerer Kapillarabstand [µm]	451	373
Kapillarlänge pro Cortexvolumen [cm/mm³]	20,65	24,05

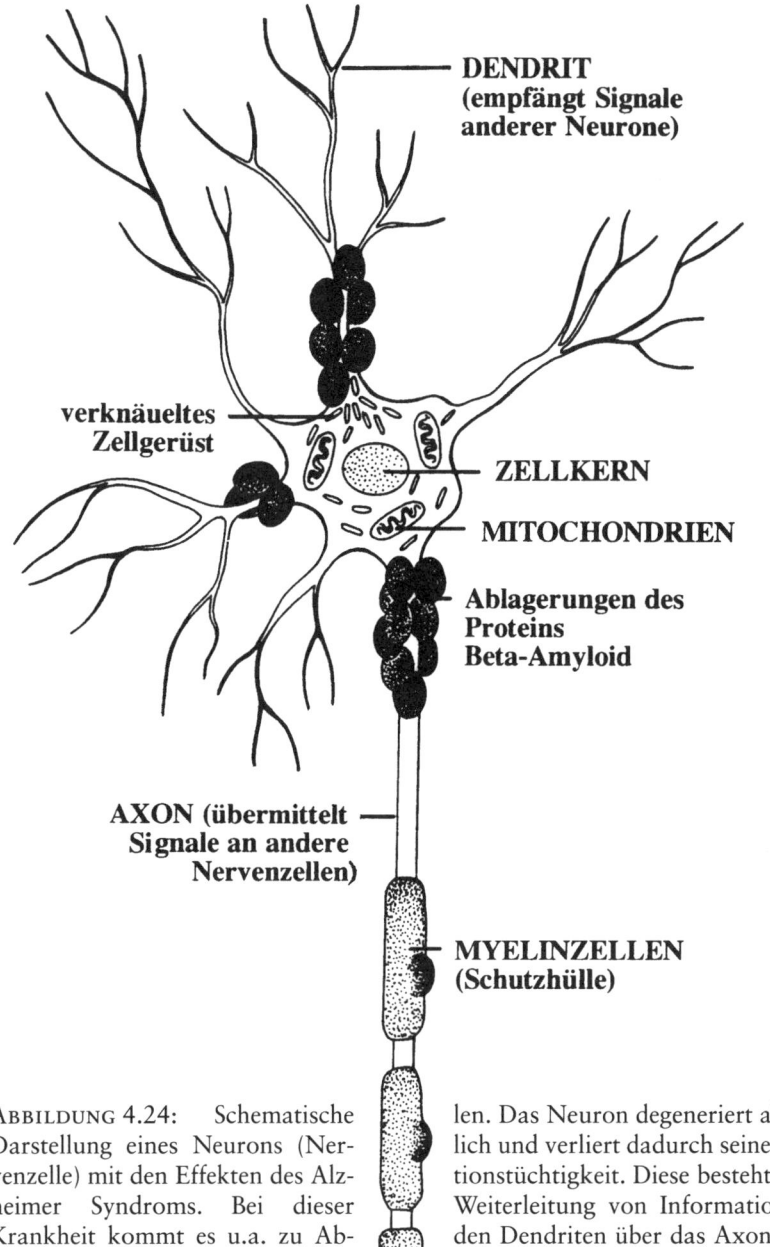

DENDRIT
(empfängt Signale
anderer Neurone)

verknäueltes
Zellgerüst

ZELLKERN

MITOCHONDRIEN

Ablagerungen des
Proteins
Beta-Amyloid

AXON (übermittelt
Signale an andere
Nervenzellen)

MYELINZELLEN
(Schutzhülle)

ABBILDUNG 4.24: Schematische Darstellung eines Neurons (Nervenzelle) mit den Effekten des Alzheimer Syndroms. Bei dieser Krankheit kommt es u.a. zu Ablagerungen des Eiweiß-Körpers »Beta-Amyloid« an verschiedenen Stellen der Nervenzelle und zu einer Degeneration der Myelinzel- len. Das Neuron degeneriert allmählich und verliert dadurch seine Funktionstüchtigkeit. Diese besteht in der Weiterleitung von Information von den Dendriten über das Axon in die Synapse (nicht eingezeichnet), von wo sie auf eine andere Nervenzelle (oder eine andere Zelle) übertragen werden kann.

und Durchblutung durch Kapillarsysteme langsam, aber deutlich ab (Tab. 4.6, S. 120). All diese Effekte können, müssen aber nicht, zu einem langsamen Funktionsverlust des Nervensystems führen.

Der Funktionsverlust im Bereich des Nervensystems hat dabei nicht nur Auswirkungen auf das rein funktionelle Gefüge dieses Organsystems, was sich in einer deutlichen Abnahme komplexer Leistungen im intellektuellen Bereich dokumentiert (Abb. 8.16, S. 236 und 8.17, S. 237). In der Folge kann es auch zu starken Persönlichkeitsveränderungen kommen, die weitaus gravierender sind. Mangelnde Anpassungsfähigkeit, Begriffsstutzigkeit, Altersstarrsinn usw. sind Eigenschaften, die vielen alten Menschen zugeordnet werden. Sie machen das Miteinander von alt und jung oft problematischer als die rein funktionellen Schwierigkeiten, an die man sich leichter gewöhnen kann.

Die Sinnesorgane – die Altersringe der Augenlinse

Die Sinnesorgane (Auge, Ohr, Geschmack, Geruch, Tastsinn) sind wichtige Mittler zwischen Umwelt und Organismus und haben deshalb eine besondere Bedeutung in der interaktiven Orientierung des Menschen in und mit seinem Umfeld. Altersveränderungen haben deshalb sicher einen großen Einfluß auf dieses Funktionsfeld.

So nimmt es nicht wunder, daß die älteste, exakte gerontologische Untersuchung über das Auge durchgeführt wurde. Bereits vor über 100 Jahren konnte Donders zeigen, daß es eine altersabhängige Akkomodationsbreite des Sehorgans gibt (Abb. 4.25, S. 123). Die Akkomodationsbreite nimmt mit dem Alter praktisch linear immer mehr ab. Im Alter von 60 Jahren ist sie so gut wie bei Null. Die Nahakkomodation rückt von etwa 7 cm beim Jugendlichen auf etwa 50 cm beim 55jährigen. Das Auge kann zum Schluß Gegenstände, die näher als 5 m sind, kaum mehr scharf auf der Netzhaut abbilden. Diese Altersweitsichtigkeit (Presbyopie) wurde daher folgerichtig durch die Einführung der Lesebrille ausgeglichen. Sie gilt als erste ausreichende Kompensation eines typischen Altersleidens. Vergößerungsgläser sind schon rund 2 000 Jahre vor Christus in China benutzt worden. Echte, verbürgte Augenkorrekturgläser sind in Europa ab dem 13. Jahrhundert in Gebrauch.

Der Akkomodationsverlust liegt in der Linse begründet, die mit 35 %

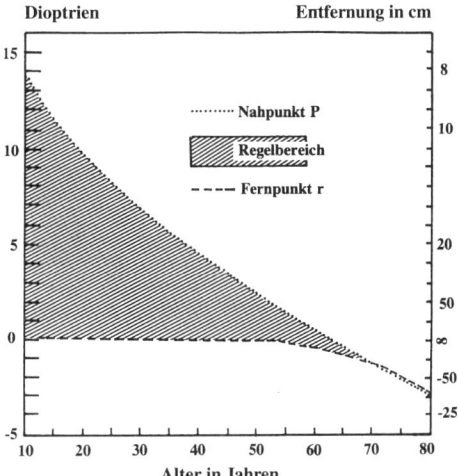

ABBILDUNG 4.25: Alterssichtigkeit nach Donders. Der Nahpunkt P wandert mit zunehmendem Alter vom Auge fort. Zu erkennen ist dies daran, daß man ein Buch mit zunehmendem Alter zum Lesen immer weiter vom Auge weghalten muß. Der Fernpunkt r rückt etwa mit dem 55. Lebensjahr etwas vom Auge ab. D.h., das Auge wird übersichtig.

das proteinreichste Organ unseres Körpers und dennoch durchsichtig ist. Die Linse hat keine Verbindung zum Nerven- und Blutkreislaufsystem. Sie muß also indirekt versorgt werden.

Während des gesamten Lebens nimmt die Linse an Masse und Volumen zu, so daß sie ausgezeichnet zur Altersbestimmung eines Individuums herangezogen werden kann. Dieser Zuwachs rührt daher, daß auf

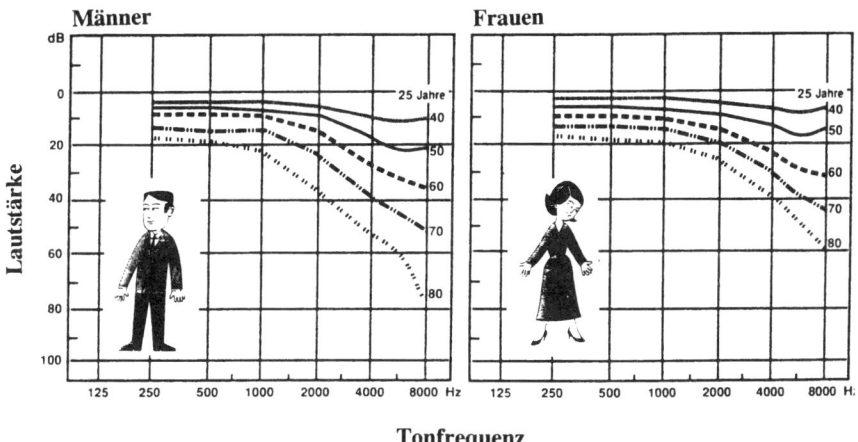

ABBILDUNG 4.26: Veränderung (in dB) der Hörleistung (Empfindlichkeit) des Ohres bei Presbyakusis bei Frauen und Männern in Abhängigkeit vom Lebensalter. 25jährige = 100 %. Mit dem Alter nimmt die Leistungsfähigkeit des Ohres deutlich ab. Dies gilt insbesondere für Frequenzen über 1 000 Hz; Frequenzen darunter (tiefe Töne) bleiben praktisch unbeeinträchtigt.

die Linse stetig neues Material von außen her aufgelagert wird (appositionelles Wachstum). Ein altersabhängiger Zell- oder Proteinverlust tritt dagegen nicht auf. Mit zunehmendem Alter verliert die Linse häufig ihre anfänglich sehr gute Transparenz und nimmt eine gelbliche bis dunkel-

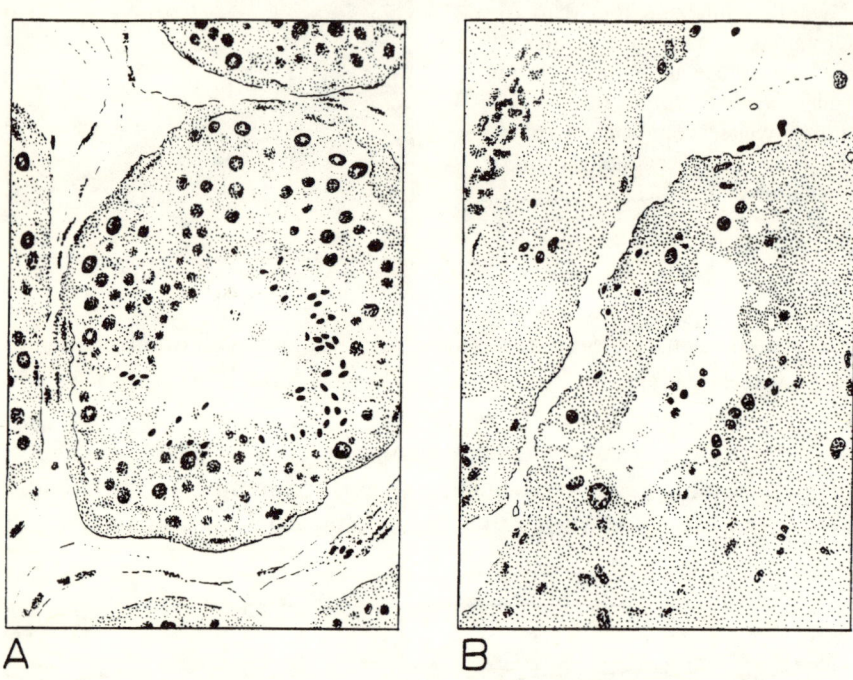

A   B

Die ABBILDUNGEN 4.27 bis 4.30 zeigen stark vereinfachte Schwarz-Weiß-Zeichnungen von Gewebeschnitten von verschiedenen Organen junger und alter Menschen, um die typischen altersabhängigen Veränderungen auf zellulärer Basis zu zeigen. Dabei ist Abbildung A (links) jeweils der Schnitt durch ein junges Organ und Abbildung B (rechts) der Schnitt aus einem alten Organ.

ABBILDUNG 4.27: Querschnitte durch einen menschlichen Samenkanal; ca. 1000fache Vergrößerung. Links (A) von einem 55jährigen Mann (im Anschnitt sind – z.T. nur ausschnittsweise – 5 Kanäle zu sehen). Der Samenkanal ist gut strukturiert und voll funktionstätig. Alle Reifungsstadien der Spermien sind zu finden (in der Abb. nicht zu sehen; große schwarze Punkte sind Zellkerne, aus denen Spermien hervorgehen; kleine, länglich-ovale Punkte sind Spermienköpfe). Die Spermien werden in das Lumen des Kanals (weißes Zentrum) abgegeben. Beim 90jährigen (B) ist der gesamte Kanal senil atrophiert, degeneriert. Definierte Kanäle sind nicht mehr zu finden. Nur noch wenige Kerne (Zellen), aus denen theoretisch Spermien entstehen können, sind zu finden. Meist ist aber die gesamte Spermatogenese abgeblockt.

braune Färbung an. Solche Trübungen der Augenlinse (Katarakt) führen alljährlich weltweit zur Erblindung von etwa zwei Millionen Menschen.

Auch der Glaskörper verändert sich mit dem Alter. Er ist ein Gel, das zu 99 % aus Wasser und zu 1 % Kollagenfibrillen besteht, deren Fasern dreidimensional vernetzt sind. Der Glaskörper vermindert sein Volumen und verflüssigt sich mit dem Alter verstärkt (bis zu 50%). Es kann dann zu hinteren Glaskörperabhebungen kommen.

In der Netzhaut (Retina) finden wir ein Organteil des Auges vor, das alltäglich ein Leben lang starker Lichteinstrahlung ausgesetzt ist. In den Retinazellen kommt es dadurch mit dem Alter zu erhöhten (abnormen) Ansammlungen von zellulären Abbauprodukten zwischen dem Pigmentepithel und dem Gewebe, das die Blutversorgung gewährleistet (Choroidea). Das vor zu starkem Lichteinfall schützende Melanin in den retina-

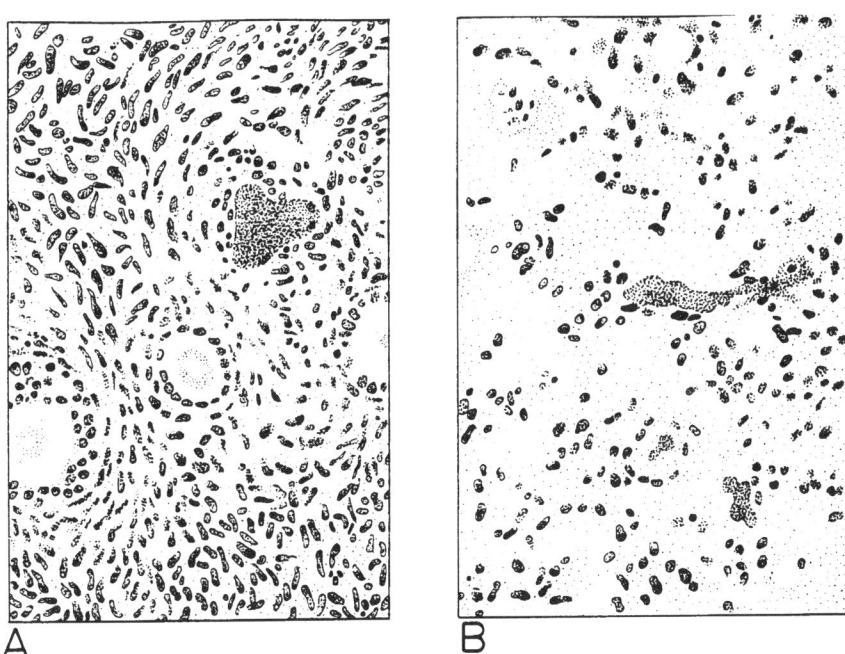

A   B

ABBILDUNG 4.28: Ovar (Eierstock) einer geschlechtsreifen, jungen Frau (A); ca. 600-fache Vergrößerung. Man kann drei Primärfollikel erkennen (Pfeile). Das Ovar ist zellulär sehr gut organisiert (gleichmäßige Verteilung der dunklen Punkte = Zellkerne). Bei einer Frau nach der Menopause (B) findet man nur noch einige degenerierte Follikel (Pfeile); das Funktionsgewebe ist stark abgebaut und durch zellfreies Bindegewebe ersetzt.

len Epithelpigmentzellen nimmt erheblich ab, und parallel nimmt die Lipofuscinkonzentration zu. Den kompletten Vorgang nennt man senile Makuladegeneration. Über die Ursachen ist noch wenig bekannt. Bei Affen führt auf jeden Fall Vitamin E-Mangel (eventuell auch Selenmangel) zu diesem Krankheitsbild. Es ist in den westlichen Ländern bei rund 50 % der Erblindeten und extrem Sehschwachen der über 70jährigen der Grund für das stark reduzierte bzw. fehlende Sehvermögen.

Auch Geruch und Geschmack lassen mit zunehmendem Alter nach. Obwohl diese Sinnesorgane im Vergleich zum Auge in der Einschätzung wohl aller Menschen einen geringeren Wert haben, ist ihr Verlust doch eine bedeutende Einschränkung der Umweltbeziehungen alter Menschen. Nicht selten kann sie zu einer Fehlernährung führen oder eine Altersappetitlosigkeit (*Anorexia senilis*) zur Folge haben. Worauf beruht dies? Im Laufe des Lebens nimmt – wie bereits erwähnt – die Zahl der menschlichen Geschmackszellen von 8 000 bis 12 000 auf 2 000 bis 3 000 ab; die

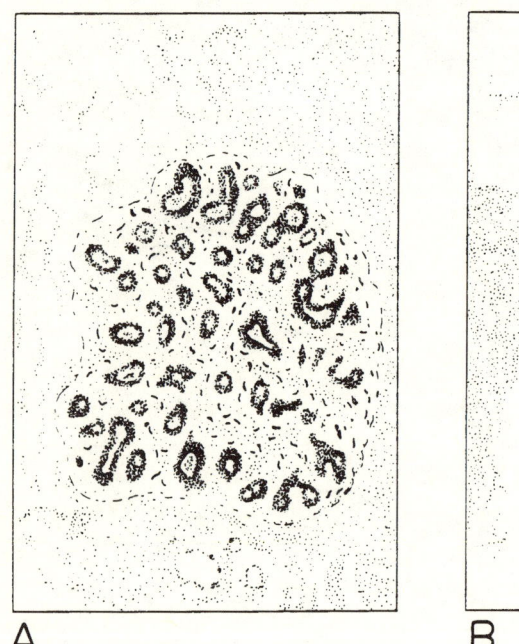
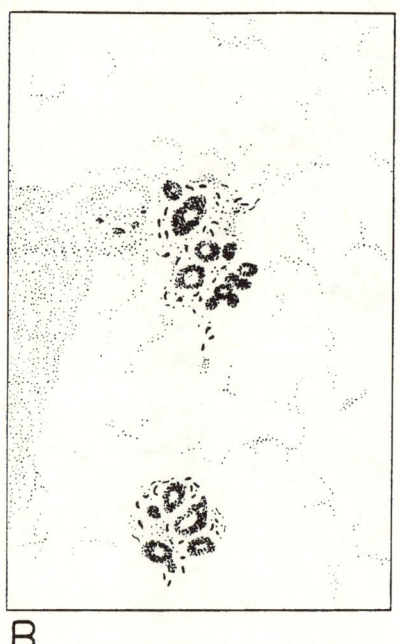

A B

ABBILDUNG 4.29: Milchdrüsen(kanäle) in der Brust einer 48jährigen Frau (A) mit zahlreichen, gut strukturierten Kanälen. Bei einer Frau nach der Menopause (B) sind die Drüsen stark degeneriert, die Zahl der Kanäle extrem reduziert (gezeigt sind zwei Drüsenlobuli). Vergrößerung ca. 230-fach.

Zahl der Geschmacksknospen reduziert sich von 245 (bei 10- bis 20jährigen) über 208 (bei 65jährigen) auf 88 (bei 85jährigen). Geschmackszellen zeigen an sich eine lebhafte Mauserung. Alle 250 Stunden sind bei der Ratte z.b. die Hälfte aller Geschmackszellen erneuert. Da diese Mauserungsfähigkeit jedoch mit dem Alter abnimmt, nimmt dementsprechend auch die Zahl der Geschmacksknospen ab.

Auch die Geruchszellen zeigen eine Mauserung. Diese Mauserung setzt allerdings nur nach Schäden reparativ ein. So nimmt auch bei diesem Organ in der Summe die Zahl der Geruchszellen (Mitralzellen) deutlich ab: von rund 51 000 (bei 25jährigen) über 33 000 (bei 60jährigen) auf knapp 15 000 (bei 95jährigen). Die Geruchsschwelle kann – je nach untersuchtem Stoff – auf das 2- bis 11fache ansteigen (im Vergleich eines 20-30jährigen mit einem 80-90jährigen).

Beim Ohr ist die Altersschwerhörigkeit (Presbyakusis) eine bekannte Alterserscheinung. Schon vor dem 20. Lebensjahr nimmt die Empfindlichkeit des Gehörs für höhere Frequenzen deutlich ab. Vogelgesang und hohe Pfeiftöne sind insbesondere für Männer schon bald nicht mehr wahrnehmbar. Schon ab dem 40. bis 50. Lebensjahr sind zudem auch degenerative Hörverluste nicht ungewöhnlich. Sie beruhen auf vielfältigen Ursachen (z.b. Einlagerung von Lipofuscin in die Hörzellen, Ablagerung von Cholesterin etc.). Die verschiedenen Bestandteile des Ohres verlieren an Elastizität, die Durchblutung sinkt ab und last but not least findet ein Verlust von Sinneszellen statt, der beim Menschen nicht ersetzt werden kann. Vögel können dagegen ihre Hörzellen praktisch vollständig regenerieren. Auch hier zeigt sich wieder, daß degenerative Verluste im Tierreich sehr unterschiedlich behandelt werden können und fehlende Regeneration nicht auf grundsätzliche Unfähigkeit des biologischen Systems per se hinweist.

Im Alter kann man weiterhin beobachten, daß das Trommelfell häufig vernarbt und z.b. die Basiliarmembran versteift. Dadurch wird das Ohr unempfindlicher, weniger sensibel. Der oberste Hörbereich liegt so im Alter bei etwa 8-10 kHz, in der Jugend bei etwa 20 kHz. In Abb. 4.26 auf S. 123 ist gezeigt, wie mit zunehmendem Alter das Hörvermögen am Beispiel der Richtungshörens abnimmt. Deutlich ist zu erkennen, daß dies bei Männern stärker erfolgt als bei Frauen. Welche Gründe es dafür gibt, ist bisher ungeklärt.

Auch bei anderen Sinnesorganen konnte man eine Reduktion in der Zahl der aufnehmenden (perzepierenden) Sinneszellen beobachten. Bei den Mechanorezeptoren liegt sie z.B. bei etwa 35 %. Allerdings gibt es dazu weniger ausführliche Untersuchungen als bei den »wichtigen« Sinnesorganen.

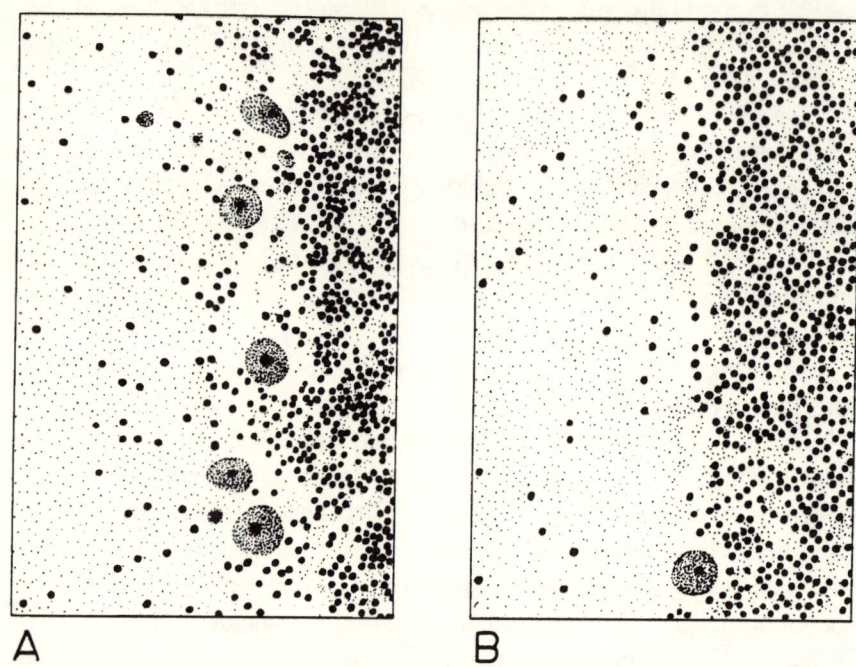

A   B

ABBILDUNG 4.30: Histologischer Schnitt durch das Kleinhirn (Cerebellum) eines jungen (A) und alten (B) Menschen. Orientierung: nach rechts geht es in Richtung außen (Rinde). Die Zahl der Purkinjezellen (große Zellen mit Kern) geht sehr stark zurück (auf den Ausschnitten von 7 auf 1 Zelle). Die übrigen (Rinden)Zelltypen, repäsentiert durch die schwarzen Zellkerne, werden ebenfalls reduziert.

Kapitel 5

Altern auf verschiedenen Organisationsstufen des Lebens III:
Das Altern auf der Stufe von einzelligen Organismen

Bisher haben wir das Altern auf dem Niveau von Zellen und Organen kennengelernt, wobei Altern auf Molekülebene, wenn es dies schon geben sollte, im Rahmen der Zellalterung abgehandelt wurde (z.B. bei den altersabhängigen Veränderungen der DNA). Jetzt gehen wir auf der Organisationsleiter einen Schritt weiter nach oben, nämlich zum Organismus, zum einfachsten Individuum.

Dieser Schritt umfaßt zunächst wiederum die Lebensform der Einzelzelle. Diese haben wir bisher nur unter dem einen Blickwinkel betrachtet, daß die Zelle selbst kein eigenständiges Lebewesen, sondern nur ein Baustein eines höher organisierten biologischen Systems (z.B. eines Organs) ist. Nun gibt es jedoch eine riesige Zahl von Organismen, die allein mit einer Zelle alle Lebensfunktionen ohne Einschränkung beherrschen. Sie bilden als Einzeller (Protozoa) im weitesten Sinne die unterste Organisationsstufe individuellen, organismischen Lebens. Diese Einzeller kann man in zwei grundverschiedene Hauptgruppen einteilen:

Die Prokaryoten (oder auch Prokaryonten; ihre Zelle heißt Procyte) sind nur wenig differenzierte Einzeller, deren Hauptmerkmal das Fehlen eines echten, von einer Membran umhüllten Zellkerns ist (vgl. dazu Abb. 3.1 auf S. 40). Das Erbmaterial liegt als ringförmige DNA frei im Zellplasma (wie bei den Mitochondrien). Die Zelle ist in ihrem Inneren nur wenig kompartimentiert (in Reaktionsräume aufgeteilt), und typische Zellorganellen fehlen. Die Geißeln, soweit vorhanden, sind ebenso wie die Zellwand (aus Murein) anders gebaut als die einer Eucyte (s. nächster Abschnitt). Die Vertreter der Prokaryoten im Organismenreich sind die

Bakterien und einige andere, hier nicht behandelte Gruppen (wie Blaualgen und Spaltpilze).

Die Eukaryoten (Eukaryonten; ihre Zelle heißt Eucyte) haben alle oben beim Prokaryot als fehlend aufgeführten Merkmale: einen echten Zellkern, Zellorganelle, eine starke Differenzierung und Kompartimentierung der Zelle und eine Zellwand wie in Abb. 3.1 auf S. 40 beschrieben. Nach der sogenannten Endosymbiontenhypothese nimmt man an, daß alle Eukaryoten von einer anaeroben, prokaryotischen Urform abstammen, die durch Endocytose (quasi einer »Einverleibung«) aerobe Bakterien aufnahmen, die sich zu Mitochondrien (die man im weitesten Sinne des Wortes auch als Prokaryoten versteht) differenzierten. Sie sind für alle Eucyten charakteristisch und identisch. Wir werden später sehen, daß dieser Aspekt bei der Betrachtung und Begründung der Stoffwechseltheorie des Alter(n)s eine gewichtige Rolle spielt. Die autotrophen Pflanzenzellen sind entsprechend analog durch zusätzliche Inkorporation (Endocytose) von Cyanobakterien entstanden, aus denen dann die Chloroplasten wurden, die Organelle der Photosynthese. Die allein lebensfähigen eukaryotischen Einzeller fassen wir unter dem Begriff Protozoen (eigentliche »Einzeller«) zusammen. Sie umfassen sowohl pflanzliche als auch tierische Einzeller.

Stand am (prokaryotischen) Anfang des Lebens die Unsterblichkeit?

Unterhalb der Bakterien finden wir als Organisationsstruktur noch einfachere und kleinere Organismen, denen man allerdings meist ein Eigenleben abspricht. Es sind z.B. Viren und Bakteriophagen, die sich nur mit Hilfe anderer Zellen fortpflanzen und Stoffwechsel machen können. Diese kann man aus der Betrachtung fernhalten. Wie sieht es aber nun bei den Bakterien mit Alternserscheinungen und Sterblichkeit aus?

Bakterien (und auch viele eukaryotische Algen und andere Einzeller) können sich durch einfache Zweiteilung scheinbar grenzenlos vermehren, sofern geeignete Lebensbedingungen vorherrschen. Aus einer Einzelzelle kann im Idealfall ein sogenannter Klon entstehen. Das ist die Gemeinschaft vollständig identisch reduplizierter Nachkommen. Es ist leicht nachvollziehbar, daß daraus der allgemeine Schluß folgte, daß Bakterien unter diesen Bedingungen unsterblich sind, weil die Tochterzellen ja mit der jeweiligen Mutterzelle völlig identisch seien. Die Mutter lebt quasi in ihrer Tochter weiter. Diese Aussage ist der Knackpunkt der Betrachtung. Ist die Tochterzelle tatsächlich vollkommen mit der Mutterzelle identisch?

Ein kräftiges Fragezeichen darf man an diesen Zweifel anbringen. Es ist vermutlich eine Frage der Penibilität, zu welcher Antwort man kommt. Hält man sich nur an die wichtigsten und auffälligsten Erbmerkmale, ist Klonbildung unbestritten. Allerdings wird wohl kein Forscher mit Sicherheit sagen können, daß alle vorhandenen Merkmale bei der Zweiteilung der Mutterzelle in absolut gleicher, qualitativ und quantitativ identischer Weise auf beide Tochterzellen verteilt werden. Dies ist schon aus Wahrscheinlichkeitsgründen höchst unwahrscheinlich. Ist deshalb schon jede Tochterzelle ein neues Individuum? Auch hier ist es wohl eine Frage der semantischen Definition, welchen Namen man der Sache geben will. Auf jeden Fall ist auch die oft *ex cathedra* (als unfehlbar) getroffene Aussage, die Bakterien seien unsterblich, mit größter Vorsicht zu genießen. Ich tendiere eher zur Ansicht, daß die Tochterzellen genetisch – und sei es auch noch so wenig – voneinander verschieden sind. Wir machen uns ja die vielfältige genetische Variabilität der Bakterien in ihrem Generationszyklus für viele Zwecke nutzbar. Die Tatsache, daß es bei vielen Prokaryoten Austausch von Erbmaterial in mannigfaltiger Form gibt (Rekombination, Konjugation, Transformation, Transduktion), zeigt, daß auch bei dieser Organismengruppe nicht unbedingt das Ziel besteht, nur genetische »Einfalt« weiterzugeben. Dennoch haben sich die Bakterien seit beinahe zwei Milliarden Jahren auf unserer Erde gehalten, ohne sich – zumindest in unseren Augen – extrem zu verändern.

Neben der reinen, idealen Zweiteilung (Spaltung) können sich Bakterien auch durch Fragmentierung und Absprossung vermehren. Unter ungünstigen Lebensbedingungen können aber auch sie selbstverständlich nicht weiter existieren und sie sterben – wie jeder andere Organismus auch – ab. Biologischer Tod ist also auch bei ihnen ganz normal, selbst wenn man ihnen eine normalerweise potentielle Unsterblichkeit des Klones zugestehen würde. Außerdem, und das gilt auch für die nachfolgenden eukaryotischen Einzeller, ist auf jeden Fall nicht die einzelne Zelle unsterblich. Allein ihr genetisches Material, die Zellinie also, ist bzw. wäre unsterblich. Und das kennen wir eigentlich bis hinauf zum Menschen, wo die Keimbahn, Fortpflanzung vorausgesetzt, ja auch nicht zugrunde gehen muß. Die Bakterien sind hier also keine besondere Ausnahme.

Wie steht es aber mit der Alterung? Tatsächlich gibt es auch bei manchen Bakterien zeitabhängige Differenzierungen der Procyte. Inwieweit sie etwas mit Altern zu tun haben, bleibt offen; sie sind zumindest bisher nicht augenfällig geworden. Tatsache ist aber, daß die beschränkte Lebenszeit (bis zur nächsten Teilung) durch innere (intrinsische) Faktoren mit kontrolliert werden muß, die wiederum altersabhängige Änderungen in irgendeiner Weise als steuerndes Uhrwerk voraussetzt. Diese Teilungsschritte – und damit die »Lebensdauer« – können innerhalb weniger Minuten bis vieler Stunden oder sogar Tage ablaufen. Dauerformen können Jahre bis Jahrzehnte leben.

Das Altern der Hefen als Modell

Auch bei Hefen kann man Alternserscheinungen wie abnehmende Teilungsaktivität, reduzierte Enzymaktivität u.ä. beobachten. Molekulargenetisch hat man manche Arten näher untersucht und dabei eine interessante Entdeckung gemacht:

Bei bestimmten Hefen, die man zu den niederen Vertretern höherer Schlauchpilze zählt, konnte man eines der – bereits erwähnten – für das Lebensalter verantwortlichen Gene finden. Jazwinski beschäftigte sich mit der Bierhefe *Saccharomyces cerevisiae* und identifizierte bei diesem primitiven Organismus gleich mehrere Gene, die das Leben dieses Einzellers verlängern können. Am besten erforscht ist inzwischen das LAG-1-Gen (LAG = Longevity Assurance Gene; Langlebigkeit gewährleistendes Gen). Es ist in jungen Hefezellen stärker aktiv als in alten Zellen. Interessanterweise leben nun alte Hefen um etwa ein Drittel länger und bleiben auch länger jung, wenn man die Aktivität ihres LAG-1-Gens künstlich erhöht, nachdem seine Expression (die Ausbildung seiner Eigenschaften) wie gewöhnlich altersabhängig nachläßt. Man weiß bis heute zwar noch nicht genau, welche Aufgabe das vom LAG-1-Gen codierte Protein letztlich erfüllt, sucht aber schon nach einem vergleichbaren Gen im Menschen. Sollte man das Protein isolieren können, wäre es möglich, zu testen, ob und wie es die Lebensdauer von Zellen beeinflußt. Zudem sollen in den Hefen weitere bekannte LAG-1-Gene untersucht werden. Es ist interessant zu prüfen, ob sie zusammen (synergistisch) oder eher gegeneinander (antagonistisch) arbeiten.

Altern und Tod der eukaryotischen Einzeller

In vielen Biologiebüchern findet man heute noch die Lehrmeinung, Amöben seien unsterblich. Ich brauche hier die bei den Bakterien aufgeführten Kriterien, die da genauso und noch mehr gelten, nicht mehr zu wiederholen. Amöben sind nicht unsterblich; sie haben eine klar begrenzte Lebensdauer (normalerweise leben sie einige Monate), die man zumindest bis zur nächsten Teilung definieren kann. Diese Teilungen gehen unter optimalen Bedingungen zwar immer weiter, aus der Zweiteilung gehen aber keine vollkommen mit der Mutterzelle identischen Tochterzellen hervor. Dazu gibt es sogar schöne Versuche, die zeigen, wie innerhalb eines »Klones« allein schon die Größe der Tochterzellen – z.B. vom Pantoffeltierchen *Paramecium* (normalerweise lebt es ohne Konjugation etwa vier bis fünf Monate) – nach einer Gauß'schen Normalverteilung variiert. Und wie es im Innern der Zelle aussieht, weiß keiner genau! Auch hier sind ohne Zweifel Unterschiede zu finden. Sicher ist, daß die Zellinie erhalten bleibt. Inwieweit es Alternserscheinungen gibt, ist ebenfalls noch nicht schlüssig beantwortet. Man nimmt an, daß sie in der gleichen Weise wie bei den Bakterien funktioniert.

Wir haben gesehen, daß selbst transformierte, unsterbliche Fibroblastenzellen in Kultur deutliche alternsabhängige Änderungen sowohl in ihrer äußeren Form als auch in ihren Zellbestandteilen aufweisen. Vergleichbare Untersuchungen bringen bei den Protozoen vielleicht noch mehr ans Licht, als wir uns heute vorstellen können. Tatsache ist, daß die vorliegenden Ergebnisse noch sehr widersprüchlich sind. So fand man z.B. bei Organellen mancher Arten Degenerationserscheinungen, bei anderen wiederum nicht. Manche Formen sterben, wenn man ihre Konjugation (Abb. 5.1, S. 134) verhindert, manche nicht. Viele Arten haben selbst unter optimalen Lebensbedingungen eine ganz klar definierte Zahl von möglichen Zweiteilungen (eine Art Hayflick-Zahl, wenn man so will). Bei den Wimpertierchen (Ciliaten) können allein nach der Zahl dieser möglichen Zweiteilungen bis zum Absterben der Zelle viele der insgesamt etwa 6 000 Arten unterschieden werden.

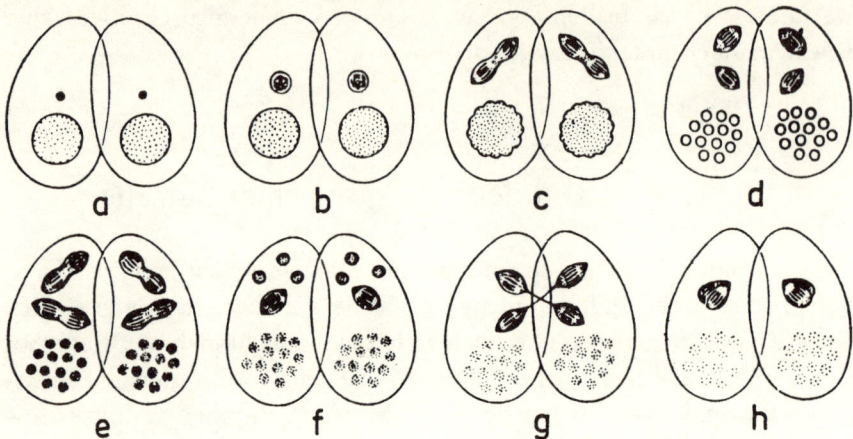

ABBILDUNG 5.1: Geschlechtliche Fortpflanzung (Schema der Konjugation) bei Ciliaten. (**a**) Die Konjuganten legen sich aneinander. Sie sind äußerlich nicht voneinander zu unterscheiden. (**b**) Als erstes beginnt eine Vergrößerung der beiden diploiden (jedes Chromosom ist doppelt vorhanden) Micronuclei. (**c**) Während der Größenzunahme finden in den Chromosomen die Vorgänge statt, die der meiotischen Prophase (vgl. Abb. 3.12, S. 58) entsprechen. (**d-e**) Jeder Kleinkern teilt sich rasch hintereinander. Die Großkerne (Macronuclei) lösen sich allmählich auf und werden von der Zelle resorbiert. (**f**) Es entstehen vier haploide (nur mit jeweils 1 Chromosomensatz ausgestattete) Tochterkerne, von denen drei ebenfalls resorbiert werden. Der übriggebliebene Kern teilt sich nochmals (Mitose). (**g**) Durch diese Teilung entstehen die beiden Gametenkerne (»Geschlechtskerne«). Einer davon bleibt als Stationärkern im ursprünglichen Konjuganten liegen, während der andere als Wanderkern zum Partner hinüberwandert. Dadurch kommt es zum Austausch von Genmaterial. (**h**) In jeder Zelle verschmelzen dann Stationär- und Wanderkern miteinander zu einem gemeinsamen, jetzt wieder diploiden Kern (Synkaryon). Es findet also eine Wechselbefruchtung statt. Anschließend trennen sich die Partner wieder. Das Synkaryon teilt sich (Mitose) in zwei Tochterkerne, von denen der eine zum Micronucleus, der andere zum Macronucleus wird. Der Macronucleus vervielfacht seinen Chromosomensatz dann (Polyploidie).

Dieses natürliche Absterben kann verhindert werden, indem die Zellen ihre Gene, d.h. ihr Erbmaterial, »neu mischen«. Dies kann durch Konjugation, also geschlechtliche Fortpflanzung geschehen. Dabei legen sich zwei Einzeller nebeneinander und tauschen ihre haploiden Kerne (Micronuclei) miteinander aus. Danach ist das Zählwerk der möglichen Zweiteilungen offensichtlich wieder auf Null zurückgestellt. Diese Form der sexuellen Fortpflanzung führt zu einer jeweiligen Verjüngung der be-

teiligten Partner. Wir werden später noch sehen, daß Fortpflanzung
auch bei höheren Organismen einen existentiellen Einfluß auf Altern und Lebenszeitbegrenzung
hat.

Bei Partnermangel kann sich
Paramecium aber auch durch Au-
togamie selbst »erneuern«. Dabei
finden sich die homologen Chro-
mosomenstränge der beiden Zellkerne in der einen Zelle selbst zu

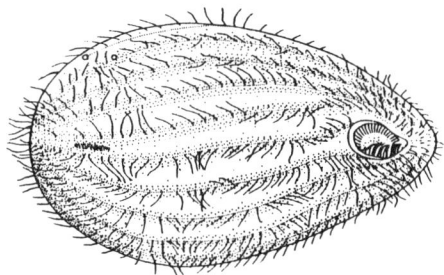

ABBILDUNG 5.2: Das Wimperntierchen *Tetrahymena*. Von ihm kennt
man eine sterbliche und eine »unsterbliche« Form.

neuen Paarungen zusammen. Diese Einzeller haben zwei Kernformen. Einen Micronucleus, der einen normalen, doppelten Chromosomensatz
hat, und einen Macronucleus, der extrem polyploid ist. Er kann bis zu
800 mal mehr DNA-Material als der Micronucleus enthalten, also einen
vielhundertfachen Satz an Chromosomen. So sind vielfältige neue Chro-
mosomenpaarungen möglich. Ein Gentausch mit fremden Zellen wird allerdings auf alle Fälle vorgezogen.

Bei einigen Wimpertierchen (z.B. *Tetrahymena*; Abb. 5.2) hat man vor
der Teilung deutliche Alternserscheinungen feststellen können. So treten
zeitabhängig vor der Konjugation andere Enzyme und Oberflächenmo-
leküle auf. Zudem hat man bei dieser Art eine »unsterbliche« Form (sie
benötigt keine sexuelle Fortpflanzung und ihr Teilungspotential ist unbegrenzt) und eine sterbliche Form (sie hat ein begrenztes Teilungspotential,
das durch Konjugation wieder auf Null gestellt werden kann) gefunden.

Auch bei dieser »unsterblichen« Amöbe ist aber der Tod nichts Besonderes, kein Unfall oder Versagen des Systems. Es gibt eine Form, die unter
ungünstigen Lebensbedingungen bei der Zweiteilung nur eine weiter le-
bensfähige Tochterzelle produziert. Die andere Tochterzelle stirbt (ge-
plant!) ab.

Kapitel 6

Altern auf verschiedenen Organisationsstufen des Lebens IV:
Das Altern bei Pflanzen

Bei den meisten Pflanzen ist das Altern und das Absterben, also der Tod der Pflanze, ein eindeutig aktiver, endogen (d.h. von der Pflanze selbst) gesteuerter Prozeß. Aus diesem Grunde ist er für einige Gerontologen, die sich vor allem mit tierischen Organismen und dem Menschen beschäftigen, äußerst suspekt und sogar in seiner Interpretation in gewisser Weise »unangenehm«, wenn man das so sagen darf. Sie würden Altern und Tod bei Pflanzen, wegen ihres sehr klaren Programmcharakters, am liebsten in einer anderen Alternsschublade unterbringen als bei Tieren, weil er ihnen nicht so richtig ins Konzept paßt. Sie postulieren, daß im Tierreich und im Pflanzenreich Altern völlig unterschiedlichen Grundvoraussetzungen folge. Daß es gravierende Unterschiede gibt, ist unzweifelhaft. Unterschiede in der Grundausstattung von Organismen zu produzieren, war und ist Sinn der seit Millionen von Jahren ablaufenden Evolution (»Veränderung«).

Es kann jedoch nicht Sinn und Zweck einer vergleichenden, synthetischen (zusammenfassenden) Wissenschaft sein, primär die Unterschiede zu betonen. Will man nach generellen, für alle im Prinzip gültigen Mechanismen suchen, steht die Suche nach den Gemeinsamkeiten, nach dem übergeordneten, universellen Prinzip im Vordergrund. Nur deshalb Altern bei Pflanzen und Tieren als im Prinzip nicht identisch zu betrachten, weil im Pflanzenreich ein »Todesprogramm« als relativ unbestritten vorhanden gilt und man dies bei Tier und Mensch nicht so recht akzeptieren möchte, ist wissenschaftlich nicht korrekt. Gerade auf dem Niveau des Alterns in der Zelle gibt es eine sehr große Zahl von Übereinstimmungen in beiden Organismenreichen, die auf eine (sinnvollerweise notwendige) prinzipielle Identität der ablaufenden Vorgänge hinweisen.

Altern bedeutet im weitesten Sinne – so haben wir es bereits ganz am Anfang kennengelernt – Ablauf eines Lebenszyklus mit den daraus resultierenden Veränderungen weitester Art im biologischen System. Den Lebenszyklus einer Pflanze kann man (wie beim Tier) in vier Hauptabschnitte gliedern:

– das Embryonalstadium (Samen- oder Sporenruhe),
– die Jugendphase (Juvenilität),
– die Reifephase (Maturität, Adultstadium),
– die Alters-/Absterbephase (bei Pflanzen meist als Senescenz bezeichnet).

Dazu kommen – vielleicht als Besonderheit – sogenannte Ruhezustände. Diese kennen wir allerdings in ähnlicher Form auch bei vielen Tieren (z.B. als Winterschlaf, Sommerschlaf, Puppenruhe, Larvenruhe, Cystenstadien usw.), so daß auch hier weitgehende Übereinstimmung zu finden ist. Unter den Ruhezuständen bei Pflanzen soll hier (neben der Samen- und Sporenruhe) vor allem die Knospenruhe verstanden werden.

Samen und Sporen – Informations- und Baustoffträger in Ruheposition können sehr alt werden

Sporen (von Pilzen und Farnen) und vor allem Samen (von höheren Pflanzen) tragen die Baustoffe, die Energie und insbesondere die Information für die gesamte Entwicklung der Pflanze, für alle während der Entwicklung auftretenden biochemischen Leistungen und alle in Erscheinung tretenden morphologischen, physiologischen und verhaltensbiologischen Merkmale. Sie sind im wahrsten Sinne des Wortes omnipotent, enthalten also die gesamte (Toti)Potenz des kommenden Organismus. Sie entsprechen damit der befruchteten Eizelle (Zygote) der Tiere und des Menschen. Samen und Sporen im Ruhezustand weisen einen extrem geringen Stoffwechsel auf.

Ihre potentielle Überlebenszeit kann bei einigen Arten viele hundert Jahre betragen (vgl. dazu Tabellenanhang, S. 470 ff.). Für einige Leguminosen-, Malven- und Lotussamen werden sogar an die tausend Jahre angegeben. Den Maximalwert soll der Samen des Feldsparks erreichen, für den 1 700 Jahre angegeben werden. Es ist jedoch nicht in allen Fällen gesichert, daß diese alten Samen noch keimfähig waren. Sicher keimfähig waren allerdings 600jährige Hahnenfußsamen oder z.B. 200jährige Kartoffelsamen. Die Keimfähigkeit und damit die Lebensdauer der Samen läßt sich durch optimale Lagerungsbedingungen erheblich verbessern. Dazu zählt vor allem eine Reduktion des Stoffwechsels durch niedrige Umgebungstemperaturen, niedrige Luftfeuchte, Dunkelheit und ein relativ hoher Kohlendioxydgehalt in der Luft. Hoher Umsatz, d.h. hoher Stoffwechsel, führt zu einer niedrigeren Lebensdauer – wie bei den tierischen Organismen, wozu ich noch kommen werde. Also auch hier wieder eine Übereinstimmung.

Entscheidend bei der Betrachtung der Samen und Sporen ist, daß sie ja als ruhende Keimlinge (Embryonen) normalerweise nicht in der Lage sind, neue Zellen zu bilden und damit auftretende Schäden oder Verluste auszugleichen. Das ist erst mit und während der Keimung möglich. Sie müssen also gegen solche Schäden und Verluste gut geschützt sein, um so lange unproblematisch überleben zu können. Daß auch diese Überlebensfähigkeit genetisch programmiert ist, zeigt sich darin, daß tropische Pflanzenarten, bei denen lange Ruhezustände nicht erforderlich sind, weil die äußeren Lebensbedingungen relativ gleichförmig und ohne Extreme ablaufen, kaum länger als ein Jahr als ruhende Samen überleben können. Vertreter extremer Lebensräume, nehmen wir als Beispiel eine Wüstenpflanze, müssen dagegen in der Lage sein, z.B. eine jahrelange Trockenheit problemlos zu überdauern. Kommt dann der ersehnte Regen, können sie ihre schlafenden Lebensgeister innerhalb weniger Stunden wecken und extrem schnell zu einer samenproduzierenden Pflanze heranwachsen.

Wäre möglichst langes chronologisches Überleben des Individuums ein primäres evolutives Ziel, gäbe es kein Argument dagegen, daß auch eine tropische Pflanze ihren Samen über Jahrzehnte hinweg keimfähig halten kann. Auch hier gilt wieder, daß das biologische System nicht unfähig ist, Langlebigkeit zu produzieren, sondern daß es dafür keine nachvollziehbare biologische Notwendigkeit gibt. Ist es notwendig, ist es auch umsetzbar.

Es gibt also sehr viele Pflanzen, bei denen das Ruhestadium der Samen ein Vielfaches der eigentlichen Lebensdauer als »richtige«, ausgewachsene Pflanze ausmacht. Ähnliches kennen wir ja auch bei Tieren mit den Larvenstadien (z.B. Eintagsfliege), wie wir noch sehen werden.

Die Tatsache, daß auch die Samenruhe nur eine sehr begrenzte, für die einzelnen Pflanzenarten sehr charakteristische Zeit dauern kann, zeigt, daß auch in dieser Lebensphase sich zeitabhängige Veränderungen abspielen, über die wir noch relativ wenig Bescheid wissen. Das bedeutet aber auch, daß Samen und Sporen ebenfalls nach einem genetisch vorgegebenen Muster altern, das den ökologischen und ökonomischen Forderungen des Lebensraumes angepaßt ist.

Die Juvenilität – die Pflanze im Kindesalter

Sporen und Samen beginnen nach bestimmten, äußeren Einflüssen ihr Ruhestadium zu verlassen; sie keimen. Zur Keimung sind nicht nur bestimmte stoffwechselphysiologische Bedingungen erforderlich, wie ausreichende Feuchtigkeit, passende Umgebungstemperaturen, genügend Licht, passendes Substrat und ausreichende Versorgung mit Atemgasen (Sauerstoff und Kohlendioxyd). Viele Arten keimen erst, wenn eine bestimmte Zeit abgelaufen ist. Diese muß dabei nicht chronologischer Art sein. So keimen viele Arten in unseren gemäßigten Regionen selbst bei optimalem Vorliegen aller sonstigen Parameter erst, wenn sie vernalisiert wurden. Was bedeutet dies? Vernalisation bedeutet, daß diese Pflanzen erst einen Kälteschock erfahren müssen. Dabei wird ihnen indirekt ein Winterablauf mitgeteilt, nach dessen Ende die Keimung erst sinnvoll ist. Hier wird der zeitliche Ablauf einer Jahreszeit durch ein bestimmtes Umgebungstemperatur-Muster kontrolliert. Durch den Kälteschock wird ein spezielles Hormon gebildet (Vernalin, nach dem russischen Entdecker Vernalin), ohne das die Keimung nicht möglich ist. Diesen Kälteschock kann man künstlich auch im Kühlschrank erzeugen. Andere Keimlinge »messen« die Lichtdauer und können daran entscheiden, ob sie die Keimung beginnen oder noch abwarten wollen. Die meisten Arten haben ein ganzes Muster verschiedener Kontrollsysteme, die als innere biologische Uhr den Zeitpunkt günstigster Keimung viel genauer und überlebenseffektiver bestimmen können, als jeder physikalische, rein chronologische Zeitmesser dies je vermöchte.

Was zeichnet jetzt eigentlich eine junge Pflanze im Vergleich zu einer ausgewachsenen, adulten Pflanze aus? Eine Pflanze im Jugendstadium ist durch folgende Merkmale gekennzeichnet:

Zunächst zeigt die Pflanze in der Regel noch starkes und vor allem schnelles Wachstum, das allerdings auch im Alter noch anhalten kann und deshalb nicht in jedem Falle ein besonders gutes Merkmal darstellt. Dagegen ist die sogenannte Blühunwilligkeit (bzw. Unfähigkeit zur Blüte) ein sehr gutes Charakteristikum. Die Bildung des funktionsfähigen Fortpflanzungsorgans »Blüte« ist das beste Anzeichen, daß eine Pflanze die Juvenilität verläßt. Man verzeihe den anthropomorphen Ausdruck, aber man könnte die Blütenbildung sehr anschaulich mit der einsetzenden Pubertät des Menschen oder der Geschlechtsreife bei Tieren vergleichen. Auch hier markiert dieses Stadium das Ende der Kindheit.

Ein weiteres charakteristisches Merkmal der juvenilen Pflanze ist ihre hohe Bewurzelungsfähigkeit von Sproßabschnitten. Dies macht man sich bei der Vermehrung der Pflanzen durch abgeschnittene Zweige (= Steck-

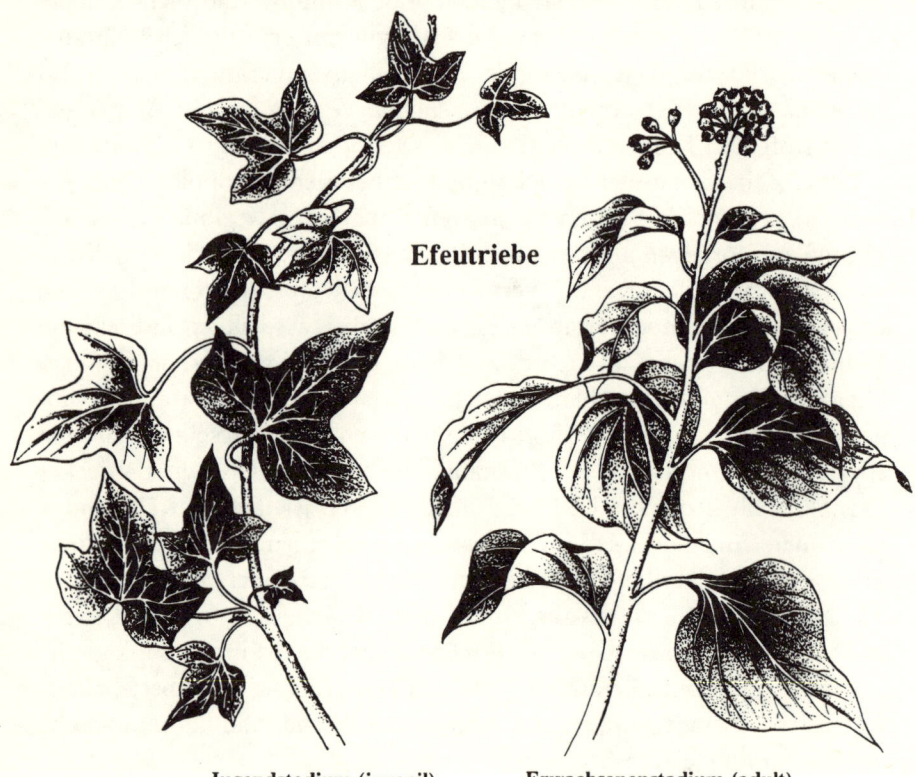

Efeutriebe

Jugendstadium (juvenil)　　　**Erwachsenenstadium (adult)**

ABBILDUNG 6.1: Junger und alter Sproß einer Efeupflanze *Hedera helix*. Juvenile Sprosse haben Haftwurzeln und gelappte Blätter. Adulte Sprosse tragen Blüten und Früchte. Sie wachsen aufrecht (keine Haftwurzeln) und haben tropfenförmige Blätter.

linge) zunutze. Solche Stecklinge lassen sich am besten aus »jungem Holz« ziehen, da sie sich eben sehr gut bewurzeln. Jeder Gärtner weiß das aus Erfahrung.

Ein weiteres charakteristisches Jugendmerkmal ist bei vielen Pflanzen eine abweichende, meist einfachere Blattform bei der Juvenilform. Alte Blätter sind meist zusammengesetzter und komplizierter gebaut. Es gibt davon allerdings auch Ausnahmen. Gut bekannt ist dies zum Beispiel beim Efeu (Abb. 6.1, S. 140)! Hier sind die Jugendblätter stärker gebuchtet als die Altersformen. Junge Sprosse haben Haftwurzeln, zeigen Kletterwuchs, große Blattzellen und schnelles Wachstum. Blüten fehlen hier völlig. An alten Zweigen, an denen Blüten auftreten, sind nur noch sehr einfache, kaum mehr gebuchtete, spitzovale Blätter zu finden. Haftwurzeln fehlen; der Wuchs ist aufrecht, ohne Haftwurzeln, und die Blattzellen sind viel kleiner. An ein und derselben Pflanze sind meist beide Altersformen zu finden.

Juvenile Pflanzen tendieren auch dazu, welkes Laub im Winter zu behalten. Die Meristeme (die Erklärung dieses Begriffes erfolgt gleich) sind voll aktiv. Die Synthese- und Aufbauleistungen der Pflanze überwiegen die Abbauvorgänge in der Summe deutlich.

In der Pflanze scheint es Juvenilitätsfaktoren (Jugendsubstanzen) zu geben, die auf alte Pflanzenteile übertragen werden können. Beim Efeu lassen sich so z.B. erwachsene Efeustecklinge, die man gemeinsam mit jungen Stecklingen in ein Wassergefäß stellt, wieder juvenilisieren, verjüngen. Das gleiche gilt für das Aufpfropfen alter auf junge Sproßteile. Auch hier übernehmen die alten die juvenilen Eigenschaften! Umgekehrt ist dies aber normalerweise nicht möglich. Doch darüber gleich noch mehr.

Juvenilitätsfaktoren – der Jugendtrank der Pflanze

Schon der gerade geschilderte Efeustecklingsversuch hat gezeigt, daß es auch übertragbare, stoffliche Faktoren gibt, die für die Jugend der Pflanze verantwortlich sind. Diese Juvenilitätsfaktoren sind intensiv untersucht worden. Gibberelline, bestimmte Pflanzenhormone, können diese Faktoren zumindest ersetzen. Konkret sind sie in der Lage, adulte Efeustecklinge zu juvenilisieren, also zu verjüngen. Alte Efeupflanzen bekommen bei der Behandlung mit Gibberellinen (Abb. 6.2) in ihrer Wachstumsregion (Meristem) wieder Jugendeigenschaften. Für die Pflanze ist es ein Jungbrunnen, ein Jugendtrank, wenn sie in einem entsprechend behandelten Wasser steht. Die Meristeme werden auf jung umprogrammiert.

In anderen Fällen hat man die Juvenilität mit anderen Stoffen in Verbindung bringen können. So hemmen z.B. das Diamin *Putrescin* und die Polyamine *Spermin* und *Spermidin*, die in Pflanzen weit verbreitet sind, die Senescenz in abgeschnittenen Pflanzenteilen. Senescenzhemmend wirken aber noch einige andere Stoffe, die wir noch kennenlernen werden (z.B. Cytokinine, Kinetin, Auxin), die jedoch nicht primär als Juvenilitätsfaktoren geführt werden (Tab. 6.1, S. 140).

Maturität, Adultstadium – die Pflanze schaltet auf Erwachsensein um

Der Wechsel vom Jugendstadium auf das Erwachsenenstadium verläuft im Pflanzenreich wie bereits erwähnt sehr stark programmatisch. Die Umschaltung vom juvenilen zum adulten Zustand geschieht in den soge-

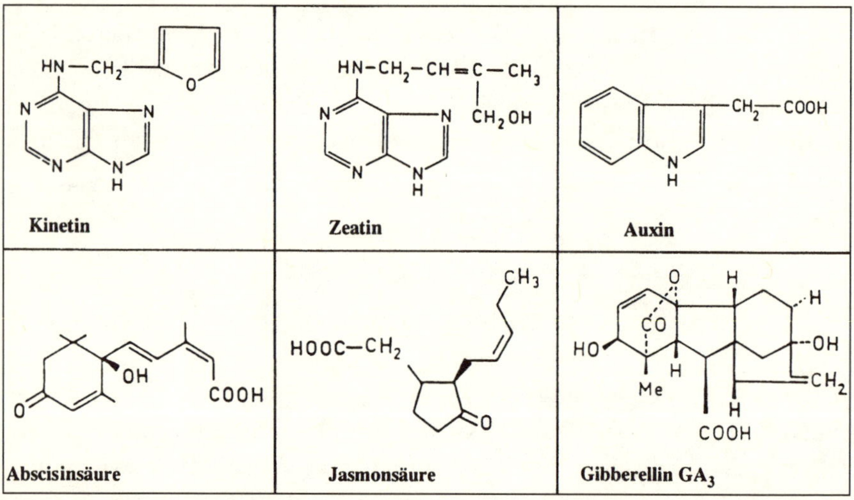

ABBILDUNG 6.2: Verschiedene Pflanzenhormone, die das Altern, Ruhezustände und den Tod von Pflanzen beeinflussen. Vgl. zur Wirkung Tab. 6.1, S. 140.

nannten Meristemen. Meristeme sind Zellverbände, Gewebe in den Wachstumszonen einer Pflanze, von denen aus junge, undifferenzierte Zellen nachgeliefert werden können. Es handelt sich also um voll teilungsfähige, omnipotente Gewebe, die normalerweise keine Alternserscheinungen zeigen, sofern sie endogen nicht »umgeschaltet« werden. Diese Umschaltung äußert sich nun in einer klaren und stabilen Differenzierung der Zellen (vgl. dazu auch S. 76 ff. im vorangegangenen Kap. 3, »Das Altern der Zellen«). Dieser Umschaltung liegt eine ebenso klare, autonome, ebenfalls endogen gesteuerte Determination zugrunde, die zu einer allmählichen Veränderung im Genmuster der adulten Meristeme führt. Dadurch lassen sich auch juvenile (omnipotente) und adulte (genetisch determinierte) Gewebe morphologisch und physiologisch relativ gut unterscheiden, die beide natürlich an der gleichen Pflanze vorkommen können.

Umgeschaltete Meristeme bilden somit nur noch adultes Gewebe, während vor der Umschaltung noch juvenile Teile in diesem Stadium verbleiben. Dieser Umschaltungsvorgang von jung auf alt ist dabei sehr stabil. Dies zeigt sich besonders gut bei Knospen, die beim Austreiben die entsprechenden Altersmerkmale (adult/juvenil) ihres Mutterzweiges behalten. Durch vegetative Vermehrung kann damit der jeweilige Alterszustand weitergegeben werden. Nimmt man z.B. beim Efeu Stecklinge mit Knospen, deren Meristem noch nicht umgeschaltet ist, lassen sich daraus kletternde Zweige mit weiteren Jugendmerkmalen erzeugen. Nimmt man schon umgeschaltete Knospen, entstehen aus den neu wachsenden Stecklingen »alte«, aufrecht wachsende Efeupflanzen, sogenannte »Efeubäumchen« mit ovalen Blättern und ohne Haftwurzeln. Damit läßt sich sehr schön zeigen, daß in der Pflanze ein Alternsprogramm abgelaufen ist, dessen bereits erfolgter Verlauf in den Erbeigenschaften auch bei vegetativer Weitervermehrung fixiert bleibt. Ganz grob ist dies vergleichbar mit der Zählung bereits erfolgter Mitosen von tierischen Fibroblasten (Hayflick-Phänomen). Die Weitergabe des Juvenil- bzw. Adultstadiums solcher Meristeme gelingt sogar auf der Ebene von Zellkulturen.

Erwachsene Planzen zeigen nun alle nichtjuvenilen Eigenschaften. Das Wachstum ist verlangsamt, oft völlig eingestellt. Die Bewurzelungsfähigkeit von Sprossen ist stark reduziert. Das beste Kennzeichen ist aber, daß die adulten Pflanzenteile blühwillig sind. Auf artspezifische, blühinduzierende Faktoren reagieren sie mit Blütenbildung, d.h., sie beginnen mit der Ausbildung der Fortpflanzungseinheiten.

Totipotenz und Altern (?) der Meristeme

Meristeme sind totipotent. Selbst aus Einzelzellen lassen sich hier komplette, neue Einzelpflanzen ziehen. Doch selbst aus manchen ausdifferenzierten, hoch spezialisierten Einzelzellen können unter günstigen Umständen neue, vielzellige Pflanzen gezogen werden. Das verwundert zunächst natürlich insofern nicht, als ja der gesamte Genbestand des Individuums in jeder Zelle auch bei Differenzierung im Zellkern erhalten bleibt. Der größte Teil wird bei der Determination nur stillgelegt. Das haben wir schon im Kapitel »Zellaltern« erfahren. Um diese Totipotenz (lat. *totum*, das Ganze, und *potens*, mächtig) in einer differenzierten Zelle aber manifest werden zu lassen, muß die Zelle dazu kompetent sein oder werden. Eine Zygote ist z.B. totipotent. Kompetent ist sie aber für vieles nicht. Solange sie echt ruht, kann sie nicht einmal keimen.

Von tierischen Zellen wissen wir, daß eine Wiedererlangung der kompetenten Totipotenz nur in speziellen Zellkulturen (mit speziellen Wachstumsfaktoren) oder bei krebsartiger Entartung möglich ist – also einen mehr oder weniger unnatürlichen, pathologischen Status repräsentiert. Die Frage ist also die nach der Umkehrbarkeit des Alterns oder ob es Altern bei Meristemem überhaupt gibt. Es ist weiterhin die Frage, warum die Totipotenz in der normalen Pflanzenzelle verloren gegangen ist (bei Osterluzeigewächsen, Aristolochia, können ausdifferenzierte Parenchymzellen wieder meristematisch werden).

Eine Reihe von Beobachtern geht davon aus, daß sich auch Pflanzen nicht unbegrenzt vegetativ vermehren können. So änderten sich ganz offensichtlich die Meristeme von Pappeln und Kartoffeln mit der Anzahl der vegetativen Zyklen. Ähnliche Beobachtungen machte man bei Pilzen. Der Einschub eines geschlechtlichen, generativen Zyklus hob die beobachteten Mängel aber wieder auf. Alterte also auch das omnipotente Meristem? Die Frage läßt sich nicht einfach beantworten. Für die oben genannten Beispiele fand man vermutlich andere Gründe, wie Viren- und Pilzinfektionen in den Meristemen.

Tatsache ist aber, daß bereits vor rund 4 600 Jahren, als bei uns noch die Steinzeit herrschte, in Kalifornien der Keimling des heute wohl ältesten noch lebenden Baumes anfing zu wachsen. Es ist eine Grannen- oder Borstenkiefer (*Pinus aristata*), deren Meristeme natürlich heute noch so gut arbeiten müssen wie zu Beginn ihres Daseins, auch wenn der Gesamthabitus des Baumes heute nicht mehr gerade ansehnlich ist (Abb. 6.3, S. 145).

ABBILDUNG 6.3:
Habitus der vermut-
lich ältesten Pflanze der Welt,
einer Borsten- oder Grannen-
kiefer *Pinus aristata*. Diese Kiefer lebt in
Kalifornien und hat ein Alter von rund 4 600 Jahren.

Bei Grasklonen der amerikanischen Prärie geht man sogar davon aus, daß sie sich seit der letzten Eiszeit vor rund 15 000 Jahren im überwiegenden Teil nur vegetativ fortpflanzten, also auf einem durchgängig seit dieser Zeit wachsenden Meristem beruhen, da eine Samenbildung durch die ständige Abweidung verhindert wurde. Seit Jahrtausenden sind in diesen und anderen Pflanzen Meristeme tätig, ohne daß es zu einem offensichtlichen Altern gekommen ist. Ob die rein vegetative Vermehrung in dieser absoluten Form so zutrifft, darf sicher mit einem Fragezeichen versehen werden. Niemand kann jedoch ausschließen, daß aus Randbereichen der Prärie, wo Samenbildung und damit geschlechtliche Fortpflanzung möglich ist, Samen eingetragen wurde. Das halte ich für weitaus nachvollziehbarer.

Soweit das Meristem also nicht von sich heraus eine Umschaltung auf »Erwachsenwerden« einleitet, scheint dieser Gewebetyp tatsächlich nicht irreversibel zu altern. Zumindest gibt es dafür keine sicheren Beweise. Auch dies ist wieder ein eindrucksvolles Beispiel dafür, daß biologische Systeme nicht altern *müssen*, sondern endogen gesteuert altern *können*, wie immer dies dann in der Konsequenz auch aussehen mag.

Senescenz – Altern und Tod auf botanisch

Wie findet nun aber Altern in Pflanzenzellen statt? Für die letzte Alternsstufe der Pflanze hat sich der Begriff Senescenz eingebürgert. In dieser letzten Altersphase finden die letzten, dramatischen Ereignisse statt, die letztlich zum Tod des Organismus führen. Seltener wird der Begriff auch synonym für den gesamten Ablauf ontogenetischer Veränderungen von der Entstehung (Genese) einer Zelle, eines Organs oder eines Organismus bis zu ihrem Tod gebraucht.

Das Altern einer pflanzlichen Zelle beginnt wie bei der tierischen mit dem Verlust der Teilungsfähigkeit. D.h., die Zelle schert aus dem normalen Zellzyklus aus (Abb. 3.12, 58). Das Altern äußert sich in zahlreichen, fortschreitenden Veränderungen verschiedener Zellparameter, wie wir es schon beim Kapitel über das Zellaltern kennengelernt haben. So ändert sich z.B. die Membranpermeabilität der Zelle, ihr Wasserpotential und die Protoplasma-Viskosität. Es findet eine allmähliche Verminderung der Biosyntheserate statt, während es gleichzeitig zu einer Steigerung der Abbaurate von RNA und Proteinen kommt. Die dazu notwendigen Enzyme, vor allem Hydrolasen, die die abzubauenden Stoffe mit Hilfe von Wasser spalten, nehmen in der Zelle stark zu. Den Beginn der eigentlichen Senescenz könnte man als den Zeitpunkt markieren, an dem die Abbauraten in der Zelle die Aufbauraten der Zelle überholen. Die daraus resultierenden Veränderungen markieren die letzte Stufe des Alterns, die – wie bereits erwähnt – im Tod endet.

Das Altern der Pflanzenzelle ist nach Ansicht führender Botaniker eindeutig genetisch programmiert. Sein Tempo wird dabei von zwei Hauptfaktoren kontrolliert. Zum einen hängt die Geschwindigkeit des Alternsprozesses davon ab, um welche Pflanzenzelle es sich handelt, welcher Determination und anschließenden Differenzierung die Pflanze also unterworfen ist. Dies ist der gewebespezifische, intrinsische Aspekt. Zum anderen wird das Altern natürlich auch von zahlreichen exogenen Außenfaktoren bestimmt. Das können z.B. das Nährstoffangebot, die Umgebungstemperatur, die Feuchte, aber auch Streß und andere extrinsische Faktoren sein.

Senescenzspezifische Gene oder deren Produkte (z.B. korrespondierende messenger-RNA) konnten – trotz ihres Programmcharakters – in der Pflanzenzelle bisher aber noch nicht gefunden werden. Bei dem Altern und der Senescenz von Keimblättern, die ja sehr schnell ihre Funktion einstellen, fand man jedoch niedermolekulare Eiweiße, von denen vermutet wird, daß sie unmittelbar an diesem Geschehen beteiligt sein könnten.

Die Senescenz höherer pflanzlicher Organe wird in den folgenden Abschnitten dargestellt.

Blätter welken, Blätter fallen ab

Die Senescenz der Pflanzenorgane ist wohl am besten an Blättern untersucht. Sie können, je nach Pflanzenart, nur verwelken (und an der Pflanze verbleiben) oder von der Pflanze zusätzlich abgestoßen werden. Jeder kennt dieses Phänomen vom am alljährlichen, herbstlichen Blattfall unserer Bäume.

Dieser Blattabwurf und das Blattwelken ist eine typische Alternserscheinung der Pflanze, auch wenn es nicht unbedingt in unsere Vorstellungen von Altern, wie wir es von Tier und Mensch kennen, paßt. Als Vorbereitung zum Blattabwurf (ab jetzt auch parallel und sinnentsprechend für das Verwelken benutzt) nehmen in den Blattzellen der RNA-Gehalt, die Stärkekonzentration, der Proteingehalt und der Blattgrün(Chlorophyll)gehalt stark ab (Abb. 6.4, S. 148). Das geschieht zum einen durch eine verringerte Produktion dieser Stoffe, zum andern vor allem durch das Auftreten von Enzymen, die diese Substanzen vermehrt abbauen (RNasen, Peptidhydrolasen, chlorophyllabbauende Enzyme). Aus den Lysosomen werden diese Hydrolasen frei, die schließlich das Blatt wie bei der Apoptose autolysieren (Abb. 3.20, S. 68). Der dabei freiwer-

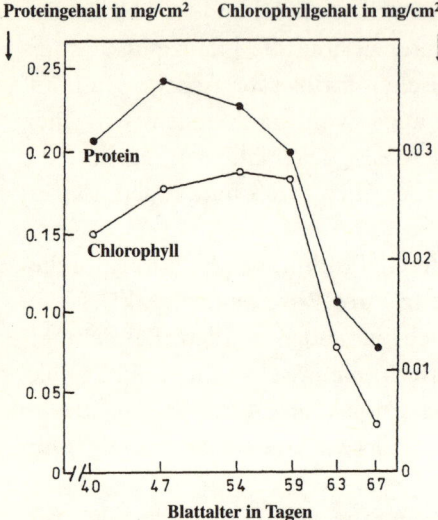

ABBILDUNG 6.4: Senescenz bei Blättern von *Perilla frutescens*: Der Chlorophyll- und Proteingehalt nimmt mit zunehmendem Alter des Blattes stark ab. Die Blätter befinden sich an der Pflanze.

dende Stickstoff wird zu einem hohen Prozentsatz (60 bis 70 %) aus dem senescenten Blatt in das Stammgewebe der Mutterpflanze rückgeleitet (bei einjährigen Pflanzen meist in die Samen). Auch andere für die Pflanze wichtige Elemente (neben Stickstoff N vor allem Eisen Fe, Phosphor P und Kalium K) werden aus dem alternden Blatt abgezogen. Parallel dazu findet auch ein Abbau der Zellorganelle statt.

Zuerst betrifft es vor allem die chlorophyllenthaltenden Plastiden, das Endoplasmatische Retikulum und den Tonoplasten. Relativ spät erst werden die Mitochondrien, der Zellkern und das Plasmalemma abgebaut. Als Folge dieser Abbauvorgänge wird das Blatt funktionsunfähig und verliert vor allem Wasser; es kommt zum Welken. Gleichzeitig erfolgt eine Produktion von Anthocyan, einem rötlichen Pflanzenfarbstoff. Die Biogenese dieses Farbstoffes hat keinen offensichtlichen, biologischen Sinn. Sie ist wohl eher ein zufälliges Nebenprodukt des klimakterischen Stoffwechsels. Durch den Verlust des grünen Blattfarbstoffes nimmt das absterbende Blatt aber dadurch Farben zwischen gelb und rot an, die bekannte Herbstfärbung der Blätter.

Als Folge dieser Senescenz nimmt neben der Protein- auch die Photosynthese (Produktion von Zucker und Stärke) ab. In der letzten Phase auch die Atmung, die jedoch kurz vor dem Tod noch einen schwer erklärbaren »klimakterischen Gipfel« aufweist (Abb. 6.5, S. 149).

Man konnte experimentell sehr schön zeigen, daß die Senescenz des Blattes nicht auf der zufälligen Anhäufung von Defekten beruht. Das Blattaltern wird vielmehr vom Gesamtorganismus kontrolliert. So kann ein schon alterndes Blatt einer Pflanze z.B. wieder »jung« werden, wenn es – abgeschnitten – zur Regeneration Wurzeln bekommt und zu einer neuen Pflanze heranwächst (siehe Juvenilitätsfaktoren weiter oben). Diese Fähigkeit wird bei Blattstecklingen in Gärtnereien vielfach ausgenutzt.

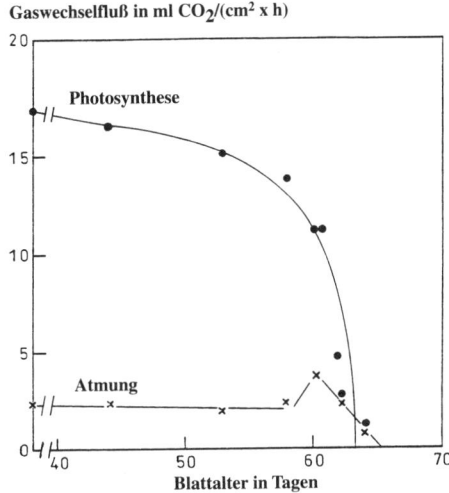

Gaswechselfluß in ml CO_2/(cm² x h)

Photosynthese

Atmung

Blattalter in Tagen

ABBILDUNG 6.5: Senescenz bei Blättern: Photosynthese und Atmungsintensität in Blättern in Abhängigkeit vom Blattalter bei *Perilla frutescens*. Die Photosynthese nimmt stark ab, die Atmung zeigt kurz vor dem Tod einen klimakterischen Gipfel. Die Blätter befinden sich an der Pflanze.

Senescenzfaktoren – weshalb man alte Rosenblüten abschneidet

An der Regelung der Blatt-Senescenz sind auch verschiedene pflanzliche Hormone beteiligt. Das sind chemische Stoffe, die in der ganzen Pflanze herumtransportiert werden können und z.T. im senescenzierenden Gewebe selbst entstehen. Unter solchen Umständen kann sich das Gewebe unter bestimmten Bedingungen durch stetige Neuzufuhr selbst produzierter Senescenzfaktoren autokatalytisch immer schneller altern lassen.

Die Steuerung der Senescenz wird über ein Gleichgewicht zwischen senescenzhemmenden und senescenzfördernden Faktoren bewirkt. Durch optimale Zufuhr von Zytokininen (z.B. Kinetin, Abb. 6.6, S. 150), aber auch Auxinen (Abb. 6.7, S. 151) und Gibberellinen läßt sich das Altern des Blattes und der Blattabwurf verzögern. Zu den senescenzhemmenden Faktoren gehören vermutlich auch die bereits erwähnten Juvenilitätsfaktoren. Sie verzögern den Abbau von Substanzen im Blatt und stimulieren vor allem die (Neu-)Produktion von RNA und Proteinen. Ihre Effekte

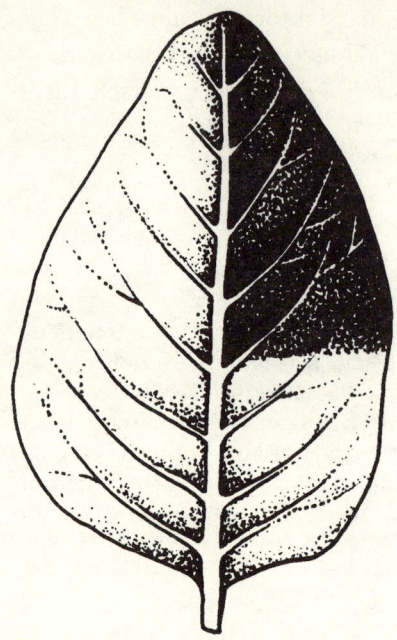

ABBILDUNG 6.6: Senescenzverhinderung durch Kinetin. Der obere, rechte Quadrant eines Tabakblattes wurde einmal mit einer 30mg/l Kinetinlösung besprüht. 10 Tage später ist diese Fläche noch grün, während die übrigen Blatteile im Absterben begriffen sind und das Chlorophyll verloren haben.

kann man äußerlich vor allem am Ausbleiben der Blattvergilbung erkennen, was auf eine Hemmung des Chlorophyllabbaus hindeutet. Die Senescenz ist meist mit einer Abnahme dieser Stoffe verbunden.

Blattstecklinge, die (Adventiv-) Wurzeln besitzen, zeigen eine verstärkte Produktion von Cytokininen, was zu einer Lebensverlängerung dieser Stecklinge im Vergleich zu unbewurzelten Pflanzlingen führt. Ein zusätzlich senescenzhemmender Effekt resultiert aus der Beobachtung, daß Stellen mit hoher Konzentration solcher alternshemmenden Hormone als Attraktionszentrum (sogenannte »Sinks«) für den Stofftransport wirken. Diese Bereiche werden also bevorzugt mit wichtigen Stoffen und Mineralien versorgt, was einem Altern vorbeugt.

Zu den typischen senescenzauslösenden Stoffen (Senescenzfaktoren) gehören dagegen z.B. das Gas Ethylen und andere Faktoren, zu denen vor allem wiederum die Abscisinsäure (ABA) und die Jasmonsäure gehören (Abb. 3.2, S. 42). Sie sammeln sich im Blatt während der Senescenz an, und sie hemmen die Protein- und RNA-Synthese. Sie stimulieren in der logischen Folge bei einer Reihe von Pflanzen den Blattfall (Abscission) und bei anderen Arten das Altern des Blattes im allgemeinen (ohne Abscission).

Als unmittelbarer, direkt wirkender Senescenzfaktor wird vor allem das Ethylen-Gas angesehen. Es schädigt die Zellmembranen (vor allem den Tonoplasten, das ist die die Zellvakuole umgebende Plasmamembran), bewirkt den klimakterischen Atmungsanstieg und vor allem die Produktion von abbauenden Hydrolasen der verschiedensten Formen. Die von der Pflanze selbst bewerkstelligte Ethylenproduktion wird wie-

derum durch Ethylen selbst (Auto-
katalyse) und durch ABA beschleunigt. Im senescenten Blatt
steigt die Ethylenkonzentration
deshalb erheblich an, und das Gas
kann auch nach außen abgegeben
werden.

Die Senescenzfaktoren werden
in unterschiedlichen Organen des
pflanzlichen Organismus gebildet:
Primär werden sie vor allem von
alten Blättern selbst, aber auch
von reifen Fortpflanzungsorganen,
wie Blüten und Früchten (aber
auch Samen) produziert. Auf diese
Weise macht ein altes Blatt u.U.
andere Blätter ebenfalls alt. Deshalb empfiehlt es sich, alte Blätter
von Sträuchern und Blüten zu entfernen, wenn man verhindern will,
daß die Restpflanze zu schnell altert. Diesen Tip kennen wohl alle
Hobbygärtner und Blumenfreun-
de, ohne sich intensive Gedanken
über das »Warum« gemacht zu haben. Man muß davon ausgehen,
daß von diesen alten Organen ein

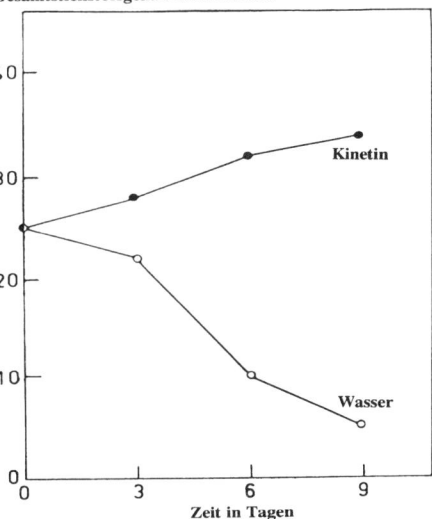

Protein-Stickstoff in Prozent des Gesamtstickstoffgehaltes des Blattes

ABBILDUNG 6.7: Änderungen im Proteingehalt zweier Blatthälften eines ab-
getrennten, ungeteilten Blattes einer
Tabakpflanze. Die eine Hälfte wurde
mit einer Kinetinlösung, die andere
mit Wasser behandelt. Die Wasserbe-
handelte zeigt eine starke Senescenz
mit abnehmendem Proteingehalt. Die
Kinetin-Blatthälfte dagegen produziert
weiter Protein, bleibt also von der Senescenz verschont. Kinetin wirkt also
wie eine Art Jungbrunnen für das
Blatt.

stoffliches Senescenzsignal (Hormon) ausgeht, das sich über die Pflanze
verbreitet und Blätter, Vegetationspunkte und Wurzelspitzen auf »Tod«
umprogrammiert (»Programmtheorie« der Senescenz!). Entfernt man
von ein- und zweijährigen Pflanzen z.B. die Blütenansätze und Früchte,
bleiben die Blätter länger am Leben und die Pflanze kann dann sogar
mehrjährig werden (bei Zucker- und anderen Rübenarten ist dies z.B.
möglich). Agaven leben z.B. normalerweise acht bis zehn Jahre vegetativ.
Dann blühen und fruchten sie, und sie sterben im gleichen Jahr nach der
Samenbildung noch ab (Abb. 17.1, S. 467). Verhindert man die Blütenbildung und damit die Senescenzfaktoren-Produktion und hält sie dadurch in dauernd vegetativem Zustand, können sie an die 100 Jahre alt

werden. Auch hier zeigt sich deutlich der programmatische Charakter der Senescenz.

Hier nochmals zur Erinnerung und Bekräftigung: Das tödliche Altern wird also aktiv von einem endogenen (im Organismus selbst liegenden) Programm gesteuert und ist nicht die Folge von passiv erduldeten, exogen bedingten Defektanhäufungen, denen der Organismus hilflos ausgeliefert ist.

Abscission – wie man alte Organe los wird

Bereits oben habe ich schon kurz auf die Abscission der Blätter hingewiesen. Dieses Abwerfen alter, verbrauchter Organteile kommt bei der Pflanze, aber auch bei Früchten, Blüten, Knospenschuppen, Ranken und Seitenzweigen vor. Diese Abscissionsform ist ein aktiver, gesteuerter Prozeß, bei dem sich die Pflanze – mittels eines speziellen Trenngewebes – von meist gealterten und deshalb nicht mehr benötigten Teilen trennt.

Der herbstliche Blattfall sommergrüner Gehölze ist – wie ebenfalls bereits erwähnt – nur ein Aspekt dieser Abscission. Blattfall kommt – vor allem bei immergrünen Gehölzen – das ganze Jahr über vor. Das hat seinen Grund unter anderem darin, daß die Blätter die Endpunkte der Transpiration darstellen, in denen sich vielfältige Giftstoffe ansammeln können, die auf diese Art und Weise einfach entsorgt werden (eine besondere Exkretionsform der Pflanze). Zudem müssen viele immergrüne Pflanzen ihre Blattzahl im Winter aus den genannten Transpirationsschutzgründen vermindern, weil Wasser nicht mehr so leicht zur Verfügung steht.

Auch die Reifung der Früchte braucht die Abscission. Zum einem werden nach der Blüte zum Beispiel unbefruchtete Blüten abgeworfen. Zum anderen erfolgt dann eine zweite Abscission während der Fruchtbildung, wo bei zu starkem Fruchtansatz ein Teil der Früchte zur Vermeidung von zu kleinen Früchten abgeworfen wird. Last but not least: Die dritte und letzte Abscissionsperiode ist der Fruchtfall bei der Reife.

Zur Abscission bildet die Pflanze ein spezielles Trenngewebe aus, das an der Basis des Blatt- oder Fruchtstieles liegt. Es ist nur ein bis fünf Zellagen dick und besteht aus sehr kleinen Zellen, deren Zellwände sich auflösen und so den Abfall bewerkstelligen.

Wie bereits erwähnt, bewirken Senescenzfaktoren (vor allem Ethylen,

Jasmonsäure und Abscisinsäure) u.a. ebenfalls die Abscission. Wie können nun Früchte oder Blätter verhindern, daß sie unter dem Einfluß solcher Alternsfaktoren von der Mutterpflanze getrennt werden, bevor sie ausgereift sind? Das gelingt durch die Produktion von Auxin (Indol-3-Essigsäure; Abb. 3.2, S. 42). Auxin verhindert, daß es durch Abscisinsäure zu einem vorzeitigen Blatt- oder Fruchtfall kommt. Durch Besprühen mit einer Auxinlösung kann man auch in der Obstbaupraxis auf diese Weise einen zu frühzeitigen Fruchtfall verhindern.

Das in der Regel rasche Altern abgeschnittener Blätter kann auch verhindert werden, indem man sie unter einer optimalen Zufuhr von Cytokininen (Kinetin, Benzylaminopurin, Benzimidazol) hält und zusätzlich für eine rasche Bewurzelung sorgt. Auch dieses Verfahren wird in der gärtnerischen Praxis bei der Produktion von Blattstecklingen regelmäßig ausgenutzt.

Warum Kartoffeln keine Äpfel mögen

Senescenzvorgänge in der gerade geschilderten Form sind – wie bereits erwähnt – natürlich auch die Reifungsvorgänge bei Früchten. Nachdem eine Frucht ausgewachsen ist, beginnt ihre Reifungsphase. Sie umfaßt viele auffällige Veränderungen in Farbe, Geschmack, Konsistenz und Inhaltsstoffen. Gleichzeitig beginnt die Mutterpflanze, über Abscission ihren »Zögling« loszuwerden.

Vor der Reifung (beim Fruchtwachstum) nimmt in der Frucht der Gehalt an Stärke, Zucker und Fruchtsäuren zu. Alle diese Stoffe werden von der Mutterpflanze über ihre Photosynthese geliefert. Wenn die Fruchtreifung, also die Senescenz, eintritt, nimmt die Aktivität vieler Hydrolasen zu. Stärke wird in Zucker umgebaut. Säuren werden zu einem großen Teil veratmet und ebenfalls in Zucker umgewandelt. So werden aus sauren, unreifen Äpfeln süße, reife Früchte. Nur die Zitrone macht hier eine Ausnahme. Bei ihr nimmt die Zitronensäuremenge bei der Reifung zu. Die Zellwände werden mit zunehmender Fruchtreife weicher und lösen sich teilweise auf. Auch das kennt jeder vom Apfel, daß dieser mit zunehmender Reife und langer Lagerung immer weniger knackig wird. In der Tomate wird das grüne Chlorophyll durch rote Farbstoffe ersetzt und die vorher durch Alkaloide giftige Frucht wird eßbar, weil diese Giftstoffe ab- und umgebaut werden und damit entgiftet sind. Der Apfel bekommt – durch die gleichen roten Anthocyane wie die Tomate – ein rotes Bäckchen. Mit der Umschaltung von Fruchtwachstum auf Fruchtreifung (Senescenz) tritt (in dieser als Klimakterium bezeichneten Phase) auch eine sehr starke Ethylenproduktion auf. Und wir wissen, daß Ethylen einen starken Senescenzfaktor darstellt.

Das ist nun der Grund, weshalb man reife Äpfel und Kartoffeln nicht zusammen lagern soll. Kartoffeln sind gestauchte, unterirdische Pflanzensprosse, die sich in einem quasi jugendlichen Ruhestadium befinden. Durch das Ethylen, das die reifen Äpfel in großer Menge abgeben, werden diese Kartoffeln mit einem Senescenzfaktor begast, der zu einem schnellen Altern der Knolle führt, was man natürlich vermeiden möchte. Auf der anderen Seite kann man noch unreife Früchte technisch durch Begasung mit Ethylen zu einer schnelleren Reifung bringen. In unserem Haushaltsmaßstab würde es also reichen, unreife Bananen z.B. mit reifen Äpfeln zusammenzubringen, um die Bananen schneller reifen zu lassen.

Aus dem gleichen Grund vertragen sich auch Blumen und reifes Obst nicht besonders. Ein schöner, frischer Blumenstrauß welkt in der Nähe von Ethylen verströmenden reifen Früchten viel schneller, als wenn das Ethylen fehlt. Auch sollte man welke Blumen aus einem Strauß schnell entfernen, da auch sie verstärkt den Senescenzfaktor Ethylen ausströmen können.

Verlangsamtes Altern bei Früchten – ein Millionengeschäft

Sehr häufig steht der Handel vor dem Problem, Früchte möglichst langsam reifen zu lassen. Man möchte selbst Monate nach der Ernte scheinbar frisch gepflückte, deutsche Äpfel im Regal finden. Und Bananen, die über Wochen hinweg aus Südamerika per Schiff hierher transportiert werden, sollten eigentlich erst genau bei der Ankunft erntereif sein. Jeder, der einmal selbst versucht hat, Obst einzulagern, wird schnell enttäuscht sein über den rasch erfolgenden Qualitätsverlust durch die Weiterreifung geernteten Obstes.

In der Zwischenzeit sind wir sicher schon in der Lage, einige, zumindest theoretische Kriterien zu finden, wie die optimale Fruchtreifung im geeignetsten Moment herbeigeführt werden kann. Und es gibt kaum eine Methode, die nicht in der Praxis Anwendung gefunden hat – sei es, daß die Reifung beschleunigt, sei es, daß sie verlangsamt werden muß. Zur Langzeitlagerung von Äpfeln muß natürlich die Reifung und damit das Altern verlangsamt werden. Dazu verwendet man heutzutage eine sogenannte kontrollierte Atmosphäre (englisch »controlled atmosphere« = CA) in den Lagerräumen. Bei einer Umgebungstemperatur von annähernd 0°C – das setzt die Lebensvorgänge herunter – verändert man auch die Luftzusammensetzung. Üblicherweise wird der Sauerstoffgehalt der Luft, der normalerweise rund 21 % beträgt, auf Werte zwischen 1 und 3 % abgesenkt. Dadurch fehlt den Äpfeln genügend »Luft« zum Atmen. Der Kohlendioxidgehalt wird auf einen Wert zwischen 3 und 20 Prozent angehoben (normal in der Luft 0,03 %). Die Früchte, die auch nach der Ernte natürlich noch leben, werden auf diese Weise in eine Art Tiefschlaf versetzt, der den Senescenzvorgang und damit die Reifung dramatisch verlangsamt. In der gleichen Art und Weise werden auch Früchte in speziellen CA-Schiffen über die Ozeane transportiert, wodurch sich die Transportzeiten verlängern lassen, ohne daß Qualitätseinbußen stattfin-

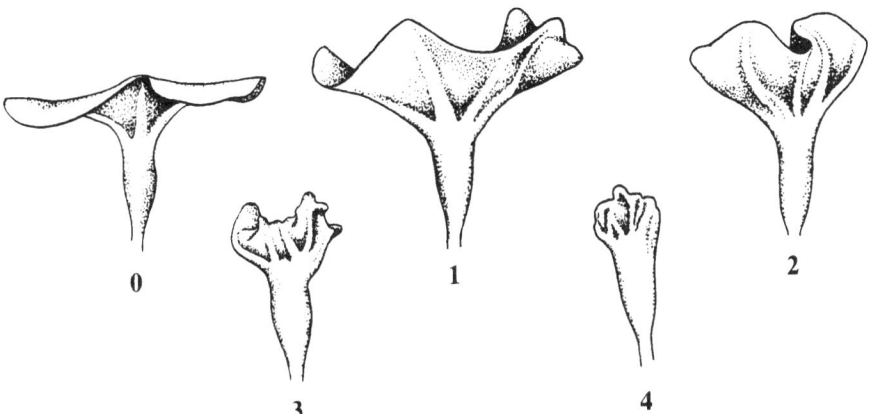

ABBILDUNG 6.8: Der Verwelkungsprozeß der Blüte bei der Pracht- oder Prunkwinde *Ipomoea tricolor*. Stadium 0 repräsentiert die voll geöffnete Krone. Die Stadien 1-4 markieren die fortschreitende Senescenz. Unter natürlichen Umständen öffnen sich die Blüten morgens gegen 6 Uhr und bleiben bis etwa 15 Uhr geöffnet (Stadium 0). Dann krümmt sich die Krone aufwärts und ändert ihre Farbe von Blau nach Purpur. Dies kommt vom vermehrten Auftreten freier Säuren aus dem Kernabbau und dem damit verbundenen Wechsel im Säuregehalt des Blütenblattes (s. auch Abb. 6.9 und 6.10, S. 156 und 157).

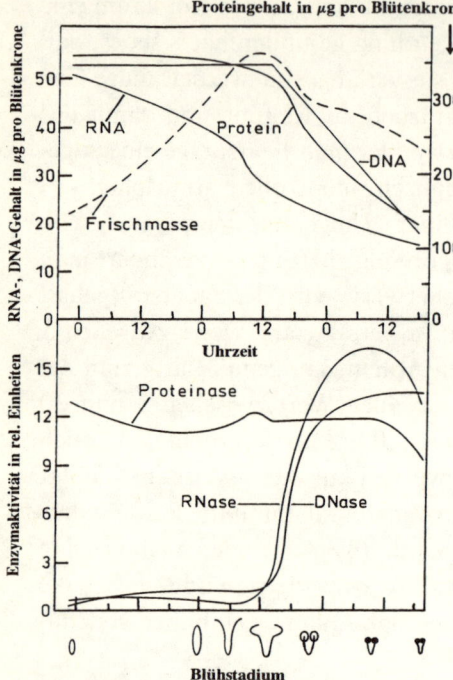

ABBILDUNG 6.9: Veränderungen verschiedener Zellinhaltsstoffe in Blütenblättern der Pracht- oder Prunkwinde *Ipomoea tricolor* beim Verblühen. Vor allem der starke Anstieg der Hydrolasen und der starke Abfall der DNA markieren das Endstadium des Verwelkens (s. auch Abb. 6.8 und 6.10).

den (was den Händler und Transporteur freut). Gleichzeitig können die Früchte im Ernteland länger an der Mutterpflanze verbleiben, dort mehr an Gewicht zunehmen (was den Erzeuger freut) und auch mehr an natürlichem Reifegeschmack gewinnen (was den Verbraucher freut).

Was sollen diese Beispiele, werden Sie als Leser vielleicht fragen. Nun, ich denke, daß hier ein schönes Beispiel dafür gegeben ist, wie Alternsforschung an Blüten, Blättern und Früchten von Pflanzen zu ganz konkreten Vorteilen für uns alle führen. Ob man das schon geahnt hatte, als der erste Botaniker sich mit dieser Problematik beschäftigte? Ich glaube kaum! Wahrscheinlich hat man über seine Forschungen genauso verständnislos den Kopf geschüttelt wie über viele heutzutage laufende wissenschaftliche Untersuchungen, wo viele nicht einsehen, aus welchem »vernünftigen« Grunde sie durchgeführt werden, weil kein unmittelbarer materieller Nutzeffekt für den Menschen erkennbar ist.

Senescenz bei Blüten – warum die Blütenfarbe wechselt

Auch das Verblühen von Blumen und Blüten ist Altern. Es läuft im Prinzip nach den gleichen Kriterien wie die Senescenz bei Laubblättern ab. Blütenblätter sind nichts anderes als besonders auffällig gestaltete, umgebaute normale Laubblätter. Vor allem das Verblühen kann sich extrem rasch (innerhalb weniger Stunden) vollziehen (Abb. 6.8, S. 155).

Das Verblühen ist bei vielen Pflanzen ein besonders auffälliger Vorgang. In den Abbildungen ist er am Beispiel der Pracht- oder Prunkwinde (*Ipomoea tricolor*) näher erläutert. Rein äußerlich ist es ein Verwelkungsprozeß, wie er für Laubblätter üblich ist. Es gelten im wesentlichen dieselben Senescenzfaktoren, die man dort gefunden hat. So beschleunigt z. B. Ethylen das Blühen und Verblühen ganz erheblich. Schaut man sich die molekularen Veränderungen in den Blütenzellen an (Abb. 6.9, S. 156), stellt man innerhalb kürzester Zeit erhebliche Veränderungen in den Blütenblattzellen fest. Der Gehalt der Zelle an Protein, DNA und RNA sinkt gewaltig ab. Dagegen nimmt die Aktivität abbauender Enzyme dramatisch zu (vor allem von RNasen und DNasen). Das alles führt – nach einem schnellen Aufblühen – zu einem raschen Auflösen und zu einer Aufnahme aller verwertbaren Zellinhaltsstoffe (Autolyse und Autophagie), was letztlich zum Zelltod führt (Abb. 6.10). Die Blüte verwelkt.

Der Abbau der hochmolekularen DNA und RNA in kleinere (Säure)-Bausteine führt auch zu einer Veränderung der Säureverhältnisse in der

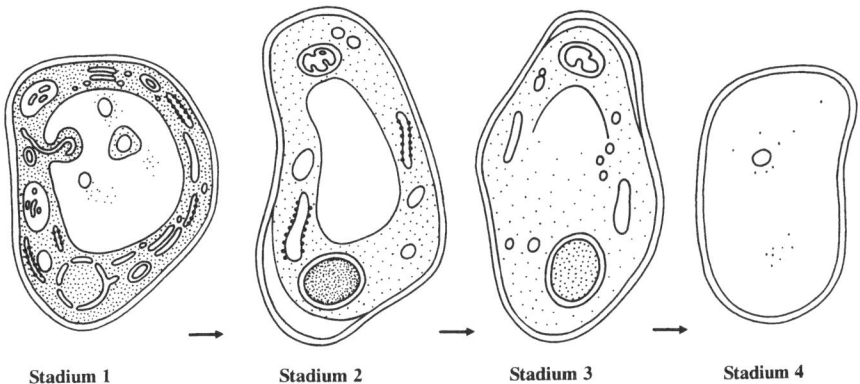

Stadium 1   Stadium 2   Stadium 3   Stadium 4

ABBILDUNG 6.10: Alterung und Selbstauflösung (Autolyse) von Blütenzellen aus dem Mesophyll der Pracht- oder Prunkwinde *Ipomoea tricolor*. Dargestellt sind verschiedene Stadien – von der einsetzenden Autophagie (Aufnahme der Zellinhaltsstoffe) über die Autolyse bis hin zum Zelltod. Die Autolyse kommt dadurch zustande, daß der Tonoplast (die Membran, die die Zellvakuole umgibt) zerreißt und sich die abbauenden Enzyme (Hydrolasen) des Zellsaftes mit dem Zell(Cyto)plasma mischen. Erst nach dem Zusammenbruch des lytischen Kompartiments (3), das dadurch entsteht, beobachtet man einen Abbau (Degradation) des Zellkerns (s. auch Abb. 6.8 und 6.9 S. 155 und 156).

verblühenden Blütenzelle. Die Zelle wird saurer, das heißt, daß der pH-Wert sinkt. Enthalten nun Blütenzellen pH-empfindliche Farbstoffe, so können sich diese mit der Veränderung im Säuregrad der Zelle umfärben. So färben z.B. einige blaue Blüten nach der Befruchtung ins Violette um – eine Folge der oben geschilderten Abbauvorgänge.

Die Senescenz der ganzen, höheren Pflanze

Die Senescenz der ganzen Pflanze als kompletter Organismus ist weniger gut untersucht als die der einzelnen Zelle und der von Blättern und von Blüten. So ist das frisch getriebene Blatt eines mehrere hundert Jahre alten Baumes zumindest bisher nicht von dem eines nur wenige Monate alten Baumes zu unterscheiden. Beide Blätter entwickeln sich aus Meristemen. Dies sind – wie bereits beschrieben – sich schnell teilende, undifferenzierte und omnipotente Zellen bzw. Gewebe, die zumindest theoretisch nicht altern und somit auch nicht unterschiedlich alte Blätter produzieren. Nicht altern heißt beim Meristem aber natürlich nicht, daß es nicht eines natürlichen Todes sterben kann. Mit der degenerierenden, alternden Pflanze stirbt auch ein nicht gealtertes Meristem selbstverständlich ab, sofern es nicht künstlich verpflanzt oder in eine Zellkultur übernommen wird. Außerdem sind die Meristeme an der intakten Pflanze immer verschiedenen inneren und äußeren Einflüssen ausgesetzt, die bei ihnen zu guter Letzt eine Senescenz bewirken, die aber anderer Natur ist. Dennoch, bei vegetativer Vermehrung durch Stecklinge, die »jugendliche« Meristeme enthalten, läßt sich auch eine sehr alte Pflanze theoretisch unbegrenzt am Leben erhalten und beliebig vermehren und verjüngen (Stecklingsvermehrung, Stecklingsverjüngung).

Die wirksamsten senescenzauslösenden Zentren sind – wie schon oben erwähnt – die Fortpflanzungsorgane. Diese wirken dabei nicht durch eine Konkurrenz um die Assimilations-, Nahrungs- oder Mineralstoffe, sondern primär durch endogen produzierte Senescenzfaktoren. Dies zeigt sich u.a. darin, daß männliche Blüten, die als Nährstoff- und Assimilationsverbraucher praktisch unerheblich sind, Senescenz auslösen. Früchte haben den stärksten Senescenzeffekt, nachdem ihre Reifung abgeschlossen ist und sie nicht mehr wachsen, sie also auch keine Nahrung mehr brauchen. Dadurch wird verständlich, warum es sinnvoll ist, abgewelkte Blüten, Samen- und Fruchtstände, aber auch die Früchte selbst von Pflanzen abzupflücken, um diese »jung« zu halten. Und es wird daraus verständlich, weshalb Pflanzen, die man am Blühen und Fruchten hindert, z.T. sehr viel länger leben als Pflanzen, die eben dies durchführen können. Dafür gibt es sehr viele Beispiele.

Monokarpe, das sind nur einmal blühende und fruchtende Pflanzen, sterben kurz nach dem Fruchten ab. Sie leben länger, wenn die Blütenbildung und Fruchtbildung unterbunden wird. Die Lebensverlängerung kann bis zum Zehnfachen erhöht sein. Die bereits erwähnte Agave (Abb. 17.1, S. 467) wächst zunächst acht bis zehn Jahre kräftig heran und bildet dann einen riesigen Blütenstand aus. Nach der Befruchtung und Samenbildung (im gleichen Jahr) stirbt sie unwiderruflich ab. Entfernt man die Blütenknospe (das muß unter Umständen mehrfach geschehen, weil die Agave immer neue Blütenknospen nachtreibt) und verhindert dadurch eine Vermehrung durch Fruchtbildung, können die gleichen Agavenarten bis zu hundert Jahre alt werden. Einheimische, normalerweise zweijährige Rüben überleben auch das dritte und vierte Jahr, wenn sie an der Blütenbildung gehindert werden. Ansonsten blühen und sterben sie im zweiten Lebensjahr.

So können ein- oder zweijährige Pflanzen zu mehrjährigen Pflanzen »umgewandelt« werden. Auch einheimische Gräser leben vegetativ, d.h. ohne Fortpflanzung durch Samen, viel länger. Wie die rein vegetativ wachsenden Grasklonen der amerikanischen Steppe vermehren sie sich beinahe ausschließlich durch Ausläufer. Wegen des dauernden Abgrasens durch die Pflanzenfresser der Prärie sind sie oft beständig am Blühen und Fruchten gehindert und werden deshalb recht alt. Auch bei vielen Tierarten hat man festgestellt, daß oft kurz nach der Fortpflanzung der Tod eintritt und daß eine Verhinderung der geschlechtlichen Fortpflanzung die Lebensdauer beträchtlich verlängert. Bei einigen Tieren hat man allerdings auch Todesstoffe gefunden, die als eine Art Senescenzfaktor das Leben sogar aktiv auslöschten (vgl. das Killerhormon, das nach der Fortpflanzung in einer speziellen Drüse bei der *Octopus*-Krake gebildet wird; s. Kap. 7, S. 184 ff.).

Blüten und Früchte üben ihren die Senescenz fördernden Einfluß nicht auf einzelne Organe, wie Blätter oder Meristeme, allein aus. Die gesamte monokarpische Pflanze wird als organismische Einheit in den Prozeß der Senescenz einbezogen. Und so präsentiert sich das Altern und der darauf folgende Tod der Pflanze als eine Systemeigenschaft, als ein autonomes, endogen gesteuertes Phänomen. Die auch früher – wie heute noch bei den Tieren – vorherrschende Auffassung, der Tod sei eine bedauerliche Folge einer passiv nachlassenden Lebenspotenz und einer daraus folgenden generellen Unfähigkeit des Systems, wichtige, lebenserhaltende Funktionen aufrecht zu erhalten, oder die Folge einer existentiellen, zum Tode führenden Erschöpfung durch Frucht- und Samenbildung ist unzutreffend. Sie wird dem tatsächlichen Sachverhalt nicht gerecht. Man kann diesen Aspekt nicht häufig genug wiederholen, weil er tief in unserer Vorstellung verwurzelt ist. Wie bereits dargestellt, folgen die Senescenz und der Tod der Pflanze einem inneren Programm, indem über die Früchte ein dazu kohärentes Signal (die Senescenzfaktoren) zur Auslösung dessen Ablaufs über die gesamte Pflanze verbreitet wird. Dadurch werden Blätter, Vegetationspunkte, Wurzeln und anderes Gewebe auf »Tod« umprogrammiert. Bei den tierischen Organismen ist es nicht viel anders.

Bei vielen dieser monokarpen Pflanzenarten treten Altern und Tod im Laufe eines Jahreszyklus bei allen Individuen derselben Art in gleicher Form und oft genau zur selben Zeit auf. Dies ist eine Folge der strengen Periodizität des Pflanzenlebens. Diese Feststellung ist allerdings nicht dazu geeignet, um – wie es vielfach von Gerontologen aus dem Medizinbereich gemacht wird – als grundlegender Unterschied zum Altern im Tierreich herangezogen zu werden. Gerade auch im Tierreich (wozu ich den Menschen mit all seinen unbestrittenen Unterschieden zähle) haben wir exzellente Beispiele, wie ganze Tierpopulationen in einem strengen Jahreszyklus gemeinsam schlüpfen, gemeinsam heranwachsen, sich gemeinsam fortpflanzen und dann oft innerhalb weniger Stunden gemeinsam absterben (vgl. z.B. Lachse, Lemminge u.v.a.m.). Wer einmal das Massenbalzfliegen, das Masseneiablegen und das Massensterben von gewissen Fliegenarten oder anderen Insekten gesehen hat, kann dies problemlos nachvollziehen. Selbst eine Art Fruchtbildung mit anschließendem Tod des Mutterorganismus gibt es im Tierreich. Die Palolowürmer, meeresbodenbewohnende Gliederwürmer, schnüren von ihrem Körper geschlechtliche Teilstücke ab, die Eier und Spermien enthalten, und die alle gemeinsam an die Wasseroberfläche schwimmen, sich dort paaren und dann massenhaft zugrunde gehen. Die Regelung dieses Verhaltens erfolgt über Licht- und Mondphasen. Die abgeschnürten Wurmleiber werden in der Südsee eimerweise gefischt und gekocht gegessen.

Bäume – die wahren Methusalems der Erde

Polykarpe (wiederholt blühende und fruchtende) Pflanzen erreichen ein teilweise extrem hohes Alter, das bei etwa 5 600 bis 4 900 Jahren liegt (Abb. 6.11). Der älteste bekannte Baum dürfte eine Borsten- oder Grannenkiefer (*Pinus aristata*) in Kalifornien sein (Abb. 6.3, S. 145). Aber auch Mammutbäumen schreibt man ein mehrtausendjähriges Alter zu. Tausendjährige Eichen sind angeblich nicht selten.

Im Januar 1995 soll nach Zeitungsberichten im australischen Tasmanien ein noch älterer Baum gefunden worden sein. Sein Alter wird auf mindestens 10 000, vielleicht sogar 30 000 Jahre geschätzt. Er wäre damit der älteste bekannte Organismus der Erde. Auch hier handelt es sich um eine Pinie (also ein Nadelholzgewächs, dessen Art im Bericht aber nicht näher spezifiziert wurde), deren Wurzelwerk sich auf eine Fläche von über einem Hektar erstreckt, so daß die Forstleute zunächst vermuteten, es handele sich um viele, verschiedene Bäume. Ein genetischer Test ergab allerdings, daß es sich um einen einzi-

ABBILDUNG 6.11: Die maximale Lebenserwartung verschiedener Pflanzenarten. Weitere Daten siehe im Tabellenanhang, S. 470 ff.

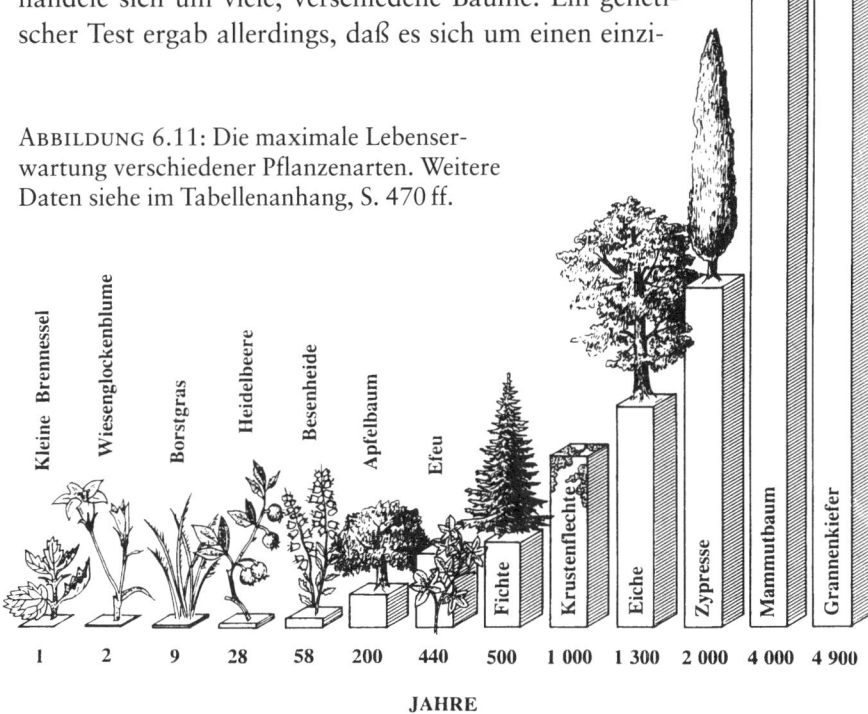

Kleine Brennessel	Wiesenglockenblume	Borstgras	Heidelbeere	Besenheide	Apfelbaum	Efeu	Fichte	Krustenflechte	Eiche	Zypresse	Mammutbaum	Grannenkiefer
1	2	9	28	58	200	440	500	1 000	1 300	2 000	4 000	4 900

JAHRE

gen Organismus handeln muß. Pollen dieser Pinie, die in einem nahegelegenen Flußbett gefunden wurden, sind laut Labortests mindestens 10 500 Jahre alt.

Senescenzerscheinungen zeigen aber auch diese sehr altwerdenden Baumarten. Es findet z.B. ein Wachstumsrückgang statt und ein Verlust der Apikaldominanz, d.h., die Baumspitze hat Schwierigkeiten, sich als Wachstumsspitze gegenüber den Seitenästen durchzusetzen, Schwierigkeiten in der Wasser- und Nährstoffversorgung bei zunehmender Wuchshöhe und Masse der Baumkrone usw. Vermutlich hemmt bei Bäumen allein ein rein mechanischer Grund Leben und Wachstum. Sie können ganz einfach deshalb nicht in den Himmel wachsen, weil dies aus statischen Gründen immer schwieriger wird. Schon unsere einheimischen Baumarten, die nicht gerade zu den besonders großen gehören, werden sehr schnell Opfer von kräftigen Stürmen. Das ganze Wachstum findet somit seine natürliche Begrenzung darin, daß ab einem bestimmten Zeitpunkt die Baumkrone einfach zu schwer und zu blattreich wird, und die Pflanze dann auch Schwierigkeiten bekommt, die Krone mit dem nötigen Wasser und den notwendigen Nährstoffen und Mineralien zu versorgen. Bei den Bäumen haben übrigens auch tote Zellen eine wichtige Funktion (Rinde, Stammholz). Durch das alljährlich neue Produzieren von neuen Siebröhren auf der äußersten Stammschicht, die im nächsten Jahr verholzen, entstehen die bekannten Altersringe der Bäume, an denen man die Lebensspanne ablesen kann (s. Kap. 10, »Altersmerkmale« auf S. 302 ff.).

Kann man eigentlich das Alter eines Baumes auch an anderen Merkmalen vernünftig abschätzen? Für den Forstmann ist dies sicher eine wichtige Frage, und auch den Laien dürfte sie interessieren. Nun, man kann. Jeder Baum kann nur eine bestimmte maximale Höhe und Breite erreichen, dann hört normalerweise der Zuwachs, d.h. das Wachstum mehr oder weniger auf und der Baum wird alt, vergreist, stirbt partiell ab und geht schließlich ein. Im juvenilen Zustand ist der Stammzuwachs der meisten Bäume unter normalen Bedingungen recht regelmäßig. Aus diesem Grunde kann man aus dem Umfang eines Baumstammes das ungefähre Lebensalter errechnen. Dies geschieht folgendermaßen:

Grundsätzlich wird in einer Höhe von 150 cm (also etwa in Brusthöhe) von der Stammbasis aus der Stammumfang gemessen. Der jährliche Zuwachs an Stammumfang von Bäumen mit voll entwickelter Stammkrone und optimalen Wachstumsbedingungen beträgt im Mittel etwa 2,5 cm pro Jahr, wobei es zwischen verschiedenen Arten – wie wir noch sehen werden – deutliche Unterschiede gibt. So dürfte ein einzeln stehender Baum mit etwa 250 cm Umfang ein Lebensalter von rund 100 Jahren aufweisen. Steht der Baum in einem Wald, wo er durch die Konkurrenz mit anderen Individuen für das Wachstum nicht ganz so optimal steht, kann man sein Alter auf etwa 200 Jahre schätzen. Bei einem Straßenbaum liegt der Wert bei etwa 150 Jahren. Wir sehen also, daß das ökologische Umfeld genau berücksichtigt werden muß. Diese groben Anhaltswerte, die auf der oben genannten Faustregel beruhen, kann man natürlich wesentlich verbessern, indem man die Methodik verfeinert. So wird es für die meisten Waldstandorte sehr detaillierte Angaben zu den Zuwachsraten geben. Bei jungen Bäumen ist so unter anderem die jährliche Zuwachsrate größer als 2,5 cm. Es folgt dann ein Phase, in der sie ziemlich genau diesem Wert entspricht und dann schließlich eine Zeit, in der sie geringer ist.

Weiter verbessern läßt sich die Berechnung, wenn man auf die Unterschiede bei den einzelnen Baumgattungen näher eingeht. Eichen können unter guten Wachstumsbedingungen in ihrer Jugend, die immerhin 60-80 Jahre dauert, jährlich etwa 3,5 bis 5 cm zulegen. Dann halten sie den Standardzuwachs von 2,5 cm etwa so lange, bis ihr Stamm einen Umfang von etwa 6,0 bis 6,6 m erreicht hat. Es folgt eine Phase kontinuierlichen Wachstumsrückganges. Beträgt der Stammzuwachs innerhalb von 5 bis 6 Jahren nur noch 2,5 cm, ist der Baum vergreist und geht einem »schnellen« Ende zu, das bei Bäumen immer noch Jahrzehnte dauern kann.

Einige Baumarten haben noch größere Zuwachsraten zu verzeichnen. Dazu gehören mit rund 5 bis 8 cm pro Jahr folgende Arten: einige Pappeln (*Populus*), Flügelnuß (*Pterocarya*), Rot-Eiche (*Quercus rubra*), Ungarische Eiche (*Quercus frainetto*), Zerr-Eiche (*Quercus cerris*), Kastanieneiche (*Quercus castaneifolia*; z.B. 300 cm Umfang in 60 Jahren), Tulpenbaum (*Liriodendron*), Platane (*Platanus*), Eucalyptus *(Eucalyptus)*, Mammutbaum *(Sequoiadendron)*, Küsten-Sequoie *(Sequoia*; »Howard Libbey« in USA mit rund 115 m wohl der höchste Baum der Welt; Stammzuwachsraten sogar bis zu 15 cm pro Jahr in der Jugendphase; Höhenzuwachs bis 40 cm pro Jahr), Colorado-Tanne (*Abies concolor var. lowiana*), Riesentanne (*Abies grandis*), Libanon-Zeder (*Cedrus libani*), Monterey-Zypresse (*Cupressus macrocarpa*; bis zu 30 m in 40 Jahren Höhenwachstum), Sitka-Fichte (*Picea sitchensis*), Douglasien (*Pseudotsuga*), Riesen-Thuja (*Thuja plicata*), Westliche Hemlocktanne (*Tsuga heterophylla*), Weiß-Weide (*Salix alba* »Coerulea«). Solche schnell wachsenden Bäume haben als schnelle Waldbildner und Holzlieferanten oft große wirtschaftliche und ökologische Bedeutung. Diese Beispiele zeigen auch, daß manche riesigen Lebensbäume, die man häufig in botanischen und Parkgärten oder Arboreta als ganz besondere Attraktionen angepriesen bekommt, gar nicht so besonders alt sein müssen. Eine kleine, bescheidene Eibe kann wesentlich älter sein.

Geringere Zuwachswerte als 2,5 cm pro Jahr zeigen in der Regel folgende Arten: die meisten niedrig bleibenden Baumarten, Gemeine Kiefer (*Pinus sylvestris*), Gemeine Fichte (*Picea abies*), Eibe (*Taxus baccata*), Roßkastanie (*Aesculus hippocastanum*) und Holländische Linde (*Tilia europaea*). Die Eibe fällt dabei völlig aus dem Rahmen. Bei manchen Bäumen dieser Gattung liegt zunächst der jährliche Stammzuwachs beim Standardwert von 2,5 cm pro Jahr. Schnell sinkt er dann für die nächsten 400 bis 500 Jahre auf einen Wert ab, der nur alle 5 bis 15 Jahre 2,5 cm Zuwachs erreicht. So ist es nicht ganz einfach, für eine Eibe ein genaues Alter anzugeben, sofern man nicht zusätzlich auf ältere Angaben zurückgreifen kann. Als Faustregel gelten aber in etwa folgende Anhaltswerte: 2 m Umfang 100 bis 150 Jahre; 4 m Umfang 300 bis 400 Jahre, 5 m Umfang 500 bis 600 Jahre; 7 m Umfang etwa 800 bis 1 000 Jahre.

War die erste Leiche eine Pflanze?

Einzelne Planzenzellen, die man an der Teilung hindert, sollen angeblich maximal rund 100 Jahre lang leben. Über die Lebenserwartung einzelliger Pflanzen gilt das gleiche, was schon über die Einzeller im generellen gesagt worden ist (s. Kap. 3, S. 38 und 5, S. 129). Ihre Lebensspanne definiert man am besten bis zur nächsten Teilung. Unsterblichkeit im engen biologischen Sinne kommt also nicht vor.

Die sich über Sporen fortpflanzenden Pilze (Pflanzen ohne Chlorophyll) haben eine sehr unbestimmte Lebensdauer. Das, was man oberirdisch sieht, ist nur der Fruchtkörper. Jedermann ist bekannt, daß er nur eine sehr geringe Überlebensdauer aufweist. Das im Boden lebende Mycel, der eigentliche Pilz (ein Zellfadengeflecht), ist in seiner Lebensdauer kaum bestimmbar. Sicher ist sie aber begrenzt. Trotzdem geht man bei einigen Arten von einer Lebensspanne bis zu mehreren hundert Jahren aus. Ohne genauere Angaben zur Art fand ich einen einzigen Literaturhinweis, daß Wurzelmycele angeblich sogar zwischen 2 000 und 5 000 Jahre alt werden können. Pilzmycel auf Mist überlebt hingegen nur wenige Tage. Sporen von Pilzen (und anderen Taxa) können dagegen sicher viele Jahrzehnte oder gar Jahrhunderte problemlos überdauern.

Einfachere Schleimpilze, wie z.B. *Podospora anserina*, die aus vielen »autonomen« Einzelzellen aufgebaut ist, leben nur wenige Wochen (*Podospora* 44 Tage). Dann stellen die Zellen die Teilungen ein, das Wachstum des Pilzes hört auf, und der Stamm verödet. Typische Alternserscheinungen also, die man beobachten kann. Man konnte feststellen (auch bei anderen Arten), daß das Altern hier vor allem in einer Degeneration der Zellkerne seinen Anfang nimmt, die in einer Teilungsunfähigkeit mündet, so daß sie einen erhöhten DNA-Gehalt (bis zu 30mal mehr als üblich) aufweisen. Von den Schleimpilzen *Physarum* und *Dictyostelium* wird gesagt, daß ihre Wildformen angeblich überhaupt nicht altern. Auch sie sterben aber natürlich aufgrund von Außenbedingungen, Feinden usw. ab, so daß sich die Natur – die flotte Annahme sei erlaubt – ein Altersprogramm mit folgendem Tod ersparen konnte, da der gleichartige, gewünschte Effekt auch natürlicherweise eintritt. Es gibt jedoch auch alternde Laborstämme – vielleicht ist hier doch noch nicht das letzte Wort gesprochen. Die erste, echte Leiche, verbunden mit begrenzter Lebensdauer im Pflanzenreich, tritt dann auf, wenn Zellen ihre Omnipotenz verlieren und sich ausdifferenzieren. Dies steht in Übereinstimmung mit den Fakten, die

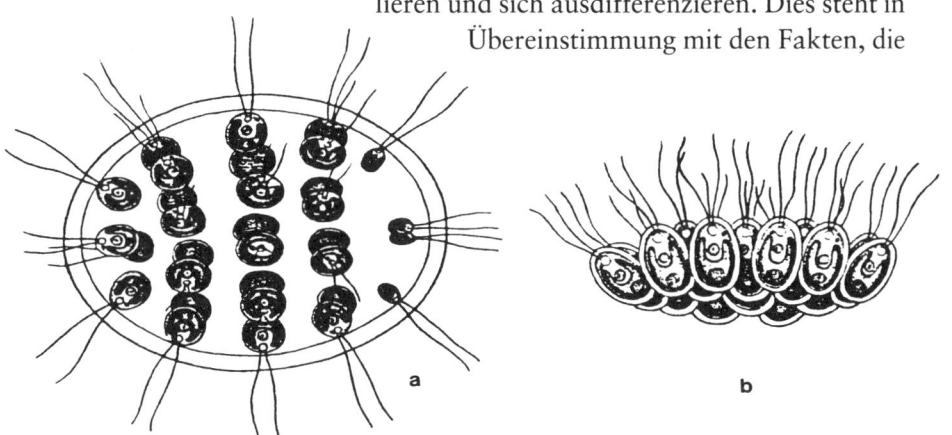

ABBILDUNG 6.12: Zellkolonien (Grünalgen) mit undifferenzierten Einzelzellen, die totipotent (omnipotent) sind. D.h., jede einzelne Zelle kann eine neue Kolonie bilden. a: *Pleodorina* (nat. Größe ca. 0,1 mm); b: *Gonium* (nat. Größe ca. 0,1 mm).

wir schon im Kap. 3 auf S. 38 ff. kennengelernt haben. Dieser entwicklungsgeschichtlich wichtige Vorgang, der bei der Bildung der Mehrzelligkeit auftritt, läßt sich sehr schön auf der Ebene der Algen darstellen.

Dort gibt es Zellkolonien von Grünalgen, z.B. *Pleodorina* und *Gonium* (aber auch *Pandorina, Eudorina*), mit gleichartigen, untereinander gleichwertigen, undifferenzierten, omnipotenten Zellen (die der einzelligen Grünalge *Chlamydomonas* ähneln), die theoretisch, oberflächlich betrachtet, unsterblich sind (Abb. 6.12, S. 165). Natürlich leben aber auch sie nie ewig, da äußere Bedingungen, wie bei allen organismischen Individuen, über kurz oder lang auch zu ihrem Tod führen. Sie können sich u.a. durch Querteilung vermehren, wie eine Einzelzelle, und jede aus der Kolonie herausgelöste Einzelzelle kann wiederum eine neue Kolonie bilden. Sie repräsentiert somit eine typische Omnipotenz.

Bei der Kugelalge *Volvox* (Abb. 6.13, S. 167) sind im Gegensatz zu *Gonium* und *Pleodorina* die Einzelzellen schon leicht diffenziert und haben verschiedene Aufgaben innerhalb der Kolonie (Ernährung, Fortpflanzung, Fortbewegung usw.) zu erfüllen. An der Kolonie selbst kann man physiologisch deutlich einen Vorder- und Hinterpol (oder auch Ober- und Unterseite) festlegen. Die Zellen sind untereinander durch Verbindungskanäle verbunden. Eine Einzelzelle kann keine neue Kolonie gründen. Die ungeschlechtliche Vermehrung erfolgt auf folgende Art und Weise: Hat die Kolonie eine bestimmte Größe erreicht, wandern Fortpflanzungszellen in ihren basalen Teil (»Bauch«). Sie beginnen sich dort zu teilen und kleine, neue Volvoxkügelchen zu bilden. Haben diese Tochterkolonien eine bestimmte Größe erreicht, wird der Platz in der Kugel zu klein. Die Mutterkolonie platzt dann auf und entläßt die entstandenen »Töchter« ins Freie. Die übriggebliebene Mutterkolonie stirbt nach dem Aufplatzen ab. Hier tritt mit der Entwicklung zum Mehrzeller und der Differenzierung der Einzelzelle in der Kolonie also eine klar begrenzte Lebensdauer, Tod und echte Leichenbildung erstmalig im Pflanzenreich auf. Und dieses Absterben ist wiederum eng mit der erfolgreichen Fortpflanzung verknüpft, wie wir es schon bei den höheren Pflanzenarten gesehen haben und wie wir es bei den tierischen Organismen noch sehen werden.

Ist es der Mutterkolonie gelungen, erfolgreich neue Tochterkolonien in die Welt zu entlassen (im wahrsten Sinne des Wortes), ist sie selbst in ihrer bisherigen Funktion überflüssig geworden. Sie wäre bei einem Weiterleben nur ein unnötiger Konkurrent ihrer eigenen Töchter, und das wäre sicherlich nicht gerade rational.

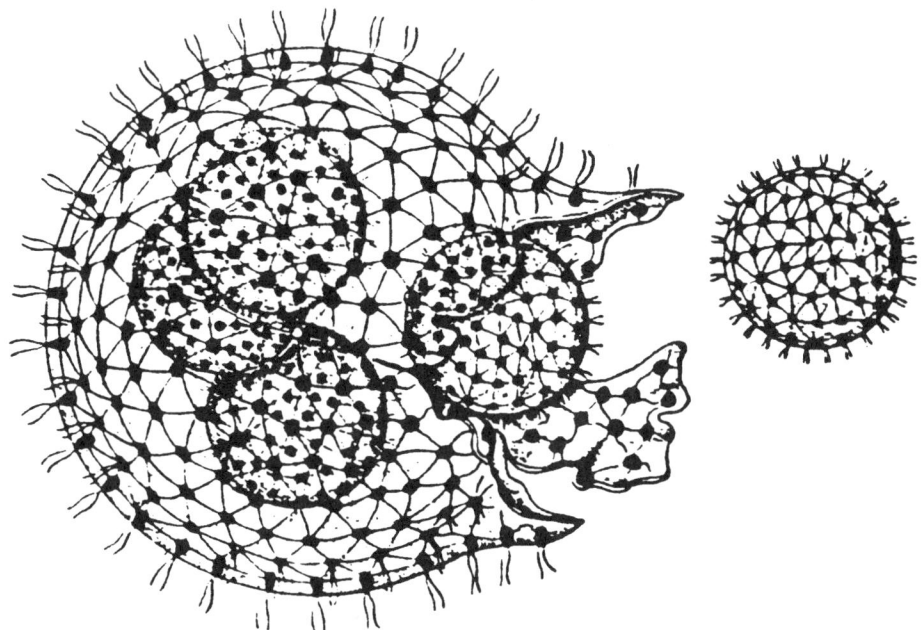

ABBILDUNG 6.13: Kugelalge *Volvox* (Grünalge) mit 5 Tochterkolonien (nat. Größe ca. 0,8 mm). Im Gegensatz zu *Gonium* und *Pleodorina* sind die Einzelzellen bei *Volvox* diffenziert und haben verschiedene Aufgaben innerhalb der Kolonie. Eine Einzelzelle kann keine neue Kolonie gründen. In die Hohlkugel werden Tochterkolonien abgeschnürt. Wird der Platz in der Kugel zu klein, platzt die Mutterkolonie auf und entläßt die Töchter ins Freie. Die Mutterkolonie stirbt nach dem Aufplatzen ab. Hier tritt mit der Entwicklung zum Mehrzeller und der Differenzierung der Einzelzelle also begrenzte Lebensdauer, Tod und echte Leichenbildung erstmalig (?) auf.

Knospen und Samen – jungerhaltende Ruhezustände bei Pflanzen

Zwei Hauptformen ruhender Pflanzen können wir unterscheiden: Knospen und Samen. Beides sind Fortpflanzungseinheiten. In beiden Fällen läuft das chronologische Altern weiter, das biologische oder physiologische Altern ist aber extrem verlangsamt.

Knospen sind gestauchte, endständige Sproßabschnitte, die von Knospenschuppen umhüllt sind. Sie enthalten zahlreiche Blatt- und/oder Blütenanlagen. Sie zeigen während der Knospenruhe kaum meßbare physiologische Leistungen (kein Wachstum, keine Entwicklung, verminderter Stoffwechsel). Die Knospenbildung hat die Funktion, einem Meristem samt den Blatt- und Blütenanlagen das Überleben bei ungünstigen Umweltbedingungen zu ermöglichen. D.h. allerdings auch, daß die Pflanze in der Knospe in einem Juvenilstadium verharrt, in dem das Altern weitgehend ausgeklammert wird. Auch Wurzelspitzen können in einen vergleichbaren Ruhezustand übergehen. Der Eintritt in die Knospenruhe ist ein aktiver Prozeß. Die Knospenbildung wird wahrscheinlich durch Signale, die von den Blättern kommen, ausgelöst, da sie ja erfolgen muß, bevor die ungünstigen Witterungsbedingungen wie Frost, Trockenheit und Kurztag eintreten.

Den über die Gene gesteuerten Ablauf der Knospenbildung stellt man sich danach folgendermaßen vor: Die kürzer werdenden Tage werden von den Blättern »bemerkt« (perzipiert). Diese produzieren ein Ruhehormon (»dormancy hormone«), das als Signal an die Meristeme an Vegetationspunkten weitergeleitet wird. Dort erfolgt die Synthese von Abscisinsäure ABA, und ihre höher werdende Konzentration löst im Vegetationspunkt die Knospenbildung dann aus. Mit ABA kann man bei vielen Laubhölzern auch im Langtag Knospenbildung auslösen, was die Rolle der Abscisinsäure bestätigt. An der Auflösung der Knospenruhe sind vermutlich u.a. Gibberelline beteiligt. Ist eine Kältebehandlung (»Winter«, Vernalisation) erfolgt, und werden die Tage länger, werden diese Pflanzenhormone gebildet und führen dazu, daß die Knospenruhe aufgehoben wird.

Samen oder Sporen (bei niederen Pflanzen) sind Fortpflanzungseinheiten der Pflanze, die in der Regel einen pflanzlichen Embryo (Sporophyten) nebst Nährgewebe enthalten. Im Zustand der Samenruhe verharrt die Pflanze in ihrem embryonalen Zustand oft über lange Zeit hinweg ohne wesentlich erkennbare Alterserscheinungen. Auch hier sind kaum mehr meßbare physiologische Leistungen feststellbar (kein Wachstum, keine Entwicklung, verminderter Stoffwechsel). Manche Samen können daher mehrere hundert Jahre alt werden. Samen einiger Leguminosen sollen sogar ihre Keimfähigkeit über tausend Jahre lang beibehalten können, was aber sicher nicht den normalen Lebenszyklus darstellt. Bei einigen Wüstenpflanzenarten ist der normale Lebenszyklus sogar so aufgebaut, daß Keimung, Wachstum, Blüte und Samenreifung nur einen sehr geringen Teil der Lebenszeit ausmachen (teilweise nur wenige Tage), während die Samenruhe den weitaus größten chronologischen Lebensanteil repräsentiert (manchmal mehrere Jahre!).

An der Samenbildung sind wiederum viele Pflanzenhormone beteiligt, auf die hier nicht näher eingegangen werden soll. Bei den Knospen haben wir jedoch schon gesehen, daß mit ABA die Pflanze einen Embryo in einen Ruhezustand versetzen kann. Die gleiche Wirkung hat Abscisinsäure nun auch bei Samen. Die Keimung von Samen kann nämlich durch Zugabe von ABA blockiert werden. Das heißt, daß ABA den Embryo im Ruhezustand blockiert. Ist die Keimung allerdings über einen bestimmten Grad hinaus schon fortgeschritten, hat ABA keinen hemmenden Effekt mehr. ABA scheint im Gegensatz zur Knospenbildung nicht direkt an der Bildung der Samen beteiligt zu sein. Auch diese Effekte können in der Pflanzenzüchtung und in Gärtnereien für vielfältige Zwecke »technisch« ausgenutzt werden.

Exogene Faktoren, die das Pflanzenaltern beeinflussen

Wie bei allen tierischen Organismen, wird auch die Senescenz der Pflanze natürlich von vielen äußeren Faktoren gravierend mitbeeinflußt. Diese sogenannten korrelativen Effekte sind äußerst vielfältig. Es können alle abiotischen und biotischen Faktoren sein, die auf die Pflanze im Sinne einer (nicht nur zu starken) Belastung einwirken: Feuchte, Licht, Mineralhaushalt des Bodens, Umgebungstemperatur, Wind, Druck, andere Organismen usw. Insbesondere Streß, d.h. das Zusammentreffen verschiedener, stark belastender Faktoren, führt zu einem beschleunigten Altern. Alle Parameter im Detail darzustellen, verbietet sich hier aus Platzgründen. Ein Aspekt soll auf jeden Fall kurz erwähnt werden: Im Gegensatz zu Tieren hat bei Pflanzen die Gabe von Antioxidantien eindeutig keinen Effekt auf die Senescenz. Im Umkehrschluß läßt sich folgern, daß Sauerstoffradikale bei Pflanzen die Lebensdauer nicht signifikant beeinflussen.

Tabelle 6.1: Verschiedene, wichtige Pflanzenhormone und ihre Beteiligung an verschiedenen Vorgängen, die in der Pflanze etwas mit Altern, Ruhezuständen und Tod zu tun haben. Strukturformeln siehe Abb. 6.2, S. 142. Bei den Wirkungsangaben ist zu beachten, daß die Effekte je nach Pflanzenorgan, Konzentration und Mitwirkung anderer Hormone und Faktoren z.T. sehr unterschiedlich sein kann.

Xylem: Teil des Stofftransportleitgewebes der Pflanze, der tote Holzteil des Gefäßbündels (Tracheen und Tracheiden); transportiert vor allem Wasser und darin gelöste Mineralsalze. Phloem: Ist der lebende »Siebteil« eines Gefäßbündels; die Siebröhren transportieren die in den Blättern gebildeten organischen Stoffe, also vor allem Zucker.

Indolessigsäure IES = Auxin:

Das Auxin wird vor allem in den Endknospen (junge Blätter und sich entwickelnde Samen) gebildet. Der Transport erfolgt von Zelle zu Zelle und auch im Phloem von oben nach unten (Richtung Wurzel).

Stimuliert den Blattfall und die Senescenz des Blattes. Gegenspieler (Antagonist) zu Kinetin. Stimuliert die Ausbildung von (Adventiv-)Wurzeln. Auxinabkömmlinge dienen vielfältig als Herbizide.

Gibberelline:

Die Gibberelline werden ebenfalls in wachsenden Blättern und heranreifenden Samen gebildet; aber auch in keimenden Samen, reifenden Früchten und Wurzeln. Der Transport erfolgt im Xylem und Phloem.

Heben Knospenruhe auf, stimulieren Keimung, induzieren Blütenbildung.

Cytokinine:

Sie werden bevorzugt in Wurzeln (wahrscheinlich Wurzelspitzen) gebildet. Ihr Transport (z.B. in die Blätter) erfolgt im Xylem und Phloem. Wichtige Vertreter: Kinetin, Zeatin, Benzylaminopurin, Benzimidazol.

Verhindern Senescenz abgetrennter Blätter, Blüten, Früchte und Gemüseprodukte; Kinetin ist Antagonist zu ABA.

Abscisinsäure ABA:

Das Hauptvorkommen sind in erster Linie ruhende Knospen und unreife Samen. Aber in allen Pflanzenteilen zu finden. Transport ebenfalls im Xylem und Phloem.

Gilt als das Blattfallhormon. Induziert Ruhezustände (Knospenbildung) und hält Knospenstatus aufrecht; verhindert Keimung von Samen. Im pflanzlichen Gewebe weit verbreiteter »Wachstumsinhibitor«.

Ethylen (Äthylen):

Das gasförmige Ethylen wird vor allem von keimenden Pflanzen und von reifenden Früchten gebildet. Sein Transport erfolgt durch Diffusion im innerpflanzlichen Gasraum.

Stimuliert den Blattfall; insbesondere die Ausbildung der Trennschicht. Bewirkt die Senescenz von Blüten und die Reifung von Früchten. Führt zum Altern anderer Pflanzenteile. Wird künstlich als »Defolians« zur Entblätterung von zu erntenden Früchten (Baumwolle, Erbsen usw.) benutzt.

Kapitel 7

Altern auf verschiedenen Organisationsstufen des Lebens V:
Das Altern von Tieren

Schwämme – werden sie sehr alt dank extremer Regenerationsfähigkeit?

Schwämme (Porifera) sind nach den Protozoen die niedrigst organisierten, tierischen Lebewesen. Sie bestehen aus gleichartigen, nur wenig differenzierten Zellen (Kragengeißelzellen), die vermutlich alle omnipotent sind. Ihre Organisation ist in Abb. 7.1 auf S. 173 dargestellt. Einige hochspezialisierte Zellen bauen Skeletteile. Amöboid bewegliche Urzellen (Archaeocyten), aus denen sich alle anderen Zellen bilden können, haben die geringste Differenzierung und die höchste Omnipotenz. Man kann den Schwamm also als hochorganisierte Zellkolonie verstehen. Das Regenerationsvermögen ist stark entwickelt. Man kann einen Schwamm durch eine feine Gaze pressen, und die voneinander getrennten Zellen werden sich zu einem neuen Schwamm organisieren, auch wenn es sich um Zellen verschiedener Individuen handelt. Gegenüber radioaktiver Strahlung ist der Schwamm rund tausendmal weniger empfindlich als der Mensch.

Über Altern ist bei dieser Organismengruppe bisher sehr wenig bekannt. Es gibt so gut wie keine gerontologischen Untersuchungen über diese Tiergruppe. Sie wachsen ihr ganzes Leben lang, und das bekannte Maximalalter liegt bei mindestens 50 Jahren. Dauerformen (Gemmulae-Knospen) können vielleicht noch länger leben.

In der Mutterkolonie können durch geschlechtliche Fortpflanzung Larven entstehen, die beim »Schlüpfen« (also der erfolgreichen Vermehrung der Art) die Restkolonie zerfetzen und dadurch abtöten. Etwas Ähnliches kennt man bei Kugelalgen (*Volvox*), wie wir bei der Pflanzenalterung schon gesehen haben. Auch hier ist wieder erwähnenswert, daß mit

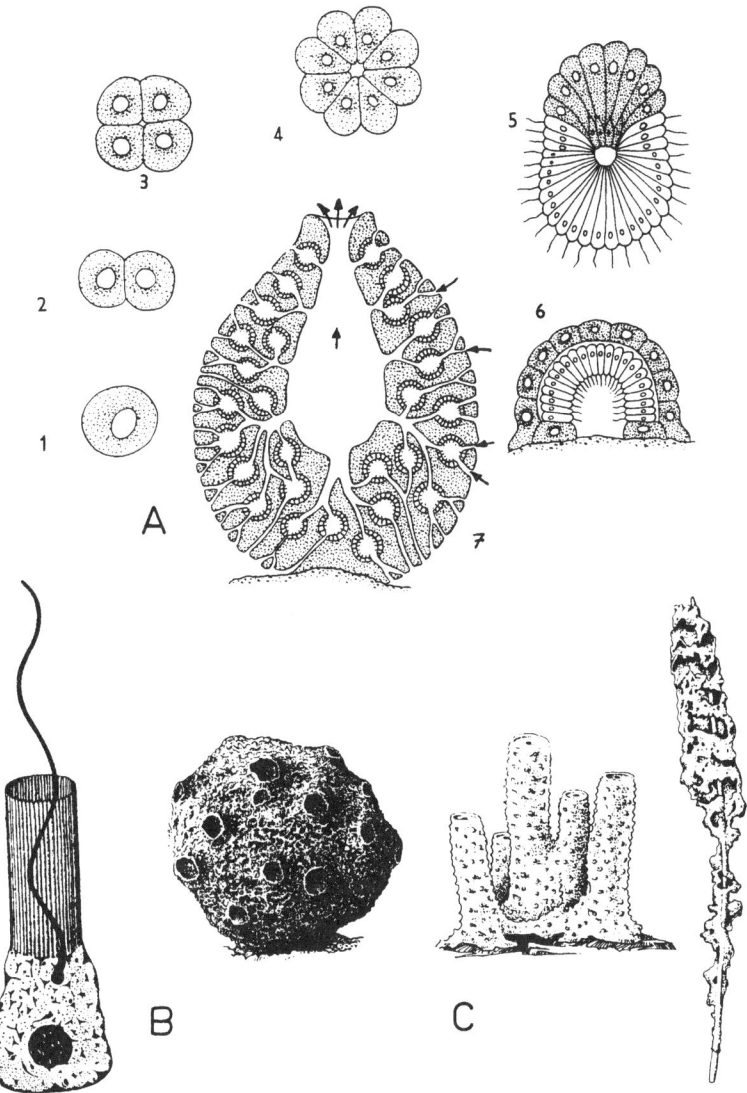

ABBILDUNG 7.1: Schwämme (*Porifera*). A: Entwicklungszyklus des Schwammes *Oscarella* schematisch. (1) Befruchtetes Ei. (2-4) Stadien der Zellteilung des Eies. (5) Längsschnitt durch die frei schwimmende Larve. (6) Die Larve setzt sich auf der Unterlage fest, und die begeißelten Zellen wandern nach innen. (7) Der junge Schwamm. Die Pfeile kennzeichnen den Wasserstrom durch die Einstromöffnungen in die Geißelkammern, den Körperhohlraum und die Ausstromöffnung. B: Einzelne Kragengeißelzelle. C: Verschiedene Formen von Schwämmen. Von links nach rechts: *Euspongia, Verongia, Monoraphis*. Nach verschiedenen Autoren.

der erfolgreichen Fortpflanzung der Restkörper, der rein theoretisch in der Lage wäre, sich vollkommen zu regenerieren, abstirbt. Dieses Absterben erfolgt dabei nicht zwangsläufig als Folge einer Unfähigkeit des Systems zu überleben, also als Folge eines degenerativen Altersvorganges, sondern im Sinne einer »normalen«, im Organismus selbst vorgesehenen Generationsabfolge, z.T. sogar auf der Höhe der physiologischen Leistungsfähigkeit. Auch das wird uns später noch häufiger begegnen. Bei der ungeschlechtlichen Fortpflanzung (Abknospung junger Schwämme) findet dieses Absterben nicht statt.

Schwämme können allerdings auch einen normalen Alterstod sterben. Er scheint die Folge einer Art Altersschwäche zu sein. Dabei wird der Schwamm in seinen Wänden immer dünner, bis er einbricht. Randteile oder Abbrüche der Zellkolonie können noch Wochen oder Monate weiterleben, degenerieren aber beständig weiter und lösen sich in immer kleinere Fetzen auf. Jeder Bruchteil der ehemaligen Kolonie trägt also das einmal eingeleitete Todesprogramm in sich weiter und kann sich nicht davon frei machen, obwohl das Regenerationsvermögen – wie erwähnt – so exzellent ist.

Hohltiere (Coelenterata) – bleiben Polypen ewig jung?

Der Körper der Hohltiere ist aus nur zwei Zellschichten aufgebaut (Abb. 7.2, S. 175): aus der körperbedeckenden Außenhaut (Ektoderm) und aus der den Körper auskleidenden Innenhaut (Entoderm). Beide einzelligen Schichten sind u.U. durch eine gallertige Masse miteinander verbunden (Mesoglöa). Der Körper besitzt nur einen einzigen Hohlraum (Gastralraum, von diesem Hohlraum kommt der Name!) mit einer einzigen Öffnung nach außen, die sowohl als Mund als auch als After fungiert.

Im Vergleich zu den Schwämmen sind die einzelnen Zellen schon viel stärker differenziert. Man findet schon Nervenzellen, Sinneszellen (im Ektoderm), Muskelzellen (im Ento- und Ektoderm) sowie Nähr- und Drüsenzellen (Entoderm). Hochspezialisierte Zellen sind bei einigen Taxa Nesselzellen (Cnidocyten). Sie werden in großer Zahl von Ektodermzellen produziert und enthalten die wohl kompliziertesten Zellorganellen, die man überhaupt kennt. Es können Organellen sein, die einen Klebfa-

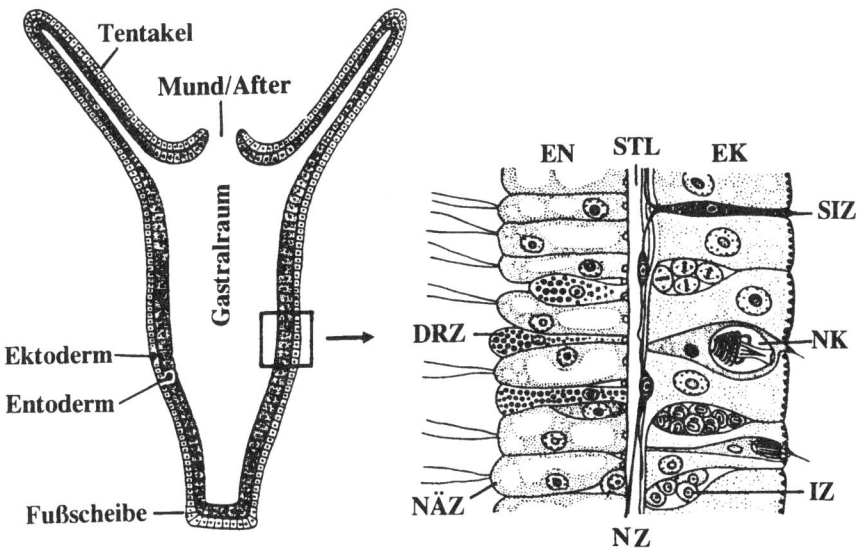

ABBILDUNG 7.2: Coelenteraten-Polyp. Links schematischer Querschnitt durch ein einfach organisiertes, festsitzendes Tier. Man kann die beiden Körperzellschichten Entoderm und Ektoderm unterscheiden, aus denen allein der Organismus aufgebaut ist. Rechts sind die verschiedenen Zelltypen im Detail gezeichnet. DRZ Drüsenzelle, EK Ektoderm, EN Entoderm, IZ Interstitielle Zelle, NÄZ Nährmuskelzelle, NK Nesselkapselzellen, NZ Nervenzelle, SIZ Sinneszelle, STL Stützlamelle. Die Hohltiere kommen auch als Medusen (Quallen) vor; sie muß man sich einfach als auf den Kopf gedrehte, freischwimmende Polypen vorstellen. Der Grundbauplan ist derselbe.

den, einen Wickelfaden oder eine mit Widerhaken versehene Lanze enthalten. Sie dienen der Verteidigung und/oder dem Beutefang. Undifferenzierte, omnipotente Zellen im Körper, die umherwandern können, sind in der Lage, praktisch alle Zelltypen nachzuliefern – aber nur sie. Auch hier wird wieder deutlich, daß Differenzierung nicht umkehrbar ist und einen irreversiblen Alternsvorgang repräsentiert.

Die meisten Formen der Hohltiere können sich sowohl durch Knospung ungeschlechtlich als auch durch Keimzellen geschlechtlich fortpflanzen (Abb. 7.3, S. 176). Oft existieren zwei Generationstypen, die allein oder im Wechsel miteinander vorkommen können. Polypen sind die festsitzende und die Medusen (»Quallen«) die frei schwimmende Generation. Polypen bilden häufig riesige Kolonien, die u.a. die Meeresriffe aufgebaut haben.

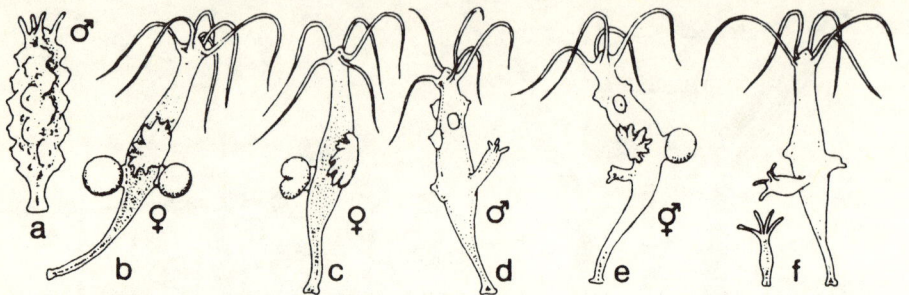

ABBILDUNG 7.3: Verschiedene Fortpflanzungstypen des Süßwasserpolypen der Gattung *Hydra*. (a,b) *H. fusca*; Männchen und Weibchen sind deutlich unterschiedlich. (c,d,e) *H. viridissima*; es kommen sowohl beide Geschlechter als auch Zwitter vor. (f) *H. attenuata*; vegetative, ungeschlechtliche Fortpflanzung durch Knospung mit bereits abgelöstem Jungtier.

Die Vertreter der Süßwasserpolypen (*Hydra* spec.) können sehr unterschiedlich alt werden; maximal bis zu drei Jahre wird vermutet. Ob sie dabei altern, ist umstritten, da sie in der Lage sind, ihren Körper kontinuierlich und vollständig zu regenerieren. Dazu wandern junge Zellen allmählich durch den Körper nach unten und werden als alte Zellen an der Fußscheibe wieder ausgeschieden. Allerdings hat man bei einigen Arten doch eine altersabhängige Verringerung des Energieumsatzes beobachten können, wie er auch für viele höhere Organismen typisch ist. Das Lebensende kündigt sich durch eine Senescenz an: Zellauflösungen (Cytolysen), unregelmäßige und hypertrophe Zellwucherungen, Schrumpfungen, Auffüllen des Darmraumes mit Zelltrümmern usw. Außerdem nimmt die Beweglichkeit (Pulsieren des ganzen Körpers) stark ab. Befinden sich die Individuen in einer untereinander verbundenen Kolonie, können die absterbenden Polypen von Nachbarpolypen komplett resorbiert werden.

Auch Vertreter anderer Polypen wachsen nach oben immer jung weiter und schmelzen den alten Fußteil kontinuierlich ein, so daß manche Autoren von einer Art Unsterblichkeit ausgehen wollen. Untereinander stehen – im Kolonieverband – die Polypen über ihren Hohlraum miteinander in Verbindung. Die Gesamtkolonie als solche ist durch Neussprossungen und ständiges Wachstum tatsächlich theoretisch unsterblich. Die einzelnen Polypen aber, die sogenannten Hydranthen, haben jedoch eine klare, endliche Lebenszeit; jeder Hydranth stirbt einmal und wird von der Kolonie wieder resorbiert. Wie alt also eine Kolonie als solche werden kann, ist unbestimmt.

Bei einzeln lebenden Seeanemonen hat man dagegen ein maximales Lebensalter von etwa 70-80 Jahren beobachten können, ohne erkennbare Alternserscheinungen feststellen zu können, was aber natürlich nicht heißt, daß es solche nicht gibt.

Würmer – »Ihr habt den Weg vom Wurme zum Menschen gemacht, und vieles ist in euch noch Wurm!« (Zarathustra)

In der Gruppe der Würmer gibt es Formen, die sich durch eine genau determinierte Zellkonstanz auszeichnen. Nicht erst im Adultstadium kennen diese Tierchen keine Zellteilungen mehr; bereits im Ei sind alle möglichen Zellteilungen durchgeführt worden, und die schlüpfende Larve kann die vorhandenen Zellen nur noch vergrößern, ihre Zahl aber nicht mehr vermehren oder verloren gegangene Zellen nicht mehr ersetzen.

Es sind die Vertreter der *Nemathelminthes*, bei denen oft bei allen Individuen einer Art die Zahl der Körperzellen identisch ist. Zu diesen Rundwürmern gehören z.B. der Spulwurm und andere Parasiten, das Essigälchen, aber auch die *Rotatoria*, die Rädertierchen. Sie alle zeichnen sich durch einen relativ einfachen Körperbau aus (Abb. 7.4, S. 178).

Die Zellkonstanz, die man auch als Eutelie bezeichnet, mit der daraus folgenden Unfähigkeit, verlorengegangene oder funktionsunfähige Zellen zu ersetzen, hat diese Tiergruppe zu einem beliebten Forschungsobjekt für Alternsforscher werden lassen; sie gelten gar als Modellsysteme für die Erforschung des Alterns auf molekularer Ebene. So hat man beim Essigälchen *Turbatrix aceti* altersabhängige Änderungen in der Struktur von Enzymen gefunden, die sich später auch bei Säugern und beim Menschen zeigen ließen. Das Altern, das sich in Form von nachlassender spezifischer Aktivität dieser Enzyme manifestiert, verläuft dabei auf der Ebene der Tertiärstruktur, es wird also nicht durch Fehler in der Transskription oder Translation hervorgerufen. Man geht deshalb davon aus, daß es sich um posttranslationale Modifikationen handelt, die gekoppelt sind mit einer altersbedingten Abnahme des Proteinumsatzes, die wiederum auf einer Anhäufung geschädigter Moleküle beruht. Es ist aber nicht ganz klar, worauf letztlich die Abnahme der Proteinsyntheserate beruht.

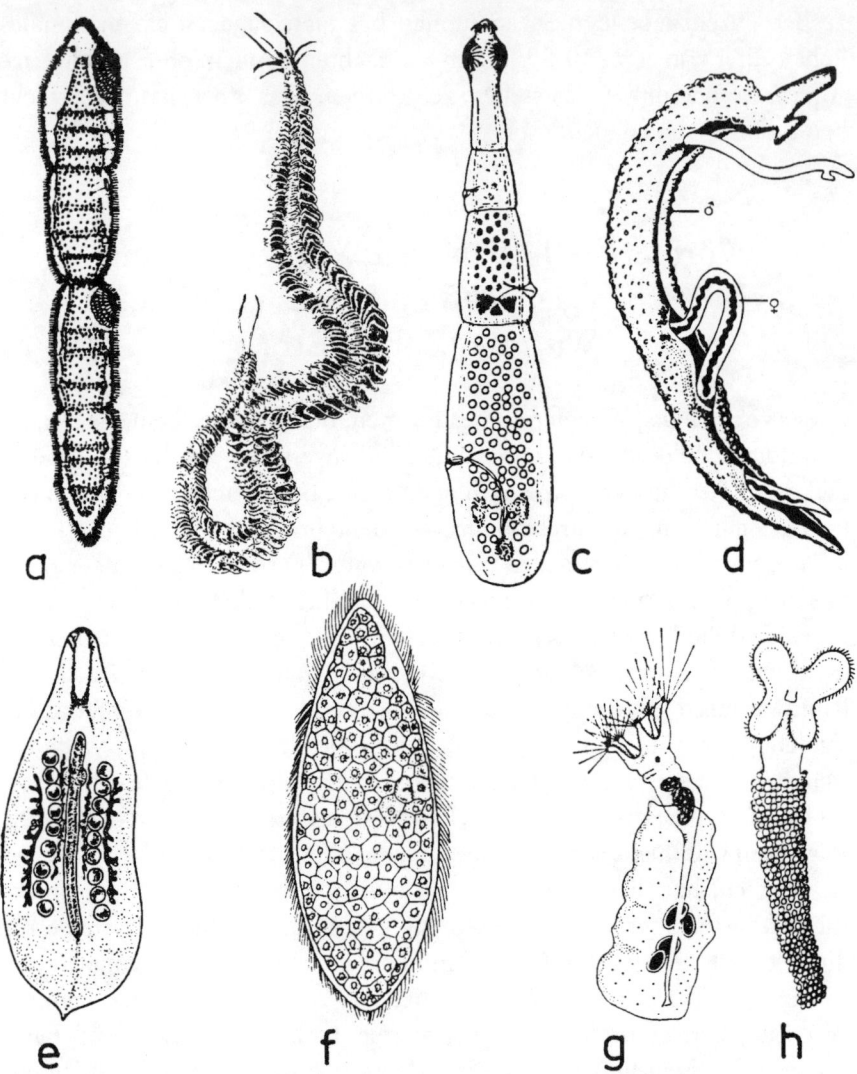

ABBILDUNG 7.4: Wichtige Vertreter der Würmer. Die Tiere sind nicht maßstabsgetreu zueinander gezeichnet! (a) *Microstomum* in Teilung (Strudelwurm, 7 mm). (b) der Ringelwurm (Vielborster) *Phyllodoce*. (c) Hundebandwurm *Echinococcus*. (d) Pärchenegel *Schistosoma* (Saugwurm); das größere Männchen trägt sein Weibchen in einer Bauchfalte. (e) *Mesostoma* (Strudelwurm, 15 mm). (f) Weibchen von *Rhopalura* mit konstanter Zellzahl (Mesozoa). (g) Rädertierchen *Collotheca*. (h) Rädertierchen *Floscularia*.

Soll ein fehlerfreies Enzym produziert werden, so müssen die DNA und der Proteinsyntheseapparat fehlerfrei arbeiten, aber auch alle dazu notwendigen Stoffe vorhanden sein. Zum einen kann es dann zu Fehlern im Protein selbst kommen, die bewirken, daß der durch dieses Protein zu kontrollierende Stoffwechsel gestört, d.h., in der Regel verringert wird. Nach Behebung des Proteinschadens läuft der Umsatz normal weiter. Der Schaden ist nicht vererbbar. Fehler in der DNA oder in einem nachgeschalteten System, das die Information umsetzt, führen dagegen meist zu gravierenden Fehlern, die mit dem Tod enden können. Diese Art von Fehlern ist auch vererbbar. Da eine Fehlerrate von 10^{-4} bis 10^{-6} pro Gen natürlicherweise vorkommt, muß es aber die bereits als »Reparaturset« beschriebene Möglichkeit geben, diese Fehler zu korrigieren, da sonst schnell ein »genetisches Chaos« entstünde. Welche Ursachen die primären sind, ist immer noch nicht endgültig geklärt. Man vermutet, daß innerhalb der Zelle die Produkte durch ein gesondertes Enzym kontrolliert und gegebenenfalls ausgesondert werden. Dies ist jedoch nur bei »nicht-DNA-Fehlern« durchführbar, weil anzunehmen ist, daß sonst möglicherweise das Korrekturenzym selbst unkorrekt ist. Bei höher entwickelten Tieren geht man von einem sehr hohen selektiven Druck auf die Embryonen aus, so daß die negativen Erbmutationen bereits pränatal herausselektiert werden. Trotz allem nehmen jedoch die veränderten Enzyme zu und führen zu den genannten Alternserscheinungen.

Die Ergebnisse der Untersuchungen an diesen Wurmarten haben letztlich zur Etablierung der sogenannten »Katastrophentheorie« von Orgel (1963) geführt, die wir im Kap. 16 auf S. 427 f. eingehender besprechen werden.

Die »primitiven« Würmer haben aber auch wesentliche Erkenntnisse zur genetischen Fixierung des Alternsablaufes geliefert. Vom kleinen, erdbewohnenden Fadenwurm *Caenorhabditis elegans* gibt es Mutanten, deren durchschnittliche Lebenszeit um etwa 70 bis 100 % höher liegt. Die Wildform lebt etwa 15-20 Tage, die mutierte Form 10 bis 15 Tage länger; einige Individuen erreichten sogar bis zu 75 Tage. Die Art der Mutation kennt man, und sie befindet sich auf einem einzigen, als age-1 bezeichneten Gen. Diese Mutanten produzieren mehr Antioxidantien (sowohl cytoplasmatische Superoxid-Dismutase als auch Katalase), die den Körper vor Sauerstoffradikalen schützen. Das age-1-Gen wird durch die Mutation offensichtlich lahmgelegt. D.h. andererseits, daß dieses Gen zu langes Leben verhindert, der Tod also progammiert wird. Worin liegt der

Grund? Soll es dazu dienen, den Wurm in einem bestimmten Alter sterben zu lassen? Dies wird zwar als aktives Ziel verneint, in der effektiven Konsequenz hat es aber genau diese Bedeutung. Hier kommen also Forscher, für die Altern eine reine Verschleißerscheinung darstellt, wieder einmal in arge Argumentationsnöte.

Die Lebensverlängerung beim Fadenwurm wird begleitet durch eine deutliche Verminderung der Selbstfruchtbarkeit. Auch das haben wir schon einige Male gesehen, daß Fortpflanzung und Altern eng miteinander zusammenhängen. Und wir werden später noch eine große Zahl weiterer Beispiele kennenlernen, wo eine Verhinderung erfolgreicher Fortpflanzung mit einer Verlängerung der Lebensdauer einhergeht und umgekehrt.

Daß bei *C. elegans* diese Mutation u.a. auch bei Larven auftritt, hat vielleicht einen Grund im Lebenszyklus dieser Art. Es gibt vier Larvenstadien (L1 bis L4), bis sich der Wurm zum geschlechtsreifen, zwittrigen Adulttier entwickelt. Im Stadium L3 kann er sich nun bei Futtermangel oder »Überfüllung« seines Lebensraumes in eine kleine, dünne, fortpflanzungsunfähige, aber bewegliche Dauerform entwickeln. Diese Dauerform hat eine sehr lange Überlebenszeit; also auch hier die Kontrolle der Lebenszeit von innen heraus, durch das biologische System selbst, eben programmiert.

Die Entscheidung darüber fällt in den vorangegangenen Stadien L1 und L2 in einem *daf-2* genannten Gen (nennen wir es einfach Dauerstadium-ausbildende-Form). Mutiert dieses Gen, entwickeln sich die Larven unabhängig von den herrschenden Umgebungsbedingungen immer zu langlebigen Formen. Mit eleganten Versuchen konnte man zeigen, daß die Larven bzw. die daraus sich entwickelten Würmer nicht nur deshalb länger leben, weil die Entwicklung gestört war, sondern daß es einen aktiven Mechanismus gibt, der entwicklungsunabhängig die Alterung hinauszögern kann. Zieht man die mutierten Larven bei 15° C auf, durchlaufen die Tiere alle Entwicklungsphasen normal, d.h., der Gendefekt bleibt unwirksam. Oberhalb von 20° C tritt er dagegen »normal« auf. Zieht man nun die *daf-2*-Mutanten bis zum Ende des dritten Larvenstadiums bei 15° C auf (in L3 hätte die Ausprägung der Mutante schon erfolgen müssen) und setzt sie dann um in 20° C, werden die erwachsenen Würmer zu Methusalems: Sie erhalten die bis zu diesem Zeitpunkt durch die Temperatur unterdrückte Alterseigenschaft, und statt 20 Tage werden sie nun 75 Tage alt.

Das alles kann nur durch einen intrinsischen Schaltereffekt, nicht aber durch umweltbedingte Entwicklungseffekte erklärt werden. Man weiß inzwischen, daß nicht nur ein Gen für diese ganzen Vorgänge verantwortlich ist. Ende 1993 war man in der Zählung schon bei *daf-16* angelangt, das *daf-2* wieder neutralisiert, die lebensverlängernde Wirkung wieder aufhebt.

Alternserscheinungen sind bei den Würmern in großer Vielfalt gefunden worden. Viele sind nicht nur für diese niederen Organismen allein charakteristisch: Rundwürmer und andere Würmer akkumulieren Alterspigmente in ihren Zellen, wie es auch für alternde menschliche Zellen typisch ist. Das Alterspigment hat dabei die gleiche Zusammensetzung wie die des Menschen. Bei Rädertierchen (Rotatoria), die artspezifisch normalerweise eine auf den Tag genau begrenzte Lebensdauer haben (kann dies allein durch extrinsische Zufälle gesteuert werden – das ist wohl kaum denkbar; so etwas muß genetisch in irgendeiner Form programmiert sein!), die zwischen wenigen Tagen und einigen Monaten sich bewegt, setzt Altern mit einem Verlust der Aktivität ein. Es folgen Aktivitätsverluste der Enzyme, Zelldegenerationen, Degenerationen des Nervensystems, Pigmenteinlagerungen und eine Erschöpfung der Fruchtbarkeit usw. (dies gilt auch für Rund- und Gliederwürmer). Individuen, die sich früh und »viel« fortpflanzen, sterben früher. Erstaunlicherweise kann man die Lebensdauer aber verlängern, wenn man den Tieren nicht genug Futter gibt, sie also hungern läßt. Dabei sinkt ihr Stoffwechsel ab. Eine Reduktion des Stoffwechsel und damit verbunden eine Verlängerung der Lebenszeit läßt sich auch durch eine niedrige Umgebungstemperatur bei diesen Rotiferen (und anderen Wurmarten) erreichen. Und dieser Hunger- und Stoffwechselreduktionseffekt wird für unsere folgenden Betrachtungen noch wichtig sein – wir finden ihn bei höheren Tieren in der gleichen Weise.

Bei den Rädertierchen hat man aber noch andere interessante Beobachtungen zum Altern und zur Lebenszeitbegrenzung gemacht. Die noch verfügbare Lebensdauer, nachdem die Einstellung der Fruchtbarkeit stattgefunden hat, hängt nicht notwendigerweise mit der gesamten Lebenserwartung zusammen. Eingekapselte Rädertierchen (mit extrem reduzierter Stoffwechselleistung) überleben bis zu 60 Jahre! Fadenwurmcysten überleben knapp 40 Jahre, Trichinenkapseln 30 Jahre, Hakenwurmcysten immer noch 12 bis 17 Jahre.

Aber auch diese Cysten altern – zwar langsam, aber doch deutlich.

Man fand degenerative Veränderungen in der Zelle, Abnahmen des rauhen endoplasmatischen Retikulums, weniger freie Ribosomen, Enzymansammlungen des Alterspigmentes Lipofuscin und andere Erscheinungen. Bei den Rädertierchen scheint – vielleicht eine Ausnahme – das Altern vermutlich sogar auf die Keimbahn überzugreifen. Die Nachkommen alter Weibchen sind nicht so vital und sterben früher. Aber schon in der nächsten Generation verschwindet dieser Effekt wieder. D.h., daß die Eier der zweiten Generation wieder genauso vital sind, wie zu erwarten. Die Keimbahn ist und bleibt in diesem Sinne also »forever young«, richtig unsterblich. Sie scheint eventuelle Altersdefekte beheben zu können.

In der Gruppe der Würmer (eine an sich systematisch heute nicht mehr korrekte Bezeichnung) finden wir noch sehr viele andere Vertreter: Plattwürmer, Ringelwürmer (dazu gehört unser Regenwurm) und andere, weniger bekannte Formen. Über sie ist relativ wenig gearbeitet worden. Bekannt sind allerdings Regenerationsexperimente, die man mit Planarien (Turbellaria, Plattwürmer, die häufig auch in unseren Gartenteichen zu finden sind) durchgeführt hat. Sie kann man leicht in der Mitte durchschneiden, und dann kann man das Regenerationsvermögen untersuchen. Beide »alten« Wurmteile regenerieren die fehlende Hälfte vollständig nach, und sie werden wieder so jung wie die nachgewachsene, neue Hälfte. Die jeweils alte Wurmhälfte »vergißt« ihr eigentliches, ursprüngliches Alter. Das Neubildungsvermögen der Schnurwürmer ist noch ausgeprägter. Einige Arten scheinen mehr oder minder regelmäßig eine ungeschlechtliche Vermehrung durchzuführen. Dabei zergliedern sie ihren Körper in viele Einzelstückchen. Jedes Teilstück regeneriert ein Kopf- und ein Schwanzende und wächst so zu einem neuen, jungen Tier heran, bei dem allein das Mittelstück »alt« ist.

Bei höheren Würmern klappt dies alles nicht so einfach. Hier sind meist die Verhältnisse komplizierter, aber auch spannender. Bei *Rhabdocoela* z.B. altert die Kopfhälfte, die die Schwanzhälfte regenerieren muß, im normalen chronologischen Zeitablauf weiter. D.h., die Kopfhälfte verjüngt sich nicht. Die Schwanzhälfte dagegen, die die Kopfhälfte regenerieren muß, verjüngt sich; sie fängt beim Lebensjahrezählen also neu an. Bei anderen Wurmarten kapseln sich die Teilhälften zur Regeneration ein, und nach einer bestimmten Zeit schlüpfen aus den Ruhekapseln junge, vollständig regenerierte Würmer. Beim Regenwurm gelingt die Regeneration von Teilhälften nur, wenn diese nicht zu klein sind und der Wurm in einer bestimmten Segmentzone durchgeschnitten wird. Am

Regenwurm sind auch einige klare Alternserscheinungen beobachtet worden: Die Nervenzellen degenerieren, normale Körperzonierungen verschwinden in ihrer Deutlichkeit allmählich, es werden keine Reservezellen mehr gebildet, und der Wurm wird anfälliger gegenüber Parasitenbefall.

Die angeblich so primitiven Würmer liefern uns erstaunlicherweise also eine Reihe von wertvollen und hochinteressanten Informationen zum Altern. Zu Recht können wir deshalb den nachfolgenden Spruch gelten lassen: Friedrich Nietzsches Zarathustra sprach: «*Ihr habt den Weg vom Wurme zum Menschen gemacht, und vieles ist in euch noch Wurm!*» Vielleicht liegt darin einiges an Wahrheit und grundlegender Erkenntnis begründet. Tatsache ist, daß wir natürlich viele Gene mit den primitivsten Organismen teilen. Und gerade die hier eindeutig programmierte Lebenszeitbegrenzung ist sicher eine universelle Eigenschaft, die ihre Wurzeln am Anfang jeden Lebens überhaupt haben mußte.

Die Stachelhäuter (Echinodermata) – 20 Lebensjahre sind kein Problem

Die Stachelhäuter sind uns vermutlich vor allem von unserem Urlaub am Meer bekannt. Besonders auffällige Vertreter sind Seeigel und Seesterne (Abb. 7.5). Über ihr Alter(n) ist ebenfalls kaum etwas bekannt. Aufgrund ihrer sessilen, wenig aktiven Lebensgewohnheiten können sie aber alle ein sehr hohes Lebensalter erreichen. Seelilien und Haarsterne werden

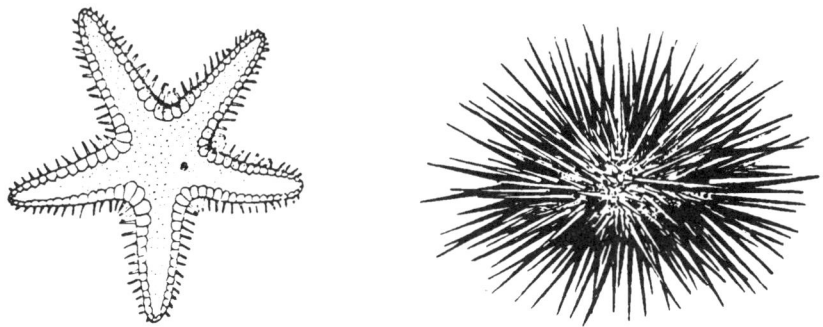

ABBILDUNG 7.5: Wichtige Vertreter der Stachelhäuter (*Echinodermata*): Links ein Seestern, rechts ein Seeigel.

über 20 Jahre alt, und auch die anderen Vertreter der Gruppe (z.B. Seegurken) können ohne Probleme über zehn Jahre alt werden.

Altern und Lebensdauer bei Weichtieren – die »Killerdrüse« des Kraken

Zu den Weichtieren oder Mollusken gehören drei große Tiergruppen: die Schnecken (Gastropoda), die Muscheln (Bivalvia) und die Tintenfische oder Kopffüßler (Cephalopoda). Im Vergleich zu den vorangegangenen Tiergruppen sind sie schon sehr komplex gebaut. Alle wichtigen Organsysteme, die wir auch beim Menschen kennen, sind hervorragend entwickelt.

Bei den Mollusken finden wir Vertreter, die nur wenige Monate leben und solche, die im Vergleich zu ihrer Körpergröße zu den langlebigsten Organismen überhaupt gehören (vgl. Tabellenanhang, S. 470 ff.). Viele Süßwasserschnecken sterben gleich nach erfolgter Eiablage ab. In der Regel (s. Ausnahme *Octopus* im folgenden) leben Weibchen länger als Männchen. Die Flußmuschel und die Riesenmuschel sollen weit über 100 Jahre alt werden können.

Sehr schön ist bei den Weichtieren zu erkennen, wie die Lebensdauer von ihrer Aktivität abhängt. Zwingt man Schnecken in eine energiesparende Ruhephase (Diapause), kann man ihre Lebenszeit von rund zwei Jahren auf bis zu zehn Jahre ausdehnen. Gerade die Muscheln sind auch ein Paradebeispiel für effektive Bewegungslosigkeit und damit verbunden extrem niedrige Energieumsatzraten. Sie leben vergleichsweise exorbitant lange. Innerhalb der Kopffüßler leben die frei schwimmenden, stark aktiven Loligos (daher der Name Tinten«fische«) im Maximum etwa zwei bis vier Jahre, die auf dem Boden lebenden, wenig aktiven, »sessilen« Kraken dagegen beinahe doppelt so lange (Abb. 7.6, S. 185).

Auch in anderen Tiergruppen werden wir noch dazu passende Stoffwechselbeispiele finden. Sie zeigen, daß offensichtlich die Lebensdauer stark von der jeweiligen Aktivität des Tieres abhängen kann. Bei allen Formen der Weichtiere läßt sich weiterhin feststellen, daß sie durch niedrige Umgebungstemperaturen länger am Leben erhalten werden können. Auch das ist kein Einzelbeispiel für diese Gruppe. Und eine Reduzierung der Umgebungstemperatur erniedrigt eben den Stoffwechsel.

Erstaunlich ist weiterhin, daß bei den Kraken (*Octopus*) das erreichbare Maximalalter in einer ganz besonderen Form geschlechts- und fortpflanzungsabhängig ist. Der weibliche Octopus legt seine Eierschnüre an die Decke einer Höhle und bewacht sie dort so lange, bis sie ausschlüpfen. Während der ganzen Zeit nimmt sie keine Nahrung mehr zu sich. Durch die Sekrete einer Drüse im Gehirn (man nennt sie bezeichnenderweise »Killerdrüse«) gesteuert, ändert sich das Ernährungsverhalten des

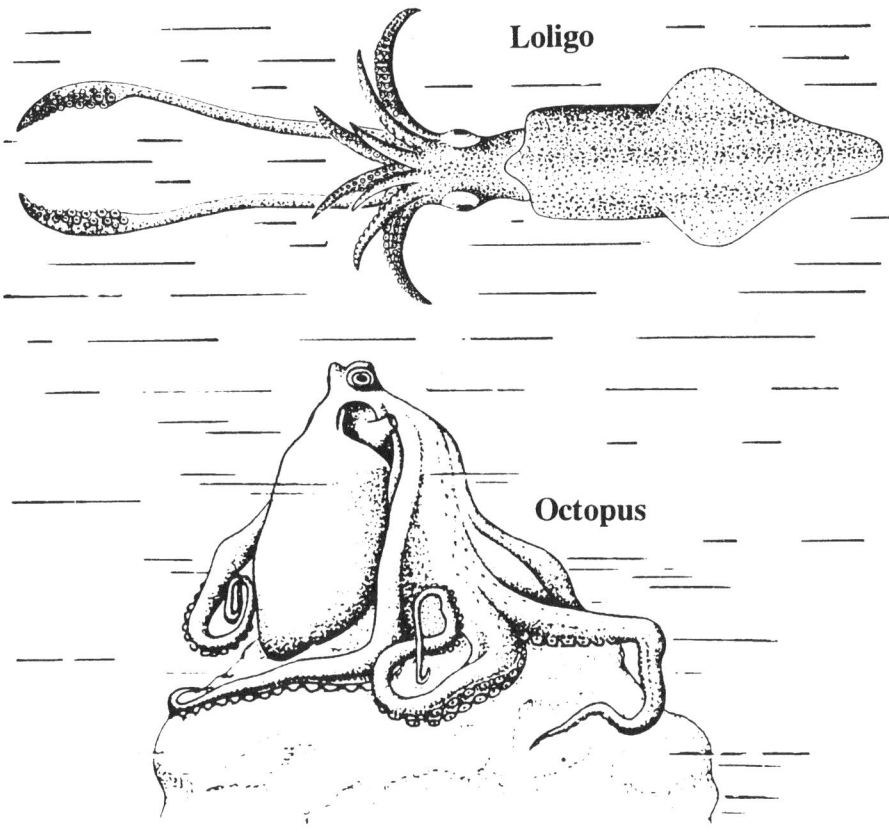

ABBILDUNG 7.6: Zwei wichtige Vetreter der Weichtiere: die Kopffüßer. Der *Loligo* (»Tintenfisch«) ist eine freischwimmende, hoch aktive Art (vgl. falschen Namen »Fisch«). Er hat einen hohen Energieumsatz und lebt nur etwa halb so lange wie der sessile Krake (*Octopus*), der am Boden haust, eine geringe Aktivität, niedrigen Stoffwechsel und eine doppelt so hohe Lebensdauer (bei gleicher Körpergröße) zeigt wie der *Loligo*. Die geringsten Stoffwechselraten und höchsten Lebenserwartungen unter den Weichtieren haben die festsitzenden Muscheln.

Weibchens so, daß es, trotz ausreichenden Nahrungsangebotes in unmittelbarer Nähe, keine Nahrung mehr aufnehmen will, und das Tier dadurch verhungert. Entfernt man die Drüse jedoch operativ, lebt die Krakin weiter und nimmt wieder Futter zu sich. Ist dies nicht ein Paradebeispiel für einen endogen programmierten Tod, eine Lebenszeitbegrenzung, die nicht durch negative, vom System nicht kontrollierbare Faktoren, wie Materialermüdung, Funktionsverlust usw. den Tod herbeiführt, sondern diesen aus dem lebenden System selbst entwickelt und »zu Ende führt«!?

Alternserscheinungen sind in der Gruppe der Weichtiere mannigfaltig bekannt. Sie ähneln stark denen der Fische. Man findet eine Abnahme der Fertilität, Fibrosen, Zellverluste und degenerative Veränderungen in der Mitteldarmdrüse (Leber) und im Nervensystem. Außerdem nehmen die Parasiteninfektionen zu. Falls vorhanden, sinkt das Schalenwachstum nach erfolgter sexueller Reifung.

Je schneller Mollusken wachsen, um so geringer ist ihre Lebenserwartung. Bei einigen Arten kann man den Tod (unbegrenzt?) hinausschieben, wenn man die Fortpflanzung verhindert. Auch das ist uns schon mehrfach begegnet, und es wird uns bei anderen Tierarten immer wieder begegnen. Auch diese Beobachtung ist mit Verschleißtheorien kaum in Einklang zu bringen. Nur Programmtheorien, endogen aktiv gesteuerte Vorgänge, erlauben eine problemlose Erklärung dieser Phänomene.

Arthropoden – Alternsforschung bei Insekten, Spinnen und Krebsen

Zu den Gliederfüßlern, den Arthropoden, gehören die Krebse (Crustacea), die Spinnentiere (Arachnida) und die Insekten (Insecta, Hexapoda). Gliederfüßler sind die – mit weit über einer Million bekannten Arten – heute bei weitem vorherrschende Tiergruppe. Vor allem zwei Gattungen aus dieser Gruppe sind Ziel intensivster, gerontologischer Untersuchungen geworden. Es sind die Wasserflöhe (*Daphnia* aus der Gruppe der Crustacea) und die Frucht- oder Taufliegen (*Drosophila* aus der Gruppe der Insecta).

Doch zunächst zu den einzelnen Großgruppen. Alle müssen zum Wachsen ihren festen Panzer häuten. Die Häutungen (in der Regel unter zehn) hören beim geschlechtsreifen Tier normalerweise auf (viele Ausnahmen sind jedoch bekannt!), so daß sie nicht mehr weiter wachsen können. Einige Krebse, Spinnen und Insekten können sich aber auch als Erwachsene (Imago) noch häuten, bzw. man kann bei ihnen die Häutung künstlich wieder auslösen.

Krebse schlüpfen als Larven aus dem Ei und entwickeln sich über viele Häutungen zum Adulttier, wobei die Larve dem erwachsenen Krebs allmählich immer ähnlicher wird. Zuweilen kann die Larvalentwicklung bereits im Ei ablaufen. Altersabhängig kann man eine degenerative Abnahme der Eiergröße und der Zahl der Eier feststellen. Das Wachstum stoppt, und es finden u.a. senile Veränderungen im Darmepithel und im Nervensystem (vor allem im Cerebralganglion, der wichtigsten Neuronenanhäufung, unserem Gehirn entsprechend) statt. Bei vielen Arten steigt die Lebensspanne deutlich an, wenn man sie hungern läßt und/oder sie bei niedrigeren Umgebungstemperaturen hält – das kennen wir schon von den Weichtieren. Krebse können ein hohes Lebensalter erreichen. Vom Hummer sind z.B. mindestens 45 Lebensjahre bekannt. Der Flußkrebs erreicht 20-30 Jahre. Manche niederen Krebse werden aber nur wenige Monate oder Wochen alt.

Die Wasserflöhe (*Daphnia*) (Abb. 7.7, S. 188) weisen eine scharf begrenzte Lebenserwartung auf, die durch viele Außenfaktoren beeinflußt werden kann. Die Umgebungstemperatur habe ich schon erwähnt. Die Zahl ihrer möglichen Häutungen ist genetisch festgelegt, aber ihre Dauer (Zeit zwischen den Häutungen) kann durch vielfältige Parameter verändert werden. Die Alternsperiode setzt nach der Meinung der Forscher erst ein, nachdem die Daphnien ihre gesamte Entwicklung, also alle Häutungen abgeschlossen haben. Ob dies jedoch so zutrifft, darf bezweifelt werden. Zahl und Größe der Eier nehmen ab, das Wachstum stoppt, und alle oben aufgeführten weiteren Alternserscheinungen treten auf. Auch bei Daphnien kann man durch Futterreduktion die Lebensdauer verlängern. Die Herzfrequenz sinkt dabei ab. Wasserflöhe besitzen außerdem noch Regenerationszellen, um Verletzungen und Verluste auszubessern, obwohl ihre durchschnittliche Lebensdauer nur zwei Wochen beträgt.

Spinnen (Arachnidae) zählen ebenfalls zu den Organismen, die ein sehr hohes Lebensalter erreichen können. Manche Vertreter der Gattung *Aranea* (Radnetzspinnen) sollen bis zu 20 Jahre alt werden können; die Vogelspinne bis zu 15 Jahre. Über das Altern dieser Tiergruppe ist nur wenig bekannt. Wie bei den Insekten (siehe weiter unten) kommt es mit

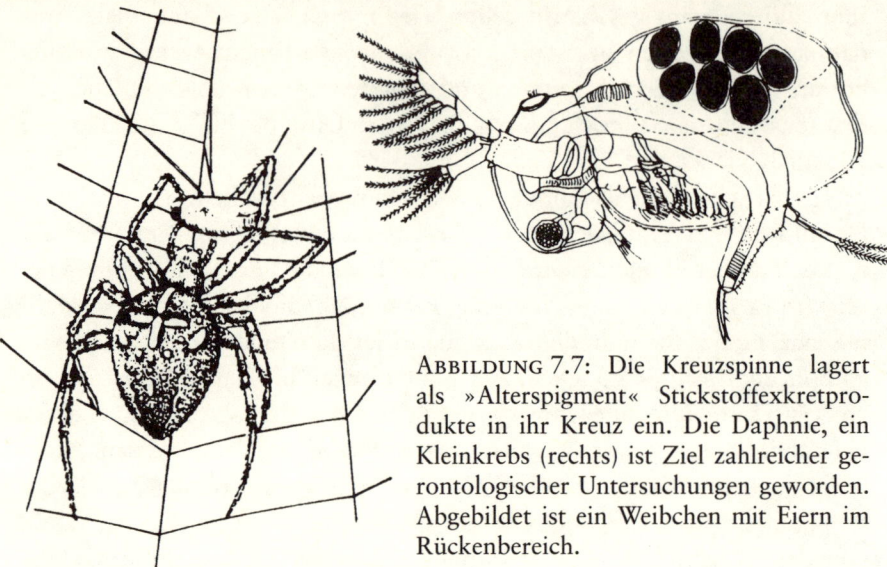

ABBILDUNG 7.7: Die Kreuzspinne lagert als »Alterspigment« Stickstoffexkretprodukte in ihr Kreuz ein. Die Daphnie, ein Kleinkrebs (rechts) ist Ziel zahlreicher gerontologischer Untersuchungen geworden. Abgebildet ist ein Weibchen mit Eiern im Rückenbereich.

zunehmendem Alter zu einer verstärkten Einlagerung von Stickstoffexkretabfällen in die Haut. Das Kreuz der Kreuzspinne z.B. (Abb. 7.7) wird durch solche Ureatabkömmlinge gebildet. Sie entstehen beim Abbau der Nahrungseiweiße. Auch die Gelbfärbung der Wespen kommt daher; und sie wird mit zunehmendem Alter immer intensiver, weil immer mehr Abfallfarbe eingelagert wird. Alte Spinnen verlieren auch immer mehr die Fähigkeit, richtige, fehlerfreie Netze zu bauen, was auf degenerative Prozesse im Nervensystem hindeutet.

Bei den Insekten ist normalerweise im Imago-Stadium keine Häutung mehr möglich. Die Silberfischchen, die sicher jeder als unerwünschte Hausbewohner kennt, können sich dagegen, wenn sie ihre feinen Schuppen verlieren, auch als Imago noch vollständig häuten. Sie gehören zu den Urinsekten und zeigen damit, daß diese Fähigkeit zumindest ursprünglich vorhanden war. Erst sekundär scheint die Adulthäutung nicht mehr ausgeprägt worden zu sein. Sie wurde nur für Notfälle zur Regeneration in Reserve gehalten. Bei den meisten Insekten ist eine Häutung beim Imago nicht mehr möglich.

Insekten erreichen ein sehr unterschiedlich hohes Alter. Betrachten wir nur den Imago, kann es nur wenige Stunden (Eintagsfliegen) oder aber auch bis zu 40 Jahren – bei Termiten – dauern. Bezieht man den gesamten Lebenszyklus in die Betrachtung mit ein, was sinnvoll ist, da wir ja unsere

Lebensdauer auch inklusive unserer Jugend berechnen, wird jedoch selbst eine Eintagsfliege mehrere Jahre alt. Ihre Larven können sich nämlich bis zu drei oder vier Jahre im Wasser entwickeln, bevor sie zu einem Kerf herangewachsen sind. Es gibt sogar Käferlarven, die bis zu 15 Jahre in diesem »Jugendstadium« verbringen, bevor sie sich zur Imago häuten.

Das Larvenstadium kann dabei je nach Umgebungsbedingungen (Futterzufuhr, Umgebungstemperatur u.ä.) sehr stark variieren, ohne daß dies Einfluß auf die spätere Lebenslänge des Adulttieres haben muß. Untersuchungen an unserem Institut haben aber gezeigt, daß eine verlängerte, chronologische Larvalzeit bei bestimmten Grillen nicht mit einer Verlängerung der physiologischen Lebenszeit einhergehen muß. Konkret bedeutet dies, daß ein Larvenstadium unter Umständen – z.B. durch niedrige Umgebungstemperaturen – verdoppelt werden kann, die umgesetzte Energiemenge bis zur folgenden Häutung allerdings bei der »kurz-« wie bei der »langlebigen« Larve gleich hoch ist. Energetisch gesehen haben also beide Larventypen, die chronologisch unterschiedlich alt wurden, die gleiche »Energiezeit« gelebt.

Daß dieser Energieaspekt einen wesentlichen Einfluß auf die Lebensdauer haben kann, zeigten auch Untersuchungen an Bienen. Betrachten wir aber zunächst, wie alt Bienen werden können. Normale Arbeiterinnen leben im Sommer etwa sechs Wochen, solche, die den Winter überleben müssen (»Winterbienen«), aber bis zu neun Monaten. Auch hier zeigt sich, wie die Lebensdauer von klonierten (sic!) Tieren, die ja per Definition alle den gleichen Erbsatz haben sollen, je nach Anforderungen offenbar unproblematisch verlängert werden kann, sofern es für die Art als überlebensnotwendig erachtet wird. Hier werden ganz offensichtlich im gleichen Genom unterschiedliche Programme aktiviert und dadurch die Lebenslänge den Erfordernissen aktiv angepaßt. Wie könnte man schöner zeigen, daß – wenn man es schon anführt – das Alternsprogramm nicht nur darin besteht, das Altern passiv, d.h. untätig nicht zu verhindern, sondern daß diese »Passivität« ein aktiv gesteuerter Prozeß ist, den man je nach evolutiver Notwendigkeit mehr oder weniger dehnbar gestalten kann. So etwas geht nicht »kopflos«, d.h. nicht ohne endogenes Programm, wie auch immer es aussehen mag.

Die Königin, die ja genetisch ihren Kolleginnen Arbeiterinnen ebenfalls entspricht, wird allein dadurch aus der Masse ihrer Schwestern herausgehoben, daß sie ein spezielles Futter, das Gelée royale, erhält. Dieses Futter differenziert sie nicht nur zur Königin, sondern sorgt last but not least auch dafür, daß sie ein extrem hohes potentielles Lebensalter von bis zu 30 Jahren erreichen kann. Jeder kann sich lebhaft vorstellen, welchen Run auf das Gelée royale diese Entdeckung ausgelöst hat, der bis in unsere heutige Zeit unvermindert anhält. Jeder erhofft sich durch die Einnahme dieser Substanz (nähere Beschreibung s. im Glossar auf S. 492) ein bißchen Lebensverlängerung und vielleicht auch ein bißchen royales Outfit, sprich jugendlich-königliches Aussehen. Es ist vergeblich, glauben Sie mir!

Doch kommen wir zu meinem anfangs geäußerten Statement zurück. »Faule Bienen leben länger!«, konnte man in Schlagzeilen lesen. Was bedeutet dies? Forscher haben festgestellt, daß Arbeiter-Bienen im Durchschnitt 800 km leben. Ja, Sie lesen richtig, 800 km Alter! Das ist etwa die Strecke Hamburg-Wien. Bienenforscher am Bieneninstitut in Celle bestimmten diese Flugleistung für ein durchschnittliches Bienenleben. Und diese Flugstrecke ist natürlich wieder einer bestimmten Energiemenge äquivalent. Bienen, die sehr fleißig sind, also viel hinausfliegen und Honig und Pollen sammeln, erreichen ihre »Flugleistung« früher und sterben in der Folge auch früher. Faule Bienen, die weniger herumfliegen, erreichen ihre 800 km weniger schnell und leben daher auch länger. Es ist ein bißchen wie beim Auto, das auch schneller altert, wenn man viel damit fährt.

Den gleichen Energie-Effekt konnte man auch bei Stubenfliegen beobachten. Solche, die in ihrer Aktivität gebremst werden, indem man sie z.B. in einer kleinen Flasche eingesperrt hält, leben bis zu doppelt so lange, wie ihre freifliegenden Artgenossen. Wir werden im Kap. 16 über Alter(n)stheorien auf S. 436 ff. noch weitere Beispiele und auch die möglichen Erklärungen dafür finden.

Viele Forscher versuchen diese Beobachtungen nun mit der Radikaltheorie zu erklären. Daß diese Theorie hier nicht greifen kann, zeigt sich besonders deutlich darin, daß viele Insekten unmittelbar (innerhalb von Stunden oder Bruchteilen davon) nach der Fortpflanzung absterben; quasi, wie wenn ein Schalter umgelegt würde. Dem widerspräche als Todesursache ein allmählicher Verschleiß durch Stoffwechselradikale. Viele Insekten haben als Imago nicht einmal mehr Verdauungsorgane. Sie leben allein von während der Larvalzeit angesammelten Reservestoffen nur für die Fortpflanzung. Nach deren erfolgreicher Durchführung ist ihr Lebenszweck erfüllt, und sie sterben oft sogar nur Minuten danach ab. Allmählicher Funktionsverlust oder programmiertes Ende? Jeder möge sich die Frage selbst beantworten! Ich denke, die Antwort ist einfach zu finden.

Alternserscheinungen kennt man bei Insekten einige. Bereits erwähnt habe ich die zunehmende Einlagerung von Ureat-(Exkret)-Farbstoffen in die Haut. Solche Einlagerungen (Harnsäureabkömmlinge; das sind Abfallstoffe, die in den Ausscheidungsorgane entstehen, vergleichbar unserem Harnstoff) finden oft schon bei Larven statt. Auffälliger sind aber die tatsächlich verschleißbedingten Ausfransungen z.B. im Flügel von Schmetterlingen. Hier leben übrigens Arten, die eine Sommerruhe halten, ebenfalls wesentlich länger, als diejenigen, die dauernd aktiv sind. Mit dem Alter nimmt weiterhin die Flugkapazität ab, das Nervensystem degeneriert und wird zunehmend desorganisiert. Es findet eine Reduktion der Zellzahl statt, Pigmentakkumulation und biochemische Veränderungen in den Zellen (wie bereits in Kap. 3 beschrieben) treten auf. Das Zytoplasma wird stärker basophil, was vermutlich damit zusammenhängt, daß die Menge an zirkulierender rRNA abnimmt. Die Mitochondrien degenerieren. Das Volumen des Hämolymph-Systems nimmt auf Kosten verschiedener anderer Organe, die kleiner werden, zu. Die Muskulatur und neurosekretorische Zellen im Gehirn können degenerieren, die Kutikula kann zerstört werden, Reserven werden verbraucht und nicht mehr aufgebaut usw. Natürlich gelten diese Erscheinungen für verschiedene Insektengruppen sehr unterschiedlich und nicht in der gleichen Konsequenz. Sie zeigen aber, daß es auch in dieser Gruppe die üblichen Alternseffekte gibt, die wir nun schon zur Genüge kennengelernt haben.

Bekanntlich sind Fruchtfliegen der Gattung *Drosophila* (Abb. 7.8 und 7.9, S. 192 und 195) ein beliebtes Objekt der Gerontologen. Das hängt wohl damit zusammen, daß man diese Fliegen gut züchten kann, das Genom gut bekannt und der Lebenszyklus relativ kurz ist (im Maximum rund 100 Tage; normal 60-80 Tage). Dadurch kann man über viele Generationen hinweg Alternserscheinungen gut verfolgen. Seit rund 80 Jahren beschäftigen sich die Forscher mit diesem »Modellsystem« (neben dem Modellsystem »Maus« und den Zellkulturen). Bis 1980 waren allerdings die Wissensfortschritte eher marginal. In der Mutante *Drosophila vestigial* fand man jedoch schon sehr früh eine Form, die schneller alterte, woraus sich Hinweise auf eine genetische Fixierung des Alternsprozesses ergaben.

Innerhalb einer einheitlichen Population von *Drosophila* findet man nun schon verschieden langlebige Formen, die sich auch dadurch aus-

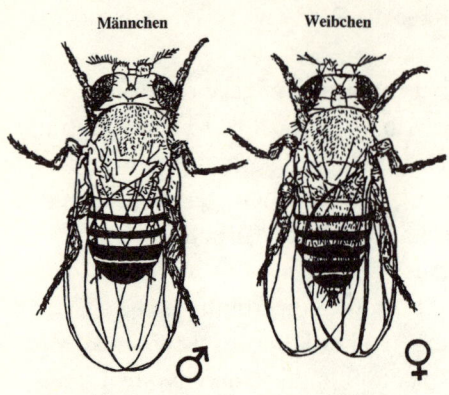

Männchen   **Weibchen**

♂   ♀

ABBILDUNG 7.8: Die Fruchtfliegen, hier die Wildform *Drosophila melanogaster*, sind eines der Modellversuchstiere der Gerontologen.

zeichnen, daß die langlebigen relativ spät noch fortpflanzungsfähig sind. Selektiert man nun konsequent solche langlebigen Individuen aus einer Population heraus und züchtet sie weiter, kann man tatsächlich die durchschnittliche Lebenserwartung der folgenden Populationen teilweise um bis zu 100 % erhöhen. Diese Experimente wurden vom schweizer Forscher ROSE durchgeführt. Am Schluß seiner Züchtungsversuche (1991) hatte er so zwei Populationen zur Verfügung, die sich für vergleichende Alternsuntersuchungen innerhalb der gleichen Art geradezu anboten: eine kurz- und eine langlebige Form. Der Schwerpunkt lag dabei auf genetischen Fragestellungen.

Allerdings konnten damit auch zahlreiche Außenfaktoren auf ihre Alternseffekte hin untersucht werden, die für die Beurteilung des Alternsvorganges natürlich nicht unerheblich sind bzw. waren. *Drosophila* lebt so z.B. länger, wenn man sie hungern läßt oder bei tiefen Umgebungstemperaturen hält (beides reduziert den Stoffwechsel). Die im Gelée royale vorkommende Pantothen-Säure erhöht die Lebensspanne um bis zu 46 %. Die Toleranz für Alkohol (*Drosophila* kommt vor allem auf gärenden Früchten vor, wo sie auch ihre Eier ablegt) nimmt mit dem Alter ab. Daneben gibt es Abhängigkeiten von der Populationsgröße, dem Alter der Mutter, dem Streß (erhöhen sich diese Faktoren, sinkt die Lebenserwartung) usw.

Als Hauptfaktor stellte sich allerdings der genetische Background (also die erblichen Voraussetzungen) heraus. Alle rezessiven Erbfaktoren (reduzierte Flügel, Weißäugigkeit, geringere Hitzestabilität von Enzymen bei *D. melanogaster*, abnormes Abdomen, etc.) reduzieren die Lebenserwartung. Selektiert man *Drosophila melanogaster* auf maximale Fruchtbarkeit, erhöht sich als »Nebenprodukt« die Lebenserwartung. Allerdings muß man dazu sagen, daß bei natürlichen Stämmen von *Drosophila* eher der gegenteilige Effekt auftritt. Je geringer die Fruchtbarkeit, umso länger leben sie. Wir sehen also, daß es gefährlich sein kann, nur mit Inzucht-Mutanten-Stämmen im Labor zu arbeiten; es kann zu völlig falschen Rückschlüssen hinsichtlich der natürlichen Situation führen. Untersucht man die Physiologie der länger lebenden Stämme, stellt man fest, daß sie resistenter gegen Austrocknung, Nahrungsverknappung und niedrige Alkoholkonzentrationen sind. Ihr Lipid-Gehalt im Körper ist erhöht, die Fruchtbarkeit tritt im Lebenszyklus später auf, ist aber erniedrigt, der Energieumsatz und die Aktivität sind ebenfalls geringer. *Drosophila melanogaster* kann man auch direkt auf eine verspätete Fruchtbarkeit hin züchten; und auch hier stellt man dann fest, daß die Lebensdauer um 30 % steigt. Auch dieses Beispiel zeigt wieder deutlich, wie Fortpflanzung und Lebensdauer eng zusammenhängen. Das funktionale Zusammenwirken all dieser Faktoren ist jedoch noch völlig unklar.

Bleibt die Frage, wie es mit dem genetischen Background aussieht. Ist nur ein Gen oder der gesamte Genbestand (das Genom) am Alternsprozeß beteiligt? Heute geht man davon aus, daß es mehrere Gene sind (bis zu 100 werden angenommen). Am Anfang sah es jedoch so aus, als würde ein Gen für unterschiedliche Lebenserwartungen bei *Drosophila* ausreichend sein. 1989 konnte Gehring am Baseler Biozentrum anscheinend durch gentechnologische Manipulationen langlebige Fliegen aus kurzlebigen produzieren, was ihm weltweites Interesse zusicherte. In Zellen von *Drosophila* (aber auch anderen Organismen) kommt ein Eiweiß namens EF (Elongations-Faktor) vor, das die Synthese von Eiweißen kontrolliert. Diese Synthese nimmt nun mit dem Alter stark ab. Man stellte dazu dann folgende Hypothese auf: Wenn nur die Produktion von EF hoch gehalten würde, müßte – so der Ansatz der Forscher – auch der altersbedingte Rückgang der Eiweißproduktion insgesamt aufgehalten werden, und die Fliegen müßten länger leben. Dies sollte nun experimentell überprüft werden.

Das Gen für EF war bekannt und konnte isoliert werden. Man »spritzte« nun in einem gentechnischen, komplizierten Verfahren den *Drosophila*-Probanden ein zusätzliches EF-Gen ein (Einschleusung über Transformation). Zur Kontrolle des Versuches war das Gen aber mit einem »Schalter« (Promotor) versehen, der es erlaubte, das Gen ein- oder auszuschalten. Die Umschaltung erfolgte über die Umgebungstemperatur. Oberhalb von 30°C wurde das Gen aktiv, unterhalb von 25°C war es (so gut wie) abgeschaltet. Das Experiment klappte auf Anhieb. Die manipulierten Fliegen lebten bei hohen Temperaturen um 40% länger und bei 25°C um 18% länger. Die Sensation war da: Viele wären jetzt natürlich gern mit so einem Lebensgen behandelt worden. Aber das Experiment war mit einem kleinen, wenn vielleicht auch wichtigen Handicap behaftet.

Die Lebenserwartung von 30°C-Fliegen ist aufgrund des Temperatureffektes – wie wir bereits wissen – grundsätzlich kürzer als die von 25° C-Fliegen. Die direkte Vergleichbarkeit war also ganz klar nicht zur Zufriedenheit aller kritischen Kollegen gegeben. Ein noch schwerwiegenderer Schlag gegen den Versuch und sein Ergebnis kam allerdings von der Forscherin Brack, die am gleichen Institut wie Gehring als seine Mitarbeiterin tätig ist. Sie wiederholte die Versuche kritisch und stellte fest, daß die eingepflanzten Gene überhaupt nicht exprimiert wurden, daß sie nicht in der vermuteten Art und Weise arbeiteten und damit auch kein zusätzliches EF produzieren konnten. Die Katerstimmung war natürlich groß, da Gehring – ein weltweit anerkannter Entwicklungsbiologe – selbst verkündete, man hätte (vielleicht) den entscheidenden genetischen Hebel gefunden, um den Alternsprozeß außer Kraft zu setzen. In Wirklichkeit war es wohl »nur« so, daß das eingepflanzte Gen über den Umgebungstemperatur-Promotor nur die temperaturbedingte Überlebensschwäche der Fliegen wieder ausgeglichen und nicht zu einer effektiven Lebensverlängerung beigetragen hat. Man muß allerdings erwähnen, daß die Relativierung der Befunde aus dem Institut Gehrings selbst kam. Er hat sich wissenschaftlich also völlig korrekt und anerkennenswert verhalten.

Die rein molekulare Sichtweise hat nach diesen Ergebnissen vielleicht doch eindeutig an Boden verloren. Sie kommen mir auch etwas zu reduktionistisch vor. Nichtsdestotrotz ist die Hypothese von EF als Schlüsselfaktor bei Alternsprozessen noch nicht völlig widerlegt. Doch scheint die Lebensverlängerung in den gerade geschilderten Experimenten eventuell doch mit unspezifischen Effekten, z.B. Störungen des Erbgutes aufgrund der Manipulationen, zu tun zu haben. EF scheint ein ganz speziell regulierter Faktor des Erbgutes zu sein, der nicht so ohne weiteres nach Belieben verändert werden kann. Erstaunlicherweise läßt sich das EF-Gen in Mäusen ebenfalls nicht aktivieren – Gehring hält weiter an seiner Hypothese fest und versucht, seine Experimente jetzt mit Wildtypen von *Drosophila* zu wiederholen.

Bei den Insekten können wir auch einige weitere Informationen zur Bedeutung des Geschlechts für die Lebenserwartung erhalten. Unter den Wespen (Gattung *Habrobracon*) existieren sowohl Männchen mit ha-

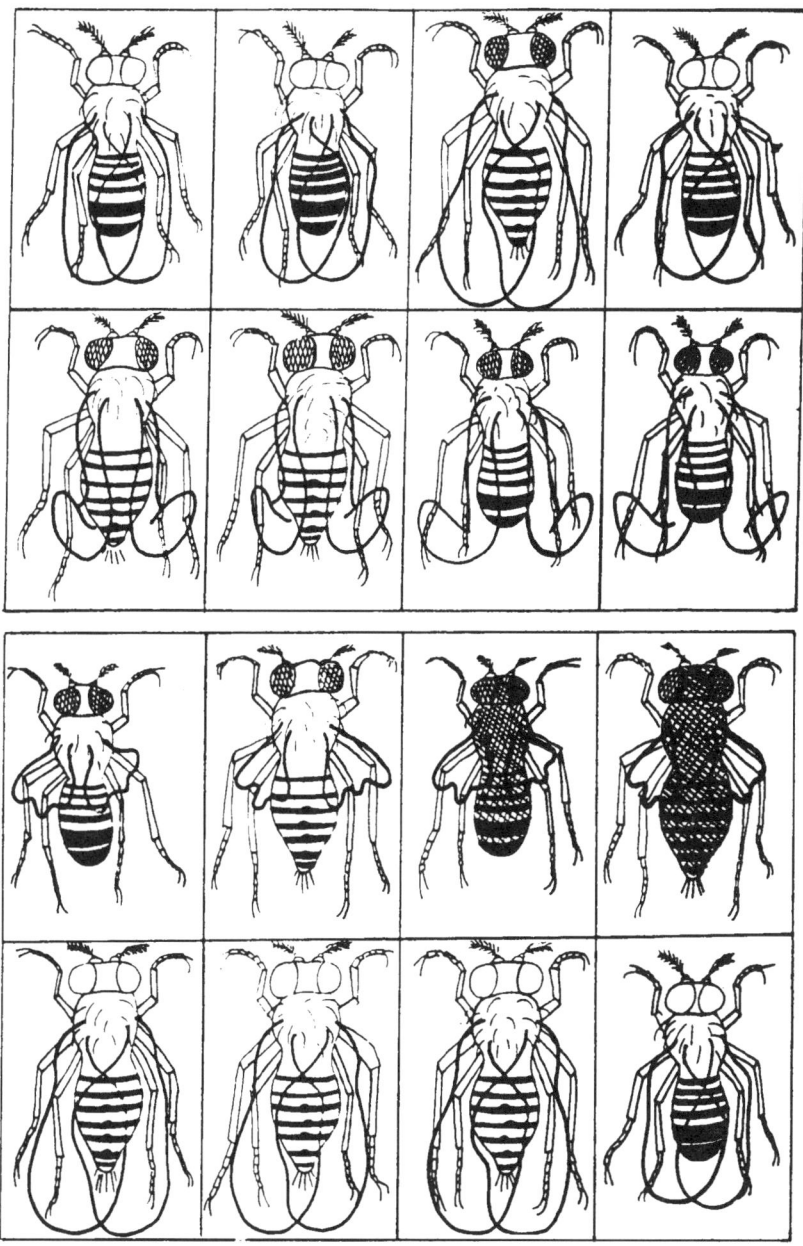

ABBILDUNG 7.9: Von den Fruchtfliegen (*Drosophila* spec.) sind in genetischen Experimenten eine Vielzahl von Mutationen gezüchtet worden. Man kennt, neben vielen äußeren Veränderungen, z.B. langlebige und kurzlebige Formen.

ploidem als auch mit diploidem Chromosomensatz. Die Lebensspanne
beider Männchentypen sind identisch. Aber diese Lebenserwartung ist
um etwa 50% niedriger als die der Weibchen, die alle diploid sind. Diese
Beobachtung stützt nicht die Hypothese, daß die geschlechtsabhängigen
Unterschiede in der Lebensspanne (Weibchen werden meist älter als
Männchen) auf der Grundlage unterschiedlicher Chromosomen (der
Hetero- oder Geschlechtschromosomen, z.B. XX oder XY) oder Chro-
mosomenzahl zu begründen ist. Bestrahlt man haploide und diploide
Männchen, um Chromosomen-Mutationen zu erzeugen, nimmt die Lebensspanne proportional zu der Zahl der Strahlenschädigungen ab. Haploide sind dabei stärker betroffen als diploide – so wie man es erwarten
würde. Basierend auf dieser rein experimentellen Beobachtung würde
man nun folgern (in der somatischen Mutationstheorie des Alterns), daß
haploide Exemplare weniger lange leben. Die konkreten Zahlen der biologischen Realität widersprechen allerdings – wie wir gesehen haben –
dieser Folgerung. Beide leben gleich lang.

Obwohl sich die Zell- und Körperorganisation von Insekten stark von
der von Wirbeltieren (Vertebraten) unterscheidet, finden wir dennoch
viele Parallelen im Alternsablauf beider Gruppen. Unumstritten ist, daß
Futterreduktion und die Reduktion des Stoffwechsels die Lebenszeit verlängern, und daß wir einen engen Zusammenhang zwischen Fortpflanzung und Lebenszeitbegrenzung finden. All diese Parameter haben bei
Vertebraten und Evertebraten (Tieren ohne Wirbelsäule) den gleichen
Einfluß auf die Lebensdauer. Sie definieren wohl die Tatsache, daß es
grundsätzliche, evolutiv bedingte, universelle Übereinstimmungen im Al-
ter(n)svorgang wohl aller Tiergruppen geben muß, für die nur eine mehr
oder weniger universelle Theorie als Erklärung dienen kann.

Fische – der plötzliche Tod der Lachse

Bei den Insekten und den übrigen Gliederfüßlern haben wir schon gesehen, daß viele ihrer Alternserscheinungen auch bei Wirbeltieren beobachtet werden konnten. Wir können also davon ausgehen, daß hier
grundsätzliche, universelle Vorgänge identisch ablaufen. Tatsache ist leider, daß wir über Zwischenformen des Tierreiches nur sehr wenig bis
überhaupt nicht Bescheid wissen, was ihr Altern anbelangt. Sie stellen

meist Randgruppen dar, die nur wenig untersucht sind; vielleicht können wir ohne großen Irrtümern zu unterliegen aber annehmen, daß auch sie in das allgemeine Schema hineinpassen.

Eine wichtige und große Vertebratengruppe sind die Fische. Bei ihnen sind Alternserscheinungen (im Sinne von Degeneration) nur schwer feststellbar. Die meisten wachsen ihr ganzes Leben lang und haben oft eine lange, postreproduktive Lebensspanne. Hayflick meinte, daß Tiere mit unbegrenzter Wachstumsphase wohl auch eine nicht bestimmbare Lebensdauer hätten. Sie würden dann nur aufgrund von äußeren, widrigen Umständen sterben. Dem ist aber sicher nicht so. Jeder Fisch, und wenn er auch noch so optimal gehalten (gehältert) wird, stirbt irgendwann eines »natürlichen« Todes. Worauf dieser dann letztlich zurückzuführen ist, weiß man noch nicht. Aber vermutlich gibt es auch nur wenige Forscher, die sich bisher damit auseinandergesetzt haben.

Fische erreichen im Vergleich zu ihrer Körpergröße ein erstaunlich hohes Alter. Am ältesten sollen Karpfen werden – vielleicht liegen von dieser alten Nutzfischart aber auch nur die umfangreichsten Beobachtungen vor. Die Angaben schwanken zwar beträchtlich, doch dürften Werte deutlich über 70 Jahre nicht der puren Phantasie entspringen. Manche Autoren geben rund 100 Lebensjahre für diesen trägen, »energiebewußt« (wenig aktiv) lebenden Fisch an. Der Stör soll sogar bis zu 150 Jahre alt werden. Selbst sehr alte Fische können dabei noch reproduktiv sein.

Auch in dieser Gruppe kann man feststellen, daß das Lebensalter mit dem Stoffwechselumsatz zusammenhängt. Dornhaie aus warmen Regionen (Stoffwechsel hoch) leben um die 30 Jahre. Die gleiche Gattung aus kalten Meeresgebieten (Stoffwechselrate niedrig) hat dagegen eine Lebenserwartung von bis zu 70 Jahren. Nur ein Jahr alt werden viele Grundeln (*Latrunculus, Benthophilus, Bubyr*) und die Nudelfische (*Salanx*); sie sterben gleich nach dem Ablaichen ab. Die Sardelle kann ebenfalls nur ein Maximalalter von zwei Jahren erreichen. Wohl in das Gebiet der Legenden kann man allerdings einen Hecht verweisen, der im Dom von Mannheim in Stein gemeißelt wurde und von dem berichtet wird, er sei 267 Jahre alt geworden, habe 5,7 m gemessen und 250 kg gewogen (wobei Gewicht und Länge eventuell noch nachvollziehbar sind).

Bei einigen Formen ist die Lebenszeit, und vor allem der Tod, sehr definitiv festgelegt. Dazu gehören – für alle bekannt – die Lachse. Der Lachs (Abb. 7.10, S. 198) wird normalerweise in einem oberen Bereich eines Flusses geboren, wo das Wasser sehr flach ist. Meist im zweiten (aber auch im ersten oder dritten) Lebensjahr wandert er ins Meer ab, wo er ein, zwei oder manchmal auch drei Jahre seines Lebens verbringt und schnell heranwächst. Anschließend begibt er sich auf die Wanderschaft in seinen Geburtsfluß, wo er sich fortpflanzt und auch gleichzeitig absterben wird. Manche Arten, der Atlantische Lachs z.B., können auch ein zweites Mal ablaichen; es sollen sogar welche bis zu vier Jahre hintereinander abgelaicht haben. Nichtsdestotrotz: Der Weg zum Ort des Lebensanfanges wird zum Todesweg. Wiege und Sarg befinden sich so am gleichen Ort.

Auf dem Weg zum Laichplatz hört der Lachs auf zu fressen. Seine Färbung wird beim Männchen rötlich schimmernd (Hochzeitskleid), und er bekommt eine hakenartige Krümmung der Kiefer. Mit zunehmender Wanderung wird die Haut blasser, der Körper weich, schlaff und der Organismus anfälliger gegen Infektionen. In den Schuppen befindliches Kalzium wird aufgebraucht. Im Laichgebiet legt das Weibchen eine Laichgrube an, in die sie ihre Eier ablegt, die vom Männchen dann befruchtet werden. Nach diesem Vorgang sterben beim Pazifischen Lachs bereits beim ersten Laichvorgang beide Geschlechter ab (bei einigen anderen Fischen ist das Absterben von Weibchen nach der Eiablage ebenfalls bekannt; vgl. die oben schon aufgeführten Nudelfische, Grundeln, Sardellen u.v.a.m.). Zwar wird dieses Absterben oft primär einer totalen Erschöpfung zugeschrieben, diese Erklärung ist aber absolut nicht befriedigend; sie beschreibt lediglich den unmittelbaren Anlaß, nicht aber die Ursache des Phänomens. Die Lachse hätten ja durchaus die Möglichkeit

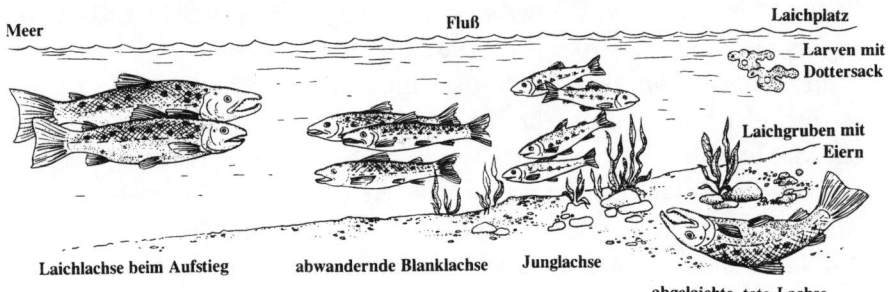

ABBILDUNG 7.10: Der Lebenszyklus bei Lachsen. Diese Fischart gehört zu den Organismen, die kurz nach der Fortpflanzung absterben. Beim pazifischen Lachs gibt es nur eine Fortpflanzungsperiode. Atlantische Lachse können sich bis zu vier Jahre hintereinander fortpflanzen.

zu fressen, darauf »verzichten« sie aber. Der Beißreflex bleibt übrigens erhalten, weshalb man sie dennoch angeln kann. Die körperliche Erschöpfung ist also nur eine Folge eines vorher eingeleiteten Vorganges, mit dem Effekt (Ziel?), das Tier nach dem Ablaichen absterben zu lassen. Dies würde wieder der Programmtheorie des Alters einen wichtigen Argumentationspunkt liefern. Ähnlich wie beim Lachs verläuft z.B. auch der Laichvorgang mit anschließendem Absterben beim Flußneunauge.

Neben diesen sehr dramatischen Alternsabläufen mit determinierter Lebenszeitbegrenzung gibt es auch weniger spektakuläre Alternserscheinungen bei Fischen. Auch in dieser Tiergruppe kommt es zu Ablagerungen von Exkretstoffen in spezielle Oberhautzellen (Iridocyten), die dem Fisch sogar sein charakteristisches Schillern verleihen (diese Ablagerung ist den Schuppen der Schmetterlingsflügel direkt vergleichbar). Ohrknöchelchen (Otolithen) und Schuppen zeigen bei Knochenfischen jahreszeitliche Zuwachsstreifen, die zur Altersbestimmung herangezogen werden können (Abb. 10.7, S. 303).

Das kontinuierliche Wachstum ist oft auch geschlechtsspezifisch unterschiedlich. Es markiert ja eine an sich lebenslange Teilbarkeit der Zellen (alle inneren Organe wachsen mit). Bei Plattfischen gilt das z.B. aber nur für Weibchen. Die Männchen hören ab einer bestimmten Größe auf zu wachsen und zeigen dann eine erhöhte Sterblichkeit, die man bei den Weibchen nicht findet. Auch hier wäre es schwer verständlich, nähme man an, daß diese erhöhte Sterblichkeit nur durch passive Verschleißerscheinungen allein bei einem Geschlecht wirksam würde, ohne daß dies in irgendeiner Weise einer endogenen Kontrolle unterläge.

Amphibien – wie alt werden Frösche und Lurche?

Amphibien sind im Stammbaum die erste Gruppe der vierfüßigen Landwirbeltiere. Auch sie werden im Vergleich zu warmblütigen Tieren recht alt. Wie die Fische sind sie typische »Kaltblüter«, die ihre Körpertemperatur der Umgebungstemperatur mehr oder weniger stark anpassen können. Da die Umgebungstemperatur meist deutlich unter der Körpertemperatur von Warmblütern liegt (36 bis 44 °C), ist auch ihr Stoffwechsel sehr viel niedriger. Er liegt bei Kaltblütern im Mittel bei etwa einem Zehntel des Wertes von Warmblütern. Ganz grob gerechnet, ist umgekehrt auch ihre Lebensspanne um gerade diesen Faktor (10fach) erhöht.

Man kennt von einigen Amphibienarten die maximale Lebensspanne. Sie reicht von rund zehn Jahren beim Grasfrosch bis zu knapp 70 Jahren beim Riesensalamander. Zwar schreiben manche Autoren, daß es keine Korrelation zwischen Größe und Maximalalter gäbe, aber es hat schon den Anschein, daß auch hier die einfache Formel (mit vielen Ausnahmen) gilt: je größer, desto älter. Diese Beziehung ist aber nicht besonders gut ausgeprägt, ebensowenig wie die zwischen Wachstumsrate und Alter (je langsamer das Wachstum, desto älter). Sicher ist dagegen eine Korrelation zwischen Umgebungstemperatur und Lebensalter. So leben tropische Formen (hohe Umgebungstemperatur bedingt hohen Umsatz) kürzer als Vertreter in kalten oder gemäßigten Regionen (niedrige Umgebungstemperatur = niedriger Energieumsatz). Höhlenformen (hier herrschen ebenfalls niedrige Umgebungstemperaturen, woraus ein sehr niedriger Energieumsatz auch durch sehr beschränkte Nahrungsversorgung resultiert) haben die höchste Lebenserwartung (zum Beispiel der Grottenolm mit bis zu 40 bis 60 Jahren). Sie markieren die scheinbaren Ausnahmen der Körpergewichtsabhängigkeit, die wir noch kennenlernen werden, sind es aber in Wirklichkeit nur aufgrund der stark reduzierten Energieumsatzwerte.

Über das Altern an sich weiß man von Amphibien im großen und ganzen nur wenig Bescheid. Auch hier sind Ureatzellen, die Exkretstoffe speichern, weit verbreitet. Man findet sie häufig entlang der Nervenbahnen und im Herzbeutel von Fröschen. Manche Formen bleiben auf dem Larvenstadium stehen und werden als solche geschlechtsreif (Neotenie). Sie altern (im Sinne vollständiger Entwicklung) also nicht voll aus. Untersuchungen an Krallenfröschen zeigen, daß das generelle Altern vermutlich ähnlich verläuft wie bei höheren Landwirbeltieren.

Der Südafrikanische Krallenfrosch (*Xenopus laevis*) (Abb. 7.11, S. 201) läßt sich leicht züchten und ist deshalb wohl von den Gerontologen näher untersucht worden. An ihm hat man u.a. die Alterung des Kollagens untersucht, das das wichtigste Stützprotein des Bindegewebes darstellt. Es vermittelt z.B. die Elastizität der Haut, ihre Festigkeit und bindet Feuchtigkeit. Nicht zuletzt deswegen ist Kollagen ein vielgepriesener Bestandteil von Gesichtscremes, die vor Faltenbildungen schützen sollen.

Froschkollagen zeigt die gleichen Alterserscheinungen wie das Kollagen von Säugetieren. Die Elastizität läßt nach und es werden Quervernetzungen gebildet. Fibroblastenkulturen von Krallenfröschen zeigen eine

ABBILDUNG 7.11: links: Der Krallenfrosch *Xenopus laevis*. An dieser Amphibienart sind viele gerontologischen Untersuchungen durchgeführt worden. Er wird im Maximum 15 bis 35 Jahre alt. Rechts: Eine Seychellen-Riesenschildkröte *Testudo gigantea*. Die Riesenschildkröten sind unbestritten diejenigen Tiere, die das höchste Lebensalter erreichen können. Aus Radiocarbonuntersuchungen geht man davon aus, daß ein Alter von 250 Jahren nicht unwahrscheinlich ist. Sicher durch Haltung nachgewiesen sind mind. 180 Jahre.

begrenzte Teilungsfähigkeit (HAYFLICK-Zahl: 6-8 Mitosen sind für embryonale Fibroblasten *in vitro* nachgewiesen) und altern praktisch identisch wie die von Reptilien, Vögeln und Säugern. Bei *Xenopus* wachsen (wie bei manchen Fischen) die Weibchen ihr ganzes Leben lang, während die geschlechtsreifen Männchen ihr Wachstum einstellen. Sie bleiben kleiner als ihre Artgenossinnen und werden auch nicht so alt (12 bis 15 Jahre im Mittel). Trotzdem altern beide Geschlechter in der gleichen Weise. Diese Beobachtung können wir vermutlich auch von den Verhältnissen der Fische her übertragen. Lebenslanges Wachstum hat also nichts mit fehlendem Altern zu tun, wie es oft behauptet wird! Weiterhin nimmt die Aktivität und Reproduktionsfähigkeit beim Frosch und anderen Tieren mit dem Alter ab. Als Maximalalter wird für *Xenopus* (Weibchen) eine Lebensspanne von rund 35 Jahren (von manchen Autoren nur 15 Jahre) angegeben.

Reptilien – sie erreichen ein biblisches Alter

Im Gegensatz zu den Amphibien sind die Reptilien auch in ihrer Fortpflanzungsstrategie voll zu Landwirbeltieren geworden. Aber auch sie sind in ihrer Mehrzahl noch echte Kaltblüter mit einem im Vergleich zu Säugern und Vögeln sehr niedrigen Stoffwechsel. Entsprechend erreichen sie ein geradezu sprichwörtlich biblisches Alter. Zwar sind Berichte über Schildkröten, die angeblich bis zu 300 Jahre alt wurden, wohl wenig glaubhaft, sicher erwiesen sind aber mindestens 180 Lebensjahre als Maximalspanne bei Seychellen-Riesenschildkröten (Abb. 7.11, S. 201). Von Galapagos-Riesenschildkröten hat man nach der C^{14}-Datierungs-Methode (sie wird später noch erklärt) über gefundene Panzerreste ein Alter von 250 Jahren nicht ausgeschlossen. Maximal zeigt diese Schildkrötengruppe zwischen 90-125 mögliche Populationsverdopplungen embryonaler Fibroblasten *in vitro* (Hayflick-Zahl). Diese Schildkröten wachsen, wie die meisten Reptilien, ihr ganzes Lebens lang. Die in der Literatur herumspukende »kleine« Marionsschildkröte war übrigens ebenfalls eine Seychellenschildkröte. Von ihr ist sicher dokumentiert, daß sie 152 Jahre in einer Militärkaserne lebte und Generationen von Soldaten erfreute. Dieses schon ausgewachsene (alles andere als kleine) Tier fing der französische Forscher Marion du Fresne im Jahre 1766 auf den Seychellen und überführte die Schildkröte nach Mauritius, wo sie im Jahre 1918 starb. Sie verirrte sich in einer Geschützstellung im Graben der Artillerie-Kaserne und verstarb durch Einklemmen in eine Tür; durch einen Unfall also und nicht natürlicherweise. Wie alt sie war, als sie zum Militär »eingezogen« wurde, und wie alt sie theoretisch ohne Unfall noch hätte werden können, ist nicht bekannt. Blind und senil war sie allemal! Die 152 Jahre Lebensdauer waren aber sicher nicht die maximal mögliche Lebensspanne.

Die Lebensdauer der Reptilien scheint stark von ihrer Aktivität abzuhängen. Kleine und aktive Formen leben wesentlich kürzer als große und träge Formen. Charakteristischerweise ist das älteste Reptil gleichzeitig mit das größte und trägste. Indes, es können auch sehr kleine Schildkröten sehr alt werden. Die griechische Landschildkröte wird – wie die amerikanische Dosenschildkröte – über 100 Jahre alt, die europäische Sumpfschildkröte mindestens 70 und die Geierschildkröte wenigstens 58 Jahre alt. Das Nilkrokodil und die Brückenechse sollen ebenfalls problemlos über 100 Jahre alt werden. 29 Jahre werden von einer Anakonda berichtet; eine Blindschleiche lebte 54 Jahre im Zoologischen Museum in Kopenhagen. Kleinere Anolis-Echsen, wie z.B. *Anolis carolensis* erreichen dagegen im Freiland kaum mehr als ein Jahr. Auch Bodenagamen sterben kurz nach der ersten Paarung und Eiablage und werden so nur ungefähr ein Jahr alt. Weitere Altersbeispiele finden sich im Tabellenanhang auf S. 470 ff.

Für Freunde mathematischer Beziehungen folgende Korrelation: Für die Massenabhängigkeit des maximalen Alters läßt sich für Reptilien eine logarithmische Formel angeben. Danach korreliert das Lebensalter L (in Jahren) mit der Körpermasse M (in kg) nach der mathematischen Beziehung:

$$L = 14,6 \cdot M^{0,23}$$

An Alterserscheinungen kennt man alle bei Amphibien, Vögeln und Säugern auch gemachten Beobachtungen. Altersmerkmale sind dagegen relativ unsicher auszumachen. Allein die Größe ist ein sehr unsicheres Merkmal. Bei vielen Schildkröten geben die Ringe um die Hornschilder ihres Panzers vielleicht einen Anhaltspunkt. Diese Ringe entstehen durch Unterbrechungen bei der Ablagerung neuen Hornmaterials an der Peripherie der Hornschilder, die den Knochenschildern aufsitzen. Bei Arten, die sich in gemäßigten Zonen aufhalten, sollte sich jedes Jahr ein Ring bilden, entsprechend der Zeit der Winterstarre, wenn das Wachstum quasi aufhört. So sollte es an sich einfach sein, das Alter eines Tieres zu bestimmen. Leider gibt es jedoch zahlreiche Faktoren, die ebenfalls zu einer (zusätzlichen!?) Ringbildung führen können: z.B. Nahrungsmangel und andere physiologische Belastungen, die das Wachstum der Hornschilder beeinflussen. Selbst bei frisch geschlüpften Schildkröten hat man schon Ringe gefunden, die darauf hinweisen, daß bereits in der Embryonalentwicklung solche »Störungen« stattfinden können. Weiterhin »häuten« sich die Hornschilder oder werden mit der Zeit abgerieben, so daß ältere Ringe schlechter erkennbar werden oder sogar verschwinden. Manche Arten, die keine Winterstarre ausbilden, haben keine oder extrem schwach ausgebildete »Jahresringe«. Diese Ringe geben dennoch einen wertvollen Hinweis auf das Alter vor allem jüngerer Exemplare, da sie noch regelmäßig und kräftig wachsen. Bei älteren Individuen lassen sich die Wachstumsringe schwerer interpretieren.

Die Wachstumsringe der Reptilienschuppen entsprechen den Jahresringen der Fischschuppen und der Baumstämme. Außerdem findet man auch andere Möglichkeiten und Hinweise, die unterschiedliche Wachstumsperioden in Organen dieser Tiere dokumentiert haben. Es gibt eine Reihe von Sehnenbändern, die man rund um die Enden bestimmter Knochen sehen kann, wie dem Oberschenkelknochen und dem Ektopterygoid der Schlangen. Man kann sie unter diesem Gesichtspunkt der Altersbestimmung deuten. Obwohl diese Bänder deutlich mit dem Wachstum zusammenhängen, sind sie wahrscheinlich doch zu unregelmäßig angelegt, um genaue Hinweise auf das chronologische Alter eines Reptils zu liefern.

Vögel – Papageien leben mindestens so lange wie ihre Besitzer

Von Vögeln besitzen wir wohl die größte Datensammlung über ihr erreichbares Lebensalter. Da Vögel gerne und zahlreich sowohl im Zoo als auch bei Privatleuten gehalten werden, sind Beobachtungen zur potentiellen Lebensdauer – vor allem aus der Gefangenschaft – sehr zahlreich. Gleichzeitig liefern uns die intensiven Vogelberingungen auf der ganzen Welt exzellentes Material für das ökologische Lebensalter, für das Alter

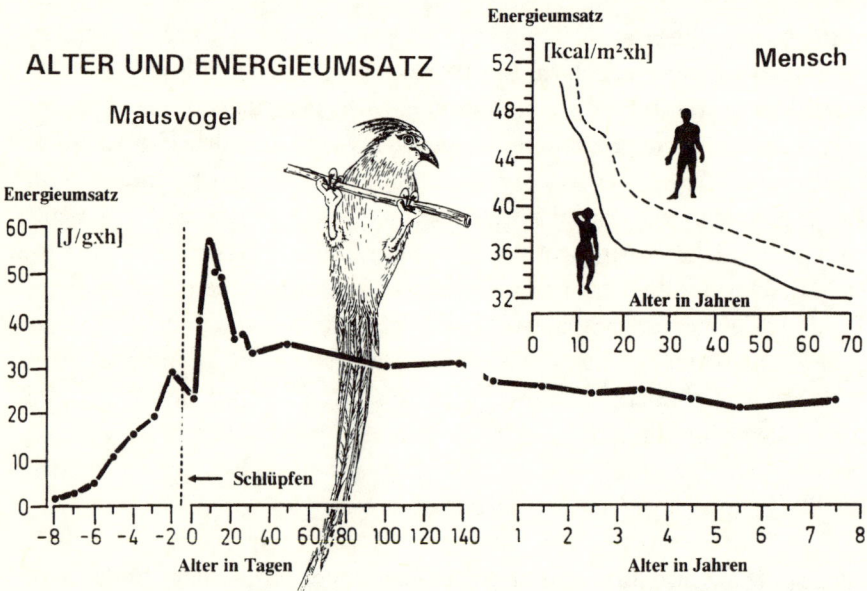

ABBILDUNG 7.12: Alter und Energieumsatz beim Mausvogel *Urocolius macrourus* und beim Menschen. Beide zeigen in der Jugend zunächst einen schnellen Anstieg im Energieumsatz, der dann altersabhängig langsam absinkt. Beim Mausvogel ist auch die Embryogenesezeit mit aufgeführt (Alter mit Minuszeichen, die die Tage vor dem Schlüpfen markieren). Beim Menschen ist zwischen Frauen und Männern differenziert; auf dieses Phänomen wird später noch näher eingegangen. Siehe auch Abb. 7.13, S. 205.

also, das die Vögel im Freiland erreichen können. Erstaunlicherweise ist aber so gut wie kein Interesse der Gerontologen an Vögeln vorhanden. Vor allem dank der Tiermediziner wissen wir jedoch, daß es zahlreiche Alternserscheinungen bei dieser Tierklasse gibt.

Praktisch alle auch beim Menschen vorkommenden Alterserscheinungen sind bekannt: Herz- und Hirninfarkte, Krebs, Verkalkungen, Hautverfaltungen, Altersblindheit, Arthrosen usw. Auch der Blutdruck steigt mit dem Alter deutlich an. Speziell für Vögel charakteristisch sind zunehmende Mauserschwierigkeiten (Stockmauser); das Flugvermögen läßt nach. Hühner – sie leben etwa zehn Jahre lang – zeigen mit zunehmendem Alter eine deutliche Abnahme der Eiproduktion. In jedem aufeinander folgenden Lebensjahr liegt die Eiproduktion von Legehennen (bezogen auf den Maximalwert) ziemlich genau bei 70 % des Vorjahres. Die Eier werden kleiner, es treten mehr fehlerhafte Schalen auf.

Der Energieumsatz zeigt eine deutliche Abnahme mit zunehmendem Alter. Die Abnahmerate ist im übrigen praktisch gleich groß wie beim Menschen (Abb. 7.12 und 7.13). Auch hier finden sich wieder wichtige Übereinstimmungen. Embryonale Fibroblasten weisen bei Hühnern eine Hayflick-Zahl *in vitro* von 15-35 auf. Im Gegensatz zu den vorangegangenen Tiergruppen und vielen Säugetieren haben Vögel eine recht streng definierte Wachstumsphase, die auch relativ schnell abgeschlossen ist.

Über altersabhängige Veränderungen und Charakteristika bei Vögeln im Freiland gibt es eine Menge an leicht zugänglichen, publizierten Beob-

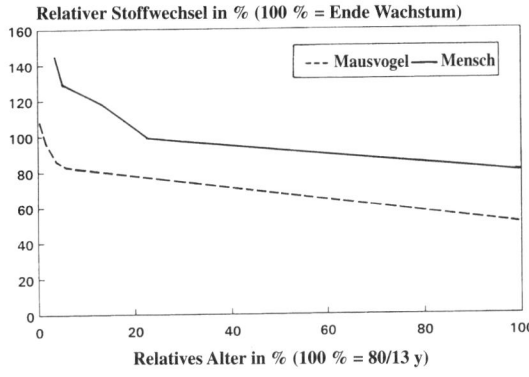

ABBILDUNG 7.13: Alter und Energieumsatz im Vergleich Mausvogel/Mensch. Die in Abb. 7.12 (S. 204) aufgeführten Werte sind zum besseren Vergleich auf relative Standardwerte gebracht worden. Deutlich ist zu erkennen, daß beide Organismen im Alter die gleiche altersabhängige Stoffwechselabnahme zeigen. Der Mausvogel hat eine lediglich sehr viel schnellere Jugendentwicklung; diese dauert beim Menschen beinahe 20 % der Gesamtaltersspanne. Beim Vogel liegt dieser Wert bei höchstens 5 %.

achtungen, die in der gerontologischen Literatur kaum Eingang und keine Beachtung gefunden haben. Dieser Mangel ist nicht zuletzt ein Zeichen dafür, wie eng sich dieses Forschungsgebiet doch einseitig, anthropozentrisch dem geriatrischen Blickwinkel zugewandt hat, und man darf sich fragen, ob diese Einseitigkeit wissenschaftlich vertretbar ist.

So ändert sich mit dem Alter ganz deutlich das Fortpflanzungsverhalten. Zunächst nimmt der Bruterfolg bei den meisten Vogelarten mit dem Alter bis zu einem Optimum zu, um dann allmählich wieder abzufallen. Nachlassende physiologische Leistungsfähigkeit wird dabei zunächst durch eine zunehmende Erfahrung teilweise wieder ausgeglichen. Als Beispiel seien hier nur einige Ergebnisse aufgeführt, die man an der Mehlschwalbe *Delichon urbica* in über ein Jahrzehnt dauernden Untersuchungen erhalten hat. Diese Vogelart kann im Freiland im Optimum bis zu zehn bis zwölf Jahre alt werden. Allerdings sind schon 5jährige Brutvögel relativ spärlich anzutreffen.

Je älter eine Mehlschwalbe ist, desto früher beginnt sie mit der Brut. Setzt man den Brutbeginn fünfjähriger Vögel als Startpunkt fest, legen einjährige elf Tage später, zweijährige vier Tage später, dreijährige drei Tage später und vierjährige zwei Tage später. Die mittlere Gelegegröße für die Erstbrut liegt bei ein- bis fünfjährigen bei 4,3/4,6/4,6/4,8 und 4,4 Eiern. Die Eizahlen nehmen also bis ins Alter von vier Jahren zu. Aber auch fünfjährige haben noch mehr Eier als einjährige. Die weiteren altersabhängigen Parameter sind Tabelle 7.1 auf S. 207 zu entnehmen. Es ist deutlich zu erkennen, daß sich die Mehlschwalbe auch bevorzugt in der gleichen Altersklasse paart, die Brutpartner sind in der Regel gleich alt. Niemand weiß so recht, wie die altersgemäße Auswahl vonstatten geht. Diese Befunde an Mehlschwalben lassen sich auf viele andere Arten übertragen, und sie zeigen, daß es in der Klasse der Vögel einige hochinteressante Altersphänomene gibt.

Erstaunlich ist bei Vögeln weiterhin, daß sie im Vergleich zu den Säugern ein relativ hohes Alter erreichen, obwohl ihre Energieumsatzrate beinahe doppelt so hoch wie die der Mammalia ist. Dies zu erklären, macht große Schwierigkeiten und ist bis jetzt nicht vernünftig möglich. Bezogen auf die Lebenserwartung »paßt« im übrigen der Mensch besser zu den Vögeln als zu den Säugern, wie wir noch sehen werden.

Wenden wir uns nun also der Frage zu, wie alt Vögel werden können. Wie bereits erwähnt, kennt die Altersforschung verschiedene, z.T. sehr verwirrende Angaben zur Lebensspanne: durchschnittliche Lebenserwar-

TABELLE 7.1: Einige alternsabhängige Brutparameter bei der Mehlschwalbe *Delichon urbica*. (*) Der Schlüpferfolg gibt an, wieviele Junge aus den Eiern geschlüpft sind; gleichzeitig ein Hinweis auf die Zahl der befruchteten und erfolgreich ausgebrüteten Eier. (**) Der Bruterfolg bezieht sich auf die Anzahl flügge gewordener Junge pro Zahl gelegter Eier. (***) Die Verpaarungswahrscheinlichkeit gibt an, mit welcher Häufigkeit sich Männchen und Weibchen aus der gleichen Altersklasse miteinander zur Brut zusammenfinden. (-) bedeutet, daß keine ausreichenden Unterlagen zur Verfügung stehen.

Parameter	Lebensalter in Jahren				
	1	2	3	4	5
%-Satz Zweitbruten					
– bezogen auf Alter Weibchen	35,2	51,2	45,9	36,0	33,3
– bezogen auf Alter Männchen	20,1	34,5	34,6	36,0	30,0
Abstand zur Erstbrut [Tage]					
– bezogen auf Alter Weibchen	54,5	57,8	59,5	60,4	59,0
– bezogen auf Alter Männchen	56,6	58,5	59,1	59,8	62,3
Schlüpfrate* Erstbrut [%]					
– bezogen auf Alter Weibchen	68,9	81,5	90,1	88,4	71,4
– bezogen auf Alter Männchen	67,1	84,5	88,1	73,9	76,7
Bruterfolg** [%]					
– bezogen auf Alter Weibchen	55,8	68,9	78,1	78,9	–
– bezogen auf Alter Männchen	61,3	70,8	76,5	68,7	60,0
Verpaarungswahrscheinlichkeit					
– gleichen Alters*** [%]	+67	+22	+70	+900	–

tung, Maximalalter, mittlere Überlebenszeit, potentiell erreichbare Lebenslänge usw. Viele dieser Angaben haben nur statistische Bedeutung und wenig mit dem zu tun, was unsere Frage beantwortet haben will. Zum Teil liefern sie sogar unsinnige Aussagen. Nimmt man als Beispiel die mittlere Lebenserwartung vom Rotkehlchen, dem Vogel des Jahres 1992, die weniger als ein Jahr beträgt, so erreicht es niemals die Fortpflanzungsfähigkeit. Dieser Mittelwert kommt aber dadurch zustande, daß die Verluste im ersten Lebensjahr ungewöhnlich hoch sind (knapp 80 %). Das potentiell erreichbare Alter liegt bei über elf Jahren. Das gleiche gilt für viele andere Kleinvögel, aber auch größere Arten. Wir sehen, daß die Angabe einer »Lebensspanne« stark davon abhängt, welche statistischen Grundlagen zur Datenerfassung herangezogen werden. Aus diesen Erkenntnissen heraus hat die Gerontologie zwei Maßzahlen für die »normale« Lebensspanne einer Art eingeführt, die hier erklärt werden sollen:

a) Die mittlere Überlebenszeit (mean survival time), die vom Schlüpfen an (bzw. nach dem Selbständigwerden) die ökologische Lebensdauer definiert. Sie ist vor allem durch Faktoren wie Krankheit, Hunger, Beuteverluste etc. bestimmt.

b) Das maximal erreichbare Alter (maximum life-span potential) gibt an, wie alt ein Individuum unter optimalen Bedingungen ohne Krankheit, Beuteverluste und ähnliche Faktoren werden kann. Man bezeichnet es auch als physiologisches Lebensalter.

Bei Vögeln hat man nun – wie bereits erwähnt – außergewöhnlich viel Datenmaterial, um diese beiden Lebensspannen miteinander vergleichen zu können. Die Ornithologen sind in der glücklichen Lage – durch die Beringung und die Wiederfunde einer riesigen Zahl von Vögeln –, so ziemlich das beste Material über die ökologische Lebensdauer einer Wildpopulation überhaupt aufbieten zu können. Von keiner anderen Tiergruppe gibt es auch nur annähernd vergleichbare Daten. Aus Ringfunddaten und anderen Quellen habe ich alle verfügbaren Daten gesammelt und ausgewertet. Dabei zeigt sich deutlich, daß das maximale ökologische Lebensalter eine klare Funktion der Körpermasse darstellt. Je schwerer (größer) ein Vogel, umso größer ist sein Lebensalter. Das haben wir auch schon bei den Reptilien gesehen. In Abb. 7.14 auf S. 209 ist diese Abhängigkeit für insgesamt rund 820 verschiedene Vogelarten aus dem Freiland dargestellt. Das maximale ökologische Lebensalter $L_ö$ (in Jahren) korreliert danach mit der Körpermasse M (in Gramm) nach folgender Exponentialgleichung (jetzt müssen Sie sich doch noch mit Formeln auseinandersetzen – wer will, überliest sie):

$$\lg L_ö = 0{,}66 + \lg 0{,}17 \cdot M$$

oder umgeschrieben

$$L_ö = 4{,}57 \cdot M^{0{,}17}$$

In Tabelle 7.2 auf S. 209 sind die daraus errechenbaren Erwartungswerte für einige Körpermassen angegeben. Ein Winzling wie das Goldhähnchen

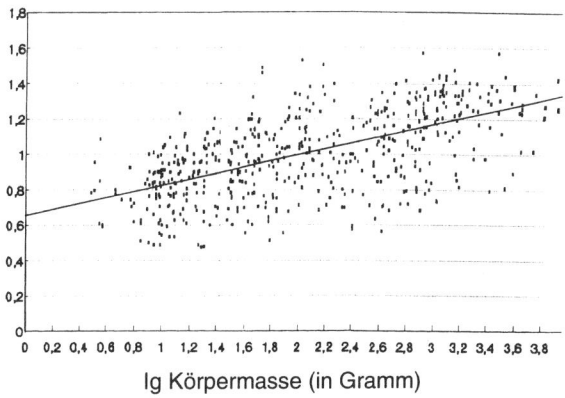

lg Körpermasse (in Gramm)

ABBILDUNG 7.14: Die halblogarithmische Darstellung der Massenabhängigkeit (allometrische Gleichung) des Lebensalters bei Vögeln. Original Computergraphik. Die Gleichung der eingezeichneten Regressionsgeraden ist im Text aufgeführt. Berechnete Beispiele siehe Tab. 7.2. Das Lebensalter nimmt pro Gewichtsverdopplung (z.B. von 100 auf 200 g) um rund 16 % zu. Damit sich das Lebensalter verdoppelt, muß das Gewicht um das Sechzehnfache ansteigen.

mit rund fünf bis sechs Gramm Körpermasse hat demnach immerhin eine ökologische Lebenserwartung, die unter günstigen Umständen bei fünf bis sechs Jahren liegt, also wesentlich über der mittleren Lebenserwartung. Großvögel erreichen 20-30 Jahre. Übrigens gelten die gleichen grundlegenden Beziehungen auch für Säuger und sogar viele grundsätzlichen Körperfunktionen, wie wir noch sehen werden (Kap. 16, S. 436 ff.). Diese theoretisch-mathematischen Darlegungen erscheinen vielleicht etwas kompliziert, sind aber für die folgenden Betrachtungen doch von so großer Bedeutung, daß ich sie nicht unterschlagen kann.

TABELLE 7.2: Theoretische Erwartungswerte zum maximalen ökologischen und physiologischen Lebensalter bei Vögeln in Abhängigkeit von der Körpermasse. Die Daten wurden aus den im Text (S. 208) angeführten Regressionsgleichungen errechnet.

Körpermasse in Gramm	Maximalalter in Jahren	
	ökologisch	physiologisch
1	4,7	5,1
10	7,0	8,7
100	10,4	14,7
1 000	15,4	25,0
10 000	22,7	42,4
100 000	33,6	72,0

In Gefangenschaft lebt es sich länger

Zur Kenntnis des maximalen physiologischen Lebensalters (es wird in der folgenden Formel mit L_p bezeichnet) haben die zahlreichen Vogelhalter und Zoos beigetragen, wo die Vögel in der Regel unter den geforderten optimalen Bedingungen gepflegt und gehegt werden. Es ist sofort zu erkennen, daß dieses Alter wesentlich über dem Wert des ökologischen Alters liegt. In Tabelle 7.2 (3. Spalte) auf S. 209 sind die Vergleichsdaten angegeben. Die dazu entsprechende Korrelationsgleichung lautet:

$$L_p = 6{,}6 \cdot M^{0{,}19}.$$

Die Gleichung verläuft steiler (der Exponent, die Hochzahl ist größer als bei der vorangegangenen Gleichung), was bedeutet, daß größere Vögel in Gefangenschaft relativ gesehen älter werden als kleine. Anders ausgedrückt: Ihre ökologische und physiologische Lebensspanne klafft weiter

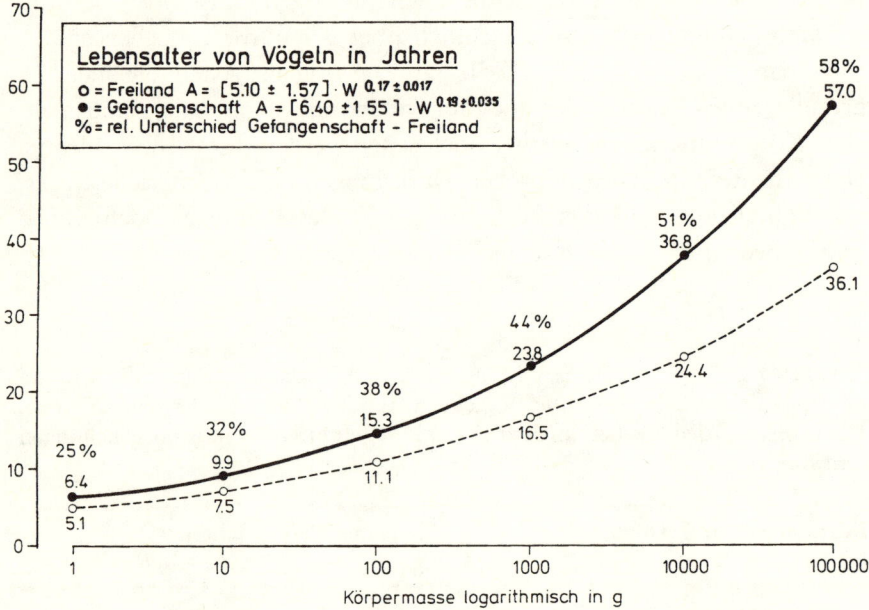

ABBILDUNG 7.15: Vergleich der allometrischen (massenabhängigen) Korrelation von maximalem ökologischen und physiologischen Lebensalter. Theoretische Erwartungswerte und effektive Werte s. Tab. 7.2 (S. 209). Angegeben ist jeweils auch, inwieweit sich beide Werte in Prozent voneinander unterscheiden. Es ist zu erkennen, daß beide Werte um so stärker differieren je größer der Vogel ist.

auseinander, als dies bei kleinen Vogelarten der Fall ist. In Abb. 7.15 und
7.16 (S. 212) sind sowohl die allometrischen Korrelationen als auch einige konkrete Beispiele für verschieden große Vogelarten gegeben, die diese
Verhältnisse besser veranschaulichen.

Betrachtet man sich die maximalen Lebensspannen, die im Tabellenanhang auf S. 470 ff. aufgeführt sind, lassen sich auch interessante systematische Bezüge finden. Greifvögel, Rabenartige und Papageien werden im Vergleich zu ebensogroßen anderen Vogelarten besonders alt. Sie
zeichnen sich in der Regel durch eine besonders ruhige Lebensweise und
in der Folge durch einen niedrigen Stoffwechsel aus, die – das wissen wir
inzwischen schon – lebensverlängernd wirken. Das haben wir u.a. schon
bei den Bienen und anderen Tierarten kennengelernt, daß die Höhe des
Energieumsatzes letztlich die Lebensdauer wesentlich mitbestimmt.

Dabei kann jeder Vogel offensichtlich nur eine bestimmte, für alle Arten konstante Lebensenergie verbrennen. Verbraucht der Vogel sie
schnell, lebt er kurz; verbrennt er sie langsam, verlängert er sein Leben.
Die Lebenszeit ließe sich bei einer solchen Betrachtung also in physiologischen oder biologischen Zeitmaßeinheiten messen (Energieumsatz pro
Körpermasseneinheit). Dabei würden dann alle Vogelarten energetisch
gesehen quasi gleich alt. Die beiden erstgenannten Meßsysteme beruhen
dagegen auf physikalischen Dimensionen (Tage, Jahre) und zeigen extrem
unterschiedliche Lebensspannen. Diese Befunde und weitere im Bereich
der Embryonalentwicklung bei Vögeln haben mich letztlich auf die gesamte Altersproblematik gebracht, sie sind für dieses Buch verantwortlich. Ich werde in einem späteren Kapitel (Kap. 16, S. 436 ff.) noch ausgiebig darauf zurückkommen.

Bleibt die stets obligate Frage nach dem Spitzenreiter der Altersstatistik bei Vögeln. Diese Frage ist allerdings nicht leicht zu beantworten.
Alle bekannten Maximalwerte (bei allen Tieren und Planzen) müssen immer mit einem großen Fragezeichen versehen werden, da die Altersbestimmung in kaum einem Falle frei von Zweifeln ist. Zu groß ist die Ver-
suchung, Guinness-Buch-Werte zu liefern. Bei realistischer Betrachtung
dürfte ein Maximalalter von 70 bis 80 Jahren sicher die Obergrenze bei
Vögeln darstellen. Werte um die 120 Jahre für Papageien müssen sehr
skeptisch angesehen werden. Allerdings sind auch 80 Jahre – verglichen
mit der Kleinheit der Vögel – im Vergleich zum Menschen außergewöhnlich hohe Lebensspannen. Die vielzitierte Ausnahme Mensch ist deshalb
in bezug auf die maximale Lebensspanne sicher eher ein Wunschtraum

denn eine wissenschaftliche Realität. Sehr geringe Lebensspannen haben die viel Energie verbrauchenden, winzigen Kolibris (Abb. 16.14, S. 460); sie erreichen kaum über fünf Lebensjahre.

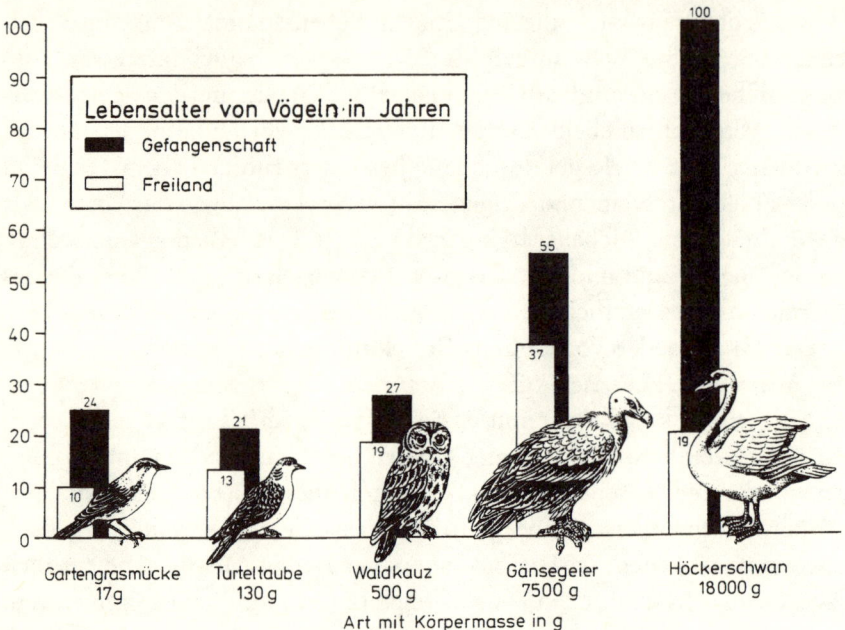

ABBILDUNG 7.16: Das maximal bekannt gewordene Lebensalter verschiedener Vögel in Gefangenschaft (potentielles, physiologisches Maximalalter) und im Freiland (ökologisches Maximalalter). Theoretische Erwartungswerte s. Tab. 7.2 (S. 209) und Abb. 7.15 (S. 210).

Säugetiere – ein relativ kurzes Leben

Gemessen an ihrer Körpergröße haben Säugetiere gegenüber anderen Organismen eine recht kurze Lebenserwartung. Eine Ausnahme macht hier allein der Mensch, der aber keineswegs, trotz optimaler medizinischer Betreuung und optimaler Nahrungsversorgung, zu den vergleichsweise besonders alt werdenden Lebewesen gehört. Eine kleine Übersicht über die wichtigsten Tiergruppen ist in Abb. 7.17 auf S. 213 aufgeführt.

Die Säugetiere (*Mammalia*) gehören, wohl wegen ihrer Nähe zum

Menschen, bezüglich des Alterns zu den am besten untersuchten Tieren. Wir werden eine Reihe von Untersuchungen kennenlernen, die über die Abhängigkeit verschiedener physiologischer Parameter vom chronologischen Lebensalter berichten. Im Tabellenanhang auf S. 470 ff. ist zudem eine Zusammenfassung der vorliegenden Maximalalter von Säugern aufgeführt. Am kürzesten leben mit etwa zwei Jahren die kleinen Spitzmäuse und andere Kleinsäuger. Über einhundert Jahre alt wird kaum ein Tier bei den Mammalia. Selbst sehr große Organismen, wie der Elefant oder der Blauwal, erreichen wohl kaum diese Grenze. Zu dem gibt es innerhalb eng verwandter Gruppen oft erstaunliche Unterschiede, die noch nicht in allen Fällen geklärt werden konnten. So wird der Feldhamster mit drei bis vier Jahren etwa doppelt so alt wie sein Vetter, der Goldhamster. Auch bei Mäusen gibt es solche frappierenden Unterschiede. Bei Spitzmäusen kann man auftretende Differenzen allerdings sehr einfach mit der Stoffwechseltheorie des Alterns erklären. Wie bei den schon vorgestellten Unterschieden zwischen Tintenfisch und Krake, sind auch hier die Unterschiede wohl von der Energieumsatzrate bestimmt. Weißzahnspitzmäuse werden mit vier bis sechs Jahren Lebenserwartung z.B. wesentlich älter als ihre Schwestergruppe, die Rotzahnspitzmäuse, die nur zwei bis drei Jahre

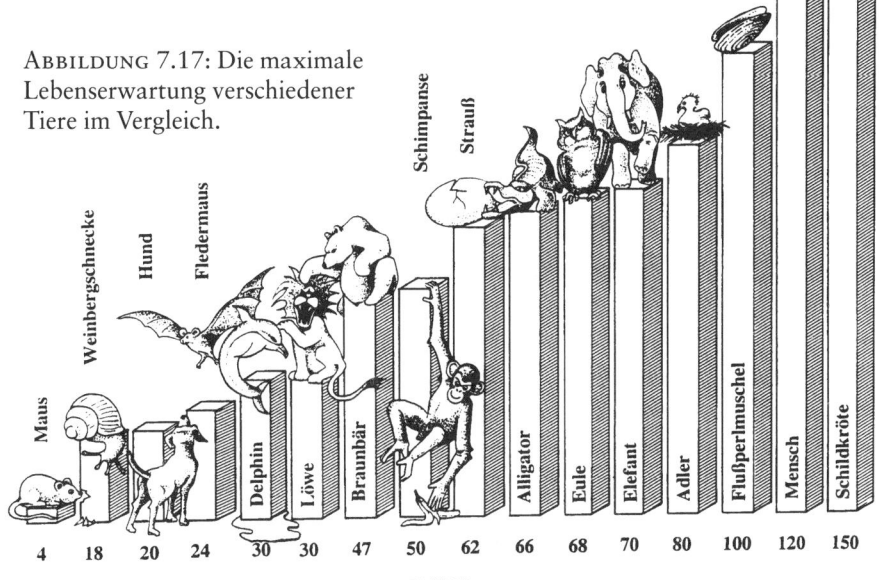

ABBILDUNG 7.17: Die maximale Lebenserwartung verschiedener Tiere im Vergleich.

Maus · Weinbergschnecke · Hund · Fledermaus · Delphin · Löwe · Braunbär · Schimpanse · Strauß · Alligator · Eule · Elefant · Adler · Flußperlmuschel · Mensch · Schildkröte

4 18 20 24 30 30 47 50 62 66 68 70 80 100 120 150

JAHRE

leben (Abb. 7.20, S. 217). Die länger lebenden Weißzahnspitzmäuse haben einen niedrigeren Stoffwechsel und können in ihrer Schlafphase zusätzlich in einen energiesparenden Starrezustand (Torpor) verfallen. Diese Eigenschaften fehlen den kurzlebigen Formen.

Auch andere Säugerarten, die z.B. Winterschlaf zeigen oder allgemein einen niedrigen Energieumsatz aufweisen, leben länger als energieintensiv lebende Formen. Winterschlafende Fledermäuse erreichen so ein für einen kleinen Säuger geradezu biblisches Alter von 20 bis 30 Jahren; gleichgroße, nicht winterschlaffähige, richtige Mäuse nur etwa zwei bis drei Jahre. Mit mehr Beispielen werde ich darauf noch im Detail im Kap. 16 über Alter(n)stheorien zurückkommen (S. 446 ff.).

Bei vielen Säugern sterben – wie beim Menschen (und vielen Vögeln) – die Männchen früher als die Weibchen. Vermutungen, daß dies darauf beruhe, daß Männchen nur über ein X-Chromosom und ein verkürztes Y-Chromosom verfügen, während Weibchen zwei normale X-Chromosomen haben, lassen sich nicht aufrechterhalten, weil es bei Vögeln gerade umgekehrt ist. Bei XX-Trägern seien im Gegensatz zu XY-Trägern ja alle Erbmerkmale doppelt vorhanden, so die gängige Argumentation. Sie wären also gegenüber Chromosomenschäden auf diesen Erbanlagen besser geschützt – so lautet zumindest die Theorie. Bei den Wespen in den vorangegangenen Abschnitten haben wir schon schwerwiegende Gegenargumente dazu kennengelernt.

Auch die Theorie, daß Männchen aggressiver seien und deswegen häufiger an Unfällen stürben, ist nur wenig haltbar. Die Stoffwechseltheorie hilft uns aber auch hier wieder weiter. Das Testosteron, das Geschlechtshormon der Männchen, wirkt stoffwechselsteigernd. Nach der schon früher dargelegten Hypothese muß sich dies lebenszeitverkürzend auswirken. Tatsächlich hat man an Katzen, Hunden und Ratten (aber auch beim Menschen) festgestellt, daß kastrierte Männchen länger leben. Bei kastrierten Hauskatern steigt die mittlere Lebenserwartung so von 5,3 auf 8,1 Jahre. Umgekehrt leben Weibchen kürzer, wenn sie mit männlichen Geschlechtshormonen (Androgenen) behandelt werden.

Die Stoffwechseltheorie wird auch durch Hungerversuche unterstützt. Läßt man Ratten hungern, d.h., versorgt man sie mit einer Diät, die zwar alle wichtigen Elemente, Vitamine etc. enthält, aber von der Kalorienzahl her zu wenig bietet, leben diese Ratten (bei erniedrigtem Stoffwechsel) meist beinahe doppelt so lange wie ihre ad lib. gefütterten Artgenossen (sie können soviel fressen, wie sie wollen). Diese Versuche von Walford führten zu der These, man könne durch eine Kalorienreduktion sein Leben verlängern, und sie wird von vielen Gerontologen unterstützt, ohne daß man genau weiß, was die Ursachen der Lebensverlängerung sind.

Diät-Ratten leben nun aber nicht nur länger, sie haben auch ein besseres Immunsystem, ein glänzenderes Fell und ein besseres Erinnerungsvermögen bis ins hohe Lebensalter. Diese Untersuchungen hat man auch bei Mäusen und inzwischen auch bei Primaten durchgeführt, denen man ohne Probleme die an sich als unbedingt notwendig angesehene Futterration um bis zu 30 % reduzieren kann. Wie sagte der griechische Dichter Hesiod doch vor rund 2 700 Jahren: »Ein Narr, wer nicht weiß, daß wenig mehr ist als viel. Gesegnet das karge Mahl und der mäßige Trank.«

Bei einem Säugetierverwandten, der Stuart-Breitfußbeutelmaus (Abb. 7.18), einem australischen Insektenfresser, kann man auch beobachten – ein seltener Fall bei den Säugetieren –, wie Fortpflanzung und Tod eng miteinander zusammenhängen. Dies haben wir ja bei den Weichtieren, Fischen, Insekten und vielen anderen Tieren in zahlreichen Beispielen bereits kennengelernt. Das Breitfußbeutelmaus-Männchen streift während der kurzen Paarungszeit im Winter oder im Frühjahr weit umher. Es ist praktisch den ganzen Tag über aktiv. Trifft es auf ein Weibchen, kommt es zur Paarung, die mehrere Stunden dauern kann. Nach der Paarung, die einen großen physiologischen Streß darstellt, kommt es zu einem wahren physiologischen Kollaps. Die Nebennierenrinde schüttet verstärkt Hormone (Corticosteroide) aus, die Geschwüre im Darmsystem hervorrufen und das Immunsystem schwächen. So haben Krankheitserreger mit dem geschwächten und geschädigten Männchen ein leichtes Spiel. Der Tod kommt auf diese Weise, kurz nach der Paarung, aufgrund eines offenbar evolutiv bewährten, genetischen Programms in der Regel nach rund elfeinhalb Monaten Lebensdauer – eine extrem kurze Zeit für ein so hoch entwickeltes Tier. Die Breitfußbeutelmaus-Männchen zeigen folglich eine Art Kamikaze-Fortpflanzung mit dem Effekt, daß sie ihrem Nachwuchs niemals begegnen werden. Dies scheint

ABBILDUNG 7.18: Eine Breitfußbeutelmaus (*Caenolestes* spec.). Bei diesen Säugern der Gattung *Antechinus* überleben die Männchen nur knapp zwölf Monate. Kurz nach der Fortpflanzung sterben sie und bekommen so ihren Nachwuchs nie zu Gesicht.

indes nicht zum Schaden der Art zu sein, denn sie ist bis heute nicht ausgestorben. Im Gegenteil, durch das schnelle Absterben schaffen die Väter ihrem potentiellen Nachwuchs optimalere Bedingungen, sich bei der nächsten Paarungsrate ohne unnötige Konkurrenz durch alte Männchen fortzupflanzen. Und über die unsterbliche Keimbahn mischen die Väter ja kräftig mit.

Was allgemeine Alternserscheinungen anbelangt, werden beinahe alle beim Menschen auftretenden Effekte auch bei den Säugetieren festgestellt. Wir finden nicht nur sämtliche Degenerationserscheinungen (Zelldegeneration, Einstellen der Keimdrüsentätigkeit, Ansammlung von Alterspigment, Vernetzung der Kollagenfasern, Verkalkung der Blutgefäße, Änderungen im Blutbild, Erhöhung des Blutdruckes usw.), die wir vom Menschen her kennen. Dies verwundert nicht besonders – viele sind ja zunächst im Tierversuch beobachtet und untersucht worden. Ebenso wie beim Vogel und beim Menschen sinkt auch bei den Säugetieren der Energieumsatz mit zunehmendem Lebensalter ab (Abb. 7.19). Die typischen Alterskrankheiten des Menschen sind oft genug auch alltägliche Leiden

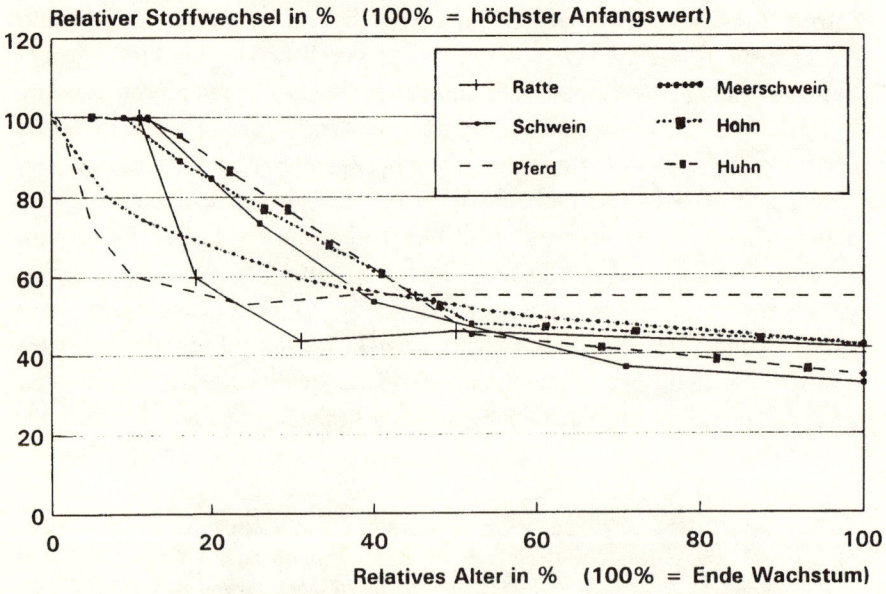

ABBILDUNG 7.19: Die Altersabhängigkeit des Energieumsatzes bei verschiedenen Tieren. Alle zeigen mit zunehmendem Alter (wie der Mensch) einen abnehmenden Energiestoffwechsel. Siehe auch Abb. 7.12 (S. 204) und 7.13 (S. 205).

bei alten Säugetieren, sofern sie ein entsprechend hohes Alter überhaupt erreichen. Jeder Tierarzt kann ein Lied davon singen, mit welchen Alterskrankheiten bis ins hohe Alter gehegte Haustiere, wie Hund, Katze, Pferd, Hase oder Meerschweinchen, geplagt sein können.

Der bekannte Alternsforscher Hayflick, den wir über die Hayflick-Zahl ja schon kennengelernt haben, sagte einmal: »Im Grunde altert ja nur der Mensch. In freier Wildbahn gibt es kein Altern. Es ist ein echtes Problem des Menschen und stammt daher, daß er sich von seiner natürlichen Umgebung so weit entfernt hat.« Es ist schon erstaunlich, welch grandioser sowohl semantischen als auch biologischen Fehleinschätzung Hayflick hier unterliegt. Ich denke, daß die vorangegangenen Kapitel folgendes deutlich dargelegt haben. Ich möchte es – bevor ich zum Altern des Menschen komme – nochmals kurz zusammenfassen, weil es wichtig ist:

Die bei den Tieren und Pflanzen zu beobachtenden Alternserscheinungen zeigen, daß das Altern wohl bei allen Organismen nach dem gleichen Prinzip verläuft. Die Auswirkungen und Abläufe sind in manchen Gruppen (scheinbar) sehr unterschiedlich. Wer aber die Fähigkeit zur holistischen, alles umfassenden Sicht (noch) nicht durch atomistische und reduktionistische Faktenglauberei verloren hat, sollte keine zu großen Schwierigkeiten haben, das generelle Prinzip und seine Zielsetzung als roten Faden im gesamten Alternsablauf aller Organismen wiederzufinden. Leider gibt es aber immer mehr Forscher, die, nur weil sie eine einzelne

ABBILDUNG 7.20: Zwei Spitzmäuse mit unterschiedlicher Stoffwechselstrategie. Die Hausspitzmaus *Crocidura russula*, ein Vertreter der Familie der Weißzahnspitzmäuse (rechts), zeigt tagsüber in ihrer Ruhephase einen Starrezustand (Lethargie, Torpor), in dem Energieumsatz und Kör-

pertemperatur extrem abgesenkt werden und somit viel Energie gespart werden kann. Sie lebt etwa vier bis sechs Jahre. Ihr Vetter, die Waldspitzmaus *Sorex araneus* (eine Rotzahnspitzmaus; links) verfügt nicht über diese Fähigkeit. Sie lebt nur zwischen zwei und drei Jahren.

Fichte in einem Buchenwald gefunden haben, sich nicht mehr trauen, diesen Wald als Laubwald zu bezeichnen. Hier soll wissenschaftliche Korrektheit oder exaktes Beschreiben signalisiert werden, in Wirklichkeit handelt es sich schlicht um mangelnde Übersicht über die biologische Realität. »Den Wald vor lauter Bäumen nicht mehr sehen« wird jedoch leider immer mehr zur wissenschaftlichen Alltäglichkeit – und manche Forscher sind noch stolz darauf. Ich denke, man könnte diese Form der wissenschaftlichen Praxis auch als Arroganz der Unwissenheit bezeichnen.

Kapitel 8

Altern auf verschiedenen Organisationsstufen des Lebens VI:
Das Altern und die Lebensspanne des Menschen

Die vorangegangenen Kapitel haben uns gezeigt, daß Altern kein exklusives »Vergnügen« des Menschen ist. Nicht nur einzelne Zellen, auch alle Organismen, von den Einzellern bis zu den Säugetieren, zeigen Alternserscheinungen und eine in der Regel artspezifische, klar definierte Lebensspanne. Einige Formen scheinen in einem großzügig ausgelegten Begriffsverständnis unsterblich zu sein. Es handelt sich dabei meist um sogenannte primitive, niedere Organismen (Einzeller, Hohltiere u.ä.), die vor allem eine asexuelle Fortpflanzung zeigen, und um solche Lebensformen, die in der Lage sind, ihre Körpersubstanz kontinuierlich zu erneuern bzw. sich in extremer Manier zu regenerieren. Wir werden sehen, daß diese letztere Eigenschaft auch bei Menschen (sowie bei den meisten anderen biologischen Systemen) vorhanden ist. Die Fähigkeit zur Regeneration verlorengegangener oder beschädigter Körperteile hat nichts mit der Länge der Lebensdauer zu tun.

Entscheidende Faktoren für den Alternsvorgang und die erreichbare Lebensdauer sind ganz unbestritten das Körpergewicht (je größer man ist, desto länger lebt man), der Energieumsatz (je höher, desto kürzer lebt man) und die Fortpflanzung (je früher und erfolgreicher, desto früher stirbt man). Eine genetische, d.h. erbliche Fixierung der Alternsabläufe und damit des Lebensalters ist nach dem, was wir bisher gehört haben, eigentlich unbestritten. Wie dieses Erbprogramm aber im Detail aussieht, ist noch völlig ungeklärt.

Die Untersuchung des Alterns an tierischen Modellen berechtigt zu der Annahme, daß auch beim Menschen Senescenz nach den gleichen, grundlegenden Prinzipien abläuft. Je kürzer die Lebensspanne eines Versuchstieres ist, umso besser lassen sich bei ihm Experimente zum Altern verfolgen, da viele Generationen hintereinander untersucht werden können. Umfassende Erkenntnisse zur (gerontologischen) Alternsproblematik, sind praktisch ausschließlich an Tieren gewonnen worden, während der Mensch selbst eigentlich nur im Mittelpunkt geriatrischer Betrachtungen stand und immer noch steht. Dieser geriatrische Blickpunkt ist vorwiegend medizinisch auf die Abwendung, Verhinderung und Erleichterung von Altersbeschwerden, Altersleiden, Alterskrankheiten etc. fixiert. Er sieht den Menschen dabei vor allem als »Opfer« schleichender Alternsmorbidität. Für ihn ist er ein biologisches System, das immer weniger in der Lage ist, seine Funktionen und Strukturen leistungsfähig zu halten. Altern und Lebenszeitbegrenzung werden schnell als eine mangelhaft konstruierte, schlecht organisierte und anfällige Eigenschaft des Lebens empfunden, die einem die doch so sehr gewünschte Unsterblichkeit und ewige Gesundheit aus Unfähigkeit vorenthält. Man gibt sich dem Eindruck und der überheblichen Einschätzung hin, man müsse das System verbessern. Und viele haben deshalb größte Probleme, sich vorzustellen, daß eben dieses biologische System gar kein »Interesse« an dieser von uns so geschätzten Eigenschaft »ewiges Leben und ewige Gesundheit« hat. Altern und Tod sind elementare Bestandteile des Lebens und der Evolution. Dies können wir – rational objektivierend – als abstrakte, wissenschaftliche Ansicht gerade noch akzeptieren. Für unser eigenes, menschliches Schicksal bleiben sie aber mental sehr schwer verständlich und akzeptierbar.

Der Mensch altert nicht erst im Alter

Altern ist keine Eigenschaft, die erst in den späteren Lebensjahren, also um die 30 oder 40, auftritt. In dieser Altersklasse wird uns eher das Altern zum erstenmal so richtig bewußt, weil wir uns vorher nicht damit beschäftigt haben und weil jetzt in der Summe einige Alternserscheinungen auch zu Beschwerden führen oder äußerlich auffallen (Glatze, graue Haare, Falten etc.).

Bereits in der frühesten Embryonalentwicklung von Organismen altern einige Systeme unseres Körpers. Eine große Zahl von Zellen geht bereits durch aktive Prozesse zugrunde, bevor wir überhaupt das Licht der Welt erblicken. Die bei der Geburt eines Mädchens z.B. vorhandenen 200 000 Ur-Eizellen sind nur ein Teil der im Embryo primär angelegten Zahl (rund 400 000 werden maximal angelegt). Und während der gesamten Entwicklung zur Pubertät gehen viele tausend weitere verloren. Diesen Abbau kennt man von allen Säugern und Vögeln, und er ist wahrscheinlich für die meisten Organismen typisch.

Embryonalentwicklung und Organogenese (Organentwicklung) sind ohne Differenzierung von Zellen unmöglich. Und wir haben gesehen, daß Differenzierung immer einen Verlust von Eigenschaften darstellt – also eine ganz typische Alternseigenschaft repräsentiert.

Wachstum ist ebenfalls eine ganz elementare Voraussetzung für unsere Entwicklung. Es erfolgt durch mitotische Teilung der Zellen. Genauso wichtig ist, daß diese Mitosen zur rechten Zeit eingestellt werden, sonst würden wir unbegrenzt wachsen, was sicher zu chaotischen Verhältnissen in unserem Körper führen würde. Und die meisten Zellen unseres Körpers (Nervensystem, Muskulatur), sowohl der absoluten Zahl als auch dem Gewichtsanteil nach, haben ihre Teilungsfähigkeit schon zum Zeitpunkt unserer Geburt) längst verloren. Die Zellen differenzieren sich postnatal nurmehr und stellen ihre Teilungsfähigkeit ein. Doch selbst diese Form von Altern reicht für eine normale Entwicklung bei weitem nicht aus. Viele Zellen müssen sogar wieder vernichtet und eliminiert werden, weil sie nicht mehr gebraucht werden und die normale Weiterentwicklung stören würden. Solche Zellen werden über den programmierten Zelltod (die Apoptose; siehe weiter oben) aktiv vom Organismus entfernt. Altern und Tod der Zellen sind auch hier ein elementares Muß für die normale Entwicklung gesunder, lebensfähiger Individuen und werden daher vom Organismus selbst herbeigeführt.

Auf der Ebene der Organe kennen wir ebenfalls einige Beispiele, wo Organe beim erwachsenen Menschen ihre Funktion bereits größtenteils wieder verloren haben. Ein typisches Beispiel ist die Thymusdrüse, die wir schon kennengelernt haben. Es ist eine charakteristische Jugenddrüse, die beim Erwachsenen durch Fett (der verbleibende Rest heißt dann retrosternaler Fettkörper) ersetzt und damit funktionsunfähig wird (Abb. 8.1, S. 222). Die Thymusdrüse steuert in der Jugend aller Vertebraten (Wirbeltiere) vor allem Wachstum und Entwicklung des Gesamtorganismus sowie die Reifung von Lymphocyten. Prinzipiell ist nicht einsehbar, weshalb zumindest die Reifung der weißen Blutkörperchen auch

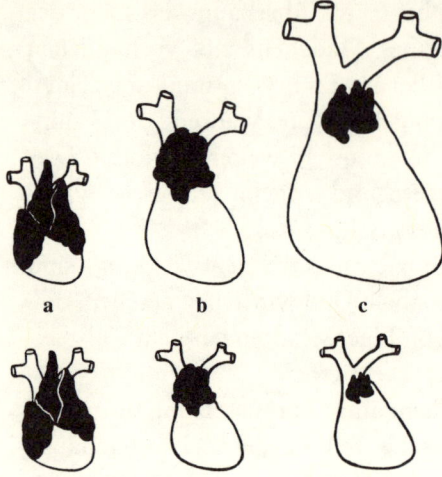

ABBILDUNG 8.1: Die Veränderungen der Thymusdrüse im Laufe der Jugendentwicklung im Verhältnis zur Herzgröße. In der oberen Reihe ist das Herz in seinem relativen Wachstum gezeigt. In der unteren Reihe ist das Herz in allen Altersstadien gleich groß gezeichnet, um die relative Thymusreduktion deutlicher zu machen. **a**: beim Neugeborenen. **b**: beim 2 Jahre alten Kind. **c**: beim Erwachsenen.

nach der Pubertät nicht mehr durchgeführt werden soll. Tatsache ist aber, daß dieser Verlust der Thymusstruktur und Funktion nicht auf passive Unfähigkeit oder negative äußere Einflüsse zurückzuführen ist, sondern durch eine programmierte, endogen bedingte Fetteinlagerung aktiv herbeigeführt wird. Altern ist also auch hier keine erlittene Unbill, sondern eine bewußt produzierte Organeigenschaft, die man Thymus-Involution nennt.

Ähnliches gilt für die Epiphyse (Pinealorgan), eine Drüse, die im Jugendstadium vor allem auch eine frühzeitige Geschlechtsreifung verhindert. Sie wird im Alter beim Menschen degeneriert, indem Kalk und Bindegewebe die Funktionsstrukturen ersetzen. Als »Altersgries« findet man ihre Reste auf dem Zwischenhirn aufsitzen. Auch hier erfolgt die Abschaltung der Funktion durch aktiv gesteuerte Prozesse, die uns nur nie bewußt

ABBILDUNG 8.2: Junges Kind und alte Frau. In beiden Generationen altert der Organismus; die Alterung verläuft nur unterschiedlich schnell und umfaßt unterschiedliche Organe.

oder augenscheinlich werden. Die alternsabhängige Veränderung der Sehschärfe ist dagegen für jedermann mehr oder weniger bekannt. Bereits im Alter ab zehn Jahren büßt die Linse an Elastizität ein, und der Nahakkommodationspunkt verschiebt sich nach außen (Abb. 4.25, S. 123). Lange bevor wir in die Pubertät kommen, werden wir also schon »alterssichtig«, eine besondere Form der »Weitsicht«...

Vergleichen wir einen sehr jungen und einen sehr alten Menschen (Abb. 8.2, S. 222), so stellen wir fest, daß beide altern; unterschiedlich schnell und mit unterschiedlich hohem Anteil und Niveau verschiedener Systeme zwar, aber doch in allen Alternsstufen wohl nach dem gleichen Prinzip. Während sich manche Organe (noch) auf dem jugendlichen (postnatalen) Wege zur maximalen Leistungsfähigkeit befinden, sind andere bereits auf der embryonalen (pränatalen) Altersstufe dazu übergegangen, ihre Funktion einzustellen. In Abb. 8.3 ist dieser Verlauf verschiedener Organsysteme schematisiert dargestellt.

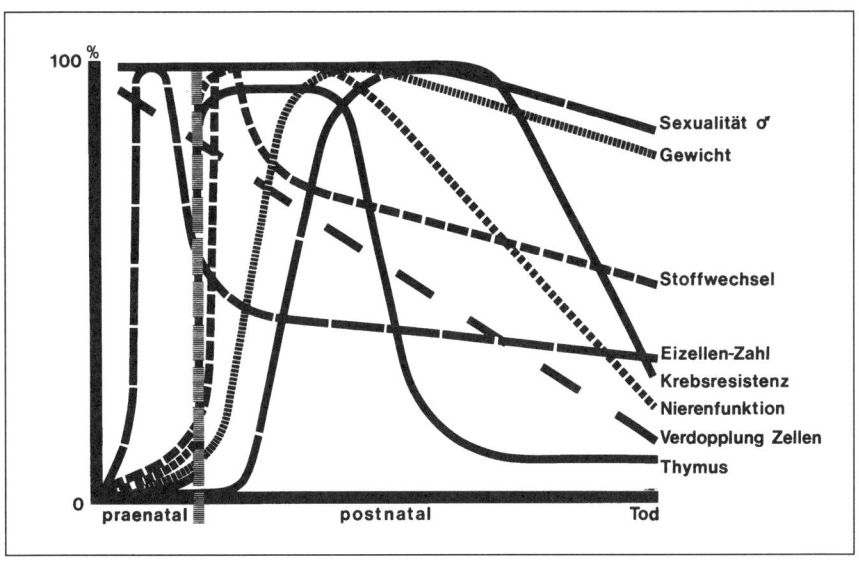

ABBILDUNG 8.3: Stark schematisierte Darstellung des Alterns verschiedener Organsysteme beim Menschen. Schon lange vor der Geburt (pränatal) beginnt der Altersvorgang.

Nicht alle Organe altern gleich schnell

Im Kap. 4 auf S. 83 ff. haben wir im Detail das Altern zahlreicher Organsysteme kennengelernt, weshalb ich es hier nicht wiederholen zu brauche. Eine Zusammenfassung über die mit dem Alter veränderte Leistungsfähigkeit gibt Abb. 8.4.

Wir sehen, daß praktisch alle Körperfunktionen etwa ab dem 30. Lebensjahr abnehmen. Das Altern verläuft bei den verschiedenen Systemen zwar unterschiedlich schnell, ist aber im Grundsatz bei allen durch eine

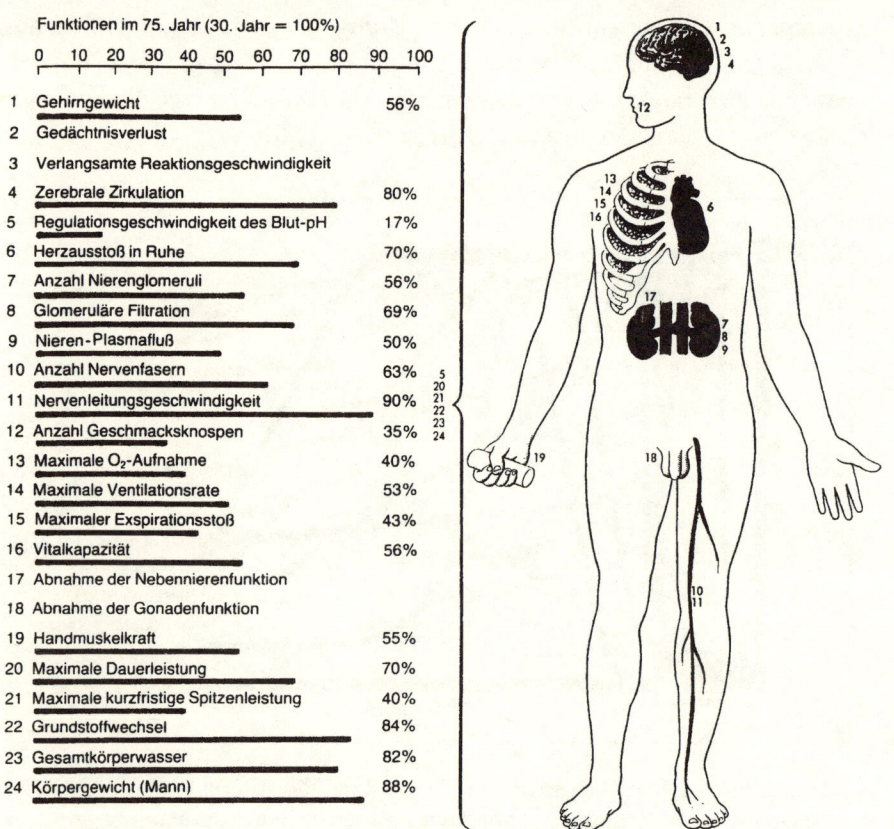

Funktionen im 75. Jahr (30. Jahr = 100%)

Nr.	Parameter	Wert
1	Gehirngewicht	56%
2	Gedächtnisverlust	
3	Verlangsamte Reaktionsgeschwindigkeit	
4	Zerebrale Zirkulation	80%
5	Regulationsgeschwindigkeit des Blut-pH	17%
6	Herzausstoß in Ruhe	70%
7	Anzahl Nierenglomeruli	56%
8	Glomeruläre Filtration	69%
9	Nieren-Plasmafluß	50%
10	Anzahl Nervenfasern	63%
11	Nervenleitungsgeschwindigkeit	90%
12	Anzahl Geschmacksknospen	35%
13	Maximale O_2-Aufnahme	40%
14	Maximale Ventilationsrate	53%
15	Maximaler Exspirationsstoß	43%
16	Vitalkapazität	56%
17	Abnahme der Nebennierenfunktion	
18	Abnahme der Gonadenfunktion	
19	Handmuskelkraft	55%
20	Maximale Dauerleistung	70%
21	Maximale kurzfristige Spitzenleistung	40%
22	Grundstoffwechsel	84%
23	Gesamtkörperwasser	82%
24	Körpergewicht (Mann)	88%

ABBILDUNG 8.4: Im Alter von 75 Jahren verbleibende Restfunktion wichtiger physiologischer Parameter beim Menschen. Die Werte eines 30jährigen sind gleich 100 % gesetzt. Deutlich ist zu erkennen, daß unterschiedliche Organsysteme sehr unterschiedlich in den Alternsprozeß involviert sind.

abnehmende Leistungsfähigkeit gekennzeichnet. Daraus ergeben sich natürlich zwangsläufig mit dem Alter zunehmend Probleme, mit denen sich die Geriatrie auseinandersetzt. Diese Altersprobleme zeigen oft typische, geschlechtsspezifische Unterschiede und Altersverteilungen. Zudem müssen die funktionsbedingten Beeinträchtigungen nicht immer mit dem Alter kontinuierlich zunehmen. Und nicht alle haben etwas mit Krankheiten im pathologisch-geriatrischen Sinne zu tun.

Betrachten wir einige konkrete Beispiele: Im Bereich des Kreislaufsystems haben wir die alternsabhängige Zunahme des Blutdrucks bereits angesprochen. Beide Meßpunkte, der systolische (wenn das Herz Blut ins Gefäßsystem pumpt; also in der Arbeitsphase des Herzens) als auch der diastolische Blutdruck (wenn das Herz eine Schlagpause einlegt) nimmt bei Mann und Frau kontinuierlich zu (Abb. 8.5). Als einfache Faustregel kann man sagen, daß der systolische Blutdruck in Millimeter Quecksilbersäule gewöhnlich 100 + das Lebensalter in Jahren beträgt (der diastolische Blutdruck verhält sich komplizierter; er zeigt keine so einfache Alternssteigerung). Für einen 50jährigen wären also 150 Blutdruckwert als normal anzusehen; beim 20jährigen wären es 100 + 20, also 120. Im Prinzip ist aus dieser Alternsabhängigkeit des Blutdruckes mit keinen bedenklichen Altersbeschwerden zu rechnen, sofern die Steigerung in diesem Rahmen bleibt.

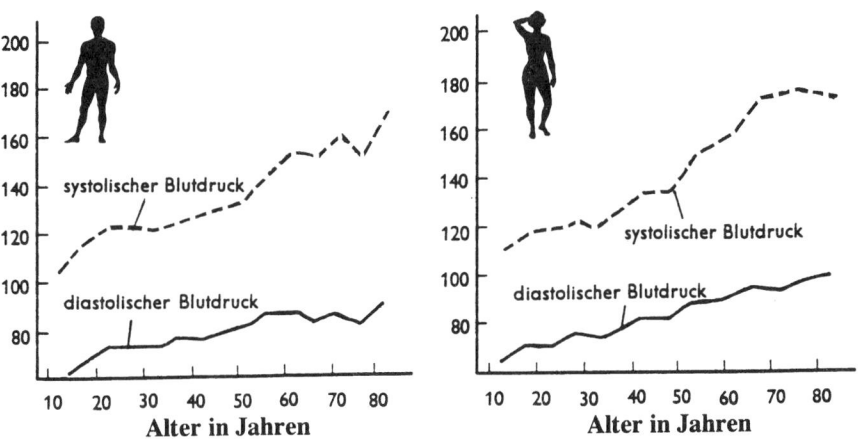

arterieller Blutdruck in mm Hg

ABBILDUNG 8.5: Die Veränderung des arteriellen, systolischen und diastolischen Blutdrucks bei Mann (links) und Frau (rechts) mit dem Alter.

relativer Anteil

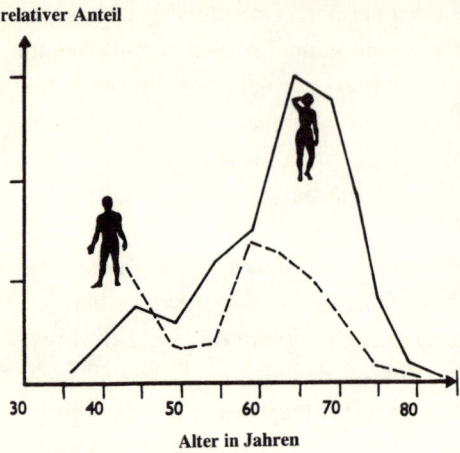

Alter in Jahren

ABBILDUNG 8.6: Alters- und Geschlechtsverteilung der Krampfadern.

Beschwerden, ja extreme Risiken können sich aber als Folge struktureller Änderungen im Gefäßsystem selbst ergeben. Die im Alter vermehrt auftretende Bindegewebsschwäche in den Adern führt z.B. auch zu einem vermehrten Auftreten von Krampfadern (Abb. 8.6). Frauen sind dabei stärker betroffen als Männer, bei denen die Krampfadern aber wesentlich früher auftreten. Wer bis zu einem bestimmten Lebensalter (zwischen 60 und 65 Lebensjahren) keine Krampfader bekommen hat, kann davon ausgehen, daß er auch in Zukunft mit hoher Wahrscheinlichkeit davon verschont bleibt. Das Risiko selbst steigt also nicht kontinuierlich mit dem Alter weiter an, wie z.B. der Blutdruck. Diesen Begrenzungseffekt werden wir noch bei anderen Krankheiten kennenlernen.

Der Herzmuskel wird durch die Herzkranzgefäße (Koronargefäße) versorgt. Diese unterliegen der schon beschriebenen Gefäßverkalkung und dementsprechend altersabhängigen Funktionseinbußen. Folgerichtig nimmt die Zahl der Koronarerkrankungen mit dem Alter zu. Im Gegensatz zu den Krampfadern sind allerdings Männer davon weitaus mehr betroffen als Frauen (Abb. 8.7). Man findet beim Mann einen Schwerpunkt um die 50 Lebensjahre; bei Frauen liegt er fünf bis sieben Jahre später.

Ein dramatischer Effekt solcher Koronarerkrankungen ist der lebensbedrohliche Herzinfarkt. Er nimmt mit dem Alter ebenfalls mehr oder weniger kontinuierlich zu (Abb. 8.8, S. 227). Bei Frauen tritt sein Maximalwert rund zehn Lebensjahre später auf als beim Mann. Daß im hohen Alter mehr

Zahl der Fälle in %

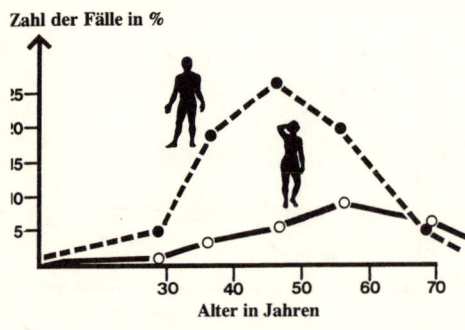

Alter in Jahren

ABBILDUNG 8.7: Häufigkeit der Koronarerkrankungen in verschiedenen Lebensaltern bei Mann und Frau.

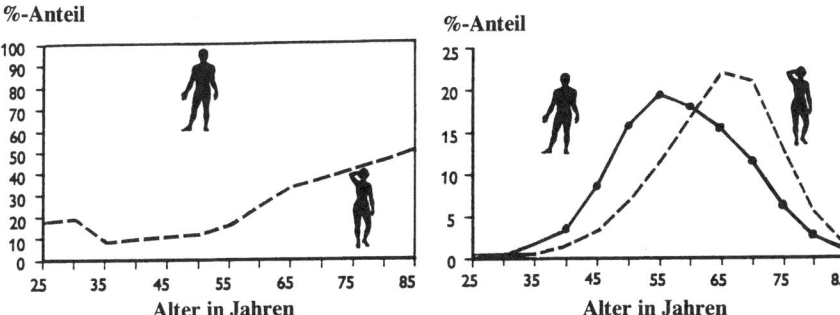

ABBILDUNG 8.8: Altersabhängigkeit der Häufigkeit (links) des Herzinfarktes bei beiden Geschlechtern und ihrer Verteilung (rechts) auf Mann und Frau.

Frauen davon betroffen sind, ist wohl eine Folge der höheren Lebensspanne. Herz-Kreislauferkrankungen sind immer noch die häufigste Todesursache in den zivilisierten Staaten (s. auch Kap. 11, S. 322 ff.).

Ein normal in der Entwicklung ablaufender, endogen gesteuerter Alternsprozeß ist auch der Verlust der Fortpflanzungsfähigkeit bei der Frau. Dieser »Verlust« wird durch ein ausgeklügeltes System ab- und zunehmender Hormonsynthesen im Uterus, im Eierstock und in der übergeordneten Hypophyse ausgelöst (Abb. 8.9, S. 228). Die Eierstöcke sondern unter dem Einfluß des Sexualzentrums des Zwischenhirns und der Hirnanhangsdrüse (Hypophyse) Hormone ab, die einerseits auf die Peripherie (z.B. auf die Gebärmutter und die Brustdrüsen) und andererseits als eine Art Gegenkontrolle auf die Hypophyse selbst zurückwirken (indirekte, negative Rückkopplungskontrolle). Um das 50. Lebensjahr sind von den ursprünglich rund vierhunderttausend angelegten, eiertragenden Follikeln kaum noch mehr als 10 % übrig. Daher stellen die Eierstöcke spätestens nach dieser Zeit (und früher als andere Organe des Körpers) ihre Funktion ein. Eine Folge ist, daß nun kein Eisprung mehr erfolgt und damit Unfruchtbarkeit eintritt. Außerdem versiegt die Hormonproduktion im Eierstock selbst. Dadurch wiederum entfällt die strukturerhaltende Wachstumswirkung dieser Hormone z.B. auf die Geschlechtsorgane und die hemmende Gegenwirkung auf die Hypophyse. In der logischen Folge nehmen deren Hormone zu. Sie kontrollieren jedoch eine große Zahl weiterer Organe, so daß bei klimakterischen Beschwerden auch viele andere Systeme mit einbezogen sein können.

Der ganze Ablauf dieser Vorgänge während der Wechseljahre verläuft über einen Zeitraum von etwa 12-15 Jahren. Die Follikelhormonproduk-

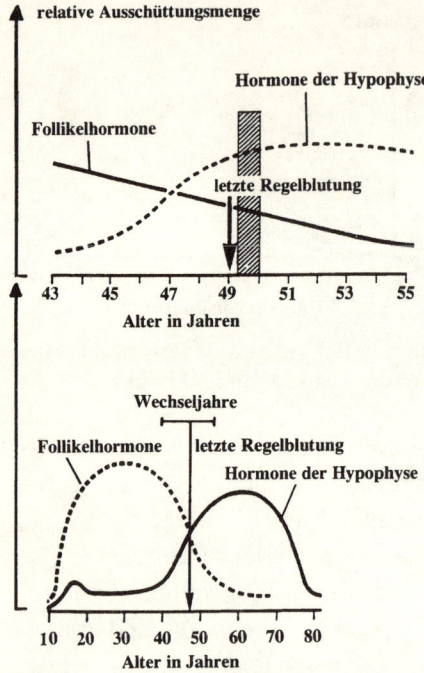

ABBILDUNG 8.9: Altersabhängigkeit der für die Wechseljahre der Frau relevanten Hormone (Follikelhormone und Hormone der Hirnanhangsdrüse, der Hypophyse). Die untere Abbildung markiert den gesamten Lebensablauf mit Wechseljahren und letzter Blutung, und die obere Abbildung stellt den Bereich der Wechseljahre im Detail dar.

tion fällt allerdings schon viele Jahre vor der letzten Monatsblutung ab und erreicht ihren Tiefststand erst etwa sieben Jahre nach der letzten Regelblutung. Im Laufe unserer Zivilisation sind die Wechseljahre in immer höherem Alter eingetreten – allein in diesem Jahrhundert um sechs bis acht Jahre. Bei den meisten Frauen kommt es heutzutage spätestens im Alter von 55 Jahren zur letzten Monatsblutung.

Das Klimakterium verändert nun nicht nur den Hormonhaushalt, was neben körperlichen Beschwerden auch große seelische Belastungen mit sich bringen kann, es nehmen auch alle Geschlechtsfunktionen allmählich ab. Aber nicht alle gleichzeitig und nicht alle gleich stark. So kann die Orgasmusfähigkeit bis weit über zehn Jahre (und länger) nach der letzten Regelblutung mehr oder weniger voll erhalten sein. Die Empfängnisfähigkeit allerdings endet spätestens mit der letzten Blutung (die letzte Blutung wird als die Blutung definiert, nach der zum erstenmal etwa ein Jahr danach keine weitere Blutung mehr auftritt. Danach auftretende Blutungen deuten immer auf schwere Erkrankungen – z.B. Krebs – in den Geschlechtsorganen hin. Allerdings können hormonbehandelte Frauen bis über 62 (eventuell bis 65?) Jahre noch schwanger werden und ein gesundes Kind zur Welt bringen. D.h. auch hier, daß die entsprechenden Organe nicht definitiv funktionsunfähig sind; sie brauchen nur die notwendigen hormonellen Signale, um wieder ihre ursprüngliche »Jugend«-Funktion aufnehmen zu können.

Die Abnahme der Follikelproduktion führt auch zu einer allmählichen Rückbildung von Gebärmutter, Scheide, Scham und Brustdrüsen. Die retardierende Kontrollfunktion der Eierstockhormone bewirkt über die jetzt wieder stärker Hormone ausschüttende Hirnanhangsdrüse eine Anregung der Schilddrüse und der Nebennierenrinde. Deren Hormone können zu den bekannten klimakterischen Beschwerden führen: Hitzewallungen, Schweißausbrüche, Herzjagen, Müdigkeit, Schlaflosigkeit, »Ameisenlaufen«

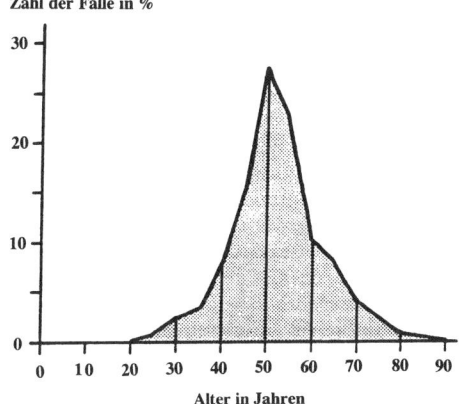

ABBILDUNG 8.10: Altersverteilung des Vorkommens von Polypen in der Gebärmutterhöhle von Frauen.

in Händen und Armen, Angstzustände, Reizbarkeit, Arbeitsunlust und Gemütsprobleme. Diese Symptome sind allerdings oft auch ein Zeichen seelischer Belastungen in dieser Lebensphase; sie mit Hormonen regulieren zu wollen, ist äußerst zweifelhaft und mit anderen negativen Nebenwirkungen verbunden. Es sollte uns immer klar sein, daß die Wechseljahre keine Krankheit, sondern eine völlig normale Altersphase des weiblichen Organismus darstellen. Viele auftretende Probleme sind weniger objektiv-konkrete Beschwerden als vielmehr subjektiv-psychische Verarbeitungsschwierigkeiten der selbst beobachteten Änderungen des Organismus. Das Klimakterium wird um so beschwerdefreier erlebt, je bewußter und williger die älter werdende Frau sich auf diesen Altersabschnitt einstellt, je mehr sie über die Abläufe und ihre Bedeutung Bescheid weiß.

Zunehmende Fehlsteuerungen in der Kontrolle des Wachstums (siehe oben) führen zu einer Zunahme von gutartigen Wucherun-

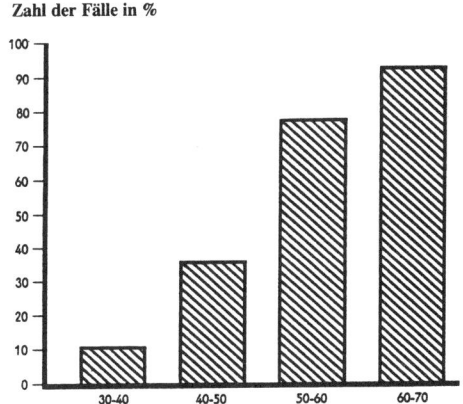

ABBILDUNG 8.11: Altersbedingte Häufigkeitszunahme von Abnutzungserscheinungen der Wirbelsäule.

gen verschiedenster Art. Relativ harmlos sind dabei Polypen in Darm und Gebärmutter, die aber unter Umständen auch krebsartig entarten können (Abb. 8.10, S. 229). In der Gebärmutter sind die meisten Fälle nach den Wechseljahren im 5. Lebensjahrzehnt zu beobachten. Degenerative Ursachen dürfte auch die zunehmende Neigung der Bauchspeicheldrüse haben, ihre Funktion einzuschränken, woraus u.a. die sogenannte Altersdiabetes resultiert. Diese Krankheit nimmt mit dem Alter kontinuierlich zu. Auf sie komme ich im Kapitel 11 über »Alterskrankheiten« noch zurück.

Eine typische Abnutzungserscheinung sind Schäden am Knochenskelett. Beinahe alle Gelenke zeigen Degenerationen verschiedenster Art. Die Arthrose werden wir ebenfalls später noch näher kennenlernen. In Abb. 8.11 auf S. 229 ist die Häufigkeitszunahme dieser Schäden am Beispiel der menschlichen Wirbelsäule dokumentiert.

Im Blut finden wir mit zunehmendem Alter häufig eine krankhafte Zunahme der weißen Blutkörperchen auf etwa 100 000 bis 200 000 Zel-

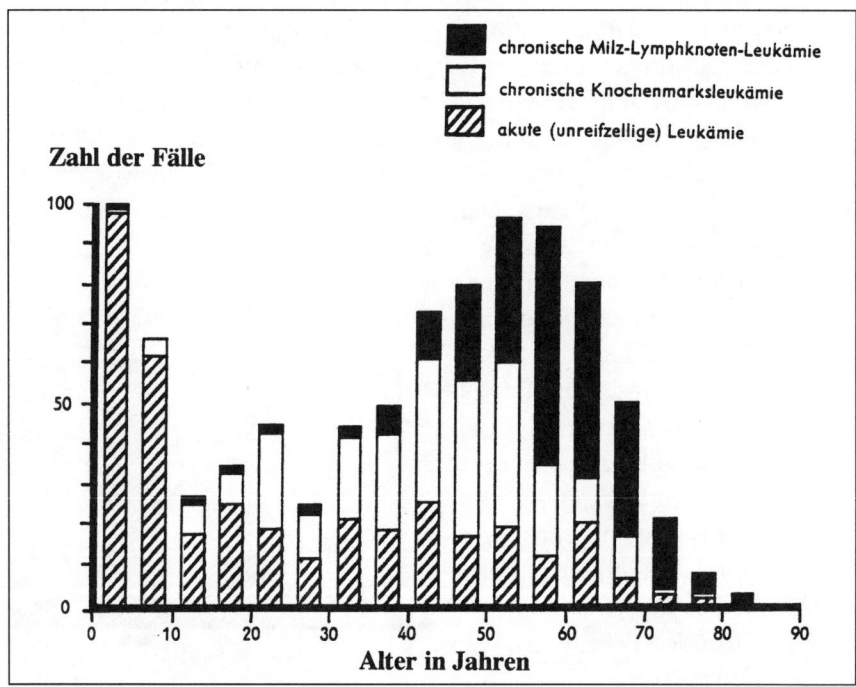

ABBILDUNG 8.12: Altersabhängigkeit des Vorkommens verschiedener Leukämieformen beim Menschen.

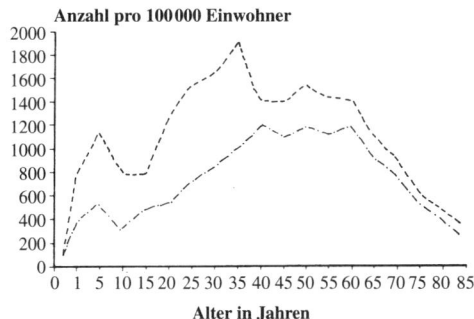

Anzahl pro 100 000 Einwohner

Alter in Jahren

ABBILDUNG 8.13: Vorkommen von aktiver Tuberkulose beim Mann pro 100 000 Einwohner in Nordrhein-Westfalen in den Jahren 1953 und 1960.

len pro mm³; normal sind 5 000 bis 10 000. Diesen Zustand nennen wir Leukämie. Er kommt auch bei anderen Säugern und bei Vögeln vor. Die Leukämie kann verschiedene Ursachen haben. Bei Jugendlichen gibt es eine akute Form, bei der unreife Leukocyten ins Blut übertreten. Diese Form nimmt mit zunehmendem Alter aber rasch ab. Im Alter häufiger werden dafür chronische Leukämien des Milz-Lymphknoten-Systems (lymphatische L.) und des Knochenmarks (myeloische L., s. Abb. 8.12, S. 230).

Die altersabhängigen Veränderungen im Blutbild führen u.a. auch zu einer Schwächung des Immunsystems. Wir haben gesehen, daß eine wichtige Reifungsstätte der T-Lymphocyten, die Thymusdrüse, im Alter praktisch nicht mehr funktionstüchtig ist (obwohl man bei selbst sehr alten Personen noch funktionierende Thymusdrüsen gefunden hat). Deshalb gibt es keinen Zweifel, daß das Immunsystem altert. Wir finden ein Nachlassen der Immunantwort – der körperlichen Reaktion auf eingedrungene Krankheitserreger (Antigene) – sowie geringere Zahlen von weißen Blutkörperchen bei Gesunden. Somit werden Ältere häufiger Opfer von Infektionen. Das Abbildungsbeispiel der Tuberkuloseerkrankungen aus Westfalen zeigt aber deutlich, wie verbesserte Gesundheitsfürsorge und Medikamente innerhalb kurzer Zeit dieses Problem in den Griff bekommen können (Abb. 8.13). Heute hat diese Krankheit praktisch keine große Bedeutung im Alter mehr.

Neben all diesen organischen Funktionsverlusten möchte ich zum Schluß dieses Kapitels noch ein Beispiel bringen, das zeigt, daß manche Beschwerden körperlicher

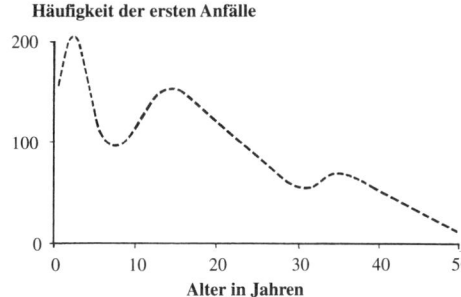

Häufigkeit der ersten Anfälle

Alter in Jahren

ABBILDUNG 8.14: Die Neigung zu epileptischen Anfällen in den verschiedenen Altersgruppen.

Art mit zunehmendem Alter auch nachlassen können. So sinkt die Neigung zur Epilepsie mit steigendem Alter rapide ab (Abb. 8.14, S. 231).

Ist das normale Altern der Organe existenzbedrohlich?

Welche Effekte auf das Überleben hat in der Summe diese altersabhängige Funktionsdemenz unserer Organe? Mit Ausnahme von sehr wenigen Beispielen – wie Syphilis, Tuberkulose und Diabetes – zeigen die dadurch bedingten, altersspezifischen Todesursachen eine klare exponentielle Zunahme; sie sind also positiv alterskorreliert. Dazu gehören: Arteriosklerose, Neoplasmen (Krebs u.a.), Herzerkrankungen, Gefäßschädigungen im Zentralnervensystem, Hypertonie (Bluthochdruck), Leistenbruch, Schlaganfall, Grippe, Lungenentzündung (Pneumonie), chronische Nierenerkrankungen, Leberzirrhose, Ruhr und viele andere Infektionskrankheiten (Abb. 11.1, S. 315).

Nun könnten diese Aussichten alte Menschen sehr schnell in die Resignation treiben. Ist dies berechtigt? Wir müssen zweifellos akzeptieren, daß zum Altern eine klare Abnahme der Leistungsfähigkeit des menschlichen Körpers gehört. Dieser Leistungsverlust kann jedoch in jedem Organ chronologisch sehr unterschiedlich auftreten, und er kann auch sehr unterschiedlich wirksam werden. Vergleicht man den Funktionsverlust von Organen eines 74jährigen mit der Leistung eines 30jährigen (dessen Wert setzten wir gleich 100%), reicht die Spanne der Extremwerte von nur 17 % Abnahme für die Fähigkeit, den Säuregehalt des Blutes zu regulieren, bis zu 90 % Abnahme für die Geschwindigkeit, mit der ein Nervensignal übermittelt wird. Dazwischen sind alle Zahlenwerte möglich. Sie machen uns klar deutlich, daß sich das Altern nicht aus einem für alle Organe einheitlich schnellen Prozeß zusammensetzt (vgl. Abb. 8.3, S. 223), sondern daß viele, unterschiedlich intensiv ablaufende Vorgänge daran beteiligt sind. Sie machen es uns aber auch schwer nachvollziehbar und verständlich, daß und wie ein Programmcharakter hinter all dem stehen soll. Unter »Programm« assoziieren wir eher ein von heute auf morgen für alle Systeme funktionell gleichartig und chronologisch gleichzeitig ablaufendes Phänomen »Altern und Tod«. Das muß aber nicht so sein; für jedes Organsystem herrschen andere programmatische Bedingungen und Steuerungssysteme.

Doch zurück zum Problem des Funktionsverlustes. Da die in Abb. 8.4 auf S. 224 angegebenen Zahlenwerte für gesunde Männer gelten, wird uns klar, daß nicht jede Verminderung der Leistungsfähigkeit eines Organes so schädlich ist, daß der Mensch daran leiden oder gar sterben muß (sonst wären die Probanden ja nicht gesund!). Es gibt offensichtlich in den Organen (aber auch in den Zellen selbst) eine ausreichende Reservekapazität, die verloren gehen kann, ohne daß für den Organismus Nachteile auftreten. Oft ist nur die Leistungsspitze nicht mehr möglich. In der Zelle genügen z.B. schon ein Viertel der vorhandenen Mitochondrien, um ihr ein einigermaßen normales »Energieleben« zu ermöglichen. Nur maximale Energieproduktion wird vermindert. Ein bezogen auf die rein körperlichen Beanspruchungen kontemplatives Leben ist also auch im Alter ohne groß erkennbare Einschränkungen durch Funktionsverluste möglich. Erst unterhalb einer – wie auch immer aussehenden – kritischen Schwelle wird der Funktionsverlust auch pathologisch funktionseinschränkend und führt letztlich zum Alterstod.

Altern auf komplexer Ebene

Der Mensch (und natürlich auch jeder andere mehrzellige Organismus) ist zweifellos die Summe seiner Organe (beim Einzeller ist es die Summe der Organellen). Umgekehrt macht aber die Summe der Organe und ihrer Funktionen nicht den Menschen oder den Organismus aus. Allein mit der im vorherigen Kapitel vorgenommenen Beschreibung des Alterns einzelner Organsysteme wird man dem »Altern des Menschen« als systemische Einheit niemals gerecht. Dementsprechend kann Alternsforschung exklusiv auf Zellniveau niemals das Altern auf organismischer Ebene vollständig und zufriedenstellend erklären.

Einzelne Organe arbeiten zusammen, beeinflussen sich in ihrer Einzelfunktion gegenseitig hemmend (antagonistisch) oder verstärkend (synergistisch). Und viele komplexe Funktionen, Verhaltensabläufe und vor allem auch Gefühle sind nicht auf ein einzelnes Organ oder gar Organe überhaupt zurückzuführen. Einige funktionale Beispiele haben wir schon näher kennengelernt (z.B. das Einsetzen und Ablaufen der Wechseljahre). Weitere möchte ich hier anfügen, die z.T. auch in den Bereich des Mentalen vorstoßen.

Die Energieumsatzrate ist eines der bekanntesten Beispiele für eine alternsabhängige Veränderung, die den kompletten Organismus betrifft. Mit dem Alter nimmt sie deutlich ab (Abb. 7.13 auf S. 205 und Abb. 8.25 auf S. 257). Bezogen auf den ausgewachsenen Organismus sinkt die Stoffwechselrate im Laufe des Lebens um gut 20%. Bezogen auf den Maximalstoffwechsel in der postnatalen Entwicklung kommt es sogar knapp zu einer Halbierung der Stoffwechselrate insgesamt. Ähnlich verhält es sich bei anderen Säugern, und auch bei Vögeln ist dieser Effekt bekannt.

Ein Aspekt komplexen, systemischen Alterns ist auch, daß wir mit zunehmendem Alter immer kleiner werden. Dadurch, daß die Knochensubstanz abnimmt und die Knorpelpolster zwischen den Knochengelenken

ABBILDUNG 8.15: Änderung des Schlafverhaltens mit dem Alter. Es ist nicht das Schlafbedürfnis, das mit dem Alter zurückgeht, wohl aber die Qualität. Ältere Menschen bekommen weniger tiefen Schlaf und liegen öfter wach. Folgende Phasen des Schlafens,

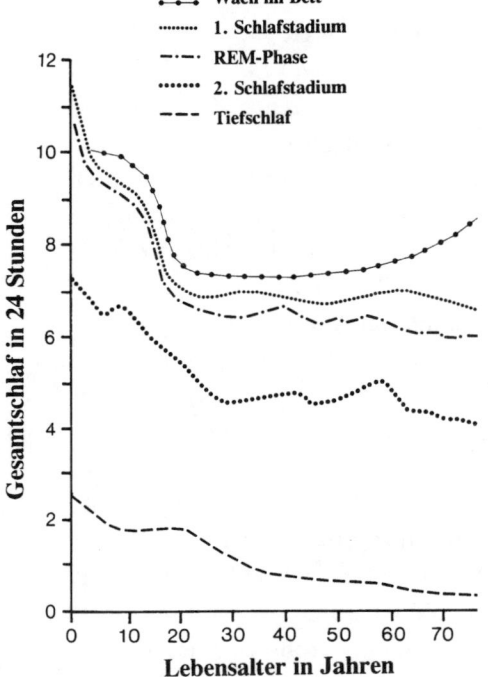

die mit dem EEG kontrolliert werden können, können unterschieden werden und ändern sich mit dem Alter:

1. Stadium: leichter Schlummer, charakterisiert durch sogenannte Thetawellen im Elektroencephalogramm (EEG). Person kann leicht geweckt werden.

2. Stadium: noch immer leichter Schlaf. Das EEG zeigt starke Aktivität des Gehirns. Geweckt denkt man, man hätte noch gar nicht geschlafen.

3. Tiefschlafphase: Sie wird durch langsame, sogenannte Deltawellen gekennzeichnet. Dies ist die tiefste Schlafphase. In einer normalen Nacht erreicht der Schläfer etwa alle 90 Minuten dieses Stadium, welches jedesmal in die REM-Phase übergeht.

4. REM-Phase: Kommt vom »Rapid-Eye-Movement« (schnelle Augenbewegungen unter dem Lid). Es handelt sich um eine Traumphase, die etwa 5 Minuten in der frühen Nacht und bis zu einer Stunde gegen Morgen dauern kann.

dünner und weniger elastisch werden, nimmt die Gesamtlänge des Körpers ab. Dies kann im Extrem bis zu 10 cm (etwa 5 % der Körperlänge) ausmachen.

Der Schlaf ist ebenfalls keinem bestimmten Organ definitiv näher zuzuordnen. Er stillt das Ruhebedürfnis des gesamten Körpers, indem die Regeneration der psychischen und physischen Leistungsfähigkeit erfolgt. Das Schlafbedürfnis ist individuell sehr unterschiedlich und ändert sich zudem im Laufe des Alterns. Ein Säugling schläft den größten Teil der Zeit zwischen den Mahlzeiten. Schulkinder brauchen noch bis zu zwölf Stunden Schlaf, und Erwachsenen genügen normalerweise acht bis zehn Stunden.

Nun ist Schlaf nicht gleich Schlaf. Er kann sehr unterschiedliche Qualitäten haben. Vier wichtige Phasen, die mit dem EEG (ElektroEncephalo-Gramm) kontrolliert werden können, sind zu unterscheiden. Sie sind in Abb. 8.15 auf S. 234 genauer dargestellt.

Es zeigt sich weiterhin, daß nicht nur die Menge des Gesamtschlafes zurückgeht, sondern auch der Anteil der verschiedenen Schlafphasen zueinander verschoben wird. Der Tiefschlaf wird immer weniger, während das 2. Schlafstadium über die Hälfte der »Bettzeit« einnimmt. Die verstärkten Einschlafschwierigkeiten dokumentieren sich darin, daß die Wachphase bei über 70jährigen knapp zwei Stunden (von insgesamt 8 Stunden Schlaf) ausmachen kann. Die gleiche Dauer erhält die REM-Phase, und das erste Schlafstadium bleibt unter einer Stunde. Insgesamt nimmt der Anteil an erholsamem Tiefschlaf mit dem Alter also ab.

Bekannt ist auch, daß komplexere Hirnleistungen mit dem Alter nachlassen. Dies kann im Extrem zum völligen Verfall geistiger Fähigkeiten führen. Im Vergleich zur vollen Leistungsfähigkeit beim Jugendlichen liegt die Chance, auch Mitte 70 noch voll denkfit zu sein, bei knapp 15%, bei Frauen sogar noch darunter. Der US-Psychologe Schaie hat ab 1959 über 35 Jahre lang über 5 000 Frauen und Männer beobachtet, die am Anfang der Studie alle zwischen 40 und 50 Jahre alt waren. Sie mußten dann im Laufe ihres Alterns regelmäßig denselben, standardisierten Hirnleistungstest durchführen, den sie bei Versuchsbeginn auch absolvierten. Der geistige Abbau beginnt nach dieser Untersuchung (und immer bezogen auf die gestellten Aufgaben!) bei den meisten Probanden ganz allmählich, subjektiv kaum merkbar, in der Mitte der Sechziger. Etwa vom 75. Lebensjahr an beschleunigt sich der Niedergang der Denkleistung geradezu rapide, und mit 80 Jahren ist die Hirnleistung bei den

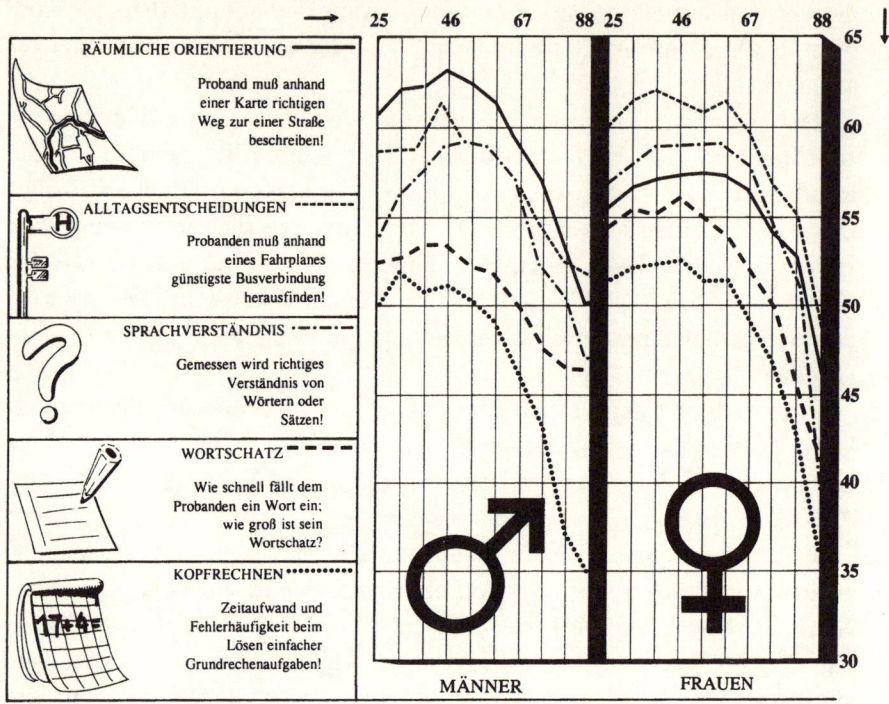

ABBILDUNG 8.16: Die altersabhängigen Veränderungen verschiedener komplexer Hirnleistungen bei Mann und Frau.

meisten nur noch halb so flexibel und leistungsfähig wie 35 Jahre zuvor (Abb. 8.16). Dies läßt sich auch am IQ (Intelligenz-Quotienten) feststellen, der im höheren Alter (bezogen zumindest auf die Phase zwischen 70 und knapp 105 Jahren) deutlich abnimmt (Abb. 8.17, S. 237).

Daß es bei den o.g. Untersuchungen trotzdem 80jährige mit hervorragend arbeitendem Gedächtnis gab, sei nur der Vollständigkeit halber erwähnt. In allen Testsparten, bei denen es um räumliche Orientierung (der Proband mußte anhand einer Karte den richtigen Weg zur Autobahn beschreiben), Alltagsentscheidungen (nach Durchsicht eines Fahrplans mußte genannt werden, welches die günstigste Busverbindung ist), Sprachverständnis (gemessen wurde das richtige Verständnis von Wörtern oder Sätzen), Wortschatz (wie schnell fällt einem Probanden ein Wort ein, und wie groß ist sein Wortschatz) und Kopfrechnen (Zeitaufwand und Fehlerhäufigkeit beim Lösen einfacher Grundrechenaufgaben) ging, schnitten die Frauen deutlich schlechter ab als die Männer (bitte

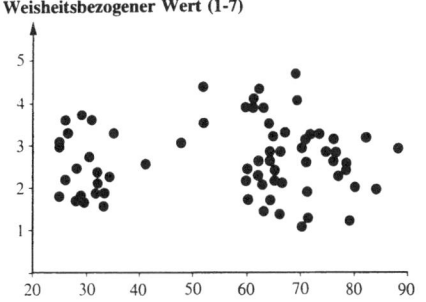

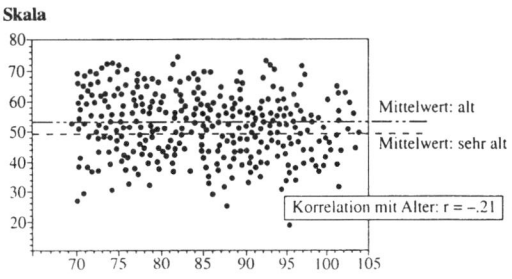

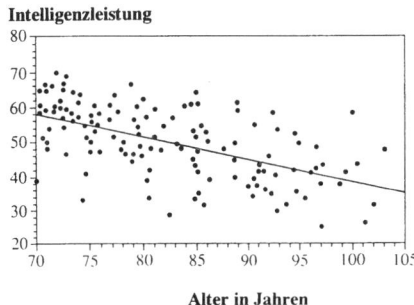

ABBILDUNG 8.17: Verschiedene mentale und geistige Leistungsparameter in Abhängigkeit vom Lebensalter.

Oben links: Nicht alle intellektuellen Leistungen nehmen mit dem Alter ab. So sind bei den weisheitsbezogenen Fähigkeiten keine altersabhängigen Veränderungen feststellbar.

Oben rechts: Auch wenn die depressiven Erscheinungen mit dem Alter zunehmen, heißt das nicht, daß ältere Menschen sich subjektiv nicht wohl fühlen können. Zwischen 70jährigen und über 100jährigen ist nur eine sehr geringe Änderung nach unten feststellbar.

Unten links: Wie bereits dargestellt, nimmt allerdings die Intelligenzleistung (IQ-Wert) im höheren Alter (hier dargestellt für die Phase zwischen 70 und knapp 105 Jahren) deutlich ab.

nicht böse sein, liebe Leserinnen, ich referiere hier nur die Ergebnisse des Forschers, die für ihn auch verblüffend waren; außerdem wurde nur ein Spektrum der intellektuellen Leistungen untersucht). Die Fähigkeit von Frauen – nicht nur zu räumlichem und erfahrungsgeleitetem Denken – verringerte sich vom 80. Lebensjahr an drastisch, ebenso ihre Wortgewandtheit. Ein häufiger Fehler war der Anakoluth, der nicht folgerichtig vollendete Satz.

Der Funktionsniedergang der Hirnleistung läßt sich durch geistiges Training stark vermindern. Probanden, die regelmäßig geistige Stimulationskurse absolvierten, hatten mit 70 noch die gleichen Testergebnisse wie die mit 60. Auch als 80jährige ragten sie noch deutlich aus der Gruppe der nicht Übenden heraus. Wer also lange geistig rege bleibt, erhält auch lange Zeit seine geistigen Fähigkeiten. Besonders leistungsfähig blieben Ehepaare, wo beide Partner »gescheit« waren, sowie Einzelpersonen, die sich intelligent, inspirierend und intuitiv zeigten. Solche geistig »Fitten« pflegten häufig auch sonderbare Gewohnheiten, hatten überspannte Vorlieben, führten eine leicht gesprächige Lippe und lehnten ein 08/15-Dasein ab. Sie sind auch gleichzeitig gerne »bereit«, ihren umgebenden Personenkreis zu dominieren. Mit zunehmendem Alter und zunehmender Leistungsschwäche der Umgebung tritt dieses Verhalten dann noch mehr in der Vordergrund. In einem *Spiegel*-Artikel wird diese Dominanz etwas despektierlich als »*par ordre de grufti*« (also frei übersetzt die »Befehlsgewalt des Gruftis«) charakterisiert, was ich kommentarlos weitergebe. Schlechte Karten bezüglich ihres altersbedingten Leistungsabfalls haben lethargische Personen, die – wiederum das journalistisch flotte, übernommene Zitat – ihr »*Leben lang träge vor sich hinsalzen, wie der Hering im Faß*«, und die gegen ihren Willen im Altersheim landeten.

Nicht alle intellektuellen Leistungen nehmen aber mit dem Alter ab. So sind bei den weisheitsbezogenen Fähigkeiten keine altersabhängigen Veränderungen feststellbar. Und auch wenn die depressiven Erscheinungen mit dem Alter zunehmen, heißt das nicht, daß ältere Menschen sich subjektiv nicht wohl fühlen können. Zwischen 70jährigen und über 100jährigen ist nur eine sehr geringe Verschlechterung im subjektiven Wohlbefinden feststellbar (Abb. 8.17, S. 237). Die Folgerung aus diesen Beobachtungen ist also an sich eine Binsenwahrheit, die wir alle kennen. Geistige Auseinandersetzung, das Hirn in Bewegung halten, sind die besten Mittel gegen ein zu schnelles Altern im geistigen Bereich.

Kann man nun organisches Altern auch vereinfacht zusammenfassen? Der sichtbare, offenkundige Alternsverlauf läßt sich vor allem durch die vielfältigen Änderungen im physiologischen Funktionsablauf der Organe darstellen, der unter Umständen auch pathologisch entgleisen kann. Geriatrie und Gerontologie liegen also eng beieinander. Betrachten wir als Alternsvorgang vor allem die postpubertären Abläufe beim Menschen, so stellen wir fest, daß sich die meisten Organe in einer unterschiedlich schnellen Phase der funktionellen Rückbildung befinden, die sich vor allem in einer abnehmenden Fähigkeit zur Anpassung (Adaptation) an extrinsischen (von außen einwirkende) Faktoren äußert. Darunter versteht man die Gesamtheit aller Regulationsmechanismen, die an der Steuerung des Organstoffwechsels im weitesten Sinne beteiligt sind, und die so die Homöostase des Körpers zu erhalten haben. Äußere Faktoren, wie Strahlung, Umgebungstemperatur, Licht, Schall sowie chemische und mechanische (aber auch seelische) Belastungen können diese Homöostase aus dem Gleichgewicht bringen. Durch intrinsisch bedingte (im System selbst liegende), programmgesteuerte Funktionsverluste wird es für den Körper zudem immer schwieriger, Körperfunktionen in Homöostase zu halten, funktionell nicht »umzukippen« und in der Folge zu sterben. Das Altern des Organismus ist somit die Summe der Alternsvorgänge der einzelnen Organe in ihrer synergistischen Koexistenz. Das schwächste lebenswichtige Organ wird letztlich dann den Todeszeitpunkt des biologischen Systems bestimmen. Ist dieser Tod nicht auf einen Unfall oder eine Krankheit zurückzuführen, sondern nur auf den altersbedingten Funktionsverlust der Organe, handelt es sich um den reinen, physiologischen, nicht pathologischen Alterstod aufgrund von sogenannter »Altersschwäche«. Diese Organismen sterben (im Sinne der Geriatrie) eigentlich gar nicht, sie hören (im Sinne der Gerontologie) einfach nur auf, weiter zu leben – auf diese schöne Formel brachte es ein bekannter Alternsforscher.

Altert auch unsere Seele – Selbstmord aus Angst vor dem Tod?

Ich kann »die Seele« zwar nicht naturwissenschaftlich morphologisch oder physiologisch beschreiben, daß es sie aber gibt, ist für mich unbestritten. Gefühle wie Leidenschaft, Liebe, Vertrauen, Angst, Optimismus, Pessimismus, Trauer usw. sind Seelenzustände, die zwar vielfältige Grundlagen in organischen Systemen haben, die aber mit einer einzigen Organfunktion wahrlich nichts zu tun haben und einfach nicht materialistisch definiert werden können. Meist sind sie deshalb der Forschungsgegenstand der Psychiatrie, die mit anderen Methoden an die Seelenkunde herangeht. Die naturwissenschaftliche Antwort auf die Frage: Altert auch unsere Seele? traue ich mich trotzdem zu geben. Sie heißt: Natürlich.

Psychiatrische Erkrankungen stehen bei Patienten über 65 Jahren nach den Herz-Kreislauf-Erkrankungen und Krebs (Neoplasien) bereits an dritter Stelle. Gerade die in den vorangegangenen Abschnitten aufgeführten Alternssyndrome führen bei vielen älter werdenden Menschen zu großen Depressionen, die beim Arztbesuch zum Teil bis zu sechsmal häufiger als Problem und Belastung angegeben werden als die körperlichen Altersbeschwerden. Diese Altersdepressionen haben vielfache, leicht nachvollziehbare Motive (sie sind in der Tab. 8.1 auf S. 222 aufgelistet).

Die psychische Belastung kann solche Ausmaße annehmen, daß mit zunehmendem Alter viele Menschen einen Ausweg nur noch in der Selbsttötung sehen. Dieser Selbstmord (Suizid) nimmt altersabhängig deutlich zu (Abb. 8.18). Die häufigsten Gründe sind das Gefühl der Einsamkeit, Krankheit, Beschäftigungsverlust, Verlust nahestehender Personen, wirtschaftliche Notlage und Kontaktschwierigkeiten. Viele Untersucher des Alterssuizids ordnen den Selbstmord zwei großen Ursachen zu. Der »Bilanzselbstmord« gilt als abgewogene Entscheidung über die Hoffnungslosigkeit und fehlende Zukunft des eigenen Lebens. Beim »Appellsuizid« wendet sich der alte Mensch mit einem letzten, verzweifelten Hilferuf an seine Umgebung. Diese letztere Form ist auch bei Jugendlichen anzutreffen. Erstaunlicherweise ist der Anteil von Männern am Suizid beinahe doppelt so hoch wie der von Frauen (Tab. 8.2, S. 222).

Die in der Tabelle angegebenen Zahlen stellen wahrscheinlich eher eine unterste Grenze dar. Viele Selbsttötungen alter Menschen werden als solche nicht erkannt. Man erwartet den Tod bei älteren Menschen eher als natürlich und schaut oft genug nicht mehr so genau auf die eigentliche Todesursache. Oft werden sie auch nicht als solche statistisch mehr erfaßt. Ein alter, schwerkranker, depressiver Mensch, der sich weigert, weiterhin zu essen, keine Medikamente mehr zu sich nimmt oder der jegliche andere ärztliche Versorgung ablehnt, wird – im normalen Blickpunkt – wohl kaum als Selbstmörder angesehen, obwohl er dies in gewissem Sinne zweifellos ist. Ich kenne selbst solche Beispiele, die dann in der Statistik unter »Tod durch Altersschwäche oder natürliche Ursachen« subsummiert wurden.

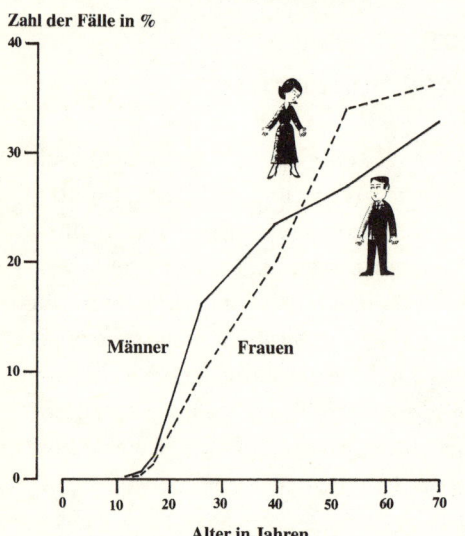

ABBILDUNG 8.18: Altersabhängiges Vorkommen und Geschlechterverteilung der Selbstmordrate in der Bundesrepublik nach Daten des Bundeskriminalamtes (Bsp. 1965).

TABELLE 8.1: Wichtige Motive für Altersdepressionen

– Vereinsamung durch soziale Isolation, Verlust des Partners – Verlust der Selbständigkeit durch organische Einschränkungen, – Seh- und Hörminderung, Gehschwierigkeiten, Orientierungsprobleme etc. – Inaktivität infolge Pflichtleere, Fehlen von Aufgaben etc.	– Entwurzelung durch Umzug, Heimunterbringung – Verlust von Ansehen und Macht, fehlende Achtung durch Pflegepersonal und Kinder, finanzielle Sorgen – hartnäckige Schlafstörungen – kritische, deprimierende Selbstbeobachtung des eigenen körperlichen und geistigen Verfalls

TABELLE 8.2: Selbstmorde in der Bundesrepublik im Jahre 1965 nach Altersstufen und Geschlecht (aus der polizeilichen Kriminalstatistik 1965, herausgegeben vom Bundeskriminalamt, Wiesbaden, 1966).

Altersstufen	Männer		Frauen	
in Jahren	Anzahl	%	Anzahl	%
unter 14	19	0,3	3	0,1
14 – 17	114	1,7	56	1,5
18 – 29	1 096	16,0	362	9,7
30 – 44	1 579	23,1	733	19,7
45 – 59	1 910	27,9	1 252	33,6
über 60	2 124	31,0	1 321	35,4
insgesamt	6 842	100,0	3 727	100,0

Die soziokulturellen Bedingungen des Alterns

»Keine Kunst ist's alt zu werden. Es ist eine Kunst, es zu ertragen.« (J.W. Goethe) Der Satz ist auf Alte und Junge gleichermaßen zutreffend. Dennoch existiert in unserer Gesellschaft der Jungen, der Dynamischen, der Fitten und Aktiven nur wenig gegenseitiges Verständnis. Jungsein ist »in« – nichts anderes. Und alt ist schon beinahe jeder über 50.

Gleichzeitig schaffen es unsere Medizin und andere zivilisatorische Errungenschaften, daß es immer mehr ältere Menschen gibt, deren Sozialstatus aber ein immer geringer werdendes Niveau aufweist. Heidi Schüller, die bei der letzten Wahl von Rudolf Scharping als Sozial- und

Familienministerin vorgesehen war, hat in ihrem Buch *Die Alterslüge*
1995 sogar vorgeschlagen, sehr alten Menschen das Wahlrecht zu nehmen, weil nicht einzusehen sei, daß diese den jungen Menschen über den
Wahlschein Vorschriften machten und Lebensumstände diktierten. Hat
man Angst vor der Masse und damit der Wahlmacht der Alten? Und ver-
stummt der jetzt noch hörbare Aufschrei der Empörung in einigen Jahren
und macht der »rationalen« Betrachtung den Weg frei? Gnade Gott dann
den Alten!?

Den höchsten Sozialstatus hatten alte Menschen zweifellos in schriftlo-
sen Kulturen, wo sie das für die gesamte Gesellschaft bedeutsame Wissen
auf dem Gebiet handwerklicher Fertigkeiten und Religion, der Kriegskunst
und der Heilkunst besaßen. Und dieses Wissen nahm um so mehr zu, je älter die Alten wurden. Durch gezielte und verzögerte Weitergabe des Wissens, gepaart mit der daraus resultierenden Erfahrung, oder der Anknüp-
fung der Weitergabe an bestimmte Bedingungen, hatten die Alten die
Macht, auf die Lebenschancen der Jungen Einfluß zu nehmen. Trotz abneh-
mender körperlicher und geistiger Leistungsfähigkeit konnten älterwerden-
de Menschen dadurch ihren Sozialstatus nicht nur aufrechterhalten, sondern oft genug mit zunehmendem Alter noch steigern. Die Titulierung »der
Alte« war nicht despektierlich, sondern war mit Achtung, Respekt und
Rücksicht verbunden. »Der Alte« von heute trägt eher die Attribute
schwach, geistig träge, hinfällig, nicht auf der Höhe der Zeit etc. Manche
Zeitgenossen charakterisieren die Alten mit noch härteren Adjektiven, die
ich hier nicht wiederholen kann. Die Bedeutung der alten Menschen in unserer Kultur hat – mit wenigen Ausnahmen in Wissenschaft, Kunst und Po-
litik – nichts mehr mit der Tradierung von Wissen zu tun. Es ist abgelöst
worden durch formale Ausbildungswege, viel wirksamere Massenmedien
und gespeichertes Wissen (Bücher, Elektronik etc.). Auch der Rückgriff auf
den unbestritten vorhandenen Erfahrungsschatz der Alten hat kaum mehr
Bedeutung. Verhaltensnormen, ethische Werte, Leitbilder, Ideale und sonstige Normgrößen haben heutzutage nicht einmal mehr innerhalb einer einzigen Jugendgeneration Bestand. Sie ändern sich innerhalb eines Jahrzehnts
so schnell wie früher in einigen hundert Jahren. Und selbst bzw. vor allem
auf dem Gebiet der heutzutage dominierenden technischen Entwicklungen
hat kaum ein Älterer noch Chancen, sich dem steten Wandel und Auftreten
neuer Systeme gewachsen zu zeigen. Der Enkel zeigt dem Opa den Computer und nicht umgekehrt – sofern beide überhaupt noch miteinander in re-
gelmäßigem Kontakt sind.

Aus all diesen Gründen hat auch die Familie, in der viele Generationen unter einem Dach wohnten, ihre Bedeutung längst verloren. Sie ist eigentlich zur absoluten Ausnahme geworden, der alte Mensch zum lästigen Mecker- oder Pflegefall, der am besten in einer speziell dafür geeigneten Institution untergebracht ist. Und seien wir ehrlich, wie viele »gute« Gründe haben wir uns in der Zwischenzeit bereitgelegt, dieses Abschieben selbstberuhigend zu begründen. Die meisten unserer »Familien« haben nicht einmal mehr Zeit, sich der Erziehung ihres einzigen (oder sind es noch zwei, drei oder gar vier) Kindes zu widmen. Wie sollte man da noch Zeit für gebrechliche, »sonderbare« Alte finden!?

Über den soziokulturellen Aspekt des Alters gibt es eine sehr große Zahl von Untersuchungen und hervorragenden Publikationen. Es ist nicht meine Aufgabe, sie hier im Detail darzulegen. Dazu fehlt mir auch schlicht und einfach die Fachkompetenz. Dennoch wollte ich die Thematik zumindest kurz hier anschneiden. Wir sehen aber schon aus diesen kurzen Ausführungen sehr klar, daß der Mensch auch in dieser Hinsicht einem Altern unterliegt, dessen Relevanz mindestens ebenso gravierend ist wie das rein organisch-physiologische Altern.

Die mittlere Lebenserwartung – werden wir immer älter?

Im Laufe der Entwicklungsgeschichte (Evolution) des Menschen hat sich die durchschnittliche potentielle Lebenserwartung kontinuierlich erhöht (Abb. 8.19, S. 244). Betrachtet man sich die Zeitspanne der letzten rund 1,5 Millionen Jahre, stieg ihr möglicher Maximalwert (genannt »potentielle« Lebensdauer) von anfangs rund 58 Jahren beim *Homo habilis* auf rund 95 Jahre beim Neanderthaler (*Homo neanderthalensis europaeus*), während die Menschen der Jetztzeit (*Homo sapiens sapiens*) bei absolut etwa 120 Jahren liegen dürften. Besonders in den letzten einhunderttausend Jahren erhöhte sich die Spanne geradezu rasant. Pro 10 000-Jahres-Periode fand ein Anstieg um rund 1,4 Jahre statt.

Das potentiell mögliche Alter läßt sich für die ausgestorbenen Vertreter der menschlichen Rasse früherer Perioden annähernd aus der Hirnmasse und der Körpermasse berechnen, die praktisch parallel zur Le-

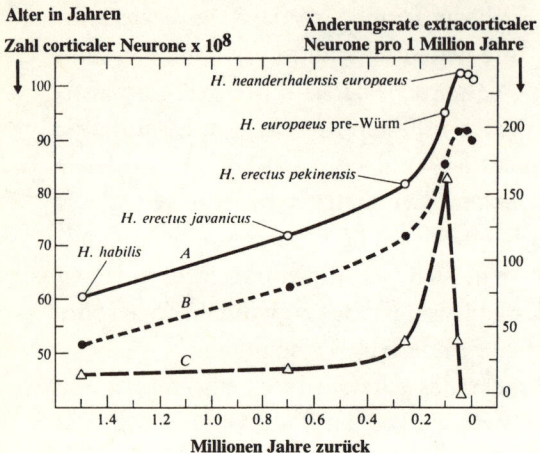

ABBILDUNG 8.19: Die Entwicklung der Lebensspanne und der Zahl der corticalen Neurone (Nervenzellen, die innerhalb der Hirnrinde liegen) im Lauf der Evolution des Menschen.
A (durchgezogene Kurve) = maximale Lebensdauer in Jahren.
B (eng gestrichelt) = Anzahl der corticalen Neurone in Hundert Millionen (10^8).
C (weit gestrichelt) = Änderungsrate der corticalen Neuronenzahl in Millionen pro Jahr.

benserwartung ansteigen (Abb. 8.20). In Tabelle 8.3 auf S. 248 sind einige Beispiele für rezente Primaten angegeben, die zeigen, daß die Hypothese zumindest für die aufgeführten Arten erstaunlich gut erfüllt wird.

Das bedeutet aber im Umkehrschluß, daß die Entwicklung des Gehirns für die maximal mögliche Lebensspanne in der Evolution eventuell doch eine zentrale Bedeutung gehabt haben muß. Der Erwartungswert

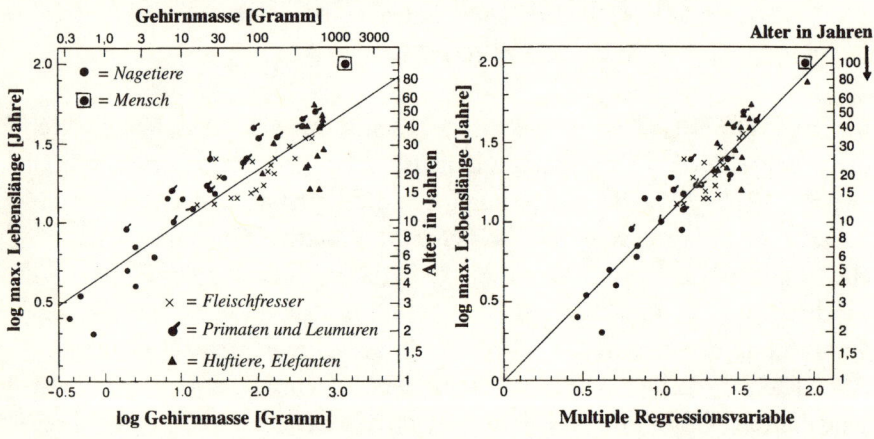

ABBILDUNG 8.20: Die Beziehung zwischen maximaler (potentieller) Lebenslänge und Gehirnmasse (links) bzw. einer multiplen Regressionsvariablen aus Gehirnmasse und Körpermasse (rechts) für 63 verschiedene Säugetiere. Die Lebensdauer nimmt mit zunehmender Hirnmasse beinahe synchron zu.

steigt mit dem Cephalisationsindex, d.h. mit dem Verhältnis von Hirnge-
wicht zu Körpergewicht an. Erst die Entwicklung des Gehirns und gegen
Ende dieser Evolutionsepoche dann die Ausbildung des Neocortex (der
eigentlichen Hirnrinde) mit seiner ungeheuer gesteigerten Fähigkeit zur
Aufnahme, Speicherung und Verarbeitung von Informationen hat die
enorme Steigerung der maximal möglichen Lebenslänge bei den »Men-
schenähnlichen« (Hominiden) erlaubt (Abb. 8.21).

Welche Ursachen dies letztlich hat, ist bis heute ungeklärt. Am Anfang nahm man an, daß einfach eine hohe Zahl von Nervenzellen vorhanden sein muß, um die altersabhängigen Verluste ausgleichen zu
können. Nun habe ich aber schon dargelegt, daß die Verlustrate von
Neuronen im Gehirn zwar deutlich erkennbar, aber im Vergleich zur
Gesamtanzahl eher als marginal zu bewerten ist. Zwar sterben bei einem Anfangsbestand von rund 10^{11} Hirnzellen täglich im Durchschnitt
über einhunderttausend ab, im Alter von rund 80 Jahren bedeutet dies
aber lediglich einen Gesamtverlust von höchsten 3% aller anfangs vorhandenen Zellen. Dieser Verlust kann also keine adäquate Begründung
für die steigende Lebenserwartung liefern. Zudem liegen im Gehirn
enorme Mengen von Nervenzellen quasi brach, d.h., sie haben keine
offensichtlichen Aufgaben (sogenannte »leere« Zonen im Gehirn). Wie
gesagt, die Gründe sind noch nicht klar, wir können es nur als Faktum
registrieren.

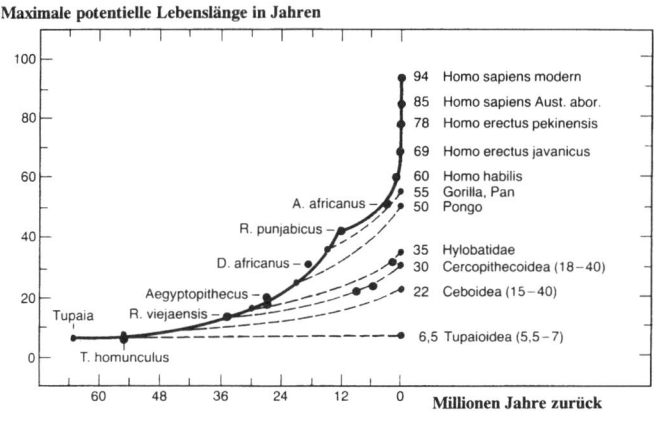

ABBILDUNG 8.21:
Evolution der maxi-
malen, potentiellen
Lebenslänge bei Pri-
maten, in der zu den
Anthropomorphi-
den (Affenartigen)
und Hominiden
(Menschenartigen)
führenden Hauptli-
nie. Ganz rechts
sind heute noch le-
bende Vertreter mit
den beobachteten
Lebenslängen aufge-
führt. Die Werte der ausgestorbenen Arten wurden nach den üblichen anthropo-
logischen, allometrischen (gewichtsabhängigen) Messungen bestimmt. Es zeigt sich,
daß die potentielle Lebensdauer mit der Evolution beinahe exponentiell zunimmt.

Neben dem »potentiellen Lebensalter« ist von wohl größerer Bedeutung das »ökologische Lebensalter«, also die Lebensspanne, die die Menschen unter normalen Lebensbedingungen im Durchschnitt tatsächlich erreichen konnten. Bereits vor rund 50 000 bis 70 000 Jahren dürfte – wie bereits erwähnt – das potentielle Lebensalter bei 95 bis 120 Jahren gelegen haben, also die Werte aufweisen, die auch heute noch gelten, wobei die angegebenen Werte je nach Autor sehr stark schwanken können. Ich bitte also um Nachsicht, wenn meine Angaben ebenfalls in diesem Bereich (90 bis 125 Jahre) variieren. Je nach Autor stark unterschiedliche Angaben gibt es nun auch im Bereich des ökologischen Lebensalters, je nachdem, welche Datengrundlage gewählt wurde. So kann man die Lebenserwartung für alle Menschen angeben, die zumindest das erste Lebensjahr (oder auch spätere) erreicht haben. Dadurch schließt man u.a.

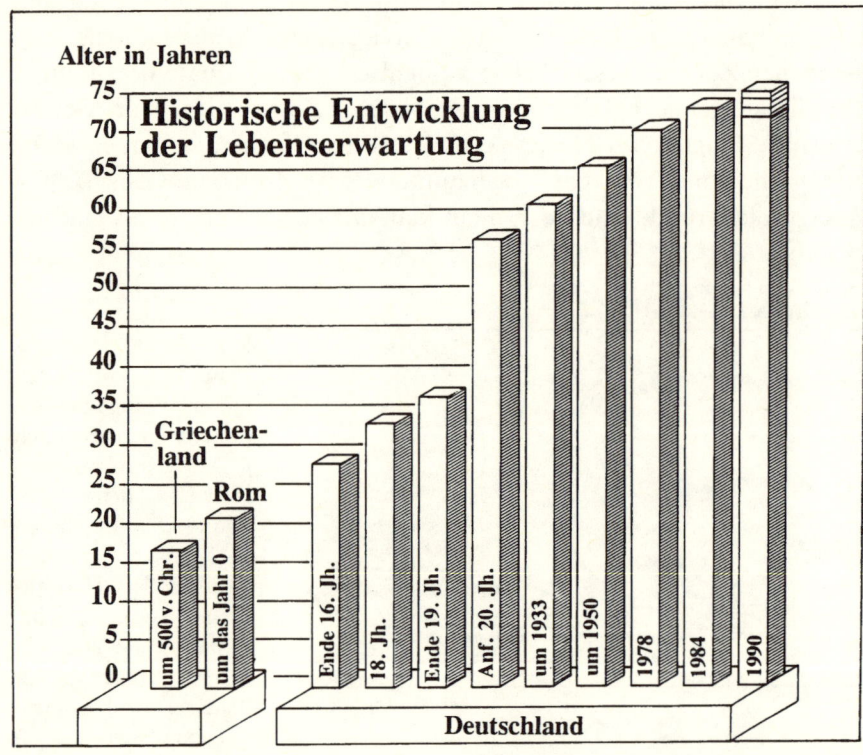

ABBILDUNG 8.22: Die historische Entwicklung der durchschnittlichen, ökologischen Lebenserwartung in Deutschland.

die hohen Kindersterblichkeitsraten in der sehr frühen Entwicklungsphase aus und erhält höhere, sicher biologisch relevantere Lebensspannen (Tab. 8.4, S. 248). Integriert man auch alle Todesfälle z.B. im ersten Lebensjahr mit in die Betrachtung ein, kommt man zu einer mathematisch-statistisch wohl richtigeren Angabe, die aber u.U. (besonders bei Tieren) so niedrigere mittlere Lebenserwartungen ergibt, daß der Organismus theoretisch (im statistischen Mittel) gar nicht mehr zur Fortpflanzung kommen könnte, weil er zu jung stirbt (vgl. dazu Abb. 8.22 auf S. 246; die Griechenland-Daten). In Tab. 8.5 auf S. 249 sind die Daten nach der zuerst angegebenen Methode aufgeführt; sie unterscheiden sich aus diesem Grunde etwas von den Werten der Abbildungen, die nach der letzteren Methode ermittelt wurden.

Wie beim potentiellen Lebensalter, sehen wir eine starke Erhöhung der ökologischen Lebenserwartung im Laufe der Menschheitsgeschichte.

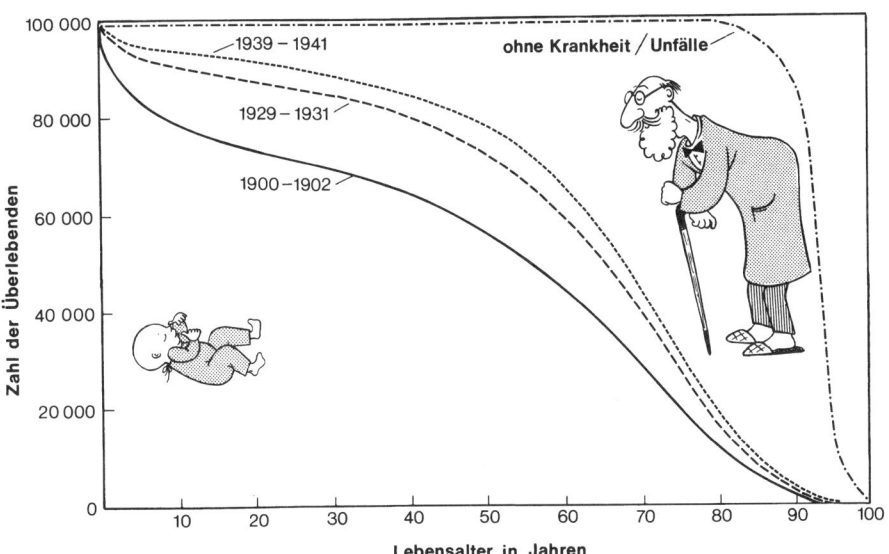

ABBILDUNG 8.23: Überlebensrate von jeweils 100 000 weißen US-Amerikanern in aufeinanderfolgenden Zeiträumen. Die Abbildung zeigt, daß zwar die Zahl der Überlebenden mit zunehmender Zivilisation (bessere Ernährung, Gesundheitsvorsorge etc.) zunimmt, daß aber das erreichbare Maximalalter unverändert bei knapp 90 Jahren liegt. Die ganz oben liegende Strich-Punkt-Kurve repräsentiert die theoretische Überlebenskurve, die sich ergäbe, wenn allein Funktionsverluste, ohne Krankheiten und Unfälle als Todesursache aufträten. Diese ergeben sich aus »normalen« Alternsvorgängen. Die Daten zeigen deutlich die genetische, d.h. erbliche Fixierung eines maximalen, potentiellen Lebensalters.

Tabelle 8.3: Erwartungswert und Beobachtungswert für die maximale Lebensspanne (y = Jahre) bei einigen Primaten auf der Basis von Körpermasse und Gehirngröße. Siehe Abb. 8.20 auf S. 244.

Art	Gehirngröße [cm³]	Körpermasse [g]	Lebensspanne [y] beobachtet	erwartet
Tupaia	4	275	7	8
Rhesusaffe	106	8 719	29	27
Orang-Utan	420	69 000	50	41
Schimpanse	410	49 000	45	43
Gorilla	550	140 000	40	42
Mensch	1 446	65 000	95-115	92

Diese Steigerung des ökologischen Lebensalters hat nun ihre Ursache nicht darin, daß etwa die vorgegebene Maßzahl, das potentielle Lebensalter also, sich erhöht hätte. Vielmehr haben die zivilisatorisch bedingte, ständig verbesserte Nahrungsversorgung, die optimierte medizinische Versorgung, die bessere Hygiene, der nachlassende bis völlig fehlende

Tabelle 8.4: Kindersterblichkeit (Todesfälle pro 1 000 Geburten) bei Kindern unter fünf Jahren in verschiedenen Ländern der Dritten Welt im Vergleich von 1960 mit 1992. Sie zeigen, wie hier durch zivilisatorische Maßnahmen die Sterblichkeit gesenkt wurde, was wiederum die mittlere, statistische, ökologische Lebenserwartung beträchtlich steigert. Der Rang bezieht sich auf die Werte von 1992. Quelle: UNICEF.

Rang	Land	1960	1992	Rang	Land	1960	1992
1	Niger	320	320	14	Eritrea	294	208
2	Angola	345	292	15	Äthiopien	294	208
3	Mosambik	331	287	16	Mauretanien	321	206
4	Afghanistan	360	257	17	Sambia	220	202
5	Sierra Leone	385	249	18	Bhutan	324	201
6	Guinea-Bissau	336	239	19	Nigeria	204	191
7	Guinea	337	230	20	Zaire	286	188
8	Malawi	365	226	21	Uganda	218	185
9	Ruanda	191	222	22	Kambodscha	217	184
10	Mali	400	220	23	Burundi	255	179
11	Liberia	288	217	24	Zentr.Afr.Rep.	294	179
12	Somalia	294	211	25	Jemen	378	177
13	Tschad	325	209				

Feinddruck, die geringeren Unfallzahlen, die niedrigeren Kinderzahlen usw. dazu geführt, daß die Todesfälle in den menschlichen Populationen aufgrund von ökologischen Parametern immer stärker zurückgegangen sind und im statistischen Mittel immer mehr Menschen ein hohes Alter erreichen konnten (Abb. 8.23, S. 247). Wissenschaftlich exakt formuliert, sind wir deshalb die letzten Jahrhunderte also nicht immer älter geworden, es haben nur immer mehr Menschen ein hohes Alter erreicht. Und so haben auch die enormen Fortschritte der Medizin für alte Menschen kaum eine Verlängerung der durchschnittlichen Lebenserwartung gebracht. Bei den 80jährigen ergibt sich von 1900 bis 1980 nur eine Verschiebung um rund zwei Jahre Lebensdauergewinn. D.h., um es nochmals sehr deutlich zu wiederholen, es werden heute zwar sehr viel mehr Menschen als früher 80 Jahre alt, ihre Chance, noch wesentlich älter zu werden, ist heute aber fast ebenso gering oder groß, wie vor acht Jahrzehnten. Und diese obere Grenze wird übrigens schon in der Bibel angegeben.

TABELLE 8.5: Maximales ökologisches Lebensalter in Jahren (y) von *Homo sapiens* (Jetztmensch), die alle ein potentielles Lebensalter von rund 95-120 Jahren haben. Alle Zahlen auf volle Jahre gerundet.

Zeitperiode	Maximale ökologische Lebenserwartung [y]
70 000 bis 30 000 v. Chr.	29
30 000 bis 12 000 v. Chr.	32
12 000 bis 10 000 v. Chr.	31
10 000 bis 8 000 v. Chr.	38
Griechenland ab 1 100 v. Chr. bis 1 n. Chr.	35
Rom 750 v. Chr. bis 475 n. Chr.	32
England 1276	48
England 1376-1400	38
USA 1900-1902	61
USA 1950	70
USA 1970	72
USA 1980	73
USA 1991	76
USA 2030	85*

* geschätzter Wert nach einer Untersuchung amerikanischer Wissenschaftler.

Die maximale Lebenserwartung –
auch Methusalem wurde keine 969 Jahre alt

Methusalem soll nach 1. Mos. 5,21 ff. als vorsintflutlicher Urvater das geradezu sagenhafte Alter von 969 Jahren erreicht haben, woraus das sprichwörtliche »so alt wie Methusalem« resultiert. Sicher darf man die Zahlenangabe nicht mathematisch-chronologisch wortwörtlich nehmen. Die Bibel spricht in Gleichnissen und Bildern, und so soll diese Altersangabe wohl eher die herausragende Bedeutung dieses Stammvaters der Menschen dokumentieren. Dies trifft wohl auch auf Abraham zu, der immerhin noch ein Alter von 175 Jahren erreicht haben soll. Moses wurde dagegen nur noch 120 Jahre alt, als er das Zeitliche segnen mußte. Und dem 90. Psalm zufolge währt unser Leben 70 Jahre. Wenn es hoch kommt, so sollen es bis zu 80 Jahre sein. Wir sehen, je näher die geschilderten Altersangaben der erfolgten Niederschrift rückten, umso korrekter wurden ganz offensichtlich die Werte.

Als Höchstalter des Menschen vermuteten die Ägypter etwa 110 Jahre. Buddha setzte die obere Grenze bei etwa 100 Jahren »oder etwas darüber« an. Und auch im Koran wird in etwa die gleiche Zeitspanne angegeben. Viel genauer können wir auch heute trotz modernster Forschung das mögliche Maximalalter des Menschen nicht angeben. Es bleibt bei der autorenabhängigen Spanne von etwa 110-125 (oder etwas davon verschieden). 110-115 Jahre scheinen sich auch aus jahrhundertelangen Aufzeichnungen zuverlässiger, schwedischer Standesämter zu ergeben. Die Diskussion über den tatsächlichen Wert (bzw. besser die tatsächliche Spanne) hat wohl eher theoretischen Charakter. Als möglicher Zielpunkt ist er sowieso nur eine schwache Illusion.

Wir haben aber schon enorme Schwierigkeiten anzugeben, wie alt der älteste Mensch auf der Welt überhaupt einmal geworden ist. Da herrscht ein kunterbuntes Durcheinander von Angaben, und jede Zeitung oder Zeitschrift hat den Ehrgeiz, die älteste Person ausfindig gemacht zu haben. Aus diesem Grunde stelle ich im folgenden – ohne nähere Wertung – einige dieser publizierten Rekordalter (Abb. 8.24, S. 251) nacheinander zu ihrer persönlichen Bewertung vor:

Nach dem *Guinnessbuch der Rekorde* soll der älteste, im Jahre 1993 lebende Mensch die US-Bürgerin Carrie White gewesen sein, die in Palatka in Florida lebte. Sie wurde am 18. November 1874 in Florida geboren.

ABBILDUNG 8.24: Zeitungsausschnitte der 90er Jahre zum Problem: Wie alt wird der Mensch und wer ist (oder war) der älteste der Welt?

75 Jahre ihres Lebens verbrachte sie in einer psychiatrischen Klinik. 1984 siedelte Carrie White in ein Altersheim in Platka um. Ob sie heute (Ende 1995) noch lebt, ist mir nicht bekannt. Dann wäre sie jetzt 119 Jahre alt.

Als ältester Mann, der bis zum Jahre 1993 angeblich je gelebt hatte, galt John Evans aus Wales. Er starb am 10. Juni 1990 in Swansea (England). Der frühere Bergmann wurde im August 1877 geboren und war fest davon überzeugt, daß er sein langes Leben seiner gesunden Lebensweise verdanke. Er habe nicht geraucht, nicht getrunken, nicht gespielt und nicht geflucht. Jeden Morgen hat er ein Glas heißes Wasser mit etwas Honig getrunken. Er ist sanft auf einem Stuhl neben seinem Bett eingeschlafen.

Ebenfalls 1993 wurde in den Zeitungen aber auch eine Armenierin präsentiert, die angeblich am 28.9.1990 120 Jahre alt wurde. Frau Ripisime Arshakuni hat an ihrem Geburtstag, laut der Nachrichtenagentur TASS, von ihrem 82jährigen Enkel einen großen Blumenstrauß geschenkt bekommen. Frau Arshakuni sei – so TASS – noch rüstig und versorge ihren eigenen Haushalt zusammen mit Enkel und Urenkel.

Am 31.8.1990 soll in der argentinischen Provinzhauptstadt Viedma der nachprüfbar am 24.5.1866 geborene Armando Frid im Alter von demnach 124 Jahren und zwei Monaten sanft entschlafen sein. Er führte sein langes Erdendasein auf harte Feldarbeit, den regelmäßigen Genuß eines großen Steaks und das Trinken des von den Gauchos bevorzugten bitteren Tees zurück. Frid hatte in seinem Leben viele Berufe ausgeübt: Er war u.a. Hirte, Viehzüchter, Fuchs- und Pumajäger, Ölarbeiter und Bäcker.

Der älteste Japaner war im Jahre 1992 107 Jahre und zehn Monate alt. Er sei noch voll rüstig gewesen. Die älteste Japanerin erreichte im selben Jahr 113 Jahre und sieben Monate.

Die älteste Frau in Frankreich ist Frau Jeanne Calment, die seit neuestem (1995) den Altersrekord im *Guinnessbuch der Rekorde* hält. Sie wohnt in einem Altersheim in Arles/Südfrankreich und feierte dort 1995 ihren 120. Geburtstag. Sie wurde am 21. Februar 1875 in Arles geboren und hat bisher 17 Staatspräsidenten erlebt. Im Alter von 90 Jahren (1965) verkaufte sie ihre Wohnung auf der Basis einer Leibrente. Der neue Besitzer, ein Notar, muß ihr dafür seit 30 Jahren monatlich 2 500 Francs (rund 800 Mark) bezahlen. Frau Calment ist seit längerer Zeit an den Rollstuhl gefesselt und hat eine große Vorliebe für Süßigkeiten. Nach dem Rezept fürs Altwerden gefragt, bekommt man von der alten Dame eine einfache Antwort: »Der liebe Gott hat mich einfach vergessen.«

Der älteste lebende Chinese – so meldete die *Frankfurter Rundschau* am 15.4.1994 – soll seinen 146. Geburtstag gefeiert haben. Herr Gong Laifa, so berichtet die Nachrichtenagentur Xinhua, sei bei guter Gesundheit, trinke jeden Tag etwas Reiswein und rauche Zigaretten. Oft scherze er zusammen mit jungen Leuten, die von seinem Singen begeistert seien. Gong lebt in einem kleinen Dorf in der Provinz Guizhou, ist nur 1,45 m groß und nur 30 kg schwer. Die älteste Chinesin, die 1871 geborene Kong Yin, ist am 22.7.94 in der Provinz Guangdong im Alter von 123 Jahren gestorben.

Die ältesten Bundesbürger waren 1989 die Berlinerin Minna Splitgerber (am 7. Juli 109 Jahre) und Herr Wilhelm Gazioch (am 20. April 107 Jahre).

In den USA sind im Lauf der Jahre verschiedene Werte aufgetaucht, die Altersrekorde dokumentieren sollen. 1971 soll Herr Sylvester »Slave« Magee im Alter von 130 Jahren gestorben sein, der am 29. 5. 1841 auf einer Plantage in North Carolina geboren wurde und dort als Sklave arbeitete. 1867 hat er sich von seiner Frau scheiden lassen – wegen böswilligen Verhaltens, was damals in der Presse von sich reden machte. Über 135jährig wurde Charlie Smith (1979); ebenfalls ein Schwarzer. Er soll am 4.Juli 1844 in Liberia geboren worden sein (ob das nachvollziehbar ist, bleibt fraglich), von wo er 1854 als Sklave nach den USA verbracht wurde. Er rauchte gelegentlich und trank auch gern mal einen Whisky. Mr. Smith überlebte drei Frauen und wurde noch als 135jähriger erfolgreich operiert.

1994 soll der auf dem südamerikanischen Kontinent älteste Mann gestorben sein. Als Todestag wird für José Andres Pacheco der 23.7.94 angegeben, wo der alte Herr in Quito in Ecuador im Alter von 119 Jahren einem Herzinfarkt erlegen sein soll.

Insgesamt können wir also sehen, daß ein Altersbereich von etwa 115 bis 125 Jahren wahrscheinlich tatsächlich die oberste Altersgrenze des Menschen darstellt.

Über 100 Jahre werden in der Zwischenzeit doch erstaunlich viele Menschen. In der Bundesrepublik beträgt die Rate statistisch gesehen 44,5 Personen pro eine Million Bürger. In Japan, wo die Menschen im Mittel insgesamt am ältesten werden, sind es nur 25 von einer Million. Deutschland ist hier also Spitzenreiter. Dennoch kann Japan 4 125 Hundertjährige (1992) aufweisen. Davon sind 3 300 Frauen und 822 Männer – wir sehen also, daß Frauen auch im Spitzenalter mehr »erreichen« als

Männer. Unter den zehn ältesten Japanern nehmen die Plätze eins bis neun Frauen ein. Erst auf Platz zehn kommt der erste Mann. Darüber gleich mehr im nächsten Kapitel. Noch 1963 hat es in Japan nur 153 Hundertjährige gegeben.

Auch in Deutschland liegen die Verhältnisse ähnlich. So gab es 1938 in Deutschland nur ganze drei Menschen, die 100 Lebensjahre aufweisen konnten. 1990 waren es bereits 3 960. In den USA gab es 1972 mindestens 7 000 Einhundertjährige. Wie hoch die Zahl heutzutage ist, ist mir unbekannt. Sie dürfte aber wahrscheinlich bei knapp dem Doppelten liegen.

So viel steht fest, daß das maximale durchschnittliche Lebensalter stark von den Lebensbedingungen des Wohnlandes abhängt. Die höchste Lebenserwartung haben die Japaner. Sie liegt (im Mittel für Männer und Frauen) bei inzwischen (1993) 79 Lebensjahren. Japan liegt auch bei der Hitliste der Reichen, bezogen auf das Pro-Kopf-Einkommen mit 31 450 Dollar pro Jahr ganz vorne; weltweit auf Platz drei (nach der Schweiz und Luxemburg). Die zweithöchste Lebenserwartung der Welt findet man in Deutschland mit rund 76 Jahren. Wir stehen beim Pro-Kopf-Einkommen an neunter Stelle (23 360 Dollar pro Jahr). Die niedrigste durchschnittliche Lebenserwartung findet man in Guinea-Bissau mit 39 Lebensjahren. Es steht beim Pro-Kopf-Einkommen auch beinahe am Schluß der Liste (knapp 80 Dollar pro Jahr).

Wie erreicht man ein hohes Lebensalter?

Es ist eine äußerst beliebte Frage, wie man ein hohes Lebensalter erreichen kann, denn wer würde nicht gerne alt (genauer müßte man wohl sagen, daß jeder gerne ein hohes Lebensalter erreichen möchte, ohne alt dabei zu werden!). Sie läßt sich einfach beantworten: Alt wird man, indem man lange lebt. Und wer lange lebt, wird alt.

Diese scheinbar (zu) einfachen Volkssprüche verdeutlichen das Dilemma, zu einer vernünftigen Antwort auf diese Frage zu kommen. Mir selbst hat eine Kollegin eine Postkarte zugeschickt, auf der ein Ärzteteam einen offensichtlich uralten Patienten untersucht. Die Überschrift der Karte lautet: *Es gibt Menschen, die rauchen nicht, die trinken nicht, die essen nur Gemüse und meiden auch sonst jeden Genuß. Zur Strafe wer-*

den sie dann 100 Jahre alt. Auch dazu gibt es nur wenig zu sagen, jeder kann sich selbst seinen Reim darauf machen. Zwei wesentliche Dinge sind jedoch von Bedeutung: Allein nach Jahren alt zu werden, kann nicht der einzige Lebenszweck sein. Es gehört auch eine vernünftige Portion Lebenswert zum hohen Lebensalter. Lebensjahre per se können tatsächlich auch zu einer schlimmen Strafe werden. Und zum anderen ist nicht jeder dauerrauchende, 95jährige Uropa der Gegenbeweis dafür, daß nur eine gesunde Lebensweise das Leben verlängert und daß dieses lange Leben auch nur dann lebenswert sein kann.

Wir haben bei den vorher aufgeführten Altersrekorden gesehen, daß sehr unterschiedlich lebende Personen sehr alt werden können. Sie können rauchen, trinken, viel Fleisch und Süßigkeiten lieben, aber auch so krank sein, daß sie seit 75 Jahren im Rollstuhl und im Krankenhaus leben müssen. Man scheint also augenscheinlich nicht einmal besonders gesund sein zu müssen, um uralt zu werden. Die Spanne der verschiedenen Möglichkeiten ist sehr breit. Diese Beispiele haben allerdings alle eine Eigenschaft gemeinsam. Sie repräsentieren Ausnahmen und Einzelbeispiele und können daher nicht als maßgebend für die Gesamtheit der Menschen gelten. Für sie müssen wir auf statistisch gewonnene Aussagen zurückgreifen, die nicht auf zufälligen Einzelergebnissen von Individuen, sondern auf der Untersuchung großer Populationsquerschnitte beruhen.

Fragt man nach den Parametern einer hohen Lebenserwartung, müssen wir zwei Hauptfaktoren voneinander unterscheiden. Zum einen gibt es von der Natur im weitesten Sinne vorgegebene Eigenschaften, die vom Menschen (meist) nicht beeinflußt oder verändert werden können. Dazu zählen z.B. das Geschlecht, die Körpergröße, die Körperstatur, die Rassenzugehörigkeit, der konstitutionelle Typ, die hormonelle Ausstattung, die Wohnregion usw. Ich nenne sie hier mal die grundlegenden Faktoren. Zum anderen gibt es Verhaltensweisen, die in unserer eigenverantwortlichen Entscheidungsfreiheit liegen, die unser Lebensalter (und unsere Gesundheit) stark beeinflussen können. Es sind die variablen Faktoren. In einigen Beispielen sind beide Effekte eng miteinander verbunden. So kann es eine genetische Disposition zur Fettleibigkeit geben, die durch unmäßiges Essen dann auch hervorgerufen wird, die aber unterbleiben würde, erfolgte die Nahrungszufuhr sehr restriktiv. Diesen letzteren Parameter, aber auch Rauchen, hohen Alkoholkonsum, hohen Medikamentenverbrauch usw. fassen wir normalerweise als sogenannte Risikofaktoren zusammen.

Auf den nächsten Seiten beschäftigen wir uns mit dieser Problematik. Es ist klar, daß die folgenden Darlegungen unter der Prämisse zu verstehen sind, daß nicht Krankheit, Unfall oder ähnliche »ökologische« Faktoren dem Leben ein vorzeitiges Ende setzen.

Frauen leben länger als Männer – die grundlegenden Faktoren für ein hohes Lebensalter

In Tabelle 8.6 ist in der Übersicht angegeben, welche grundlegenden Faktoren für ein langes Lebens bestimmend sind. An der Spitze steht die genetische, d.h. die erbliche Veranlagung. Wer Vorfahren hat, die ein hohes Lebensalter erreicht haben, hat große Chancen, ebenfalls sehr alt zu werden.

Genetisch fixiert ist natürlich auch das Geschlecht. Hier herrscht alles andere als Gleichberechtigung. Überall auf der Welt – mit ganz wenigen Ausnahmen – leben Frauen länger als Männer. Das hat sich allerdings erst in diesem Jahrhundert so deutlich manifestiert. Früher war die Sterblichkeit der Frauen aufgrund der Geburtrisiken wesentlich höher als bei Männern, so daß ihre statistische ökologische Lebenserwartung niedriger zu liegen kam. Dies gilt in einigen Drittweltländern

TABELLE 8.6: Grundlegende Faktoren für ein langes Leben (empirische Daten). In Klammern ist (soweit verfügbar und sinnvoll) jeweils angegeben, um wieviel Jahre oder Prozent durch den entsprechenden Faktor das Leben im Vergleich zum jeweiligen Durchschnitt maximal verlängert werden kann. Nähere Erläuterungen siehe Text.

– genetische Veranlagung (8 Jahre)	– finanzielle Absicherung
– Geschlecht: weiblich (rund 10 %)	– geistige Tätigkeit
– großwüchsige Rassen (etwa 1-2% pro 10% Differenz)	– vernünftige, reduzierte Ernährung (siehe Konstitution)
– Konstitution: Leptosome (15 Jahre gegenüber Übergewichtigen)	– ausgeglichene Lebensweise (Ordensleute 10 %)
– Lebensbereich: Dorf, Kleinstadt (5 Jahre)	– geringer Alkoholgenuß (?)
– verheiratet (10 Jahre bei Männern; 4,5 Jahre bei Frauen)	– mentale Faktoren (Pessimisten leben etwa 6 % länger; Depressive wesentlich kürzer)
– Nichtraucher (Raucher -15 Jahre)	

mit sehr unterentwickelter Gesundsheitsvorsorge und hoher Geburten-
rate auch heute noch, hat aber mit der prinzipiellen Aussage nichts zu
tun. Das Ausmaß der Differenz ist in den Industrienationen am größten
und im mittleren Osten und in Südostasien am geringsten (Tab. 8.7, S.
270). Doch überall auf der Welt haben Männer eine geringere potentielle Lebenserwartung als Frauen. Über die Ursachen gibt es viele Spekulationen. Bereits intrauterin (noch in der Gebärmutter; oft unbe-
merkt) sterben viel mehr männliche als weibliche Feten ab. Im
Augenblick der Befruchtung beträgt das Verhältnis männliche zu weibliche Embryonen 120 zu 100. Bei der Geburt ist das Verhältnis dann

ABBILDUNG 8.25:   Rechts:
Frauen werden in allen hochzi-
vilisierten Nationen um etwa
zehn Prozent älter als Männer
(s. auch Tab. 8.5, S. 249).
Angegeben sind die Verhältnisse aus der Bundesrepublik
(81,8 bzw. 75,7 Jahre) und
vergleichend die von Japan
(Zahlen in der Abb. selbst).

Links: Die Energieum-
satzrate der Frauen
liegt dagegen deutlich
unter der der Männer.
Die Energieumsatzrate
nimmt mit steigendem
Lebensalter stark ab. In
der Summe verbrau-
chen Männer und Frau-
en aber in ihrem Leben
etwa gleichviel Energie.
Beide Geschlechtseffek-
te gelten im übrigen
auch für Tiere.

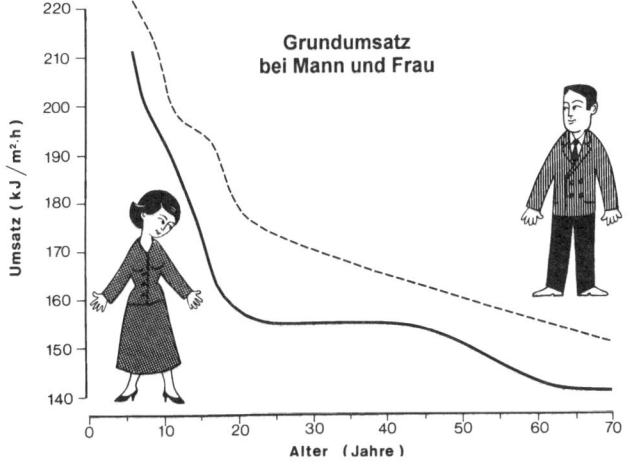

praktisch schon 100 zu 100. Das bedeutet, daß 20 % der männlichen Nachkommen schon vor der Geburt gestorben sind. Würde man die Lebenserwartung des Menschen nicht vom Zeitpunkt der Geburt bis zum Tod, sondern ab der Keimesentwicklung an berechnen, würden Frauen im Vergleich zu Männern in Deutschland statistisch gesehen sogar mindestens 16 Jahre länger leben. In Deutschland beträgt die »normale« Differenz sechs bis sieben Jahre (ungefähr 10% Differenz; die Absolutwerte sind 72 bzw. 79 Jahre; die Werteangaben sind jedoch z.T. äußerst unterschiedlich; Abb. 8.25, S. 257).

Über die Gründe dieser Differenz gibt es viele Spekulationen, die erstaunlicherweise selbst bei ausgewiesenen Gerontologen nicht immer von besonders breiter Sachkenntnis geprägt sind. Lange vermutete die Wissenschaft den Grund für den vorzeitigen Männertod im anstrengenderen Lebensumfeld, der höheren Risikobereitschaft und der größeren Agressivität des Mannes, also letztlich in ökologischen und ethologischen Gründen. Der höhere Streß und die Gefahr der Arbeit schaufle den Männern ein frühes Grab, während die Frauen im trauten Heim, geruhsam am Herd es da leichter hätten. Das würde »Ihr« ein längeres Leben bescheren. Tatsache ist aber, daß auch das Arbeiten zuhause – zumindest in früheren Zeiten – extrem anstrengend war und immer noch ist und daß auch die Geburtrisiken nicht zu vergessen sind. Und zunehmend sind Frauen heute nicht nur der Hausarbeit, sondern zusätzlich auch einer Berufstätigkeit ausgesetzt, ohne daß die Altersdifferenz dadurch leiden würde; im Gegenteil, sie nimmt eher noch zu. Außerdem zeigt sich ja mehr als deutlich, daß, je geringer die ökologischen Faktoren auf die Lebenszeit bestimmend einwirken, um so deutlicher der Geschlechtsunterschied zutage tritt. Ökologische Gründe kann es primär für diese Differenz also nicht geben!

So kam man bald darauf, daß die Differenz doch auf einer biologischen Grundgesetzlichkeit beruhen müsse, also erblich fixiert sein könnte. Man stürzte sich auf die Chromosomenausstattung (das Genom) des Menschen, die bei Mann und Frau unterschiedlich ist. In jeder Körperzelle tragen 22 Paare Chromosomen (innerhalb des Paares sind die beiden Chromosomen identisch; deshalb nennt man das Genom auch »diploid«, also »doppelt«) unsere Erbanlagen, die Gene. Erst das 23. Paar sorgt für den berühmten, kleinen Unterschied. Diese beiden Geschlechtschromosomen nennen wir auch Heterochromosomen (von »hetero« = verschieden). Frauen haben in jeder Zelle ein als XX bezeichnetes Heterochromosomenpaar, also identische Geschlechtschromosomen, während Männer ein XY-Paar haben (Abb. 8.26). Das Y-Chromosom ist ein im Vergleich zum X-Chromosom sehr kleines, beinahe rudimentäres Chromosom, das nur wenig Platz für Erbmerkmale hat. Defekte auf einem X-Chromosom soll nun die Frau durch den Besitz eines Doppel-X-Chromosoms besser ausgleichen können als Männer, für die dann Defekte oder Veränderungen sehr viel gefährlicher sein sollen. Daraus soll eine geringere Lebenserwartung resultieren. Auf dem X-Chromosom sitzen viele Gene, die für das Immunsystem und damit für die Abwehr von Infektionskrankheiten verantwortlich sind. Tatsächlich werden Männer häufiger als Frauen von schweren Virusinfektionen heimgesucht, und sie sterben häufiger daran. Daß diese ganze Argumentation aber auf äußerst tönernen Füßen steht, hätte eigentlich schon bald auffallen müssen (manche merken es heute

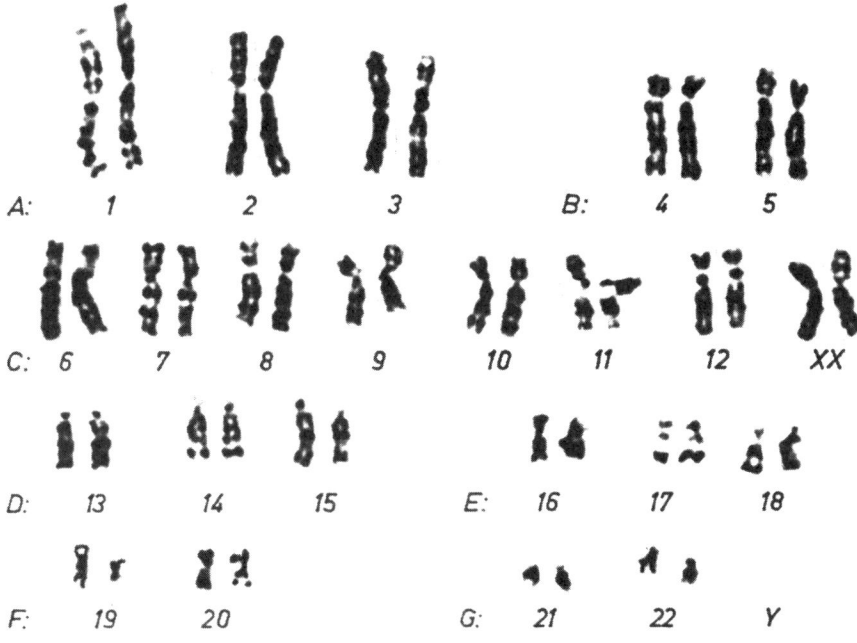

ABBILDUNG 8.26: Die Chromosomen der Tochter des Autors, Clarissa. Unter Nr. 22 sind die XX-Chromosomen aufgeführt. Y fehlt. Auf diesen Chromosomen sind in irgendeiner Weise die Dauer des Lebens und der Ablauf des Alterns, der letztlich die Lebensdauer durch den Alterstod begrenzt, programmiert. Wo und wie weiß man bis heute (gottseidank) noch nicht.

noch nicht und benutzen dieses Argument weiter). Der Geschlechterunterschied – auch »Geschlechterlücke« bezeichnet – findet sich bei anderen Säugetieren, sowie bei Vögeln, bei Reptilien, bei Fischen und sogar bei den meisten primitiven Lebensformen. Und dort – z.B. bei den Vögeln und Reptilien – haben oft die Männchen das XX-Paar. Die Argumentation, die wir beim Menschen als scheinbar sehr schlüssig empfinden, läuft zumindest hier also ins Leere. Sie erweist sich als anthropozentrischer Irrweg.

Nach einer anderen Theorie sollen die männlichen Sexualhormone sich lebensverkürzend auswirken. Tatsache ist, daß kastrierte Männer (natürlich mit der gleichen Chromosomen-Ausstattung wie nicht kastrierte; eine weiteres Argument gegen die Chromosomentheorie) bis zu 13 Jahre länger leben. Den gleichen Effekt konnte man auch bei kastrierten Hunden und Ratten feststellen! Dieser Befund stammt aus den USA, wo im US-Staat Arkansas bis in unser Jahrhundert hinein geistig Behinderte, die in Heimen untergebracht waren, kastriert wurden. Als Erklärung für die daraus resultierende erhöhte Sterblichkeit des Mannes wurde daraufhin angeführt, daß männliche Geschlechtshormone das »schlechte« Cholesterin (LDL) im Blut begünstigten, während weibliche Hormone das Niveau des »guten« Cholesterins (HDL) anhöben. Dadurch werde die Frau bis zu den Wechseljahren vor Arterienverkalkung, Herzinfarkt (er ist allerdings bei Frauen über 65 doppelt so häufig wie bei Männern, ohne daß Testosteron im Spiele wäre!), Schlaganfall, Knochenschwund und hohem Blutdruck (?) weitgehend bewahrt. Ganz abgesehen davon, daß die Cholesterinhypothese sehr umstritten ist, finden wir auch in diesem Erklärungsversuch den immer wieder vorkommenden gedanklichen Hintergrund, von dem sich offensichtlich viele Humanmediziner nicht lösen können: Die Forscher argumentieren nämlich erstaunlicherweise wieder sehr stark medizinisch-geriatrisch auf einer sehr reduktionistischen, monokausalen Ebene. Der Unterschied »muß« nach ihrer Ansicht auf einem Fehler des Systems, d.h. auf gesundheitlich negativen Abnutzungseffekten oder Risiken liegen. Der frühe Tod des »Männchens« wird gesehen als existentieller Mangel des unvollkommenen biologischen Systems, dem wir mit den Mitteln der Medizin zuleibe rücken müssen und können.

Es wird ergänzend auch angeführt, daß Testosteron aggressiv mache (was stimmt) und damit Unfälle, Streß und andere Risikofaktoren häufiger aufträten. Warum eigentlich nur (ökologische) Risikofaktoren? Wir haben doch gerade gesehen, daß die Beseitigung der ökologischen Faktoren in den Entwicklungsländern den »kleinen« Unterschied immer deutlicher werden läßt. Es könnte doch auch ganz »einfach« im biologisch gewünschten Sinne des Systems liegen, daß Männer (potentiell) kürzer leben (sollen) als Frauen. Wo liegt die Schwierigkeit in der Akzeptanz einer solchen systemisch-biologischen Absicht? Wohl darin, daß sie nicht so leicht manipulierbar ist?

Frauen sind von der Natur aus dafür ausgestattet, sieben, acht oder gar wesentlich mehr Kinder zu gebären. Dies war früher auch gang und gäbe und auch biologisch zweifellos notwendig, um die hohen Kinderverluste auszugleichen. Dazu brauchten sie nicht nur eine sehr zähe und widerstandsfähige Konstitution, sondern auch etwas mehr Zeit (sprich statistische Überlebenschancen) als Männer, weil es ökologisch gesehen äußerst riskant war, so viele Kinder auf die Welt zu bringen. Vernünftigerweise wird dieser Zeitvorteil erblich fixiert (programmiert) und nicht dem Zufall oder dem Verschleiß überlassen. Zu argumentieren – das wird gemacht –, dies träfe heute ja nicht mehr zu, geht davon aus, daß unsere augenblickliche Lebensart für die evolutiv-selektive Bestimmung der letzten Jahrtausende im Sinne zielgerichteter Entwicklung auf die heutige Zeit hin irgendeinen Einfluß gehabt hätte. Für den Biologen ist dies glatter Unsinn. Das, was im letzten Jahrhundert passiert ist, hat evolutionsbiologisch (bezogen auf den abgelaufenen Zeitraum von vielen hunderttausend Jahren) in dieser Hinsicht absolut keine Bedeutung gehabt.

Sicher ist allerdings, daß Testosteron auch den Energieumsatz erhöht. Beim Mann liegt er erstaunlicherweise etwa um den prozentuellen Satz höher, als die Lebensdauer gegenüber der Frau erniedrigt ist (Abb. 8.25, S. 257). Im gesamten Lebensablauf – das werden wir im Detail noch näher betrachten – ist dann die umgesetzte Energiemenge pro Körpergewichteinheit bei beiden Geschlechtern identisch. Die geringere Lebenserwartung des Mannes würde danach also nicht auf dem »Risikofaktor« Testosteron beruhen (oder anderen Risikofaktoren). Sie wäre ganz schlicht auf ein erblich vorgegebenes, kürzeres Zeitprogramm des Mannes zurückzuführen, dessen chronologischer Ablauf über den Energiestoffwechsel und damit auch über Testosteron als mitbestimmendes Hormon gesteuert wird, bzw. sich zumindest in diesem phänologisch manifestiert.

Kurz erwähnen möchte ich noch eine weitere, eigentlich schon kuriose

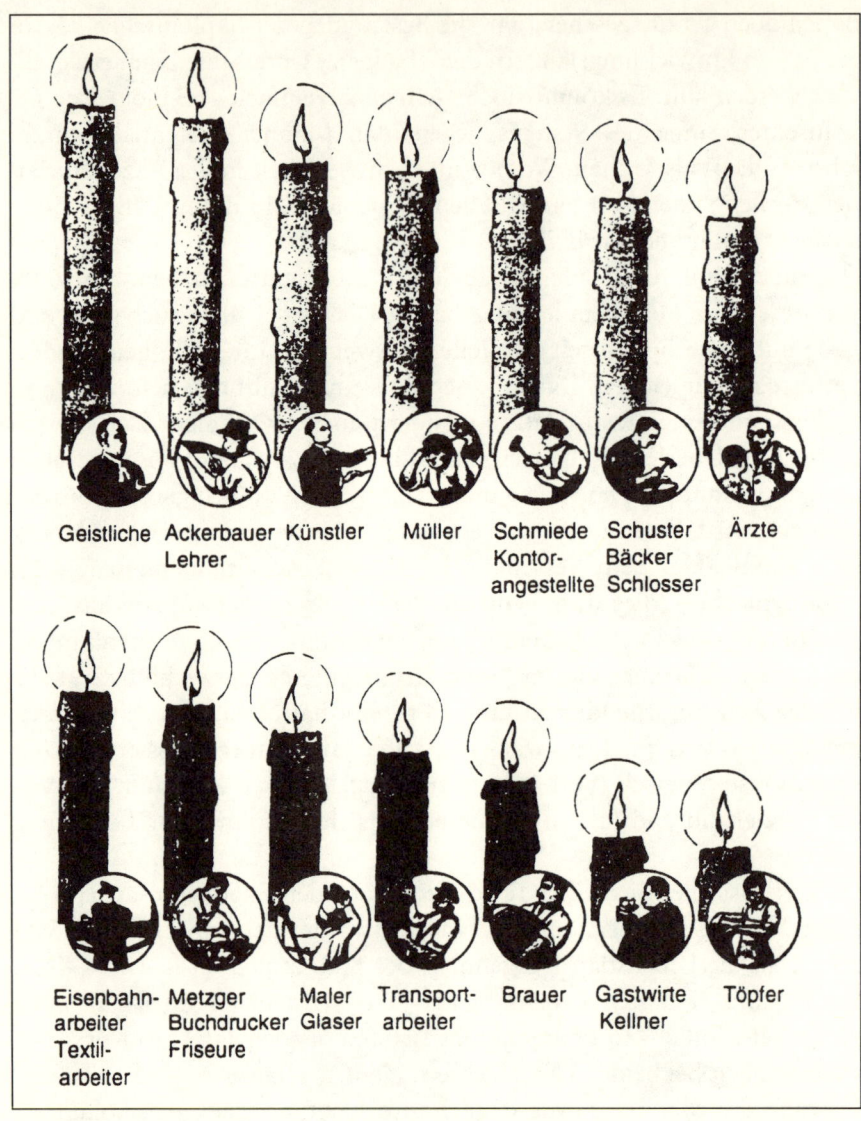

ABBILDUNG 8.27: Beruf und durchschnittliche Lebenserwartung (schematisch dargestellt) am Beispiel einer alten englischen Statistik. Für unterschiedliche Berufsgruppen brennt das Lebenslicht sehr unterschiedlich lange. In der Bundesrepublik haben heutzutage z.B. Zahnärzte ein besonders kurzes Leben, während Ordensleute (wie in England schon) besonders lange leben.

»Verschleißtheorie«. Sie geht davon aus, daß männliche Embryonen sich schon im Uterus stark gegen die Abwehrkräfte der Mutter, die ja dem anderen Geschlecht zugehört, wehren müßten. Das koste Kraft und gehe auf Kosten der Lebenszeit. Geschlechterkampf auf Kosten des letztlich unterliegenden Mannes also schon im Uterus? Die Theorie stammt übrigens von einer Frau (Ursula Mittwoch, Queen Mary und Westfield College, London) – beurteilen Sie sie selbst.

Neben dem Geschlecht und der übrigen erblichen »Belastung« sind auch andere festgelegte Eigenschaften des Menschen altersbestimmend. Großwüchsige Rassen und Arten (s. Gleichung über die Korrelation von Körpermasse und Lebensalter auf S. 208) leben länger als kleinwüchsige. Pro 10 % Körpergewichtszunahme (allerdings nicht auf Fettanlagerung oder individueller Eigenschaft beruhend, sondern auf die rassen- bzw. artbedingte, normale Idealgewichtszunahme bezogen!) erhöht sich die Lebensdauer um etwa 1 bis 2 %. Bei den verschiedenen Konstitutionstypen leben Leptosome im Vergleich zu Pyknikern und Athletischen bis zu 15 Jahre länger, obwohl wahrscheinlich jeder intuitiv dem athletischen Menschen die höchste Lebensdauer zuordnen würde, schon weil der so schön gesund und fit ausschaut.

Zu den nicht unmittelbar zu beeinflussenden Faktoren (im Sinne von Risikofaktoren) gehören auch bestimmte Lebensumstände, die jedoch mehr als ökologische Faktoren wirksam werden. In gemäßigten bis kalten Zonen werden die Menschen älter. Ein höheres Alter erreicht man auch in Kleinstädten und Dörfern (im Vergleich zur Großstadt). Entscheidend ist auch, ob man allein oder mit einem Partner zusammen lebt. Unverheiratete Männer »verkürzen« ihre Aussicht auf ein langes Leben um ganze zehn Jahre. Bei Frauen kostet das Single-Dasein immerhin noch 4,5 Lebensjahre. Vorausgesetzt ist wohl, die zum Vergleich herangezogenen Paare sind auch glücklich miteinander. Geistige Tätigkeit und finanzielle Absicherung tragen ebenfalls dazu bei, die Anzahl der möglichen Lebensjahre zu erhöhen. Man kann sogar für bestimmte Berufsgruppen sehr unterschiedliche Lebenserwartungen voraussagen (Abb. 8.27, S. 262). Besonders alt werden kontemplativ, zufrieden lebende Ordensleute. Ihre Lebenserwartung liegt um über 10 % über dem Durchschnitt vergleichbarer sozialer Gruppen. Ebenso ist bekannt, daß Optimisten länger leben als Pessimisten (andere Untersuchungen sagen allerdings das Gegenteil).

Viele dieser Faktoren sind jedoch einer detaillierten, naturwissenschaftlichen Untersuchung wenig zugänglich. Für die folgenden Risikofaktoren sind dagegen – z.T. zumindest – sehr gute Datensätze vorhanden.

Risikofaktoren kosten Lebenszeit

Rauchen kostet rund 1,8 Millionen Menschen pro Jahr vorzeitig das Leben (Statistik der WHO von 1991; Abb. 8.29, S. 265). Die Chance, an Lungenkrebs zu sterben, liegt bei Nichtrauchern unter vierzig Jahren bei rund drei von 100 000 Personen; bei den gleichaltrigen Rauchern sind es fünfzigmal mehr (ein Päckchen Zigaretten pro Tag reduziert die durchschnittliche Lebenserwartung um sieben Jahre, zwei Päckchen pro Tag bereits um 15 Jahre).

Ähnliche Zahlen und Effekte kennt man von mißbräuchlichem Alkoholgenuß. Und Gleiches gilt für extreme Medikamentenkonsum.

Übergewicht reduziert die Lebenserwartung ganz beträchtlich. Die Statistik weist aus, daß pro 1 % Übergewicht die Lebensdauer um rund 0,2 Jahre (oder genau 62 Tage) reduziert wird. Wer statt 70 kg rund 85 kg wiegt, hat eine reduzierte Lebenserwartung von rund 3,5 Jahren. 35 kg Übergewicht bringt eine um 150 % erhöhte Sterblichkeit (Abb. 8.28).

Es ist hinlänglich bekannt: Exzessive Lebensführung in allen Lebensbereichen wirkt sich nicht nur

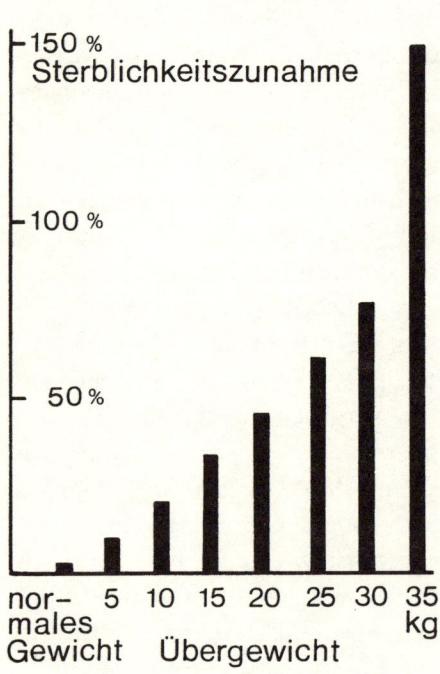

ABBILDUNG 8.28: Risikofaktor Übergewicht. Ein erhöhtes Körpergewicht erhöht als Risikofaktor deutlich die Sterblichkeit und damit auch die Lebenserwartung. Bei einem Übergewicht von 35 kg ist die Sterblichkeitsrate bereits um 150 % gegenüber normal erhöht.

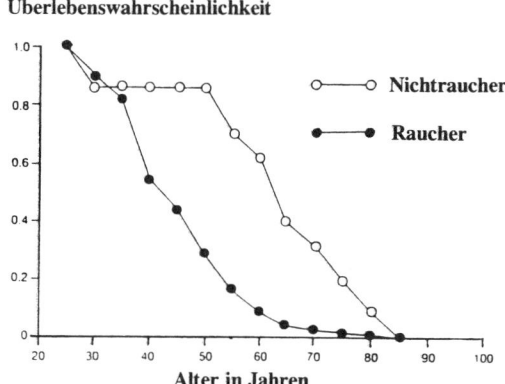

Überlebenswahrscheinlichkeit

○——○ Nichtraucher

●——● Raucher

Alter in Jahren

ABBILDUNG 8.29: Rauchen als Risikofaktor für die Überlebenswahrscheinlichkeit. Die Überlebenswahrscheinlichkeit wird durch das Rauchen stark negativ beeinflußt, vor allem, wenn schon andere Überlebensrisiken bestehen. Dargestellt ist eine Probandengruppe, die homozygot als Zusatzrisiko eine alpha-1-Antitrypsin-Defizienz aufweist (eine besondere Stoffwechselstörung).

grundsätzlich negativ auf die Lebenserwartung aus, sondern auch auf die Art und Weise, wie man alt wird, sprich auf die potentiellen »Krankheiten«. Gesunde Lebensführung erreicht das Gegenteil.

Kompensation von Organveränderungen rettet Lebensjahre

Eine zu hohe Arbeitsbelastung einzelner Organe führt zwangsläufig zu schnellerem Verschleiß und damit schnellerer Alterung. Eine Grundbelastung für alle Systeme ist jedoch wiederum notwendig, um »in Übung« zu bleiben. Den vernünftigen Kompromiß zu definieren, ist nicht einfach. Leichter ist es, Verhaltensmaßregeln zu geben, die generell dem Erhalt der Arbeitsfähigkeit und dem Schutz der Organe dienen.

Eine Reduktion der Zellteilungshäufigkeit reduziert die schnelle Alterung beträchtlich. Das wundert uns nicht mehr, nachdem wir das Altern auf Zellebene kennengelernt haben und wissen, daß die Zellen nur eine beschränkte Mitosehäufigkeit haben. Ein konkretes Beispiel: Häufiges Sonnenbaden führt zu einem häufigeren Wechsel der Hautschichten. So jugendlich-sportlich gebräunte Haut in jungen Jahren auch aussehen mag, bekannt ist, daß das derart manipulierte Organ sich durch schnelleres Altern revanchiert. Sprödigkeit und Falten stellen sich gerade in solchen Fällen extrem schnell ein und sind dann ein großes Problem vor allem für Frauen in der Midlife-Phase. Durch Wachstumshormone oder Abschälkuren versucht z.B. die Kosmetikindustrie, schnell neue und zarte Hautschichten zu induzieren – die Haut altert dennoch schneller, und Nebenwirkungen sind immer mit im Spiel (darüber werden wir im Kap. 13 auf S. 363 ff. noch mehr erfahren).

Eine Reihe von Strahlungen (UV, radioaktive Strahlen) und Chemikalien fördert das Auftreten von Mutationen und/oder sogenannten »crosslinkages« (Molekülvernetzungen; wird in Kapitel 16 näher erläutert), die trotz Reparatur- und Ersatzmechanismen zum Funktionsverlust oder zur Entgleisung (Krebs) von Zellen und damit zur vorzeitigen Alterung führen können. Eine Belastung mit diesen Faktoren muß minimiert werden. Das Gleiche gilt für die Vemeidung verschiedener Radikale in unserer Umwelt (Ozon in der Luft, Nitrat in der Nahrung etc.). Tja – wer hat auf letztere aber schon aktiven Einfluß!?

Eine ausgewogene, unbelastete und gut verdauliche Ernährung unterstützt und entlastet die Verdauungsorgane. Sie sollte den jeweiligen Altersanforderungen angepaßt werden. Ausreichende Flüssigkeitszufuhr mindert die Belastung der Niere und erleichtert das Ausschwemmen von Exkretstoffen. Empfehlungen zur richtigen Ernährung älterer (aber auch junger) Menschen sind z.B. kostenlos bei der »Deutschen Gesellschaft für Ernährung« erhältlich (Adresse: Feldbergstraße 28, 60323 Frankfurt/ Main).

Der Kreislauf, die Atemorgane und die Muskulatur können durch mäßige, aber gleichmäßige Belastung trainiert werden. Das Gehirn verlangt Gleiches. Regelmäßiges Training gleicht einen Gutteil des Verlustes an Leistungsfähigkeit aus.

Auch die meisten Sinnesorgane sind empfindlich gegen Dauerbelastung. Vor allem das Gehör reagiert mit »Altersschwerhörigkeit« auf zu starke Lärmbelastung. Andere Systeme reagieren ebenfalls mit Abstumpfung gegen zu hohe Reizüberflutung.

Das Immunsystem ist nur schwer trainierbar. Vernünftige Ernährung, geringe Belastung mit Antigenen (körperfremde Stoffe, die eine Immunreaktion auslösen), Vermeidung von Infektionen und »Abhärtung« können jedoch den Funktionsverlust deutlich verlangsamen.

Diese – zugegeben sehr allgemeinen – Beispiele sollen zunächst genügen.

Mentale Prävention – die Seele jung halten

Nicht zu vergessen sind die mentalen Faktoren. Da sie kaum experimentell faßbar sind, können sie nur schwer quantitativ dargestellt werden und fallen deshalb bei Naturwissenschaftlern allzu leicht »unter den Tisch«. Ich möchte mich zu diesem Thema aber wenigstens kurz äußern.

Bekannt ist, daß positive Lebenseinstellung lebensverlängernd wirkt. Depressionen haben negative Effekte auf vielfältige Organsysteme. Im Volksmund haben mentale Faktoren vielfach ihren Ausdruck in sogenannten Lebensweisheiten gefunden: Er hat sich aufgegeben; sein Lebensmut ist gesunken; man ist so alt, wie man sich fühlt; er will nicht mehr weiterleben etc.

Es gibt jedoch andere Untersuchungen, die Pessimisten (»Miesepeter«), die ja nicht unbedingt depressiv sein müssen, um bis zu 6 % längere Lebenschancen einräumen. Was nun stimmt und was nicht, kann ich nicht beurteilen.

James Dean: wer intensiv lebt, lebt kurz – der stoffwechselphysiologische Aspekt der Altersspanne

Ich möchte an dieser Stelle einen kleinen Vorgriff auf die später – in Kap. 16 auf S. 436 ff. – erst näher dargestellte Stoffwechseltheorie und ihren Einfluß auf das potentielle Lebensalter machen.

An vielen Beispielen haben wir gesehen, daß die maximale Altersspanne offensichtlich auch sehr deutlich mit der Energieumsatzrate der Organismen zusammenhängt. Das sieht so aus, daß die Lebensspanne um so kürzer ist, je energieintensiver ein Organismus lebt. Das ist noch nicht verwunderlich; diese Theorie geht aber noch weiter. Es soll uns im Laufe des Lebens nämlich auch nur eine ganz bestimmte, definierte Energiemenge zum »Verleben« zur Verfügung stehen. Nimmt man diese Theorie von der maximalen Stoffwechselrate ernst, dann folgt daraus, daß sich ein schonender Umgang mit seinen Energiereserven lebensverlängernd auswirkt. Wie das jedoch in der Realität aussieht, ist recht buntscheckig. »Sich auf die faule Haut legen« macht in unserer Leistungsgesellschaft wohl nur für sehr wenige Personen Sinn. Es ist auch kaum für jemanden überhaupt möglich. Energiesparende Verhaltensweisen sind indes lern- und trainierbar. Die Vermeidung von Streß, der den Stoffwechsel auf Hochtouren laufen läßt, gehört z.B. dazu. Extremer Hochleistungssport mag zwar Kreislauf und Herz zu optimalen Leistungen führen, gesund oder gar lebensverlängernd ist er jedoch ganz sicher nicht. Viele Leistungssportler hat der Tod beim Joggen erwischt, so auch den Erfinder des Joggens selbst. Vielleicht kommt daher das in einigen Zeitschriften groß aufgemachte »Sport ist Mord«, ein Satz, der von Churchill stammt. Er soll auch gesagt haben, daß Gesunde Sport nicht nötig hätten und er für Kranke nur schädlich wäre, was ich aber nicht unterstütze. Zum Thema Sport später mehr.

Daß Gesundheit und langes Leben nicht unbedingt identisch sind, zeigt ja das Beispiel von der Lebensalter-Rekordhalterin Carrie White, die 75 Jahre lang im Krankenhaus lag bzw. an den Rollstuhl gefesselt war. Sie ist ein unfreiwilliges Beispiel – wobei man extreme Einzelfälle natürlich mit dem nötigen Abstand betrachten muß – für die Stoffwechseltheorie des Alterns. Ich erwähne sie hier auch mehr als auflockernde Episode oder Anekdote, und es gibt dafür natürlich auch mehr als ein Gegenbeispiel.

Warum werden Menschen in manchen Regionen besonders alt?

Sucht man nach generelleren Beispielen für besonders hohe Altersspannen beim Menschen, wird man in drei Regionen der Welt fündig: dem Hunza-Tal im Himalaya, dem Vilcacamba-Tal in Ecuador und im besonderen bei den Kaukasiern von Georgien. Sie haben im Mittel 26mal mehr über 90jährige (2,6 %) als der Durchschnitt (0,1 %) der Bevölkerung. Für alle Gruppen gilt, daß die Alten in ihnen aktiv am Leben teilhaben und akzeptierte Autoritäten in der Familie darstellen (sicher wichtige mentale Faktoren). Die »Tal«-Bewohner sind alle Hochland-Gemeinschaften. Ihre Ernährung ist fettarm und reich an vegetarischem Protein. Es gibt kaum dicke Leute. (Ich habe schon dargelegt, daß reduzierte Ernährung, ja sogar Hungern, die Lebenserwartung erhöhen kann.) Bei den Kaukasiern gilt Dicksein sogar als Krankheit. Es wird konstant aber nicht zu schwer gearbeitet. Die kaukasische Kultur ist zudem durch minimalen Streß gekennzeichnet. Profilierungssucht und Durchsetzungsbestreben sind so gut wie unbekannt, und der Lebensstil insgesamt wirkt eher sehr stoisch und ausgeglichen. Sie werden also allen Anforderungen für ein langes Leben – auch im Sinne der Stoffwechseltheorie – gerecht.

Können wir davon etwas lernen? Für manchen gestreßten Menschen kann ein entspannendes Joggen nach der Arbeit z.B. sehr gesund sein. Die durch Dystreß ins Blut abgegebenen Streßhormone, die den Stoffwechsel auf hohem Niveau halten und somit enorm Energie verbrauchen, werden dadurch nämlich abgebaut. Und das ist per Definition lebensverlängernd. Ausspannen senkt den Stoffwechsel ebenso wie ausreichender Schlaf und ein insgesamt ausgeglichenes, ruhiges Wesen. Mit Selbstbeobachtung, kritischer Eigenkontrolle und vor allem auch logischer Konsequenz kann jeder sein individuelles »Energiesparprogramm« finden und aufstellen. Es ist nicht nur lebensverlängernd, sondern auch sehr gesund, danach zu leben. Und diesen letzteren Aspekt wollen wir ja auch nicht außer acht lassen. Wenn eine Alter(n)stheorie das erreicht, hat sie schon einiges geleistet.

Geradezu zwingend ergibt sich aus den vorangegangenen Darlegungen nun natürlich die Frage, ob es möglich ist, seine individuelle Lebensdauer zu verlängern. Schließen wir einmal Faktoren wie Krankheit, Unfälle und ähnliches aus der Betrachtung aus, gibt es natürlich entsprechende Lebensregeln, die einen solchen Effekt haben können. Es sind im Grunde schon lange bekannte Regeln. Die tradierte Lebenserfahrung vieler Generationen hat schon längst vor der experimentellen Wissenschaft intuitiv die richtigen Konsequenzen entdeckt. So klingt einiges gerade Dargestellte vielleicht eher banal, wobei die inhaltliche Aussage einer Banalität aber nicht a priori falsch oder selbst flach sein muß. Sie liegt uns wohl eher schon so vertraut im Ohr, daß ihr Wiederholen uns eben nicht mehr so richtig von den Socken reißt, sondern sogar manchmal eher lästig wird.

Werden wir uns in Zukunft (oder auch heute schon?) Lebensjahre in der Apotheke kaufen können? So interessant diese Frage ist, sie soll hier nicht näher unter die Lupe genommen werden, obwohl schon heute viele Menschen durch einen hohen Konsum von Medikamenten eben dies zu erreichen versuchen. Im Abschnitt über Geriatrika – Kap. 13 auf

S. 377 ff. – ein wenig mehr zu diesem Problem. Der Wunsch nach einem »Trank der Unsterblichkeit« ist wohl so alt wie die menschliche Kultur und ihr Wissen um den Tod. Unsterblich ist aber allein der Traum vom ewigen Leben. Daran ändern auch Pillen oder chirurgische Eingriffe nichts, mit denen wir versuchen, eine jugendliche Haut, einen straffen Busen, weniger Fett oder sonstige äußerliche Jugendattribute zu erlangen. Wie sagt – sorry – wieder eines dieser banalen Sprichworte so richtig: Es gibt nur ein Mittel, um jung zu bleiben: Man muß früh sterben. Dem ist nichts hinzuzufügen.

TABELLE 8.7: Die mittlere Lebenserwartung in Jahren (y) von Männern und Frauen in verschiedenen Ländern im Vergleich. In praktisch allen Ländern der Welt werden Frauen älter als Männer. Daß dies keine ökologischen Ursachen hat, wird daran deutlich, daß dort, wo ökologische Faktoren bestimmend sind (Entwicklungsländer), dieser Unterschied (angegeben in %, Basis: Männer 100 %; Werte gerundet auf eine Stelle hinter dem Komma) eher sehr klein ist, und umgekehrt das Fehlen ökologisch maßgeblicher Parameter (Industrieländer) diese Geschlechterlücke noch markanter werden läßt.

Staat	Männer [y]	Frauen [y]	Unterschied [%]
Südamerika			
Argentinien	68	74	8,8
Bolivien	59	64	10,2
Brasilien	62	68	9,7
Chile	70	77	10,0
Ecuador	64	68	6,2
Kolumbien	68	74	8,8
Kuba	73	78	6,8
Mexiko	68	76	11,8
Nicaragua	60	65	8,3
Paraguay	67	72	7,5
Peru	62	67	8,1
Uruguay	69	76	10,1
Venezuela	71	78	9,8
	66,2	72,1	8,8

Nordamerika

USA	72	79	9,7
Kanada	74	81	9,5
	73,0	80,0	9,6

Asien/Australien

Afghanistan	44	43	-2,3
Australien	74	80	8,1
Bangladesch	54	52	-3,7
China	68	72	5,9
Indien	57	59	3,5
Indonesien	59	63	6,8
Japan	76	82	7,9
Kambodscha	48	51	6,2
Kasachstan	65	74	13,8
Malaysia	65	71	9,2
Mongolei	63	67	6,3
Neuseeland	72	79	9,7
Nordkorea	66	72	9,1
Pakistan	56	57	1,8
Philippinen	62	67	8,1
Südkorea	67	72	7,5
Thailand	66	71	7,6
Vietnam	63	67	6,3
	62,5	66,6	6,6

Vorderasien/Afrika

Ägypten	60	61	1,7
Algerien	66	68	3,0
Angola	42	46	9,5
Äthiopien	50	53	6,0
Botswana	59	65	10,2
Gabun	51	56	9,8
Irak	66	68	3,0
Iran	64	65	1,6
Israel	76	79	3,9
Jemen	49	51	4,1
Kamerun	49	53	8,2
Kenia	60	64	6,7
Kongo	52	56	7,7
Libyen	66	71	7,6
Madagaskar	51	54	5,9

Mali	45	47	4,4
Marokko	63	66	4,8
Mauretanien	44	50	13,6
Mosambik	46	49	6,5
Niger	49	53	8,2
Nigeria	48	50	4,2
Sambia	55	58	5,5
Saudiarabien	65	68	4,6
Senegal	54	56	3,7
Somalia	56	56	0
Südafrika	61	67	9,8
Sudan	52	54	3,8
Syrien	68	71	4,4
Tansania	50	55	10,0
Türkei	68	72	5,9
Uganda	50	52	4,0
Zaire	52	56	7,7
Zentralafrikanische Republik	45	49	8,9
	55,5	58,8	5,8

Europa

Bulgarien	69	76	10,1
CSSR (ehem.)	69	77	11,6
Dänemark	73	79	8,2
Deutschland*	73	79	8,2
Finnland	71	80	12,7
Frankreich	74	82	10,8
Griechenland	75	80	6,7
Großbritannien	73	79	8,2
Irland	73	79	8,2
Italien	75	82	9,3
Jugoslawien (ehem.)	70	76	8,6
Norwegen	74	81	9,5
Österreich	74	81	9,5
Polen	69	77	11,6
Portugal	71	78	9,9
Rumänien	69	75	8,7
Rußland	65	74	13,8
Schweden	75	81	8,0
Schweiz	75	83	10,7
Spanien	75	82	9,3
UDSSR (ehem.)	65	74	13,8
Ukraine	65	74	13,8

Ungarn	68	76	11,8
Weißrußland	65	74	13,8
	71,0	78,3	10,2
Mittelwerte aller Länder	63,0	67,9	7,8

* Werte für 1989 (ohne Ostdeutschland): Männer 70,5 Jahre, Frauen 77,5 Jahre; Erwartungswert für 2040: Männer 87, Frauen 92; insgesamt sind die Angaben stark schwankend.

Aktueller Nachtrag

Die auf S. 252 erwähnte 120jährige Frau Jeanne Calment hat inzwischen den Notar überlebt, der ihre Wohnung im Jahre 1965 auf der Basis einer Leibrente gekauft hatte. Der Notar André-François Raffray starb am 25.12.95 im Alter von 77 Jahren.

Kapitel 9

Altern auf verschiedenen Organisationsstufen des Lebens VII:
Das Altern von Populationen

Bis jetzt haben wir das Altern und das Lebensalter auf den Stufen der Zelle, des Organs und des Individuums kennengelernt. Die letzte und höchste Organisationsstufe biologischer Systeme ist die Population. Sie wird als die Lebensgemeinschaft gleichartiger Organismen verstanden, die innerhalb eines Lebensraumes vorkommen und in dem ein Austausch von Erbmaterial unproblematisch möglich ist, in dem sich also alle Populationsmitglieder zumindest rein theoretisch untereinander fortpflanzen können.

In den vorangegangenen Kapiteln haben wir gesehen, daß sich Altern vor allem in einer Abnahme der Vitalität, d.h. in einer Abnahme der Lebenskraft manifestiert. Dies führt zu einer erhöhten Wahrscheinlichkeit, mit zunehmendem Alter zu sterben. In einer bestimmten Altersspanne wird damit die Überlebenswahrscheinlichkeit gleich Null – der Tod ist also unausweichlich. Nimmt man nun eine Gruppe von Individuen der gleichen Art – also eine Population – und untersucht gleiche Altersgruppen, so muß man – mit zunehmendem chronologischen Alter dieser Probandengruppe – mit statistischen Methoden ebenfalls eine Zunahme der altersabhängigen Sterblichkeitsrate messen können. Diese Sterblichkeitsrate gibt dann an, mit welcher Wahrscheinlichkeit ein Individuum dieser Population zwischen dem gegebenen Alter x (beim Menschen wird x in der Regel in Jahren angegeben; bei kürzer lebenden Organismen ist die Dimension für x natürlich frei wählbar; z.B. Monate, Tage, Stunden etc.) und dem Alter x + 1 sterben wird.

Sie sehen also schon, im nächsten Kapitel geht es etwas mehr mathematisch zu. Aber keine Angst, es wird sicher nicht zu kompliziert.

Altersbezogene Sterblichkeitsraten – die Gompertz-Gleichung

Am 9. Juni 1825 hat Benjamin Gompertz in einem Brief (dies war damals die übliche Form der Einreichung und Darstellung eines wissenschaftlichen Artikels) an Francis Bailey von der Royal Society in London eine mathematische Methode vorgeschlagen, wie man die Sterblichkeitsrate bei menschlichen Populationen, die progressiv zunimmt, genau und einfach beschreiben kann. Dies ist insofern wichtig, als es den nachvollziehbaren Vergleich der Sterblichkeit verschiedener Populationen erlaubt, was bis dahin nicht so einfach möglich war. Gompertz bezog sich bei seinen Berechnungen auf Material, das er aufgrund genauer Statistiken für mehrere Grafschaften in England ausgewertet hatte. Die Methodik ist selbstverständlich für alle Lebensformen (Tiere und Pflanzen) ohne Einschränkung nutzbar. Der Titel der für die Gerontologie wichtigen Arbeit lautete: »*On the nature of the function expressive of the law of human mortality, and on a new mode of determining the value Life Contingencies.*« Etwas holperig und frei, dafür aber inhaltlich leicht verständlich übersetzt lautet er: »*Über die Natur der mathematischen Funktion, die die Mortalität des Menschen beschreibt und eine neue Methode, den Wert der (restlichen) Lebensspanne zu bestimmen.*« Diese Methode wird noch heute entsprechend angewandt und sie hat als »Gompertz-Formel« in die Gerontologie Einzug gehalten.

Gompertz definierte eine *altersspezifische Sterblichkeitsrate*. Sie beruht – und das ist das Entscheidende – immer auf der gleichen Anzahl Lebender der gleichen Altersstufe. Die altersspezifische Sterblichkeitsrate (im folgenden mit R_t bezeichnet) gibt also an, wieviele Individuen pro gleiche Zahl Lebender der entsprechenden Altersstufe im untersuchten Zeitraum x + 1 sterben.

Nun wissen wir schon, daß die Sterblichkeitsrate mit zunehmendem Alter ansteigt, und diese Zunahme unterliegt ziemlich genau einer exponentiellen Gesetzmäßigkeit. D.h., daß die Sterblichkeit nicht linear zunimmt. Linear würde z.B. folgendes bedeuten: Pro ein Jahr Alterszunahme wird die Sterblichkeitsrate um einen konstanten Absolutwert erhöht; z.B. 2, 4, 6, 8, 10, etc. in der Altersfolge; die dazugehörige Formel hätte die Form y = 2x (jedes Jahr sterben um »2« mehr Individuen). In Wirklichkeit wird sie mit zunehmendem Alter aber jeweils um einen bestimmten Faktor erhöht. Eine einfache exponentielle Reihe ist zum Beispiel die Verdopplung, wo die Werte mit jedem Schritt um den Multiplikationsfaktor 2 erhöht werden. Eine solche Reihe sieht folgendermaßen aus: 1, 2, 4, 8, 16, 32 etc. Die dazugehörige Formel lautet $y = 2^x$ (lies 2 hoch x; x ist der Exponent). Gompertz wählte für die Bestimmung des Wertes von R_t eine Exponentialgleichung, da R_t diese Verhältnisse einfacher und richtiger darstellen kann. Zur Berechnung von R_t gab er folgende, relativ einfache (zumindest für Mathematiker; wir akzeptieren, daß es irgendwie schon richtig ist – für unsere Betrachtung ist die Herleitung nicht so wichtig) Formel an:

$$R_t = -\frac{1}{n} \cdot \frac{dn}{dT} = R_o \cdot e^{\alpha t} + A$$

Für die einzelnen Glieder der Gleichung gilt:

n   = Anzahl der lebenden Individuen im Alter t
R_o = extrapolierte Sterblichkeitsrate im Alter t = 0 Jahre
A, α = artspezifische Konstanten, die Form und Lage der Kurve an
           die numerischen Daten der betreffenden Population
           anpassen. Werden aus dem Datenmaterial selbst erhalten.
dn/dT = Anzahl der Toten in der untersuchten Zeiteinheit

Nimmt man auf beiden Seiten der Gleichung den sogenannten natürlichen Logarithmus ln, so ergibt sich folgende, vereinfachte Gleichung:

$$\ln R_t = \alpha t + \ln R_o$$

Die Gleichung sagt nun aus, daß der natürliche Logarithmus von R_t – gegen das Alter aufgetragen – eine Gerade ergibt, wenn die Sterblichkeitsdaten der untersuchten Population der Gompertz-Formel gehorchen. Erhält man eine Gerade (bzw. innerhalb des Kurvenbereichs, wo eine Gerade auftritt; vgl. Abb. 9.1 auf S. 277), fällt die Überlebenskurve (siehe weiter unten) exponentiell ab und die absolute, altersspezifische Sterblichkeitsrate nimmt konstant (exponentiell) zu. Eine solche Population stirbt dann also durch einen »echten«, einen physiologischen Altersprozeß aus und nicht durch vorwiegend ökologische Faktoren. Eine solche Population ist deshalb für Altersuntersuchungen, die sich mit den rein physiologischen Aspekten des Alterns beschäftigt, hervorragend geeignet. (In Abb. 9.1 und 9.2, S. 278, sind Beispiele für solche Gompertz-Funktionen gegeben.)

Die Gompertz-Gleichung ist eine rein empirische (auf Erfahrung beruhende) Gleichung und kann nur aufgrund von Auswertung statistischer Tabellen ermittelt werden. Sie beruhte zunächst – wie bereits erwähnt – auf der Regel, daß altersunabhängige Faktoren (also z.B. Unfälle, Krankheit, Beuteopfer etc. – also typisch ökologische Faktoren) ausgeschaltet werden. Aber wenn man sie mitbetrachtet und eine genügend große und in sich stabile Population untersucht, findet man auch für das ökologische Altern meist eine konstante, altersspezifische Sterblichkeitsrate mit einem konstanten log R_t, wenn diese altersunabhängigen Todesursachen herausgefiltert werden können. Das bedeutet, daß auch in einer wildlebenden Population die Wahrscheinlichkeit zu sterben nicht in jeder Altersstufe die gleiche ist, sondern daß sie altersabhängig sein muß. Allerdings findet man in Freilandpopulationen

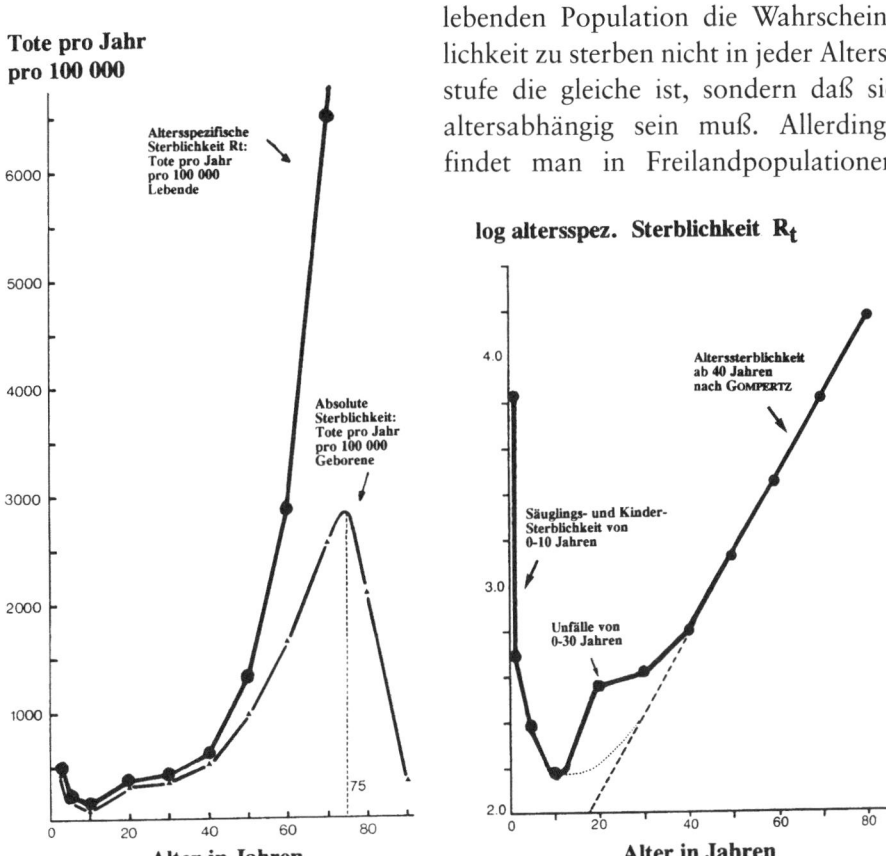

ABBILDUNG 9.1: Sterblichkeitsraten von Schweizer Männern (1921-1930) verschieden dargestellt. Die Kurven basieren auf den Werten der Tab. 9.1 (S. 279). In der linken Abbildung ist die absolute und altersspezifische Sterblichkeit linear aufgetragen; in der rechten Abbildung die logarithmische Darstellung der Sterblichkeitsrate R_t.

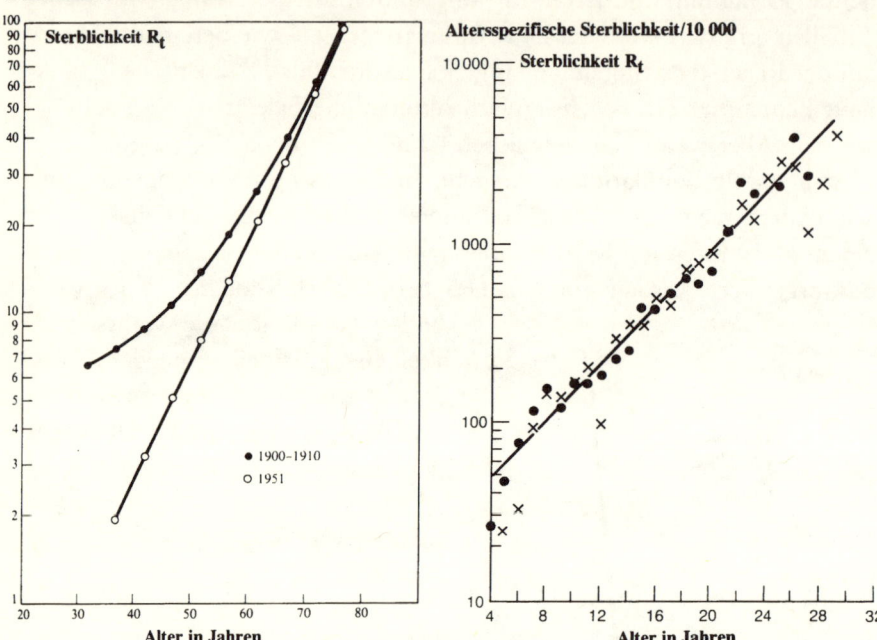

ABBILDUNG 9.2: Links: Sterblichkeitsrate R_t nach Gompertz für schwedische Männer in den Jahren 1900-1910 und 1951. Im Jahre 1951 ist die Sterblichkeitsrate praktisch nur noch altersbedingt (gerade Kurve), da sich im Vergleich zu 1900 die ökologischen Bedingungen (Ernährung, Gesundheitsfürsorge, Hygiene etc.) wesentlich verbessert haben. Rechts: Optimal gehaltene (meist wertvolle) Tiere zeigen bei beinahe optimalem Ausschluß ökologischer Todesfaktoren ebenfalls eine typische Sterblichkeitsrate nach Gompertz. Im Beispiel gezeigt an der Sterblichkeitsrate von Zuchtstuten aus einem englischen Gestüt.

kaum ein Individuum, das in die Nähe des maximal erreichbaren, potentiellen Lebensalters gelangt, weil die ökologischen Faktoren dafür sorgen, daß die Organismen in der Regel vorher umkommen. Das gilt auch für zahlreiche menschliche Populationen, die in sehr primitiven Verhältnissen leben.

Die Gompertz-Funktion eignet sich aber auf jeden Fall hervorragend dafür, die Überlebensdaten menschlicher und tierischer Populationen zu analysieren. Besonders wichtig ist ihre Bestimmung für solche Organismen, an denen man altersabhängige Phänomene in der Gerontologie untersuchen will. Erst wenn eine Population wirklich in den linear ansteigenden Bereich der Gompertz-Kurve gelangt ist, kann man davon

TABELLE 9.1: Sterblichkeitstabelle von Schweizer Männern aus den Jahren 1921-1930. Die Abb. 9.1, 9.2 und 9.7 (S. 277, 278, 285) basieren direkt auf diesen Daten.

Alter [Jahre]	Überlebende pro 100 000 Geborene	Tote pro Jahr pro 100 000 Geborene	Tote pro Jahr pro 100 000 Lebende (R_t)	log R_t
0	100 000	6 665	6 665	3,82
1	93 335	945	1 013	3,01
2	92 390	458	496	2,70
3	91 932	314	342	2,53
5	91 354	223	244	2,39
7	90 932	180	198	2,30
10	90 433	140	155	2,19
15	89 751	178	198	2,38
20	88 542	323	365	2,56
25	86 848	343	394	2,60
30	85 141	351	412	2,62
35	83 298	405	486	2,69
40	81 068	521	643	2,81
45	78 101	719	921	2,96
50	73 981	994	1 344	3,13
55	68 351	1 333	1 950	3,29
60	60 904	1 650	2 843	3,45
65	51 340	2 186	4 258	3,63
70	39 558	2 568	6 491	3,81
75	26 353	2 662	10 100	4,00
80	13 882	2 102	15 142	4,18
85	5 215	1 162	22 286	4,35
90	1 214	354	29 173	4,46
95	180	64	35 599	4,55
100	16	7	43 312	4,64
105	1	–	–	–

ausgehen, daß eine rein altersabhängige Sterblichkeitsrate gegeben ist und somit Ergebnisse, die man an dieser Population erzielt, tatsächlich mehr oder weniger sicher auch auf rein alternsabhängigen Prozessen beruhen.

Von einer Schweizer Populationsstudie liegen eindrucksvolle Zahlen vor, die es erlauben, die ganze Idee von Gompertz an einem konkreten Beispiel durch zuspielen. In Tab. 9.1 ist das entsprechende Zahlenmaterial aufgelistet.

TABELLE 9.2: Die Gompertz-Beschreibung für das Altern von Populationen: Modellhafte Zahlenbeispiele für rein *physiologisches* (Tod nur altersspezifisch; nicht durch Unfälle, Beuteopfer, Krankheit etc.; jeweils die *zweite, kursiv gesetzte Zahlenkolonne*) und rein ökologisches Altern (Tod nur durch Unfälle, Beuteopfer, Krankheit etc.; altersunabhängig; jeweils die erste, normal gedruckte Zahlenkolonne). Das Maximalalter soll bei 12 Lebensjahren liegen. Alle Zahlen gerundet. Beim ökologischen Altern geht die Zahl auch am Ende der 12 Lebensjahre aus mathematischen Gründen nicht auf Null zurück, was in der Natur natürlich nicht vorkommt. In den Abb. 9.3 und 9.4 (S. 281 und 282) sind diese Werte graphisch dargestellt. (* = Wieviel von 1 000 Geborenen sind im Lebensjahr x tot)

Lebensjahr	Zahl der Überlebenden (Summe Individuen)		Absolute Zahl der Todesfälle pro Jahr		%-Mortalität (Basis Geborene)*		Tote pro Jahr pro 1 000 Lebende der Altersgruppe altersspezifische Sterblichkeit R_t		altersspezifische Sterblichkeit in log R_t	
1	1 000	*1 000*	300	*1*	30	*0,1*	300	*1*	2,5	*0,0*
2	700	*999*	210	*2*	51	*0,3*	300	*2*	2,5	*0,3*
3	490	*997*	147	*4*	66	*0,7*	300	*4*	2,5	*0,6*
4	343	*993*	103	*8*	76	*1,5*	300	*8*	2,5	*0,9*
5	240	*985*	72	*15*	83	*3,0*	300	*16*	2,5	*1,2*
6	168	*970*	50	*31*	88	*6,1*	300	*32*	2,5	*1,5*
7	118	*939*	35	*60*	92	*10,2*	300	*64*	2,5	*1,8*
8	83	*879*	25	*112*	94	*23,3*	300	*128*	2,5	*2,1*
9	58	*767*	17	*196*	96	*42,9*	300	*256*	2,5	*2,4*
10	41	*571*	12	*292*	97	*72,1*	300	*512*	2,5	*2,7*
11	29	*279*	9	*272*	98	*100,0*	300	*1 000*	2,5	*3,0*
12	20	*–*	6	*0*	99	*–*	300	*–*	2,5	*–*

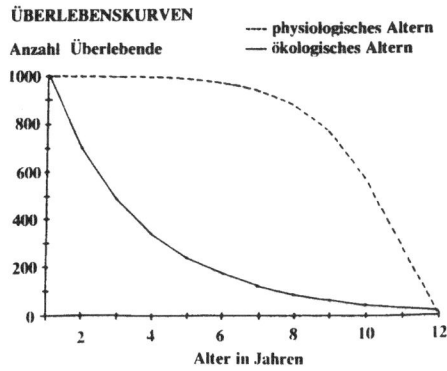

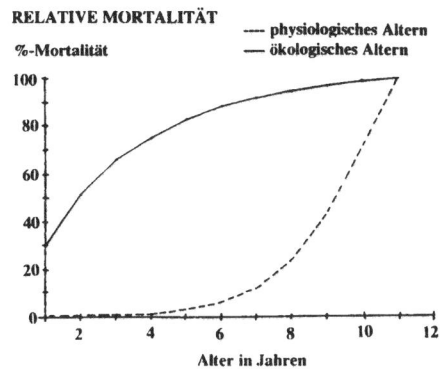

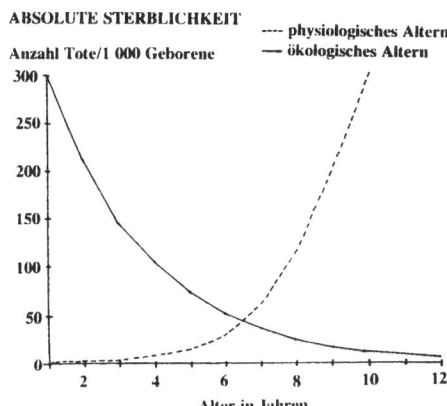

ABBILDUNG 9.3: Verschiedene Möglichkeiten der Darstellung von Sterblichkeiten und Alterszusammensetzung von Populationen. Die Abbildungen basieren auf den theoretischen Daten des Beispiels der Tab. 9.2 (S. 280).

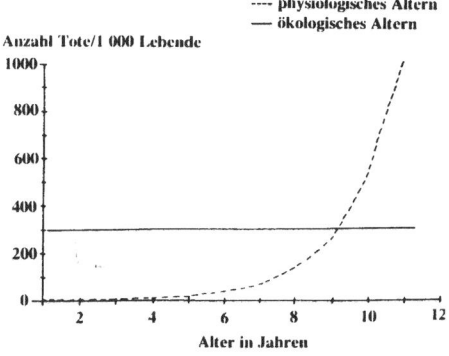

Zur weiteren Verdeutlichung der vielleicht doch nicht ganz einfach verständlichen Verhältnisse habe ich in der Tab. 9.2 (S. 280) und den
Abb. 9.3 (S. 281) und 9.4 die Unterschiede an einem theoretischen Beispiel dargelegt, das gut nachvollziehbar und einfach nachzurechnen ist.
Es dokumentiert nochmals sehr deutlich die Unterschiede zwischen einer
rein altersabhängigen Sterblichkeitsrate der verschiedenen Alternsformen. Beim physiologischen Altern sterben mit zunehmendem Alter immer mehr Individuen, bis beim maximal erreichbaren Lebensalter die
Sterblichkeitsrate gleich 100 % ist, d.h., daß alle Individuen in dieser Altersstufe sterben müssen. Bei der theoretisch altersunabhängigen Sterblichkeitsrate, beim rein ökologischen Alter, ist dagegen in jeder Altersstufe die Sterblichkeitsrate gleich hoch. In jeder Altersklasse stirbt also der
identische Prozentsatz an Individuen ab. Ist die Sterblichkeitsrate also
konstant (nicht exponentiell ansteigend), ist die Mortalität mehr oder
weniger altersunabhängig (vgl. Mehlschwalbe in Abb. 9.11 auf
S. 291 oder Kurve II in Abb. 9.5, S. 283).

Eine altersunabhängige Mortalität finden wir vor allem in tierischen

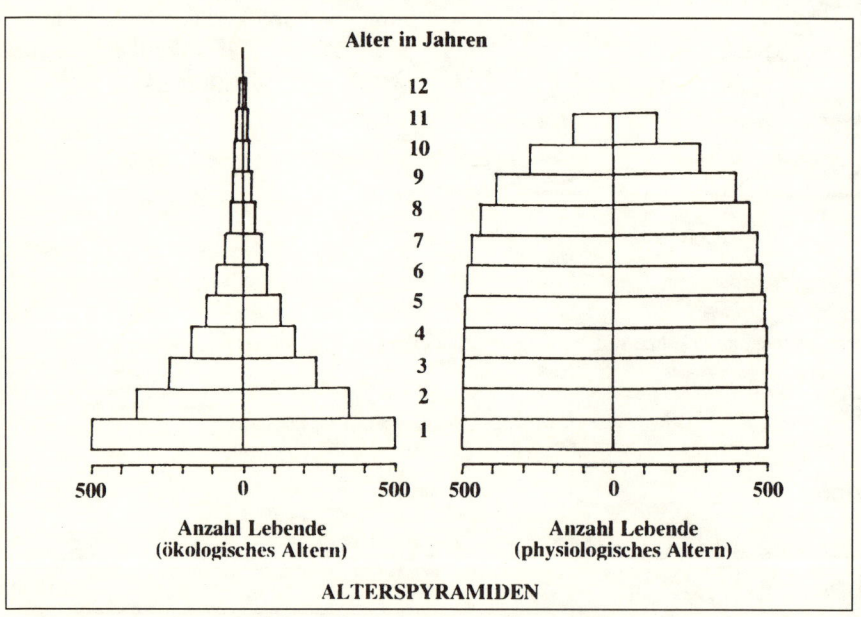

ABBILDUNG 9.4: Verschiedene Möglichkeiten der Darstellung von Sterblichkeiten und Alterszusammensetzung von Populationen in Form von Alterspyramiden, basierend auf den theoretischen Daten des Beispiels der Tab. 9.2 (s. S. 280).

Wildpopulationen und menschlichen Populationen, die unter sehr primitiven Verhältnissen leben. Kaum ein Individuum erreicht sein physiologisches Höchstalter. D.h., die Todesfälle sind nicht primär altersbedingt, sondern die Folge der ökologischen Lebensumstände, und treffen in jeder Zeiteinheit unterschiedlos die gleiche Anzahl von Individuen aus der Gesamtpopulation – unabhängig vom Alter der einzelnen Mitglieder. Die Wahrscheinlichkeit, in einem definierten Zeitabschnitt zu sterben, ist somit für jedes Mitglied der Population gleich groß und altersunabhängig. In solchen Populationen lassen sich generelle Altersphänomene so gut wie nicht untersuchen, da die Sterblichkeit vorwiegend ökologisch und nicht physiologisch bestimmt ist.

Wo Krankheitseffekte, Hunger, Unfälle etc. (also ökologische Parameter) stark minimiert sind, steigt log R_t im Laufe des Alters stetig an. D.h., daß immer mehr Mitglieder der Population an altersbedingten Ursachen sterben und die Sterblichkeit mit dem Alter positiv korreliert ist (vgl. Abb. 9.2, S. 278).

Über den Wert von log R_t läßt sich so das Alternsverhalten von Populationen (und natürlich auch Zellen und Organen) sehr gut vergleichend beschreiben und feststellen, welche Art von Sterblichkeit (ökologisch oder physiologisch) vorherrschend ist.

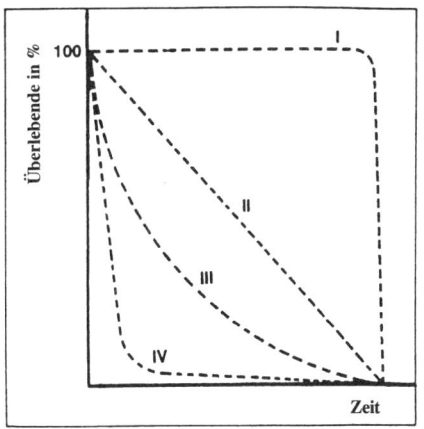

ABBILDUNG 9.5: Schema der vier theoretischen Formen von Überlebenskurven. Kurve I zeigt eine praktisch ausschließlich physiologische Sterblichkeit. Hier sterben nur die alten Mitglieder (alle plötzlich) aufgrund von »Altersschwäche«. Kurve II zeigt eine konstante Sterblichkeit in der Zeiteinheit. Diese Form wäre die idealisierte Form der ökologischen Mortalität. Sie kommt allerdings in der Natur in reiner Form nicht vor. In Kurve III nimmt die Mortalität mit zunehmendem Alter zu. Solch einen Verlauf zeigen in der Natur z.B. Fische, Vögel und Säugetiere. Ist die Jugendsterblichkeit sehr hoch, ergibt sich Kurve IV, die als die am weitesten verbreitete Überlebenskurve in der Natur gilt.

Überlebenskurven und absolute Mortalitätsraten

Eine andere, vielleicht leichter verständliche Form der Darstellung der Alterszusammensetzung und des Alterns von Populationen wird durch Überlebenskurven der einzelnen Populationsglieder gegeben. In Abb. 9.5 auf S. 283 sind die vier theoretischen Grundformen solcher Kurven dargestellt. Solche Mortalitätsdiagramme sind der graphische Ausdruck für den Anteil der Überlebenden in der chronologischen Zeiteinheit. Sie repräsentieren also gleichsam die Vitalität innerhalb einer Population (englisch »survival rate«). Kurve I zeigt eine praktisch ausschließlich physiologische Mortalität. D.h., hier sterben nur die alten Mitglieder aufgrund von reiner »Altersschwäche«. Kurve II zeigt eine konstante Sterblichkeit in der Zeiteinheit. D.h., pro Zeiteinheit stirbt eine konstante absolute Zahl von Populationsmitgliedern. Sie kommt allerdings in reiner Form in der Natur nicht vor. In Abb. 9.11 auf S. 291 wird anhand der Mehlschwalbe eine annähernd solche Mortalitätsform gezeigt. In Kurve III nimmt die Mortalität mit zunehmendem Alter zu. Sie wird in der Natur bei manchen Fischen, Vögeln und Säugern gefunden. Ist die Jugendsterblichkeit sehr hoch, ergibt sich Kurve IV, die als die am weitesten verbreitete Überlebenskurve in der Natur gilt. Meist sind jedoch diese vier Grundformen in der Natur in verschiedenster Weise miteinander kombiniert.

Die Überlebenskurven des Menschen haben sich im letzten Jahrhundert stark verändert (Abb. 9.6). Sie stellen sich heute für zivilisierte

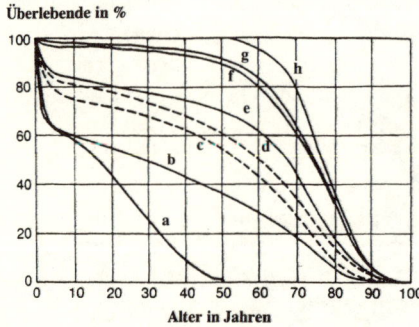

ABBILDUNG 9.6: Überlebenskurven verschiedener menschlicher Populationen zur Illustration der Veränderungen im Laufe der Zivilisationsgeschichte. (a) Steinzeitmensch nach Ausgrabungsfunden rekonstruiert. (b) Mexiko im Jahre 1930. (c) England und Wales in den Jahren 1891-1900. (d) USA, weiße Bevölkerung 1900-1902 (s. auch Abb. 8.23, S. 247). (e) Italien 1930-1932. (f) USA, weiße Bevölkerung 1959-1961. (g) England und Wales 1965-1967. (h) theoretische, »optimale« physiologische Überlebenskurve einer menschlichen Population ohne genetische Veränderungen (Schäden).

Länder folgendermaßen dar: Sie beginnen zunächst mit Kurve IV, verlaufen dann lange Zeit wie I und enden dann in Kurve II. Beispiele für die Schweiz (basierend auf Tab. 9.1, S. 279) und die USA sind in Abb. 9.7 gegeben.

Als weiteres Maß für die Sterblichkeitsrate einer Population kann die absolute Mortalitätsrate aufgeführt werden. Sie gibt an, wieviele Tote absolut pro Jahr pro 100 000 Geborene des Alters x auftreten. (Zur Wiederholung: die altersspezifische Mortalität gibt an, wieviel Tote pro 100 000 Lebende des Alters x auftreten.) In den bereits besprochenen Tabellen 9.1 und 9.2 (S. 279 und 280) und den Abbildungen 9.1, 9.3 und 9.4 (S. 277, 281, 282,) sind beide Zahlenwerte an konkreten (Männer in der Schweiz von 1921-1930) und theoretischen Beispielen miteinander verglichen.   Die altersspezifische Sterblichkeit steigt dabei – um es nochmals zu wiederholen – mit zunehmendem Alter exponentiell an und wird beim letzten überlebenden Individuum theoretisch genauso groß, wie die Zahl der Lebenden, d.h., daß alle Lebenden der entsprechenden Altersstufe sterben (Sterblichkeitsrate = 100 %). Die Anzahl der Überlebenden ist also gleich Null.

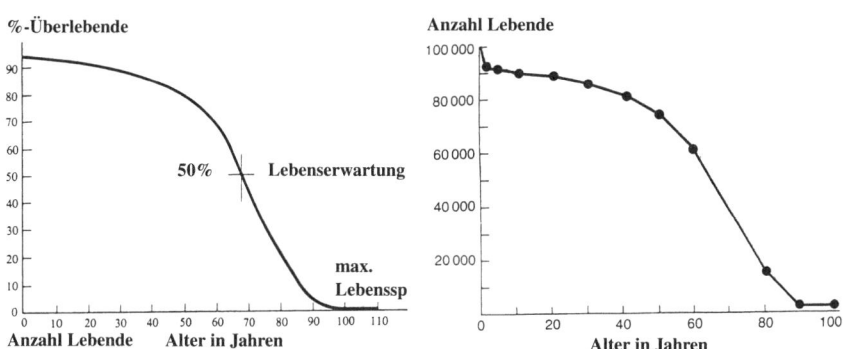

ABBILDUNG 9.7: Überlebenskurven. Links: Weiße Männer aus den USA 1939-1941. Der 50 %-Wert symbolisiert die mittlere Lebenserwartung dieser Population. Rechts: Schweizer Männer (basierend auf Tab. 9.1, S. 279; Kolonnen I und II) im Jahre 1921-1930.

Alterspyramiden –
kopflastig in industrialisierten Ländern

Alterspyramiden sind sicher die populärsten und für uns Leser am einfachsten verständlichen Darstellungsweisen für die Alterszusammensetzung und Sterblichkeit einer Population. Wir kennen sie alle. Sie geben uns auf einen Blick einen guten Eindruck über das Vorkommen verschiedener Altersgruppen in einer Lebensgemeinschaft und die Sterbensrate. Im Vergleich zu den oben genannten Kurven haben sie den (für uns weniger erheblichen) Nachteil, daß sie mathematisch nicht in weiter nutzbaren Formeln faßbar sind.

Wir haben bereits gesehen, daß je nach zivilisatorischem Entwicklungszustand in Populationen sehr unterschiedliche Überlebenskurven zu beobachten sind, die in unterschiedlichen Alterspyramiden resultieren. In Abb. 9.8 sind die grundlegendsten Formen aufgeführt, und wir sehen, daß nicht alle Alterspyramiden auch richtige Pyramiden sein müssen. Entwicklungsländer (und im alterspopulationsbiologischen Sinne sind dies wohl über 80% aller Staaten dieser Welt), Bevölkerungsgruppen früherer Jahrhunderte und die meisten Tierpopulationen haben (hatten) Überlebenskurven nach Typ III/IV der Abb. 9.5 (S. 283), aus denen typische Alterspyramiden im wahrsten Sinne des Wortes resultierten (wenige alte, viel junge Individuen; R_t konstant!). Hoch zivilisierte Populationen

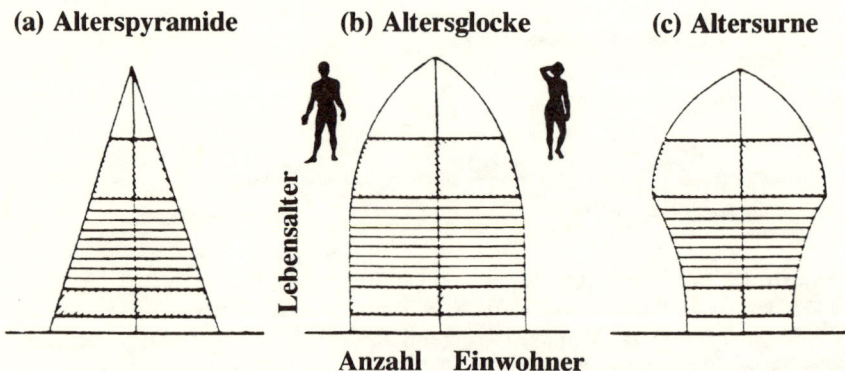

(a) Alterspyramide   **(b) Altersglocke**   **(c) Altersurne**

ABBILDUNG 9.8: Grundformen der Altersgliederung. (a) wachsende Bevölkerung (Pyramide). (b) stationäre Bevölkerung (Glocke). (c) schrumpfende Bevölkerung (Urne).

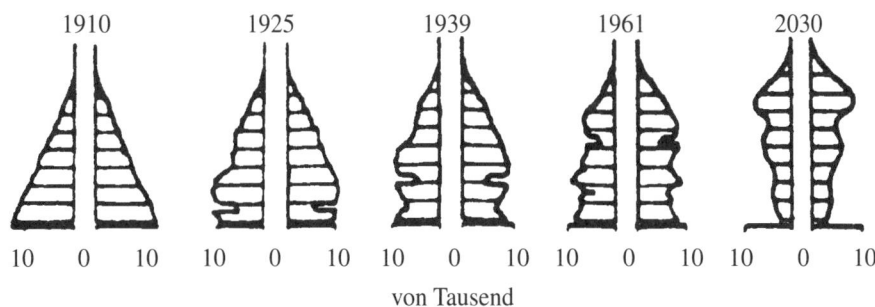

| 1910 | 1925 | 1939 | 1961 | 2030 |

von Tausend

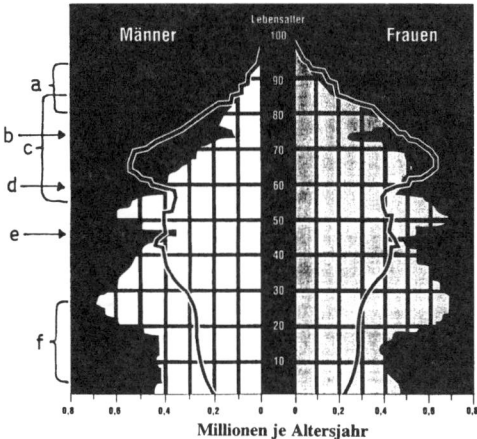

Altersstruktur in Deutschland 1990
(graue Linie: Altersstruktur 2030)

Männer · Frauen

Millionen je Altersjahr

ABBILDUNG 9.9: Bevölkerungsgliederung in Deutschland 1990 sowie ihre grobschematische Veränderung von 1910 bis 2030. Die Form wandelt sich von einer reinen Pyramide über eine Glocke zu einer Urne mit stetig sinkender Geburtenzahl. (a) Gefallene des 1. Weltkrieges. (b) Gefallene des 2. Weltkrieges. (c) Geburtenausfall im 1. Weltkrieg. (d) Geburtenausfall während der Wirtschaftskrise um 1932. (e) Geburtenausfall Ende des 2. Weltkrieges. (f) sogenannter Pillenknick.

(hohes Niveau der Gesundheitsversorgung etc.) altern nach Typ I. Die Alterspyramide wird zu einer Altersglocke bzw. sogar Altersurne mit Spitze (immer weniger junge, gleiche Verteilung vieler alter Mitmenschen; R_t steigend, log R_t konstant). In Abb. 9.10 (S. 288 ff.) sind einige Beispiele aus vielen Ländern dafür aufgeführt. In Abb. 9.9 sind die aktuellen Verhältnisse in der Bundesrepublik Deutschland und ihre Dynamik von 1910 bis 2030 dargestellt. Die ursprünglich ideale Alterspyramide entwickelt sich ganz klar zu einer Altersurne.

Jeder kennt die aus beiden Extremformen und ihrem jetzt stattfindenden Übergang resultierenden sozialen Probleme der gesellschaftlichen Überalterung. Auf sie eine humane Antwort zu finden, ist eine enorme gerontologische Herausforderung an die ganze menschliche Gesellschaft.

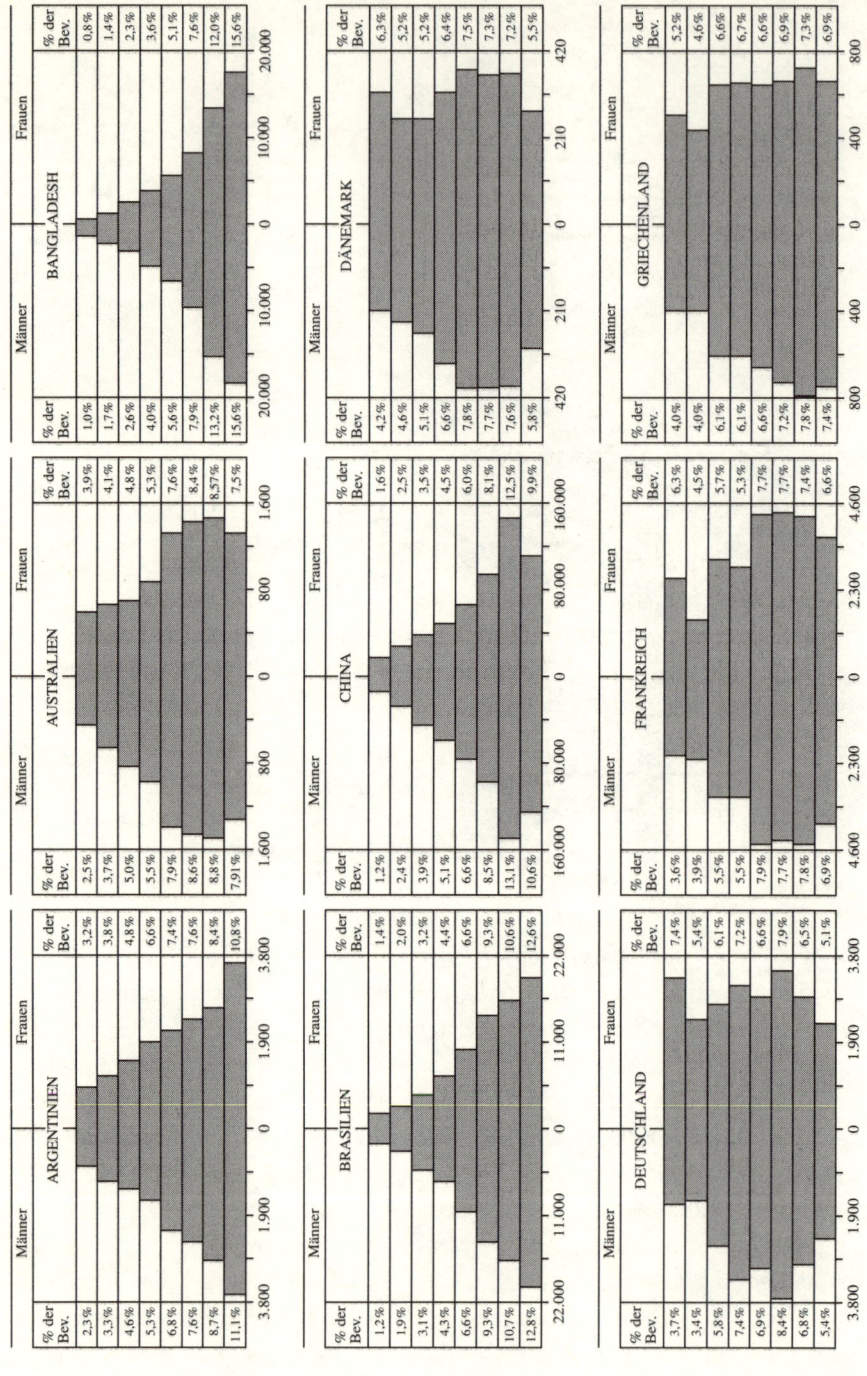

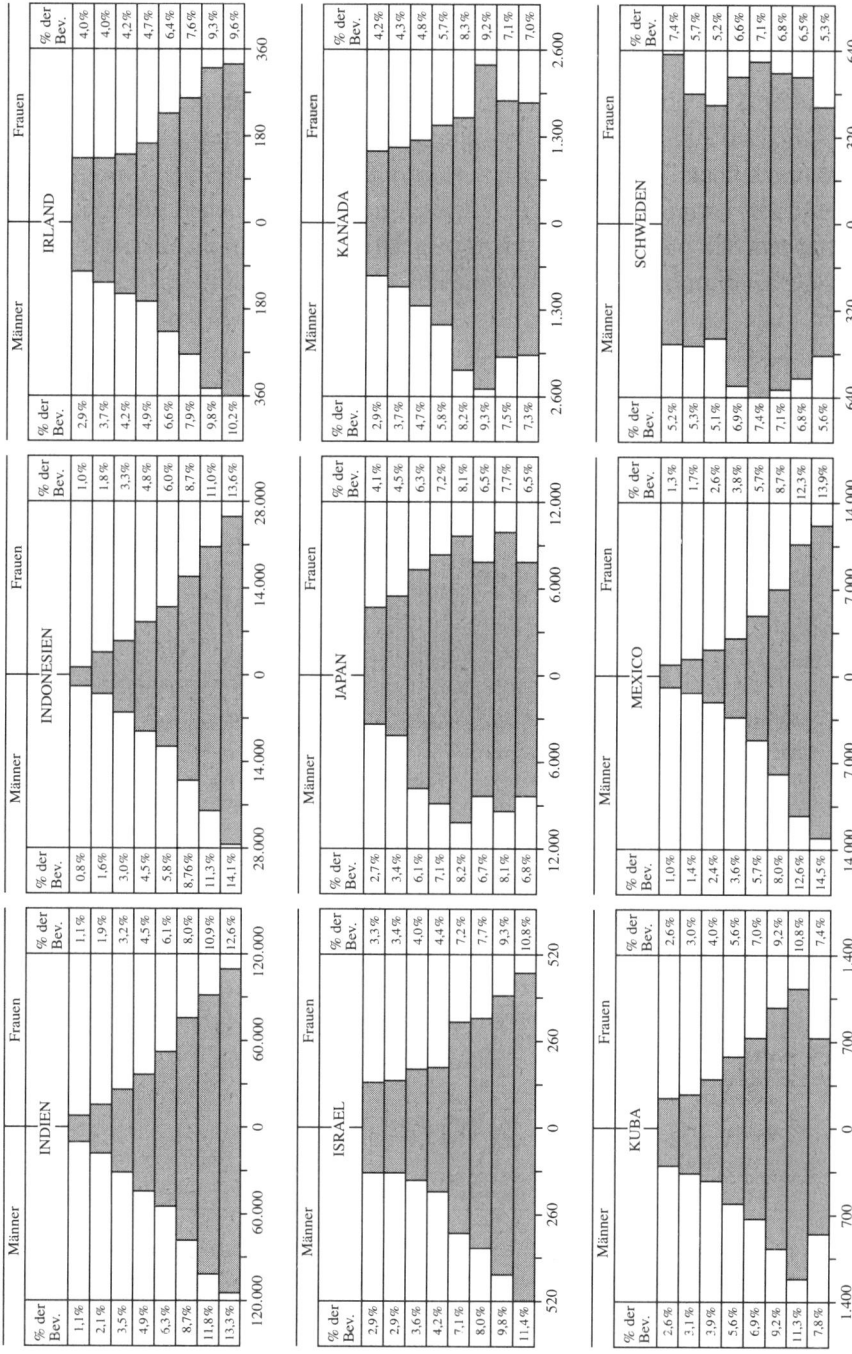

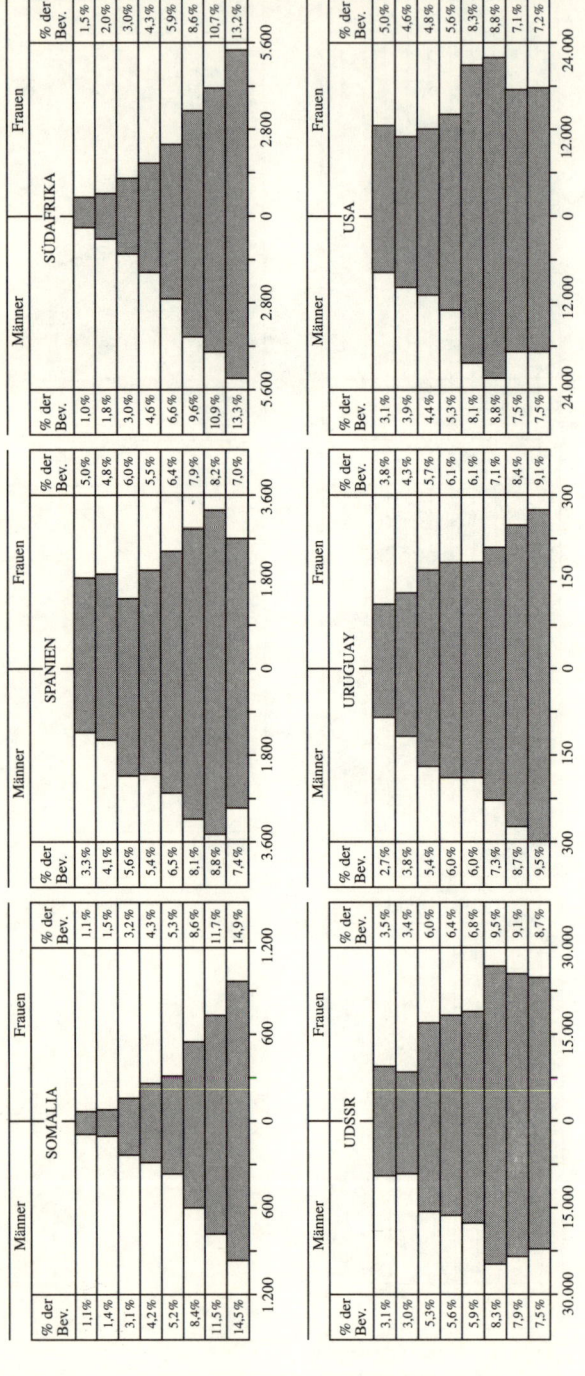

ABBILDUNG 9.10: Populationspyramiden verschiedener Länder der Welt. Die Altersklassen sind jeweils in Dekadensummen (Zehnjahresintervalle) zusammengefaßt. Links stehen die Männer, rechts die Frauen. Die x-Achse gibt die Zahl in Tausend an; der prozentuale Anteil ist auf der y-Achse abgetragen. Deutlich ist zu erkennen, daß Entwicklungsländer eine ganz typische Pyramidenform der Altersstruktur der Bevölkerung aufweisen, während die Industriestaaten sich über eine Populations-Glocke der Populations-Urne annähern.

Die Abbildungen sind alphabetisch geordnet. Die Werte der UdSSR entsprechen dem ehemaligen Staatsgebilde (Rußland hat aber heute praktisch eine identische Alterszusammensetzung). Deutschland ist der Vergleichbarkeit halber nochmals aufgeführt. Die Daten beruhen auf Angaben von 1992 (ohne aktuell aus diesem Jahr stammen zu müssen!).

Methoden der Untersuchung des Alterns von Populationen

Die meisten Alternsvorgänge und Alternserscheinungen werden normalerweise an Populationsmitgliedern untersucht. Die Population liefert eine große Stichprobenzahl, die für statistische Zwecke unerläßlich ist. Altersabhängige Phänomene in einer Population zu untersuchen, die Individuen verschiedener Altersstufen enthält, scheint uns zunächst ein sehr einfaches Unterfangen zu sein. Wir würden wahrscheinlich ohne zu zögern in einem bestimmten Kalenderjahr einen Querschnitt der zu untersuchenden Population nehmen, dort die uns interessierenden physiologischen, morphologischen, psychologischen oder sonstwie interessierenden Parameter an verschieden alten Vertretern dieser Population bestimmen, aus den erhaltenen Daten altersabhängige Veränderungen feststellen und sie als feststehende Altersmerkmale definieren.

Tatsächlich ist diese »Transversalstudie« immer noch die häufigste Form gerontologischer Untersuchungen. Sie ist einfach und schnell mit großer Stichprobenzahl durchführbar. Beim genaueren Hinsehen entdecken wir allerdings sehr viele Probleme und Fakten, die es zu bedenken gilt und die die so erhaltenen Daten mit einem großen Fragezeichen versehen. Es kann mit dieser Methode sogar zu schwerwiegenden Fehlschlüssen kommen. So ist z.B. bekannt, daß über eine rein transversale Studie gezeigt werden kann, daß die Vitalkapazität der Lunge (wieviel Luft kann pro Atemzug befördert werden) mit dem Alter deutlich abnimmt. Nimmt man relevantere Longitudinalstudien, die ich gleich erklären werde, läßt sich dies aber schon nicht mehr nachweisen.

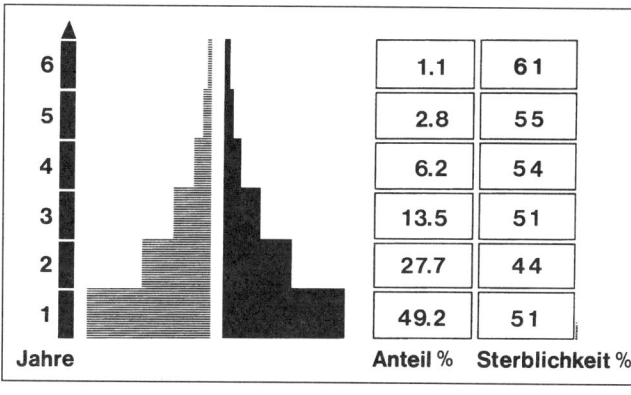

Jahre	Anteil %	Sterblichkeit %
6	1.1	61
5	2.8	55
4	6.2	54
3	13.5	51
2	27.7	44
1	49.2	51

ABBILDUNG 9.11: Die Alterszusammensetzung und die Sterblichkeit einer Population von Mehlschwalben in Oberschwaben 1979-1982.

Woher kommen solche gravierenden Unterschiede in den Ergebnissen? Es ist bei einer solchen Untersuchung natürlich wichtig, daß alle untersuchten Glieder der Population den gleichen Umwelt- und Entwicklungsbedingungen unterliegen bzw. in der Vergangenheit unterlegen waren. In keiner menschlichen Population dürfte dies aber über einen Zeitraum von etwa 80 bis 90 Jahren gegeben sein.

So hat sich ein heute 80jähriger im Vergleich zu einem heute 10jährigen sicher in seiner frühen Jugend unter völlig anderen Umständen entwickelt. Während heute (in Industriestaaten) die Gesundheitsvorsorge und Ernährung für alle Bevölkerungsschichten geradezu als optimal zu gelten haben, waren diese Bedingungen Anfang des 20. Jahrhunderts ebenso sicher nicht gegeben. Vieles, was wir also beim Vergleich des 80jährigen mit dem 10jährigen als typische Altersveränderung konstatieren werden, dürfte zumindest in seiner Quantität (zusätzlich) auch in den unterschiedlichen ökologischen Bedingungen der Jugendzeit begründet sein. Die Körperfunktionswerte eines heute 20jährigen können somit sicher nicht als vergleichbare »Normalwerte« für einen heute 80jährigen gelten, der eine ganz andere Lebensgeschichte hinter sich hat (der z.B. eventuell auch zwei Weltkriege durchgemacht hat).

Dieser Mangel an Kenntnis und Berücksichtigung der individuellen (ökologischen) Lebensgeschichte kann in gerontologischen Untersuchungen nur dadurch verringert werden, daß man die Alternserscheinungen möglichst kontinuierlich an einem möglichst kompletten Lebensablauf studiert. Nun ist dies bei Organismen, die eine geringe Lebensdauer von wenigen Wochen haben (z.B. Fruchtfliegen), absolut unproblematisch. Schwierig wird es, wenn wir diese Methode der sogenannten »Kohortenstudie« an langlebigen Organismen, z.B. dem Menschen, durchführen wollen. So eine Studie bräuchte mindestens 80 Jahre – kaum ein Forscher hätte wohl die Zeit und die Geduld, so eine Untersuchung durchzuführen, obwohl sie die Lebenskurve des Einzelnen optimal berücksichtigte und deshalb sehr relevante Ergebnisse lieferte. Ganz abgesehen davon, daß er sie selbst wohl gar nicht überleben würde.

Die Transversalstudie ist also sehr einfach, aber fehlerhaft, die Kohortenstudie ist dagegen optimal, aber kaum durchführbar. Was kann gemacht werden? Man nimmt eine Zwischenform, die sogenannte »Longitudinalstudie«. Eine solche Studie repräsentiert einen Kompromiß zwischen den beiden Erstgenannten. In einer solchen Longitudinalstudie wird von einer etwas enger gefaßten, nicht alle Altersstufen umfassenden

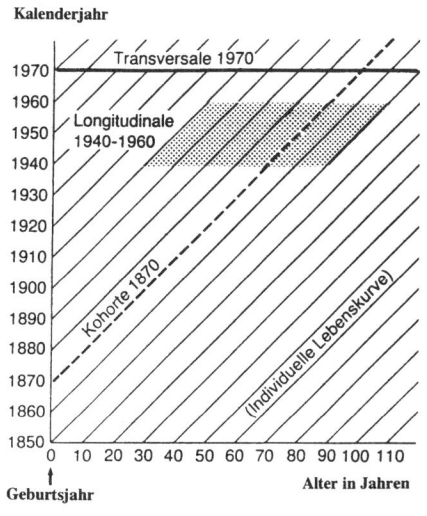

Kalenderjahr

1970 — Transversale 1970
1960
1950 — Longitudinale 1940-1960
1940
1930
1920
1910
1900
1890
1880
1870
1860
1850

0 10 20 30 40 50 60 70 80 90 100 110

↑
Geburtsjahr   **Alter in Jahren**

Kohorte 1870

(Individuelle Lebenskurve)

ABBILDUNG 9.12: Die verschiedenen Methoden, altersabhängige Phänomene in Populationen zu untersuchen. Drei Möglichkeiten stehen zur Verfügung: Die Transversal-Studie nimmt eine Querschnitt-Stichprobe der Bevölkerung in einem bestimmten Zeitpunkt (Beispiel: 1970). Die Kohorten-Studie untersucht die Altersveränderungen an einem ausgewählten Jahrgang (Beispiel: Geburtsjahrgang 1870) von Geburt bis zum Tode. Die Longitudinal-Studie ist eine Kombination von Kohorte und Transversale (im Beispiel werden die Geburtsjahrgänge 1860 bis 1910 über die Jahre 1940-1960 untersucht). Die Kohorte liefert die besten Ergebnisse.

(im Beispiel der Abb. 9.12 sind es sechs Jahrzehnte), transversalen Stichprobe ausgegangen, die über einen bestimmten Zeitraum, der frei gewählt werden kann, möglichst lange verfolgt wird. Beim Menschen sollten es mindestens zehn, besser aber noch zwanzig Jahre sein (im Beispiel der Abbildung sind es die Jahre 1940 bis 1960), um einen signifikanten Anteil der individuellen Lebenskurve zu erfassen. Es ist also immer noch ein sehr langer Zeitraum, über den eine solche Studie laufen muß. Auch andere Untersuchungen an Populationen (z.B. die Wirkung von Rauchen und Alkohol auf die Lebenserwartung) werden am besten auf der Basis solcher Longitudinalstudien durchgeführt.

Wir sehen also, daß es gar nicht so einfach ist, das Altern von länger lebenden Populationen zu beschreiben. Und auch die Charakterisierung von Alternsphänomenen wird schnell problematisch, wenn ein Organismus ein langes Leben hat. Man braucht dazu recht umfangreiche und zeitraubende Untersuchungen, die immer nur einen Kompromiß zwischen Optimum der Datenerfassung und Machbarkeit darstellen.

Im folgenden möchte ich zur glossarischen Wiederholung nochmals eine kurze Definition und Beschreibung der drei Möglichkeiten einer Populationsuntersuchung geben:

Transversaluntersuchung: In einem ganz bestimmten Kalenderjahr untersucht man einen (am besten den gesamten) Altersquerschnitt einer Population auf bestimmte morphologische, physiologische und/oder psychometrische Parameter und definiert die erhaltenen, unterschiedlichen Ergebnisse in den einzelnen Altersgruppen als altersabhängige Veränderungen des jeweilig untersuchten Parameters. Die Problematik dieser Querschnittsuntersuchung liegt darin, daß man einen momentanen Istzustand von zahlreichen Altersklassen (Individuen) mit sehr unterschiedlichem, vorausgehendem Schicksal miteinander vergleicht. Es ist daher nur mit Einschränkungen möglich, Ergebnisse bestimmter Altersgruppen für Vergleichszwecke als »Normalwert« zu definieren.

Kohortenanalyse: Ein ganz bestimmter Jahrgang einer Population wird entlang seines chronologischen Lebensablaufes (im Optimum von der Geburt bis zum Tod) auf altersabhängige Veränderungen von Parametern (entsprechend wie oben) untersucht. Diese Form der Altersuntersuchung einer Population ist an sich die geeignetste. Die Schwierigkeit dieser Analyse besteht allerdings darin, daß sie bei langlebigen Organismen extrem zeitaufwendig ist und deshalb über den gesamten Lebensablauf nicht durchführbar wird, sondern nur Teilabschnitte (z.B. beim Menschen) entsprechend untersucht werden können.

Longitudinaluntersuchung: Sie kombiniert Kohortenanalyse und Transversaluntersuchung miteinander. Ein bestimmter Altersquerschnitt einer Population (z.B. die Altersstufen 10 bis 30 Jahre; transversale Stichprobe) wird z.B. über 10 oder 20 oder mehr Jahre hinweg verfolgt. Diese Untersuchungsform stellt also einen Kompromiß zwischen der genauen, wünschenswerten, aber kaum möglichen Kohortenanalyse und der einfachen, aber ungenauen Transversalstudie dar.

Kapitel 10

Altersmerkmale
und Alternserscheinungen

Altern ist mit vielfältigen Alternserscheinungen verbunden. Der größte Teil davon ist unserem visuellen System, dem Auge, nicht unmittelbar zugänglich. Altern auf molekularer, subzellulärer und zellulärer Ebene verläuft quasi unsichtbar. Und vieles, was im Inneren von Organismen abläuft, ist für unser Auge ebenfalls nicht erkennbar. Auf der anderen Seite versuchen wir im Alltag häufig, andere Menschen, Tiere oder Pflanzen ihrem Alter nach abzuschätzen. »Wie alt könnte mein Gegenüber sein«, ist sicher keine selten gedachte Frage. Auch im Handel mit Tieren und Pflanzen ist eine sichere Information und damit Kenntnis über das ungefähre Alter eines Organismus von großem wirtschaftlichen Vorteil. Um Alter abschätzen zu können, brauchen wir also Parameter, die uns einen einigermaßen sicheren Anhaltspunkt darüber geben, wie alt ein biologisches System denn sein könnte. Solche einfachen, äußerlich sofort erkennbaren Altercharaktere sollen im folgenden näher untersucht werden.

Dazu kurz zur klaren Unterscheidung die Definition zweier wichtiger Begriffe, die in diesem Zusammenhang von Bedeutung sind und nicht miteinander verwechselt werden sollten.

Unter *Altersmerkmalen* versteht man morphologische, physiologische und/oder ethologische Eigenschaften, die eine mehr oder weniger eindeutige Bestimmung des chronologischen Lebensalters von Organismen zulassen. In der Regel sind diese Eigenschaften oder Charaktere die unmittelbare Folge von Alternserscheinungen und lassen sich optisch manifestieren, so daß mit den Mitteln des unbewaffneten Auges die altersmäßige Einordnung des Organismus möglich ist.

Unter *Alternserscheinungen* versteht man die mit dem Ablauf des Lebenszyklus einhergehenden Veränderungen von morphologischen, physiologischen und/oder ethologischen Eigenschaften, die in Altersmerkmalen nach außen hin in Erscheinung treten können.

Im weitesten Sinne sind natürlich alle Alternserscheinungen, sofern sie einigermaßen eng altersabhängig auftreten und qualifizierbar gemacht werden können, prinzipiell als Altersmerkmale geeignet. Sie entziehen sich aber zum größten Teil unserer einfachen, visuellen Abschätzung. Nehmen wir dazu gerade ein im wortwörtlichen Sinne augenscheinliches, »visuelles« Beispiel. Die Linse des Menschen zeigt einen ganz klaren, schichtenförmigen Aufbau wie die Jahresringe der Bäume. Die Schichtenzahl nimmt mit den Lebensjahren zu. Über die Schichtenzahl der Linse läßt sich somit sehr genau das Lebensalter eines Menschen (oder eines anderen Säugers) bestimmen. Kein Mensch ist aber in der Lage, die abgelaufene Lebensspanne eines Gegenübers dadurch abzuschätzen, daß er ihm tief in die Augen blickt. Ohne spezielle Hilfsmittel ist diese Alternserscheinung also ein ungeeignetes Altersmerkmal. Ich denke, daß durch dieses Beispiel hinreichend charakterisiert ist, wie im folgenden Kapitel Altersmerkmale verstanden werden sollen. Daß es dabei einige Überschneidungen beider Begriffe gibt, liegt in der Natur der Sache. Für den »unbewaffneten« Laien gelten andere Altersmerkmale als für einen mit speziellen Gerätschaften ausgestatteten Wissenschaftler.

Einem geschenkten Gaul schaut man nicht ins Maul

Einige selbst sehr fachkundige Gerontologen vertreten die Meinung, daß man in freier Wildbahn überhaupt keine alten Tiere fände, da diese über Selektion durch Krankheit und Feinde schon in frühen Lebensjahren zu Tode kämen. Diese Fehleinschätzung liegt häufig nur daran, daß man bisher kaum einfache und sichere Anhaltspunkte kennt, um das Alter von Organismen im Freien zu bestimmen. Damit haben sich nur wenige Forscher beschäftigt – und wenn, dann in der Regel nur als Nebenaspekt im Rahmen anderer Untersuchungen. Von Haustieren und anderen gut untersuchten Gruppen (z.B. Vögel) kennt man solche Altersmerkmale jedoch zuhauf. Für manche Berufsgruppen (Tiermediziner, Metzger, landwirtschaftlich-technische Assistenten, Landwirte, Förster usw.) zählt die

ABBILDUNG 10.1: Altersmerk-
male (Alterskennzeichen) beim
Pferd. Die Altersbestimmung
beim Pferd kann anhand der
Zähne erfolgen. Daher kommt
der Spruch: »Einem geschenkten
Gaul, schaut man nicht ins
Maul.« Pferdezähne reiben sich
durch die Futterbearbeitung ab
und verändern sich durch ihr
Wachstum. Man kann sechs
Zahnperioden unterscheiden: 1.
die Milchzahnperiode bis zum
Alter von 2 ½ Jahren; 2. die
Wechselzahnperiode bis zum 5.
Lebensjahr; 3. die querovale Periode vom 6. bis 12. Lebensjahr;
4. die runde Periode vom 12. bis
18. Lebensjahr; 5. die dreieckige
Periode vom 18. bis 24. Lebensjahr; 6. die verkehrtovale Periode ab dem 24. Lebensjahr.

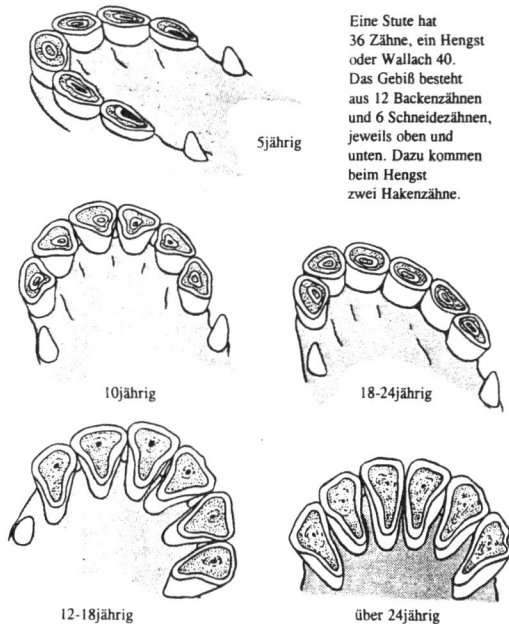

Eine Stute hat
36 Zähne, ein Hengst
oder Wallach 40.
Das Gebiß besteht
aus 12 Backenzähnen
und 6 Schneidezähnen,
jeweils oben und
unten. Dazu kommen
beim Hengst
zwei Hakenzähne.

5jährig

10jährig

18-24jährig

12-18jährig

über 24jährig

Fähigkeit, das Alter von Haus- und manchen Freilandtieren fachkundig
abschätzen zu können, sogar zu einem Teil der Berufsausbildung. Es ist
auch sicher zu erwarten, daß alle Organismen charakteristische Alterskennzeichen aufweisen. Sie sind uns nur nicht bekannt, und deshalb meinen wir fälschlicherweise, sie seien nicht existent.

Welche Beispiele kennt man nun? »Einem geschenkten Gaul schaut
man nicht ins Maul.« Dieser Spruch spielt auf die lange bekannte Tatsache an, daß man das Alter von Pferden relativ sicher über den Zustand
des Gebisses bestimmen kann (Abb. 10.1 und 10.2, S. 298). Die vorderen
Schneidezähne nehmen mit zunehmendem Alter durch fortschreitenden
Verschleiß bei der Futterbearbeitung ab, sie verändern sich auch durch
ihr Wachstum und erhalten dabei einen ganz charakteristischen Schleif-
querschnitt. Auf diese Art und Weise kann man insgesamt sechs Zahnperioden unterscheiden:

1. die Milchzahnperiode, die bis zum Alter von 2 ½ Jahren dauert. Dann
   erhält das Pferd sein letztes, bleibendes Gebiß;
2. die Wechselzahnperiode bis zum 5. Lebensjahr zeichnet diese Periode
   des Zahnwechsels aus;

3. die querovale Periode vom 6. bis 12. Lebensjahr;
4. die runde Periode vom 12. bis 18. Lebensjahr;
5. die dreieckige Periode vom 18. bis 24. Lebensjahr und endlich
6. die verkehrtovale Periode ab dem 24. Lebensjahr.

Neben dem Zahnzustand orientiert sich der fachkundige Pferdekenner auch am Gesamthabitus, woran selbst Laien schnell über ein »altes« Pferd, eine klapprige »Mähre« informiert werden: Die Augengruben sind tief eingesunken, die Augen blicken nicht mehr lebhaft, die Lippen hängen oft herunter. Die Gesamthaltung ist nicht mehr straff, und das Fell verliert seinen Glanz. Es gibt Pferde, die sogar einen richtigen weißen Kopf bekommen. Schon die Tatsache, daß es für ein altes Pferd einen eigenen Namen gibt, zeigt, wie lange diese Kenntnis der Altersbestimmung schon Usus ist und wie lange Pferde bei uns schon richtig alt werden durften.

Auch für die meisten anderen Haustiere kennt man gleiche oder ähnliche Altersmerkmale. Sie herauszufinden, war ganz einfach eine wichtige pekuniäre Notwendigkeit, wollte man im Handel mit diesen Lebewesen nicht beständig den kürzeren ziehen. Aus diesem Grunde sind die entsprechenden Merkmale auch schon seit langer Zeit gut bekannt.

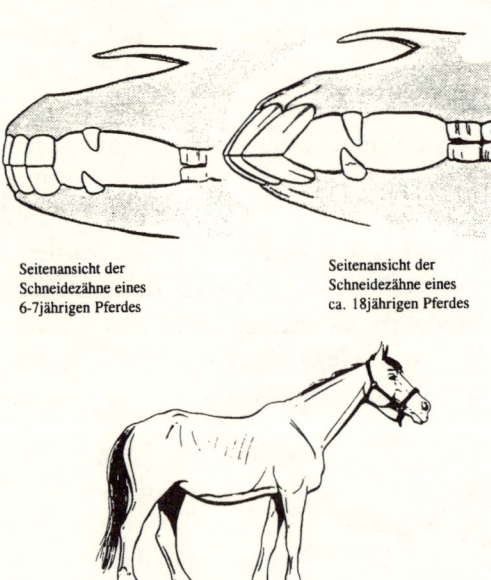

Seitenansicht der
Schneidezähne eines
6-7jährigen Pferdes

Seitenansicht der
Schneidezähne eines
ca. 18jährigen Pferdes

Abbildung 10.2: Die Altersbestimmung anhand der Schneidezähne beim Pferd – Hier: Seitenansicht. Mit zunehmendem Alter kippen die Zähne schräg nach außen vorne. Auch der Gesamthabitus informiert selbst Laien schnell über ein »altes« Pferd: Die Augengruben sind tief eingesunken, die Augen blicken nicht mehr lebhaft, die Lippen hängen oft herunter. Die Gesamthaltung ist nicht mehr straff, und das Fell verliert seinen Glanz. Es gibt Pferde, die sogar einen richtigen weißen Kopf bekommen.

Zeig mir dein Geweih, und ich sage dir, wie alt du bist

Die meisten Geweihträger (Hirsch, Elch, Ren, Rehwild usw.) wechseln alljährlich ihren Kopfschmuck. Im ersten Lebensjahr sind beim Männchen (beim Ren bei beiden Geschlechtern) erst kleine Knospen zu sehen. Im zweiten Lebensjahr kommen spießförmige Geweihe zum Vorschein, die im Herbst, wie dann jedes Jahr, wieder abgeworfen werden. Und mit jedem folgenden Jahr wächst normalerweise ein prächtigeres Geweih nach. Am Gesamthabitus dieser Knochenbildung läßt sich für den Jäger das Alter des Geweihträgers relativ gut bestimmen (Abb. 10.3). Es trifft allerdings nicht zu, daß die Anzahl der Endspitzen pro Geweih die Anzahl der Lebensjahre repräsentiert. Die Abbildung zeigt dies auch deutlich. Schon ein dreijähriger Rothirsch hat normalerweise fünf Geweihenden. Es können aber auch acht oder nur vier sein. Der Gesamthabitus ist entscheidend.

Auch beim männlichen Wildschwein kann man anhand der Hauerausbildung auf das Lebensalter schließen. Man ist beim Eber völlig auf den Gesamthabitus (Länge, Dicke, Gebogenheit, Abnutzung etc.) angewiesen, da Verzweigungen und damit Endigungen völlig fehlen.

Besonders gut sind Altersmerkmale bei Vögeln bekannt. Viele zigtausende von Hobbyornithologen auf der ganzen Welt haben dazu beigetragen, daß man über diese Tiergruppe auch vom Freiland sehr gut Bescheid weiß – so gut, wie von keiner anderen Tiergruppe. Manche, vor allem langlebige Vogelarten zeigen z.B. unterschiedliche Federkleider, die z.T.

ABBILDUNG 10.3: Altersbestimmung beim Rothirsch anhand der Geweihausbildung. (**a**) eineinhalbjährig; (**b**) zweieinhalbjährig; (**c**) viereinhalbjährig; (**d**) zwölf- bis vierzehnjährig; (**e**) zurückgesetztes Geweih im Greisenalter; über fünfzehn- bis sechzehnjährig.

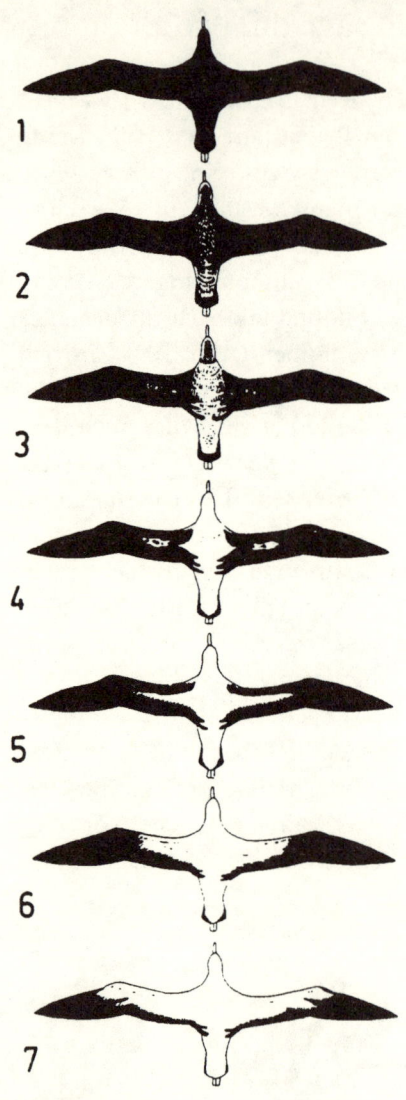

eine eindeutige Alterszuordnung zulassen (Abb. 10.4). Besonders deutlich ist dies bei Albatrossen, die auch im Freiland über 50 Jahre alt werden können. Das gleiche gilt aber auch für Großmöwen und viele Greifvögel, wo der versierte Vogelkundler oft erstaunlich genau sagen kann, wie alt das gesehene Tier ist. Es gibt z.T. für verschiedene Jahrgangsklassen ganz charakteristische, oft erheblich voneinander abweichende Federkleider.

Bei Jungvögeln läßt sich das Alter (innerhalb des ersten bis – bei größeren Arten – zweiten Lebensjahres), neben dem Federkleid, auch am Verknöcherungszustand des Schädels sehr gut erkennen. Bei einigen Arten ist dieser altersabhängige Ossifikationsverlauf sehr gut dokumentiert. Wie beim Menschen werden hier nämlich die Schädelknochenplatten erst im Laufe der Jugendentwicklung vollkommen geschlossen, und der Humanmediziner testet zur physiologischen Altersbestimmung von Kindern genau diesen Schädelknochenplattenverschluß.

Unterschiedliche Farbkleider sind auch bei Fischen sehr gut bekannt. Manche Arten unterscheiden sich in der Jugend und im Alter so frappant, daß man sie früher sogar zu unterschiedlichen Arten gerechnet hat (Abb. 10.5, S. 301).

Abbildung 10.4: Veränderungen im Federkleid beim Wanderalbatros (*Diomedea exulans*) mit dem Alter. Die einzelnen Stadien (1-7) sind nicht direkt mit Lebensjahren gleichzusetzen. Wanderalbatrosse werden bis zu 50 Jahre alt. Erst mit ca. 9-10 Jahren beginnen sie zu brüten (ab Stadium 3-4).

Auch manche Insektenarten, Spinnen und viele andere Lebewesen verändern ihre Körperfarbe mit zunehmendem Lebensalter. Viele dieser Organismen lagern Abfallstoffe des Exkretstoffwechsels in ihre Hautzellen ein, die charakteristische Farben tragen. So ist das Gelb und das Weiß der Schmetterlinge, das Gelb der Wespen usw. ein Stickstoffarbpigment. Die Schillerfarben der Fische oder das Kreuz der Kreuzspinne gehören in die gleiche Farbstoffgruppe. Je älter ein Tier ist, um so größer ist die Exkretablagerung und um so intensiver leuchten dementsprechend die Farben.

Bei Insektenlarven kann man das Alter z.B. an der Zahl der schon erfolgten Häutungen feststellen. Identisches gilt für die Zahl der Imagohäutungen z.B. bei Krebsen. Alle potentiellen Altersmerkmale aufzuführen, würde hier zu weit führen. Zahlreiche weitere Möglichkeiten sind im Kap. 7 (S. 186 ff.) zu finden.

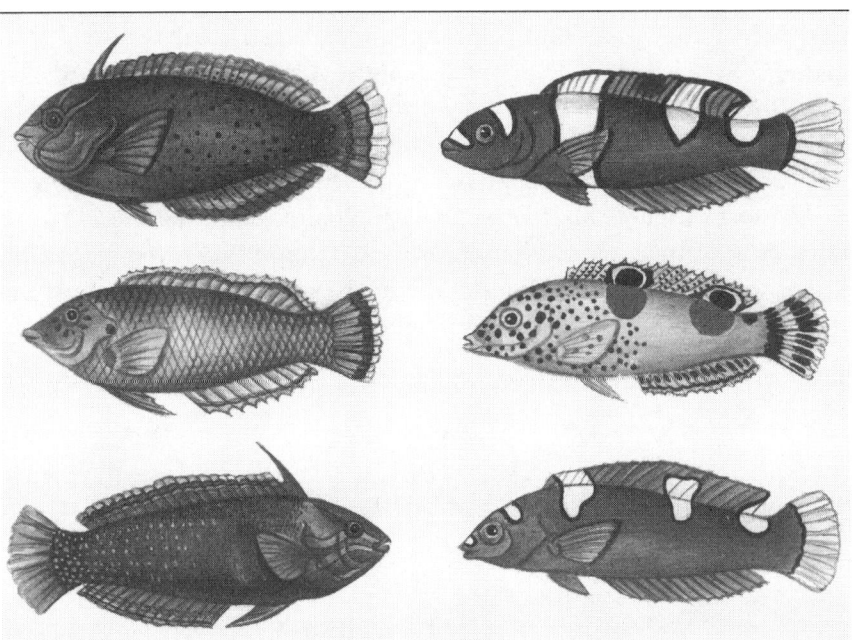

ABBILDUNG 10.5: Junge und alte Fische können sich bei manchen Arten ganz erheblich in der Färbung unterscheiden. Im Lauf des Alterns färben sich die juvenilen Formen allmählich um. D.h., daß auch sehr viele Färbungszwischenformen vorkommen, die z.T. eine gute Altersbestimmung zulassen. Beispiele Lippfische: rechts Jungfische, links Erwachsene (Jungfische sind natürlich viel kleiner); von oben nach unten: *Coris formosa; Coris aygula; Coris gaimardi.*

Jahresringe – dokumentierte Lebensjahre

Jahresringe oder auch Jahrringe sind uns bei Bäumen bekannt. Es sind typische, ringförmige Zuwachszonen in Stammholzquerschnitten, die durch die jahreszeitlich unterschiedlichen, jahresperiodischen Tätigkeiten von Wachstum und Ruheperioden entstehen (Abb. 10.6). Bei stärkerer Vergrößerung erkennt man, daß in jedem dieser Ringe die älteren, d.h. die inneren Elemente, weitlumiger (Durchmesser groß) und dünnwandiger sind als die jüngeren, äußeren, dickwandigeren und englumigeren Holzteile. Die weiten gehen zu den engen im gleichen Jahresring ganz allmählich, die englumigen zu den weitlumigen des nächtfolgenden Jahresringes aber scharf abgegrenzt und unvermittelt über.

Diese Jahresringe kommen folgendermaßen zustande: Wenn sich im Frühjahr neue Triebe und Blätter entwickeln, hat die Pflanze einen hohen Bedarf an Wasser und Nährstoff- bzw. Mineralienaustauschkapazität. Es werden deshalb besonders weite Leitungsgefäße, aus denen das Holz besteht, gebildet. So entsteht ein weitlumiges und relativ dünnwandiges Frühholz (auch Frühlingsholz oder Weichholz genannt), das vor allem der schnellen Wasserzufuhr von den Wurzeln zu den Verbrauchsorten dient. Später, wenn der entsprechende Bedarf geringer wird bzw. durch das vorhandene Weichholz gedeckt werden kann, kommt dagegen ein englumiges Spätholz (Sommer- oder Engholz genannt) dazu, das vor allem die Festigkeit des Stammes erhöht. In unse-

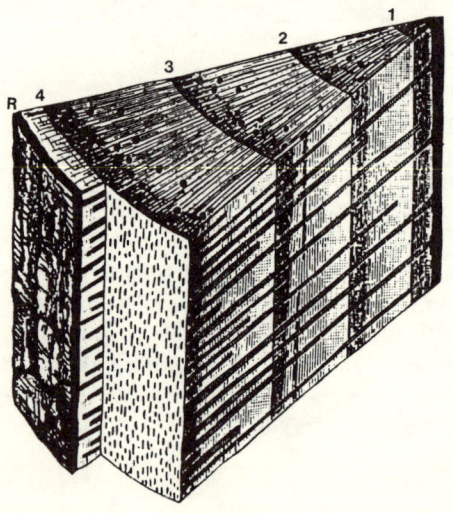

ABBILDUNG 10.6: Unterschiedliche Jahresringe erlauben bei Stammquerschnitten eine Altersbestimmung von Bäumen. Sie entstehen durch periodisch unterschiedliches Wachstum des Holzes. Frühjahrsholz wächst schnell und weitlumig; Spätholz (Spätsommer, Herbst) langsam und dickwandig. Dargestellt ist ein Querschnitt eines vierjährigen Kiefernzweiges. Die Zahlen geben die Jahresringe an. R = Rinde.

ren mitteleuropäischen Breiten hören die Baumstämme in der Regel in der zweiten Augusthälfte mit der Holzneubildung auf und beginnen im Frühjahr des nächsten Jahres erneut mit weitlumigen Elementen. Dadurch entsteht letztlich eine scharfe Grenze zwischen den einzelnen Jahresringen. Dort, wo die Jahreszeiten weniger ausgeprägt sind (z.B. in den Tropen), sind auch die Jahresringe weniger scharf ausgebildet. Allerdings gibt es meist auch hier periodische Schwankungen in den Umweltbedingungen, die schwache Jahresringe induzieren und so eine Altersbestimmung erlauben.

Die baumartigen Pflanzen der Carbonzeit (z.B. Bärlappbäume) der Nordhalbkugel hatten dagegen keine Jahresringe. Bei ihnen hatte das Holz kaum eine Bedeutung für die Wasserleitung und die Festigkeit. Bei manchen dieser »Bäume«, die immerhin bis zu 40 Meter hoch wurden und einen Querschnitt von über fünf Meter haben konnten, war dafür die Rinde bis zu 99% am Querschnitt des Stammes beteiligt und übernahm die Funktionen des Holzes.

Aber nicht nur bei Bäumen sind Jahresringe als Zeichen jahresperiodischer Zuwachsraten charakteristisch. Auch bei vielen Tieren findet man Organe oder sonstige Körperbestandteile, die solche Jahresringe aufweisen. So ist an den Schuppen vieler Fische ein den Jahrringen der Bäume direkt vergleichbares Phänomen zu beobachten (Abb. 10.7). Die Zuwachsstreifen sind je nach Jahreszeit sehr unterschiedlich schnell angelegt worden, und so liegt zwischen der Wachstumsruhe und der plötzlich und

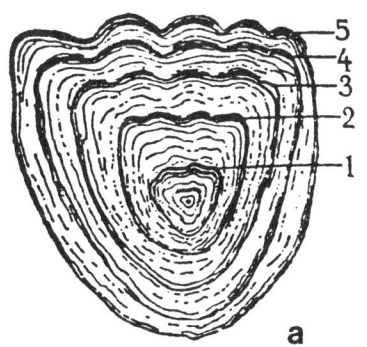
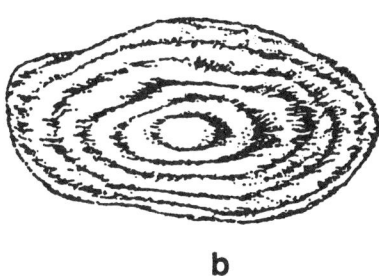

a   b

ABBILDUNG 10.7: Altersbestimmung beim Fisch anhand a: der Fischschuppen und b: der Gehörsteinchen (Otolithen). Beide Strukturen zeigen deutliche Jahresringe. Bei der Fischschuppe sind fünf Jahresringe zu erkennen; beim Otolithen (vom Kabeljau) insgesamt sechs Jahresringe.

schnell einsetzenden »Frühjahrs«periode ein meist markanter Unterschied, der die Altersbestimmung sehr einfach macht. Ähnliches kennt man von vielen Reptilien. Bei einigen Arten können auch andere, ökologische Bedingungen (z.B. Hungerperioden, Verletzungen und ähnliches) zu Jahresringen führen, die dann für die Altersbestimmung natürlich ungeeignet sind.

Neben den Schuppen findet man – wie bereits erwähnt – Jahresringe auch in der Linse höherer Wirbeltiere. Ein anderes Sinnesorgan – diesmal bei Fischen – zeigt ebenfalls jahresperiodisch unterschiedliche Ablagerungen. Im Gehörorgan praktisch aller Wirbeltiere sitzt auf einem Polster von feinen Sinneshärchen ein Schwerekörperchen, das dem Organismus durch Lageveränderungen, Beschleunigungen und/oder die Lage des Körpers im Raum signalisiert. Es ist das Gleichgewichtsorgan im Ohr. In verschiedenen Abschnitten des Innenohrs (*Sacculus, Lagena, Utriculus*) sind sie zu finden. Diese Gehörsteinchen (Otolithen) sind beim Knochenfisch singulär (in den jeweiligen o.g. Abschnitten heißen sie *Sagitta, Astericus, Lapillus*) und relativ groß und wachsen mit dem Wachstum der Fische, die ja auch im Alter kontinuierlich weiterwachsen. Es handelt sich um Kalkkonkremente, die deutlich bis über mehrere Zentimeter im Querschnitt erreichen können. Die Otolithen der Trommelfische (*Sciaenidae*) sind sogar so groß, daß man sie früher als Vorbeugungs- und Heilmittel gegen Koliken an einem Band um den Hals getragen hat.

Die meisten Otolithen sind unregelmäßig geformt. In der Regel sind sie ziemlich flach und mehr oder weniger oval, konkav zu einer Seite ausgebildet; mit Rillen und Furchen an der Oberfläche und für die einzelnen Fischarten so artspezifisch, daß man allein über die Otolithen die Art bestimmen kann. Einige Otolithen sind von schönem, perlmuttähnlichem Glanz, so daß man sie auch als Schmuck verarbeiten kann.

Jahresringe kommen aber auch bei den sogenannten Ohrstöpseln der Wale vor. Hier handelt es sich um Wachsgebilde, mit denen die Ohröffnungen beim Tauchen dieser Großsäuger verschlossen werden können. Jahresperiodische Wachstumsstreifen zeigen weiterhin z.B. die Schalen und Gehäuse von Schnecken und Muscheln. Bei Tintenfischen sind die Zuwachsstreifen z.B. im Rückenschulp zu finden. Die Beispiele ließen sich noch über viele Seiten hinweg fortsetzen.

Bei Pflanzen findet man neben den Jahresringen und der (einmaligen) Blühzeit (bei der Agave z.B. nach ca. sieben bis zehn Jahren) als Altersmerkmal z.B. auch die Anzahl von Wirteln bei Bäumen. Bei den meisten Nadelbäumen kommt pro Jahr ein Astwirtel dazu. Die Altersbestimmung nach dieser Methode ist allerdings nur bei jungen Bäumen möglich, da später die alten Wirtel verloren gehen.

Babyface – ein Kindchenschema macht Geschichte

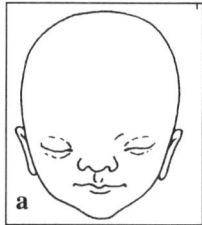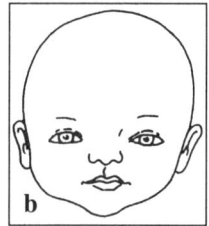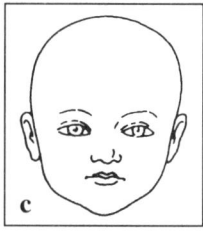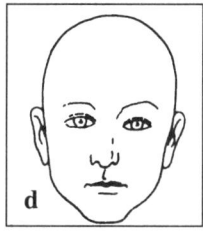

ABBILDUNG 10.8: Änderungen in der Kopfform mit dem Alter. (a) 5. Schwangerschaftmonat; (b) Neugeborenes; (c) 6 Jahre alt; (d) 18jährig. Das Neugeborene entspricht mit seinem runden Gesicht und den relativ großen Augen dem typischen Kindchen-Schema. Später zieht sich der Kopf in die Länge.

Jeder erkennt einen sehr jungen Menschen oder einen anderen sehr jungen Säuger sofort an den typisch babyhaften Gesichtszügen. Diese Gesichtszüge sind vor allem durch typische Kopfproportionen gekennzeichnet, die uns ein sehr junges Alter signalisieren und bei den meisten Menschen sofort Pflegeinstinkte auslösen. Dieses Phänomen ist in der vergleichenden Verhaltensforschung Ziel intensiver Untersuchungen ge-

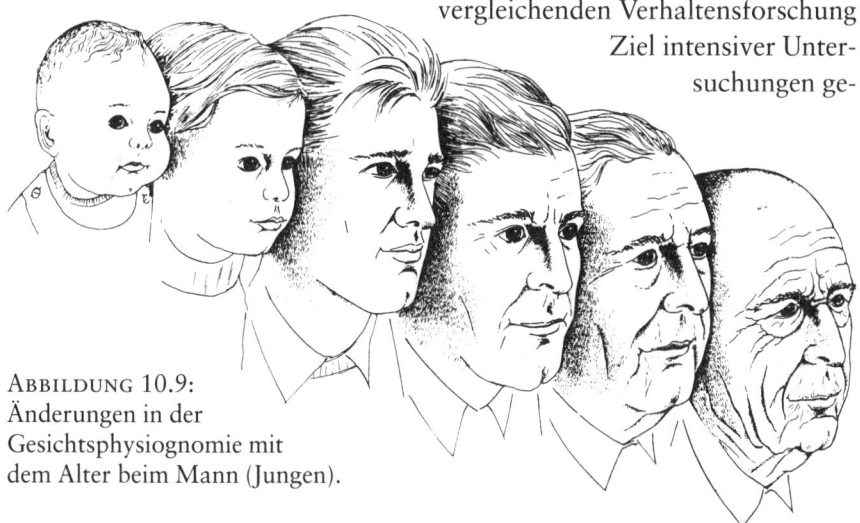

ABBILDUNG 10.9: Änderungen in der Gesichtsphysiognomie mit dem Alter beim Mann (Jungen).

worden und hat sich populärwissenschaftlich in breiten Schichten der Bevölkerung herumgesprochen.

Ein Neugeborener (und das gilt, wie bereits gesagt, für die meisten Säuger) hat einen möglichst runden Kopf, große Augen und einen relativ kleinen Mund mit großen Lippen. Mit zunehmendem Alter streckt sich der Kopfbau in die vertikale Länge, die Gesichtszüge werden kantiger, die Augen relativ gesehen kleiner und die Ohren größer (Abb. 10.8 und 10.9, S. 305). Der gesamte Kopf ist im Vergleich zum Gesamtkörper anfangs überproportioniert. Er nimmt rund ein Viertel der Kopf-Rumpflänge ein. Im Alter von 25 Jahren ist sein Anteil auf ein Achtel der entsprechenden Länge geschrumpft (Abb. 10.10). Auch die übrigen Körperproportionen (Finger und Zehen, Extremitäten, Rumpflänge usw.) verändern sich entsprechend. So gibt es zahlreiche äußere und innere Körpermerkmale, die – in Kombination mehrerer Faktoren – eine äußerst genaue Altersbestimmung zulassen. In den Abbildungen 10.11- 10.13 (S. 307 bis 309) sind einige wichtigere Merkmale in einer umfassenden Übersicht aufgeführt. Sie stellen im Endeffekt natürlich eigentlich Wachstumserscheinungen dar, die aber eben auch Altern und Alter definieren und dokumentieren, auch wenn es nicht Altern im engeren Sinne der Senescenz oder Demenz ist.

Altersbestimmungen von Jugendlichen haben in letzter Zeit z.B. bei der Beurteilung der Rechte von Asylbewerbern große Bedeutung erlangt. So kamen und kommen z.B. auf dem Frankfurter Flughafen häufiger unbegleitete Kinder als Asylbewerber an. Da sie meist ohne Pässe und ohne

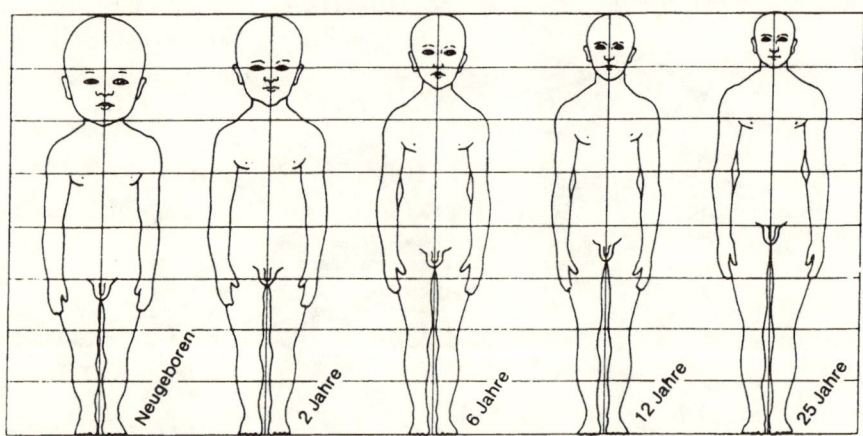

Abbildung 10.10: Änderung der Körperproportionen beim Menschen mit zunehmendem Alter.

andere Papiere (z.B. Geburtsur-
kunden) um Aufnahme ersuchen,
ist es für die Behörden wichtig, ob
diese Kinder bereits das 16. Lebensjahr erreicht haben oder
nicht. Ab dem 16. Lebensjahr
werden die Jugendlichen nämlich
als Erwachsene behandelt, die
strengeren Richtlinien für die Akzeptanz als Asylbewerber unterliegen. In Zweifelsfällen – wo es zwischen den Angaben der Kinder
über ihr Alter und dem Augen-
schein erhebliche Zweifel gibt (die
Altersangaben der jugendlichen
Asylbewerber werden angeblich
aus den genannten Gründen meist
nach unten geschönt) – werden
Röntgenaufnahmen der Hand
durchgeführt. Am Skelett läßt sich

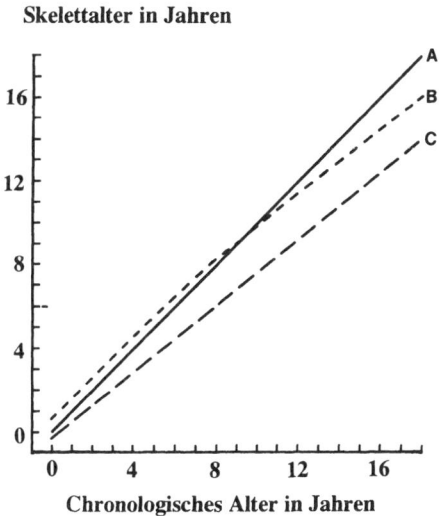

ABBILDUNG 10.11: Anzahl der durch-
brochenen Zähne zwischen dem 6.
und 15. Lebensjahr bei unterschiedlich schnell reifenden Jungen und
Mädchen.

das chronologische Alter über die Knochenentwicklung offensichtlich relativ gut ermitteln. Dafür benutzt man zahlreiche Merkmale, wie Anzahl,
Form und Ausdehnung von Knochenkernen, Zahl und Ausdehnung von
Knochenzentren und Epiphysen, Verknöcherungzustand und Formverän-
derungen der Epiphysen und der Epiphysenfugen usw. Zur Festlegung
des sogenannten Altersstandards vier für das sogenannte Skelettalter 4
wurde so z.B. eine Gruppe von vierjährigen Kindern geröntgt und die
Aufnahme des Kindes herausgegriffen, das innerhalb dieser Gruppe eine
durchschnittliche Reifeentwicklung (aller übrigen, nichtskelettalen Parameter) zeigt. In gleicher Weise verfährt man in jedem Alter, so daß das
Skelettalter bei einem genau durchschnittlichen Kind während seines
ganzen Wachstums mit dem chronologischen Alter übereinstimmt
(Abb. 10.14, S. 310). Im Idealfall ist es eine Diagonale zwischen beiden
Achsen. Von dieser Diagonalen gibt es zu berücksichtigende Abweichungen bei langsamer oder schneller wachsenden Kindern.

Theoretisch kann man also an jedem Skeletteil diese Altersbestimmung durchführen. Praktischerweise nimmt man aber die (normalerweise linke) Hand oder die Handgelenke, da sich diese Körperteile besonders

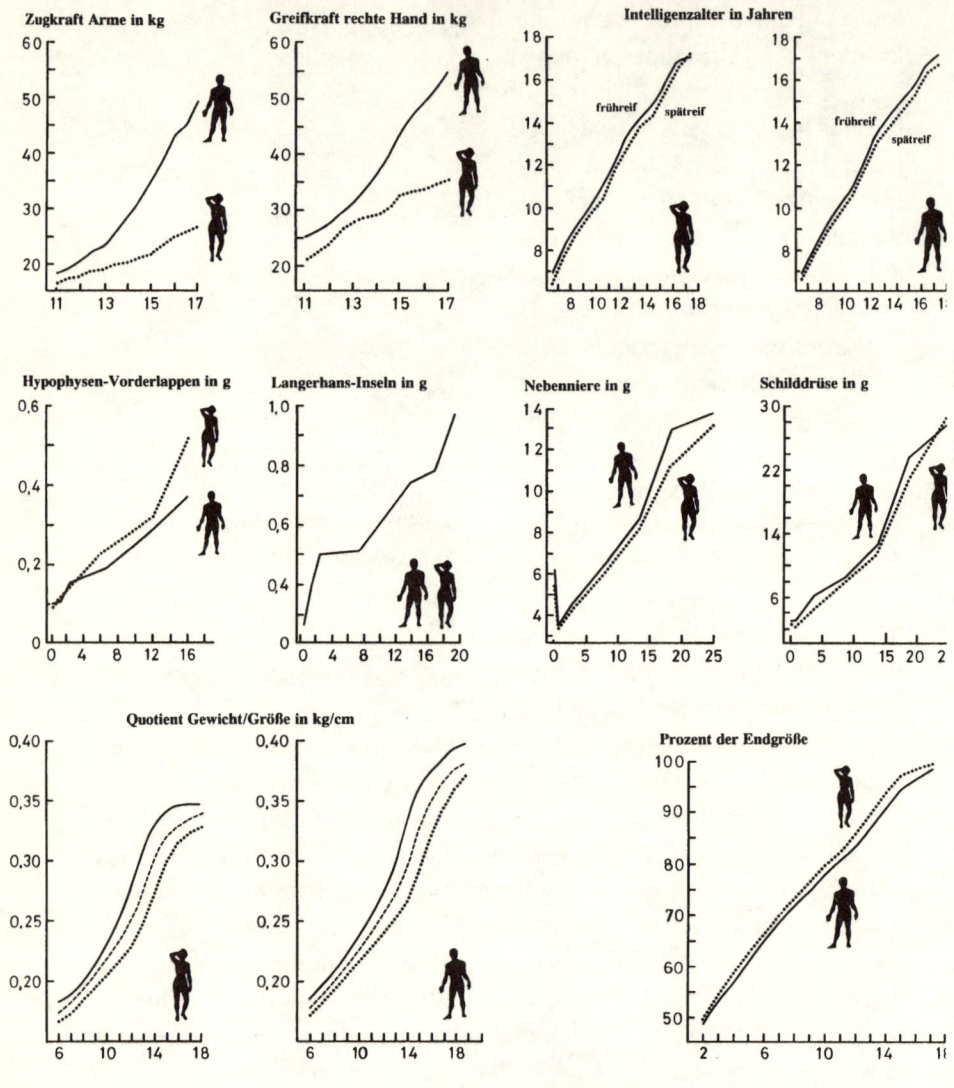

Alter in Jahren

ABBILDUNG 10.12: Verschiedene, mit dem Lebensalter auftretende Veränderungen von Körpermerkmalen und Körperfunktionen während der Jugendentwicklung des Menschen.

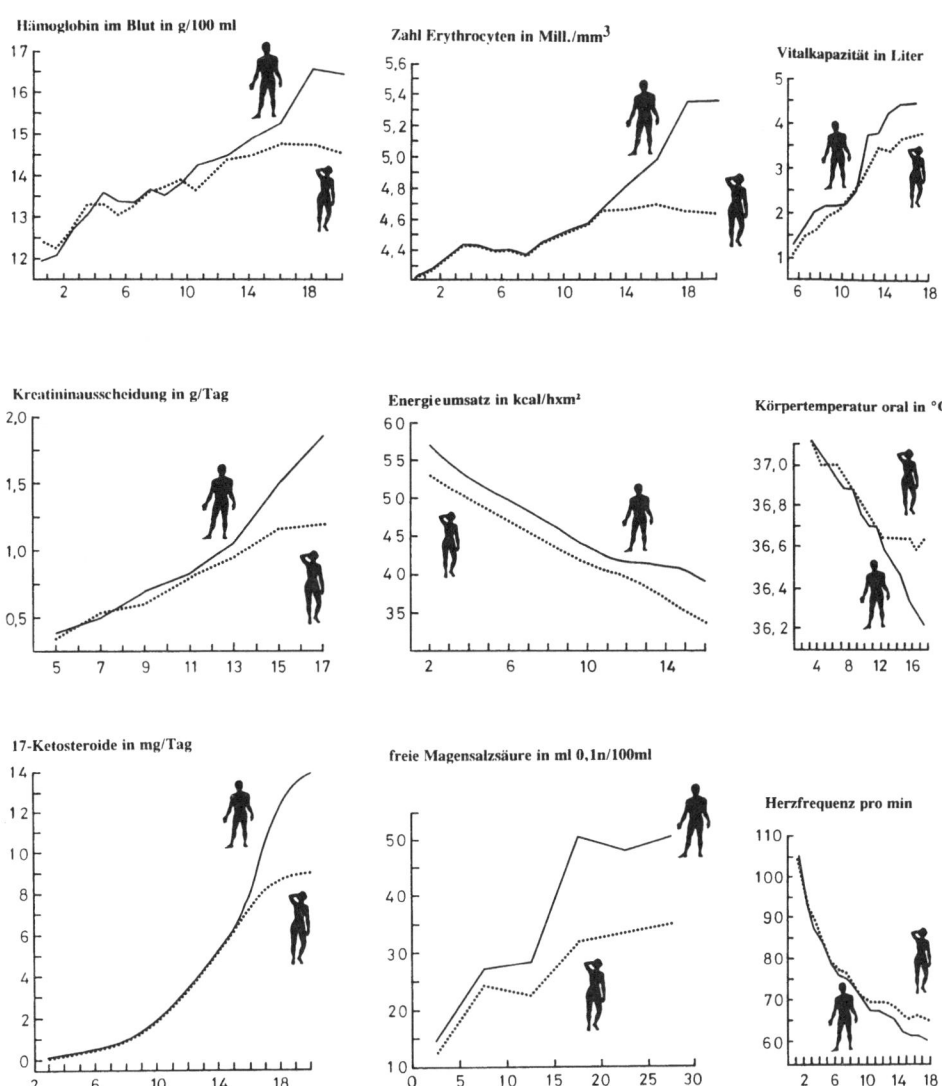

ABBILDUNG 10.13: Verschiedene, mit dem Lebensalter auftretende Veränderungen von Körpermerkmalen und Körperfunktionen während der Jugendentwicklung des Menschen.

einfach röntgen lassen. Nach dem Tanner-Whitehouse-Standard kann danach das Alter unabhängig von Rasse, ethnischer Herkunft und Entwicklungszustand des Kindes angeblich sehr genau bestimmt werden, wobei – wörtlich – gilt: » ... ein gewisser Mangel ... wird aber nie ganz zu beseitigen sein, denn alle unsere Entwicklungsstufen sind letztlich artifizielle Momentaufnahmen, die aus einem fortschreitenden Reifeablauf herausgegriffen werden.«

Solche Untersuchungen sind vor allem auch in der Kriminalistik wichtig, wo man dann anhand von Skeletteilen Geschlecht und Alter eines Fundes genau bestimmen kann.

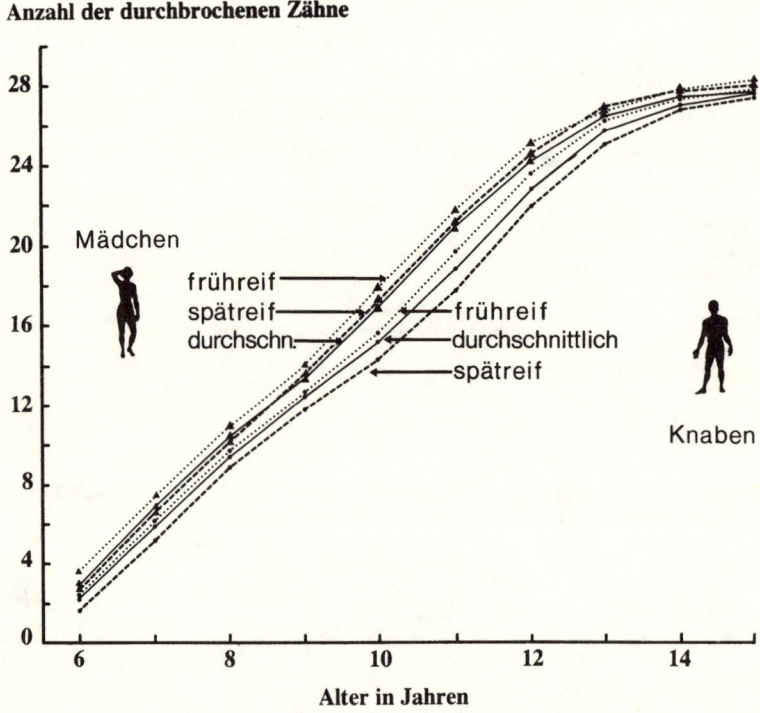

ABBILDUNG 10.14: Chronologisches und Skelettalter beim Menschen anhand eines hypothetischen Beispiels. Beispiel A: Durchschnittsbefund einer Normgruppe; B: Skelettreife anfangs beschleunigt, später verzögert; C. Spätentwickler; in keinem Lebensalter wird der durchschnittliche Reifungsgrad erreicht.

C14 – ein radioaktives Isotop als Altersuhr

C14, richtig geschrieben ^{14}C, ist ein radioaktives Kohlenstoffisotop, das man häufig künstlich zur radioaktiven Markierung von Biomolekülen einsetzt, sowohl innerhalb als auch in zellfreien, enzymatisch gesteuerten Reaktionen. Das C14 kommt aber natürlich auch in Organismen vor und kann dort im Rahmen der Radio-Carbon-Methode zur sogenannten radiometrischen Datierung, d.h. radiometrischen Altersbestimmung, benutzt werden.

Um diese Methode verstehen zu können, ist ein kurzer Exkurs in die Chemie erforderlich. Atome setzen sich zusammen aus einem Atomkern, der aus Protonen (positiv geladene Teilchen) und Neutronen besteht, um den negativ geladene Elektronen kreisen, die praktisch die Masse Null haben (genau genommen sind es 1/2 000 der Masse eines Protons). Die Summe der Kernbestandteile ist als Atommasse definiert. Sie gibt die Stellung im Periodensystem an, das so geordnet ist, daß die Elemente mit zunehmender Masse (und damit Protonen- oder Kernladungszahl) aufgelistet werden. Protonen und Neutronen werden – ganz grob – jeweils mit der relativen Eigenmasse 1 geführt. An erster Stelle steht so der Wasserstoff mit der Kernladungszahl und Masse 1 (ein Proton bildet den Kern) und an der letzten Stelle der natürlichen Elemente steht das Uran mit der Kernladungszahl 92 und der Masse 238 (92 Protonen und 146 Neutronen). Die Massezahl wird in der Schreibweise der Chemiker nun links oben vom Elementsymbol aufgeführt (links unten steht die Ordnungs- oder Protonenzahl). Jedes Element hat nun seine ganz charakteristische Kombination von Masse und Protonenzahl. Das natürliche Kohlenstoffatom hat sechs Protonen und sechs Neutronen und damit die Masse 12. Geschrieben wird es also $^{12}_{6}$C.

Nun gibt es Abweichungen von diesem Grundzustand. Einige Atome weichen in ihrem Kernbau, in der Summe der Nukleonen nämlich (das ist die Summe »Protonen + Neutronen«), vom Normalwert ab. Sie haben eine unterschiedliche Zahl von Neutronen und damit eine verschiedene Masse. Solche Atome eines Elementes werden als Isotope bezeichnet. Isotope können natürlich vorkommen oder auch künstlich erzeugt werden. Viele Isotope sind instabil und zerfallen in andere Elemente. Dabei wird u.U. auch radioaktive Strahlung frei, und deshalb nennt man diese Isotope auch radioaktive Isotope. Die Zeit, in der sich nun die Hälfte aller vorhandenen Isotope eines radioaktiven Elementes umwandelt, nennt man die Halbwertszeit. Sie reicht bei den verschiedenen Elementen von Bruchteilen einer Sekunde bis zu vielen Millionen Jahren. Jedes radioaktive Element besitzt eine charakteristische Halbwertszeit, die auf keine Weise verändert werden kann. Wir sehen schon, sie stellen damit genaue und unbestechliche Uhren dar.

Wie funktioniert aber nun diese Radio-Carbon-Uhr? In der Atmosphäre unserer Erde wird durch die ständige kosmische Bestrahlung, unter anderem mit Neutronen (Symbol n), aus dem Gaselement Stickstoff (Elementsymbol N), das zu rund 79 % in der Luft vorkommt, das extrem seltene Kohlenstoffisotop C14 nach folgender Kernreaktion kontinuierlich gebildet (Symbol für ein Proton = p):

$$^{14}N + {}^{1}n \rightarrow {}^{14}C + {}^{1}p$$

Der gebildete Kohlenstoff verbindet sich mit dem Sauerstoff der Luft zu Kohlendioxid CO_2, diffundiert und sinkt als schweres Gas in Richtung Erdoberfläche ab. Dort werden die Kohlendioxidmoleküle vor allem durch Pflanzen und über diese auch durch Tiere und den Menschen so lange aufgenommen, solange diese leben. Dadurch kommt es zu einem Konzentrationsgleichgewicht dieses Isotopes zwischen Organismus und Umwelt. In beiden Systemen ist C14 in gleichen %-Anteilen am normalen C12 vorhanden, das das System aufbaut. Stirbt der Organismus, kommt es logischerweise zu keiner C14-Zufuhr in den Leichnam mehr. Die Konzentration des Isotops nimmt nun im Organisimus – durch den Isotopenzerfall – mit dem Tod des organischen Systems langsam ab. Die Halbwertszeit beträgt für (C14) 5 730 Jahre. Beim Zerfall entsteht in einer Umkehrung obiger Gleichung wieder Stickstoff:

$$^{14}C \rightarrow {}^{14}N + \text{Betastrahlen}$$

Bestimmt man nun den Anteil von C14 zu C12 in biologischen Proben, läßt sich das Alter eines Fundes einigermaßen genau zurückdatieren.

Wir sehen allerdings, daß es sich hierbei natürlich nicht um das biologische Alter eines organischen Systems handeln kann. Vielmehr hat diese Methode nur Sinn, wenn man feststellen will, vor wievielen Hunderten bis Tausenden von Jahren ein Organismus gelebt hat, dessen Reste man gefunden hat. Die Radio-Carbon-Methode bestimmt also ein historisches

Alter. Bei toten Bestandteilen von Organismen (z.B. dem Holz bei Bäumen oder manchen Skelett- und Panzerbestandteilen von Tieren) läßt sich die Methode auch für lebende Systeme einsetzen.

Neben dem C14-Isotop gibt es noch das häufigere C13-Isotop, das einen Anteil von rund 1,10 % am Gesamtkohlenstoff hat. Auch aus dem Verhältnis C13/C12 kann (zusätzlich) eine Altersdatierung abgeleitet werden.

Kapitel 11

Alterskrankheiten

Es gibt ohne Zweifel Krankheiten, die ganz typisch für Kinder und Jugendliche sind. Dazu zählen u.a. viele Infektionskrankheiten, die man nur einmal bekommt – und das typischerweise eben in der Kindheit. Später, im höheren Alter, ist man dann gegen diese Krankheiten immun. Bei der Frage, ob es Krankheiten gibt, die ganz typisch für ältere Menschen sind, wird die Antwort schwieriger. Es gibt nur sehr wenige Krankheiten, die exklusiv im Alter auftreten (z.B. Alzheimer Demenz). Allerdings ist es so, daß mit zunehmendem Alter praktisch alle Leiden häufiger auftreten (Abb. 11.1, S. 315). Viele in der Jugend sehr seltene und deshalb nicht auffallende Beschwerden kommen erst beim alten Menschen offenkundig zum Vorschein, und sie werden dann primär mit dem Alter in Verbindung gebracht, was im Prinzip auch zutrifft. So gibt es wohl nur wenige Leiden, die nicht mit dem Präfix »Alters-« versehen zu typischen Altersleiden, Altersbeschwerden, Alterskrankheiten etc. werden, ohne eigentlich besonders alterstypisch im engen semantischen Sinne zu sein. Die mit dem Alter zunehmend auftretenden Beschwerden im organischen Bereich sind schon im Kap. 4 (S. 83 ff.) und 8 (S. 219 ff.) über das Organaltern und das Altern des Menschen im Detail aufgeführt worden.

Diese lebenszeitabhängige Anfälligkeit gegenüber vielen Krankheiten führt dazu, daß im Alter viele Leiden gehäuft miteinander auftreten und damit zur sogenannten Altersmultimorbidität führen. Nun kann es nicht Sinn und Zweck sein, alle möglichen Krankheiten, die im Alter häufiger auftreten als in der Jugend, hier darzustellen. Im folgenden werde ich also nur solche Leiden abhandeln, die besonders häufig und/oder besonders charakteristisch sind.

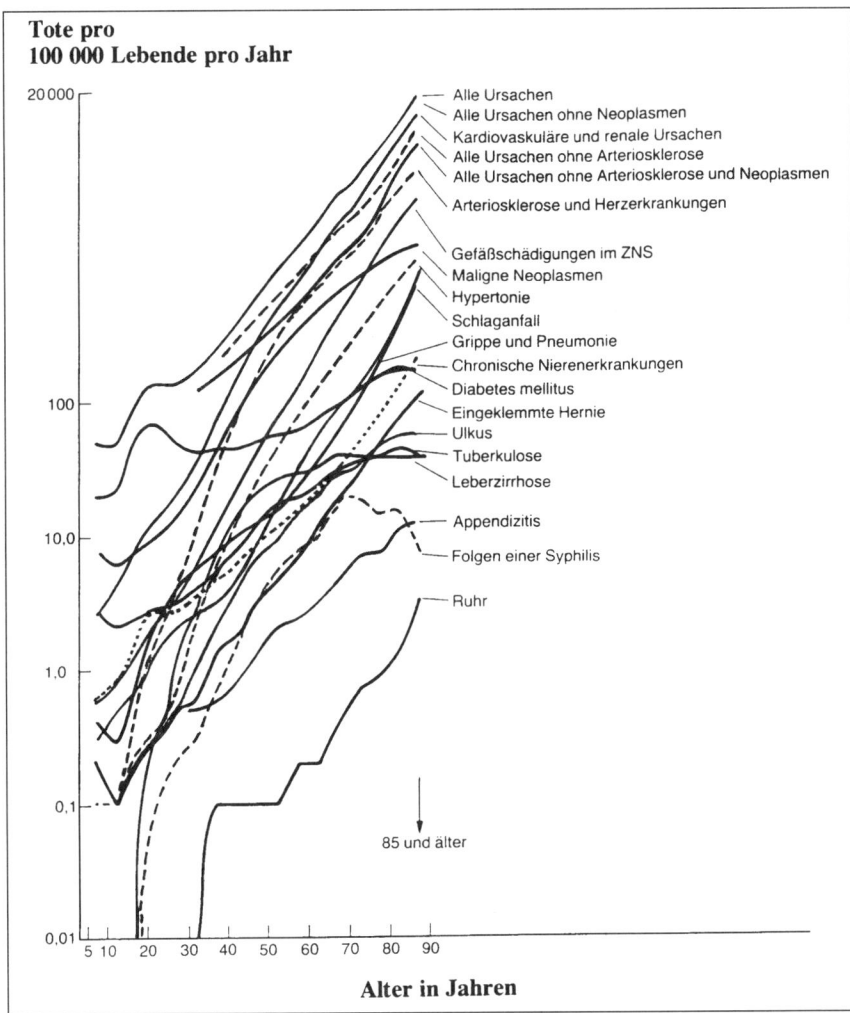

Tote pro
100 000 Lebende pro Jahr

20 000

Alle Ursachen
Alle Ursachen ohne Neoplasmen
Kardiovaskuläre und renale Ursachen
Alle Ursachen ohne Arteriosklerose
Alle Ursachen ohne Arteriosklerose und Neoplasmen

Arteriosklerose und Herzerkrankungen

Gefäßschädigungen im ZNS
Maligne Neoplasmen
Hypertonie
Schlaganfall
Grippe und Pneumonie
Chronische Nierenerkrankungen
Diabetes mellitus
Eingeklemmte Hernie
Ulkus
Tuberkulose
Leberzirrhose

Appendizitis

Folgen einer Syphilis

Ruhr

85 und älter

100

10,0

1,0

0,1

0,01

5 10   20   30   40   50   60   70   80   90

Alter in Jahren

ABBILDUNG 11.1: Todesfälle pro 100 000 Lebende (Gompertzkurven) für verschiedene Todesursachen bei Amerikanern. Mit wenigen Ausnahmen wie Syphilis, Tuberkulose und Diabetes zeigen die altersspezifischen Sterblichkeitsraten für alle Todesursachen eine exponentielle Zunahme, d.h. eine positive Alternskorrelation.

Osteoporose – Kalkverlust auf Raten

Die *Osteoporose* (Knochenschwund, Knochenatrophie) ist eine verstärkte, krankhafte Form der *Osteopenie*. Auch bei der Osteopenie erfolgt eine langsame, altersabhängige Abnahme des Knochengewebes, die aber den gesamten Knochen betrifft und im wesentlichen symptomlos bleibt.

Ab dem 30. Lebensjahr überwiegt beim menschlichen Knochenstoffwechsel der Knochenabbau den Knochenaufbau. Dabei ist der Mineralstoffwechsel insgesamt nicht gestört. In Deutschland ist die Osteoporose schon eine richtige Volkskrankheit geworden. Jede vierte Frau erleidet nach dem 50. Lebensjahr einen Oberschenkelhalsbruch aufgrund von Osteoporose, und Schäden an der Wirbelsäule sind weit verbreitet. Die Krankenkassen wenden jährlich mehr als 800 Millionen Mark allein für die Osteoporosebehandlung auf.

Bei der Osteoporose unterliegt – durch die quantitative Verminderung des Knochengewebes bei erhaltener Knochenstruktur – der Knochen einem stetigen Substanzverlust. Die Knochenbälkchen verringern sich und werden dünner. Der Knochen wird dadurch insgesamt poröser und löcheriger. Daran beteiligt ist das weibliche Sexualhormon Östrogen, das in den Knochenstoffwechsel eingreift. Rund ein Drittel aller Frauen über 40 unterliegen dieser Knochenentkalkung. Eine Osteoporose kündigt sich nicht markant an, so daß es primär keine prophylaktischen Maßnahmen gibt. Es gibt kein medizinisch-technisches Verfahren, mit dessen Hilfe Osteoporose frühzeitig erkannt werden könnte. Erst ab einer Verlustquote von 30 bis 50 % der Knochensubstanz kann die Osteoporose erfaßt werden. Man hat sich zudem bisher noch nicht auf medizinische Standards einigen können, ab wann Knochenentkalkung als krankhaft und wann als noch normaler Altersabbau einzustufen ist. Es ist zwar möglich, Knochenmasse und Knochendichte mit aufwendigen Methoden relativ genau zu bestimmen (meist mit besonderen Methoden der Osteo-Computertomographie oder seit neuestem mit der sogenannten Dual-Energie-Röntgenabsorptionsspektrometrie), für Reihenuntersuchungen sind diese Verfahren aber zu teuer. Zur Prophylaxe empfiehlt sich daher nur abwechslungsreiche, kalziumreiche Nahrung (Milch und Milchprodukte). Außerdem ist eine sportliche Belastung und ein ausreichender Aufenthalt in der Sonne (die UV-Strahlung produziert das »Kalk«-Vitamin D) vorteilhaft.

Pharmakologische Verfahren sehen vor, daß Frauen als Vorbeugung in den Wechseljahren mindestens zehn Jahre lang Östrogen-Hormone einnehmen sollen, um eine Osteoporose zu verhindern. Ob dies besonders vernünftig ist, muß bezweifelt werden. Sicher kann es nicht vernünftig sein, den Organismus über viele Jahre hinweg nach dem Gießkannenprinzip mit einem Hormon zu überschütten, das u.a. das Wachstum der Gebärmutter anregt, die Menstruation fortdauern läßt und das zudem im Verdacht steht, das Risiko für Gebärmutterschleimhautkrebs und Brustkrebs zu erhöhen. Außerdem greift es natürlich auch in den normalen Alternsvorgang erheblich ein. Zur Zeit wird an zahlreichen neuen Substanzen geforscht (z.B. Diphosphonaten oder als Alternative zu Östrogenen Calcitonin und Fluorid). Zudem kann diese medikamentöse Behandlung die Krankheit nur aufhalten, nicht aber kurieren.

Die Osteoporose beginnt meist an der Wirbelsäule, den Unterarmen und den Oberschenkeln. Der obere Teil des Körpers ist dabei viel weniger stark betroffen als der untere Teil (ungefähr im Verhältnis eins zu drei). Arm- und Oberschenkelbrüche sind deshalb bei vielen alten Menschen (besonders bei Frauen) nach einem Sturz sehr häufig. Im Jahre 1990 kam es in Deutschland zu rund 65 500 Oberschenkelspontanbrüchen, und im Jahre 2030 werden sogar rund 95 000 erwartet. Das bedeutet eine Zunahme um 45 % mit einem entsprechenden Anwachsen von Invalidität und Pflegebedürftigkeit. Man kann sich gut vorstellen, daß dies auch einen erheblichen finanziellen Faktor für die Krankenkassen bedeutet. Epidemiologischen Studien zufolge sind vor allem hellhäutige Personen betroffen, die sich mangelhaft bewegen. Zu den Risikogruppen gehören weiterhin Menschen, die viel Kaffee und/oder Alkohol trinken, sowie Raucher. Auch schließt man Umwelteinflüsse (insbesondere Schwermetallbelastungen) als fördernd nicht grundsätzlich aus.

Die Osteoporose kann auch als eigenständiges, altersunabhängiges Krankheitsbild auftreten, wenn der Knochen nicht belastet wird. Unter der Schwerelosigkeit des Weltraumes kommt es bei Astronauten z.B. innerhalb von acht Tagen bereits zu einem Schwund bis zu 30 % der Knochensubstanz im Skelett. Langes Krankenlager, Belastungsarmut im Alter, Störungen der Hypophyse und der Nebennierenrinde (Mineralocorticoide-Regelstörungen) können ebenfalls zu Osteoporose führen. Das gleiche gilt für Langzeitbehandlungen z.B. mit Cortisonen oder Mangelernährungen (Hungerzeiten).

Das Kuratorium für Knochengesundheit, Hettenbergring 5 in 74889

Sinsheim, gibt im übrigen Tips, wie man diesem chronischen Leiden vorbeugen kann (bitte 3,50 DM in Briefmarken beilegen).

Arthritis und Arthrose – Gelenke verlieren ihre Funktion

Arthritis und *Arthrose* sind typische Gelenkerkrankungen. Beide treten in vielfältiger Form auf und müssen ebenfalls nicht immer altersassoziiert sein. Hier werde ich allerdings im wesentlichen nur auf die altersabhängigen Formen näher eingehen.

Die Arthritis oder Gelenkentzündung äußert sich symptomatisch in Gelenkschmerzen, Schwellungen, Überwärmung und Bewegungseinschränkung der Gelenke. Vor allem die Rheumatoide Arthritis (auch chronische Polyarthritis genannt; s. Abb. 4.2, S. 86) erhöht sich offensichtlich deutlich linear mit dem Alter. Sie trifft dabei Frauen etwa dreimal häufiger als Männer. Sie beginnt mit Steifigkeit der Gelenke am Morgen, die mit zunehmender Bewegungstätigkeit wieder nachläßt; sie kann im Extrem zu einer völligen, irreversiblen Deformierung und Steifigkeit führen. Über die Ursache dieser Krankheit sind sich die Mediziner noch nicht im klaren. Als Mittel gegen Arthritis wird seit neuestem versucht, Hühnerknorpelprotein gelöst in die Gelenke zu spritzen. Diese Kollagenlösung führt bei manchen Patienten zu einer Remission (Rückbildung) der Krankheit und bei den meisten zu einer deutlichen Besserung von Entzündungsanzeichen und von Schmerzen.

Die Arthrose ist dagegen primär keine entzündliche, sondern eine degenerative Gelenkerkrankung, die vorwiegend aus einem Mißverhältnis zwischen Beanspruchung und Beschaffenheit bzw. Leistungsfähigkeit der einzelnen Gelenkanteile und -gewebe entsteht. Dabei ist die funktionelle Beschaffenheit vor allem des Bindegewebes (Kollagenfibrillen, Grundsubstanz) der Gelenkkapsel und des Gelenkkopfes bedeutsam. Die Gelenkkapsel produziert unter anderem die wichtige Gelenkflüssigkeit (Synovialflüssigkeit), und deren Produktion kann im Alter abnehmen. Zudem wird sie mit dem Alter wässriger (in der Jugend ist sie eher zäher) und schmiert so die Gelenke nicht mehr so gut.

Die Arthrose ist eine außergewöhnlich häufige Alterskrankheit. Sie tritt im höheren Lebensalter zumindest in leichter Form bei fast allen Menschen und bei sehr vielen Säugetieren auf (bei Katze und Hund ist die Arthrose gut bekannt und ebenfalls sehr häufig; auch bei Vögeln kommt sie vor). Voraussetzung für die Entstehung von Arthrose ist eine Schädigung und Abnutzung des Gelenkknorpels im beweglichen Gelenk. Ein versteiftes Gelenk kann nicht arthrotisch werden! Neben Fehlbelastungen sind vor allem verschiedene hormonelle Einflüsse (durch Hormone aus der Hirnanhangdrüse und aus den Keimdrüsen) an der Entstehung beteiligt. Frauen jenseits der Wechseljahre sind besonders häufig von der Arthrose betroffen.

Die arthrotischen Veränderungen beginnen an der Knorpelgrundsubstanz von Gelenkkopf und Gelenkpfanne. Der Knorpel verliert seine Elastizität. Er wird spröde und splittert auf. Schließlich kann er zugrunde gehen. Dadurch geht der Reibungsschutz innerhalb des Gelenkes verloren, und der Knochen wird in der Folge in Mitleidenschaft gezogen. Der Knochen verdichtet sich zunächst und wird dann an den stark belasteten Teilen abgebaut. An den weniger belasteten Gelenkzonen tritt eine unregelmäßige Knochenwucherung auf, die mit Bildung von Randwülsten und Zacken einhergeht (Abb. 4.6, S. 91). Dort, wo Gelenke besonders belastet sind, zeigen sich diese Erscheinungen (medizinisch *Arthrosis deformans* genannt) besonders auffällig. Befallen werden vor allem die Gelenke der unteren Gliedmaßen, die das Körpergewicht zu tragen haben.

Als erste Krankheitserscheinungen treten Steifigkeit und Spannungsgefühle auf. Sie werden gefolgt von dumpfen, bohrenden Schmerzen. Durch die Randwulstbildung kommt es zu einer Bewegungseinschränkung und einem Anschwellen der Gelenke. Sie können beim Bewegen knacken und knirschen und im Extrem können selbst Teile der Randwülste und Zacken abbrechen, wobei sehr starke Schmerzen entstehen. Die Arthrose kann soweit gehen, daß Bewegungen eingestellt werden, da die Schmerzen unerträglich werden.

Im Bereich des Hüftgelenkes (aber auch an anderer Stelle) steht heutzutage, als Standardeingriff, die Einpflanzung eines künstlichen Gelenkes zur Verfügung. Sie wird sehr häufig bei älteren Menschen durchgeführt. Pro Jahr werden in der Bundesrepublik Deutschland allein über 60 000 künstliche Hüftgelenke eingepflanzt. Daneben wird die Arthrose vor allem konservativ behandelt: Wärme, antirheumatische und durchblutungsfördernde Medikamente und Hormonpräparate. Auch Ruhigstellung und Schonung werden empfohlen. Bei extremen Schmerzen werden lokalanästhetische Mittel angewandt. Eine Rückgängigmachung der Arthrose-Schäden ist allerdings in keinem Falle möglich.

Daß Arthritis (aber auch Arterienverkalkung) auch schon vor sehr langer Zeit vorkam, zeigen eindrucksvoll Befunde an dem 5 000 Jahre alten, mumifizierten Eismenschen aus den Ötztaler Alpen (genannt »Ötzi«). Er ist mit rund 35 Jahren gestorben und litt schon in diesem jungen Alter unter schwerer Arthritis und Arterienverkalkung, wie Untersuchungen eines Röntgenspezialisten der University of Texas ergaben.

Rheuma – unheilbarer Altersschmerz für immer?

In engem Zusammenhang mit den vorher dargestellten Arthrosen und der Arthritis muß das Rheuma gesehen werden. Rheuma ist dabei keine einzelne Krankheit, sondern ein Sammelbegriff für viele Erkrankungen mit unterschiedlichen Ursachen und Erscheinungsformen. Abnutzungserscheinungen (Arthrosen) und Gelenkentzündungen (Arthritis) gehören genauso dazu wie Muskelschmerzen (Weichteilrheumatismus) oder Entzündungen der Blutgefäße oder der Haut (Sklerodermie).

Bei der rheumatoiden Arthritis (Abb. 11.2) greifen Abwehrzellen des Blutes das körpereigene Knorpel- und Knochengewebe an. Hierbei handelt es sich um einen verhängnisvollen Irrtum des Immunsystems, der bereits bei Kindern auftreten kann.

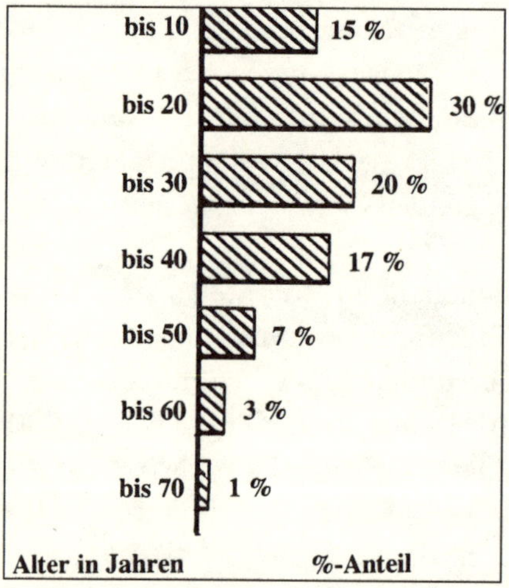

Alter in Jahren	%-Anteil
bis 10	15 %
bis 20	30 %
bis 30	20 %
bis 40	17 %
bis 50	7 %
bis 60	3 %
bis 70	1 %

ABBILDUNG 11.2: Die Alternsabhängigkeit des akuten Gelenkrheumatismus (erstes Auftreten).

Über die Ursache von Rheuma ist man sich bis heute nicht vollkommen im klaren. Man rechnet es aber zu den Infektionskrankheiten, die primär durch Streptokokkeninfektion, also durch Bakterien verursacht werden, was dann über entzündliche Immunreaktionen zu Rheuma führen kann. Neben der entzündlichen Form kommen degenerative Abnutzungserscheinungen als Ursache dazu. Das Rheuma betrifft als sogenannte systemische Krankheit das gesamte Bindegewebe und kann so bis in die Herzklappen

hinein reichen. Vor allem das Gelenkrheuma (und die fast immer hinzu-
tretenden Herzklappenfehler) können zu schweren Verkrüppelungen
führen und sind mit die häufigste Ursache für diese Behinderungen. Man
geht davon aus, daß über 4 % der Weltbevölkerung an chronischem und
akutem Rheuma leidet; das sind zehnmal mehr, als an Krebs und an Tuberkulose erkranken.

Die meisten Rheumaerkrankungen treten ab 35 Jahren auf. Sie äußern
sich darin, daß zum Beispiel ein oder mehrere Gelenke morgens steif und
geschwollen sind, weh tun und diese Schmerzen erst nach einiger Zeit bei
Bewegung nachlassen. Manchmal kann es sich auch so äußern, daß man
schnell müde wird und häufig unter Muskelkater und Verspannungen leidet. Begünstigt wird die Entstehung von Rheuma durch alle Faktoren, die
zu einem verstärkten Verschleiß oder falscher Belastung von Gelenken
führen. Das kann bewegungsaktive Leistungssportler und Schwerstarbeiter genauso betreffen wie eher bewegungsinaktive Buchhalter oder Se-
kretärinnen. Bei allen Gruppen baut sich durch einseitige Belastung vermehrt Knorpel an den Gelenkflächen ab. Als Infektionskrankheit wird
Rheuma weiterhin durch alle Faktoren begünstigt, die den Ausbruch einer Infektion erleichtern, d.h., die die Widerstandskraft des Körpers vermindern. Das sind z.B. Nässe, Kälte, Unterernährung, Vitaminmangel,
Genußgifte, Überanstrengung, Mangel an Bewegung und frischer Luft
etc. Vermutlich gibt es auch eine erbliche Disposition für diese Krankheit.
Seelische Belastung, wie Streß, soll keinen unmittelbar auslösenden Faktor bedeuten.

Vorbeugend gegen Rheuma hilft alles, was obige Risikofaktoren mindert. Wichtig ist also vor allem eine Verhinderung von einseitigen Verschleißerscheinungen sowie von Infektionen. Eine besondere Rheumadiät
wird nicht empfohlen. Nach Ansicht von Deutschlands Rheumapapst,
Prof. Dr. Joachim Robert Kalden, darf man alles essen, was einem
schmeckt. Allerdings bedeutet Übergewicht immer eine zusätzliche Belastung für die Gelenke. Bei entsprechender Disposition kann man Rheuma
allerdings nie verhindern. Man kann bei seinem Auftreten lediglich den
Ablauf etwas abbremsen und die Schmerzen lindern.

Die Behandlung selbst erfolgt auftretensspezifisch. Bei chronischer Polyarthritis (schweres, entzündliches Gelenkrheuma) gibt der Arzt
zunächst schmerzlindernde und entzündungshemmende Mittel (zum Beispiel Cortison). Später kommen Medikamente dazu, die reines Gold in
geringster Dosierung enthalten. Dieses Gold hemmt die Aktivität der ag-

gressiven Freß-Zellen, die die Gelenkinnenflächen u.a. mit Antikörpern angreifen (diese Antikörper kann man im übrigen als »Rheumafaktor« im Blut nachweisen, und damit kann die Diagnose »Rheuma« gesichert werden). Oft kann man auch mit Malaria-Mitteln Erfolge erreichen. Zusätzlich sind Krankengymnastik und Bewegungsübungen wichtig. Es muß jedoch immer wieder betont werden, daß das Leiden nicht heilbar ist, sondern daß man nur die Beschwerden mindern oder eventuell (in selteneren Fällen) zum Verschwinden bringen kann. In ganz schweren Fällen hat man auch Krebsmittel zum Einsatz gebracht (z.B. Methotrexat), die man dann allerdings laufend einnehmen muß, da sonst die Beschwerden wieder kommen. Operativ kann man die zerstörte Innenhaut von Gelenken entfernen, total zerstörte Gelenke kann man, wie bei der Arthrose, durch künstliche Gelenke ersetzen (siehe oben), was sehr häufig gemacht wird. Diese Gelenke halten jedoch nicht ewig. Die vielfach – oft auf Kaffeefahrten – angebotenen Rheumadecken sind nicht nur völlig überteuert, auch sie können die Krankheitssymptome lediglich dämpfen und nicht kurieren. Das gleiche gilt auch für Rheuma-Tees, Magnetarmbänder oder ähnlichen Hokuspokus.

Wenn die Gefäße verkalken – Arteriosklerose und Cholesterin

Die Arterienverkalkung oder Arteriosklerose (auch Atherosklerose genannt) ist wohl die bekannteste Alterserkrankung. Sie ist auch bei Tieren bekannt. Beim Menschen tritt sie besonders häufig nach dem 40. Lebensjahr auf. Es ist ein chronisch verlaufendes Leiden, das in der Todesstatistik der meisten zivilisierten Länder eindeutig den ersten Platz einnimmt. Rund 33 Milliarden DM geben die Krankenkassen Deutschlands pro Jahr allein zur Bekämpfung und Behandlung von solchen Herz-Kreislauf-Erkrankungen aus.

Die Hauptursache der Todesfälle ist eine Kreislaufblockade durch arteriosklerotische Ablagerungen in den Blutgefäßen, die unter Umständen noch durch ein Blutgerinnsel verstopft werden. Die Arteriosklerose beruht auf einer vermehrten Produktion von Fasersubstanzen und einer krankhaften Einlagerung verschiedener Substanzen in die Arterien. Diese Substanzen faßt der Volksmund unter »Kalk« zusammen. Mit dem uns bekannten Kalk haben sie aber natürlich nichts zu tun. Es sind verschiedene Eiweißkörper, Fettstoffe und Mineralien, die zu einer Verhärtung, zu einem Elastizitätsverlust und zu einer Querschnittseinengung der Arterien führen. Dadurch kommt es zu Funktionsstörungen der von diesen Gefäßen versorgten Organe. Besonders kritisch ist dies für das Herz. Zu den wichtigsten Ablagerungsstoffen gehören Cholesterin, Triglyceride und Phosphatide, die in die innerste oder die mittlere Gefäßwandschicht eingelagert werden (Abb. 11.3).

Diese Ablagerungen sammeln sich, vorwiegend in sogenannten »Plaques«, vor allem in den Herzkranzgefäßen, an der Gabelung der großen Körperschlagader zum rechten und zum linken Becken und an den Halsarterien. Anfangs sind sie noch flach, allmählich wachsen sie aber zu rauheren, scharfkantigen Gebilden heran, die ins Gefäßinnere ragen. An ihnen bleiben besonders leicht winzige Blutpfröpfchen hängen. Diese sammeln sich so immer mehr an. Sie können zum Schluß so groß werden, daß das ganze Gefäß verstopft wird. Nach einer sehr fetten Mahlzeit werden z.B. große Fetttröpfchen in den Blutgefäßen transportiert, die urplötzlich so einen Verschluß auslösen können.

Aufgrund der durch die Gefäßverengung hervorgerufenen Minderdurchblutung kommt es – wie bereits erwähnt – zu Funktionsstörungen der betroffenen Organe. Beim Herzen z.B. bekannt als *Angina pectoris*, die sich in krampfartigen Herzschmerzen, einem beklemmenden Enge-

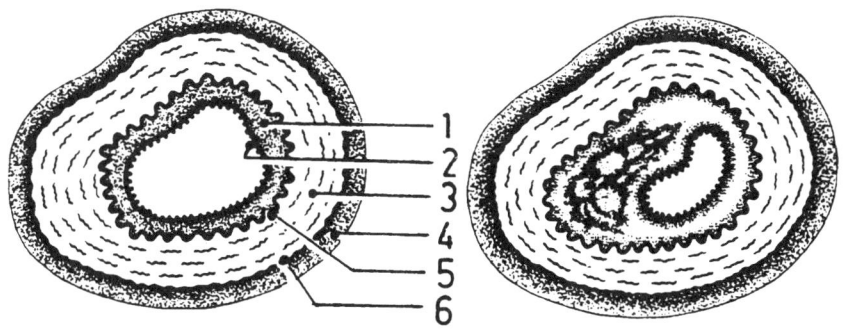

ABBILDUNG 11.3: Arteriosklerose (Atherosklerose). Schematischer Schnitt durch eine gesunde (oben) und eine sklerotisch erkrankte Arterie (unten). Bindegewebige Verdickungen und Kalkeinlagerungen führen zum Zerfall der inneren Schicht und zur Einengung der Arterienweite.
1: *Intima*; 2: *Endothel*; 3: *Media*; 4: *Adventitia*; 5: elastische Haut der Innenschicht (*Elastica interna*); 6: elastische Haut der Außenschicht (*Elastica externa*).

oder Druckgefühl in der Brust sowie stechenden Schmerzen im linken Arm, in der linken Schulter, zwischen den Schulterblättern, im Magen, Nacken und den Kiefern äußert. Bei einem totalen Gefäßverschluß kann es zu einem Herzinfarkt kommen. Er ist bei Männern viel häufiger zu beobachten als bei Frauen. Man vermutet, daß daran das Geschlechtshormon Testosteron beteiligt ist, das mit Cholesterin (siehe weiter unten), einem verdächtigten Arteriosklerose-Faktor, ein negatives Wechselspiel eingeht. Senkt man z.B. durch Medikamenten-Einnahme den Testosteron-Spiegel im Blut, steigen die »guten« (die Arteriosklerose verhindernden) HDL-Cholesterine an. Umgekehrt geht das genauso.

Der Herzinfarkt, eine Folge der Arteriosklerose, ist eine sehr häufige und existentielle, akute Erkrankung. 1988 starben daran in der Bundesrepublik Deutschland 77 000 Menschen (vgl. auch Abb. 8.7, S. 226 und Abb. 8.8, S. 227). Generell sind Herzinfarkte bei Männern zwischen 35 bis 64 Jahren bis zu fünfmal häufiger als bei Frauen der gleichen Altersgruppe. Dabei gibt es sehr unterschiedliche Risikofaktoren, die sich auch in länderspezifischen Unterschieden äußern. Finnen haben weltweit das höchste Infarktrisiko. Er ist in diesem Land etwa zwölfmal häufiger als in China. Die länderspezifischen Unterschiede unterstützen im übrigen auch in keiner Weise die Cholesterin-These, die wir gleich noch näher kennenlernen werden. Ich ziehe einige Darstellungen hier aber schon nach vorne: Eskimos, die vor allem von Tran leben (das Fett mit dem höchsten Cholesteringehalt mit 570 mg/100g), sterben nur äußerst selten an Herzinfarkt oder Arteriosklerose. In Frankreich, das so gut wie keine Cholesterinhysterie kennt, sterben nur halb so viel Menschen an Herztod wie in Amerika und Großbritannien. In Deutschland, wo der Cholesterinwert ebenfalls viel höher liegt als in den USA, gibt es dennoch viel weniger Infarkttote als dort. Die Beispiele könnten lange fortgeführt werden. Im nächsten Abschnitt komme ich darauf noch näher zu sprechen.

Sind durch die Arteriosklerose die Gehirnarterien betroffen, kommt es meist zu Persönlichkeitsveränderungen (z.B. Unduldsamkeit gegenüber anderen Meinungen, »Altersstarrsinn«, Überschätzung der Eigenpersönlichkeit, Nachlassen der Intelligenz, Vergeßlichkeit, Schlafstörungen mit insbesondere Durchschlafschwierigkeiten, Beeinträchtigung des körperlichen Leistungsvermögens etc.), die schleichend, z.T. aber auch urplötzlich auftreten können. Oft spricht man im Zusammenhang mit dem Auftreten einer solchen Krankheit dann von einem »halsstarrigen Alten«. Im

Extrem kann auch im Gehirn ein Verschluß eintreten und zu einem Gehirnschlag führen, der in geistiges Siechtum oder zum unmittelbaren Tod führen kann.

Harmloser, aber immer noch stark belastend ist es, wenn z.B. die Beckenregion nicht mehr vollständig durchblutet wird. Dann fällt das Gehen schwer und die Betroffenen zeigen die sogenannte Schaufensterkrankheit. Sie können immer nur kurze Strecken gehen – in der Stadt meist dann von Schaufenster zu Schaufenster – und müssen regelmäßig stehenbleiben, weil sie sonst zu starke Schmerzen in den Beinen bekommen.

Cholesterin – Herzfeind Nr. 1?

Über die Ursachen der Arteriosklerose bestehen selbst nach vielen Jahren der Forschung sehr unterschiedliche und kontroverse Ansichten. Sicher schädlich, d.h. Arteriosklerose-fördernd, sind Überernährung, Fettleibigkeit, Nikotinmißbrauch, Bluthochdruck, Schilddrüsenüberfunktion, Gicht und andere Krankheiten.

Beim überwiegenden Teil der an Arteriosklerose Erkrankten läßt sich eine Störung im Fettstoffwechsel nachweisen, die sich vor allem in einer Erhöhung des sogenannten Blutfettgehaltes bemerkbar macht. Sowohl Cholesterin als auch die Triglyceride (bestimmte Fettbestandteile) sind daran beteiligt. Bei einem Herzinfarkt sind bei rund 80 % der Patienten erhöhte Triglycerid-Werte festzustellen. Allerdings hat der weitaus größte Teil aller älteren Personen einen erhöhten Cholesteringehalt. 84 % der Männer zwischen 50 und 60 und 93 % der Frauen der gleichen Altersgruppe haben einschlägige Werte deutlich über 200.

Triglyceride sind nicht nur erhöht, sondern kreisen bei Herzinfarkt-Kranken nach gängiger Meinung auch länger im Blut als bei Gesunden. Ihre Aufnahme in die Zellen scheint also gestört. Auch ist die Zusammensetzung der Fettstoffe bei Arteriosklerose-gefährdeten Menschen eine andere als bei Gesunden. Immer noch umstritten ist, ob diese Veränderungen die unmittelbare Ursache oder nur die Folge der Erkrankung darstellen. Sicher sind sie aber ein wichtiger Teilfaktor der Krankheit.

Die Behandlung der Arteriosklerose erfolgt heutzutage deshalb vor allem in der Form, daß versucht wird, diese »schädlichen« Cholesterine und Triglyceride im Blut möglichst niedrig zu halten. Dies geschieht z.B. durch Ernährung mit Fetten mit niedrigem Cholesterin-Gehalt (Pflanzenfette mit vielen ungesättigten Fettsäuren: Distel-, Sonnenblumen-, Soja-, Maiskeim-, Lein-, Baumwollsaatöl) und eine Verminderung bzw. Verhütung der bereits erwähnten Risikofaktoren.

Vor allem die Änderung des Konsumverhaltens wird – ob ihres therapeutischen Wertes – oft stark angezweifelt. Dieses hat in den USA nahezu neurotische Ausmaße angenommen. Kaum ein Nahrungsmittel, bei dem es nicht cholesterinfreie Varianten gibt. Tatsache ist jedoch, daß dort die Arteriosklerose-Fälle tatsächlich gesunken sind. Fakt ist aber auch, daß praktisch alle epidemiologischen Untersuchungen ergeben haben, daß niedrige Cholesterinbelastung zwar die Herz- und Kreislauftodesfälle reduziert, daß aber insgesamt die sich cholesterinreduziert ernährenden Personen eine geringere Lebenserwartung haben.

In Tab. 11.1 ist aufgeführt, welche Grenzwerte heutzutage als »nor-

TABELLE 11.1: Unterschiedliche Richtwerte für Serumlipide für Erwachsene in mg pro dl Blutserum.

Parameter	normal	grenzwertig	erhöht
Serum-Cholesterin	≤ 200*,**	200-249 * 200-239**	≥ 250 * ≤ 240**
LDL-Cholesterin	≤ 135* ≤ 130**	135-155 * 130-159**	≥ 155 * ≥ 160**
HDL-Cholesterin	≥ 35*,**	≤ 35 *,**	
Triglyceride	≤ 200*	200-499*	≥ 500*

*   nach der »European Atherosclerosis Society«
** nach dem »National Cholesterol Education Programme« (USA)

Nach M.I.S.S. (Medizinisches Informations-System, Version 3.0), Stuttgart 1993, gelten folgende Werte:

Gesamtcholesterin:

≤ 20 Jahre	bis 170
20-30 Jahre	bis 200
30-40 Jahre	bis 220
≥ 40 Jahre	bis 240

Triglyceride: zwischen 150 und 200

mal« angesehen werden und ab wann – nach gängiger ärztlicher Meinung – mit Diäten und/oder sogar chlosterinsenkenden Pharmaka eingegriffen werden sollte. Die vorgelegten Zahlen sind wohl von der Mehrzahl der Mediziner akzeptiert. Es ist jedoch zu sehen, daß die Zahlen trotz allem sehr unterschiedlich sein können.

Es muß auch erwähnt werden, daß es viele Mediziner und Forscher gibt, die die ganze Angelegenheit für wenig relevant halten. Sie werden allerdings von einer sehr mächtigen Lobby (aus einer Allianz Ärzte/Pharmaindustrie/Margarineindustrie) kurz gehalten. Doch wäre es nicht das erste Mal in der Medizingeschichte, daß sich die Meinung der Mehrzahl als falsch herausgestellt hat. Es ist nämlich so, daß der Körper selbst sehr viel mehr an Cholesterin pro Tag produziert, als man selbst mit beinahe reiner Fettnahrung aufnehmen kann. Die Eigensynthese liegt bei 11 bis 13 mg/kg Körpergewicht. Bei 70 kg Körpergewicht ergibt sich so eine Eigensynthese von 770 bis 910 mg pro Tag (also knapp 1 g reines Cholesterin pro Tag). Maximalwerte liegen sogar bei 2 g Eigenproduktion pro Tag.

Auf jeden Fall zeigen neuere Untersuchungen die Mängel bisheriger Experimente zur Problematik auf. Tatsache ist, daß Cholesterin einen (negativen) Einfluß auf koronare Herzkrankheiten hat. Das bedeutet nun aber im Gegenschluß auf keinen Fall, daß die Senkung des Cholesterins auch lebensverlängernd wirkt. Die Untersuchungen, aufgrund derer Cholesterin als cardiovaskulärer Risikofaktor gebrandmarkt wurde, wurden überwiegend an männlichen Probanden im mittleren Lebensalter durchgeführt und sind in der Wissenschaft außergewöhnlich umstritten. Eine neuere Studie (1994) ergab z.B., daß gerade höhere Cholesterinspiegel mit Langlebigkeit assoziiert sind! Auch ist die Bedeutung von Cholesterin bei älteren Menschen mehr als unklar.

Eine andere, ebenfalls 1994 abgeschlossene, vierjährige Untersuchung durch die Yale-Universität in den USA an rund 1 000 Männern und Frauen, die alle über 70 Jahre alt waren, zeigte folgendes: Ein Drittel der Testpersonen wies einen deutlich erhöhten Cholesterinspiegel auf. Doch in der vermeintlichen Risikogruppe kamen Herzinfarkte, Schlaganfälle und Gefäßverschlüsse keineswegs häufiger vor als bei den übrigen Versuchsteilnehmern. Ein Literaturreview (Auswertung aller veröffentlichten, wissenschaftlichen Arbeiten zu dieser Problematik) in unserem eigenen Institut bestätigte diese sehr widersprüchlichen Befunde über das Cholesterin und seine Bedeutung für Herz- und Kreislaufprobleme in diesem Zusammenhang für das Altern schlechthin.

Der Kardiologe Prof. Dr. Harald Klepzig von der Deutschen Herzstiftung in Frankfurt sagte bei einem Kongreß (1995) über Cholesterin mit dem bezeichnenden Titel »Konsens oder Nonsens« folgendes: »Wir wären glücklich, wenn eine einzige medizinisch kontrollierte Untersuchung vorgelegt werden könnte, die zeigen würde, daß Menschenleben durch die Senkung von Cholesterin gerettet werden.« Bleibt es dabei, daß die Cholesterinhysterie nichts anderes ist als ein erstaunlicher Fall einer von Medizin-, Lebensmittelindustrie und Gesundheitsministerien in großem Stil betriebenen Bewußtseins- und Verhaltensmanipulation, die auf einer mehr als wackligen Hypothese beruht? Lassen wir dazu Herrn Klaus Ragotzky von der Hamburger Unilever-Tochter Deutsche Lebensmittelwerke zu Wort kommen, der in einem Interview erstaunlich freimütig und offen folgendes erklärt hat: »Vor gut zwanzig Jahren gab es bei uns ein Brainstorming. Die Frage war, in welchen Märkten wir uns tummeln könnten.« Als potentielle Kandidaten traten Senioren-Produkte und fettreduzierte Nahrungsmittel gegeneinander an. Siegreich war »Du darfst«. Und das nicht nur, weil sich laut Ragotzky »... in der Werbung niemand gern als alter Mensch ansprechen läßt«. Das kalorienarme Techno-Essen ist vielmehr vor allem ».... eine grandiose Erfindung, das Sattwerden teurer zu machen«. Auf diese Weise lassen sich an den verängstigten, unwissenden Kunden selbst cholesterinfreie Mineralwässer zum doppelten Preis an den Mann bringen (wo in normalen Mineralwässern Cholesterin drin sein soll, weiß niemand; auch die sind natürlich cholesterinfrei!). Die Krankenkassen Deutschlands geben pro Jahr rund 1,3 Milliarden Mark für die Bekämpfung des Cholesterins aus – es ist klar, daß da nicht nur ein eifriges Kämpfen um diesen Kuchen, sondern auch um seinen Erhalt stattfindet.

Dabei ist es weiterhin überhaupt mehr als umstritten, welcher Cholesteringehalt im Blut (wenn überhaupt) als »gefährlich« zu gelten hat. Während für die einen jeder Punkt über 200 einen gefährlichen Nagel zum Sarg darstellt, ist nach dem Standard der »European Atherosclerosis Society« ein Wert bis 250 immer noch im tolerablen Grenzwertbereich. Erst ab 250 aufwärts gilt der Wert danach als »erhöht«. Für andere – vor allem auch für die meisten deutschen Ärzte – gilt diese Marke bereits als »Hochrisiko«. Für Peter Schwand dagegen, erster Vorsitzender der »Deutschen Gesellschaft für die Bekämpfung von Fettstoffwechselstörungen«, beginnt dagegen das Problem sogar erst ab einem Wert von 280 mg/dl. Was stimmt also?

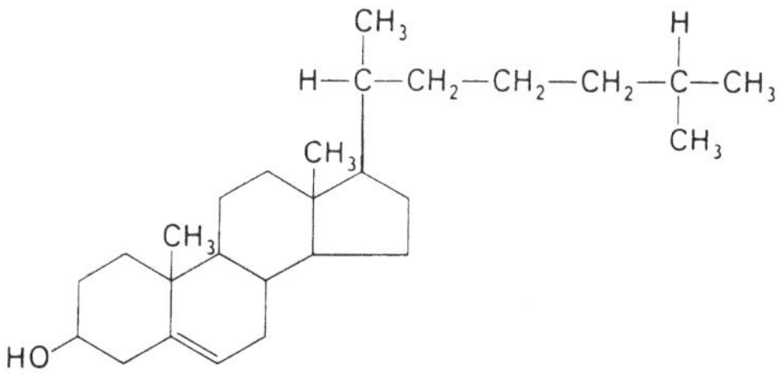

Cholesterin

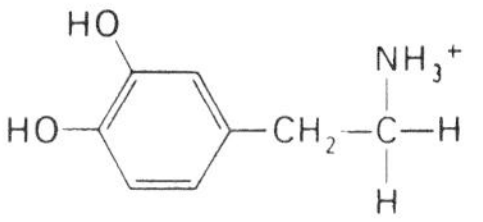

Dopamin

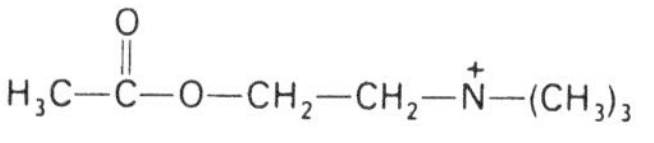

Acetylcholin

ABBILDUNG 11.4: Strukturformeln von Cholesterin, Dopamin und Acetylcholin.

Beschäftigen wir uns kurz etwas näher mit diesen Cholesterinstoffen.

Cholesterin ist ein kompliziert gebautes Molekül, ein sogenanntes Steroid (Abb. 11.4). Es ist ein überlebensnotwendiger Stoff aller Organismen und kommt deshalb auch in allen Organen vor. Im Großhirn macht Cholesterin sogar bis zu 10 % der Trockenmasse aus. Nervenzellen, Nebennieren, die Haut, Eidotter und Wollwachse enthalten ebenfalls viel Cholesterin. Im Blut finden wir 0,15 bis 0,25 %, im Herzen etwa 2 %, und der gesamte Körper enthält etwa 0,32 % davon.

Cholesterin ist chemisch gesehen ein Alkohol (ein Cholesterol). Er kommt z.T. frei, vor allem aber gebunden (verestert) mit Fettsäuren vor. Diese Ester rechnet man zu den Blutfetten. Täglich werden – wie bereits dargestellt – im Körper eines gesunden Menschen etwa 1 bis 2 g Cholesterin produziert (in der Leber, der Nebenniere, der Haut, dem Darm, den Hoden, aber auch – man glaubt es kaum – in der Aorta). Bei fettfreier Kost werden etwa 0,04 bis 0,1 g, bei fettreicher Kost bis maximal etwa 1,5 g reines Cholesterin aufgenommen. In je 100 g Nahrungsmittel findet man die folgenden Mengen an Cholesterin (Werte in mg/100 g):

Butter 244
Margarine (es gibt auch cholesterinfreie) 186
Rindfleisch-Fett 90
Schweinefleisch-Fett 99
Kabeljau 58
Schellfisch 64
Lebertran 570

TABELLE 11.2: Einteilung, Dichte und relative Zusammensetzung der wichtigsten Lipoproteine im menschlichen Blut. Unter Zusammensetzung in % wird angegeben, zu wieviel Prozent die entsprechende Fraktion maximal mit dem angegebenen Stoff beladen werden kann. Dieser Anteil charakterisiert somit auch die Haupttransport-Aufgabe.

		Zusammensetzung [%]			
Fraktion	Dichte [g/ml]	Gesamt-Lipide	Trigly-ceride	Cholesterin	Phospho-lipide
Chylo-mikronen	0,95	99	89	6	4
VLDL	0,950-1,006	90	60	12	18
LDL	1,006-1,063	75	10	50	15
HDL	1,063-1,200	50	5	20	25

Auch in allen Pflanzenfetten tritt Cholesterin in geringen Mengen auf. Entscheidend sind allerdings nicht allein diese Mengenangaben für die Beurteilung der Cholesterinaufnahme. Der menschliche Darm nimmt im Mittel nämlich nur 18 bis 78 % des Nahrungscholesterins überhaupt auf. Wollte man also z.B. allein über Butter soviel Cholesterin aufnehmen, wie der Körper selbst produziert, müßte man sicher rund 1 kg reine Butter am Tag essen – und wer macht das schon? Außerdem ist die Eigenproduktion des Cholesterins im Körper von der Cholesterinzufuhr über die Nahrung abhängig (nahrungsabhängige Eigensynthese von Cholesterin). Wird viel aufgenommen, wird weniger produziert. Die Aufnahme von 100 mg Nahrungscholesterin erhöht so den Blutcholesterinwert theoretisch nur um rund 2,3 mg/dl. So wundert es einen denn auch nicht, daß in einer Untersuchung in den USA und Schweden bei einer auch erzieherisch mächtig bearbeiteten Probandengruppe durch cholesterinarme bis cholesterinfreie Diät der Cholesterinspiegel im Blut um gerade rührend wenige 0,2 % gesenkt werden konnte. In Großbritannien stieg bei einer vergleichbaren Untersuchung der Wert sogar leicht an. All das können wir natürlich über die nahrungsabhängige Eigensynthese von Cholesterin leicht erklären, und sie zeigt, daß einfache Rezepte und Ergebnisse alles andere als vernünftig, geschweige denn wissenschaftlich gesehen begründbar sind.

Cholesterin und die Cholesterinester werden im Blut als sogenannte Lipoproteine transportiert, von denen es zahlreiche Typen gibt, die man je nach ihrer Größe unterschiedlich einteilt (Tab. 11.2, S. 330). Neben vielen verschiedenen Aufgaben dienen sie vor allem dazu, die wasserunlöslichen Fettstoffe (darunter auch das Cholesterin und die Triglyceride) im wässrigen Blutplasma zu transportieren. Über ihre Größe lassen sich vier Hauptgruppen unterscheiden:

Die Chylomikronen treten nur vorübergehend während der unmittelbaren Verdauung der Fette auf. Die VLDL-Fraktion (Very Low-Density Lipoproteins) transportiert vor allem Triglyceride. Die LDL-Fraktionen (Low-Density Lipoproteins) sind besonders reich an Cholesterin. Sind sie besonders stark im Blut vertreten, dann befürchtet man ein erhöhtes Risiko für Arteriosklerose und Folgeerkrankungen. Deshalb werden sie auch die »bösen« Fettbestandteile bzw. die »bösen« Cholesterine des Blutes genannt. Es muß jedoch erwähnt werden, daß gerade diese LDL-Fraktion den Träger und den Transporteur des antioxidativen Vitamins E darstellt, das selbst wieder für die Verhinderung des antherogenen Effektes verantwortlich gemacht wird, das also dafür sorgt, daß keine Arteriosklerose auftritt. Wir sehen, die Sache ist doch sehr komplex. Die HDL-Fraktions-Anteile (High-Density Lipoproteins) transportieren vor allem Lipide. HDL können freies Cholesterin aufnehmen und als Cholesterinester weitergeben. Sie wirken daher der Arteriosklerose entgegen, weshalb sie auch die »guten« Fettbestandteile (Cholesterine) des Blutes genannt werden.

Welche Möglichkeiten gibt es nun weiterhin, arteriosklerotische Effekte zu beheben? Neben den oben genannten prophylaktischen Maßnahmen können Gefäßengstellen auch operativ entfernt oder umgangen werden. In Bypassoperationen wird dies z.B. am offenen Herzen durchgeführt. Über einen Herzkatheter o.a. diagnostische Verfahren kann man die Lage einer Verengung ermitteln. Läßt sich die Engstelle nicht über einen aufblasbaren Ballon an der Spitze des Katheters entfernen (Ballon-Dilatation), bietet sich z.B. eine Bypass-Operation an. Aus der Beinregion werden Gefäßstücke entnommen und damit die Engstelle in den Herzkranzgefäßen in einer Art Umleitung umgangen. Moderne Methoden versuchen Engstellen auch durch Laser abzudampfen oder mit kleinen Fräsen aus Metall oder Diamant zu entfernen. Dabei ist aber die Gefahr groß, daß Bruchstücke von Geweben zu Kristallisationskernen für neue Blutgerinnsel werden. Diese Eingriffe sind dafür allerdings viel schonender als eine Bypass-Operation.

Blut- und Kreislaufsystem im allgemeinen –
der Druck nimmt zu

Ganz kurz soll hier noch auf zwei vielleicht wichtige, allgemeine altersabhängige Veränderungen bzw. Erkrankungen im Blut- und Kreislaufsystem eingegangen werden.

Der Blutdruck nimmt mit zunehmendem Alter zu (Abb. 8.5, S. 225).
Zu einem großen Teil beruht dies auf der voran geschilderten Atherosklerose. Als arterieller Normaldruck wird ganz allgemein folgende, vereinfachte Rechenformel angegeben:

normaler Blutdruckwert (in mm Hg) = Lebensalter + 100.

Unabhängig vom Lebensalter gilt, daß ein Blutdruck bis 140 zu 90 mm-
Hg normal ist. Viele Mediziner sehen danach im sogenannten Altershochdruck nicht ein normales, problemloses Phänomen, sondern ebenso
eine Krankheit wie bei jungen Menschen, die es zu behandeln gilt. Jeder
Wert über 160/90 mmHg gilt für Menschen über 60 bis 65 Jahren danach
als Risikofaktor. Eine Reduktion des Altershochdrucks konnte so – nach
einigen Studien – die Schlaganfallrate um 36 bis 47 % vermindern. Diese
Mediziner empfehlen danach eine beständige Therapie der arteriellen
Hypertonie beim älteren Menschen über sogenannte Kalziumantagoni-
sten, die den Blutdruck absenken. Auch bei diesen Ansichten sind – wie
beim Cholesterin – sicher Fragezeichen angebracht, ob allein prophylak-
tisch – ohne vorhandene Beschwerden – eine solche Medikamentation erforderlich ist. Die Pharmaindustrie freut sich, sie macht mit solchen Medikamenten Riesenumsätze.

Im Alter nehmen im Blutbereich auch akute Leukämien stark zu. Dabei handelt es sich um eine unheilbare Erkrankung der Produktion der
weißen Blutkörperchen, die mit einer Häufigkeit von etwa 40 bis 50 Fällen pro eine Million Einwohner auftritt. Die Zahl der Leukocyten kann
im Mittel bis zu 50 % erhöht, aber auch bis zu 25 % erniedrigt sein. Die
akute lymphatische Leukämie (abgekürzt ALL) ist zwar auch eine typische Kinderkrankheit (in den 40er Jahren waren sogar 67 % der Erkrankten erst zwischen 0 bis 25 Jahre alt), heute sind allerdings 47 % der
Erkrankten über 55 Jahre alt. Die sogenannte akute myeloische Leukämie (abgekürzt AML) hat jenseits des 55. Lebensjahres sogar einen Anteil
von 76 %, wobei der Altersgipfel jenseits des 75. Lebensjahres liegt. Die

AML ist also tatsächlich eine typische Erkrankung des alten Menschen, mit einem medianen Altersauftreten von etwa 63 Lebensjahren.

Die klinische Symptomatologie (erkennbare Krankheitserscheinungen) sieht folgendermaßen aus: Die Erkrankung beginnt meist urplötzlich. Es tritt ein deutlicher Leistungsknick auf. Weiterhin klagen die Patienten über Abgeschlagenheit, Atemnot und gehäufte Infekte. Milz und Leber sind vergößert. Es tritt zusätzlich meist eine Anämie auf (Reduktion der Zahl der roten Blutkörperchen, sogenannte »Blutarmut«). Unbehandelt kann die Leukämie innerhalb von wenigen Wochen zum Tode führen. Die Behandlung selbst erfolgt mit Cytostatika, die die Krankheit aber nicht heilen, sondern nur abschwächen können.

Die Alzheimer-Krankheit – ein Mensch gibt seinen Geist auf

Die Alzheimer-Krankheit (oder die »Demenz vom Alzheimer Typ«) hat ihren Namen vom Breslauer Neurologen Alois Alzheimer (1884-1915). Es handelt sich um eine langsam fortschreitende (progrediente) und diffuse Hirnatrophie, die mit einem Maximum zwischen dem 50. und 60. Lebensjahr auftritt. Frauen sind bevorzugt betroffen. Allein in Deutschland sind derzeit etwa 600 000 bis 800 000 Menschen Opfer dieser Krankheit. Im Jahre 2000 sollen es nach Schätzungen der Deutschen Alzheimer Gesellschaft rund eine Million Patienten sein. Weltweit gibt es augenblicklich rund 15 Millionen Alzheimer-Patienten. Zur Zeit sterben in Deutschland jährlich 100 000 Menschen an dieser Krankheit.

Die Alzheimer Krankheit (oft kurz nur als »Alzheimer« bezeichnet) äußert sich zunächst in Gedächtnis- und Orientierungsstörungen. Sie hebt im späteren Verlauf dann aber die gesamte geistige Leistungsfähigkeit auf und führt schließlich nach sechs bis zehn Jahren bei völliger Hilflosigkeit zum Tode. In Deutschland ist die Alzheimer Krankheit bereits die vierthäufigste Todesursache alter Menschen.

Biochemisch äußert sich die Krankheit so, daß in der Rinde des Gehirnes Nervenfasern geschädigt werden, die als Überträgersubstanz (Transmitter) Acetylcholin benutzen. Bei diesen Fasern findet man an der Synapse eine Verminderung der Cholinacetyltransferase und eine verminderte

Acetylcholinsynthese. Als Folge beobachtet man eine allmähliche, aber starke Veränderung der Persönlichkeit. Es beginnt mit Gedächtnisstörungen (insbesondere des Kurzzeitgedächtnisses), die allerdings auch bei anderen, normal altersabhängigen Prozessen auftreten können. Im weiteren Verlauf stehen folgende neuropsychologische Symptome im Vordergrund: Unruhe, Orientierungsstörungen, Akathisie (Unvermögen, ruhig sitzen zu bleiben) oder Apraxie (Störungen von Handlungs- und Bewegungsabläufen; z.B. können Gegenstände nicht mehr sinnvoll verwendet werden), Dysphasie (Sprachstörungen; Worte fehlen, langsames, einfaches Sprechen), Agnosie (Störung der Fähigkeit, Dinge zu erkennen) und eventuell Euphorie und/oder Depressionen. Im Endstadium ist der Kranke total hilflos.

Zur Entstehung der Krankheit gibt es sehr viele Theorien. Eine mehr psychosomatische geht davon aus, daß Menschen, die bevormundet werden, die ihre Nervenzellen zu wenig trainieren, die geringe Verantwortung tragen etc., anfälliger gegenüber der Alzheimer-Krankheit sind als solche, die ein selbstbestimmtes Leben führen – ein Leben, das Aufmerksamkeit, Kombinationsgabe und Entscheidungsfähigkeit verlangt. Diese Anforderungen, die wiederum die benötigten Nervenverbindungen »geschmeidig« und funktionsfähig halten, sollen dieser Form der Altersdemenz entgegenwirken.

Daneben gab und gibt es viele andere, mehr »materialistische« Theorien. So sollte mal Aluminium schuld an der Alzheimer-Krankheit sein (was sich als Präparationsfehler entpuppte). Dann waren es »böse«, ent-

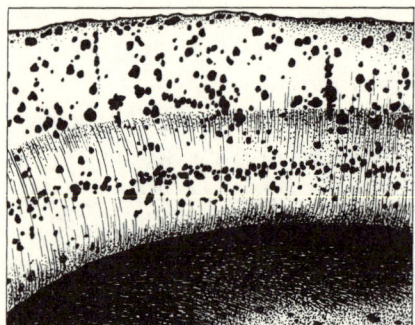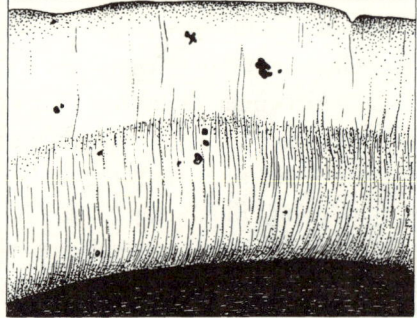

ABBILDUNG 11.5: Großhirnrinde (Isocortex) des Menschen mit Ablagerungen in Form von Amyloidplaques bei der Alzheimer Krankheit (links); mikroskopisches Bild. Im rechten Teilbild ist zum Vergleich das gleiche Rindenfeld von einem altersentsprechenden, nichtdementen Menschen wiedergegeben.

artete Gene (Chromosom 14 und 21 standen zuerst im Verdacht; jetzt ist es das Chromosom 19, das als Alzheimer-Chromosom gilt). Jedoch scheint es sicher zu sein, daß keine familiären Dispositionen vorliegen, was an sich gegen eine erbliche Angelegenheit spräche. Als überzeugendste Hypothese gilt augenblicklich die Erklärung der Alzheimer-Krankheit mit Hilfe der sogenannten Amyloid-Plaques (Abb. 4.24 und 11.5, S. 121 und 334). Diese Plaques sind auffällige Klümpchen im Gehirn, die den Nervenzellen und Nervenfasern aufliegen. Schon Alzheimer hat die Gehirndegeneration und Plaquebildung mit der Verwirrtheit alter Menschen in Verbindung gebracht. Aus diesen Plaques konnte der Heidelberger Forscher Konrad Bayreuther ein kleines Eiweißstückchen isolieren und seine Aminosäuresequenz aufklären. Er nannte das Eiweißstückchen βA4-Protein.

Danach sehe der Krankheitsverlauf wie folgt aus: Dieses βA4-Protein soll aus den Begleitzellen der Nerven (Gliazellen), den Nervenzellen selbst oder aus dem Blutstrom abgesondert werden. Es verballe sich daraufhin zu Strängen, die vorhandene, harmlose, diffuse Plaques in die gefährlichen, sogenannten primitiven Plaques umwandeln. Daraus entstehen die Amyloidklümpchen, die die Übertragungsstellen (Synapsen) der Nerven verkümmern lassen. Die Übertragungsstränge (Axone) in Nervenfortsätzen degenerieren ebenso (neurofibrilläre Degeneration), und letztlich stirbt die ganze Zelle ab. Es gibt aber auch gewichtige Einwände gegen diese Theorie. So ist das Gehirn mancher völlig Alzheimer-Kranker mit nur relativ wenigen Plaques belastet, während Kerngesunde ein Gehirn haben können, das damit übersät ist. Diese Plaques kommen zudem bei praktisch 70 % aller Menschen, die älter als 65 Jahre sind, vor – sie sind also alles andere als selten. Wobei jedoch auch die Alzheimer-Krankheit alles andere als selten ist.

Andere Mediziner sehen einen Zusammenhang mit dem Immunsystem. Sie vermuten, daß Entzündungen im Gehirn ein aus dem Lot gebrachtes Immunsystem zu einer Art Autoimmunisierung gegen das eigene Gehirn führen. In der Folge würde das Immunsystem (über verändertes Interleukin-6-Verhalten) das eigene Nervensystem angreifen und allmählich zerstören. Etwas ähnliches vermutet man bei der Multiplen Sklerose (abgekürzt MS). Tatsache scheint, daß Patienten, die mit Entzündungshemmern behandelt wurden oder dauernd damit behandelt werden (die also eine Immunsuppression erfahren), diese Krankheit nicht so häufig ausbilden. Die Pharmaforschung ist auf jeden Fall sehr intensiv auf der

Suche nach Mitteln, die diese Krankheit stoppen, wenn nicht sogar ihren Ausbruch verhindern sollen.

Auf jeden Fall sollte man sich darüber im klaren sein, daß ein bißchen mehr oder weniger Vergeßlichkeit einfach zum Altern dazugehört, ohne daß gleich Amyloidplaques mit aufkeimender Alzheimer-Krankheit dafür veranwortlich sein müssen. Ändern können wir z.Z. am Ausbruch dieser Krankheit nichts. Das Wissen um ihr Kommen wäre allein wohl wenig tröstlich und hilfreich. Und diese Aussicht hat sie mit vielen der neuerdings durch die Genkartierung des Menschen hervorgebrachten Erbkrankheiten bzw. erblichen Vorbelastungen gemeinsam. Solange das Wissen um die Krankheit keine Handhabe gegen ihren Verlauf und ihre Symptomatik liefert, ist es ein Wissen, auf das wohl viele gerne verzichten werden.

Von den bisher erprobten pharmakologischen Substanzen zur medikamentösen Behandlung von Morbus Alzheimer scheinen vor allem gewisse Cholinesterase-Hemmer und Cholinantagonisten (muscarinergen Typs) einen positiven Effekt auf den Krankheitsverlauf (ohne heilen zu können) zu haben. Acetylcholin ist ein Stoff, der die Übertragung von Erregungen von einer Nervenzelle auf die andere bewirkt, ein sogenannter Nervenbotenstoff, ein Neurotransmitter. Dieser Stoff wird durch Cholinesterasen abgebaut, die dadurch eine Dauererregung verhindern. Verhindert man wiederum durch entsprechende Hemmer einen zu schnellen Abbau, kommen mehr Erregungen von Nerv zu Nerv. Der Cholinesterasehemmer TacrinR (Markenname geschützt; Park-Davis), der in den USA bereits seit 1993 zur Behandlung von leichten und mittelschweren Fällen zugelassen ist, erhielt am 19. April 1994 auch die Zulassung für Frankreich. Für Deutschland wird die Zulassung für das Jahr 1995 erwartet. Wegen der nicht leichten ordnungsgemäßen Anwendung wird diese an präzise Anweisungen geknüpft und ist vorerst nur auf Krankenhäuser und geriatrische Institutionen beschränkt. Die Verschreibung erfolgt zudem nur für leichte bis mittelschwere Fälle von Alzheimer-Demenz zur Symptom-Behandlung. Eine Heilung oder selbst ein Stopp der Krankheit ist auch mit diesem Medikament nicht möglich!

Das Prostata-Adenom – ein Strahl wird zum Tröpfeln

Die benigne (gutartige) Vergrößerung der männlichen Vorsteherdrüse (Prostatahyperplasie) BPH stellt ähnlich wie die maligne (bösartige) Prostatahyperplasie (Prostatakarzinom, MPH) eine typische Alterserkrankung dar. In Deutschland litten (1994) mehr als 2,5 Millionen Männer über 50 an einer gutartigen Vergrößerung der Prostata. Sie gilt als das Männerleiden Nr. 1. Pro Jahr werden etwa 100 000 Männer an der Prostata operiert (wobei viele Urologen davon ausgehen, daß die Hälfte der Operationen überflüssig ist und oft nur dem »Sammeln« entsprechender Eingriffe für die Facharztausbildung dienen).

Die Prostata, oder auch Vorsteherdrüse genannt, ist eine unter der Basis der Harnblase gelegene, den Anfangsteil der männlichen Harnröhre umgebende Drüse, die auch reichlich mit glatten Muskelfasern durchsetzt ist (Abb. 11.6). Das Drüsengewebe aus zahlreichen, länglichen Einzeldrüsen öffnet sich in die Harnröhre. Äußerlich ist an dem unpaaren Organ keine Gliederung festzustellen. Die Prostata ähnelt in Form und Größe einer Kastanie. Von hinten oben her durchziehen die Prostata die beiden Samenausspritzgänge (*Ductus ejaculatorii*), die innerhalb der Drüse in den Harnleiter münden.

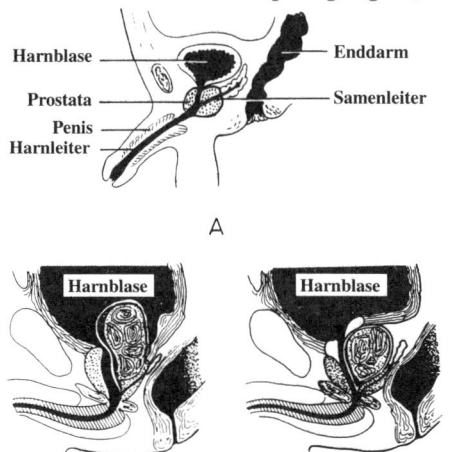

Die physiologische Aufgabe der Prostata besteht in der Absonderung eines milchigen, alkalischen Sekrets, das bei der Ejakulation dem Samen beigemischt wird. Es bildet so einen Teil der Samenflüssigkeit, die durch die saure Reaktion der weiblichen Scheide neutralisiert wird. Man vermutet im übrigen, daß die Prostata dem weiblichen Uterus – bezüglich der Herkunft der Zellen – entspricht.

Das normale Prostatagewicht junger Männer liegt bei etwa 20 ±6 Gramm. Wegen Prostata-Adenom operativ entfernte Drüsen wiegen dagegen 33 ±16 Gramm, also über 50 % mehr. Das Wachstum bzw.

ABBILDUNG 11.6: Lage der Prostata (**A**) und die verschiedenen Formen der Prostata-Wucherungen beim Mann. (**B**) Wucherung in die Harnblase hinein, (**C**) Wucherung außerhalb der Harnblase.

die Vergrößerung der Drüse setzt schon im 30. Lebensjahr ein. Kurz nach bzw. innerhalb der Pubertät verdoppelt sich das Gewicht der Vorsteherdrüse innerhalb von etwa drei Jahren. Danach kann sie sich im Extrem etwa alle 4,5 Jahre weiter verdoppeln.

Das benigne Prostata-Adenom ist nun eine gutartige Wucherung der Vorsteherdrüse, die durch Raumverdrängung aber letztlich zu einer Behinderung der Harnabgabe führt. Dabei muß diese Wucherung nicht die ganze Vorsteherdrüse betreffen. Oft sind es nur bestimmte Drüsenschläuche der hinteren Harnröhre. Die Ursache dieser Wucherung ist noch nicht bekannt. Die Prostata steht unter der Kontrolle sowohl von männlichen als auch von weiblichen Geschlechtshormonen. Im Alter kommt es nun zu einem Ungleichgewicht dieser Botenstoffe, und man vermutet, daß daraus das BPA (benigne Prostata-Adenom) resultiert.

Das Prostata-Adenom gilt als typisches »Altherrenleiden«. Mehr als die Hälfte aller Männer über 50 Jahre sind davon betroffen – die Hälfte davon bleibt ohne Beschwerden. Bei den über 60jährigen sind sogar 80% betroffen. Bei rund 40% davon kommt es früher oder später zu einer mehr oder weniger deutlichen Harnsperre. Dann ist die Drüsenwucherung so groß, daß die Blasenmuskulatur das Hindernis um die Harnröhre nicht mehr einfach überwinden kann. Es entstehen Entleerungsstörungen der Harnblase, die unbehandelt zu einer Harnstauniere oder gar – im unbehandelten Extrem – zum Tod durch Harnverhalten führen können. Im Anfangsstadium besteht nur häufigerer Harndrang. Der Harnstrahl ist schwach. Oft muß auch nachts immer wieder eine kleine Harnmenge abgegeben werden. In diesem Stadium ist aber die Blase in der Regel immer noch vollständig entleerbar. Später gelingt dies nicht mehr vollständig. Es verbleibt in der Blase eine Restharnmenge bis zu 100 ml. Dadurch hält auch beständig ein Harndrang an. Schließlich ist der Gegendruck der Prostatawucherung so groß, daß der Harn nurmehr tröpfchenweise abgeht.

Das Prostata-Adenom läßt sich relativ einfach durch Abtastung erkennen. Die Behandlung erfolgt durch eine gezielte Gabe von verschiedenen Hormonen. Testosteron vergrößert die Drüse, weibliche Hormone verkleinern sie. Operativ bestehen vielfältige Möglichkeiten. Man kann mit einer Drahtschlinge die Harnröhre auskratzen oder mit einer Elektroverschorfung erweitern. Vorübergehende Erleichterung bringen auch Ballondilatationen, die die Verengung aufdehnen können. Auch eine Eigenkathetisierung läßt sich über längere Zeit durchführen. Hilft alles nichts, muß die Vorsteherdrüse operativ vollkommen entfernt werden. Da damit auch die einmündenden Samenleiter beschädigt werden, ist in der Regel keine Zeugungsfähigkeit mehr gegeben. Die Fähigkeit zum Geschlechtsverkehr wird aber meist nicht beeinträchtigt.

Zur Vorbeugung und Behandlung des Prostata-Adenoms sind zahlreiche pflanzliche Mittel zugelassen (Tees, Tabletten usw.), die vielfältige Inhaltsstoffe aufweisen. Bekannt sind vor allem Kürbiskerne, die einen positiven Effekt auf die Verhinderung des BPH haben sollen. Tatsächlich scheint in der Türkei, wo Kürbiskerne sehr viel gegessen werden, diese Wucherung der Vorsteherdrüse weniger häufig zu sein. Kürbisgewächse enthalten Inhaltsstoffe, die nachweisbar vielfältige therapeutische Wirkungen (blutdrucksenkend, harntreibend, antirheumatisch, gefäßpermeabilitätserweiternd) haben. Sie können auch das Wachstum gewisser Krebsformen beim Menschen hemmen. Weitere Pflanzenstoffe (Phytotherapeutika), die ähnliche Wirkungen haben, sind Extrakte von Brennessel und von der Sägepalme. Ihr Effekt wird vor allem auf ihren Gehalt an sogenannten Phytosterinen (insbesondere »Sitosterin«) zurückgeführt, die die BPH-Symptome reduzieren. Bis heute fehlt jedoch eine sichere Dokumentation, daß diese Stoffe tatsächlich auch das Wachstum der Vorsteherdrüse hemmen können. Ein neues Mittel ist Beta-Sitosterin (in »Harzol« oder »Triastonal« enthalten), das ausgezeichnete Wirksamkeit zeigen soll.

Das maligne Prostata-Karzinom ist bei Männern die dritthäufigste Krebsart. Seit 1960 haben sich die Todesfälle verdoppelt (von rund 16 auf knapp 30 Todesfälle pro hunderttausend Einwohner). Dieser Tumor tritt vor allem im Alter von 50 bis 70 Jahren auf und repräsentiert einen typischen Alterskrebs. Er muß immer operativ entfernt werden. Metastasen wachsen testosteronabhängig, so daß mit indirekt wirkenden Testosteronblockern, die im Gehirn diejenigen Hormone hemmen, die in den Hoden die Freisetzung von Testosteron bewirken, gearbeitet wird. Dadurch wird der Patient allerdings chemisch kastriert und impotent, muß aber nicht mehr über die Entfernung der Hoden »entmannt« werden.

Parkinson – die Schüttellähmung der Alten

Die Parkinson-Krankheit oder das Parkinson-Syndrom befällt vor allem ältere Männer und ist bisher nicht heilbar. Wie das Alzheimer-Syndrom ist es eine dementielle Hirnkrankheit.

Im Gehirn produziert ein spezieller Bereich, die *Substantia nigra* (sie liegt im Dach, dem Tegmentum des Mittelhirns), den Nervenbotenstoff (Transmitter) Dopamin. Dieser Neurotransmitter wirkt auf einen anderen Hirnbereich, das *Corpus striatum* (sogenannter Streifenhügel, der in den basalen Ganglien des Stammhirns liegt), hemmend. Die Nervenzellen dieses *Corpus striatum* haben als Nervenbotenstoff eine Chemikalie, die man Acetylcholin nennt (Abb. 11.4, S. 329). Die sie produzierenden Nerven nennt man cholinerge Neurone. Mit dem Alter kann es nun beim Parkinson-Syndrom zu einer Degeneration der Neurone in der *Substantia nigra* kommen. Dadurch fällt allmählich die hemmende Wirkung auf die cholinergen Neurone des *Corpus striatum* weg, wodurch es insgesamt zu einem Überwiegen der sogenannten cholinergen Reaktionen kommt. Beim Parkinson-Syndrom handelt es sich um die insgesamt häufigste neurologische Erkrankung des Menschen im fortgeschrittenen Lebensalter.

Am auffälligsten sind folgende Symptome der Krankheit: Es kommt zu einem unkontrollierten Zittern der Hände und des Kopfes, woher der Name »Schüttellähmung« resultiert. Sie kann sich auch in einem unsicheren Gehen in kleinen Schritten (zusätzlich) äußern. Weniger auffällig ist die als sogenannte Trias bezeichnete Leitsymptomatik, die aus drei Symptomkomplexen (daher der Name »Trias«) besteht:

Akinese (Bewegungslosigkeit) oder *Hypokinese* (stark reduzierte Beweglichkeit): Die Sprache wird leise und monoton; alle Bewegungen werden verlangsamt (Bradykinese) und es fehlen die sogenannten physiologischen Mitbewegungen, die den Bewegungsablauf flüssig und geschmeidig machen. Es zeigt sich beim Patienten eine gebückte Haltung, und der Gang wird kleinschrittig oder auch schlurfend. Die Schrift wird nach rechts immmer kleiner (Mikrographie), und es treten nicht beeinflußbare Bewegungsstörungen mit Fallneigung nach vorne (Propulsionen), zur Seite (Lateropulsionen) oder nach hinten (Retropulsionen) auf.

Rigor (vom lateinischen Steifheit, Starre): Die Glieder und der Körper werden unterschiedlich steif; die Beweglichkeit dadurch stark eingeschränkt. Der Rigor betrifft vor allem die Nackenmuskulatur.

Tremor (Zittern): Man findet einen grobschlächtigen Ruhetremor, mit einer Frequenz von vier bis sechs »Schlägen« pro Sekunde mit wechselnder Intensität; da der Tremor während einer Bewegung aufhört oder stark verringert wird, ist die Schrift oder die andere Feinmotorik bei einem Patienten mit Parkinson-Syndrom u.U. nicht beeinträchtigt.

Neben dieser Trias treten weitere Symptome auf. Es kann sich dabei um vegetative Störungen handeln (z.B. Hautschuppen), um Ernährungsstörungen der Haut, um ein Nachlassen der Sexualfunktion und um Stimmungslabilität und Melancholie.

Über die Ursachen des Parkinson-Syndroms weiß man noch nichts. Es gibt zwar Berichte, daß Pestizide (Dieldrin) zumindest in Einzelfällen Parkinson ausgelöst haben sollen. Ursächlich kann dieser Stoff nicht für das Syndrom verantwortlich gemacht werden, da es längst vor Dieldrin häufig auftrat. Sicher scheint zu sein, daß es eine erbliche Prädisposition dafür gibt. Danach sollen vererbbare Störungen im Entgiftungssystem der p-450-Enzyme und der Mitochondrien der beteiligten Neurone mit verantwortlich sein. Daneben soll es zu einer vermehrten Stickoxidsynthese in diesen Zellen kommen. Die Folgen dieser Störungen sind u.a. eine verlangsamte Entfernung von Giftstoffen (Toxinen), die vermehrte Bildung von Superoxid- und Hydroxidradikalen u.a. Das sind allerdings nur biochemisch verständliche Vorgänge, die ich hier nicht näher beschreiben möchte. Im Zusammenwirken miteinander können sie den Zelltod herbeiführen; sie sind auch für andere, neurodegenerative Erkrankungen belegt worden.

Die Behandlung des Parkinson-Syndroms erfolgt über Gaben des ausgefallenen Neurotransmitters, nämlich L-Dopamin. Es ist nur über einige Zeit wirksam und muß in seiner Konzentration beständig erhöht werden. Die Krankheit schreitet dennoch unwiderruflich fort. Seit einigen Jahren versuchen nun die Ärzte, gesunde Hirnzellen aus dem Gehirn von menschlichen Föten in kranke Patienten zu verpflanzen. Diese Methode ist aber sehr mühevoll, und nur sehr wenige Zellen überlebten bisher. Auch wissen wir schon, daß es große Probleme gibt, wenn teilungsfähige Neuronen in ein hochkomplexes Vernetzungssystem wie das Gehirn gelangen. Daher suchten die Forscher nach einem Wachstumsfaktor, der diese Dopamin-produzierenden Zellen stimuliert, andere Neurone aber nicht beeinflußt. Eine Biotechnologie-Firma in Colorado/USA fand jetzt angeblich tatsächlich eine solche Substanz. Sie bekam die Bezeichnung

GDNF. Sie soll die dopaminergen Nervenzellen größer machen, zu mehr Fortsätzen führen und zu vermehrter Dopaminproduktion anregen. Die Schwierigkeit ist: GDNF ist ein sehr großer Eiweißstoff, und man weiß noch nicht, wie man ihn ins Gehirn bringen kann und wie er sich dort verhält.

Altersdiabetes – wenn das Blut zu süß wird

Unter Zuckerkrankheit (Diabetes) versteht man eine Stoffwechsel-störung, bei der es durch mangelnde Insulinproduktion des Pancreas (der Bauchspeicheldrüse) zu einem Anstieg des Blutzuckergehalts kommt. Dieser läßt sich im Harn nachweisen, wenn der Blutzuckerspiegel über 170 mg/l steigt. Die Niere funktioniert dann als eine Art Überlaufventil. Die dazu notwendigen Teststäbchen kennt sicher jeder! Gleichzeitig ist meist auch der Fett- und Eiweißstoffwechsel gestört. Ursache der zu geringen Insulinproduktion kann eine erblich bedingte Erschöpfung des Pancreas sein (primäre Diabetes; Hauptursache der Krankheit), oder durch eine Hormonstörung verursacht werden, die durch Insulingegen-spieler die Insulinproduktion hemmt (sekundäre Diabetes; nur 1 bis 5 % der Fälle).

Die normale Glucose(Traubenzucker)konzentration liegt beim nüch-ternen Menschen bei ziemlich genau 1 g Zucker in einem Liter kapillarem Vollblut (0,1 Gewichtsprozent). Dieser Wert entspricht etwa 5,5 mmol Glucose pro Liter. Er kann zwischen 0,6 und 1 g/l schwanken. Für das Blutplasma allein liegt der Wert etwa 15 % höher. Nach einer kohlenhy-dratreichen Mahlzeit kann der Wert auf knapp über das Doppelte anstei-gen, ohne krankhaft zu sein. Bei Diabetes liegt allerdings schon der Nüchternwert um bis zu 20 % höher, d.h. bei etwa 120 mg pro dl Blut (1,2 g/l).

Insulin senkt den Blutzuckerspiegel und fördert die Aufnahme der Glukose, die der wichtigste Brennstoff des Organismus ist, in die Zelle. Dadurch fehlt bei Diabetes der Zelle Blutzucker, und sie muß häufig auf Fette und Proteine als Ersatzbrennstoffe ausweichen, wenn Insulin fehlt. Der überschüssige Zucker dagegen verbleibt im Blut und geht durch Aus-scheidung über den Harn verloren. Obwohl viel Zucker im Blut ist, kann also ein Diabetespatient eigentlich nichts mit ihm anfangen. Erste Anzeichen einer Diabetes sind daher Müdigkeit, Durst und Leistungsschwäche.

1 bis 4 % aller Menschen sind nach Schätzungen zuckerkrank. Und die Zahlen steigen, da es früher sehr unwahrscheinlich war (2 bis 5 %), daß zuckerkranke Frauen Kinder bekommen konnten. Heute ist das anders. Man ging 1970 davon aus, daß Diabetes zu 15 bis 25 % als erbliche Anlage in unserer Gesamtbevölkerung steckt. Da aber inzwischen kaum mehr als höchstens 1 % der Zuckerkranken vorzeitig an Diabetes sterben müssen (1922 noch 41 %) und zuckerkranke Frauen mehr oder weniger problemlos Kinder haben können, geht man davon aus, daß im Jahre 2000 die Hälfte (50 %)

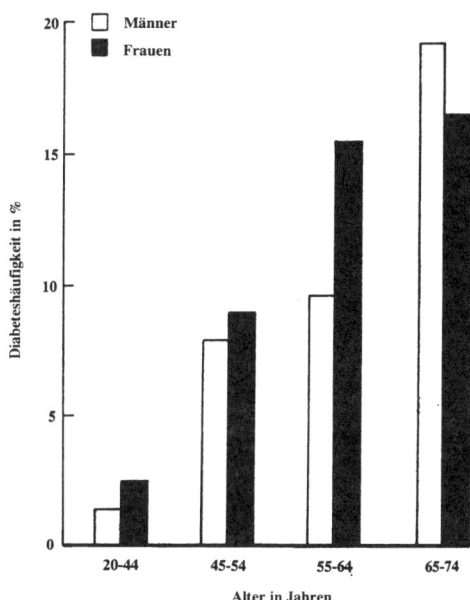

ABBILDUNG 11.7: Die Diabeteshäufigkeit (unterschiedlicher Genese) in den USA bei Männern und Frauen im Alter von 20-74 Jahren. Diese Krankheitsform (Altersdiabetes) nimmt mit dem Alter stark zu.

der Bevölkerung latent erblich Diabetes als Disposition in sich trägt. Bereits heute ist so der Krankenkassenaufwand für Diabetes mit 3,8 Milliarden DM der drittgrößte Posten im Gesundheitswesen der Bundesrepublik Deutschland.

Zudem wird unser Durchschnittsalter immer höher, und Diabetes ist eine typische Alterskrankheit (Diabetes Typ II). 75 % der Fälle treten nach dem 50. Lebensjahr auf (Abb. 11.7). Rund drei Millionen Bundesbürger über 60 Jahre leiden an diesem »Alterszucker«. Trotz der Möglichkeit, die Diabetes durch Medikamente und Diät im wesentlichen in den Griff zu bekommen, ist die Lebenserwartung von Zuckerkranken doch um 4 bis 10 Jahre erniedrigt. Todesursache sind aber meist sekundäre Gründe, wie z.B. Gefäßerkrankungen, aber auch zahlreiche andere organische Leiden, die als Folge der Stoffwechselstörungen auftreten.

Über die Ursachen und Auslöser der Diabetes ist viel diskutiert worden. Neben der anteilig erheblichen erblichen Disposition gilt heute als (zusätzlicher) Risikofaktor das Übergewicht. So ist sehr gut dokumentiert, daß in der Hungerperiode von 1940 bis 1945 die Zahl der Diabetes-Fälle von über 25 Promille der Bevölkerung auf unter 5 Promille abgesunken ist. Inwieweit hoher Zuckerkonsum per se als diabetesauslösend wirkt, ist sehr umstritten. Tatsache ist, daß neben den 1 bis 4 % symptomatisch ausbrechenden Diabetesfällen zwischen 4 bis 14 % der Bevölkerung eine sogenannte latente Diabetes aufweisen, die nur unter sehr gravierenden Umständen zu Tage tritt. Eine Hypothese sagt nun, daß eine dauernde Belastung der Bauchspeicheldrüse durch hohen Zuckerkonsum diese so erschöpfen kann, daß sie im Alter nicht mehr genügend Insulin zu produzieren vermag. Eine andere Hypothese geht davon aus, daß durch hohen Zuckerkonsum die Zellen an einen hohen Blutzuckerspiegel gewöhnt werden, und die Bauchspeicheldrüse ihr Regelniveau quasi auf ein höheres Niveau einstellt. Allerdings konnte keine dieser beiden Hypothesen bisher in klinischen, epidemiologischen Untersuchungen befriedigend erhärtet werden.

Alterszucker, mit nur geringer Insulinausschüttung, ist normalerweise durch eine Diabetesdiät gut in den Griff zu bekommen. Körperliche Bewegung und Gewichtsabnahme gehören als Gesamtheitstherapie dazu. Gelingt es damit nicht, den Blutzuckerspiegel einigermaßen unter Kontrolle zu halten, werden zunächst Medikamente eingesetzt, die verhindern, daß nach einem Essen die Kohlehydrate zu schnell ins Blut geraten und dort zu schwer regelbaren Blutzuckerspitzen führen. Diese Medikamente (Guar, Acarbose, Metformin, Sulfonylharnstoffe) kann man in der Regel alle schlucken. Insulin – als letztes Mittel – muß dagegen gespritzt werden. Dieses Hormon ist nämlich ein Eiweißstoff, der im Magen verdaut wird, damit unwirksam würde und deshalb nicht in Tablettenform zum Schlucken zur Verfügung steht.

Die Bedeutung der Altersdiabetes wird – wie bereits erwähnt – in Zukunft eine eher noch größere Bedeutung erlangen. Während sie in früherer Zeit ein akutes, zum Tode führendes Leiden war, ist es heute eine chronisch verlaufende Erscheinung, die über Jahrzehnte hinweg dauern kann.

Grauer Star – der Katarakt als Lichtfalle

Der Graue Star oder Katarakt befällt als Linsentrübung jeden zweiten Menschen über 50. Unter den über 80jährigen ist beinahe jeder betroffen. Dennoch ist dieser Graue Star nicht nur ein Altersleiden. Aus sehr unterschiedlichen Gründen tritt er auch bei jungen Menschen auf, worauf ich hier nicht weiter eingehen möchte.

Die Linse des Auges ist normalerweise ein glasklares Gebilde, das Licht ungehindert durchläßt. Sie besteht zu zwei Dritteln aus Wasser und zu einem Drittel aus Eiweißen. Im Laufe des Lebens nimmt die Linse beständig an Dicke zu (vgl. Kap. 4 auf S. 122 ff.). Wie die Jahresringe eines Baumes legt sich eine hauchdünne Schicht auf die nächste. Die Linse kann daher zur Altersbestimmung des Menschen (und anderer Säuger) herangezogen werden. Die älteste Schicht liegt im Innersten der Linse.

Die Linsentrübung, die nicht immer in der ältesten Linsenschicht zuerst auftritt, kann in ihrer Geschwindigkeit sehr unterschiedlich schnell verlaufen. Manchmal kann sich die Sicht innerhalb von wenigen Monaten extrem verschlechtern, manchmal dauert es Jahrzehnte, bis beide Augen »blind« sind. Vorher wird die Sicht verschwommen, Schleier legen sich um das wahrgenommene Bild, und es können Doppelbilder und Schatten auftreten.

Medikamente gegen den Grauen Star, über dessen ursächliches, altersbedingtes Auftreten kaum etwas bekannt ist, gibt es nicht. Bekannt ist lediglich, daß die Linsenfasern degenerieren. Bei zu großen Sehverlusten bleibt allein die Staroperation, bei der die trübe Linse über einen winzigen Schnitt in die Hornhaut als Ganzes herausgenommen wird. Anschließend können spezielle Starbrillen die Linsenfunktion übernehmen, die jedoch wegen ihrer sehr dicken Gläser nicht besonders beliebt, weil wenig ästhetisch sind. Heute kann man auch so operieren, daß nur der innere Teil der Linse herausgeschält oder herausgesaugt wird, die äußere Linsenhaut und mit ihr die Aufhängebänder der Linse im Auge dagegen erhalten bleiben. In die verbleibende Hülle kann nun eine Kunstlinse aus Plexiglas oder Silikon eingesetzt werden. Daneben gibt es noch die Möglichkeit, eine Kontaktlinse zu tragen.

Das Lungenemphysem – die Blähung der Alterslunge

Das Lungenemphysem ist eine weitverbreitete, typische Alterskrankheit. Es ist eine chronische Überblähung des Lungengewebes (Abb. 11.8, S. 346). Dabei kommt die normale Funktion der Lungenbläschen, die für den Gasaustausch beim Atmen lebenswichtig sind, im Endstadium zum Erliegen. Meist beginnt das Lungenemphysem so langsam und schleichend, daß es die Betroffenen über Jahre oder gar Jahrzehnte überhaupt nicht bemerken. Heute ist kaum ein Patient über 60 Jahre von dieser Krankheit verschont. Fast alle Hochbetagten über 80 sind schon so schwer damit belastet, daß sie meist große Schwierigkeiten haben, Luft zu schöpfen. Im fortgeschrittenen Stadium wird damit auch das Herz belastet.

Das fortgeschrittene Lungenemphysem ist selbst für Laien unschwer zu erkennen. Die Patienten haben nicht selten einen aufgebläht wirkenden Brustkorb, der anzeigt, daß sich größere Lufträume in der Lunge ausdehnen und sogar die Rippen hochwölben. Wie bei einer Trommel kann der Arzt den großen Luftgehalt der Lunge durch Abklopfen am tiefen, lauten Klopfschall feststellen. Im Röntgenbild erscheint die Lunge durchsichtig, als ob sie »leer« wäre.

Woher kommt diese Krankheit? Normalerweise bilden die winzigen Lungenbläschen (Alveolen) ein dichtes Netz von Stützwänden in der Lunge, wo sie als kleine Luftkammern wirken. Ihre Gesamtoberfläche beträgt zwischen 90 und 100 Quadratmetern. Hier erfolgt der Gasaustausch zwischen Lunge und Blutkapillaren. Sauerstoff gelangt ins Blut, Kohlendioxid in die Lunge. Jenseits des 40. Lebensjahres entsteht durch Alterung des elastischen Lungengewebes, dessen Fasern allmählich verschwinden, ein Verlust an Elastizität und Dehnungsfähigkeit der Lunge, wodurch deren Volumen sinkt. Sie wird teilweise durch verstärktes Einatmen kompensiert, was die Lungenbläschen stark dehnt. Die Wände der Lungenbläschen werden dünner und verschwinden zum Teil, weil sie nicht mehr aufgebaut werden können. Dadurch verkleinert sich die innere Oberfläche der Lunge beträchtlich und die Atemaustauschfläche nimmt stark ab.

Es kann 20 bis 30 Jahre dauern, bis sich im Körper ein progredientes (fortschreitendes) Lungenemphysem ausbildet. Anfänglich ist es nur schwer zu diagnostizieren, weil sich die feinen Lungenbläschen selbst im gesunden Zustand im Röntgenbild nur schwer abzeichnen. Erst im fortgeschrittenen Stadium, meist wenn keine Heilung mehr möglich ist, fällt das Leiden richtig auf. Die Patienten haben dann schwerste Atemnot, ziehen pfeifend die Luft ein und magern stark ab. Heilen läßt sich das Lungenemphysem nicht, da sich die Wände der Lungenbläschen nicht wieder aufbauen. Das Lungenemphysem ist eine relativ häufige Krankheit, die bis zu 20-30% aller bescheinigten Fälle von altersbedingter Arbeitsunfähigkeit als Ursache dient.

Die ersten Symptome des Lungenemphysems sind Atemnot bei körperlicher Anstrengung, chronischer und trockener Husten sowie Schwindelgefühl beim Husten und Bücken. Die zu beobachtende, immer stärker werdende Kurzatmigkeit kann auch auf sich anbahnende Herzschäden hindeuten.

Als Behandlung stehen lediglich Maßnahmen zur Verfügung, die dem Erkrankten Erleichterung verschaffen und die die Leistungsfähigkeit des gesamten Atemapparates erhalten und eventuell auch

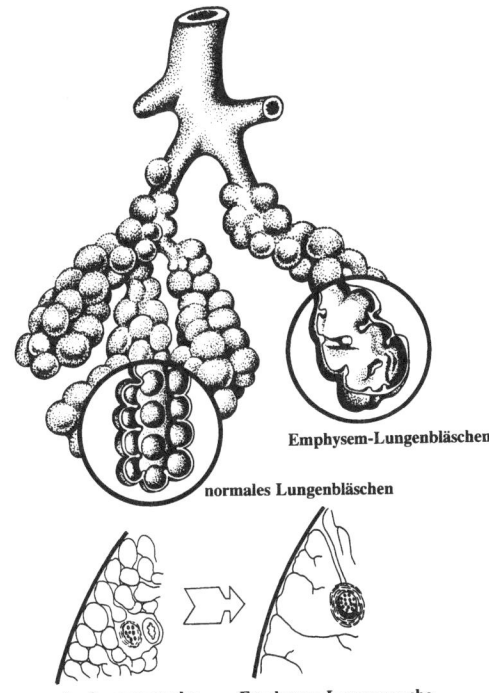

ABBILDUNG 11.8: Kennzeichen des Alterslungenemphysems. Durch Überdehnung und fehlende Regeneration werden die Wände der Lungenbläschen aufgelöst und durch große Lufträume ersetzt.

erhöhen. Daß man nicht mehr rauchen und auch sonstige Luftschadstoffe zu vermeiden suchen sollte, versteht sich von selbst.

Krebs und andere Leiden

Neben vielen Leistungsverlusten von Organen, die man im weitesten Sinne unter Altersleiden zusammenfassen kann, ist auch die Krebshäufigkeit eindeutig mit dem Alter erhöht (Abb. 15.1, S. 402). Auf den Krebs, seine Bedeutung und Entstehung werde ich im Kap. 15 ab S. 401 noch näher eingehen. Auf jeden Fall kann man sehen, daß Krebs mit dem Alter geradezu exponentiell zunimmt. Dies deutet auf eine fortschreitende, mit dem Alter immer wahrscheinlicher werdende Entgleisung des Mitose-Stopp-Programms der Zellen hin. Deren neu erworbene Unsterblichkeit und ihr darauf folgendes, unbegrenztes und unkontrolliertes Wachstum führen zu einem frühen Tod des Krebsträgers. Dieser Tod ist eine der häufigsten Todesarten (neben Herz-/Kreislauferkrankungen) in industrialisierten Ländern. Beim Aufwand der Krankenkassen steht er mit 9,7 Milliarden DM an dritter Stelle (nach Herz- und Kreislauferkrankungen mit 33 Milliarden und Karies mit 20,2 Milliarden) der Ausgaben in Deutschland.

Neben Krebs und all den anderen genannten Alterskrankheiten könnte hier noch eine Reihe weiterer angeführt werden. Man könnte z.B. Parodontose, Depressionen, chronische Darmentzündungen erwähnen. Dies würde allerdings den Rahmen dieser Darstellung sprengen, in der ich nur die wichtigsten und bekanntesten der Altersleiden besprechen wollte. Im Kap. 4 »Wie Organe altern« auf S. 83 ff. sind schon andere altersabhängige Funktionsverluste und daraus resultierende Beschwerden aufgeführt worden.

Kapitel 12

Progerie – das Phänomen vorzeitiger Vergreisung

Sicher ist Ihnen inzwischen doch sehr deutlich geworden, daß das Altern und das Erreichen eines bestimmten, für verschiedene Organismen ganz charakteristischen Lebensalters nicht vorwiegend eine Frage von Verschleiß und Zufall ist, also nicht von außen bestimmt wird. Im Gegenteil. Es gibt eine Reihe von schwerwiegenden Argumenten und Hinweisen, die es uns nahelegen, daß das Altern und die Lebenszeitbegrenzung im biologischen System selbst verankert und von dort planmäßig gesteuert werden. Altern und erreichbares Alter sind danach als genetisches Programm fixiert und nicht ein bedauernswertes, unerwünschtes Mangelprodukt der unzulänglichen »Natur« des Organismus. Diese Ansicht wird dadurch unterstützt, daß es Krankheiten gibt, die zu einem vorzeitigen oder beschleunigten Altern und in der Folge zu einer verkürzten Lebenserwartung führen, und die ganz offensichtlich auf einem Defekt der Erbanlagen beruhen.

Das Hutchinson-Gilford-Syndrom – ein Kind schon Greis

Auf der ganzen Welt gibt es etwa 15 bis 30 Kinder (die Zahlenangaben schwanken ganz erheblich), bei denen eine sehr seltene, genetisch fixierte Krankheit festgestellt wurde (vermutlich autosomal-dominant; vielleicht auch rezessiv; Erklärung auf S. 489). Diese Kinder leben alle in einer Art Zeitraffer, in der ein normaler Tag etwa fünf- bis sechsfach gezählt werden muß. Sie alle leiden an einer frühzeitigen Vergreisung, Progerie (oder auch Progeria) genannt. Da diese spezielle Progerie bereits im Kindesalter auftritt, wird sie auch genauer als *Progeria infantilis* bezeichnet (es gibt noch andere Progerieformen, die z.B. erst im späteren Alter auftreten: *Progeria adultorum*). Dieses sonderbare Leiden wurde von den britischen Ärzten Jonathan Hutchinson und Hastings Gilford Ende des 19. Jahrhunderts zum erstenmal beschrieben und bekam nach ihnen auch den Namen *Hutchinson-Gilford-Syndrom*. Seit dieser Zeit ist an rund einhundert Mädchen und Jungen aller Hautfarben dieses Syndrom beobachtet und beschrieben worden. Vermutlich sind es aber wesentlich mehr, da es in Entwicklungsländern wohl eher die Ausnahme ist, daß so ein Kranker zum Arzt gelangt.

Wie der Name schon sagt, handelt es sich beim Hutchinson-Gilford-Syndrom um eine vorzeitige Vergreisung, die bereits im Kindesalter auftritt. In der Regel beträgt die (maximale) Lebensspanne höchstens 14 bis 20 Jahre. Als Maximalwert sind 29 Jahre angegeben. Die meisten Kinder sterben dann durch einen Herzinfarkt oder eine Lungenentzündung, an Krankheiten also, an denen normalerweise kein junger Mensch sterben würde.

Progerie-Kinder kommen zunächst völlig normal aussehend auf die Welt (ob es schon in der Embryonalentwicklung Schäden gibt, ist unbekannt). Dann beginnt ihre Lebensuhr aber fünf- bis sechsmal schneller zu ticken als bei normaler Entwicklung. Schon im Alter von etwa einem Jahr bekommen die Kinder dunkle Schatten um Mund und Schläfen, die in wenigen Monaten tiefer werden. Das Wachstum stoppt bald. Kaum einer der Patienten wird knapp mehr als einen Meter groß und rund 15 bis 20 kg schwer. Die Haut wird runzelig, die Haare fallen aus – kurz, es treten alle Alternserscheinungen auf, die wir schon kennengelernt haben (s. Tab. 12.1, S. 351). Im Alter von 12 bis 14 Jahren ist das Kind schon ein körperlicher Greis, ein Wrack geworden. Wobei der Schwerpunkt der Aussage auf »körperlich« liegt, denn geistig gesehen, entwickelt sich der ausgemergelte Körper offensichtlich normal. Äußerlich (Abb. 12.1, S. 353) fällt vor allem das alte Gesicht auf. Es sieht beinahe wie ein gerupfter Vogelkopf aus. Die Augen sind hervorstehend, die Nase beinahe schnabelartig, der Mund winzig. Alle Progerie-Kinder sehen sich dadurch erstaunlich ähnlich – als wären sie Geschwister. Alle Patienten plagen auch Hüftleiden, Versteifung der Gelenke, Arteriosklerose und Knochengewebsschwund. Ganz offensichtlich hat der Körper es schon frühzeitig »aufgegeben«, dafür zu sorgen, daß diese Organe funktions-

TABELLE 12.1: Alternserscheinungen bei normalem Altern und verschiedenen krankhaften Alternsformen im Vergleich.

Merkmal	Werner-Syndrom	Hutchinson-Gilford-Syndrom	normales Altern
– Lebenserwartung in Jahren	45-50	14-20	85-95
– Grundlage	genetisch	genetisch	genetisch
– erstes Auftreten	12-14 Jahre	postnatal	ab 40-50
– Häufigkeit	selten	extrem selten	normal
– Arteriosklerose	ja	ja	ja
– Ergrauen der Haare	ja	ja	ja
– Haarverlust	ja	ja	ja
– Falten/Runzeln	ja	ja	ja
– »Vogelgesicht«	ja	ja	nein
– Alterspigment in Haut	ja	ja	ja
– Verkalkung der Haut	ja	nein	nein
– Gelenkgeschwüre	ja	nein	nein
– Verhornung der Haut (Hyperkeratose)	ja	nein	nein
– Klein-/Zwergwuchs	ja	ja	nein
– Osteoporose	ja	ja	ja
– Hüftdeformation (Coxa valga)	nein	ja	nein
– entstelltes Gesicht	nein	ja	nein
– hohe Fistelstimme	ja	ja	verschieden
– Schwund der Thymusdrüse	ja	verschieden	ja
– unterentwickelte Gonaden (Hypogonadismus)	ja	ja	nein
– Diabetes	verschieden	selten	verschieden
– Degeneration des Gehirns (corticale Atrophie)	ja	nein	verschieden
– Altersschwachsinn (senile Demenz)	verschieden	nein	verschieden
– Grauer Star (Katarakt)	ja	nein	ja
– Krebs	häufig	nein	häufig

fähig bleiben, ein Vorgang, der bei der normalen Entwicklung erst sehr spät eintritt.

Das Hutchinson-Gilford-Syndrom besteht nun aber nicht in einer generellen Entwicklungsbeschleunigung. Im Gegensatz zu Kindern, die frühzeitig die Geschlechtsreife erlangen (*Pubertas praecox*; die jüngste bekannt gewordene Mutter der Welt war z.B. erst 5½ Jahre alt), aber dennoch eine normale Lebenserwartung haben, erlangen die Progerie-Kinder manche Entwicklungsphasen schon gar nicht. So bleibt z.b. meist das Milchgebiß erhalten, oder der Zahnwechsel tritt sehr verspätet ein. Die Pubertät scheint normal, d.h. in diesem Falle natürlich auch beschleunigt, einzutreten. Zumindest die Mutter von Jason Ellison, dem wohl durch die Medien bekanntesten Progerie-Kind, berichtet, daß ihr Sohn schon mit 5 Jahren Mädchen nachgepfiffen habe. Wie das mit der statuierten normalen intellektuellen Reifung zusammenpaßt, scheint mir fraglich, und vielleicht ist es ein wenig publizistisch aufgebauscht. Sicher ist allerdings, daß die Geschlechtsorgane dieser Kinder meist unterentwickelt sind (Hypogonadismus).

Über die Ursachen der Progerie ist noch wenig bekannt. Tatsache ist, daß das Hutchinson-Gilford-Syndrom im Gegensatz zu allen anderen Krankheiten, die ein vorzeitiges Altern beinhalten, den Alternsvorgang am besten simulieren kann, auch wenn einige Organe gar nicht erst reif werden. Sicher ist auch, daß die Krankheit genetisch begründet ist, also auf einem Defekt von Erbanlagen beruht. Daraus läßt sich ohne große Probleme schließen, daß auch die normalen Alternsvorgänge auf solchen genetischen (dann allerdings natürlichen normalen) Programmen beruhen. Welche sind nun gestört? Wie bereits erwähnt, sind vermutlich diejenigen Informationen gestört, die den Organismus über den augenblicklichen Entwicklungszustand oder die bereits vergangene physiologische und chronologische Zeit informieren und die dafür sorgen, daß die Organe länger »jung«, d.h. funktionsfähig bleiben. Dieser funktionserhaltende Programmablauf setzt schon extrem früh aus, so daß der Organismus frühzeitig altert.

Daß das Zählsystem tatsächlich durcheinander kommt, kann man u.a. daran zeigen, daß die Hayflick-Zahl, d.h. die Zahl der möglichen Zellverdopplungen menschlicher Fibroblasten, bei Progerie-Erkrankten auch reduziert sind. Zellkulturen in vitro von progeriekranken Kindern teilen sich signifikant weniger oft als solche von normalen Kindern und Erwachsenen. Während man bei normalen Kindern immerhin noch 30 bis 45 und bei normalen Erwachsenen noch 20 bis 30 Teilungen beobachten kann, erreichen die Fibroblastenkulturen von Kindern mit Hutchinson-Gilford-Syndrom selten mehr als 10 bis 11 Verdopplungen.

Die *Progeria infantilis* ist ein deutlicher Hinweis darauf, daß es im Organismus ein genetisches Programm zur Überwachung der Entwicklung,

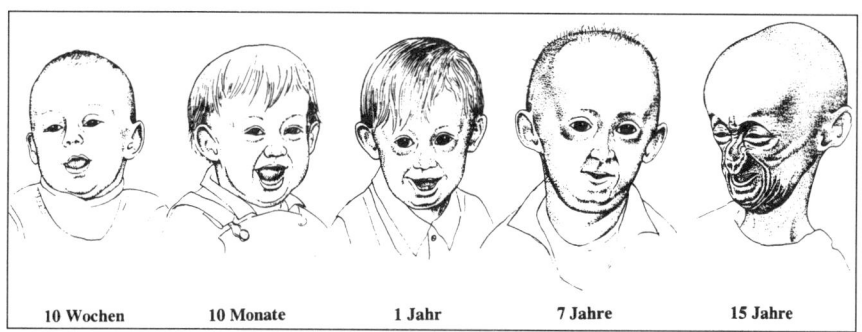

| 10 Wochen | 10 Monate | 1 Jahr | 7 Jahre | 15 Jahre |

ABBILDUNG 12.1: Vorzeitige Vergreisung (*Progeria infantilis*). Änderungen in der Physiognomie. Charakteristisch bei der Progerie ist der Haarausfall, die Faltenbildung und das typische »Vogelgesicht«.

der Differenzierung, aber auch des Alterns und des Alters geben muß. Die Phänologie dieser Krankheit zeigt, daß es – vermutlich schon bei der Geburt (schon vorher?) – zu einem Versagen oder Ausschalten zumindest derjenigen Programme kommt, die das Altern aufgrund von Verschleiß und daraus folgendem Funktionsverlust im normalen Entwicklungsablauf unproblematisch kompensieren können. Da das Gehirn bei der Geburt praktisch zu 80 % fertig ausdifferenziert ist, bleibt es vom Hutchinson-Gilford-Syndrom so gut wie unbeeinflußt. Wenn diese Progerie also als beschleunigtes Modell für den normalen Altersprozeß gelten kann, muß auch für dieses normale Alter gelten, daß eine dauernde Jungerhaltung (Funktionserhaltung) des biologischen Systems im Prinzip zwar möglich wäre, aber konkret für nicht erforderlich gehalten wird. Ab einem bestimmten Zeitpunkt (bei der Progeria sehr früh, beim normalen Alter relativ dazu gesehen spät) hört der Organismus auf, struktur- und funktionserhaltende Programme weiter laufen zu lassen. Das kann als ganz allmählicher Vorgang über Jahrzehnte hinweg auslaufen (wie bei einem Dimmschalter, der das Licht allmählich löscht), oder von heute auf morgen urplötzlich geschehen, indem sogar spezielle Programme dem Leben gezielt ein Ende setzen (wie bei einem Kippschalter, der das Licht auf einen Schlag ausschaltet), wie wir es bei vielen Tieren und Pflanzen kennengelernt haben. Zufall oder Notwendigkeit? Evolutiv gesehen trifft sicher das letztere zu.

Das Werner-Syndrom –
beschleunigtes Altern Erwachsener

Anfang dieses Jahrhunderts beschrieb der junge Kieler Arzt Otto Werner in seiner Doktorarbeit ein unnatürlich frühes Altern beim Menschen. Zu seinen »Ehren« erhielt diese Krankheit dann den Namen Werner-Syndrom. Es wird ganz sicher autosomal-rezessiv vererbt. D.h., die Gene für diese Krankheit sitzen auf Chromosomen, die man Autosomen nennt (das sind alle Chromosomen, die keine als »hetero« bezeichneten Geschlechtschromosomen sind). Zum Ausbrechen des Werner-Syndroms müssen die entsprechenden Schäden auf beiden Autosomen der homologen Chromosomen liegen. Ist nur ein Chromosom bzw. ein Gen des Autosomenpaares betroffen, tritt die Krankheit nicht auf, sie bleibt »rezessiv«.

Das Werner-Syndrom äußert sich symptomatisch erstmals während der Pubertät, also in der Zeitspanne von zwölf bis achtzehn Jahren. Die Kindheit der befallenen Personen verläuft ganz normal. In der Pubertät ist dann aber das Längenwachstum gehemmt, wodurch Zwerg- oder Kleinwuchs auftritt. Auch die Geschlechtsorgane entwickeln sich nicht voll aus, wodurch Hypogenitalismus entsteht. Die Werner-Syndrom-Patienten können sich jedoch normal fortpflanzen, sonst wäre ja eine Weitervererbung der Krankheit gar nicht möglich. Ihr Altersprozeß verläuft üblicherweise beschleunigt (s. Tab. 12.1 auf S. 351), und typisch dabei ist, daß es zu Hautveränderungen und bösartigen Hautgeschwüren kommt. Diese sind auch für die anderen, ähnlichen Syndrome charakteristisch, die ich gleich beschreiben werde.

Beim Werner-Syndrom kann man feststellen, daß Fibroblastenkulturen aus Patienten ein gestörtes Entwicklungspotential haben. Anfänglich wachsen sie vollkommen normal, so wie bei gesunden Menschen. Später zeigen sie eine deutlich geringere Zellteilungskapazität, die Fibroblasten bilden nicht so leicht Klone und wachsen auch weniger dicht als Zellen normaler Spender. In den Werner-Syndrom-Kolonien konnten zudem veränderte Enzyme nachgewiesen werden. Enzyme sind ja Stoffe, die bestimmte Reaktionen in die Zellen steuern. Eine Veränderung in diesen Enzymen deutet immer auf Schädigungen im Erbmaterial und damit in der Eiweißsynthese hin. Wir haben schon gesehen, daß die Zelle spezielle Reparatureinheiten besitzt, um solche Fehler oder Schäden, die auch durch viele normale Umweltbedingungen auftreten können (z.B. durch die UV-Strahlung der Sonne), auszubessern. Anders könnten wir gar nicht überleben. Beim Werner-Syndrom scheint dieses Reparatursystem geschädigt zu sein oder aus irgendeinem Grund nicht voll funktionsfähig zu sein, wodurch es auch zu den zu beobachtenden, bösartigen Hautgeschwüren kommen kann.

Das Rothmund-Thomson-Syndrom, das Hallermann-Streiff-Syndrom und verwandte Syndrome

Auch diese Krankheitskomplexe zeichnen sich dadurch aus, daß sie ab einem gewissen Alterszeitpunkt ausbrechen und zu beschleunigtem Altern führen. Dieses beschleunigte Altern betrifft allerdings in der Regel nur bestimmte Organsysteme. Meist ist es die Haut, die übermäßig verhornt, Schuppen bildet, sich verdünnt, Oberflächenkühle zeigt etc. Die Haare fallen verfrüht aus, werden schnell grau, und Verwachsungen sowie Zwergwuchs treten auf. Alle Symptome führen dazu, daß der Patient ein typisch »altes«, seniles Aussehen erhält.

Das Rothmund-Thomson-Syndrom (kurz auch als Rothmund-Syndrom bezeichnet) ist wahrscheinlich – wie das Werner-Syndrom – eine autosomal-rezessiv vererbte Krankheit. Man nimmt aber auch an, daß sie durch exogene Schäden in der 5. Embryonalwoche induziert werden kann. Es ist eine Hauterkrankung, die im 3. bis 12. Lebensmonat beginnt. Es zeigen sich dann Hautveränderungen (Eryteme) und Blutergüsse an Händen und Füßen, später auch an Armen und Beinen und am übrigen Körper. Ferner kommt es zu gelblich-weißen Hautrückbildungen (Atrophien) und braunen, netzförmigen Hyperpigmentierungen. Zusätzlich tritt meist eine hochgradige Lichtempfindlichkeit mit Blasenbildung der Haut und die Ausbildung eines Grauen Stars schon im Alter von 3 bis 6 Jahren auf. In der Regel sind die Patienten auch durch einen Minderwuchs, irreversiblen Haarausfall (Alopezie) und eine abnorme Kleinheit der Arme, Beine und des übrigen Skelettsystems (Akromikrie) gekennzeichnet.

Das Hallermann-Streiff-Syndrom ist ebenfalls gekennzeichnet durch Alopezie, Akromikrie, Minderwuchs, ein Vogelgesicht, Hautatrophien,

Grauen Star, Zahnfehlstellungen usw. Es können zusätzlich nervliche Störungen, wie Epilepsie auftreten. Wahrscheinlich (?) ist die Krankheit ebenfalls erblich, da sie sicher angeboren, also nicht erworben ist. D.h., die Krankheit beruht vermutlich auf einem Gendefekt.

Die Lichtschrumpfhaut, *Xeroderma pigmentosum*, ist eine weitere erbliche Hautkrankheit, die durch ihre abnorme Reaktion auf Lichteinstrahlung gekennzeichnet ist. Auch sie ist autosomal-rezessiv vererblich. Bereits in den ersten Lebensjahren bilden sich an belichteten Stellen Entzündungen und bräunlich-rote Pigmentflecken, die später in sommersprossenähnliche Flecken übergehen. Daraus können sich warzenähnliche Tumore und später maligne Tumore entwickeln. Dies geschieht besonders häufig um die Augenregion herum. Meist endet die Krankheit schon vor dem Schulalter tödlich. Die vermutliche Ursache wird in einem fehlerhaften DNA-Reparatursystem gesehen, das nach Sonneneinstrahlung versagt.

Die *Dyskeratosis congenita*, das Zinsser-Cole-Engman-Syndrom, wird ebenfalls vererbt. Die Symptomatik ist erst um das 10. Lebensjahr herum voll entwickelt. Auch hier werden die bereits geschilderten Hautveränderungen und Zahnanomalien beobachtet. Die Haut zeigt Falten, Verhornungsstörungen und Partien mit geringer Oberflächenwärme (Poikilodermie) besonders an Hals und Brust.

Auch einige andere Erbkrankheiten verkürzen die Lebensdauer. Sie möchte ich hier nur kurz aufführen:

Trisomie 21 (Down-Syndrom, Mongolismus) führt u.a. dazu, daß die Patienten kaum älter als 40 werden und oft schnell eine senile Demenz des Gehirns vom Alzheimer-Typ aufweisen.

Amyotrophische Lateralsklerose und *Friedreich Ataxie* sind beide autosomal-rezessiv vererbbar und führen u.a. zu einer frühzeitigen Degeneration von Neuronen des Gehirns und des Rückenmarks. Bei der *familiären Amyloidose* wird eiweißartiges Abfallmaterial in Zellen abgelagert, ähnlich wie beim Alterspigment.

Auch andere vererbbare Krankheiten, die primär keinen Einfluß auf den Ablauf des Alterns selbst haben, können altersabhängig auftreten, was bedeutet, daß im Organismus offensichtlich ein Zeituhrprogramm abläuft, das nach gewissen »Stunden« des Lebens den Ausbruch latent vorhandener, chronologisch-physiologisch abwartender Gendefekte auslöst.

Deshalb möchte ich zumindest ein Beispiel dafür anfügen, welches in unser Thema paßt.

Der Veitstanz, oder die *Chorea Huntington* (von griechisch *chorea* = Tanz), ist eine autosomal-dominant vererbbare Krankheit, die sich immer erst im Alter von 40 bis 50 Lebensjahren manifestiert. Dominant heißt hier, daß die Krankheit auch dann auftritt, wenn nur ein Gen des Chromosomenpaares die Anlage trägt. Sie ist eine vom Gehirn ausgehende Nervenkrankheit, die sich in plötzlichen, regellosen, unwillkürlichen und meist asymmetrischen (nur eine Körperseite betreffenden), heftigen Bewegungen äußert, die sich nach außen hin tanzähnlich manifestieren. Die Krankheit ist immer mit progressiver Demenz verbunden und nicht heilbar. Im Schlaf können die Beschwerden verschwinden. Die Ursache liegt wahrscheinlich in einer Störung von Transmitterfunktionen (vermutlich GABA; Gamma-Amino-Buttersäure) im Gehirn, wie wir sie schon beim Parkinson-Syndrom kennengelernt haben. Heute können die Mediziner schon vor der Geburt eines Kindes (natürlich auch beim Erwachsenen) feststellen, ob jemand Träger des abartigen Gens ist. Da die Krankheit nicht heilbar ist, besteht eine heftige Diskussion darüber, welchen Vorteil dieses Wissen hat (genauso wie das Wissen, ein »Krebsgen« in sich zu tragen). Allein zu wissen (wer will das schon!?), daß man im relativ frühen Alter einer tragischen, unheilbaren Krankheit anheimfällt, ist wenig ermutigend.

Je weiter die Gentechnik voranschreitet, desto mehr solcher »Probleme« werden sich ergeben. Wir werden in unseren Erbanlagen immer mehr wie in einem Buch nachlesen können, wie unsere – zumindest grobformende – genetisch fixierte Zukunft aussehen wird. Wie daraus Vorteile für die Gesundheit oder die Lebenseinstellung gefunden werden können, muß noch offen bleiben.

Auch Tiere können vorzeitig vergreisen

Zumindest im Labor sind schon progeriekranke Tiere gezüchtet worden. In freier Wildbahn mag es sie vermutlich auch geben, allerdings fallen sie dort sicher sehr schnell den Lebensbedingungen zum Opfer, so daß einer Vermehrung dieser Tiere und damit der Vermehrung der geschädigten Erbgüter ein wirksamer Riegel vorgeschoben ist. Bei Kaninchen zumindest fand man einen ebenfalls autosomal-rezessiven Erbgang, der dem Werner-Syndrom sehr ähnlich ist. Sind beide Gene betroffen (Homozygotie), dann tragen beide Chromosomen das krankmachende Merkmal, dies führt aber dazu, daß die Tiere vor der Geschlechtsreife schon sterben. Ist nur ein Gen vom Schaden befallen (Heterozygotie; ein Chromosom ist Krankheitsträger, das andere nicht), bildet sich folgende Symptomatik aus: Die Tiere sind meist unfruchtbar (ein Rest von Fruchtbarkeit muß für die Verbreitung der Krankheit wohl vorhanden sein), haben eine pergamentartige Haut, verlieren das Fell und an Gewicht, ihre Kräfte verfallen und es treten Geschwüre auf. Es handelt sich also um typische Alternserscheinungen.

Gibt es verzögertes Altern?

Nach so vielen Beispielen von beschleunigtem Altern drängt sich einem geradezu die Frage auf, ob es auch ein verzögertes Altern gibt. Erstaunlicherweise gibt es bisher kein Syndrom, das ein klar verzögertes Altern auslösen kann. Das heißt andererseits aber auch, daß es in den Erbanlagen offensichtlich keine Möglichkeit gibt, das Leben über ein bestimmtes Maß hinaus zu verlängern. Die nach oben begrenzte Lebenszeit scheint also eine außergewöhnlich stabilisierte Lebenseigenschaft zu repräsentieren, die lebensfähigen Mutationen unzugänglich ist. Sie scheint in der gleichen Art und Weise als elementare Grundcharaktere zu gelten, wie z.B. die Grundlagen unserer Vererbung, unserer Reizbarkeit (die Fähigkeit, Umweltinformationen über Sinnesorgane aufzunehmen und im Nervensystem zu verarbeiten) und unseres Stoffwechsels. Insofern ist es wohl gar nicht so erstaunlich, daß keine zur ewiger Jugend führende »Langlebigkeitskrankheit« existiert.

Es gibt – neben dem schon ad acta gelegten 969jährigen Methusalem – allerdings auch den geheimnisvollen Grafen von Saint Germain, der zwischen 1710 und 1825 seine Runden in den Königshäusern von Europa gedreht hat und mit einer geradezu erstaunlichen Jugendlichkeit gesegnet gewesen sein soll, die ihn angeblich über 60 Jahre lang kaum verändert erscheinen ließ. Ich möchte mich hier nicht näher mit solchen Erzählungen, die es aus vielen anderen Kulturen in ähnlicher Form gibt, auseinandersetzen. Sie sind sicher äußerst spannend und unterhaltsam, tragen aber zur Problematik hier nur sehr wenig bei, da man Anekdotisches von Wahrem nachträglich kaum mehr trennen kann. Sicher ist jedoch, daß auch der »Jugendgraf« kaum älter als knapp 115 Jahre geworden ist – erstaunlich alt zwar, gewiß, aber es ist die »normale« Maximalspanne des Menschen.

Eine wichtige wissenschaftliche Frage bleibt: Beruhen die unterschiedlichen Lebensspannen, die wir ja zweifellos in unseren biologischen Systemen beobachten können, nicht doch auf unterschiedlicher Alternsgeschwindigkeit? Altert eine potentiell 250 Jahre alt werdende Schildkröte nicht viel langsamer als eine nur Stunden oder Tage lebende Fliege? Die Frage ist nicht einfach zu beantworten. Intuitiv bejahen wir sie vorbehaltlos. In chronologischer Hinsicht (wenn wir die Zeit in physikalischen Einheiten wie Stunden, Tagen, Jahren messen) dürfte die Antwort auch richtig sein. Wir werden aber sehen, daß in physiologischer Zeitmessung, die für Biologen die wohl relevantere sein dürfte, diese Antwort so einfach nicht mehr ist. Dann altern die Organismen eventuell auch hinsichtlich ihrer Alternsgeschwindigkeit alle gleich schnell.

Kapitel 13

Mittel gegen das Alter(n)?

Jeder will alt werden, aber altern will keiner. Ein ordentliches Stückchen Wahrheit steckt in diesem Spruch zweifellos. Wir wünschen uns alle eine hohe Zahl an Lebensjahren; auf die damit verbundene, fortschreitende Abnahme an Leistungsfähigkeit und all die anderen negativen Erscheinungen, die wir unter »altern« subsumieren, wäre dabei – verständlicher-

ABBILDUNG 13.1: Der Wunsch nach einem Mittel gegen das Altern ist uralt. Hier eine Zeichnung von Raffael (1517/18), die diesen Wunschtraum zeigt: »Merkur reicht Psyche die Schale mit dem Trank der Unsterblichkeit«.

weise – problemlos verzichtbar. Der Wunsch nach einem »Trank der Unsterblichkeit«, nach einem »Jungbrunnen«, nach einer »Altweibermühle«, nach »ewiger Jugend« ist zu einer so selbstverständlichen Vision vieler Menschen aller historischer Zeiträume und Kulturen geworden, daß sie sich schon semantisch in jenen oben genannten Begriffen und Sprüchen manifestiert hat (Abb. 13.1 und 13.2, S. 360 und 363). Und es sind eben nicht nur Sprüche, mit denen man sich die ewige Jugend erträumt, sondern auch handfeste materielle Dinge, mit denen der Mensch versucht, das Altern zu verhindern oder zumindest zu verzögern. Wir werden sehen, daß bis in die heutige Zeit diese oft verzweifelte Suche nicht ohne vielfältige Absonderlichkeiten und traurig lächerliche Theorien und Mittel abgeht, vor denen selbst hochintelligente Menschen nicht gefeit sind.

Die meisten der folgenden Beispiele werden bloß kursorisch abgehandelt, da sie nur am Rande mit dem eigentlichen Thema zu tun haben. Der inhaltlichen Vollständigkeit halber müssen sie jedoch erwähnt werden.

Chirurgie contra Alter – jung ist schön und alt ist häßlich?

Jugend wird im allgemeinen vor allem mit äußerlicher Schönheit gleichgesetzt. Nehmen wir dabei ganz unkritisch das flache Wort »Schönheit« so, wie es jedermann versteht und nachvollziehen kann. Ein junger Mensch hat eine glatte, straffe, elastische Haut. Falten werden durch eine gute Fettauspolsterung der Unterhaut vermieden. Altersflecke und sonstige Hauterscheinungen sind selten. Der Busen der Frau ist jugendlich straff und wohl geformt. Übermäßige Fettanlagerungen fehlen normalerweise. Die Haare sind geschmeidig und füllig vorhanden. Die körperliche Leistungsfähigkeit, was z.B. Laufen, Gehen usw. anbelangt, ist voll vorhanden.

In den vorangegangenen Kapiteln haben wir schon gesehen, daß all diese und viele andere »Jugendeigenschaften« kontinuierlich mit dem Alter reduziert werden. Wer also versucht ist, seinen Altersprozeß aufzuhalten, wird häufig als erstes an diese äußerlichen (phänologischen), für manche negativ auffallenden Merkmale denken. Allein in Deutschland sind es deshalb alljährlich über 100 000 Personen, die ihrer Glatze, ihrem schlaffen Busen oder ihrem fetten Bauch mit dem Skalpell im wahrsten Sinne des Wortes zu Leibe rücken. Eine große Zahl von »Schönheitschirurgen« (es geht hier nicht um wiederherstellende Chirurgie nach Unfällen usw.) versucht in zahlreichen, speziellen Kliniken, dem unschönen Altersmerkmal mit dem Messer an den Kragen zu gehen. Kaum eine phänologische Alterserscheinung, für die es keine spezielle chirurgische Methode gäbe. Schlappe Augenpartien werden ebenso wie die Faltenstirn geliftet, ganze Gesichter gestrafft und neu gepolstert, Nasen verformt, Fett an der einen Seite abgesaugt und zur Unterpolsterung von zum Beispiel Mundwinkeln oder Lippen an diesen Stellen wieder eingespritzt. Auf's kahle Körperhaupt werden neue Haare gepflanzt; an den Beinen, den Armen und unter der Achsel werden sie entfernt. Weibliche Busen werden auf der Welt hunderttausendfach mit Silikonbeuteln vergrößert, wieder gehoben und in bessere Form gebracht. Es gibt sogar Männer (20 % der Patienten in deutschen Schönheitskliniken sind Männer), die sich einen größeren Penis machen lassen, um auch im Alter manchen Damen noch richtig imponieren zu können. Sowohl Dame als auch Herr in einem solchen Paar sind zweifellos zu bedauern (eine meiner Mitarbeiterinnen, die das Manuskript durchgelesen hat, hat am Rand als Kommentar dazugeschrieben: »Wieso?«; vielleicht hat sie recht, das geht eigentlich nur jeden persönlich an – auch wieder wahr).

All diese Maßnahmen sind nicht medizinisch erforderlich, sondern dienen nur dazu, nach außen weniger Jahre offensichtlich werden zu lassen, als man tatsächlich existiert. Die Natur des Alterns wird mit dem Skalpell zurechtgestutzt, so wie man einen alten Baum durch kräftigen Rückschnitt »verjüngt«, indem man ihn so zu neuem, jugendlichem Austrieb bringt. Während der Baum jedoch tatsächlich durch Rückschnitt junge Triebe produziert, ändert der Mensch lediglich seine Fassade, sein Erscheinungsbild, seine Phänologie. Im Innern bleibt ein potemkinscher Kern übrig, der dadurch unbeeindruckt, unverändert ist. Aber das »outfit« ist und bleibt eben ein wesentliches Kriterium bei der Beurteilung der Menschen untereinander; und jünger zu erscheinen, ist per se natürlich kein Makel.

Vielleicht sollte man deshalb nicht allzu kritisch mit Menschen umgehen, die auf diese Art und Weise versuchen, ihrem Alter – zumindest äußerlich – ein kleines Schnippchen zu schlagen. Wer sich damit wohler fühlt, sollte unser wohlwollendes Verständnis finden. Die äußere, nicht

ABBILDUNG 13.2: »Die Verjüngungsmühle« von Paulus Fürst (um 1650). Solche und ähnliche Darstellungen (z.B. »Der Jungbrunnen« von Lucas Cranach dem Älteren, 1545) sind in der Kunst sehr häufig.

mehr jugendliche Erscheinung kann für viele psychologisch eine starke Belastung darstellen, die genauso negativ auf den Menschen wirken kann wie physiologische Probleme. Es ist für niemand Außenstehenden mit irgendeinem Schaden verbunden, wenn sich diese Menschen ein wenig die Jugend zurechtoperieren lassen. Allerdings sollte jeder wissen, daß keine Operation ungefährlich und keine Silikonpackung ohne Nebenwirkung ist.

Mit Kosmetik gegen Falten und Altershaut

Neben dem blutigen und deshalb schmerzhaften Skalpell des Chirurgen gibt es andere, einfachere Möglichkeiten, die Altersoptik zu verbessern. Die kosmetische Industrie liefert eine riesige Menge an Salben, Cremes und Farben, mit denen vor allem wohl die alternde Frau ihr äußeres Erscheinungsbild auf jünger trimmen kann. Das fängt (in allen Altersstufen

und beiden Geschlechtern) damit an, daß eine gebräunte Haut als jugendlicher und sportlicher angesehen wird als eine bleiche. Früher war das
übrigens gerade umgekehrt. Da galt Bräune als Zeichen dafür, daß
draußen gearbeitet werden mußte, war also ein Zeichen für das Proleta-
riat, für bäuerliche Arbeit, für körperliche Arbeit im Freien; kurz, es war
ein Signum der niederen Klassen. Die vornehme Blässe früherer Zeiten
half aber auch dagegen, daß die Haut frühzeitig alterte. Beim Altern der
Haut haben wir ja gesehen, daß gerade starke Sonnenbestrahlung mit
einhergehender Bräune die Hautalterung sehr stark beschleunigt. So jung
und sportlich ein braunes Gesicht und ein gebräunter Körper auch aussehen mögen, im Alter revanchiert sich das so malträtierte Organ Haut
durch verstärkte und schnellere Faltenbildung und sonstige Alternserscheinungen.

Apropos Falten! Gerade Faltencremes und Faltenlotions haben Hoch-
konjunktur. Sie enthalten die vielfältigsten Inhaltsstoffe. Eine bekannte
Firma aus Frankreich hat sogar zu früheren Zeiten aus der ehemaligen
DDR Tonnen von abgetriebenen, menschlichen Feten bezogen und aus
diesen entwickelnden Menschen Grundstoffe (wie z.B. Kollagene und
ähnliches) für ihre Antifaltencreme hergestellt. Es war eine makabre
Sauerei – wie man schlicht und einfach und ohne Zurückhaltung feststellen muß. Neben Kollagenen, die im Alter in der Haut zur Mangelware
werden, sind in diesen Cremes vor allem Fette und Glycerin enthalten,
um die Haut geschmeidig zu machen, Feuchtigkeitsmittel, um die Haut
feucht zu halten, sowie Farb- und Konservierungsstoffe, ohne die die meisten Hautcremes einen idealen Nährboden für Mikroorganismen bilden
und verderben würden. Die Palette der möglichen Zusätze ist riesengroß
und meist ein Herstellungsgeheimnis. Neben den bereits erwähnten
(früheren) Bestandteilen aus abgetriebenen Feten sind auch heute noch
teilweise wenig appetitliche Substanzen zu finden. Zur Entfettung werden Entfettungsmittel zugesetzt, die z.B. das Fett aus einem Doppelkinn
herauslösen können sollen. Als Hormonbeigaben finden sich Extrakte
aus der Haut und der Gebärmutter (Placenta) junger Warmblütler sowie
verschiedene Geschlechtshormone. Schon der Name »Placenta...« deutet
bei einigen Cremes auf diese Grundlage hin.

Zu den härteren Mitteln gehören solche, die mit starken Frucht- und
anderen organischen Säuren versetzt sind. Sie ätzen die obersten Hautschichten ab und regen die Haut dadurch an, neue Hautschichten zu produzieren. Tatsächlich wird die Haut dadurch kurzfristig glatter, geschmei-

diger und samtiger; dieser Effekt hält nur kurzfristig an und führt, wie das Sonnenbaden, dann später zu einer schnelleren Alterung der Haut.

Die Vitamin-A-Säure ist eine dieser Säuren im »Kampf« gegen gealterte, faltige Haut. Sie wird künstlich hergestellt und hat eine ähnliche chemische Struktur wie Vitamin-A. Die Chemiker nennen ihr Syntheseprodukt auch Retinsäure, Tretinoin oder Retin-A. Als ca. 0,1-prozentige Salbengrundlage wirkt das stark hautreizende Mittel wie eine Schälkur. Zuerst entzündet sich die Haut und dann erneuern sich die Zellen und sollen auch verstärkt Kollagen anlagern. Auch Blutgefäße sollen sich neu bilden können. Die Anwendung dauert viele Wochen, während deren keine UV-Strahlung und andere starke Klimaeinflüsse erlaubt sind, da das Retin die Haut während der Behandlung extrem empfindlich macht: Bereits wenige Tage nach der Anwendung rötet sich die Haut, schuppt sich und juckt oft über mehrere Wochen, so daß sogar eine Cortisonbehandlung erforderlich wird. Die Haut löst sich in großen Fetzen ab, und darunter kommen die ersehnten, jungen, rosigen, neuen Hautschichten zum Vorschein. Damit der Behandlungseffekt anhält, muß die Haut regelmäßig weiterhin mit diesen Salben eingeschmiert werden. Manche Ärzte verwenden in Schönheitskliniken zur unterstützenden Behandlung zusätzlich Lotionen mit ätzenden anderen Stoffen, wie Trichloressigsäure oder Phenol, die beide leberschädigend wirken. Retin-A-haltige Cremes sind aufgrund dieser Wirkungen an sich verschreibungspflichtig. Und es ist nicht in jeder Salbe, für die Vitamin-A als Bestandteil angegeben ist, auch Tretinoin enthalten. Während in Amerika bei den Ärzten kaum große Bedenken gegen ihre Anwendung besteht, ist man in Deutschland da skeptischer.

Andere Hautmittel enthalten z.B. Dihydroxyaceton, das eine Hautbräunung ohne Sonnen- oder künstliche Höhensonneneinstrahlung erzeugt. Wieder andere enthalten verschiedene Oxidationsmittel, mit denen Altersflecke, Sommersprossen und ähnliches weggebleicht werden können. Die Wirkung all dieser »Schmiermittel« ist umstritten. Sicher können sie aber nicht innerhalb von wenigen Tagen (oder gar über Nacht, wie es einige Mittel unverblümt und offenbar glaubwürdig behaupten, sonst würden sie ja nicht mehr gekauft) ein Gesicht um mehrere Jahre verjüngen, auch wenn dies selbst in unserer Zeit immer noch problem- und folgenlos in der bunten Presse verkündet werden darf. Kein Grund also, über frühere Zeiten oder andere, »primitive« Kulturen spöttisch und überlegen die Nase zu rümpfen. Wir sind kein bißchen besser, trotz geradezu optimaler Aufklärung!

Zu den Mitteln, zu denen mehr der Mann greift, gehören Haarwuchs-
und Haarpflegemittel. Sie alle sollen – was zu einem gewissen Maße sicher möglich ist – auf chemischem Wege das Haar verschönern, durch
Zufuhr geeigneter Hormone, Vitamine, Nährstoffe usw. das Haarwachstum anregen und den Haarausfall begrenzen oder gar verhindern. Allerdings sollten keine allzu großen Hoffnungen auf diese Mittel gelegt werden. Gerade der Haarausfall ist zu einem großen Teil erblich bedingt und
kaum veränderbar. Die meisten Haarwässer enthalten Alkohol, Schwefel,
Salicylsäure (tötet oberste Zellschichten ab und wird auch zur Entfernung von Warzen benutzt), Vitamine (z.B. Pantothensäure, Vitamin B,
Provitamin A), u.U. körpereigene Haarwuchsstoffe sowie antibakterielle
Stoffe und Parfüme.

Eine natürliche Art pflanzlicher Kosmetika ist schon seit langer Zeit
bekannt. Belladonna, der Extrakt aus der Tollkirsche *Atropa belladonna*
(eine starke Giftpflanze; lat. heißt sie ironischerweise »die den Lebensfa-
den abschneidet«), wirkt, in die Augen geträufelt, pupillenerweiternd,
was zu schöneren, jugendlich offenen Augen führt und seit sehr langer
Zeit vor allem in Mittelmeerländern bekannt und gebräuchlich ist (»Belladonna« heißt frei übersetzt »schöne Frau«). Das in ihr enthaltene Wirk-
mittel ist Atropin, das in der Medizin auch für andere Zwecke verwendet
wird.

Neben diesen doch immer noch sehr therapeutischen Mitteln gibt es
viele andere, typische Kosmetika, die allein aufgrund ihrer Färbung kos-
metisch wirken. Dazu gehören Lippenstifte, Farbcremes, Puder, Lidstifte,
Haarfärbemittel etc. Sie machen in der Regel ganz junge Menschen älter
und ältere sollen sie jugendlicher erscheinen lassen. Manchmal ist es leider geradezu lächerlich, wie besonders in den USA uralte Menschen
durch absolut übertriebenen Gebrauch von solchen Mitteln eine Karikatur ihrer selbst produzieren.

Frischzellenkuren – Jugend von toten Tierembryonen

Der Schweizer Arzt P. Niehans ging bei der Betrachtung des Alterns des
Menschen nicht ganz unlogisch davon aus, daß den alternden Zellen
jene Stoffe fehlten, die im jugendlichen Körper noch in Hülle und Fülle
vorhanden sind. Im Rückschluß sollte nach dieser Vorstellung eine Zel-

le oder ein Organ wieder jung (oder gesund) werden oder zumindest in seiner Alterung gebremst werden, wenn diese Stoffe wieder zugeführt würden. Die einzig zugängliche Quelle dieser jungen Zellen waren Feten (oft auch Föten genannt) von Tieren, denen noch maximale Potenz hinsichtlich der potentiellen Lebenserwartung zugestanden werden mußte. Er züchtete aus diesem Grunde Schafe, Kälber usw. und entnahm ihnen embryonales (teilweise auch postnatales, jugendliches) Gewebe von verschiedenen Organen. Besonders gern wurden Placenta-Bestandteile verwendet (s. im vorangegangenen Abschnitt beschriebene Bestandteile von Hautcremes!). Aus diesen, aus frisch geschlachteten Tieren entnommenen Fetalgeweben, wurden Zellaufschlemmungen hergestellt, die den Patienten unmittelbar in die Blutbahn gespritzt wurden.

Über die potentielle Wirkung – wenn es sie denn überhaupt gibt – wurde viel spekuliert. Einmal wurde vermutet, daß die Spenderzellen selektiv zu den entsprechenden Organen des Empfängers wandern (also z.B. Leberzellen zur Leber) und dort eingebaut würden und somit das Organ verjüngten. Nach einer anderen Sicht beruht der Erfolg (?) der Frischzellentherapie auf der vermehrten Bildung von Antikörpern. Der Empfängerkörper erkennt nämlich in den eingespritzten Zellen sofort Fremdkörper, die er kräftig bekämpft. Durch diesen Effekt soll zum einen insgesamt die Abwehrkraft des Empfängers gesteigert werden. Zum anderen sollen die beim Abbau der Spenderzellen freigewordenen Stoffe für das Empfängerorgan benützt werden, das dadurch mit frischen Grundstoffen versorgt wird. Die Resorption der Abbauprodukte führe zu einem Neuaufbau von Gewebe mit frischem Baumaterial.

Tatsächlich sollen positive Effekte bei verschiedenen Krankheiten (Blutarmut, Hochdruck, Leberschrumpfung usw.), aber auch und vor allem bei Alternserscheinungen eingetroffen sein. Die große Menge an eingespritzten, fremden Zellen kann aber auch zu einer Überreaktion des Abwehrsystems führen und unter Umständen sogar zu einem tödlichen, allergischen Schock. Aus diesem Grund ist – soweit ich weiß – diese Therapie inzwischen in Deutschland verboten worden. Es ist sowieso mehr als fraglich, ob die Frischzellentherapie tatsächlich zu einem »Sieg über das Altern« geführt hat bzw. hätte, wie es manche Protagonisten dieser Therapie, die natürlich gleichzeitig eine entsprechende Klinik leiten, in Büchern behaupten.

Neben der Verabreichung frischer Zellen kann man auch gefriergetrocknete Zellaufschwemmungen anwenden (Trockenzelltherapie), die den gleichen Effekt haben sollen.

Wie sich Mao Tse-tung jung halten wollte

Ich möchte hier einen kleinen Abstecher ins Exemplarische wagen, nicht zuletzt auch deshalb, weil es amüsant und auflockernd ist und uns auch die Schwächen der sogenannten »Großen und Starken« vor Augen führt.

Für »Gottmenschen« wie z.B. Mao Tse-tung war es schwer erträglich – für seine Untertanen übrigens auch – einzugestehen, daß auch ein so bedeutender Mensch allen Alternserscheinungen ausgesetzt ist und letztlich der gleichmachenden Vergänglichkeit und dem Tod anheimfällt. Mao war stets bemüht, seinem Volk und der ganzen übrigen Welt zu zeigen, wie jugendlich, gesund und kräftig er immer war. Altern und Tod war und ist ein Tabuthema für alle vergleichbaren Personenkulte dieser Erde. Egal in welches Land man schaut, ist so ein Herrscher vorhanden, wird er immer ohne Makel (Gorbatschow z.B. ohne Feuermal) und immer in jugendlicher Frische porträtiert, auch wenn er schon ein Tattergreis ist, der allein nicht mehr kann (so Deng Hsiaopeng in China oder Nordkoreas Kim Il Sung). So nimmt es nicht wunder, daß Hunderte von Millionen Chinesen ehrlich glaubten, Mao sei unsterblich. Dr. Zhi-Sui Li, Leibarzt des großen Vorsitzenden in dessen letzten 21 Lebensjahren, schildert in seinen Memoiren seine Bemühungen, diesen Mythos, jung zu bleiben, aufrecht zu erhalten. Und diese Bemühungen hatten viele groteske Züge, die Mao eher zu einem seltsamen Heiligen mit bizarren Eigenschaften machten. Dazu gehörte sicher nicht, daß er noch in hohem Alter zeigte, wie gut er noch schwimmen konnte. Nein, es geht um andere Dinge!

Bereits in frühen Jahren, vermutlich in seiner Lebensmitte, muß Mao steril geworden sein. Seine Prostata war aber selbst im hohen Alter noch normal. Und so hatte er keine Potenzprobleme, was für ihn sehr wichtig war. Mao war nämlich Anhänger taoistischer Sexualpraktiken, auch wenn er sonst weniger von überlieferter Kulttradition hielt. Sie kam aber in diesem Falle seinen sexuellen Bedürfnissen entgegen. Diese Sexualpraktiken sollten nämlich das Leben verlängern. So behauptete er, er brauche »Yin shui« (das Wasser des Yin, das sind die Vaginalsekrete der Frau). Dadurch sollte sein eigenes, zur Neige gehendes »Yang« ergänzt werden. Und dieses Yang war seiner Ansicht nach die Quelle seiner Macht, seiner Stärke und seiner Langlebigkeit. In der logischen Folge war er deshalb bestrebt, häufigen Geschlechtsverkehr zu haben. Da es wichtig war, das Yang nicht zu verschwenden, ejakulierte er während des Koitus nur selten und gewann seiner Meinung nach statt dessen lieber Kraft aus den Sekreten seiner Konkubinen. Am liebsten ging er deshalb auch mit mehreren Frauen gleichzeitig ins Bett. Er verhielt sich hier kein Jota besser oder anders als all die chinesischen Kaiser oder sonstigen Potentaten aus aller Welt vor ihm. Die Mädchen sollten dabei auch mit zunehmendem Alter immer jünger werden – auch das kein Unterschied zu den vorangegangenen Feudalzeiten. Mao starb dennoch – wie alle Irdischen – den Alterstod. Er erreichte zwar 83 Lebensjahre, als er am 9.9.1976 das Zeitliche segnete, besonders alt wurde er aber in Anbetracht seiner entsprechenden Bemühungen eigentlich nicht.

Die von Mao geübte Theorie und Praxis war sicher eine für ihn nicht unangenehme Form der Lebensverlängerung. Sie war (und ist?) allerdings nicht auf China beschränkt. Auch bei uns war es im Mittelalter und der frühen Neuzeit üblich, einen alten Mann dadurch verjüngen zu wollen, daß man ihm ein junges Mädchen zum Beischlaf zuführte. Auch in unserem Kulturkreis sollte das junge Blut des Mädchens das alte Blut des Mannes verjüngen. Es spielte dabei sicher auch eine Rolle, daß man früher das Alter eines Mannes vor allem auch an seiner noch vorhandenen Potenz maß. Diese Ansicht galt (und gilt in vielen Kulturen noch heute) bei uns bis ins beginnende 20. Jahrhundert; vermutlich lebt sie in den Köpfen vieler Leute auch noch heute fort. Solange man Kinder zeugen konnte, war man jung, gleichgültig wie runzelig die Haut oder gebrechlich die übrigen Körperpartien waren. So wurden auch die »Leistungen« von Mao mit anerkennendem Kopfschütteln zur Kenntnis genommen, wenn wieder eine seiner jungen Konkubinen schwanger wurde. Nur der Leibarzt Dr. Zhi-Sui Li wußte, daß der greise Mao trotz vielem »Yin shui« impotent war und damit das werdende Leben wohl ein »Nebenschläfer« gezeugt haben mußte, dem zur Jugendlichkeit noch nichts fehlte. Das tat dem Mythos von Mao – aus Unkenntnis des wahren Sachverhaltes – aber natürlich keinen Abbruch.

Zweifellos hat aber eine regelmäßig ausgeübte Sexualität in hohem Alter doch positive Rückwirkungen. Das ganze Sexualsystem wird dadurch am Arbeiten gehalten und durch eine Art positive Rückkopplung stimuliert. Die Produktion – z.B. von Testosteron – hält länger an, das vielfältige, günstige Auswirkungen auf Psyche und allgemeine Körperfunktionen hat. So wird durch Testosteron z.B. die Durchblutung und der allgemeine Stoffwechsel gesteigert. Es hebt die Stimmung an und ist so ein wesentlicher Gegenspieler zu Depressionen. Alle diese Effekte haben ganz klar alterserleichternde und alternshemmende Folgen.

Die ersten Altersmittel waren nach den gerade dargestellten Betrachtungen denn auch solche, die die Potenz erhöhen bzw. erhalten sollten. Einer der ersten »pharmazeutischen« Mittel, mit denen man Menschen verjüngen wollte, wurde aus »Affendrüsen« gewonnen – es waren die Hoden unserer nächsten Verwandten –, deren Wirkung jedoch relativ bescheiden blieb. Das änderte indes nichts an der Popularität dieses Extraktes. Testosteron selbst wird entsprechend den im vorigen Abschnitt genannten Effekten denn auch »pur« eingesetzt (gespritzt als Depot), ebenso wie das weibliche Geschlechtshormon Östrogen (als Pille), das vor allem gegen Osteoporose und die Symptome der Wechseljahre wirkt.

Verjüngungsmittel, die man essen kann

Gibt es Speisen, die das Leben verlängern oder Verjüngungsmittel, die man essen kann? Viele glauben daran, und so sind schon seit beinahe Urzeiten solche Speisen en vogue.

In der modernen »Volksmedizin«, die heute vor allem durch die Vielzahl der bunten Wochenillustrierten verbreitet wird, ist das Problem, wie Altern über den Speisezettel verlangsamt und gar verhindert werden kann, ein beliebtes und seit Jahren angewandtes Mittel der Auflagensteigerung. Dementsprechend »seriös« geht es dort dann auch zu. Da werden Salben angepriesen, mit denen man innerhalb weniger Tage um Jahre jünger werden kann. Als Beweis werden die bekannten »Vorher-Nachher-Bilder« aufgeführt, wobei ungeniert unterschiedliche Personen präsentiert werden. Man sollte keine Scheu haben, solches Verfahren als bewußtes Belügen der Leserschaft zu kennzeichnen, auch wenn den Illustriertenredaktionen da sicher schlaue juristische Begründungen und Rechtfertigungen für ihren Betrug einfallen.

Da gibt es aber auch kaum eine Speise, die nicht gravierende, positive Wirkungen auf vielfältige Altersprobleme mit sich bringt. Ich nenne nur einige Beispiele aus einer von mir abonnierten, sehr bekannten Fernseh zeitung aus den ersten vier Wochen des Jahres 1995 – Beispiele, die sicher jeder kennt:

So soll eine tägliche Dosis von 25 mg Beta-Karotin das Risiko für eine Herzkranzgefäßverkalkung um 40 bis 50 % reduzieren. Sieben Äpfel am Tag reduzieren das Darmkrebsrisiko um 40 %. Ein Liter Milch täglich reduziert das Osteoporose-Risiko um 50 %. Täglich 300 g Gemüse reduzieren das Infarktrisiko bei Frauen um 54 %. Tomaten senken das Bauchspeicheldrüsenkrebsrisiko um 50 %; 80 g Gurken das Risiko für Magenkrebs um 40 %, Möhren den Grauen Star um 40 %, Sojabohnen Wechseljahrbeschwerden bei der Frau und Prostataprobleme beim Mann um 90 %. Das Lutein (Lutein stärkt die Blutversorgung des Auges) in Spinat soll über nur einen Bissen dieses Blattgemüses pro Tag die Altersblindheit extrem vermindern. Geringe Mengen Rotwein (»Rotwein entfettet das Herz und senkt den Cholesteringehalt im Blut«) reduzieren das Herzinfarktrisiko und Fluor mit Kalzium die Osteoporose-Brüche um über 50 %. Ich möchte mit den Beispielen nicht fortfahren – jeder wird sie kennen. Man muß schon mit einer besonderen Blindheit ausgestattet sein, um all diese Angaben zu glauben. Träfen sie auch nur ansatzweise zu, wäre es an sich erstaunlich, daß es überhaupt noch bestimmte Krebsformen und Alterskrankheiten gibt.

Die schon länger tradierte, »echte« Volksmedizin kennt ebenfalls einige Nahrungsstoffe, die das Altern erleichtern und die auch das Leben verlängern sollen, von denen ich einige anführen will. Sie haben eine deutlich höhere Glaubwürdigkeit. Das wohl bekannteste ist Knoblauch.

Knoblauch wurde schon bei Ägyptern und Römern geschätzt, um Arzneien gegen eine Vielzahl von Unpäßlichkeiten herzustellen. Heute stellen Knoblauchpräparate wirtschaftlich wichtige Produkte in der Pflanzentherapie (Phytotherapie) dar. Aus diesem Grunde war Knoblauch 1989 auch »Arzneipflanze des Jahres«. Knoblauchpräparate zeigen folgende, nachgewiesene, pharmakologische Wirkungen: Sie beeinflussen günstig die Fließeigenschaften des Blutes, indem sie die Fähigkeit zum Zusammenballen der Blutplättchen vermindern. Sie senken den Blutdruck und wirken günstig auf verschiedene Parameter des Fettstoffwechsels. So haben sie einen günstigen Einfluß auf arteriosklerotische Krankheitsbilder und koronare Herzkrankheiten. Außerdem wirken sie entzündungshemmend. Bestandteile des Knoblauchs sind auch gegen Pilze wirksam (antimykotische Wirkung). Die Dosierung sollte jedoch unter vier Gramm pro Tag bleiben. Knoblauch kann in hoher Dosierung nämlich durchaus auch unangenehme Nebenwirkungen haben, die sich nicht nur auf den intensiven Duft beschränken. Bekannt sind Hautreizungen, Diarrhö (Durchfall), Nierenfunktionsstörungen und Asthmaanfälle. Zudem kann es unter Umständen zu Übelkeit, Erbrechen und Allergien kommen. Knoblauch ist in sehr vielen Geriatrika enthalten.

Joghurt und Kefir sind ebenfalls Lebensmittel, denen man lebensverlängernde und jungerhaltende Wirkung nachsagt. Das kommt u.a. wohl daher, daß die bekannt langlebenden Kaukasier sich schwerpunktmäßig von diesen Milchprodukten ernährten. Joghurt (aus dem türkischen Yoghurt) wird seit alten Zeiten von den Völkern des Balkans und Armeniens (hier unter dem Namen Mazun) durch Gärung von eingedickter Milch über Bakterien (vor allem *Streptococcus thermophilus* und *Thermobacterium bulgaricum*) hergestellt und getrunken. Das hohe durchschnittliche Alter der Bulgaren und anderer Balkanbewohner führte Anfang des 20. Jahrhunderts zu einer Theorie des Nobelpreisträgers I. Metschnikoff (Nobelpreis 1908), nach der dieses hohe Alter auf den starken Genuß von Joghurt zurückzuführen sei. Diese Theorie hat sich aber als nicht haltbar erwiesen. Dennoch ist Joghurt ein sehr wertvolles Nahrungsmittel, das vor allem einen günstigen Einfluß auf die Darmflora und Darmfauna ausübt.

Ein ähnliches Milchgärungsprodukt ist Kefir (Kapir, Kyppe), der ursprünglich aus Turkestan und Kaukasien stammt. An der Gärung sind verschiedene Bakterien (*Bacterium caucasi, Bacillus kefir, Bacillus esterifans*) und Hefen (*Torula kefir, Saccharomyces fragilis*) beteiligt. Bezüglich der Wirksamkeit gelten die beim Joghurt gemachten Angaben.

Zu den zu Langlebigkeit führenden Essensgewohnheiten soll auch der Verzicht auf Fleisch gehören. Tatsächlich ist 1994 dieser Aspekt wieder in den Vordergrund der Aufmerksamkeit gelangt. Englische Wissenschaftler nahmen sich für eine entsprechende Untersuchung rund 11 000 Probanden vor, von denen 6 000 Vegetarier waren und die anderen sich von normaler Mischkost ernährten. Diese beiden Gruppen wurden zwölf Jahre lang beobachtet. 404 Todesfälle – also eine relativ kleine Zahl von nicht einmal 4 % der Testteilnehmer, was kritisiert wurde – sind ausgewertet worden. Danach war die Sterberate der Vegetarier um 20 % niedriger als die der Vergleichsgruppe. Die Todesrate durch Darmkrebs war sogar um 40 % vermindert. Einschränkend muß man dazu sagen, daß Vegetarier sich schon grundsätzlich gesundheitsbewußter verhalten, was in einer solchen Studie nur schwer zu berücksichtigen ist und allem Anschein nach auch nicht wurde. Die Vegetarier hatten vor allem einen niedrigeren Blutdruck und so weniger Probleme mit Herz- und Kreislaufkrankheiten. Nach einer anderen Langzeituntersuchung des Bremer Institutes für Präventivforschung und Sozialmedizin wurden diese Ergebnisse im wesentlichen bestätigt (Herz-Kreislauferkankungen um 80 % reduziert, Darmkrebs um 50 % reduziert). Sie fanden aber heraus, daß gemäßigte Vegetarier, also solche, die hin und wieder dennoch ein Stück Fleisch essen, die höchste Lebenserwartung aller Versuchsgruppen hatten. Bei extremen Vegetariern, die auf alle tierischen Produkte verzichten, stellten die Wissenschaftler dagegen eine höhere Sterblichkeit und z.b. mehr Bluterkrankungen fest.

Der Vitamin-Schwindel

Besonders mit Vitaminen wird als Altersmittel viel Schindluder getrieben. Die pharmazeutische Industrie hat natürlich großes Interesse daran, viel von diesen Chemikalien zu verkaufen, und sie wird von einer Reihe von Wissenschaftlern darin kräftig unterstützt. Sicher und unbestritten ist, daß es im Alter in manchen Bereichen einen erhöhten Vitaminbedarf gibt. Dies trifft vor allem auf Vitamin D, B_6, B_{12} und Folsäure zu, deren Bedarf leicht erhöht sein soll. Bei einer normalen, ausgeglichenen Ernährung, wie sie in unseren Kulturnationen inzwischen längst üblich ist, gibt es aber auch bei diesen, wie bei den meisten anderen Vitaminen, in der Regel keine Mangelversorgung. Einmal abgesehen von lebensverkürzenden Krankheitserscheinungen, die mit Vitaminmangelerscheinungen einhergehen oder darauf beruhen, haben Vitamintabletten keinen Einfuß auf die Lebensdauer: Sie sind schlicht nutzlos und stehen in Anbetracht zu den entstehenden Kosten in keinem Verhältnis zum gesundheitlichen Nutzen. Dies ist das Ergebnis einer landesweiten Untersuchung des US-Zentrums für Krankheitsvorsorge (Center for Disease Control and Prevention), das mehr als 10 000 Frauen und Männer über einen Zeitraum von 13 Jahren untersucht hat. In der Studie wurde festgestellt, daß es hinsichtlich der Lebenserwartung keine Unterschiede zwischen Benutzern von Vitamin-Tabletten und denen, die darauf verzichteten, gebe. Die Forscher schreiben, daß deswegen der gegenwärtige Konsens unter den Wissenschaftlern unterstützt werde, nach dem gesunde Menschen keinerlei

Nahrungszusätze benötigen. Dies wird auch von der zuständigen Experten-Kommission der Europäischen Gemeinschaft so gesehen.

Trotzdem geben allein in Deutschland die Leute rund 700 Millionen Mark für solche Vitamin- und Mineralstoff-Tabletten aus. Der Schweizer Konzern Hoffmann-La Roche setzte im ersten Quartal 1994 in der Sparte »Vitamine und Feinchemikalien« rund eine Milliarde Mark um. Jeder kann sich denken, daß hier nicht gerade üppige Motivation herrscht, den »Wundermitteln« ihren Nimbus zu rauben. Jeder einzelne von uns hofft zudem allzugerne, mit Vitaminen und Mineralstoffen einen wohlfeilen Ablaß aller Sünden, die er gegen den eigenen Körper begeht, zu finden und dabei noch gesund alt zu werden. Das fordert den schnellen Griff zu allen Pillen, nicht nur zu den Vitaminen, geradezu heraus. Wer in den USA einmal gesehen hat, in welchem Umfang solche Mittel in ganz normalen Kaufhäusern angeboten werden, kann dies nur als schlimme Karikatur seiner selbst verstehen.

Dabei gibt es nicht einmal verbindliche Richtlinien, wieviel Vitamine wir überhaupt brauchen. Allein daß wir sie brauchen, ist unbestritten. Nehmen wir ein bekanntes Vitamin als Beispiel. Für Vitamin C gilt in Großbritannien ein Tagesbedarf von 30 mg als ausreichend. Die Italiener halten 45 mg für unbedingt notwendig, die Amerikaner halten es mit 60 mg, bei den Deutschen sollen es 75 mg sein, und die Franzosen meinen, 80 mg seien der unterste Wert. Wir können uns also aussuchen, was wir wollen. Für Linus Carl Pauling, Chemienobelpreisträger 1962, waren selbst mehrere Gramm am Tage unbedingt für ein langes Leben notwendig. Er sah dieses Vitamin vor allem als Radikalfänger (s. Radikal-Theorie des Alterns in Kap. 16 auf S. 421 ff.) an. Während überschüssiges Vitamin C (das der Körper wie die meisten anderen Vitamine nicht speichern kann) schnell wieder ausgeschieden wird (man kann es im Urin dann nachweisen), können andere Vitamine, in zu hoher Dosis genommen, auch zu Schäden und Gefährdungen führen. Hohe Dosen von Carotin (Provitamin A) lagern sich z.B. im Augenhintergrund ab und können dort zu Schäden führen.

Mit besonderem Werbeaufwand wird in der letzten Zeit auch das »Nobelpreismittel« Q_{10} als Mittel gegen Alterserscheinungen ab 40 angepriesen. Dieses Q_{10} gehört zu den sogenannten Coenzymen der Gruppe der Ubichinone. Sie sind für die Atmung der Zelle wichtige Bestandteile anderer Enzyme, jedoch nicht in jedem Falle essentiell (unbedingt für den Körper erforderlich)! Das Ubichinon-50 wird nun als Q10 vermarktet (richtig müßte es eigentlich Q_{10} geschrieben werden). Es hat die Summenformel $C_{59}H_{92}O_4$ und befindet sich in den Mitochondrien. Zu dieser Stoffgruppe gehört auch das Vitamin K. Q_{10} (oder in der Wissenschaft auch U_{50} geschrieben) wird in einigen Ländern zur Therapie von Herz- und neurologischen Erkrankungen angewandt. Es ist im Körper allerdings immer in ausreichendem Maße vorhanden, wie Untersuchungen Ende 1995 zeigten.

Zusammenfassend kann man wohl folgendes feststellen: Tatsache ist, daß es heutzutage leider kaum mehr ein Lebensmittel gibt, daß nicht zusätzlich vitaminisiert und/oder mineralisiert ist. Wir sind mit solchen Stoffen schon mehr als überversorgt, ohne daß wir die Zufuhr dieser Stoffe noch selbst kontrollieren können. Eine darüber hinausgehende, weitere Vitaminzufuhr degeniert uns nur zu armen, chemisch manipulierten Schluckern, an denen allein die Industrie gesundet und frisch bleibt.

Die Jugendpille des Professor Baulieu

Professor Etienne-Emile Baulieu sei immer gut für eine interessante Geschichte; so urteilt zumindest die Presse. Prof. Baulieu ist der Erfinder der Abtreibungspille RU 486 und glaubt, ein bisher unentdecktes Hormon gefunden zu haben, das als Mittel gegen Altersprozesse eingesetzt werden könne. Es schafft auch »bessere« Publizität, als ein Mittel gegen ungeborenes Leben. Prof. Baulieu ist flott, sehr redegewandt und im Umgang mit den Medien äußerst versiert. Im Januar 1995 wurde folglich seine Entdeckung sehr breit in Funk, im Fernsehen und auch in den seriösen Printmedien dargelegt. Die weniger seriösen Boulevardblätter sprachen schon von einem Mittel für die »Ewige Jugend«, der »Verjüngungspille« und dem »Lebenselixier«. Ganz unbekannt sind solche Phantastereien nicht. Der Wunsch nach einem »Trank der Unsterblichkeit« ist wohl so alt wie das menschliche Leben überhaupt. Doch bleiben wir beim Herrn Professor. Er hat einen Stoff mit dem Namen Dehydroepiandrosteron gefunden, der mit DHEA abgekürzt wird.

Wie Cortison wird DHEA von den Nebennieren produziert. Der Stoff ist leicht künstlich herzustellen und wird dementsprechend auch schon in Drugstores in Amerika vertrieben (es soll angeblich aber gar kein DHEA in den dort verkauften Pillen drin sein!). DHEA bzw. das (Abbau-)Sulfat dieses Stoffes, DHEAS, das außer in der Nebenniere auch in der Muskulatur und im Gehirn gebildet wird, taucht beim Menschen sehr unregelmäßig auf. Zunächst fand man es beim ungeborenen Kind und dann erst wieder beim etwa 7jährigen. Die Konzentration steigt bis zum Alter von 25 bis 27 Jahren kontinuierlich an und fällt danach stetig ab. Bei 70jährigen sind nur noch geringe Mengen davon zu finden. Daraus schloß man, daß es sich um einen Indikatorstoff für das Altern handeln könnte. Über die DHEAS-Konzentration kann man das Alter eines Probanden anscheinend relativ gut definieren.

DHEAS soll nun angeblich vielfältige Effekte haben. So soll nach Einnahme des Sulfats bei älteren Menschen körperlich, psychisch und geistig wieder ein jugendlicherer Zustand eintreten. Das Wohlbefinden soll sich subjektiv stark verbessern. Weiterhin helfe die Substanz auch beim Vorbeugen »einiger« Krankheiten. Das vermutet man (getestet wurde es noch nicht) aufgrund der Beobachtung, daß Leute mit auffallend geringen Mengen von DHEAS anfälliger gegen schwere Krankheiten sind und das Immunsystem schwächer reagiert. Amerikanerinnen mit einem hohen Risiko für Brustkrebs hatten besonders niedrige Werte. An Herz-Kreislauf-Leiden Verstorbene hatten ebenfalls auffällig niedrige DHEAS-Werte. Und bei Mäusen, die normalerweise gar kein DHEAS im Blut haben, verhinderte die Substanz, daß sich Krebs in Labortests entwickelte, ohne daß man es sich erklären konnte. Im Spektrum fehlt jetzt eigentlich nur noch AIDS. Und tatsächlich soll die Wundersubstanz auch hier positive Wirkung zeigen. Aids-Kranke haben nämlich besonders niedrige DHEAS-Werte. DHEAS wirkt angeblich auch auf Wachstumsfaktoren (besonders einen, den man IGF1 nennt) stimulierend und bedingt so eine Beeinflussung bei der Zellerneuerung von Haut, Muskel und Knochen, worauf die lebensverlängernde Wirkung beruhen solle. Geradezu tröstlich mutet es an, wenn Herr Prof. Baulieu sein Mittel ob all der möglichen Wunder doch etwas in seiner potentiellen Wirkung zurechtstutzt. »DHEAS kann nicht alle Probleme lösen« läßt er verlauten und warnt: »Es ist nur ein ganz spezielles Mittel unter anderen, jedoch ein reales«. Sieht man sich jedoch an, was an konkreten Untersuchungen oder gar Ergebnissen über diese Substanz vorliegt, ist man erstaunt. Es laufen zwar eine Reihe klinischer Tests, aber all die Spekulationen beruhen praktisch ausschließlich auf den laufenden Beobachtungen dieser Tests, was sicher nicht in Ordnung ist.

Was bleibt sachlich gesehen übrig von all den wilden Schlagzeilen? Eigentlich wenig. Prof. Baulieu gibt zu, daß seine Substanz das genetische Höchstalter nicht verändern kann, sondern nur einige positive, bisher kaum zu qualifizierende oder quantifizierende Effekte auf das Wohlbefinden älterer Patienten hat. Das haben viele andere Stoffe auch. Alle übrigen Effekte sind noch nicht bewiesen. Und worauf beruhen die eventuellen Wirkungen? DHEAS ist eine Vorläufersubstanz von Testosteron und Östriol. Deren Wirksamkeit kannten schon die bereits erwähnten Affendrüsen-Esser, viel hat sich da also (vielleicht?) nicht verändert.

Ich muß jetzt den Forscher Baulieu nach all meiner Ironie – ich hoffe, Sie sehen sie mir nach – hier auch etwas in Schutz nehmen. Oft genug sind selbst seriöse Berichterstatter weniger an der genauen, wahrheitsgemäßen Wiedergabe von erhaltenen Fakten interessiert. Die sind oft genug zu langweilig! Interessiert ist man mehr an publikumswirksamen Sensationen. Allein über die Medienorgane läßt sich so nicht immer eine sachgerechte Information erhalten. Ich habe es selbst erlebt, wie erstaunlich verdreht eigene Aussagen plötzlich in Medien publizistisch verarbeitet auftreten. Die Wahrhaftigkeit degeneriert dann schnell zur Hure der Sensation. Und seien wir selbstkritisch ehrlich, wo sind wir für Märchen anfälliger als gerade dort, wo es um unseren ureigensten Wunschtraum nach ewiger Jugend und Krankheitsverhinderung geht.

Geriatrika – Mittel gegen Altersbeschwerden

Richtige Verjüngungsmittel sind und bleiben also wohl nicht realisierbare Ziele pharmakologischer Forschung. Dennoch ist die Wissenschaft gegenüber den Alternserscheinungen nicht hilflos geblieben. Es gibt in der Zwischenzeit sehr viele chemische Stoffe, die die vielfältigen Alternsphänomene in ihrer Geschwindigkeit hemmen oder z.T. sogar etwas rückgängig machen können. Ganz abgesehen davon zeigen einige Medikamente, die altersbedingte Krankheiten und Beschwerden lindern können, eine teilweise frappierende Effizienz. Ohne diese Mittel wäre die bereits dargelegte Erhöhung der durchschnittlichen Lebensdauer absolut unmöglich gewesen. Ohne Medikamente wäre auch das Leben sehr vieler alter Menschen aufgrund von Schmerzen, von depressiven und anderen, physiologischen Funktionsstörungen oft genug so unerträglich, daß das Hinausschieben der Lebenserwartung gar nicht zu ertragen wäre. Hier verbietet sich eine Diskussion (wenn auch nicht in jedem Falle und a priori) über die Wirksamkeit von pharmakologischen Präparaten von selbst. Diese Substanzen werden hier auch nicht vorgestellt und kritisiert.

Was sind also Geriatrika? Das Wort kommt vom griechischen *geron* = Greis und *iatrike* = Heilkunst. Ein Medizinlexikon definiert sie kurz und bündig als Präparate zur körperlichen und geistigen Leistungssteigerung alter Menschen. Man unterteilt folgende Klassen: *Adaptogene* sollen die Anpassung des Organismus an die Begleitumstände des Alterns erleichtern; die sogenannten *Geroprotektoren* sollen die z.T. radikal ablaufenden physiologischen Alternsprozesse verlangsamen. Unter diesem rationalen Gesichtspunkt soll die folgende Darstellung verstanden werden. Geriatrika werden im übrigen auch für Haustiere vielfältig angeboten.

Pharmakologisch lassen sich die Geriatrika in vier Hauptgruppen einteilen: Pflanzliche Geriatrika, chemisch definierte Geriatrika, Organpräparate und homöopathische Geriatrika.

Die pflanzlichen Geriatrika lassen sich wiederum in Einzelstoffe oder Stoffmischungen (Kombinationen) unterscheiden, was aber wohl nur für den Apotheker von Belang sein dürfte. In der Regel sind die Kombinationen vorherrschend. Zu den Pflanzenstoffen, die zu Geriatrika verarbeitet werden, zählen vor allem (meist alkoholische) Auszüge von Knoblauchzwiebeln, Ginsengwurzel, Melisse, Baldrian, Weißdorn, Weizenkeimen, Mistel, Johanniskraut, Anis, Wacholder, Majoran, Roßkastanie und vielen anderen Stoffen, die teilweise mit Vitaminen, Mineralien, Spurenelementen und anderen Stoffen versetzt sind.

Die Bedeutung von Knoblauch habe ich schon geschildert. Ginseng ist eine staudenartige, anemonenähnliche Pflanze, die in Korea und China wild wächst, dort aber auch angebaut wird. Die Wurzel enthält Steroid-Derivate. Aus ähnlichen Stoffen sind die Geschlechtshormone aufgebaut. In der chinesischen Medizin wird sie als lebensverlängerndes, aphrodisierendes Tonikum angewandt. Die Steroide und weitere Inhaltsstoffe (Glykoside, Saponine u.a.) regen ganz allgemein den Eiweiß- und Nucleinsäurestoffwechsel an. Die Zelle kann schneller DNA und RNA herstellen (wichtige Bestandteile des Zellkernes). Dadurch kommt es unter Umständen auch zu mehr Zellteilungen. Dies hat man unter anderem in Rattenlebern festgestellt. Allerdings ist die Leber, als Organ mit relativ hoher Regenerationsfähigkeit, dafür nur beschränkt tauglich. Sie besitzt eine größere Zahl von teilungsfähigen Zellen im Ruhezustand, die bei Gebrauch aktiviert werden können. Ginseng hat also nur bereits vorhandene, jugendliche Zellen zur Teilung angeregt, keine alten Zellen wieder jung gemacht. Außerdem sollen Ginseng-Bestandteile das Immunsystem anregen, die Blutgerinnung vermindern (Blut wird »flüssiger«), die Blutbildung anregen sowie cholesterinsenkende Wirkung haben. Einige im Handel angebotenen »Ginseng-Mittel« haben indes überhaupt keine wirksamen Ginsenginhaltsstoffe.

Die Mistel hat Inhaltsstoffe, die schon seit altersher genutzt werden. Sie sollen blutdrucksenkend wirken sowie Arthrosen und rheumatische Krankheiten lindern. Angeblich sollen auch Krebsgeschwulste geheilt werden, was wohl sicher nicht zutrifft.

Melissenöl wirkt antibakteriell, beruhigend und krampflösend; außerdem wird das Immunsystem stimuliert. Melissengeist ist ein alkoholischer Auszug aus Melissenblättern.

Rutin (früher als Vitamin P bezeichnet) ist ein Pflanzenstoff, der in vielen Pflanzen als Begleiter des Vitamins C vorkommt. Es steigert die kapillare Durchblutung und fördert die Membrandurchlässigkeit. Von der amerikanischen Gesundheitsbehörde FDA wurde allerdings 1970 die Zulassung als Heilmittel wegen fehlender Wirksamkeitsnachweise zurückgezogen. Bei uns werden synthetische Abkömmlinge als Venenmittel sowie bei Durchblutungsstörungen angewandt.

Zur zweiten Gruppe: Bei den chemisch eindeutig definierten Geriatrika handelt es sich vor allem um verschiedene Vitamin-, Mineral- und Spurenelementkombinationen. Diesen werden zuweilen pflanzliche Geriatrika beigemischt. Daneben sind als Inhaltsstoffe verschiedene weitere Chemikalien vertreten. Nur einige wenige charakteristische Beispiele: Acetylcholin ist für die synaptische Reizüberleitung in den cholinergen Nerven verantwortlich und soll dort vorhandene Mangelsituationen ausgleichen; Phosphatidylethanolamin ist ein Baustein von Zellmembranen; Dimethylaminoethanol (DMAE) soll Procain-Wirkung haben.

Ein sehr bekanntes Geriatrikum ist Procain. Das Procain (und seine Verwandten Centrophenoxin, Meclophenoxat, DMAE) ist an sich ein Lokalanästhetikum. In der Geriatrie wirkt es stark revitalisierend. Diesen Effekt fand die rumänische Altersforscherin Ana Aslan heraus, nach der dann eine dementsprechende Therapie benannt wurde (Aslan-Therapie). In ihrer Klinik stellte sie fest, daß bei älteren Patienten nach Procain-Gaben eine Revitalisierung stattfand (z.B. Haarwuchs in den ursprünglichen Farben). Procain wirkt auf Zellen anregend. Die Eiweißsynthese wird angeregt, Enzyme werden aktiviert, und Zellen teilen sich zusätzlich. So die berichteten, positiven Beobachtungen. Ganz vernichtend wurde das »Wundermittel« Procain dagegen auf wissenschaftlicher Basis beurteilt. Bereits 1977 wurde eine umfangreiche Arbeit publiziert, die auf über 285 Veröffentlichungen beruhte und die Daten von 100 000 Patienten in 25 Jahren auswertete. Für dieses Mittel konnte lediglich ein schwacher »positiver, antidepressiver Effekt« nachgewiesen werden. Eine äußerst magere Indikation, wenn man vergleicht, mit welchem Anspruch dieses Mittel auch heute noch angepriesen wird.

Daß Befunde auf Zellkulturebene nicht generell auf Bedingungen des Gesamtorganismus übertragen werden können, zeigen weitere Ergebnisse. Stoffe der Corticoidgruppe (vor allem Hydrocortison) sind in der Zellkultur hervorragende »Verjüngungsmittel«. Sie regen die Zellen an, den Zellzyklus zu beschleunigen und vermehrt DNA zu bilden. Die Zahl der zusätzlichen Zellteilungen ging allerdings nie bis zum Doppelten der normalen Hayflick-Zahl. Der Effekt beruht darauf, daß die Zellen Membranrezeptoren für diese Stoffe besitzen, die auf die vermehrte Konzentration der Corticoide mit vermehrter Aktivität reagieren. Die Zahl dieser Membranrezeptoren nimmt nun altersabhängig ab, wodurch auch dieser Effekt abnimmt. Cortison und Hydrocortison können nun aber gerade diese Rezeptorabnahme auch nicht verhindern, haben demnach auch keinen unmittelbar hemmenden Einfluß auf das Altern in toto. Sie nutzen nur die vorhandenen Rezeptoren besser aus, indem sie sie zur maximalen Leistung anregen. Die Stoffe wirken also höchstens revitalisierend. Beim Gesamtorganismus (z.B. Mensch) ist Cortison und Hydrocortison als Mittel gegen das Altern dementsprechend völlig ungeeignet. Es wird als Medikament gegen Allergien, nicht heilende Wunden, bei Entzündungen und in der Leukämiebehandlung eingesetzt. Die Lebenserwartung und das Altern sind davon nicht betroffen.

In einer Reihe von Geriatrika sind auch Lecithine (vom griechischen *lekithos* = Dotter) vorhanden. Sie setzen sich aus Glycerin, Fettsäuren (z.B. Palmitinsäure, Stearinsäure, Oleinsäure, Linolsäure, Linolensäure u.a.), Phosphorsäure und Cholin zusammen. Sie sind charakteristische Bausteine aller Zellmembranen und befinden sich besonders reichlich im Eidotter (daher der Name), Hirn und pflanzlichen Samen. Daraus werden sie für pharmazeutische Zwecke auch gewonnen. Man hofft, daß diese Lecithine die Zelleigenschaften funktionsfähiger halten, wenn sie im Überangebot vorhanden sind. Sie sollen auch die geistige Leistungsfähigkeit steigern bzw. fit halten. Sehr oft werden deshalb Lecithine auch der Margarine und Kochölen zugesetzt.

Häufig findet man als Zusatzstoff noch Deanol, der als Psychotonikum zur Behandlung depressiver Erscheinungen dient, die zu den häufigen psychischen Altersbeschwerden zählen.

Die dritte Gruppe von Geriatrika rekrutiert sich aus tierischen und menschlichen Organen. Geriatrische Organpräparate kommen ebenfalls als Einzelstoffe und als Kombinationspräparate auf den Markt. Es handelt sich meist um allgemeine, eiweißfreie Placenta-Extrakte oder speziell um Ribonucleinsäuren (RNAs) aus tierischen Gefäßen, der Großhirnrinde, dem Herzen, der Hypophyse, dem Hypothalamus, von Leber, Niere, Milz, Nebenniere, Eierstock, Placenta, Thalamus, Hoden oder auch pflanzlichen Hefen. Andere (Kombinationspräparate) enthalten niedermolekulare Stoffe aus Embryonen (komplett oder aus einzelnen Organen), Lebertran, Knoblauchzwiebelextrakte, Auszüge aus menschlichen Uteri (Placenta-Präparate) und Stoffen, die wir schon unter den chemisch definierten Substanzen kennengelernt haben.

Homöopathische Mittel, als letzte Gruppe, enthalten in meist vernachlässigbar geringen Dosen verschiedene pflanzliche und andere Substanzen, die auch in »normalen« Geriatrika zu finden sind. So enthält ein normal pflanzliches Geriatrikum pro Dragee rund 50 mg (0,05 g) Knoblauchextrakt; in einem vergleichbaren homöopathischen Geriatrikum ist der gleiche Stoff maximal in einer Menge von 0,165 mg (0,000165 g) pro Dragee vorhanden. Über die Wirksamkeit der homöopatischen Dosierung wird u.a. auch deshalb heftig diskutiert. Zumindest bezüglich der Kosten der Dosierung schneidet das normale pflanzliche Geriatrikum eindeutig besser ab. Verteilt man die Einnahme von einem Dragee davon auf rund ein Jahr, hat man die gleiche Dosierung wie beim homöopathischen Mittel – zu einem Spottpreis davon – erreicht, das man täglich einnimmt.

Der Kampf gegen die Alterstrauer der Seele

Bereits bei den Alterserscheinungen des Menschen haben wir die psychischen und psychosozialen Probleme des hohen Lebensalters besprochen. In der Alterspsychiatrie, die sich mit der Behandlung dieser Probleme auseinandersetzen muß, ist natürlich die Therapie ein Gebot der Stunde.

Mit dem Alter treten psychiatrische Effekte verstärkt auf. 25 bis 30 % der über 65jährigen zeigen psychische Störungen. Davon sind 6 bis 8 % mit schweren organischen und funktionellen Psychosen behaftet. 2 bis 3 % der Patienten zeigen schwerste senile und arteriosklerotische Abbausyndrome und 11 % der Patienten sind als Folge ihrer Erkrankung auf die Hilfe von Dritten angewiesen.

Die meisten der nichtorganischen Psychoprobleme haben sogenannten Appellationscharakter. Der alte Mensch sucht Anlehnung und Schutz. Er signalisiert nach außen Hilflosigkeit, Bedürftigkeit usw., die sogar zu neurotisch-regressivem Verhalten (Rückfall in kindliche Verhaltensweisen) führen können. Vernünftigerweise hilft hier nur die Förderung der sozialen Beziehungen. Dazu gehören Kommunikationsförderung, Aufhebung der Isolation, Gymnastik usw. Sie sind der Schwerpunkt der entsprechenden Behandlung und sollten zu einer Besserung der Lage führen. Die Pharmakotherapie ist nur für schwere Fälle oder unterstützend gedacht. Eine detaillierte Darstellung aller Krankheitssymptome und ihrer Behandlung kann hier nicht erfolgen. Das Problem soll nur kurz angesprochen werden.

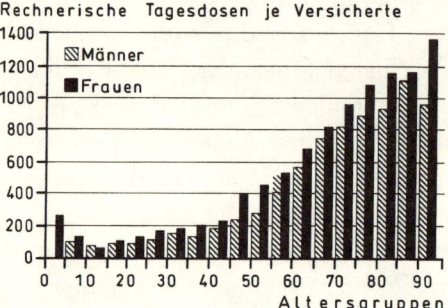

ABBILDUNG 13.3: Oben: Verbrauch an rechnerischen Tagesdosen an allgemeinen Medikamenten je Versicherten der Gesetzlichen Krankenversicherungen der Bundesrepublik Deutschland nach Alter und Geschlecht im Jahre 1987 (nur über Kassen abgerechnete Mittel). Unten: Verbrauch an rechnerischen Tagesdosen an Psychopharmaka je Versicherten der Gesetzlichen Krankenversicherungen der Bundesrepublik Deutschland nach Alter und Geschlecht im Jahre 1987.

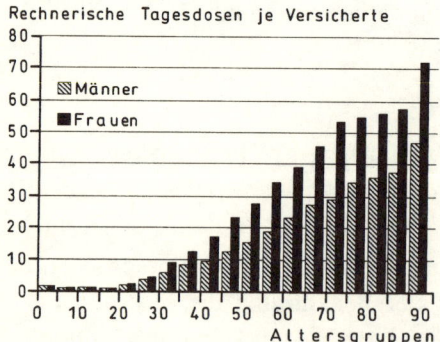

Anders sieht es mit Psychosyndromen aus, die auf organischen und funktionalen Störungen beruhen. Vor allem sind Durchblutungsstörungen sehr häufig (funktionale Störung), während echte Organschäden (z.B. Krebs) hier eher seltener sind. Nachlassende

Leistungsfähigkeit, Vergeßlichkeit, Ängstlichkeit, Konfabulationen, Inkohärenz der Gedankengänge, Kontaktparanoidie usw. sind nur wahllos herausgegriffene Stichworte aus solchen Manifestationen der Psychosyndrome. Im Gegensatz zu den oben genannten nichtorganischen Problemen muß hier in der Regel massiv die Mangelfunktion bzw. der Schaden über pharmakologische Mittel behoben bzw. verbessert werden. Daß soziale Therapien dazu kommen, ist selbstverständlich. Sie können aber die primäre Ursache der Psychose niemals beheben.

Ein Blick auf die eingesetzten Psychopharmaka und andere Arzneimittel zeigt, daß mit dem Alter ein enormer mengenmäßiger Anstieg stattfindet (Abb. 13.3, S. 382). Er spiegelt eigentlich die gesamte Altersproblematik im psychosozialen und organisch-funktionellen Komplex außergewöhnlich deutlich wieder.

Die Behebung aller einzelnen Krankheitserscheinungen eines multimorbiden, alten Menschen ist allerdings immer ein großes Problem. Im Extrem könnten ohne Probleme 30 verschiedene Medikamente gleichzeitig zum Einsatz kommen, deren mögliches Zusammenwirken über jegliche Testbarkeit hinausgeht; dementsprechend kann auch kein Arzt deren synergistische oder antagonistische Wirkung nur annähernd beurteilen. Pharmakotherapie aller Beschwerden ist also verantwortungsbewußt nicht durchführbar. Sie kann sehr schnell auch zu sehr gravierenden Nebenwirkungen führen. Dennoch ist es immer wieder erstaunlich, mit welchem Vorrat an unterschiedlichsten Medikamenten aller Art ältere Menschen hantieren und sich oft außerhalb der Kontrolle durch einen Mediziner selbst therapieren und medikamentieren.

Geriatrika – Sinn und Unsinn des Geschäftes mit dem Alter

Versuchen wir eine Schlußbetrachtung der gesammelten Informationen. Medikamente der unterschiedlichsten Stoffklassen sollen – glaubt man der Werbung des Beipackzettels, in Zeitschriften, in Illustrierten und in Tageszeitungen – gegen alle möglichen Beschwerden des Alter(n)s wirksam sein. Zum Teil sollen sie sogar verjüngend wirken. Läßt man die unbestrittene Wirkung zahlreicher »normaler« Medikamente außen vor, die zum Beispiel den Blutdruck senken, beruhigen, antidepressiv wirken, den

Schlaf herbeiführen usw., haben die vielen, sogenannten Geriatrika schlechte Karten. Sieht man von Plazebo-Effekten ab, bleiben nur extrem wenige Mittel übrig, denen man eine – wie auch immer geartete – vorhandene Wirksamkeit bescheinigen kann. Aber auch alle diese Präparate sind alles andere als Alternsbremsen oder gar Jungbrunnen. Betrachtet man die Umsätze, die mit diesen Mitteln gemacht werden, sind sie vorwiegend ein für die Pharmaindustrie äußerst lukratives Geschäft mit dem

ABBILDUNG 13.4: Konfuzius, der große chinesische Philosoph des Alterns, sah im Alter die höchste Stufe der Reife. Für ihn war Altern sogar eine Chance, Zuwachs von Macht und Ansehen zu erlangen. Seine Vorstellungen sind in die chinesische Kultur eingegangen. Bei ihm heißt es u.a.: »Mit 15 Jahren bemühte ich mich um das Studium der Weisheit; mit 30 gewann ich Sicherheit darin; mit 40 hatte ich keine Zweifel mehr; mit 60 konnte mich nichts auf der Welt erschüttern; mit 70 vermochte ich den Wünschen meines Herzens zu folgen.« Nach dem 70. Lebensjahr traten die alten Chinesen von ihren öffentlichen Ämtern zurück, genossen aber weiterhin große Autorität. Die Sonderstellung der Greise hat sich bis in das heutige China in Form einer »Gerontokratie« behaupten können.

Alter und damit mit den Beschwerden, Leiden und Hoffnungen alter Menschen. Der »Alterspapst« in Deutschland, Prof. Dr. D. Platt, Inhaber des Lehrstuhls für Gerontologie der Universität Erlangen-Nürnberg, schreibt lapidar, »... daß der Einsatz der üblicherweise als ›Geriatrika‹ (Procain, Ginseng, Multivitamine ...) bezeichneten Medikamente im Alter, vor allem wegen der dringend notwendigen Pharmakotherapie bei Multimorbidität, weder klinisch noch wissenschaftlich vertretbar ist und über einen reinen Plazebo-Effekt hinaus keine Voraussetzungen für eine rationale Pharmakotherapie bietet.«

Man erlaube mir, auf diese wissenschaftlich fundierte, klare Aussage noch einen »dummen« Spruch draufzusetzen: Es gibt nur ein Mittel gegen das Altern – und das ist jung zu sterben. Unsterblich ist allein der Wunsch nach ewiger Jugend. Der Traum von einem Trank der Unsterblichkeit, einer Altweibermühle oder einem ähnlichen Apparat für Männer ist ein schöner, manchmal auch selbstironischer Wunsch. Das Altern als logische Folge des Lebensablaufes zu akzeptieren, ist die beste Strategie, mit all den Beschwernissen, die uns der letzte Lebensabschnitt bringt, fertig zu werden. Dazu brauchen wir primär keine Chemie, sondern ein Stück Selbsteinsicht und selbstbeschränkende Unterordnung in die grundlegenden Bedingungen unseres Daseins.

Gehirnzellen von menschlichen Feten contra Parkinson

Viele Altersbeschwerden lassen sich (nur) durch Pharmaka lindern. Im vorangegangenen Abschnitt haben wir gesehen, in welchem Umfang Medikamente eingesetzt werden, um Alterserscheinungen zu therapieren. In der letzten Zeit sind jedoch auch neue Verfahren ins Blickfeld des Interesses gelangt, mit denen nicht Symptomtherapie betrieben wird, sondern die Ursache der Alterserkrankung selbst angegangen werden soll. Dazu gehört u.a. eine neue Therapie gegen das Parkinson-Syndrom.

Morbus Parkinson, die Schüttellähmung, haben wir schon bei den Alternskrankheiten des Menschen besprochen. Die Degeneration der Hirnzellen – und den daraus folgenden Mangel an Transmittersubstanz Dopamin bei Parkinson-Patienten – hofft man nun mit einem (noch) sehr umstrittenen Verfahren zumindest im Ablauf verlangsamen zu können.

Dazu will man aus abgetriebenen, menschlichen Feten Gehirngewebe entnehmen, und dieses embryonale Gewebe soll in das Gehirn der Kranken eingespritzt werden, wo es die Funktion verlorengegangener Zellen übernimmt. Tatsache ist, und auch das haben wir bereits kennengelernt, daß bei uns, aufgrund der Bioethik-Konvention, keinerlei Forschung und Organentnahme an menschlichen Embryonen erlaubt ist. Zur Behandlung eines Parkinson-Patienten müßten aber nach dem bisherigen Stand der medizinischen Technik (Ende 1995) die Mittelhirnzellen von mindestens drei Feten gewonnen werden, um nur eine Gehirnhälfte des Kranken zu therapieren. Die (dazu notwendigen!?) sechs Abtreibungen zur kompletten Behandlung müssen am selben Tag in derselben Klinik durchgeführt werden, da die Zellen sofort übertragen werden müssen. D.h., es besteht eine große Gefahr, daß hier Feten zur Handelsware degenerieren, da anzunehmen ist, daß natürlich auch andere Bestandteile (der normalerweise aus sozialer Indikation erfolgten Abtreibung) »brauchbar« sind. So könnte man z.B. alle therapienützlichen oder regenerierfähigen Gewebebestandteile (Haut, Leber, Knochen, Herz etc.) zu Transplantationszwecken gleich mitentfernen. Wer den Anfang wagt, muß sich fragen lassen, warum eigentlich nicht? So sehr die Therapiemöglichkeiten faszinieren und Tausenden von Menschen ein würdigeres Leben in Aussicht stellen, so bedrückend ist die Vorstellung, daß Frauen dann letztlich gegen Geld als Lieferanten für menschliche Embryonen und Feten in Kliniken Abtreibungen (nach welcher Indikation?) vornehmen lassen. Wo hier die Ethik Grenzen setzt oder überhaupt setzen kann, bleibt fraglich. Und um welche Ethik ginge es? Um die des Feten oder um die des sterbend Kranken? (Vgl. dazu das Buch von Ingrid Schneider, *Föten. Der neue medizinische Rohstoff,* Campus Verlag.)

Es hat sich schon oft gezeigt, daß Ethiknormen immer dann – durch allmählich gewöhnende Diskussionen an das zunächst Unvorstellbare – heruntergeschraubt oder ganz ad acta gelegt werden, wenn nur ein genügend großer Teil der Bevölkerung daraus gesundheitliche und (last but not least) finanzielle Vorteile ziehen kann. Moral und Ethik verkommen dann auf Nebenschauplätze, die einen nicht so direkt tangieren. Dafür gibt es mehr als genug Beispiele.

Sport als Alternsprävention – Sport ist Mord?

Dem ehemaligen Premier von England, Churchill, werden bezüglich des Sports verschiedene Aussprüche nachgesagt. »No sports please« (keinen Sport bitte), ist wohl der bekannteste. Seiner Ansicht nach ist Sport für Gesunde nicht notwendig und kann für Kranke nur schädlich sein. »Sport ist Mord« konnte man aufgrund spektakulärer, plötzlicher Todesfälle durch Herzversagen bei Hochleistungssportlern in vielen Printmedien lesen. Und wenn wir uns die Altersstatistik anschauen, kann man tatsächlich feststellen, daß unter den drei körperlichen Konstitutionstypen Pykniker, Leptosomen und Athletiker der nicht nur nach außen hin sportlich durchtrainiert Erscheinende die geringste Lebenserwartung aufweist, obwohl sicher jeder das Gegenteil erwarten würde. Ist deshalb Sport alternsfördernd und erhöht die Sterblichkeit?

Zweifellos hat Sport in den Augen des größten Teils der Bevölkerung einen hohen Stellenwert als gesundes, körperliches und – indirekt – seelisches Training unseres Körpers. Lassen wir einmal unkontrollierten Sport organisch kranker Menschen beiseite, für die diese »Ertüchtigung« tatsächlich tödlich sein kann, dann hat Sport ohne Frage einen positiven Gesundheits-Effekt. Und so kann geeignetes körperliches Training sehr wohl in der Lage sein, in funktioneller (aber auch psychischer) Hinsicht Auswirkungen von altersbedingten Veränderungen entgegenzuwirken. Es gibt eine Reihe sehr gut dokumentierter positiver Effekte auf praktisch alle wichtigen Organe und Funktionsabläufe im menschlichen Körper, soweit – und das muß ganz klar gesagt werden – der Sport in vernünftigem Rahmen abläuft.

Was sind diese positiven Effekte? Beim Herz-Kreislaufsystem kommt es zu einer Bradykardisierung (Verlangsamung des Herzschlages), einer Verlängerung der Durchblutungszeit des Herzens, einer Verringerung des Sauerstoffbedarfes des Herzmuskels, einer Reduktion der Herzarbeit, einer beschleunigten Erholung nach Belastung, einer Erweiterung des Kapillarbettes, einer Erhöhung des Gesamtblutvolumens, einer Verbesserung der arteriovenösen Sauerstoffdifferenz und einer verbesserten Erhaltung der Gefäßelastizität.

Bei der Muskulatur werden folgende Effekte beobachtet: Massenzunahme, Kraftzunahme, Stabilisierung des passiven Bewegungsapparates, Erhöhung der Widerstandskraft gegenüber Ermüdung und Erhöhung der Mobilisierung von Fetten zur Energiegewinnung.

Die Atmung wird tiefer, sie bekommt eine niedrigere Frequenz, die Lunge wird besser durchblutet, und die Atemarbeit nimmt ab.

In den inneren Funktionssystemen wird der allgemeine Energiestoffwechsel angeregt, der Cholesterinspiegel gesenkt, Harnsäurebelastungen im Blut verringert, die Belastungsreserven von Drüsen verstärkt, die einzelnen Organe besser durchblutet usw. Das Immunsystem kann stimuliert werden; es kommt zu einer Resistenzerhöhung und manche sprechen sogar von einem zusätzlichen Schutz vor Krebserkrankungen. Es gibt in diesem Bereich also offensichtlich eine große Zahl von positiven Effekten.

Im psychischen Bereich kommt es zu einer besseren Abbaureaktion angestauter Aggressionen und angestauter Streßhormone. Das Selbstwertgefühl kann erhöht werden.

Andererseits warnen Wissenschaftler vor exzessivem Training und Hochleistungssport. Wieviele junge Kunstturnerinnen z.B. werden im Kindesalter schon zu Krüppeln trainiert, deren Gelenke absolut abgenutzt, überdehnt und somit im Alter von 15 Jahren schon extrem gealtert sind? Ein »überzüchtetes«, zu großes Sportlerherz, das zudem hohe Einlagerungen von Alterspigment zeigt, wie jeder Pathologe weiß, macht vielen Sportlern im höheren Alter, wenn sie ihren Leistungssport nicht mehr durchführen, größte Schwierigkeiten.

Mediziner des Max-Planck-Institutes für Psychiatrie haben auch gezeigt, daß exzessives Laufen unmittelbar der Gesundheit schaden kann. Beim Marathon-Läufer ist so der Cortisol-Spiegel im Blut gegenüber normalen Personen ständig erhöht. Sein Blutbild entspricht dem eines depressiven Patienten. Nach Ansicht der Experten verändert Cortisol den Stoffwechsel im Gehirn. Die geistige Potenz sinkt und es setzt ein frühzeitiger Alternsprozeß

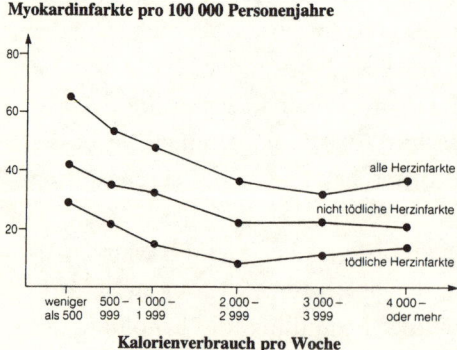

ABBILDUNG 13.5: Darstellung der Häufigkeit tödlicher und nichttödlicher Herzinfarkte in Abhängigkeit von der sportlichen Belastung. Die Kalorienangabe läßt sich in die heutzutage gültige Dimension Kilojoule über den Faktor 4,18 (1 kcal = 4,18 kJ) errechnen. In Tab. 13.1 (S. 393) ist angegeben, welchen Energieverbrauch verschiedene Sportarten haben.

ein. Untersuchungen an der Stanford University, School of Medizine, USA, haben denn auch tatsächlich gezeigt, daß zu starkes körperliches Training die positiven Effekte vernünftigen Trainings wieder aufhebt. Sie untersuchten in den 60er Jahren rund 17 000 Absolventen der Harvard-Universität im Alter von 35 bis 74 Jahren. Die Beobachtung und Auswertung der Probanden zeigte, daß die Sterberate bei Männern, die wöchentlich etwa 8 500 Kilojoule durch Sport verbrauchten (ca. vier Stunden leichtes Jogging), fast um ein Drittel niedriger lagen, als bei denjenigen, die sich kaum oder gar nicht sportlich betätigten (Abb. 13.5, S. 389). Wenn allerdings mehr als 14 700 Kilojoule wöchentlich für Sport aufgewandt wurden, konnte das zu Schädigungen führen, die die Vorteile der körperlichen Anstrengung aufhoben oder gar ins Gegenteil kehrten.

Gerade Hochleistungssportler plagen ihren Körper oft genug bis an die Grenzen der Leistungsfähigkeit. Um die dabei auftretenden Schmerzen, die der Körper als Alarmsignal im Sinne von »höre endlich auf – sei vorsichtig« an das Bewußtsein aussendet, bei Weitertraining zu eliminieren, betäuben Nervenzellen über körpereigene Rauschgifte (Endomorphine) die Schmerzempfindung, was viele dann, wie Rauschgiftsüchtige, in nachfolgenden Trainingstorturen immer wieder suchen. Das »runner's high«, dieser Rausch der Seligkeit nach einem Marathonlauf, ist deshalb weniger ein medizinisch sinnvoller, wünschenswerter Ausdruck von innerer Befriedigung über das gesundheitlich Erreichte, als vielmehr eine Beta-Morphin-Lust, die nachgewiesenermaßen auch komplexe Gedankengänge und das Wahrnehmungsvermögen blockiert. Maximale Leistungsanforderung mit »Schmerzbetäubung« der überforderten Organe war in früheren Generationen eine sinnvolle, letzte Anstrengung des Körpers bei existentiellen Streßsituationen (Flucht, Kampf). Keiner wird aber ernsthaft behaupten können, dies heute zu machen sei gesund, geschweige denn altersbremsend. Das Gegenteil ist richtig.

Manche Autoren sehen deshalb in der ganzen Fitneßwelle auch nur einen raffinierten Versuch, Gesundheit zu vermarkten. So füge sich dieses Ziel reibungslos in die übrigen Konzepte der Medizin ein, z.B. mit immer neuen Medikamenten den Choleringehalt im Blut zu senken (obwohl eine klare Abhängigkeit Choleringehalt im Blut zu Herz-Kreislaufversagen weiterhin höchst umstritten ist) oder unnütze Vitamine und Mineralien an den Mann zu bringen. Immerhin läßt sich damit sehr viel Geld verdienen. Die Nahrungsmittelindustrie mischt mit cholesterinfreien Nahrungsmitteln mit; Gesundheitsberater sind in den USA eine Milliarden-Industrie, und der Sport will hier natürlich auch nicht zu kurz kommen. Für jede Sportart gibt es einen eigenen Dreß, einen speziellen Schuh und ein super Stirnband. Fitneßcenter kassieren große Mengen Geld, und viele Alpendörfer wären ohne die Unmassen Skifahrer arm und bescheiden geblieben, so wie sie es vor hundert Jahren waren. Daß es nichts mehr mit Gesundheit zu tun hat, am Wochenende mit dem »sportlichen« Auto sich im Stau (oder auch ohne) ins Skigebiet zu plagen, um dort untrainiert, aber mit der neuesten Sportmode und den bestentwickelten Sportgeräten eine Piste hinunterzusausen, bleibt der rationalen Betrachtung leider meist verschlossen. Man bekommt von der Werbung geschickt das Mäntelchen der gesunden Fitneßwelle umgehängt, obwohl man längst am saugenden Tropf einer modischen Gesellschaftsveranstaltung hängt, für die Sport lediglich ein soziokulturelles Muß ist, um »in« zu sein, bzw. um Geld zu verdienen.

23 Millionen Deutsche treiben Sport im weitesten Sinne, die meisten davon als »Freizeitspaß«. Daß dabei viele auch gesundheitsschädliche Sportverletzungen auftreten können, ist klar. Manche Ärzte, Kliniken und ihre Beschäftigten in den Bergregionen leben allein von den Bein- und Armbrüchen der Skitouristen. Aber das sind unbeabsichtigte Unfälle. Weitaus schlimmer ist dagegen das bewußte »Overtraining«, bei dem sportliche Höchstleistungen gefordert werden. Rund eine Million Deutsche treibt tatsächlich purer Leistungsdrang zum Hochleistungssport, der auch ungeschickterweise mit der »Trimmspirale«, dem Anreiz nach immer höheren Leistungen, für den Breitensport gefördert wird. Bertolt Brecht (ein sehr unsportlicher Dichter) hatte die Konsequenz daraus bereits vor rund 60 Jahren so formuliert: »Der große Sport fängt dort an, wo er längst aufgehört hat, gesund zu sein.«

Ärzte wissen zum Beispiel schon lange, daß Sportler nach langem Training und Höchstleistungen für Infektionen besonders anfällig werden. Diesen anfangs mehr anekdotischen Berichten konnte man jetzt eine wissenschaftliche Untersuchung zur Unterstützung zur Seite stellen. Bei einem Test von 125 Hochleistungssportlern (80 km Laufen pro Woche) stellte man nach Belastungen einen extremen Abfall der Leistungsfähigkeit des Immunsystems fest. Das dafür unter anderem verantwortliche Verhältnis der Immunzellen T4/T8 sinkt z.B. nach einem Langstreckenlauf sehr stark ab (Abb. 13.6, S. 391) und bleibt viele Tage auf sehr niedrigem Niveau stehen. Bei allen Hochleistungssportlern lagen die entsprechenden Werte weit unterhalb der für Gesunde geltenden Normwerte.

Dies steht im klaren Gegensatz zu den anfangs genannten positiven Effekten. Trifft es also zu, das »Joggen bis zur Infektion«?

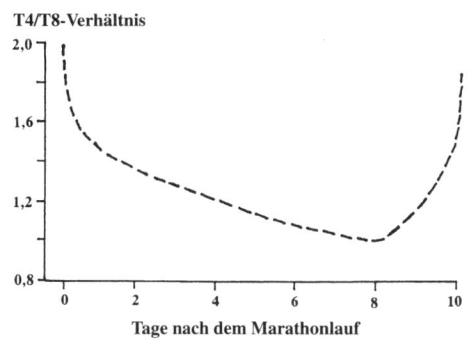

T4/T8-Verhältnis

Tage nach dem Marathonlauf

ABBILDUNG 13.6: Das Verhältnis der Immunzellen T4 zu T8 im Zeitverlauf nach einem Langstreckenlauf bei Hochleistungssportlern.

Und dennoch, Sport hat, richtig ausgeführt, positive Effekte auf Gesundheit, Alter und Altern. Was ist aber nun »richtiger« Sport? Das ist nicht leicht zu definieren. Meiner Ansicht nach ist als primärer Faktor zunächst die Frage nach der Motivation das wichtigste. Im Rahmen der Gesundheits- und Alternsfürsorge sollte nicht die sportliche Leistung als solche im Vordergrund stehen. Sport sollte also nicht als Leistungsanreiz und Leistungsbestätigung verstanden werden. Das hat man in der Regel doch eigentlich schon im Beruf genug. Die sportliche Belastung muß sich aus dem gesundheitsbetonten Training motivieren und mit Freude und Spaß ablaufen. Dazu reicht es, etwa 20 bis 40 % über das normale tägliche Aktivitätsmaß hinaus zusätzlich aktiv zu sein. Diese Aktivität sollte sich zudem an der jeweiligen Tagesform (Tageslust) und nicht an irgendeiner vorgegebenen Trimm-Tabelle orientieren, die jeden Tag »mehr« abverlangt. Der Aspekt der Freiwilligkeit, des leichten »Abdienens« ist gefragt, nicht die zwanghafte Abarbeitung einer vorgegebenen Leistungsnorm, die »heute« fällig

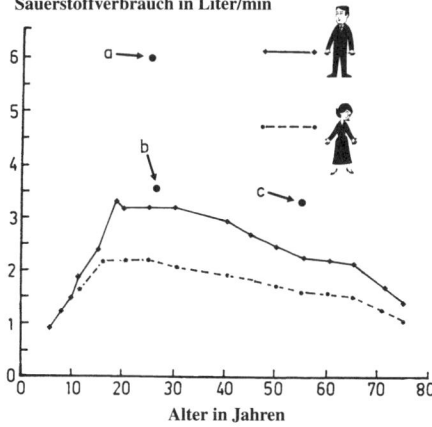

Sauerstoffverbrauch in Liter/min

Alter in Jahren

ABBILDUNG 13.7: Maximale Sauerstoffaufnahmeraten von normalen Probanden in Abhängigkeit vom Lebensalter. Gesundes, tägliches Sporttraining sollte im Maximum 80 % dieser Werte erreichen. (a) bzw. (b) sind Leistungssportler bzw. -sportlerin; (c) Altersleistungssportler.

ist. Entscheidend ist, daß die vorgegebenen Maximalwerte (Abb. 13.7, S. 391 und Abb. 13.8) von Kreislauf und Stoffwechsel auf keinen Fall überschritten werden. Für Kranke wird der Arzt unter Umständen hier auch andere, niedrigere Werte nehmen, als in den Abbildungen dargestellt sind (vgl. dazu auch Tab. 13.1 auf S. 393). Über 40 % zusätzliche Leistung führt schon zu einem echten Leistungszuwachs – jeder soll sich fragen, ob er diesen überhaupt nötig hat. Die maximale Belastung liegt bei 80 % Leistungsquote über der normalen Beanspruchung. Eine gleichmäßige Beanspruchung aller Körperteile, also kein einseitiger Sport, ist anzustreben. Drei bis vier Trainingstage pro Woche mit jeweils 30 bis 60 Minuten sind völlig ausreichend. Dazwischen etwas Gymnastik von fünf bis zehn Minuten ergänzt die ganze Sache. Wer zwischen sportlichem Wandern, Dauerlaufen, Radfahren, Schwimmen und Gymnastik hin und her wechselt, hat ein abwechslungsreiches Übungsprogramm, das umweltschonend, preisgünstig, familienfreundlich und dennoch äußerst gesund ist. Wer sich den Modezwängen der Sportindustrie entziehen kann, sich auf sein eigenes Körpergefühl verläßt und der eigenen Rationalität erlaubt, vernünftig mitzureden, kann kaum etwas falsch machen.

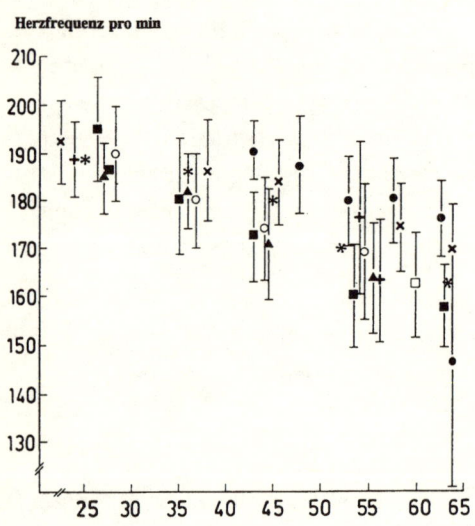

ABBILDUNG 13.8: Maximale Herzfrequenzen von normalen Probanden in Abhängigkeit vom Lebensalter. Gesundes, tägliches sportliches Training sollte im Maximum 80 % dieser Werte erreichen. Angegeben ist der Wertebereich der Mittelwerte aus acht verschiedenen Studien.

TABELLE 13.1: Körperliches Training als Alternsprävention – wieviel Energie verschiedene Sportarten im Mittel während zehn Minuten normalen Trainings verbrauchen. Der normale Energieverbrauch des körperlich wenig belasteten Menschen (75 kg) liegt bei etwa 2 000 Kilokalorien (= 8 500 Kilojoule) pro Tag.

Sportart (Tätigkeit)	Energieverbrauch in	
	Kilokalorien	Kilojoule
Kegeln	35	146
Tennis	80	334
Wasserski	70	292
Badminton	80	334
Tischtennis	53	221
Fechten	100	418
Basketball	140	585
Bergsteigen	80	334
Handball	140	585
Trampolin	140	585
Ringen, Judo	140	585
Rudern (Boot)	30	125
Kanu	83	346
Paddeln	68	284
Tanzen	70	292
Laufen (10 km/h)	100	418
Laufen (12 km/h)	114	476
Laufen (15 km/h)	131	547
Gehen (4 km/h)	31	129
Gehen (6 km/h)	53	221
Golfspielen	50	209
Radfahren (10 km/h)	28	117
Radfahren (20 km/h)	78	326
Schwimmen (Brust; 50 m/min)	113	472
Schwimmen (Rücken; 25 m/min)	70	292
Schwimmen (Freistil; 50 m/min)	140	585
Schwimmen (Delphin; 50 m/min)	143	597
Eishockey	250	1045
Skilanglauf (6 km/h)	112	468

Skilanglauf (10 km/h)	151	631
Skilanglauf (12 km/h)	231	965
Skiabfahrt	87	363
Slalom	229	957
Schlittschuhlauf (12 km/h)	47	196
Schlittschuhlauf (15 km/h)	62	259
Schlittschuhlauf (21 km/h)	104	434
Eiskunstlauf, minimal	50	209
Eiskunstlauf, maximal	250	1045

Kapitel 14

Sterben und Tod

»Da habe ich mich ein Leben lang auf den Tod vorbereitet, aber nun, wenn es an mich kommt, fällt es mir schwer.« Das soll der Dichter Matthias Claudius (1749-1815) gesagt haben.

Zu allen Zeiten haben nicht nur Dichter und Philosophen Sterben und Tod zu deuten versucht. Manche, wie der Romantiker Novalis, haben ihn als Überstieg ins Unendliche herbeigesehnt. Für andere, wie den Philosophen Martin Heidegger, war der Tod Grenze und Abbruch des Lebens. Der Nobelpreisträger Ernest Hemingway fand den langsamen Abstieg ins Grab abstoßend und jagte sich im Alter von 60 Jahren verzweifelt eine Kugel in den Kopf. In manchen Kulturen gehen die Alten selbst zum Platz ihres zukünftigen Grabes, um dort dem Sterben und dem Tod allein ins Auge zu sehen. Das Verhältnis des Menschen zum Sterben und zum Tod ist ungeheuer vielfältig und spannend. Es kann von tiefster Trauer auf der einen und von ausgelassener Freude auf der anderen Seite begleitet werden. Doch kann ich dieses mehr religiöse und kulturelle Problemfeld nicht darstellen; es liegt mir mangels Sachkenntnis und der notwendigen Sprachgewandtheit, die man dazu braucht, auch überhaupt nicht. Es ist ein geeignetes Feld für Philosophen, Religions- und Sozialwissenschaftler, und es gibt sehr viele Spezialliteratur und auch Belletristik darüber. Ich möchte hier allein die mehr naturwissenschaftlich interessanten Gesichtspunkte betrachten.

Wie wir sterben

Wie sterben wir – wer will das schon wissen? Und doch hat der amerikanische Chirurg Dr. B. Nuland 1994 ein Buch mit diesem Titel geschrieben, das zum Bestseller wurde. Es ist ein sehr nüchternes, für viele auch äußerst schockierendes Werk, rührt es doch mit seiner detaillierten, eindringlichen und auch schonungslosen Beschreibung des Sterbens an elementare Tabus, die wir uns gerne vom Leibe halten. Ich erspare es mir, daraus Passagen zu zitieren; jeder kann sich das Buch ja selbst besorgen (Kindler-Verlag) und lesen.

Das Sterben aus naturwissenschaftlicher Sicht ist bei Mensch und Tier in der Regel eine Abfolge von immer stärker werdenden Funktionsverlusten, die letztlich durch das Unterschreiten eines unteren Erhaltungslimits zum Tode führen. Dieser Sterbensablauf kann bei einem Unfall oder beim Reißen der Großen Körperschlagader in Sekundenschnelle geschehen oder auch beim normalen Altern über Jahrzehnte hinweg stattfinden. Der Sterbevorgang umfaßt auch nicht alle Teile des Körpers gleichmäßig. Selbst unmittelbar vor dem organismischen Tode können Teile des Organismus noch völlig frei von Alterserscheinungen z.B. Zellteilungen zeigen, volle Funktionsbereitschaft haben usw. Sie sterben dann weniger aus eigener Todesbereitschaft, sondern weil unterstützende Systeme ausfallen.

Wie lange bestimmte Organe ohne Unterstützung anderer Systeme auskommen, ist je nach Gewebe sehr unterschiedlich. Das Gehirn und das Herz können nur wenige Sekunden bis Minuten ohne Blutkreislauf existieren. Andere Systeme (z.B. schwach durchblutetes Bindegewebe, Knochen u. ä.) können problemlos Stunden, ja sogar Tage (Blutzellen selbst z.T. viele Wochen) ohne Blutzufuhr auskommen. Selbst Stunden und Tage nach dem »Tod« wachsen Haare, Zähne und Nägel noch weiter. Vieles ist zudem temperatur- und altersabhängig. Daraus können vielfältige Probleme bezüglich der Bestimmung des Todeszeitpunktes resultieren.

Für viele, sehr kritisch Eingestellte, ist so das verlängerte Leben im hohen Alter nichts anderes als ein extrem verlängerter Sterbevorgang. Der Sterbende kann allmählich in den Tod hinüberschlafen, ohne ihn noch bewußt wahrzunehmen, oder er kann einen fürchterlichen Todeskampf mit schrecklichen Schmerzen und Angst bei vollem Bewußtsein erleben. In vielen Fällen kann der Organismus das Schmerzempfinden und Bewußtsein bei starken Verletzungen durch einen plötzlichen Adrenalinstoß außer Kraft setzen und so dem (eventuellen) Tod seinen erlebten Schrecken nehmen.

Jeder normale Organismus, sei es Tier oder Mensch, kämpft gegen den Tod. Ob es aber Tieren bewußt ist, was Sterben bedeutet, ist sehr fraglich. Sie kämpfen fürs Leben, nicht gegen das Sterben, was ein wesentlicher Unterschied ist. Sicher ist, daß viele höher organisierte Tiere offensichtlich spüren, wenn der Tod naht. Entsprechende Berichte kennt man zumindest von Delphinen und Elefanten, die sterbende Artgenossen ganz besonders umhegen und pflegen und die tote Artgenossen mit einer besonderen Hingabe betrachten können.

Wann ist man tot, wann stirbt man noch?

Die Frage nach dem Zeitpunkt des Todes war früher kein großes Problem. Allein die Angst vor dem Scheintod, vor dem lebendig begraben werden, beunruhigte frühere Generationen. Wenn der Mensch aufgehört hatte zu atmen und sein Herz aufhörte zu schlagen, galt er bis Ende der 50er Jahre als gestorben. Später definierte man den Hirntod als Tod, da das Herz noch lange weiterschlagen kann. Der Übergang vom Koma in den Exitus hatte dennoch nur geringe chronologische Bedeutung, da man nichts mehr mit dem als »tot« definierten Organismus anfangen konnte. Es klingt hart, was ich da sage, aber so ist es nun einmal. Es ist die gleiche ethisch-moralische Diskussion, die auch beim Problem der Organentnahmen bei Feten und Embryonen auftritt, die heutzutage über die Bestimmung des Todeszeitpunktes geführt wird.

Seit die Transplantationsmedizin große Fortschritte macht, zanken sich Mediziner, Ethiker, Kirchenvertreter und Philosophen auf der einen und Mediziner, Ethiker und Philosophen auf der anderen Seite heftig über den Zeitpunkt des Todes beim Menschen. Für Transplantationen sollte man nämlich die benötigten Organe möglichst frühzeitig, d.h. frisch, aus dem Toten entnehmen, was die Akteure in dieser Interessenslage natürlich dann dazu verleitet, den Todeszeitpunkt möglichst früh anzusetzen; am besten bei noch voll durchblutetem und mit Sauerstoff versorgtem Körper, also bei schlagendem Herzen.

1968 wurde von der amerikanischen Harvard-Universität die von der deutschen Ärzteschaft später übernommene Definition des Hirntodes festgelegt: Der Zeitpunkt des Todes wird unabhängig von der Herz- und Atemfunktion definiert als derjenige Zeitpunkt, zu dem die Hirnfunktion erlischt. Getestet wird dies über das Kriterium der Null-Linie in der Hirnstromkurve eines Elektroencephalogramms (EEG) und die im Röntgenbild nachweisbare Aufhebung der Durchblutung des gesamten Gehirns (Gesamthirntod). Normalerweise geht der Hirntod dem Tod der anderen Organe nur wenige Minuten voraus. Mit Herz- und Lungen-Geräten läßt sich der hirntote Patient aber unter Umständen jahrelang am Leben (nach Ansicht vieler Mediziner nur am bloßen, unmenschlichen, organischen »Existieren«) halten. Hier ergeben sich schon die ersten Probleme. Wann wird weiter beatmet, wann hört man damit auf? Schon viele Gerichte sind mit dieser schwer zu klärenden Fragestellung konfrontiert worden. Es wurden aus diesen Gründen schon hirntote, aber schwangere Frauen bis zur Geburt ihres Kindes am Leben gehalten: monatelange Lebensentstehung in einer Leiche? Eine schreckliche Vision – aber auch hier wiederum nur die eine Seite der Medaille. Es gibt natürlich auch einen Vater des sich entwickelnden Kindes und dieses Kind selbst – beide können nicht aus der Betrachtung herausgehalten werden!

Wer in einer Intensivstation eines Krankenhauses arbeitet, weiß, daß die Frage nach dem »Abschalten« niemandem leicht fällt. Dennoch wird sie täglich x-mal – nach beiden Alternativen hin – von Ärzten, Angehörigen oder Patienten selbst beantwortet.

Wir haben also gesehen, biologisch ist auch der Tod ein *kontinuierlicher Prozeß*; die Gesellschaft fordert aber einen *klaren, definierten Zeitpunkt*. Wie schwer die Festlegung eines Zeitpunktes ist, zeigen die heftigen Diskussionen darüber. Ich möchte nicht weiter in diese Fragen eingreifen, da sie – wie all die anderen dazu passenden ethisch-moralischen Grenzziehungen – je nach Religion, Lebensauffassung usw. äußerst unterschiedlich sind. Nur ein Beispiel: Aufgrund seiner buddhistischen und shintoistischen Tradition ist in Japan die Organtransplantation (nur) hirntoter Patienten absolut verboten. Die erste und bisher letzte Herztransplantation fand in Japan 1968 statt. Der Operateur wurde sogar des Mordes angeklagt. In Japan – einer der am höchsten entwickeltsten Industrienationen – sind nach der kulturellen und religiösen Tradition Körper und Geist wechselweise so eng miteinander verwoben, daß weder ein Körper-Geist-Dualismus noch eine Lokalisation des Geistes allein im Gehirn vorstellbar ist. Hinzu kommt, daß in der buddhistischen Tradition der Geist des Verstorbenen anthropomorphisiert wird. D.h., er kann ähn-

liche Gefühle haben wie ein Lebender. Der tote Körper muß einer solchen
Auffassung zufolge als Ganzes erhalten bleiben, um ihm Leiden zu ersparen. Diese auch konfuzianisch geprägte Tradition verbietet es dem Individuum auch, selbst über seinen eigenen Körper zu verfügen. Eine Organspende müßte demzufolge vorher von der ganzen Familie gebilligt
werden. Einziges Todesmerkmal ist in Japan daher immer noch der Herz-
und Atemstillstand, und nur hirntote Menschen sind im Koma und beileibe keine Leichen. Hierin besteht ein Grundkonsens in der Bevölkerung!
Wir sehen an diesem Beispiel, wie in unterschiedlichen Traditionen und
Kulturen sehr unterschiedliche Vorstellungen von dieser komplexen Materie bestehen. Allein eine Definition von Leben (vgl. dazu die Diskussion
im Rahmen der Embryonalentwicklung und der Abtreibung) und Tod
nach egoistisch pragmatischen Gesichtspunkten, die das persönliche, oft
nur noch hedonistische Nützlichkeits- oder Nutzbarkeitsdenken voran-
stellt, wie es manchen von Tradition und Religion kaum mehr beeinfluß-
ten Europäern leicht fällt – ja geradezu als »modern« gilt –, ist in anderen
Ländern absolut unverständlich, sogar höchst unmoralisch. Ganz ad ab-
surdum sollte man diese Positionen nicht führen; zumindest kritisch darüber nachdenken kann man. Auch einem Naturwissenschaftler obliegt
es, dazu vielleicht unangenehme Denkanstöße zu geben.

Für den »normalen« Todeszeitpunkt, ohne den Druck einer bevorste-
henden Organtransplantation, gelten für den Arzt charakteristische
Merkmale, die in Tab. 14.1 auf S. 400 aufgeführt sind. Danach unterscheidet man auch den klinischen Tod (Ende der Funktion von Herz und
Kreislauf) vom Hirntod.

Ganz außer Betracht habe ich jetzt die Verhältnisse im Tier- und Pflanzenreich gelassen. Je nach Organisationshöhe der Tiere ist es teilweise ungeheuer schwierig, einen Todeszeit*punkt* anzugeben. Nur ein Beispiel: Eine rote Wegschnecke können Sie mit einer Schere in fünf, sechs einzelne
Teile zerschneiden. Selbst eine Woche nach dieser Zerstückelung werden
die Einzelteile der Schnecke (bei günstigen Rahmenbedingungen) noch
auf Reize reagieren, Stoffwechsel zeigen usw. Ein Froschherz (und auch
das Herz von anderen Tieren) kann man aus dem Körper nehmen und im
Reagenzglas (*in vitro*) unter günstigen Bedingungen wochenlang völlig
isoliert am Schlagen halten. Wie wird hier Tod oder »noch-Leben« definiert? Und – um noch kurz zu den Pflanzen zu kommen – es kann kein
Zweifel darüber bestehen, daß der frische Salat, das frische Gemüse, das
frische Obst, aber auch Nüsse, Getreidesamen usw., die (nicht nur) der

Vegetarier zu sich nimmt, aus lebenden Zellen besteht, egal, wie lange die Ernte zurück liegt.

TABELLE 14.1: Merkmale zur Feststellung des Todes und des Todeszeitpunktes beim Menschen.

Todesfeststellung

Klinischer Tod:

Kreislaufstillstand mit
1. fehlender Atmung (Spiegeltest);
2. fehlendem Karotispuls;
3. maximaler Erweiterung der Pupillen;
4. blaßgrauer oder zyanotischer Verfärbung der Haut und Schleimhäute.

Hirntod:

1. Ausfall der Spontanatmung;
   Koma;
   Pupillenstarre;
   Fehlen von Tracheal- und Pharyngeal-reflexen; keine Schmerzempfindung im Bereich des Trigeminus (Gesicht);
2. Resultate apparativer Zusatzuntersuchun-gen (für Transplantationen; von zwei unab-hängigen Ärzten zu testen): über 30 min kontinuierliches Null-EEG (»no DCA« = no Detectable Cortical Activity); bei Kin-dern nach 24 Stunden zu wiederholen! Zu-sätzlich fakultativ Zirkulationsstillstands-prüfung im Gehirn durch Angiographie.

Zeitpunkt des Todes

Unsichere Todeszeichen:

Erscheinung	Eintritt nach ca.
Trübung der Augenhornhaut (Cornea)	
– bei offenem Auge	1 Stunde
– bei geschlossenem Auge	24 Stunden
Spürbare Abkühlung	
– unbedeckte Körperteile	1 bis 2 Stunden
– bedeckte Körperteile	4 bis 5 Stunden

Leichenerscheinungen:

Erscheinung	Eintritt nach ca.
Totenflecke	
– an abhängigen Partien	ab 30 Minuten
– am übrigen Körper	1 Stunde
– deutlich zusammenlaufend (konfluierend)	2 Stunden
– voll ausgeprägt und konfluiert	4 Stunden
– wegdrückbar mit Fingerdruck	bis 10 Stunden
– nicht wegdrückbar	12 Stunden
– bei Umlagerung wandernd	bis 4 Stunden
– bei Umlagerung unvollständig wandernd	6 bis 12 Stunden
Totenstarre	
– am Kiefergelenk	2 bis 3 Stunden
– am ganzen Körper	8 bis 10 Stunden
– nach gewaltsamer Lösung wieder auftretend	7 bis 8 Stunden
– Beginn der spontanen Lösung	2 Tage
– vollständige Lösung	3 bis 4 Tage

Kapitel 15

Krebs, Viren, Regeneration

Vielleicht erstaunt es Sie, daß hier drei Themenkomplexe zusammen aufgeführt werden, die scheinbar auf den ersten Blick nur wenig miteinander zu tun haben. Aber dem ist nicht so, denn in allen drei Fällen handelt es sich ganz offensichtlich um eine Aufhebung des Altersvorganges im weitesten Sinne. Die Zelle erhält zumindest ihre Teilungsfähigkeit wieder zurück und kann so einen neuen Lebenszyklus beginnen. Ursache und Folge dieser Erscheinung sind jedoch bei Krebs, Viren und Regeneration sehr unterschiedlich.

Krebs – Unsterblichkeit, die tödlich ist

Krebs ist – auch wenn es viele Jugendformen gibt – primär eine typische Alterserkrankung, die beinahe alle Organe befallen kann. Mit dem Alter nimmt ihre Häufigkeit exponentiell zu (Abb. 15.1, S. 402).

Die Krankheit kommt bei praktisch allen Wirbeltieren vor, ist also nicht nur auf den Menschen beschränkt. Aber auch bei vielen niederen Tieren hat man Krebs bzw. krebsähnliche Krankheiten gefunden. So bei Austern, Fruchtfliegen, Würmern usw. Wahrscheinlich ist Krebs im ganzen Tierreich verbreitet. Es wurde nur noch nicht bei allen Tiergruppen danach gesucht. Krebs gibt es aber auch bei Pflanzen, was den generellen Aspekt dieser Entartung – für vielleicht alle Lebewesen – zusätzlich dokumentiert. Allerdings unterscheidet sich der Pflanzenkrebs doch in vielen Punkten vom Tierkrebs, indem er bei der Pflanze unstrittig von einem Tumorvirus ausgelöst wird.

Tote pro Jahr in der Population

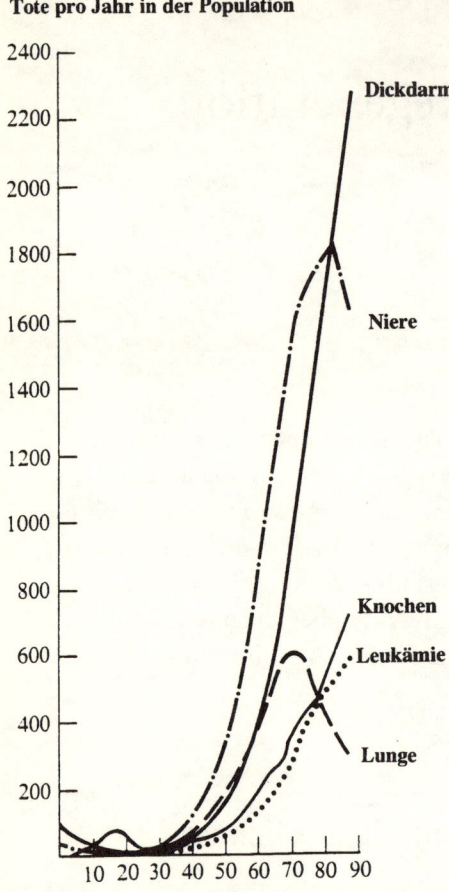

ABBILDUNG 15.1: Altersspezifische Sterblichkeitsraten für verschiedene Krebsarten beim Menschen. Die Zahlen beziehen sich auf Todesfälle pro Jahr pro 100 000 Lebende bei Dickdarm, Lunge und Leukämie oder pro eine Million Lebende bei Knochen und Nieren.

Jede Zelle kann sich in eine Krebszelle (Tumorzelle oder auch Neoplasma genannt) umwandeln, sofern sie nicht zu den Zellen gehört, die absolut keine Teilungsfähigkeit mehr besitzen: z.B. Muskelzellen, Herzzellen, ausdifferenzierte Nervenzellen. So gibt es keinen Herzkrebs und keinen Nervenkrebs, was nicht heißt, daß Bindegewebezellen – z.B. im Hirn – nicht neoplasmisch entarten können; aber dann betrifft es eben nicht die eigentlichen Nervenzellen, sondern die dort vorkommenden Begleitzellen. Das gilt auch für die anderen angeführten Organsysteme. Eine Zelle kann zudem erst dann zur Krebszelle werden, wenn sie ausdifferenziert ist, nach unserer Anschauung also schon gealtert ist. Beide Faktoren sind für die Beurteilung von Krebs sehr wichtig.

Krebs kann durch zahlreiche äußere Faktoren, die man auch Kanzerogene nennt (z.B. Chemikalien, Strahlung), ausgelöst werden, was aber nicht das Thema dieser Darstellung sein soll. Weiter scheint es erblich bedingte Krebsarten (bzw. Krebsempfindlichkeit) zu geben, die in bereits vorhandenen Onkogenen (das sind defekte Haushaltsgene; siehe weiter unten) liegen. Sie scheinen die im Kap. 3 (S. 67 ff.) dargestellten Apoptose-Mechanismen außer Kraft zu setzen.

Was kennzeichnet nun solche Neoplasmen? Krebszellen sind unsterblich, sie differenzieren sich nicht und altern damit auch nicht. Krebszel-

len entziehen sich dem weiteren Altern, indem ihre normalerweise endgültige, vorhandene Differenzierung zusammenbricht (Tab. 15.1). Sobald sie dann aus dem Differenzierungsprogramm ausgestiegen sind, beginnen sie mit Proliferationsteilungen. Nach einigen Teilungen sehen alle
Krebszellen deshalb mehr oder weniger gleich aus, egal aus welchem
Gewebe sie primär stammen. Krebszellen hören außerdem auf, ihre Teilungen zu »zählen«, es gibt keinen »Endzustand«, keine terminale Differenzierung mehr. Die meisten Krebszellen haben auch überzählige Chromosomen.

Erstaunlicherweise stellt die Tumorzelle zudem ihren Stoffwechsel um.
Statt durch normale Atmung deckt sie ihren Energiebedarf vor allem
durch anaerobe Glykolyse, also durch einen Vergärungsvorgang, bei dem
kein Sauerstoff mehr gebraucht wird. Als Atemendprodukt entsteht statt
Kohlendioxid Milchsäure. In Kultur zeigen Krebszellen weiterhin keine –
in normalen Kulturen zu beobachtende – Kontaktinhibition. Sie haften
»wild« und scheinbar unkoordiniert zusammen und wachsen zu großen
Massenklumpen heran, deren Zentrum unter Umständen nekrotisch
wird, d.h. aus Mangelversorgung abstirbt.

TABELLE 15.1: Merkmale von unsterblichen Krebszellen. Viele dieser Merkmale
können, müssen aber nicht in transformierten Zellen manifest werden. Die aufgeführten Merkmale sind immer im Gegensatz zu den Merkmalen von normalen,
sterblichen Zellen formuliert.

– Verlust der Teilungskontrolle – Invasivität – Eindringen in gesun- des Gewebe – Attackierbarkeit durch das kör- pereigene Immunsystem – Auftreten neuer Membraneigen- schaften (Antigene) – Verlust der Kontaktinhibition, d.h. Bewegung und Teilungsfähigkeit werden in Kultur nicht bei Kontakt mit Nachbarzellen eingestellt; da- durch mehrschichtiges (Polylayer), unkontrolliertes Wachsen – Nichtausbildung elektrischer Kopplung der Zellen untereinander (keine gap junctions)	– In Kultur Unabhängigkeit von Wachstumsfaktoren im Serum – Unbegrenztes Wachstum – Erhöhung des Anteils freier Ribo- somen im Zellplasma auf Kosten der Ribosomen, die an das Endo- plasmatische Retikulum gebunden sind – Verminderung des Zellskeletts – Abnormitäten in der Chromoso- menzahl sowie andere Chromoso- menfehler (z.B. Translokationen) – Aerobe Glykolyse, d.h. erhöhte Milchsäureproduktion – Verminderte Bindung bestimmter Bindungs-Proteine auf der E-Seite der Plasmamembran

Eine normale Zellkultur wächst immer als sogenannter »Monolayer«, das bedeutet als einzellige Schicht (Abb. 15.2). Krebszellen können also das Signal, mit der Teilung aufzuhören, sobald der Zellrasen eine bestimmte Dicke erreicht hat, nicht verstehen, oder »wollen« es nicht verstehen! Statt länglich spindelförmig, wie normale Kulturzellen, haben sie eine vieleckige Form. Im normalen Körper (*in situ*) wachsen die Krebszellen (materiell und räumlich) auf Kosten normaler Zellen. Die meisten Typen sind hoch invasiv gegenüber anderem, unverändertem Gewebe, was bedeutet, daß sie es ohne große Probleme überwuchern und infiltrieren und so die Funktionsfähigkeit des befallenen Organs zerstören.

Die normalen Zellen und das Immunsystem stehen dem tödlichen »Treiben« hilflos gegenüber. Durch die unbegrenzte Teilungsfähigkeit wächst der Krebs progressiv und kontinuierlich weiter und kann fußballgroße Ausmaße erreichen und eventuell allein durch das Verdrängen anderer Organe tödlich wirken. Die Teilungsrate kann zu Beginn des Wachstums sehr langsam sein (wenige Teilungen pro Jahr), sich aber später enorm beschleunigen. So kann ein Krebs über Jahrzehnte unmerklich langsam heranwachsen und sich dann bei bestimmten physischen und/oder psychischen Belastungen oder auch ohne äußerlich erkennba-

TABELLE 15.2: Einige krebsauslösende Retroviren und ihre Onkogene (v-Onkogene). Insgesamt sind rund 20 Viren aus Vögeln, Nagern, Katzen, Affen und dem Menschen bekannt.

Virus	Onkogen	Vorkommen
Simian Sarcoma-Virus	v-sis	Affe, Katze
Avian Erythroblastosis-Virus	v-erbB	Huhn
Rat Neuroblastoma-Virus	v-neu	Ratte
Feline Sarcoma-Virus	v-fms	Katze
Rat Sarcoma-Virus	v-ras	Ratte
Rous Sarcoma-Virus	v-src	Huhn
Myelocytomatosis-Virus	v-myc	Huhn
Murine Sarcoma-Virus	v-fos	Maus
Human T-Lymphotropic Virus	*	Mensch (AIDS-Erreger)

* Mehrere Formen (HTLV I erzeugt T-Zell-Leukämie, während HTLV II die gleichen Zellen zerstört); HTLVs (bzw. nach neuer Nomenklatur HIV; Human Immunodeficiency Virus) haben in ihren Genomen keine Onkogene, die mit den übrigen der Tabelle vergleichbar sind.

ren Grund urplötzlich durch schnelles Wachstum manifestieren. Bei sehr alten Menschen kann das Wachstum andererseits wieder stark verlangsamt werden, so daß oft keine Operation notwendig ist, um die Geschwulst zu entfernen.

Neben dem Krebs, einem bösartigen (= malignen) Tumor, gibt es auch gutartige (= benigne) Tumore, deren Zellen kein unbegrenztes Wachstum zeigen und die keinen vielfachen Chromosomensatz aufweisen. Durch ihre klar definierte Teilungsfähigkeit wachsen sie nur bis zu einer bestimmten Größe heran und bleiben dann in ihrem Wachstum stehen. In der Regel zerstören sie ihre Umgebung nicht, sondern verdrängen Nachbarzellen nur, infiltrieren sie also nicht. Zu benignen Tumoren gehören u.a. Fibrome, Lipome und Pigmentflecken. Andere gutartige Tumore errei-

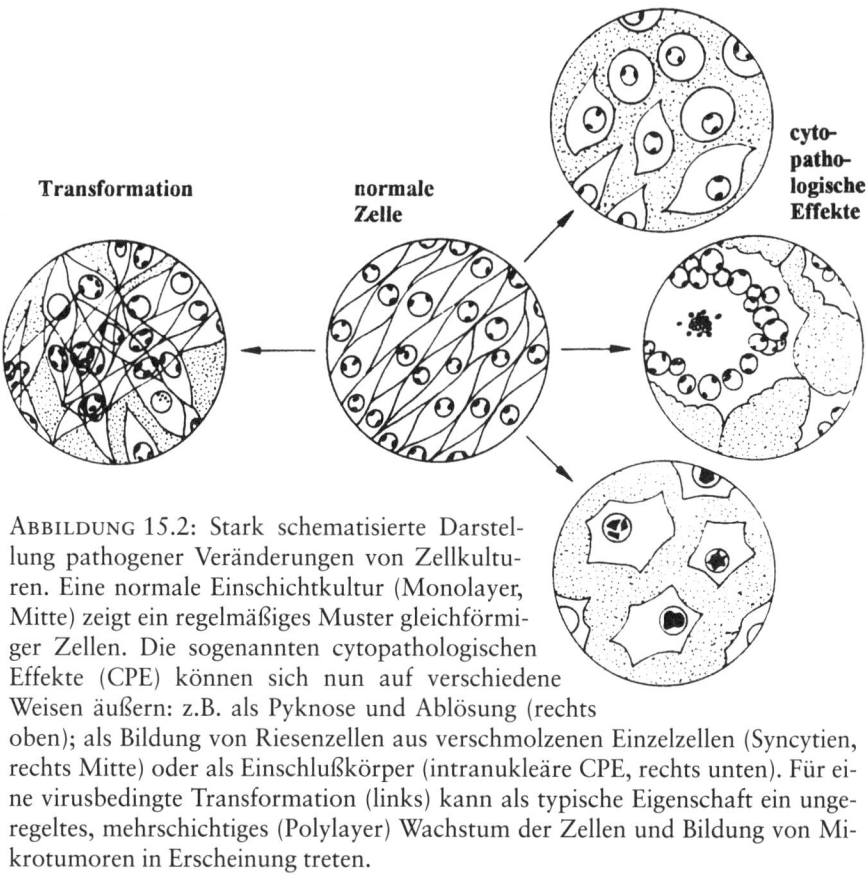

ABBILDUNG 15.2: Stark schematisierte Darstellung pathogener Veränderungen von Zellkulturen. Eine normale Einschichtkultur (Monolayer, Mitte) zeigt ein regelmäßiges Muster gleichförmiger Zellen. Die sogenannten cytopathologischen Effekte (CPE) können sich nun auf verschiedene Weisen äußern: z.B. als Pyknose und Ablösung (rechts oben); als Bildung von Riesenzellen aus verschmolzenen Einzelzellen (Syncytien, rechts Mitte) oder als Einschlußkörper (intranukleäre CPE, rechts unten). Für eine virusbedingte Transformation (links) kann als typische Eigenschaft ein ungeregeltes, mehrschichtiges (Polylayer) Wachstum der Zellen und Bildung von Mikrotumoren in Erscheinung treten.

chen eine bestimmte Größe und damit ein Gleichgewicht zwischen Zelltod und Zellteilung (z.B. basale Zellpapillome), während andere nach
ihrem Wachstum wieder degenerieren und damit wieder kleiner werden
(*Squamosa Papillome*). Im Krebs zeigt sich sehr deutlich, wie fehlende
Sterblichkeit zur falschen Zeit letztlich den frühen Tod bedeuten kann.

Die benignen, gutartigen Tumore sind demnach ganz deutlich keine
unsterblichen Zellen, wie die der malignen Neoplasmen. Wie wird nun
eine normale Zelle unsterblich? Den Vorgang der »Unsterblichmachung«
nennt man Transformation (ursprünglich Alteration oder auch Immortalisation). Dem Begriff sind wir früher schon begegnet.

Wie eine solche Transformation abläuft, ist auch heute noch nicht
geklärt, obwohl die Kenntnis über die molekulare Regulation der Chro-
mosomentätigkeit, der Zellteilung und des Wachstums inzwischen
unglaublich weit fortgeschritten ist. Es gibt wohl keinen medizinischen
Forschungsbereich, in den man vergleichbar enorme Geldmittel hineinge-
steckt hat; und – wenn es auch hart klingt – man ist in den letzten 20 Jahren weder in der Ursachenkenntnis (bezüglich des Funktionsablaufes)
noch in der Therapie wesentlich vorangekommen. Würde man das Geheimnis der Transformation kennen, wüßte man vermutlich auch mehr
über die Natur des Alterns. Altern und Krebs sind nämlich zwei unmittelbar miteinander verwandte Phänomene. Krebszellen haben uns zumindest folgende, uns hier interessierende Einsichten gebracht:

Ein alternder Organismus neigt eher dazu, transformierte Zellen zu
produzieren, als ein junger. Woher kommt das? Der Grund für dieses nur
scheinbare Paradoxon liegt darin, daß im jungen Körper noch viele
(manchmal die meisten oder sogar alle) Zellen im Stadium des Wachstums, der Zellteilung und der Zelldifferenzierung begriffen sind. All diese
Vorgänge werden bis zu ihrer endgültigen Reifung durch genetisch fixierte Programme überwacht, die in den Chromosomen liegen. Diese Kontrollprogramme machen über 90 % des Erbmaterials aus, was zeigt, wie
wichtig und umfangreich sie sind. Solange diese Kontrollprogramme
tätig sind, ist es wesentlich schwieriger, das Differenzierungsprogramm
außer Kontrolle zu bringen und die Zelle zu transformieren. Dazu bedarf
es dann sehr agressiver Eingriffe, wie extrem hoher Strahlung, erblicher
Dispositionen, Mutationen oder z.B. agressiver Viren (Abb. 15.3, S. 407),
weshalb das Burkitt-Lymphom eben schon in früher Jugend auftritt. Ist
die Zelle dagegen ausdifferenziert, sind auch die Kontrollgene nicht mehr
so intensiv tätig, da ja die Hauptarbeit, das Hinführen der Zelle zur end-

gültigen Tätigkeit, erfolgreich beendet ist. Solch eine Zelle ist um so leichter aus der Kontrolle zu bringen, je länger ihre Ausdifferenzierung zurück liegt. Kommen die Alternsphänomene, wie geringere Reparaturmöglichkeit, geschwächte Leistungsfähigkeit usw. dazu, kann man verstehen, daß Krebs mit dem Alter geradezu zwangsläufig zunehmen muß. Gleichzeitig ist auch das Immunsystem des Körpers schwächer, so daß der Krebs es leichter hat, zu wuchern.

Auch bezüglich der Hayflick-Zahl, der Zahl der möglichen Zellteilungen, zeigt uns die Transformation das Problem in einem neuen Licht. Die Zahl angeblich

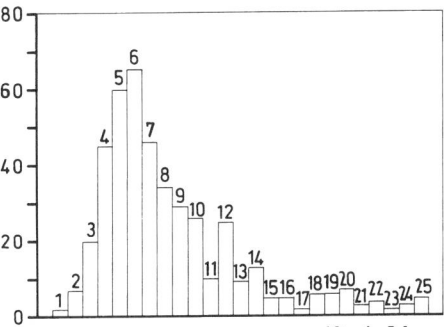

Anzahl erkrankter Fälle

Alter in Jahren

ABBILDUNG 15.3: Altersverteilung des Burkitt-Lymphoms (mitverursacht durch das Epstein-Barr-Virus) in Uganda. Verteilung Männer:Frauen wie 2,1:1. Vorwiegend Kinder werden befallen. Erwachsene scheinen bereits eine Eigenimmunität aufgebaut zu haben. Nur 28 Fälle von Erkrankten, die über 25jährig sind, wurden bekannt.

möglicher Teilungen wird bei der Transformation ganz einfach vergessen, sonst könnten ja keine Krebszellen entstehen. Heißt das im Umkehrschluß aber nicht auch, daß es diese Zahl gar nicht gibt? Natürlich nicht! Die Zahl gibt es! Das Phänomen beweist uns jedoch sehr klar, daß die beschränkte Teilungsfähigkeit eben nicht eine Mangelerscheinung des Systems ist, sondern – genetisch vorprogrammiert – nur eine bestimmte Zahl von Mitosen »erlaubt« werden. Anschließend wird das Teilungssystem einfach abgeschaltet, obwohl es weitermachen könnte, wie die Transformation in aller Deutlichkeit und ohne Zweifel beweist.

Dies zeigt gleichermaßen, wie wenig vernünftig alle Theorien des Alterns sind, die auf einer passiven Abnutzung als primärer Ursache beruhen. Das System verfällt nämlich nicht in Unbrauchbarkeit oder Unfähigkeit. Im Gegenteil! Es reicht ein entsprechend eingesetzter »Schalter« im System selbst, und die Teilungen gehen ungebrochen und mit »jugendlichem Elan« ad infinitum weiter. Wie könnte man eindrucksvoller und deutlicher den programmatischen Charakter des Alterns und des Alters zeigen? Ein bereits abgespultes Lebensprogramm, das Altern, kann jederzeit neu von vorne angefangen werden; es ist nichts verloren gegangen, nichts gelöscht worden, geschweige denn ist irgendetwas im biologischen

System für immer zur Unbrauchbarkeit verschlissen. Es ist lediglich ad acta gelegt worden. Normalerweise wäre es nur nicht mehr gebraucht worden. Und das ist gut so! Allein in Deutschland kostet nämlich die ungewollte Reaktivierung des Teilungsprogramms rund 250 000 Menschen jährlich das Leben. Ungefähr 350 000 Menschen erkranken insgesamt an Krebs.

Wie bereits erwähnt, können auch höhere Pflanzen an Krebs erkranken. Deren Tumor wird allerdings durch ein gram-negatives Bakterium (*Agrobacterium tumefaciens*) ausgelöst. Die pflanzlichen Tumorzellen können in Kultur ohne Pflanzenhormone (Wachstumsfaktoren wie Auxin, Cytokinine etc.) wachsen und zeigen so erstaunliche Parallelen zu transformierten, tierischen Zellen, die in Kultur – im Gegensatz zu Kulturen normaler Zellen – ebenfalls ohne Wachstumsfaktoren auskommen.

Das »Molekül des Jahres 1994«

Krebs, als zweithäufigste Todesursache in Deutschland nach Herz- und Kreislaufschäden, ist für viele Menschen ein ganz realer Alptraum. Die Transformation der Zellen zu ungehemmtem Wachstum kann man bisher nur mit Strahlen, Skalpell und Chemie bekämpfen. Damit Zellen zu wuchern beginnen, müssen – das haben wir gerade erfahren – Regulationsgene, die Kontrollfunktionen haben, ausgeschaltet oder überspielt werden. Schon beim kontrollierten Zellselbstmord, der Apoptose, haben Sie gesehen, daß es Kontrolleiweiße gibt, die diesen Selbstmord kontrollieren, d.h., ihn verhindern, ihn auslösen oder die beides machen können.

Jedes Eiweiß seinerseits hat als Grundlage ein Gen. Ein Zelleiweiß, von dem man nun annimmt, daß es die Teilung und das Wachstum der Zelle wesentlich kontrolliert und damit an der Tumorabwehr beteiligt ist, nannte man p53 (das entsprechende Gen heißt dann ebenfalls p53). Dieses p53 fand sich in einer defekten Form bei bisher über 51 untersuchten Tumortypen. Rund eintausend Arbeiten wurden allein in einem Jahr über dieses Eiweißmolekül publiziert, weshalb es von der angesehenen Zeitschrift *Science* zum »Molekül des Jahres 1994« ernannt wurde. Das p53 scheint unter normalen Umständen bei einer Entgleisung des Zellwachstums der Zelle den Befehl zum Selbstmord zu geben. Ist das Gen defekt oder ausgeschaltet, fällt dieser Befehl aus, und die Zelle kann ungehindert wuchern. In der Zwischenzeit hat man ein weiteres Gen entdeckt, das eventuell an der Krebsentstehung beteiligt sein soll. Das p16-Gen (auf Chromosom 9 des Menschen) ist zumindest an Zellentartungen beteiligt. Gene, die im weitesten Sinne in der gerade geschilderten Methode die Transformation einleiten, nennt man auch Onkogene (oder auch Krebsgene; vgl. Tab. 15.2, S. 404). Es handelt sich vermutlich ebenfalls um Kontroll- oder um sogenannte Haushaltsgene, die, wie auch immer, offensichtlich fehlgeleitete Schalter der Unsterblichkeit darstellen.

Mit den o.g. Darlegungen ist aber noch nicht ganz geklärt, warum die Zelle, nachdem sie ihre Teilungen wieder aufgenommen hat, nicht wieder altert. Dies herauszufinden, wäre eine andere Möglichkeit, eine vorhandene Geschwulst wieder zum Verschwinden zu bringen. Dazu hat man sich folgende Gedanken gemacht: In normalen Zellen haben Chromosomen lange Endstücke, die der Molekularbiologe »Telomer« nennt. Mit jeder Teilung der Zelle geht dem Chromosom ein Stück dieses Telomers verloren. Hat das Telomer dann eine unterste, kritische Länge erreicht, altert die Zelle und stirbt ab. Das Telomer ist so also wie eine Art Zündschnur, die langsam abbrennt und den Zelltod am Ende auslöst. Bei Keimzellen weiß man, daß eine spezielle Telomerase diese Telomere stets erneuert, die Zündschnur also auf alter Länge halten. Das lange Telomer verhindert nach dieser Hypothese das Altern und den Zelltod.

Auch bei Krebszellen hat man diese Telomeraseaktivität festgestellt. Nun kann man sich denken, daß man durch Hemmung der Telomerase-Wirkung die Krebszellen zum Altern und damit zum Absterben bringen könnte. Leider ist aber vieles von dem hier Geschilderten noch ungesicherte Theorie und natürlich nur ein winziger Ausschnitt aus dem gesamten Regulationsgeschehen, dessen Ablauf und Beeinflußbarkeit weiterhin im dunkeln liegen.

Viren – biologische Transformation durch Genpiraten

Auch eine Reihe von Viren können eine ausdifferenzierte, sich nicht mehr teilende Zelle wieder in eine sich teilende verwandeln. Man geht heutzutage davon aus, daß etwa 180 von den rund 650 bekannten in Tieren vorkommenden Viren onkogen sind (Abb. 15.4, S. 410). Zu solchen Viren gehören z.B. die als Onkoviren oder Tumorviren bezeichneten Leukämie-

Viren, EBV(Epstein-Barr)-Viren, BL(Bovine Leukämie)-Viren, Spumaviren, HTL-Viren, HIV-Viren, der Rous-Sarkom-Virus, der Harvey Sarkom-Virus, der Abelson Leukämie-Virus, der Sendai-40 Virus usw. (Tab. 15.2, S. 404). Sie gehören alle – mit wenigen Ausnahmen (siehe unten) – zu den sogenannten Retroviren. Sie haben also als Erbsubstanz RNA, die in der Wirtszelle erst in DNA rücküberschrieben (deshalb »Retro-«) werden muß. Lange haben es Mediziner heftig abgestritten, aber vermutlich werden mindestens etwa 10 bis 20 % aller Krebsfälle von solchen Viren ausgelöst.

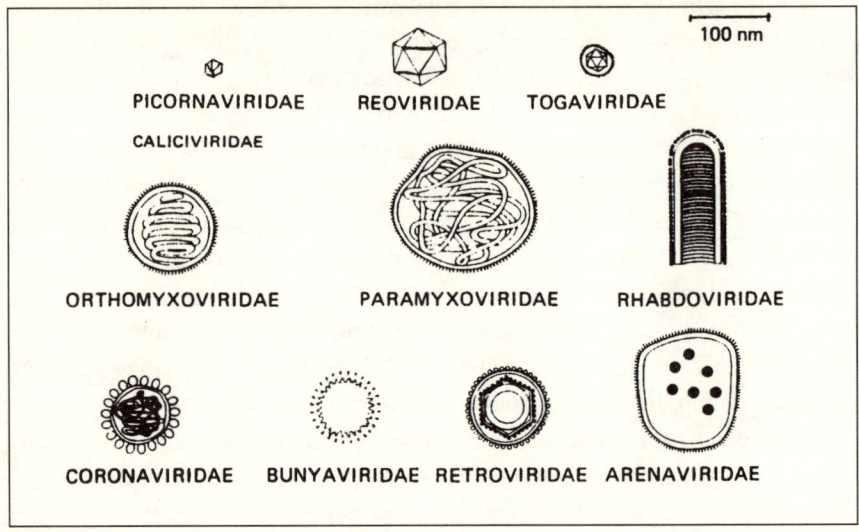

ABBILDUNG 15.4: Oben: Form und relative Größe einiger RNA-Viren von Wirbeltieren. Unten: Schema des Eindringens (Penetrierung) eines Virus in eine Zelle. Im dargestellten Falle des Newcastle Disease-Virus geschieht dies durch Membranfusion. D.h., die Virusmembran verschmilzt mit der Zellmembran und das genetische Material des Virus wird dabei frei und gelangt ins Zellplasma. Andere Arten gelangen mit ihrer Hülle komplett ins Zellplasma und lassen erst dort ihre »Hüllen fallen« und RNA freiwerden.

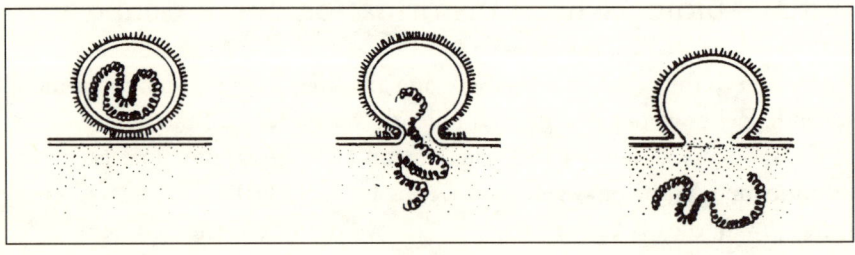

Man geht man heute streckenweise sogar davon aus, daß die Onkogene nichts anderes sind, als ins Genmaterial bereits fest inkorporierte Viren (man nennt sie dann an dieser Stelle Proviren), die dort allein nur noch als Schalterkontrolleure der Zellteilung und Zelldifferenzierung tätig sind. Viren können jedoch auch das Apoptose-Programm auslösen.

Doch beginnen wir mit dem Anfang. Die entscheidendste Entdeckung auf diesem Gebiet machte wohl der junge amerikanische Wissenschaftler Peyton Rous 1911. Er stellte fest, daß er einen Hühnerkrebs auf andere Hühner übertragen konnte, wenn er ihnen allein einen Tumorextrakt einspritzte, der keinerlei lebende Zellen mehr enthielt. Dies ließ ihn zwingend auf einen Virus schließen. Die damalige wissenschaftliche Gemeinschaft stufte die Entdeckung aber als nicht mit der herrschenden Lehrmeinung konform ein, stand Rous deshalb sehr ablehnend gegenüber und ignorierte die Entdeckung ganz einfach. Diese Haltung der Fachwelt ist nicht ganz untypisch. Sehr viele wichtige Entdeckungen sind zu der Zeit, in der sie gemacht wurden, in ihrer Bedeutung völlig unterschätzt oder sogar von den sogenannten Fachleuten unterdrückt und für absurd erklärt worden. 55 Jahre (!) später bekam Rous dann doch noch den Nobelpreis für seine Entdeckung, die sich als richtig herausgestellt hatte.

Viren sind biologische Systeme, die in der Regel nur aus einem einfachen DNA- oder RNA-Strang als Erbmaterial (»Viren-Chromosom«) bestehen, der in einer einfachen Eiweißhülle steckt. Alle Viren sind allein nicht lebensfähig und für ihre Vermehrung darauf angewiesen, ihre Erbsubstanz in die Erbsubstanz einer Wirtszelle einzubringen, wo sie vermehrt werden. Sie schleusen ihr Genom dazu ins Genom einer meist virusspezifischen Wirtszelle ein. Diese wird dann angeregt, in einer Art Sklavenarbeit neue Viren zu produzieren, die die Zelle verlassen und den Zyklus fortsetzen können (Abb. 15.5., S. 412).

Damit die Virenproduktion anläuft und möglichst viele Zellen anschließend Viren produzieren, muß zunächst die Wirtszelle vermehrt werden. Dazu muß sie jedoch wieder in einen teilungsfähigen Zustand gebracht werden, selbst wenn sie die Phase ihrer Teilungsfähigkeit bereits hinter sich gelassen hat. Und dies geschieht durch die ins Erbgut eingeschleusten Viren selbst, die dazu (teilweise) die bereits oben beschriebenen Onkogene (in der Genetik als V-onc-Gen bezeichnet; von »Virusoncogen« abgeleitet) benutzen. Mindestens 20 verschiedene kennt man in Viren (Tab. 15.2, S. 404).

Erstaunlich ist nun, daß diese Onkogene ursprünglich den Viren wahrscheinlich gar nicht selbst gehörten. Sie haben sie im Laufe der Evolution vermutlich von den Wirtszellen irgendwann »mitgehen« lassen, was wiederum zeigt, daß in der Zelle selbst das ganze Programm vorhanden war bzw. immer noch ist (entsprechende Gene in der Zelle selbst nennt man C-onc-Gen, von »celloncogen«).

Die als Krebsviren charakteristischen Retroviren (*Oncovirinae*) haben nun die Besonderheit, daß sie keine DNA als Genomsubstanz haben, sondern nur eine einsträngige RNA. Da in höheren Zellen wiederum nur exklusiv DNA als Erbsubstanz vorkommt, müssen die Viren ihre RNA zuerst »rückwärts« (retro-) wieder in DNA umschreiben lassen, die dann als doppelsträngiger, sogenannter Provirus ins Genom des Wirtes eingeschleust wird. Hier verhält sich der Provirus nun wie ein normales Wirtsgen. Für diesen Vorgang wird eine reverse Transskriptase benötigt, die die Reaktion, das bedeutet die umgekehrte Umschreibung RNA-DNA, vollführt. Das Vorkommen von Retroviren beim Menschen wurde übrigens jahrelang abgestritten, bis Robert Gallo den Nachweis über die AIDS-Viren erbringen konnte. Unter den DNS-Viren gibt es ebenfalls onkogene Vertreter, bei denen die DNA auch doppelsträngig ist (z.B. Ep-

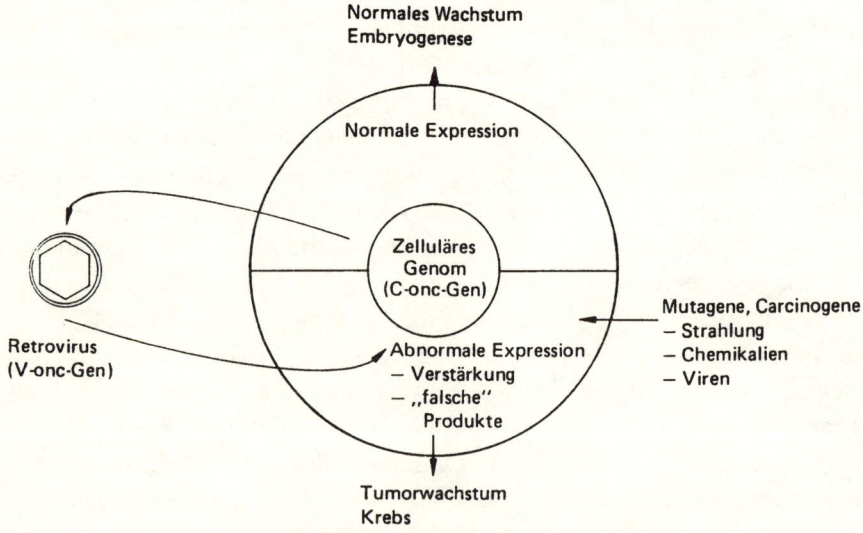

ABBILDUNG 15.5: Schematische Darstellung des Übergangs einer normalen Zelle in eine transformierte Tumorzelle, verursacht durch einen Virus.

stein-Barr-Viren, Pockenviren, Herpesviren, Hepadnaviren, Adenoviren, Papovaviren, SV 40-Virus, Polyoma-Virus).

Als sogenannte »temperente Viren« können Viren unter Umständen jahrelang ohne Wirkung bleiben, d.h. schlafen, bis sie dann plötzlich ausbrechen. Manche bleiben vielleicht sogar das ganze Leben temperent und sind so ohne Schaden für den Wirt.

Die genannten Krebsviren sind aber alle in der Lage, eine nicht mehr teilungsfähige, alternde Zelle zu einer teilungsfähigen zu transformieren. Das Verlaufsprinzip ist letztlich sicher mit dem »normalen« Krebs identisch. Die Wirtszelle wird dadurch immortalisiert und jugendlich – dies geschieht jedoch allein zum Wohle des Virus, nicht als Jungbrunnen für das befallene Gewebe. Für den befallenen Wirt hat es meist sogar verheerende Konsequenzen, die sich in schweren Krankheiten manifestieren (Leukämie, AIDS, verschiedene bösartige Sarkome, Reticuloendotheliose usw.).

Bleibt noch ein kleiner Nachtrag. Phytohämaglutinin (PHA), ein Pflanzenstoff (ein leicht lösliches Glykoprotein), der besonders häufig in der Gartenbohne vorkommt, ist eine Chemikalie, die die Transformation in Zellkolonien begünstigt. Man weiß allerdings bis heute nicht genau, worauf diese Wirkung beruht. PHA wird aber in Zellkulturen häufig eingesetzt, so z.B. auch zur Zucht von AIDS-Viren in Blutzellen.

Regeneration – Frischzellen auf Vorrat?

Regeneration und endgültige Differenzierung schließen sich nach dem, was Sie bisher schon gehört haben, eigentlich gegenseitig aus. Je komplizierter ein Organismus, desto geringer sein Regenerationsvermögen. Höhere Organismen haben meist nur ein (teilweise erweitertes) Wundheilvermögen. Auf Zellniveau diente die Regeneration in der Evolution zunächst vor allem der gesamten Erneuerung des Tieres und verhinderte damit nach den drei Grundabläufen Reproduktion (z.B. die Abschnürung von Zellknospen, die normale Zellteilung), Reorganisation (ein Zellrest wird neu strukturiert, neu angeordnet) und Regeneration (verlorene oder verbrauchte Zellbestandteile werden neu produziert, normales Wachstum) das Altern. Diese drei Grundfunktionen sind im Zellkern programmiert.

Warum ist die Regeneration nicht ein durchgängiges, immer angewandtes Prinzip? Dokumentiert sich hier nicht doch die vielzitierte »Unzulänglichkeit der Natur«? In der Zwischenzeit sind wir sicher so gut informiert, daß wir diese Frage eindeutig und sicher verneinen können. Es ist ganz klar: Wenn es keine Regeneration gäbe, gäbe es wohl kein Leben. Ebenso klar ist jedoch: Gäbe es nur Regeneration, gäbe es keinen Tod. Der Tod aber, die Begrenzung der Lebenszeit auf ein biologisch unbedingt notwendiges Maß – das werden wir noch sehen – hat evolutiv gesehen absolute Priorität.

Das Phänomen der Regeneration ist in der Biologie intensiv untersucht worden. Hier kann ich aber nur einen kleinen Anschnitt der gesamten Problematik geben, sofern es unsere Fragestellung unmittelbar tangiert. Regeneration ist nur möglich, wenn wir entweder Zellen haben, die (als ausdifferenzierte Zellen) transformiert und neu programmiert werden können, oder Zellen, die sich in Wartestellung befinden und ihr Differenzierungspotential noch nicht verbraucht haben. Solche Zellen haben wir schon bei den Pflanzen kennengelernt: Es sind die Stammzellen, die es auch bei Tieren gibt.

In der Regel erfolgt die Regeneration tatsächlich aus solchen, mehr oder weniger omnipotenten Stammzellen oder gering differenzierten Zellen ohne endgültig manifeste Determination. Die bereits abgelaufene Differenzierung und Determination kann dabei je nach Organ und Tier äußerst unterschiedliche Höhe erreichen. Während es einerseits tatsächlich völlig omipotente Stammzellen gibt, die alles werden können, gibt es andererseits viele, die bereits so stark determiniert sind, daß sie nur noch Regenerate eines ganz bestimmten Typus bilden können. Einige konkrete Beispiele: Die meisten Einzelzellen von Polypen können einen ganzen Polypen regenerieren; die Stammzellen in der Niere eines Menschen aber nur noch Nierenzellen des gleichen Typs. Diese teildifferenzierten Zellen können also nur noch eigenes Gewebe regenerieren (Magenzellen nur Magen, Darmzellen nur Darm etc.; vgl. dazu auch Frischzellentherapie in Kap. 13, S. 366 ff.). Wirklich teildifferenzierte, aber omnipotente Zellen müssen sich erst wieder entdifferenzieren, bevor sie über Proliferationsteilungen verloren gegangene Teile ersetzen können.

Ein ganz bekannter Stammzellenpool besteht für die Blutzellen. Alle Typen von Blutkörperchen (rote Blutkörperchen, weiße Blutkörperchen, Thrombocyten usw.) entstehen aus solch undifferenzierten Blutstammzellen aus dem roten Knochenmark. Sie können nur Blutzellen, davon aber

– wie bereits gesagt – alle Typen produzieren. Keine Stammzellen finden wir dagegen im Nervensystem (Nervenzellen), im Herzen, in der Muskulatur und wenigen anderen Organsystemen. Hier ist ein Verlust von Funktionszellen nicht durch Regenerate ersetzbar. Bei der Muskulatur ist dies bei großen Verletzungen am Oberschenkel oder den Armen oft deutlich zu erkennen. Muskelverluste hinterlassen auch bei noch wachsenden Jugendlichen große Lücken, Dellen und ähnliches, weil die Muskelzellen nicht regeneriert werden. Begleitendes Bindegewebe ist davon allerdings nicht betroffen. Es sei nochmals erwähnt, daß aus diesem Grunde diese Organe auch keinen Krebs ausbilden können. Hier wird wieder deutlich, wie eng diese Phänomene und Eigenschaften zusammenhängen.

Wenn sich an Amputationsstellen bei niederen Tieren z.B. neue Extremitäten bilden sollen, entsteht zunächst ein sogenanntes Blastem, das aus undifferenzierten Zellen besteht. Diese Zellen können sich je nach Lage ganz »vernünftig« in ihrer jeweiligen Position entsprechend ihrer künftigen Aufgabe ausdifferenzieren. Durch Verpflanzung an einen anderen Ort (z.B. auf die andere Beinseite des Körpers) wachsen sie unter Umständen auch an dieser Stelle sinnrichtig, während andere Zellen und Regenerate ihrem Herkunftsort entsprechend weiterwachsen. Wird also ein Armregenerat an die Stelle eines Hinterbeines gepflanzt, wächst das Implantat dort als Arm weiter. Es muß nochmals betont werden, daß das Spektrum der potentiellen Möglichkeiten ungeheuer groß, faszinierend sowie artspezifisch und entwicklungsspezifisch äußerst variabel ist. Hier konnten nur einige Beispiele aufgeführt werden.

Regeneration ist also kein einfaches Aufheben des Alterns im Gesamtorganismus, sondern ein verzögertes oder angehaltenes Altern einzelner, junggebliebener Zellen für – wenn man so will – Reparaturzwecke. Tatsache ist, daß solche Zellpools lange jung gehalten werden können, und daß sie je nach Bedarf wiederum nach einem im Erbgut vorhandenen, hochorganisierten Programm Regenerate schaffen können. Umgekehrt läßt sich daraus zwingend folgern, daß Altern und begrenzte Lebenszeit ebenfalls programmiert sein müssen, denn was für einzelne Zellpools möglich ist, sollte, sofern ein phylogenetischer, entwicklungsgeschichtlicher Vorteil darin steckt, auch für den restlichen Organismus kein prinzipielles Problem sein. Die Tatsache, daß einzelne Zellen oder weniger als die Hälfte eines Gesamtorganismus bei vielen Tiergruppen und Pflanzen problemlos einen ganzen Organismus regenerieren können, zeigt, daß diese enorme Potenz für die Natur kein unüberwindbares Hindernis darstellt.

Kapitel 16

Warum müssen wir altern: Alter(n)stheorien

Alternstheorien und Alterstheorien – eine Begriffsbestimmung

Für den Menschen war die Beschäftigung mit dem Altern und dem Alter seit jeher von besonderer Faszination, aber auch von Angst und manchmal sogar von Schrecken begleitet. Die Fragen nach dem »Warum« und »Wieso« des Alterns und des Todes haben deshalb schon früh zu Theorien über diese elementaren Phänomene geführt. Das, was man zunächst nicht naturwissenschaftlich erklären konnte und auch heute noch nicht kann, wurde und wird religiös-metaphysisch begriffen. In unserer Kultur heißt das in der Regel: Altern, Sterblichkeit und Tod ist eine Strafe Gottes. Ewiges Leben und ewige Jugend als Erlösung vom Erdendasein gibt es erst nach dem Tod. Es ist kein falsches Verständnis, das hinter dieser Einstellung steht. Es ist nur eine andere, eine nicht naturwissenschaftlich-phänologische Betrachtung des Alter(n)sphänomens, die ihre volle Berechtigung neben der rationalen Naturwissenschaft hat.

Rein biologisch verstand man Altern von Anfang an wohl als eine »natürliche« Abnutzungserscheinung, der das biologische System über kurz oder lang nicht mehr gewachsen ist und deshalb abstirbt. Diese Abnutzungs-Theorie hat sich in vielfältiger Weise bis heute in zahlreichen Abwandlungen gehalten und dürfte wohl auch in den Köpfen der meisten Menschen die am leichtesten nachvollziehbare Theorie sein, da sie unsere eigenen, laienhaften, aber richtigen Beobachtungen zum Altern geradezu ideal bestätigt. Die meisten Menschen sind in der Regel nur über das Altern ihrer eigenen Spezies gut informiert. Was außerhalb der anthropozentrischen Weltsicht geschieht, bleibt vielen (selbst Humanwissenschaftlern) verborgen. Und so können sehr leicht phänologische Erkenntnisse, die man vom *Homo sapiens* gewonnen hat, bei überschneller Generalisierung und mit falschen Rückschlüssen zu ebenso falschen Einsichten und Meinungen führen.

Das kann unter Umständen schon mit einfachen semantischen Problemen beginnen. Zunächst deshalb nochmals eine kurze, aber wichtige Begriffserklärung: Betrachtet man allein Theorien, die Vorgänge beschreiben, die im weitesten Sinne um das Phänomen Altern ablaufen, ist es korrekt, den Begriff »Alternstheorie« (mit »n«) zu benutzen. Steht der eigentliche Alternsvorgang (als dynamische Entwicklung) jedoch nicht im Mittelpunkt der Betrachtung, sondern die Frage, warum Organismen ein ganz bestimmtes, für sie charakteristisches Lebensalter (als statischen Zustand) erreichen, ist der Begriff »Alterstheorie« (ohne »n«) angebracht. Beide Theorien beschäftigen sich eigentlich mit sehr unterschiedlichen Fragestellungen und sollten deshalb nicht wechselweise und begriffsidentisch benutzt werden.

Erstaunlicherweise wird dies auch in Wissenschaftlerkreisen häufig gemacht. So sollte man dann logischerweise Benutzern des Begriffes »Alterstheorie« nicht gleich Mangel an wissenschaftlicher Orthographie bzw. Unkenntnis von Wissenschaftsbeschreibung unterstellen, sofern sie das Wort im o.g., streng definierten Sinne gebrauchen. Doch haben wir dies schon im Anfangskapitel ausgiebig diskutiert; es sollte hier nur nochmals in Erinnerung gebracht werden. Beide Theorien stehen insofern miteinander in direkter Beziehung, als die Begrenzung des Lebensalters natürlich in irgendeiner Weise eine Folge bzw. den finalen Abschnitt des Alternsvorganges darstellt.

Daß diese Begriffsverwechslung kein Phänomen heutiger Zeit ist, zeigt sich an einer tragischen Geschichte aus der griechischen Mythologie. Die Göttin Eos (Aurora der Römer), Tochter von Hyperion und Theia, erbat sich von Göttervater Zeus ein ganz spezielles Geschenk: Sie wünschte sich für ihren (menschlichen) Geliebten Tithonus das ewige Alter, die Unsterblichkeit. Sein Leben sollte unbegrenzt dauern. Zeus erfüllte diesen Wunsch. Eos vergaß allerdings ihrem Wunsch hinzuzufügen, daß Tithonus auch nicht altern sollte. So ward diesem zwar ein ewiges Leben, aber keine ewige Jugend zuteil. Tithonus wurde zwar uralt, alterte aber auch zu grausamer Senilität.

Ein hohes Alter ohne Altern ist immer noch der Wunsch des Menschen. Mit einem Wortspiel könnte man es wohl mit »altwerden und dabei jungbleiben« charakterisieren. Bei vielen Tieren und Pflanzen haben wir gesehen, daß dies nicht unbedingt ein unerfüllbarer Wunschtraum ist. Viele dieser Organismen erreichen ihr Sterbealter, ohne offensichtlich im menschlichen Sinne zu altern – ihr erreichtes Alter liegt dann meist jedoch sehr niedrig. Also auch hier eine Bestätigung dafür, daß eine Trennung der Begriffe nicht nur Marottencharakter hat.

Die Grundprinzipien des Alterns

Es fehlt immer noch eine von allen anerkannte Theorie des Alterns, was sich auch wohl in nächster Zukunft kaum ändern wird. Basierend auf den mannigfaltigen Beobachtungen der Alternsmanifestationen, hat sich die Gerontologie jedoch auf einige prinzipielle Grundlagen und Anforderungen verständigt, die als elementare Bestandteile des Alternsprozesses in biologischen Systemen zu gelten haben. Sie stammen aus der Feder von Bernhard Strehler (1962). Akzeptiert man seine Vorstellungen mehr oder weniger, gelten danach die vier folgenden, grundsätzlichen Kriterien, die Alternsprozesse kennzeichnen und die damit auch von entsprechenden Theorien erfüllt werden müssen:

Universalität (*universality*): Für alle Individuen einer Art müssen die gleichen Alternsvorgänge tatsächlich gültig sein. Für die universelle Theorie müßte zudem gelten, daß sie auch über systematische Grenzen hinweg das Alter(n) nach einem einheitlichen Mechanismus erklären kann und nicht in jedem Taxon (systematische Einheit) neue Erklärungsmechanismen postuliert werden müssen.

Progressivität (*progressiveness*): Der Alternsprozeß selbst muß sich mit zunehmendem chronologischen Alter einsinnig verändern, sich also progressiv verhalten.

Schädlichkeit (*deleteriousness*): Er muß für den Organismus »schädlich« sein. D.h., er muß dessen Vitalität in der Summe negativ beeinflussen. Zumindest dieser Aspekt ist in vielen biologischen Systemen nur mit Vorsicht anzuwenden. Er scheint zu sehr anthropozentrisch am Altern des Menschen fixiert zu sein, wo Altern sehr augenscheinlich mit dieser Eigenschaft verbunden ist. Viele tierische und pflanzliche Organismen können ohne wesentlichen Vitalitätsverlust altern und sterben. Hier gilt dieses Prinzip dann erst in der letzten Phase des Alterns. Wir haben hier ja das Altern auch als alle Entwicklungsschritte innerhalb der Embryogenese und der Ontogenese definiert.

Intrinsikalität (*intrinsicality*): Der Prozeß muß intrinsisch sein, also nicht ausschließlich nur durch äußere (extrinsische) Umwelteinflüsse bedingt sein. Altern ist also nicht eine »natürliche Krankheit«, wie sie z.B. Aristoteles formulierte, sondern eine vom System selbst programmierte, letzte Lebensstufe, nach Embryogenese, Ontogenese und Adultstadium. In biologischer Sicht der Dinge, so wie ich sie Ihnen bisher vorgestellt habe, wäre das Altern aber ein (intrinsischer) Vorgang, der nicht auf eine letzte Lebensstufe beschränkt ist, sondern bereits mit der Befruchtung der Eizelle abzulaufen beginnt. Dem steht aber das Prinzip der Intrinsikalität natürlich nicht entgegen.

Ich möchte nochmals darauf hinweisen, daß über die Allgemeingültigkeit dieser einzelnen Kriterien viel und kontrovers diskutiert wird. Nur in seltenen Fällen sind alle Kriterien in allen untersuchten Alternsmodellen bestätigt worden. Dennoch sind sie wertvolle Marken, an denen die Alter(n)stheorien objektiv getestet werden können.

Fundamentale und epiphänomenale Theorien im Vergleich

Es gibt angeblich mindestens 200 verschiedene Alternstheorien. Viele sind nur geringfügige Variationen anderer. Dennoch zeigt die große Fülle, wie weit man noch von einer Vereinheitlichung, d.h. einer Einheitstheorie entfernt ist. Alle Theorien lassen sich aber relativ gut klassifizieren. Zunächst kann man zwei grundlegende Gruppen voneinander trennen:

Fundamentale Theorien versuchen, das Altern einheitlich zu erklären bzw. als inhärente (d.h. allen innewohnende, grundlegende) Eigenschaft aller lebenden Organismen zu beschreiben. Altern ist somit also vorwiegend durch intrinsische, im System selbst begründete Faktoren bestimmt. Dies kommt natürlich o.g. Definitionen entgegen.

Epiphänomenale Theorien führen dagegen das Altern auf ganz spezifische Systeme oder äußere Bedingungen zurück, sind also vorwiegend extrinsisch definiert und damit je nach Gruppe unterschiedlich. Die Universalität fehlt. Altern wird für jede Art anders definiert und beschrieben.

Bereits die o.g., im Prinzip akzeptierten Grundvoraussetzungen des Alterns zeigen, daß die epiphänomenalen Theorien nicht zur Erklärung der Grundmechanismen des Alterns geeignet sind und daher als vernünftige Basis für Alter(n)stheorien ausscheiden. Sie können zudem auf sehr wenige Beispiele angewandt werden (es fehlt ihnen somit auch die Universalität) und sie sind außerdem kaum experimentell nachweisbar. Übrig bleiben also die fundamentalen Theorien, die im Schema der Abb. 16.1 aufgeführt werden und im folgenden näher beschrieben werden.

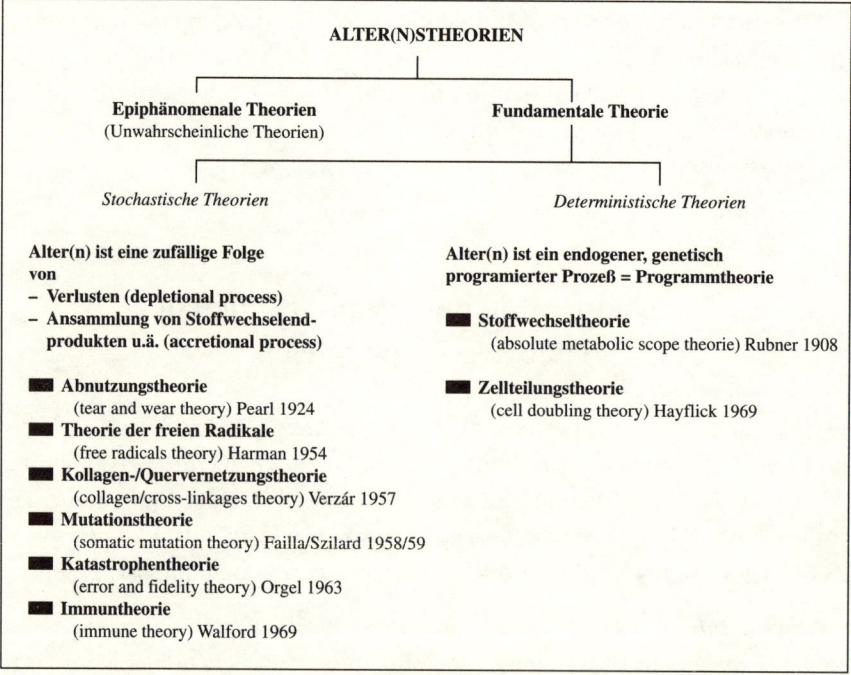

ABBILDUNG 16.1: Schematische Einteilung verschiedener, aktueller Alter(n)stheorien. Nähere Beschreibung siehe Text. Die wichtigsten Beschreiber bzw. Begründer der entsprechenden Theorien sind chronologisch mit dem Jahr der Aufstellung aufgeführt. In Klammern die englischen Namen der Theorien.

Stochastische Theorien –
bestimmt der Zufall das Alter(n)?

Die fundamentalen Theorien kann man wiederum in zwei Hauptgruppen einteilen: in stochastische und deterministische Theorien.

Nach den stochastischen Alter(n)stheorien ist Alter(n) das Ergebnis eines zufälligen, stochastischen Gesetzes, d.h. eine der statistischen Wahrscheinlichkeit gehorchende Folge von

- schädlichen Verlusten (depletional processes) oder einer
- Ansammlung bzw. Anhäufung von Stoffwechselendprodukten (accretional processes) und ähnlichem, die die Funktion des Organismus letztlich negativ beeinträchtigen.

Das biologische System ist diesen altmachenden Effekten mehr oder weniger schutz- und hilflos ausgeliefert und hat keine ausreichenden Mechanismen (mehr), sich jung zu erhalten, was logischerweise ein primär erstrebenswertes Ziel darstellt. Darunter fallen folgende Haupttheorien, die ich in chronologischer Folge ihrer Publizierung beschreibe:

Die Abnutzungs- bzw. Verschleißtheorie (tear and wear theory) von Pearl 1924. Sie besagt, daß der Gebrauch von Organen etc. letztlich zu einem Abnutzen und Verschleiß und so zum Altern und Sterben des Organismus führen muß. Sie ist die bereits erwähnte Standardvorstellung des Alterns, die auch mit unseren alltäglichen Beobachtungen (auch im technischen Bereich) gut in Einklang zu bringen ist und deshalb weite Akzeptanz gefunden hat.

In abgewandelter Form beruhen viele der nachfolgenden Theorien auf diesem Grundgedanken, nur daß sie weniger den Gesamtorganismus holistisch betrachten, sondern einzelne Funktionen oder Organsysteme isoliert unter diesem Aspekt beschreiben. Ein typisches modernes Beispiel sind die Alterspigmente in Zellen. Solche »residual bodies« (z.B. Lipofuscin) sollen als Verschleißrückstände – ab einer gewissen Menge – die Zellfunktionen stören und so das Zellaltern herbeiführen. Allerdings ist bis heute nicht nachgewiesen, daß hohe Alterspigmentkonzentrationen zu einer schnelleren Alterung oder einer kürzeren Lebensdauer führen.

Die Theorie der freien Radikale (free radicals theory) von Harman 1954. Freie Radikale sind hochreaktionsfähige Zwischenprodukte von chemischen Umsetzungen. Sie sind durch die Anwesenheit (mindestens) eines ungepaarten Elektrons (in Formeln meist durch einen Punkt symbolisiert) gekennzeichnet. Sie entstehen bei vielen Reaktionen auch im Körper selbst. Sauerstoff, den man formal als ein Diradikal (mit zwei ungepaarten Elektronen) bezeichnen könnte, gehört ebenfalls dazu. Seine Formel sieht dann so aus: $\cdot$O-O$\cdot$.

Wichtige Radikale sind z.B. das Hydroxylradikal $\cdot$OH, das Superoxidradikal $\cdot$O-O$\cdot$($\cdot$O$_2\cdot$) oder Superoxidradikale (Peroxyradikale) der allgemeinen Form R-O-O$\cdot$ (R-O-O$\cdot$). Hydroxylradikale entstehen besonders häufig aus Wasserstoffperoxid H_2O_2 und Peroxidradikalen über Enzymreaktionen, die bei Entzündungen und hämolytischen Prozessen (aber z.B. auch bei der Photosynthese) auftreten. Auch durch ionisierende Strahlung oder durch die Einwirkung von Ozon (O_3) können Hydroxylradikale entstehen, die zu den reaktionsfreudigsten Verbindungen im Körper überhaupt gehören. Superoxidradikale entstehen als »normales« Nebenprodukt bei der Zellatmung immer in geringen Mengen. So ist es natürlich kein Wunder, daß die Zelle Enzyme bereithält, die dem Schutz vor Oxidation durch diese Radikale dienen. Dazu gehören z.B. Superoxid-Dismutase, Katalase und Glutathion-Peroxidase (dieses Enzym enthält Selen, weshalb in Amerika dieses Metall häufig zusätzlich als »Alternsbremse« eingenommen wird). Mit einem kleinen Versuch können Sie selbst untersuchen und sehen, in welch hoher Konzentration diese Enzyme in jeder Zelle vorhanden sind:

Halbieren Sie dazu eine Kartoffel und bringen Sie auf einer Hälfte einige Tropfen Wasserstoffperoxid auf und verteilen Sie es gleichmäßig. Das Wasserstoffperoxid wird sofort heftig aufschäumen, weil die in der Kartoffel vorhandenen Enzyme Sauerstoff abspalten und das Peroxid damit in Sauerstoff und Wasser zerlegen. Zur Kontrolle, daß es sich tatsächlich um ein Enzym handelt, können Sie die zweite Hälfte, bevor Sie H_2O_2 aufbringen, mit einer Kupferlösung (z.B. Kupfersulfat) bestreichen. Das Enzym in der Kartoffel wird dadurch gehemmt und das Wasserstoffperoxid schäumt nicht auf (alle Chemikalien gibt es ohne Probleme in der Apotheke oder der Drogerie billig zu kaufen). Kupfer (und andere Metallionen) spielen deshalb bei der Radikalbildung im Körper u.a. eine große Rolle, weil sie solche Enzyme blockieren können.

Eine andere Wirkung blockierter Radikalfänger-Enzyme hat mancher vielleicht schon einmal bei sich selbst erlebt. Manche Pflanzenstoffe können schwere Entzündungen hervorrufen, wenn sie auf die Haut gelangen

TABELLE 16.1: Strategien gegen oxidative Schäden in Zellen. Nach der Radikal-theorie verursachen freie Radikale molekulare Schäden, die letztlich das Altern und den Tod bewirken sollen. Der Organismus hat aber zahlreiche Schutz- und Reparaturmechanismen, um diese Schäden zu beseitigen oder zu beheben.

Antioxidantien:
neutralisieren freie Radikale oder mindern deren Aktivität

Enzyme

Superoxid-Dismutasen	wandeln das Peroxid-Radikal ($O_2\cdot$) in Wasser-stoffperoxid (H_2O_2) um
Glutathion-Peroxidasen, Katalasen	wandeln Wasserstoffperoxid (H_2O_2) in Wasser (H_2O) und molekularen Sauerstoff (O_2) um
Vitamin E und Beta-Carotin	reagieren mit freien Radikalen und hindern sie so am Angriff auf Zellkomponenten; wegen ihrer Fettlöslichkeit wirken sie membranschützend

Andere Substanzen

Harnsäure und Vitamin C	reagieren mit freien Radikalen im Cytoplasma
Metall-Chelatoren	hindern Eisen, Kupfer und andere Übergangsme-talle daran, oxidierende Reaktionen zu katalysie-ren

---

Reparatursysteme:
reparieren oder ersetzen geschädigte Moleküle oder bauen sie ab

---

Proteinreparatur

Proteinasen	spalten oxidierte Proteine (Eiweiße)
Proteasen	spalten Produkte der Proteinasen
Peptidasen	bauen Produkte der Proteasen ab: resultierende Aminosäuren können zur Herstellung neuer Proteine verwendet werden
Phospholipasen	schneiden geschädigte Teile oxidierter Membran-lipide aus, so daß andere Enzyme diese Fehler-stellen ausbessern können

Lipidreparatur

Acetyltransferasen	ersetzen vermutlich von Lipiden abgespaltene Fettsäuren
Glutathion-Peroxidase und -Transferase	tragen zur Reparatur oxidierter Fettsäuren bei, ohne größere Membranabschnitte zu entfernen
Exonucleasen und Endonucleasen	schneiden geschädigte DNA-Abschnitte heraus

DNA-Reparatur

Glykosylasen und Polymerasen	füllen die von Exo- und Endonucleasen hinterlassenen Lücken auf
Ligasen	schließen das DNA-Rückgrat

und diese dann Sonnenlicht ausgesetzt wird (Photosensibilisierung). Antioxidantien der Haut werden von diesen Stoffen blockiert und rufen Verbrennungen hervor, weil die Schutzwirkung der Haut gegen UV-Strahlung, die Radikale produziert, verloren geht. Eine typische Pflanze, deren Säfte dies hervorrufen, ist der in Gärten oft kultivierte Riesenbärenklau (Herkulesstaude).

Neben den Enzymen verfügt der Körper (richtiger die Zelle) aber auch über sogenannte Radikalfänger, die diese Substanzen einfangen und so unschädlich machen. Dazu gehören z.B. Glutathion, Ascorbinsäure (Vitamin C), Vitamin E (Tocopherol), aber auch Harnsäure. Selbst Alkohol in geringen Mengen ist ein guter Radikalfänger; in hohen Dosen produziert er allerdings selbst Radikale. Als letzte Möglichkeit hat die Zelle endlich auch Enzyme, die durch Radikale veränderte Stoffe wieder reparieren können (Tab. 16.1, S. 423).

Nach der Radikaltheorie sollen diese Radikale nun durch Wechselwirkungen mit lebenswichtigen Stoffen u.a. zu Schäden im Organismus führen, die das Altern bedingen. Antioxidantien (z.B. Vitamin C) verlängern allerdings das Leben nicht. Ob sie die Geschwindigkeit oder das Ausmaß des Alterns verhindern, ist nicht bekannt. Zu den wichtigsten Radikalschäden in der Zelle zählen Lipidperoxidationen, die die Zellmembran schädigen. Weiterhin kann es zu Molekülverkettungen (crosslinkages, siehe unten) kommen, die schädlich sind. Die Palette der möglichen, chemischen Reaktionen, die für die Zelle negativ sind, ist sehr lang. So werden pro Tag nicht weniger als 3% des Blutfarbstoffes von Luftsauerstoff irreversibel oxidiert und damit unbrauchbar gemacht. Nicht zuletzt weiß man, daß es Radikalreaktionen gibt, die tumorauslösend wirken (z.B. Hypochlorsäure).

Es muß auch gesagt werden, daß manche Radikalreaktionen in der Zelle sogar unbedingt für den normalen Lebensablauf notwendig sind. Bei manchen Phagocytose-Vorgängen produzieren weiße Blutkörperchen »nebenbei«, als Abfallstoff, Superoxidradikale, die die Wand von Bakterien auflösen und damit der Immunabwehr dienen. Aus dem gleichen Grunde lüften wir auch unsere (Bett-)Wäsche. Der Luftsauerstoff und die UV-Strahlung der Sonne zerstören über Radikaleffekte Bakterien und sorgen so für zusätzliche Hygiene.

Radikale sind also in der Evolution der höheren biologischen Systeme ein völlig normaler Umweltfaktor, an den sich Lebewesen gut angepaßt haben. Weshalb sie gerade für Altern und Tod verantwortlich sein sollen, wäre nur verständlich, wenn Altern und Tod als passiv erduldete, vom biologischen System ungewollte und zu verhindernde Eigenschaften angesehen würden. Über diesen Blickpunkt sind wir allerdings – so hoffe ich zumindest – jetzt bereits längst hinaus. Altern und Tod als Unfall der Natur – nein danke!

Einige Befürworter der Radikaltheorie behaupten auch, daß bei Insekten die Höhe des Sauerstoffverbrauches die Lebensdauer beeinflußt. Das stimmt. Je höher, desto kürzer leben die Insekten. Man ging allerdings bei der Begründung davon aus, daß der höhere Verbrauch auch eine höhere Radikalbelastung beinhalte. Wir werden jedoch gleich eine wesentlich einfachere Erklärung für dieses Phänomen finden, das ja nicht nur bei Insekten zu beobachten ist.

Kollagen- oder Quervernetzungstheorie (collagen/cross-linkages theory) von Verzár und Mitarbeitern 1957. Kollagen, DNA und RNA (aber auch andere wichtige intra- und extrazelluläre Makromoleküle) sollen nach dieser Theorie durch mit der Lebensdauer zunehmende Quervernetzung (u.a. z.B. als eine Folge der gerade besprochenen freien Radikale) Altern bewirken. Verzár selbst hat allerdings immer betont, daß er diese Quervernetzungen nicht als Ursache, sondern als Folge von Altersveränderungen ansieht, was natürlich ein großer Unterschied ist, der aber später offensichtlich schnell vergessen wurde. Die Quervernetzungen hat man zuerst an Kollagenen gefunden und deshalb zunächst von einer Kollagentheorie gesprochen. Später wurde festgestellt, daß es Quervernetzungen bei praktisch allen Molekülen gibt, weshalb heutzutage ganz allgemein von Quervernetzungstheorie gesprochen wird.

Folgende Substanzen haben fördernde Eigenschaften auf die Quervernetzung von Molekülen: Aldehyde, Quinone, freie Radikale, Antikörper, Schwefel, acylierende und alkylierende Stoffe, Zitronensäure, mehrwertige Metallionen und polybasische Säuren und ihre Ester. Ich möchte es hier bei der reinen Aufzählung dieser Substanzen belassen und nicht die chemischen Grundlagen der daraus möglichen Quervernetzungen darstellen. Die Aufzählung soll nur zur mehr plakativen Information der möglichen Promoter dieser Reaktionen dienen.

Allerdings gibt es für diese Theorie der Quervernetzung überhaupt keine korrelativen Beweise, und die Theorie kann auch nicht die unterschiedliche Lebensdauer verschiedener Tierspezies erklären. Ihr fehlen also wesentliche Grundbedingungen, die wir anfangs an eine akzeptable Alter(n)stheorie gestellt haben. So wie es Verzár selbst gesehen hat, begehen wir sicher keinen großen Fehler, wenn wir diese Quervernetzungen lediglich als Erscheinungen des Alterns ansehen und keine ursächliche Wirkung annehmen.

(Somatische) Mutationstheorie (somatic mutation theory) von Failla und Szilard 1958/59. Erbliche Änderungen der DNA in somatischen Zellen (das sind die normalen Körperzellen, nicht die Keimzellen, die man generative Zellen nennt) können entweder spontan auftreten oder durch verschiedene extrinsische Faktoren (z.B. freie Radikale, Strahlung, Viren, Synthesefehler, Enzymfehler, veränderte Repressoren und Depressoren etc.) ausgelöst werden. Sie nehmen mit der Lebensdauer eindeutig zu (s. z.B. Abb. 3.3 und 3.4, S. 43).

Zunächst sprachen verschiedene Versuche für diese Theorie. Erhöhte man die Mutationsrate durch ionisierende Strahlung (Einmaldosis) in somatischen Zellen, alterten diese schneller und hatten eine kürzere Lebenserwartung als Kontrollen. Jedoch konnte man diesen Effekt nur durch eine künstliche Erhöhung der Mutationsrate um das 12- bis 20fache der Normalwerte erreichen. Wurden die (hohen) Mutationsraten zudem allmählich durch eine fraktionierte Dosierung der Strahlung erreicht, war der Effekt um 75 % geringer. Das Experiment macht es also sehr unwahrscheinlich, daß damit eine Verkürzung der Lebensdauer unter normalen Mutationsbedingungen erzielt werden kann. Zudem hat der Körper natürlich vielfältige Reparaturmechanismen (Abb. 3.7, S. 46) gegen solche Fehler. Heutzutage geht man deshalb davon aus, daß es kaum möglich ist, daß die Art der genetischen Störung, die durch gewöhnliche Mutagene erzeugt wird, die primäre Ursache für das Altern darstellt.

Katastrophentheorie (error and fidelity theory) von Orgel 1963. Die Katastrophentheorie ist die wohl am intensivsten untersuchte Alternstheorie, die sich auf molekularer Ebene mit Alter und Altern beschäftigt. Sie befaßt sich mit der Regulation der Genexprimation (mit der Frage: Wie wird die Erbinformation in der Zelle umgesetzt?) und basiert auf der vorangegangenen, somatischen Mutationstheorie. Die Zunahme von Fehlinformationen und daraus folgenden Fehlleistungen im Genom und in der Produktsynthese überschreitet mit der Zeit die Reparaturfähigkeit und Toleranz des Systems (vgl. Kap. 3 »Zellaltern«, S. 38 ff.) und führt zum Altern und Tod.

Eine junge Zelle hat noch genügend redundante, mehrfach vorhandene Informationen (Gene) in den Erbanlagen, die Chromosomen, um Fehler im System zu »erkennen und auszumerzen«. Wird also ein Gen durch eine Mutation »zerstört« oder in seiner Funktion fehlgeleitet, kann ein zweites oder drittes oder viertes Gen (also ein redundantes) usw., das die gleiche Information trägt, das mutierte funktionell ersetzen. Fehlerhafte Produkte (Proteine) eines Genes werden so in der Regel durch unveränderte Proteine an einer schädlichen Wirkung für die betroffene Zelle gehindert. Dies klappt aber nur, solange die fehlerhaften Proteine in der Minderzahl sind. Überschreitet die Fehlsynthese von Proteinen einen gewissen Spiegel, so kommt es zu einem so großen Anstieg von Fehlern, daß eine »Errorkatastrophe« die Folge ist, die letztlich zum Tod der Zelle führt. Solche Fehler können in der DNA durch Anhäufungen von Einzelstrang- und Doppelstrangbrüchen, Quervernetzungen, Änderungen in der Histon- und Nichthiston-Zusammensetzung der DNA, Denaturierungen usw. auftreten.

Die Theorie ist jedoch ebenfalls in Ungnade gefallen. Die Zelle – das wissen wir ja schon – hat nämlich sehr wirksame Reparatursysteme. Diese werden dadurch ausgelöst, daß der DNA-Doppelstrang »Beulen« an Stellen aufweist, an denen gegenüberliegende Basen nicht mehr komplementär sind. An diesen Fehlstellen wird der eine Faden des Doppelstrangs dann durch DNAsen (Endonucleasen) aufgeschnitten. Reparaturpolymerasen schneiden das Fehlerstück heraus, spezielle DNA-Polymerasen »stricken« an der Lücke das fehlerhafte Teil neu und richtig (komplementär) zusammen, und beide Teilstränge werden durch ein Enyzm, eine Ligase, wieder miteinander verbunden. Brüche in der DNA, die häufig vorkommen, können auf diese Weise z.B. ebenfalls schnell wieder geschlossen werden. Organismen haben nun eine auf die Lebensdauer abgestimmte Zahl von DNA-Reparatursets. Je älter ein biologisches System wird, um so mehr Reparatursets sind vorhanden (Abb. 3.7, S. 46).

Es gibt drei typische Krankheitsbilder, die ich schon beschrieben habe, die vermutlich auf einer Störung der Reparatursets beruhen: das Hutchinson-Gilford-Syndrom, das Werner-Syndrom und die *Xeroderma pigmentosum* (siehe Kapitel 12). Alle zeigen die typischen Kennzeichen einer vorzeitigen Vergreisung (Progerie), sind aber, das muß gesagt werden, pathologische Formen des Alterns, die nur schwer die normalen Altersabläufe repräsentieren können.

Immuntheorie (immune theory) von Walford 1969. Einerseits nimmt die Fähigkeit des Körpers, gegen Fremdkörper (Antigene) Antikörper zu bilden, mit dem Alter stark ab. Auf der anderen Seite nehmen pathologische Autoimmunvorgänge kontinuierlich zu. Dies scheint auch damit zusammenzuhängen, daß die Thymusdrüse, ein extrem wichtiges Organ im Immunsystem, nach der Pubertät degeneriert (s. S. 115). Allerdings altern auch andere Organsysteme, und Altern kommt auch bei Organismen vor, die kein vergleichbares Immunsystem besitzen. Die Universalität ist bei dieser Theorie also nicht gegeben.

Trotzdem wird unter den Organtheorien des Alterns dem Immunsystem z.T. die größte Bedeutung beigemessen. Walford konnte zeigen, daß die Tätigkeit des gesamten Immunsystems auf einem einzigen Chromosom codiert ist, und zwar in einem MHC genannten Komplex. Dieser MHC-Komplex liegt bei der Maus z.B. auf Chromosom 17 und beim Menschen auf Chromosom 6.

Der MHC-Komplex zeigt bei Mäusen eine direkte Beziehung zur maximalen Lebensdauer. Unterschiedlich lang lebende Mäusestämme scheinen sich genetisch nur im MHC-Komplex zu unterscheiden. Insbesondere scheint dabei die Thymusdrüse involviert zu sein, die ja – unter anderem – für die Reifung der T(hymus)-Lymphocyten verantwortlich ist. Mit der Pubertät läßt beim Menschen die Tätigkeit der Thymusdrüse stark nach. Sie hört auf zu wachsen, degeneriert (zum retrosternalen Körper), und in der Folge kommt es zu einer Verminderung der T-Lymphocyten und der Thymushormone im Blut. Mit der Abnahme der Zahl der T-Helferzellen kommt es auch zu einer verminderten Ausdifferenzierung von B-Lymphocyten zu Plasmazellen, die die wichtigen Antikörper produzieren können. All dies wiederum führt nach dieser Theorie in der Summe zu einer erhöhten Anfälligkeit gegenüber Infektionskrankheiten, zum Auftreten von Autoimmunphänomenen und zu Autoimmun-Effekten (Altersdiabetes: Autoimmunität gegen Insulin-Rezeptoren und/oder Inselzellen; Multiple Sklerose: Autoimmunität gegen Nervenzellen; sowie perniziöse Anämie, chronische Gastritis, Addison-Krankheit der Nebenniere, Hashimoto-Thyreoiditis, Sklerodermie, Myasthenia, Pemphigus, Werlhof-Krankheit usw.), sowie zu einer Zunahme von Krebsgeschwulsten.

Wie praktisch alle anderen Körperfunktionen nimmt auch die Funktion des Abwehrsystems mit zunehmendem Alter ab. Insofern kann eigentlich dem Immunsystem hier keine besondere Rolle zugesprochen werden. Außerdem zeigen auch all die Organismen natürlich Alternserscheinungen, die kein Immunsystem besitzen (nur bei Wirbeltieren findet man Antikörper; das Immunsystem ist somit eine relativ junge Erfindung der Natur!). Letztlich wird das Abwehrsystem durch übergeordnete hormonelle und nervöse Regulation kontrolliert. All dies sind schwerwiegende Argumente gegen eine ursächliche Bedeutung dieses Systems für den Alternsprozeß.

Deterministische Programmtheorien I: das Hayflick-Phänomen

Alter(n) ist nach den deterministischen Theorien kein zufälliges Produkt von Fehlern, Mängeln u.a. biologischen »Unfähigkeiten« der Zelle, jung zu bleiben, sondern ein endogener, genetisch programmierter, letztlich »gewünschter« Prozeß, wie alle im Organismus ablaufenden Differenzierungen. Diese Theorien werden deshalb auch Programmtheorien genannt. Altern und Tod sind danach keine unabdingbaren, zufälligen Vorgänge, denen der Organismus hilflos ausgeliefert ist, sondern klar definierte Abläufe, die vom biologischen System als intrinsische Eigenschaften selbst aktiv herbeigeführt und kontrolliert werden und die nach einem festgelegten Plan ablaufen. Dies wird u.a. auch dadurch unterstützt, daß beim Menschen die Mortalität in der Endphase des Lebens keiner klassischen Gompertz-Kinetik mehr folgt, sondern im Sinne einer stark beschleunigten Mortalität das Leben quasi »abgeschaltet« wird (Abb. 16.2).

Alle Lebensabschnitte des Organismus werden ja durch endogene Erbprogramme gesteuert. Sei es die Embryologie, die Ontogenie oder das Adultstadium. Spezifische Programme in den Genen sorgen für den geregelten Ablauf all dieser Altersprozesse (im weitesten Sinne). Auf- und Abbau von Systemen, Einschmelzen und Neukonstruktion von Zellverbänden, Zelltod, Zelldifferenzierung, Zelldetermination usw. werden durch die Gen-Aktivität reguliert. Es ist so weder ein großer gedanklicher noch ein großer biologischer Kopfstand notwendig, um sich vorzustellen, daß auch der letzte Lebensabschnitt, nämlich das Altern im engeren Sinne (als allerletzter Lebensabschnitt) und der finale Tod durch eben diese Programmsysteme gesteuert wird. Im Gegenteil, es zwingt sich als logische Folge der übrigen Regulationsphänomene geradezu auf, und wir haben ja schon genügend Beispiele dafür kennengelernt. Das einzige, das – vielleicht eher mental – akzeptiert werden muß, ist die Tatsache, daß die Evolution überhaupt keine Unsterblichkeit biologischer Systeme »gewünscht« hat und den Tod als daraus resultierende biologische Notwendigkeit als Lebenszeitbegrenzer vorgesehen hat. Das fällt vor allem dem Menschen recht schwer anzunehmen, sieht er sich als Individuum doch oft so egozentrisch einmalig und unverzichtbar, daß ihm die eigentliche Bedeutungslosigkeit der eigenen, individuellen körperlichen Existenz in der Gesamtbetrachtung der biologischen Abläufe nur schwer vermittel-

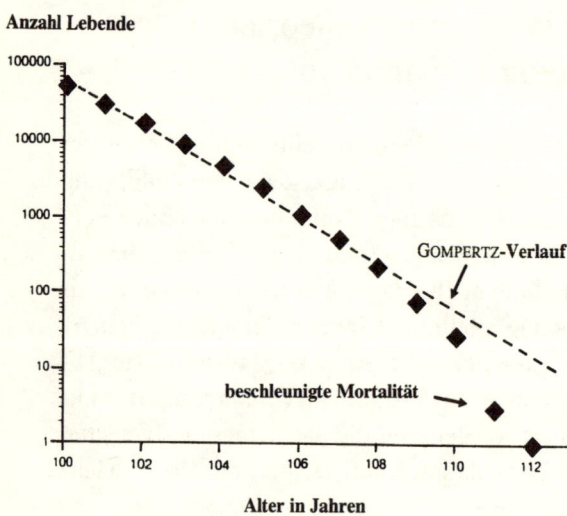

ABBILDUNG 16.2: Altersverteilung von über 100jährigen Frauen aus 13 Industriestaaten. Bis zum Alter von etwa 108 Jahren ergibt sich eine exponentielle Zunahme der Mortalität, wie sie rein altersabhängig zu erwarten ist (die klassische Gompertz-Kinetik, vgl. gestrichelte Linie). Danach weicht die Sterblichkeit sehr stark davon ab. Es sterben wesentlich mehr, als altersabhängig zu erwarten wäre; dies wird als genetisch gesteuerter Endpunkt des Lebens gedeutet (programmierter Tod).

bar ist. Aber diese Sicht der Dinge, das Altern und der Tod als Programmablauf, wird inzwischen von kaum einem Biologen oder Mediziner mehr angezweifelt. Wir werden darauf noch zu sprechen kommen.

Die bisher dargestellten stochastischen Theorien sehen als Ursache des Alterns immer nur den Versagenscharakter des biologischen Systems. Die deterministischen Theorien sehen dagegen in den stochastischen Effekten eine sekundäre Folge eines endogenen Programms und stellen diese Alternsdefekte deshalb in die zweite Reihe der Betrachtung. Sie sind für sie nicht Ursache, sondern Wirkung des Alternsprogramms. Auch wenn über die mechanistischen Details dieses Programms nur wenige Informationen vorliegen, scheinen sie doch sehr handfeste Begründungen für ihre Hypothese zu haben.

Die Arbeiten und Darlegungen von Hayflick habe ich ja schon intensiv beschrieben. Zusammen mit seinem Kollegen Moorhead hat er 1961 zeigen können, daß normale menschliche Zellen in optimaler Kultur (*in vitro*) nur eine begrenzte Zahl von Zellteilungen (Proliferationen, Mitosen) durchführen können. Für Lungen-Fibroblasten des Menschen beträgt die Potenz für Populationsverdopplungen so in etwa 50 ±10. Weitere Untersuchungen ergaben, daß man eine umgekehrte Korrelation zwischen Populationsverdopplungspotential (noch mögliche Mitosen) kultivierter Zellen und Spenderalter finden konnte. Je älter der Spender, desto weniger Zellteilungen waren möglich (vgl. Abb. 3.16 auf S. 62). Selbst über Jahrzehnte hinweg ist dabei eine Zelle, die man z.B. tiefgefroren aufbewahrt hat, in der Lage, sich die bereits durchgeführten Zellteilungen zu »merken«. Ebenso konnte man zeigen, daß es eine direkte Korrelation zwischen dem durchschnittlichen Höchstalter einer Art und ihrer *in vitro*-Proliferationskapazität gibt. Je älter eine Art wird, um so mehr Teilungen sind möglich (Abb. 3.15, S. 61). Funktionelle Einschränkungen, wie sie normalerweise in der Zellkultur unmittelbar vor dem Verlust der Proliferationsfähigkeit nachweisbar sind, treten auch in alten Organismen auf. Allerdings altert die Zelle auch ganz klar im Zenith ihrer Teilungsfähigkeit (Abb. 3.18, S. 65). In jeder Altersphase ist die in Kultur sich teilende Zelle an charakteristischen, kontinuierlich sich verändernden Alterskennzeichen bestimmbar.

Erstaunlicherweise versuchen aber dennoch immer noch viele Autoren, sich dieser Argumentation zu entziehen. Zwar akzeptieren sie, daß alle Vorgänge zwischen Befruchtung und Erwachsensein programmiert sind, sagen aber, daß die »abschließenden« Phänomene im Rahmen des zum Tode führenden Alternsprozesses unabhängig vom programmierten

Genom seien. Das würde allerdings dann einen kontinuierlichen, schon sehr früh einsetzenden Alternsprozeß ausschließen und tatsächlich einen klar definierten, ultimativen, letzten Lebensabschnitt (wie z.B. das plötzliche Absterben von Eintagsfliegen, der Tod der Lachse etc.) fordern, der sich vom vorangegangenen Altern deutlich in Funktion und Ablauf abgrenzt. Müßte aber nicht auch dieser Zeitpunkt in irgendeiner Weise definiert und vor allem auch gesteuert sein? Die Tiere sterben ja nicht an Altersschwäche! Und wenn ja, wie sieht dann diese Steuerung aus?

Zu den Protagonisten dieser Anschauung (gegen die Programmtheorie) gehört z.B. der Gerontologe G.A. Sacher, der betont, daß es logischer wäre, wenn die Evolution das Überleben des genetischen Apparates erhielte, als die Vorstellung zu unterstützen, daß die Systeme Alternsveränderungen programmieren. Dazu lassen sich zwei einfache Argumente anbringen. Die Soziobiologie hat schön gezeigt, daß es nicht Ziel der Evolution ist, den Träger des genetischen Apparates zu erhalten, sondern die genetische Information muß bewahrt und weiterentwickelt werden. Die somatischen Zellen, unser Körper also, sind danach nichts anderes als ein optimierter Transporteur und Weiterverbreiter der in der Keimbahn (den Keimzellen, den generativen Zellen) liegenden genetischen Information. Dieses System ist tatsächlich in allen biologischen Organisationsstufen unsterblich, wie wir schon gesehen haben. Mit der Weitergabe der genetischen Information in der Keimbahn, nach erfolgter Vermehrung also, ist der Weiterbestand und das Weiterleben dieses Systems gesichert und die »alte Trägerhülle« unnütz. Ihr Weiterleben braucht nicht mehr unterstützt zu werden; das hätte keine evolutionären Vorteile. Wenn ja, welche wären es?

Für die Lebensbegrenzung und das Altern ist es dann nicht unbedingt notwendig, Alternsveränderungen direkt zu programmieren (auch wenn es dies in vielen Fällen gibt), es reicht, den »Support«, die Unterstützung des biologischen Systems einzustellen. Es verläuft wie mit unserem Auto, wenn wir uns einmal entschlossen haben, daß es nicht mehr unseren modernen Bedürfnissen entspricht und abgeschafft werden soll: Es wird dann nur deshalb langsam funktionsunfähig, weil wir keine (immer noch möglichen) kostenintensiven Reparaturen und Pflegemaßnahmen mehr durchführen – es lohnt sich ja nicht mehr! Dazu brauchen wir kein spezielles direktes Programm, wie das »Nichts-Mehr-Machen« abzulaufen hat, aber wir brauchen eine bewußte, quasi programmierte und eindeutige Entscheidung, so und nicht anders zu verfahren. Sie wird sich an den Fahrleistungen (bisheriges Alter), Bedürfnissen, neuen Modellen usw. orientieren, also abwägenden Charakter haben. Mit einer solchen Betrachtung lassen sich eigentlich die Argumente Sachers schnell entkräften.

Deterministische Programmtheorien II: die Stoffwechseltheorie von Rubner

Selbst wenn man in sehr aufwendigen Werken über Altern oder sogar in speziellen Büchern über Alternstheorien, die auch exotische Theorien aufführen, nach einer »Stoffwechseltheorie« sucht, wird man nicht fündig. Das ist um so erstaunlicher, als es nun wirklich eine große Zahl von Untersuchungen, Hypothesen und auch Publikationen zu dieser Theorie gibt und sie sehr einfach und einleuchtend ist. Selbst wenn man nicht mit ihr einverstanden, wäre eine Vorstellung und Diskussion ihrer Inhalte und Argumente doch zumindest aus prinzipiellen Informationsgründen nicht ganz von der Hand zu weisen. Es ist nicht ganz nachvollziehbar, weshalb die Stoffwechseltheorie von den Gerontologen praktisch ignoriert wurde. Mir sagte einmal ein sehr fachkompetenter Kollege, er glaube nicht an sie, weil sie zu einfach, ja geradezu simpel sei; dies könne er sich bei einem so komplexen Geschehen nicht vorstellen. Das hat mich doch einigermaßen geschockt. Warum muß eigentlich alles komplex sein? Sind nicht die raffiniertesten Lösungen der Natur von einer geradezu verblüffenden Einfachheit? Kann oder muß wissenschaftlich Akzeptierbares a priori kompliziert sein, oder verbirgt sich hier nur der Ärger darüber, dieses einfache (nicht simpel im Sinne von primitiv!) Prinzip nicht schon selbst erkannt zu haben?

Ich möchte aus diesen Gründen – und auch weil ich selbst über diese Problematik intensiv gearbeitet habe – ausführlicher auf diese Theorie eingehen, damit sich der Leser selbst ein Urteil bilden kann.

Im Jahre 1908 schrieb der Physiologe Max Rubner, seines Zeichens Professor an der Universität zu Berlin und Direktor des dortigen hygienischen Institutes, ein Buch mit dem Titel *Das Problem der Lebensdauer und seine Beziehungen zu Wachstum und Ernährung* (Abb. 16.3, S. 434). In einem speziellen Kapitel setzt er sich mit dem »Gesetz der Lebensdauer« und dem dafür benötigten Sauerstoffverbrauch auseinander, der ein Maß für den Energieumsatz ist. Rubner hatte schon festgestellt, daß »alle Tiere in

Das Problem der Lebensdauer

und seine

Beziehungen zu Wachstum

und Ernährung

Von

MAX RUBNER

o. ö. Professor an der Universität zu Berlin und Direktor
der hygienischen Institute

MÜNCHEN und BERLIN
Druck und Verlag von R. Oldenbourg
1908

ABBILDUNG 16.3: Titelblatt des grundlegenden Buches zur Stoffwechseltheorie von Max Rubner.

das Stadium der Vollendung des Wachstums treten, nachdem sie bis dahin pro Kilo dieselben Energiemengen verbraucht haben«, was zur damaligen Zeit revolutionär war. Er stellte sich daraus die folgende Frage: »So ist der Gedanke naheliegend, auch zu fragen, wie sich denn dann die entsprechenden Werte des relativen (pro 1 kg Körpergewicht berechneten) Energieverbrauchs bis zum Lebensende verhalten; mit anderen Worten, ob irgendeine Beziehung zwischen dem Verbrauch an Energie und der Lebensdauer besteht und welcher Art dieselbe ist.« Schon sehr früh (im 18. Jahrhundert) hatten Forscher festgestellt, daß hektische Tiere eine kürzere Lebensdauer

Berechnet man wie viel kg-Kal. vom erwachsenen Individuum bis zum Tode umgesetzt werden, so hat man für 1 kg beim

Menschen	725 770	
Pferd	163 900	
Kuh	141 090	
Hund	163 900	Mittel der Tiere 191 600
Katze	223 800	
Meerschweinchen . .	265 500	

Soweit man es bei der noch etwas unsicheren Altersbestimmung, besonders der kleinen Tiere erwarten kann, darf man sagen, die vorstehenden Zahlen geben den Beweis, dafs für die Tiere einheitliche, für den Menschen von letzteren abweichende Verhältnisse des Energieverbrauches vorliegen. Die Abweichungen der Tierzahlen von dem Mittel des Tierwertes glaube ich auf die schon erwähnten Unsicherheiten der Gewichts- und Lebensaltersbestimmung zurückführen zu dürfen und denke, sie würden sich, wenn wir exakte Zahlen einmal gewonnen haben, noch besser decken.

Auch so in dieser noch rohen Form der Zahlen verraten sie die Einheit eines grofsen Gesetzes; man darf behaupten 1 kg Lebendgewicht der Tiere nach dem Wachstum verbraucht während der Lebenszeit annähernd die gleichen Energiemengen, der Mensch übertrifft in dieser Hinsicht alle andern untersuchten Säugetiere.

ABBILDUNG 16.4: Ausschnitt aus Seite 204 des Buches von Max Rubner, wo er die Stoffwechselkonstanz bei Tier und Mensch darlegt und vergleicht.

haben als träge Tiere – und so war die Fragestellung auch unter diesem Blickwinkel logisch und gerechtfertigt. Auf Seite 204 seines Buches gibt dann Rubner in einer Tabelle Beispiele für entsprechende Berechnungen des Lebensumsatzes an (Abb. 16.4, S. 435). Und er kommt zu einem ganz einfachen, klaren Schluß (wörtliches Zitat): »Man darf behaupten, 1 kg Lebendgewicht der Tiere nach dem Wachstum verbraucht während der Lebenszeit annähernd die gleichen Energiemengen.«

Eine Reihe von Autoren haben sich später (meist kritisch) mit dieser Problematik auseinandergesetzt. Erstaunlicherweise (oder wohl eher typischerweise) haben nur wenige dabei auf die grundlegende Arbeit von Rubner Bezug genommen. Für die Amerikaner war klar, daß bereits (sic!) 1959, also nicht weniger als 51 Jahre später, der Amerikaner Denham Harman diese Theorie aufgestellt habe. Für Forscher im französisch sprechenden Raum war es Pearl (1928). Bleiben wir aber gerechtfertigter Weise bei Rubner. Schon bei der Urheberschaft unterlagen diese Kritiker also einem klaren Irrtum.

Die Stoffwechseltheorie am Beispiel der Vögel

Die Stoffwechsel-Theorie (englisch *theory of absolute metabolic scope* oder *living-rate theory*) möchte ich im folgenden an ein paar grundlegenden Befunden ausführlich vorstellen, die wir an unserem Institut experimentell herausgefunden haben. Sie stützen Rubners These ganz erheblich:

Das gesamte Leben der meisten höheren Organismen läßt sich, wie bereits mehrfach erwähnt, in drei klar begrenzte Abschnitte einteilen: die Embryonalentwicklung (Embryogenese), die Jugendentwicklung (Ontogenese) und das Stadium als Erwachsener (Adultphase). Am Beispiel von Vögeln haben wir diese Phasen stoffwechselphysiologisch näher untersucht. Jede dieser Phasen läßt sich auch mit diskreten Lebensspannen definieren, die wiederum je nach Art (interspezifisch) sehr stark variieren. In unserem Zeitsystem nehmen wir als chronologische Dimensionen dabei die bekannten physikalischen Einheiten Tage, Monate und Jahre (physikalische Zeitmessung). Nur einige Beispiele dazu:

Die Embryogenese (in der Regel chronologisch gleichbedeutend mit der Bebrütungszeit) dauert danach bei Vögeln im Minimum etwa zehn Tage (z.B. bei einem kleinen Prachtfinken); im Maximum bis über 90 Tage (beim neuseeländischen Kiwi, der nur ein einziges, dafür sehr großes Ei bebrütet). Die Ontogenese (Jugendentwicklung, Wachstumsphase) dauert im Minimum etwa 20 Tage bei Kleinvögeln, im Maximum etwa 300 Tage z.B. beim Königsalbatros, der für die Aufzucht seines einzigen Jungen über ein Jahr braucht, da er auch beinahe drei Monate auf seinem einzigen Ei sitzt. Und das Erwachsenenleben, das Adultstadium, reicht von wenigen Jahren (z.B. beim sechs bis acht Gramm schweren Zaunkönig) bis hinauf zu 80 bis 100 Jahren bei großen Greifvögeln, Rabenvögeln und Papageien.

Die physikalischen Lebensspannen – auch innerhalb der einzelnen Lebensabschnitte – variieren also bei den einzelnen Gruppen ganz beträchtlich. Ihre Dauer (für alle Entwicklungsphasen) ist dabei klar masseabhängig, wobei gilt, daß ein Organismus um so länger lebt, je größer seine Masse ist (Abb. 7.14, S. 209). (Eine kurze Zwischenerklärung: Da wir die Dimensionen Gramm und Kilogramm benutzen, verwenden wir »Masse« statt »Gewicht«; für unsere Darstellung ist diese Differenzierung allerdings ohne Belang, und ich benutze beide Begriffe hier synonym.) Diese Masseabhängigkeit haben wir schon in vorangegangenen Kapiteln kennengelernt. Und jetzt muß ich leider wieder ein wenig mathematisch werden, um die Sachlage exakt zu beschreiben. Ich gebe zu, daß die nächsten Abschnitte nicht für jeden leicht nachvollziehbar sind. Lassen Sie sich davon aber nicht zu sehr vom Lesen abhalten. Wenn Sie sich die Abb. 16.5 auf S. 438 als Anschauungsmaterial zu Hilfe nehmen, werden Sie die Grundzüge der mathematischen Argumentation sicher besser verstehen können.

Die (vereinfachte) mathematische Korrelation zur Massenabhängigkeit der Lebensdauer lautet:

$$\text{Lebensalter } A = a \cdot \text{Körpermasse } M^{+0,25} \quad (1)$$

Der Buchstabe a steht dabei für eine Konstante, die je nach Taxon (systematische Einheit) unterschiedlich ist (s. Tab. 16.2, S. 439); dasselbe gilt für b und c in den folgenden Gleichungen (2) und (3); bei der Embryogenese-Zeit müßten wir statt Körpermasse Eimasse verwenden. $M^{+0,25}$ (lies M hoch 0,25) bedeutet im übrigen das Gleiche wie die vierte Wurzel (zweimal »normale« Wurzel) aus der Masse. Das bedeutet, daß die Dauer der Lebensabschnitte und damit die Dauer von Embryogenese, Jugendentwicklung und Lebensalter mit der vierten Wurzel aus der Körper- bzw. Eimasse korrelieren. Was bedeutet das in konkret nachvollziehbaren Zahlenwerten? Ver-

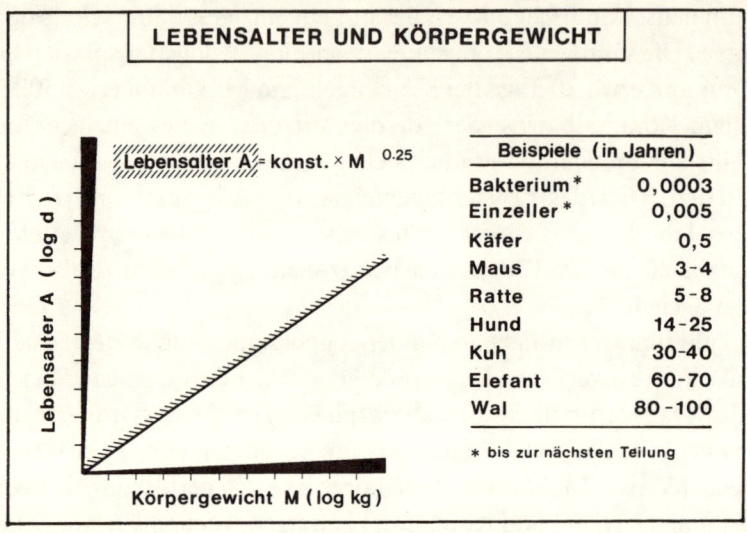

ABBILDUNG 16.5: Oben: Der mathematische Zusammenhang zwischen Lebensalter A und Körpermasse M mit einigen Einzelbeispielen (grobe Anhaltswerte). Die angegebene Beziehung gilt praktisch für alle Organismen. Innerhalb verschiedener systematischer Einheiten ist allein der konstante Faktor (konst.) unterschiedlich, was aber nur zu einer Parallelverschiebung der Kurve nach oben oder unten führt. Unten: Die mathematische Korrelation von Stoffwechsel S und Körpermasse M mit einigen Einzelbeispielen. Sonst wie oben.

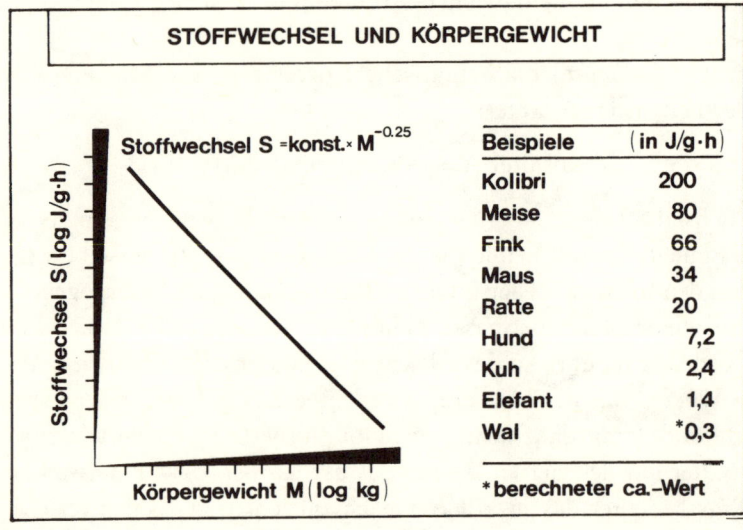

doppelt man die Bezugsmasse, so nimmt die Zeitspanne um 16 % zu. Bei einer Versechzehnfachung der Bezugsmasse hat sich die dazu korrelierende Zeitspanne verdoppelt (vgl.: vierte Wurzel aus 16 ist 2; $16^{+0,25} = 2$). Die Zeitspanne nimmt also wesentlich langsamer zu als die Bezugsmasse.

Mißt – wenn überhaupt – der Organismus seine Lebensdauer aber überhaupt in Tagen oder Jahren, also in physikalischen Einheiten? Die Antwort darauf ist meines Erachtens ein klares »Nein«. Aber wie dann?

Untersucht man nun weiterhin den Energieumsatz pro Körpermasseneinheit bei einzelnen Lebewesen, die sogenannte Stoffwechselrate (oder Umsatzrate), stellt man fest, daß dieser Wert, wie das Lebensalter, bezogen auf die Körpermasse einer ganz festen mathematischen Beziehung gehorcht. Diese Korrelation folgt wiederum – wie Gleichung (1) – einer logarithmischen Funktion und ist ebenfalls für alle Arten und für alle Entwicklungsphasen im Prinzip identisch (Abb. 16.5, S. 438):

$$\text{Stoffwechselrate } S = b \cdot \text{Körpermasse } M^{-0,25} \quad (2)$$

Im Vergleich zum Lebensalter ist die Beziehung allerdings »umgekehrt«: Das dokumentiert sich im umgekehrten Vorzeichen der Hochzahl (des Exponenten): Er hat hier den Wert -0,25. Es zeigt sich dabei deutlich, daß folgende Abhängigkeit gilt: Je größer, d.h., je schwerer ein Organismus ist, um so niedriger ist seine Stoffwechselrate. Dies zeigen einige konkrete

TABELLE 16.2: Vergleich von physikalischer und physiologischer Zählweise bei der Angabe der Zeitdauer verschiedener Lebensphasen bei Vögeln (d = Tage, y = Jahre, kJ/g = gewichtsspezifische Umsatzrate in Kilojoule pro Gramm). Unter »Bereich« wird angegeben, wie stark die Werte im Maximum streuen: Die Ontogenese schwankt so z.B. in physikalischen Einheiten um den Faktor 15 (erste Zahl), in physiologischen Einheiten nur um den Faktor 2 (zweite Zahl).

Lebensphase bei Vögeln	Dauer in Zeiteinheiten		
	physikalisch (d,y)	physiologisch (kJ/g)	Bereich (x-fach)
Embryonalentwicklung (Embryogenese)	10 – 90 d	2 ± 0,8	9/2,3
Jugendentwicklung (Ontogenese)	20 – 300 d	20 – 40	15/2,0
Erwachsenenstadium (Adultphase)	8 – 120 y	2 400 – 4 300	15/1,8

Beispiele: Die Umsatzwerte pro Stunde und Gramm Körpermasse (in J/g · h; J = Joule; 1 cal entspricht 4,186 J; g = Gramm, h = Stunden) sind für einen 2 g Kolibri 200, für die 12 g Meise 80, den 20 g Finken 66, die 40 g Maus 34, die 200 g Ratte 20, den 15 kg Hund 7,2, die 800 kg Kuh 2,4, den 7 t Elefanten 1,4 und für den bis zu 170 t wiegenden Blauwal etwa 0,3 J/g·h (alles grobe Anhaltswerte).

Gerade haben wir ja aber gesehen, daß es sich mit der Länge der Lebensdauer umgekehrt verhalten hat. Je größer ein Organismus war, um so größer war seine Lebensdauer. Aus diesen beiden Datenreihen läßt sich nun ebenso einfach wie auch zwingend folgern, daß ein Organismus um so länger lebt, je niedriger sein Energieumsatz ist. Wenn Sie diese Aussagen aus der vorstehend dargelegten Mathematik nachvollziehen und inhaltlich akzeptieren können, reicht das für unsere weiteren Betrachtungen aus. Dieses Phänomen war nach Rubners Aussagen schon lange bekannt und ein Kernsatz seiner Befunde. Nur können wir es jetzt – mit viel mehr Daten und weiteren Grundlagen – auch mathematisch »beweisen«.

Wir haben nun auch untersucht, wieviel Energie ein Vogel während seiner Embryogenese verbraucht, d.h., wieviel er pro Gramm umsetzt. Wir

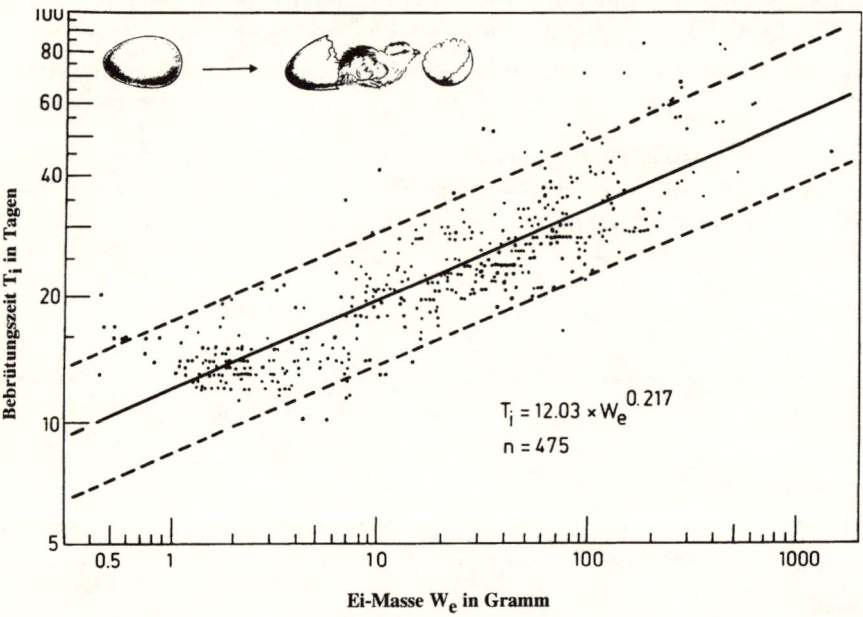

$$T_i = 12.03 \times W_e^{0.217}$$

$$n = 475$$

ABBILDUNG 16.6: Die mathematische Korrelation von Embryogenesezeit T_i (Bebrütungszeit) und Eimasse W_e bei Vögeln.

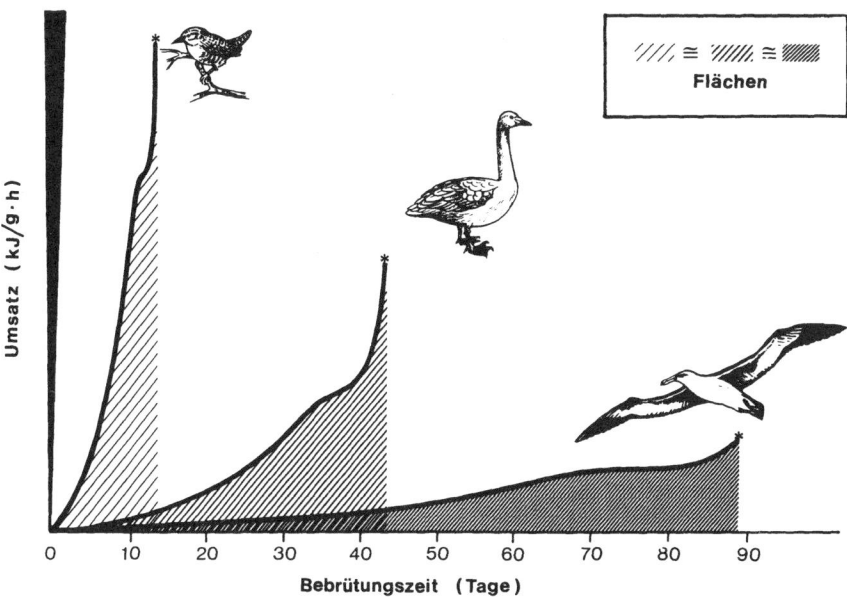

ABBILDUNG 16.7: Schematische Darstellung des Energiestoffwechsels bei der Embryonalentwicklung von Vögeln. Von links nach rechts: Zaunkönig, Höckerschwan, Albatros. Obwohl sich die physikalische Dauer der Embryogenese der einzelnen Arten sehr wesentlich unterscheidet, ist die insgesamt umgesetzte Energiemenge (repräsentiert durch die Fläche unter den Kurven) bei allen drei Vogelembryonen bis zum Schlüpfen praktisch identisch.

konnten dabei in einer beinahe vollautomatischen Anlage den Stoffwechsel kontinuierlich bei vielen verschiedenen Vogelarten über die gesamte Bebrütungszeit hinweg messen und ihn mit den Ergebnissen zahlreicher Kollegen vergleichen. So haben wir inzwischen Daten vom größten bis zum kleinsten Vogelei von weit über 100 Vogelarten gewinnen können. Das größte Ei eines lebenden Vogels hat mit 1,6 kg der Strauß. Das kleinste gemessene Ei legt mit rund 0,5 g ein kleiner Sperlingsvogel. In Abb. 16.7 wird schematisch der Stoffwechselverlauf von drei Vogel-Embryonen mit unterschiedlich langer Entwicklungszeit gezeigt: von 12 Tagen beim Zaunkönig über 42 Tage beim Höckerschwan bis rund 90 Tage beim Albatros. Sie können erkennen, daß der generelle Verlauf der drei Kurven gleich ist, die Höhe des Energiestoffwechsels aber stark mit länger werdender Bebrütungszeit (Abb. 16.6, S. 440) und der Größe der Vögel abnimmt. Berechnet man nun, wieviel Energie die einzelnen Embryonen vom Beginn der Entwicklung bis zum Schlüpfen insgesamt verbraucht haben – das entspricht der jeweiligen

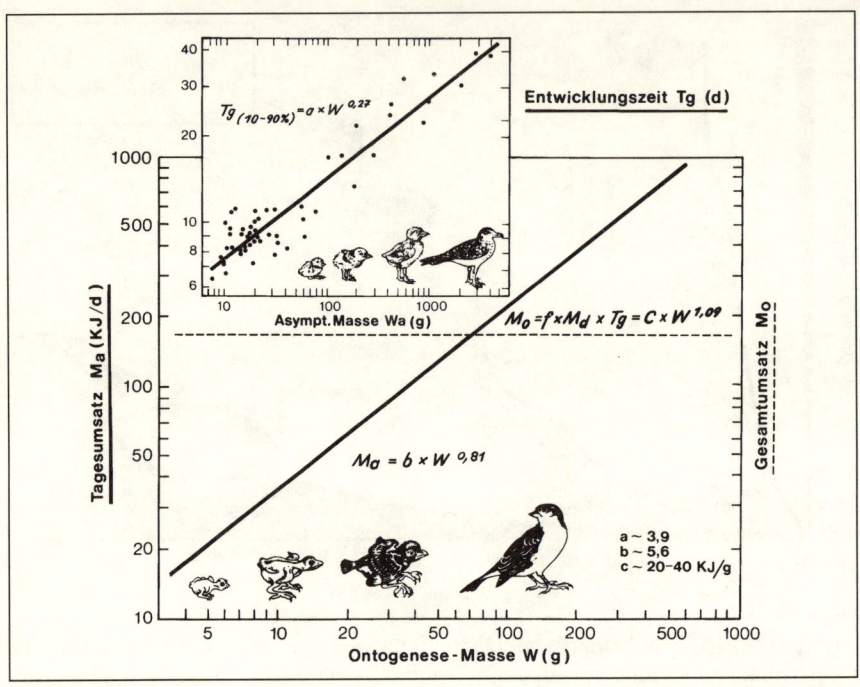

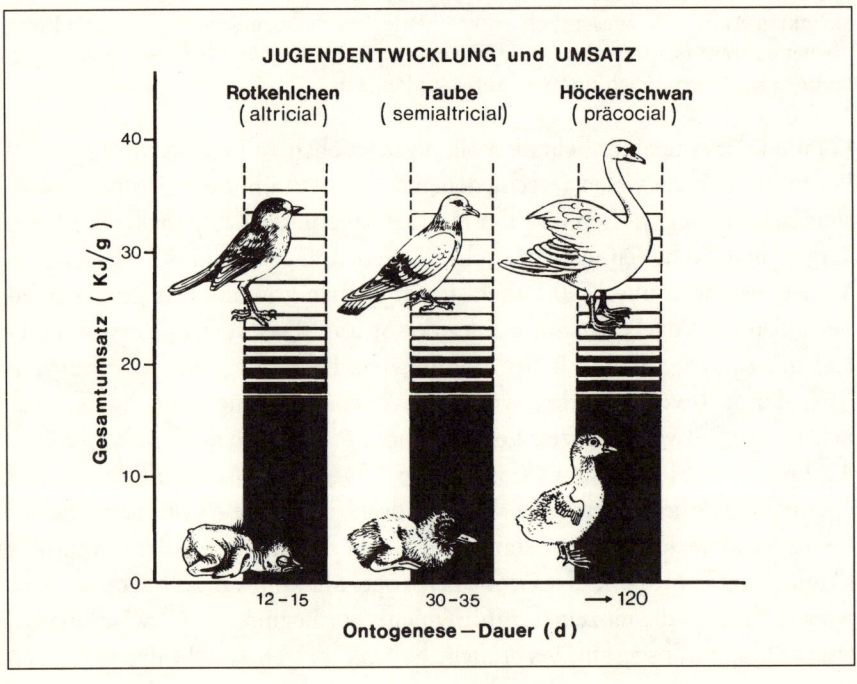

Fläche unter den Kurven –, so stellt man fest, daß es jedesmal die gleiche Menge ist. Das heißt aber auch folgendes: Egal wie lange die Embryonalentwicklung in physikalischen Zeiteinheiten, also in Stunden und Tagen, gedauert hat, alle Vögel schlüpfen nach der gleichen physiologischen Zeit, d.h. nachdem sie die identische Menge an Energie pro Masse verbraucht haben. Es sind rund 2 kJ pro Gramm. Das gilt im Prinzip für alle bisher untersuchten Arten. Als ich das vor rund 20 Jahren in meinem Kollegenkreis vortrug, bin ich mitleidig belächelt worden (einige haben mich wahrscheinlich innerlich sogar ausgelacht). Glauben konnte das keiner von ihnen so richtig; man hielt es wohl eher für ein Hirngespinst!

Aber ich machte weiter, da ich feststellte, daß auch andere Autoren ähnliche Befunde hatten. Die Ontogenese, also die Jugendentwicklung vom Schlüpfen bis zum Flüggewerden, haben wir dann nach dem gleichen Schema untersucht. Und – ich kann es kurz machen – auch hier stellten wir fest, daß zwar die physikalisch- chronologische Dauer der Jugendentwicklung sehr unterschiedlich lang sein kann, die Gesamtenergieumsatzrate, also der Energieverbrauch pro Gramm, aber wiederum relativ einheitlich ist, unabhängig davon, wie schwer der Vogel wird oder welchen Entwicklungstypus er vertritt (Abb. 16.8, S. 442, zeigt 3 Beispiele). Egal ob wir Nesthocker wie das 20 g Rotkehlchen mit einer Entwicklungszeit von rund 15 Tagen oder Nestflüchter wie z.B. den 15 kg Höckerschwan mit über 120 Entwicklungstagen untersuchen oder Entwicklungsformen, die dazwischen liegen, wie die 800 g Taube mit 30-35 Tagen, in der Ontogenese verbrauchen alle Arten unabhängig von der Entwicklungszeit etwa 20 kJ Energie pro Gramm Körpermasse, also die identische Energiemenge. Auch das hat Rubner bereits 1908 (an allerdings wesentlich weniger Säugetieren) gefunden und beschrieben.

Wie sieht es nun in der Erwachsenenphase, dem Adultstadium aus? Die Daten in der Abb. 16.9 (S. 445) beruhen auf Untersuchungen von

ABBILDUNG 16.8: Die obere Abbildung zeigt, wie sich der Gesamtumsatz der Ontogenese ermitteln läßt. Aus der Entwicklungszeit Tg (Zeitraum des Wachstums von 10 bis 90 Prozent der endgültigen Körpermasse) und dem jeweiligen Tagesumsatz Ma läßt sich der Gesamtumsatz Mo nach der angegebenen Formel bestimmen. Unabhängig von der Entwicklungsdauer und der Ontogenese-Masse ist dessen Wert eine Konstante. Die untere Abbildung verdeutlicht dies vereinfacht an drei Vogelarten mit unterschiedlichem Entwicklungsmodus und unterschiedlicher Entwicklungsdauer. Der Ontogenesestoffwechsel liegt bei allen drei Arten zwischen 20 bis 40 Kilojoule pro Gramm.

mehreren hundert Arten und stellen nochmals die wichtigsten Aspekte zusammenfassend dar. Hier begegnen uns zwei schon bekannte Kurven. Das Lebensalter, das ist die gestrichelte Kurve, nimmt mit zunehmender Körpermasse, die auf der x-Achse abgetragen ist, zu (der Massenexponent beträgt rund +0,23). Und der Stoffwechsel (ausgezogene Kurve) zeigt ein umgekehrtes Verhältnis: Er sinkt mit zunehmender Körpermasse ab (Massenexponent rund -0,25). Fragt man sich nun nach dem Gesamtumsatz pro Gramm eines Vogels während seines ganzen Lebens, so liefert uns das Produkt aus Lebenszeit und Stoffwechsel die Antwort. Es ist durch die Strich-Punkt-Kurve gekennzeichnet. Und man kann sehen, daß dieser Wert konstant ist und diese Kurve mehr oder weniger eine Parallele zur x-Achse darstellt, also von der Masse und dem physikalischen Lebensalter unabhängig ist. Das bedeutet, daß alle Vögel in ihrem Leben ungefähr die gleiche Energiemenge pro Gramm Gewicht verbraucht haben: rund 2 500 kJ/g. Umgekehrt läßt sich daraus zwingend schließen (es gibt keine andere Alternative), daß die Lebensdauer in Energieeinheiten bei allen Arten gleich hoch ist und nur in den uns bekannten, physikalischen Zeiteinheiten (chronologische Zeitmessung) Unterschiede auftreten. Fassen wir nun zusammen, wieviel Energie z.B. ein Vogel in seinen einzelnen Lebensspannen summarisch verbraucht hat, kommen wir zu einem sehr erstaunlichen Ergebnis: So unterschiedlich der physikalische Zeitrahmen also auch ist, die verbrauchte Energiemenge ist sowohl zwischen den einzelnen Arten als auch innerhalb der einzelnen Lebensstadien praktisch identisch. Anders ausgedrückt verbraucht ein Zebrafink in seiner zehntägigen Embryogenese genau so viel Energie wie der Königsalbatros, dessen Embryo sich innerhalb von 90 Tagen entwickelt. Und der Zaunkönig »verlebt« während seines vier Jahre dauernden Erwachsenendaseins genau so viel Energie wie der Graupapagei in 80 Lebensjahren (Tab. 16.2, S. 439). Physiologisch gesehen werden also alle gleich alt! Dies ergibt sich auch klar aus dem Produkt der Gleichungen (1) und (2), das den Lebensumsatz (bzw. – für Embryogenese und Ontogenese – den Umsatz in den verschiedenen Lebensabschnitten) angibt:

$$L = S \cdot A = a \cdot b \cdot M^{+0,25} \cdot M^{-0,25} = a \cdot b \cdot M^0 \ (3)$$

Da M^0 gleich 1 ist und $a \cdot b$ ein konstanter, invariabler Wert, den man zu c zusammenfaßt, gilt:

$$\text{Lebensumsatz} = \text{konstanter Wert c} \ (4)$$

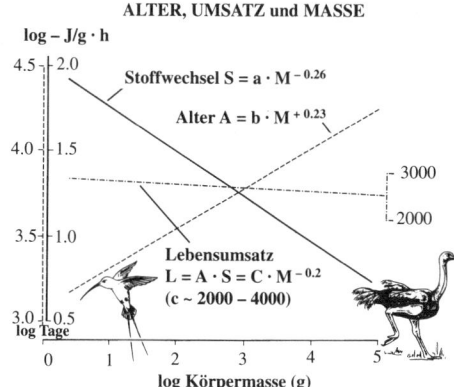

ABBILDUNG 16.9: Die Abhängigkeit von Lebensalter, massespezifischem Energieumsatz und Lebensumsatz von der Masse bei Vögeln (Achsen logarithmisch aufgetragen: 0 = 1; 1 = 10; 2 = 100; 3 = 1 000; 4 = 10 000; 5 = 100 000 Gramm). Es zeigt sich, daß der Lebensumsatz L von der Masse und der physikalischen Lebensdauer unabhängig, d.h. eine Konstante ist (Strich-Punkt-Kurve). Die Zugehörigkeit der Achsen zu den einzelnen Parametern ist durch die entsprechende Ausführung der Linie (gestrichelt Alter, durchgezogen Stoffwechsel) gekennzeichnet.

So wie Hayflick für seine Alterns-Theorie eine konstante Zahl an möglichen Zellteilungen im Laufe des Lebenszyklus postuliert, kann der Stoffwechselphysiologe eine konstante Menge an umgesetzter Energie pro Gewichtseinheit definieren. Er kann auf diese Weise eine physiologische Lebenszeit festlegen.

Diese Daten ließen sich inzwischen über sehr große Versuchsmengen an weit über 400 verschiedenen Vogelarten sehr gut absichern.

Und wie bei der absoluten Stoffwechselrate gilt diese Beziehung wiederum nicht nur für Vögel, sondern (im statistischen Mittel und innerhalb einer systematischen Einheit) offensichtlich in weiten Bereichen auch für andere Organismen – schließlich auch für den Menschen, wie wir im Detail noch sehen werden.

Konkrete Belege zur Stoffwechseltheorie

Neben den mathematischen und experimentellen Befunden, die manchmal vielleicht weniger anschaulich waren, lassen sich für diese Stoffwechseltheorie auch sehr viele ganz konkrete Einzelbeispiele anführen. Sie können auch viele scheinbare Ausnahmen bei Altersspannen, die man bisher schwer erklären konnte, plausibel deuten. Ich fasse sie deshalb – als entspannenden Gegenpol zur Mathematik – hier zusammen, auch wenn sie unter Umständen an anderer Stelle schon einmal beschrieben wurden.

Fangen wir ganz »unten« im Tierreich an: Bei Einzellern halbiert sich die Lebensdauer (Zeit bis zur nächsten Teilung), wenn man sie durch erhöhte Temperaturen ihres Mediums zur Verdopplung ihres Stoffwechsels bringt. Durch Kühlen oder Einfrieren kann man ihre Lebensdauer und die anderer Organismen indes bekanntlich verlängern. Auf diese Art und Weise kann man selbst bei menschlichen Zellen die Altersuhr um viele Jahre anhalten.

Viele sagen nun, daß Einzeller, die sich durch einfache Querteilung vermehren, doch potentiell unsterblich seien. Oberflächlich betrachtet mag dies vielleicht stimmen. Sicher ist aber, daß bei der Teilung zwei Individuen entstehen, die ihrer Mutterzelle genetisch nicht völlig gleichen und somit neue, veränderte Generationen darstellen. Die Mutterzelle ist somit verschwunden. Und ich habe Ihnen ja auch in vorangegangenen Kapiteln schon dargelegt, daß auch normale Zellkulturen nicht ewig leben.

Wirklich potentiell unsterblich im Sinne von unbeschränkter Teilungsfähigkeit sind nur Krebszellen. Und bei ihnen ist auch der normale Energieumsatz auf Gärung (Milchsäureproduktion) umgestellt, wie wir schon wissen (S. 403). Wenn man so will, ist ihr richtiges Zählwerk, der normale Stoffwechsel, außer Kontrolle geraten.

Doch zu weiteren Beispielen: Beim Schleimpilz *Dictyostelium* hat man festgestellt, daß er ziemlich genau 1 000 Bakterien frißt und sich dann teilt, also eine neue Generation bildet. Natürlich entspricht auch diese Menge »Futter« einer genau definierten Umsatzrate!

Innerhalb von Tiergruppen leben solche Arten, die kaum oder nur wenig aktiv sind, wesentlich länger als solche, die eine hohe Aktivität zeigen. Solche Beispiele haben wir bei der Darstellung des Alterns bei den Tieren schon intensiver kennengelernt. Ein frei schwimmender, also aktiver Tintenfisch, wie z.B. ein Loligo (Abb. 7.6), lebt so nur etwa 6-8 Jahre. Die wie der Tintenfisch ebenfalls zu den Weichtieren gehörende, gleich große, aber festsitzende und daher kaum aktive Teichmuschel lebt dagegen 20-30 Jahre.

Katzen schlafen als Lauerjäger bekanntlich gerne und vor allem auch lange. Sie leben bis zu 25 Jahre und damit wesentlich länger als der hochaktive Hetzjäger Hund. Dieser erreicht in der Regel ein Höchstalter von 15 bis 18 Jahren. Ein besonders geringes Alter erreichen solche Hunderassen, die in sehr kalten Regionen leben und einen sehr hohen Stoffwechsel als Anpassung aufweisen. Typische Beipiele sind Verwandte des Schlittenhundes, die in der Regel nicht über 10 bis 15 Jahre alt werden.

Besonders alt werden dagegen solche Tiere, die sich energetisch »sparsam« verhalten. Die trägen Krokodile und Schildkröten zählen zu den potentiellen Methusalems der Tiere. Schildkröten werden bis zu 250 Jahre alt (Abb. 7.11, S. 201). Alle Wechselwarmen werden im Vergleich zu ihrer Körpermasse sehr alt. Das haben wir im Abschnitt über das Altern der Tiere schon gesehen. Ganz grob gesagt, beträgt der Energieumsatz von solchen Poikilo- oder Exothermen nur etwa ein Zehntel des Wertes von Warmblütigen (Endotherme oder auch Homoiotherme genannt). Dementsprechend leben »energiesparende« Wechselwarme gewichtsbezogen rund zehnmal länger als »energieintensive« Gleichwarme.

Sehr alt – nämlich 80 bis 100 Jahre – können auch Papageien und Greifvögel werden. Das gilt aber in der Regel nur für Tiere in Gefangenschaft. Warum? Diese Vogelarten hält man oft angekettet gefangen; sie können sich dadurch energetisch – wenn man so sagen kann – nicht »ausleben« und zeigen folglich hohe Lebensalter. Energieintensiv lebende Vögel, wie die Kolibris, die die höchsten Stoffwechselraten unter den Warmblütern haben, leben dagegen nur 3 bis 5 Jahre (Abb. 16.14, S. 460).

Tiere, die in energiesparenden Winterschlaf oder nachts in Lethargie fallen können, z.B. der Igel oder die Fledermäuse, leben ebenfalls wesentlich länger als solche, die dauernd aktiv sind. Fledermäuse werden ohne Schwierigkeiten 20 bis 30, ja sogar bis 40 Jahre alt. Vergleichbar große, »normale« Hausmäuse dagegen kaum über vier Jahre.

Besonders deutlich läßt sich dieser Energieeffekt an sogenannten Schwestergruppen zeigen, die unterschiedliche Stoffwechselstrategien aufweisen. So unterscheiden sich z.B. gleichgroße Weißzahn- und Rotzahnspitzmäuse u.a. durch das Fehlen bzw. den Besitz eines Starreschlafes (Torpor) während der Ruheperiode zur Energieeinsparung (Abb. 7.20, S. 217). Im Torpor wird die Körpertemperatur stark abgesenkt (von normal etwa 35 bis 38°C auf bis zu 18 bis 20°C) und damit enorm Energie gespart. Die lethargiefähigen Weißzahnspitzmäuse – im Beispiel der Abbildung eine Hausspitzmaus – werden dabei mit sechs bis acht Jahren wesentlich älter als ihre praktisch gleich großen Verwandten mit den roten Zähnen, die diese Eigenschaft nicht besitzen und (deshalb?) schon nach zwei bis vier Jahren sterben. Für diese letztere Gruppe steht z.B. die Waldspitzmaus.

Längst bekannt ist auch, daß man Mäuse und andere Tiere durch eine Hungerdiät länger leben lassen kann. Eine Reduktion der Futterration kann dazu führen, daß die hungernden Tiere bis zu doppelt so alt werden wie ihre normal (ad lib.) gefütterten Artgenossen. Die Hungertiere senken ihren Stoffwechsel drastisch ab. Reduziert man z.B. die Futterzufuhr bei Mäusen um etwa 40 %, leben die kalorienreduzierten Mäuse um 30 % länger als ihre ad lib. gefütterten Artgenossen.

Einige Beispiele noch aus der Insektenwelt: Der Falter mit der höchsten Lebenserwartung in unseren Breiten ist der Zitronenfalter. Er lebt als Imago mehrere Monate, während andere Arten nur wenige Wochen Lebensdauer als Erwachsene haben. Der Zitronenfalter macht dafür aber auch als einziger einen mehrere Wochen dauernden Sommerschlaf. Bei der Taufliege *Drosophila* gibt es verschieden lang lebende Stämme. Der wilde Stamm *Oregon-R* hat eine mittlere Lebensdauer von etwa 48,5±6,7 Tagen. Im Laufe seines Lebens verbraucht eine solche Fliege rund 3,5 µl Sauerstoff pro mg Körpergewicht. Die ebenfalls wilde Stammform *Swedish-C* lebt nur 35,2±8,9 Tage. Ihr Lebensumsatz beträgt 3,48 µl Sauerstoff pro mg Körpergewicht. Obwohl also die physikalische Lebensdauer um 38 % differiert, ist der Lebensumsatz praktisch identisch.

Verhindert man, daß Fliegen oder Bienen viel fliegen können, leben sie ebenfalls länger (bis zu zweieinhalb mal so lange!) als ihre nicht eingesperrten, energieverbrauchenden Artgenossen. Die durchschnittliche Lebensdauer von Stubenfliegen (*Musca domestica*) hängt z.B. folgendermaßen von ihrem Energieumsatz ab, der über den Sauerstoffverbrauch ermittelt wird:

durchschnittlicher O_2-Verbrauch in µl/mg·h	durchschnittliche Lebensdauer in Tagen
7,8 ± 1,3	34,8 ± 2,8
11,4 ± 1,1	16,5 ± 1,5
16,5 ± 1,2	11,2 ± 1,8

Ein Beispiel noch von den fleißigen Bienen: Eine Arbeiterin lebt etwa eine Flugstrecke von »800 km« lang. Je eifriger, je fleißiger sie fliegt, um so schneller ist dieses Limit verbraucht. Die quasi »faul herumlungernden« Bienen leben dementsprechend am längsten. Dies konnte in Untersuchungen sehr schön gezeigt werden.

Männliche Geschlechtshormone beschleunigen den Stoffwechsel. Dementsprechend leben kastrierte Kater im Mittel 8,1 Jahre, unkastrierte nur 5,3 Jahre. Beim Menschen findet man die gleiche Gesetzmäßigkeit: Kastrierte Männer leben um nicht weniger als 14 Jahre länger als nicht kastrierte. Ähnliche Befunde kennt man von Ratten und Hunden. Die Effekte beim Kastrierten lassen sich durch Testosteron-Gaben wieder aufheben. Das sexuelle Zusammenleben beim Stichling führt dementsprechend auch zu einer stark verminderten Lebensdauer: Mit Weibchen der eigenen Art lebt der Dreistachelige Stichling (*Gasterosteus aculeatus*) nur etwa 40 Tage. Lebt er allein oder mit fremden Weibchen, erreicht er eine Lebensdauer von 60 bis 70 Tagen. Auch das wird über eine veränderte Testosteron-Produktion gesteuert, die beim Anblick der Weibchen erhöht ist.

Und so entpuppen sich viele bisher als Ausnahmen angesehene hohe oder niedrige Lebensspannen unter dem Stoffwechselaspekt als die bekannte Bestätigung der Regel.

Auch beim Menschen gibt es für diese Theorie der maximalen Stoffwechselrate einige verblüffende Beispiele, die die Stoffwechselregel bestätigen. Ich habe schon dargestellt, daß Frauen deutlich älter werden als Männer. Die Differenz beträgt rund 10 % und gilt für praktisch alle Kulturkreise (s. Abb. 8.25, S. 225). Diese Geschlechtsdifferenz wurde auch für alle Tiergruppen bestätigt, wo entsprechende Untersuchungen durchgeführt wurden.

Betrachtet man den Stoffwechsel beider Geschlechter, stellt man fest, daß Männer in allen Lebensstadien einen um etwa den Betrag höheren Umsatz haben, wie ihre Lebensdauer verkürzt ist. D.h., daß sie energetisch gesehen »intensiver«, aber dafür nicht so lange leben. In der energetischen Summe ist die Energiemenge bei beiden Geschlechtern jedoch wieder gleich groß. Das bedeutet, Männer und Frauen werden physiologisch-energetisch gesehen gleich alt. Wie alt werden sie nun? Wie lange sie energetisch gesehen leben, sollen Zuckerwürfel ganz grob verdeutlichen: Wenn wir pro Gramm Körpermasse den Energieinhalt von etwa 35 Zuckerwürfeln umgesetzt haben (das sind rund 2 500 kJ pro g), ist unsere Lebensspanne im Mittel abgelaufen; und diesen Wert kennen wir ja schon von den Vögeln.

Es gibt aber natürlich noch mehr Stoffwechselbeispiele beim Menschen: Besonders alt werden bei uns in der Regel Nonnen und Mönche, die in völliger Ruhe, ohne Streß und ohne große körperliche Aktivität in der Abgeschiedenheit eines Klosters ausgeglichen in Klausur leben. Anthropomorph ausgedrückt könnte man sagen, daß ihr Lebenslicht zwar nur schwach, dafür aber lange brennt. Aus der Statistik wissen wir auch, daß Menschen, die viel schlafen, länger leben als solche mit einem kurzen Schlafrhythmus.

Ich erinnere auch an Carrie White aus den USA. Sie wurde 119 Jahre alt. Auch sie kann man – wenn man so will – als unfreiwilliges Beispiel für die Stoffwechseltheorie des Alterns anführen. Sie verbrachte nämlich rund 75 Jahre »energiesparend«, meist liegend im Krankenhaus, weil sie schwer krank war. Hier zeigt sich außerdem, daß nicht unbedingt Gesundheit für ein langes Leben ausschlaggebend sein muß. Solche Einzelbeispiele müssen natürlich immer mit dem notwendigen kritischen Abstand betrachtet werden. Als Einzelbeispiel haben sie nur wenig Beweiskraft, da man viele Gegenbeispiele finden kann. Dennoch – als Mosaiksteinchen zusammen mit sehr vielen anderen, vergleichbaren Beispielen können sie schon dazu beitragen, die vorhandene Tendenz zu verdeutlichen und die Theorie zu stützen.

Geringe Lebensspannen zeigen dagegen Schwerstarbeiter. Aber auch Hochleistungssportler zeichnen sich nicht durch ein besonders hohes Lebensalter aus. Langzeituntersuchungen in den USA haben gezeigt, daß sehr ausgeprägter, stark energiefordernder Ausdauersport die Sterberate deutlich anheben kann (s. S. 387 f.). Auch solche Sportler verbrauchen – wie die Schwerstarbeiter – überdurchschnittlich viel von der ihnen in unserer Betrachtungsweise genetisch zugestandenen Stoffwechselsumme durch (zu) intensiven Energieverbrauch. Der Volksmund sagt: Ihr Lebenslicht brennt hell, dafür aber kurz. Ein Kerzenbeispiel ist übrigens kein schlechtes analoges Modell. Zwei Kerzen identischer Größe brennen je nach Brennstärke sehr unterschiedlich lange. Ihre Gesamtenergieproduktion ist aber in jedem Falle gleich. Hier zeigt sich bildlich sehr schön die unterschiedliche »Zählweise« der biologischen Uhr im Vergleich zur physikalischen.

Das Leben von Menschen mit pathologisch hoher Schilddrüsenfunktion ist im Vergleich zu solchen mit ebenfalls ungesunder Unterfunktion ebenfalls verkürzt. Die Funktionsstörung allein kann also nicht bestimmend sein! Und wir wissen, daß die Hormone der Schilddrüse den Stoffwechsel stark beeinflussen. Unterfunktion reduziert den Stoffwechsel, Überfunktion heizt ihn stark an.

Diese Beispiele zeigen – zusätzlich zu den vorher dargelegten generelleren Ableitungen – den Stoffwechseleffekt im Alternsablauf. Nun muß an dieser Stelle nochmals davor gewarnt werden, dieses vorgegebene Stoffwechsellimit (etwa 2 500 kJ) allzu wörtlich zu nehmen. Natürlich stirbt man nicht, wenn man schon 2 499 Kilojoule verbraucht hat, mit dem nächsten verbrauchten 1 kJ. Diese Zahlen geben nur statistische

Mittelwerte der gesamten Population an, wie sie auch für die chronologische Lebensdauerangabe in Jahren durchgeführt wird. Aber sie dokumentieren wie diese den effektiven Zustand, daß es im Mittel eben doch eine solche mittlere statistische Obergrenze gibt.

Tickt die biologische Zeit in Energieeinheiten?

Wäre die *physiologische* oder *biologische* Zeitmessung in Joule (1 Joule entspricht im übrigen 1 Watt pro Sekunde; der Mensch benötigt zur laufenden Aufrechterhaltung seines Lebens ungefähr 100 Watt; soviel wie eine starke, 100 W Glühbirne an Energie verbraucht), also in Energieeinheiten eigentlich etwas ganz Besonderes? Nein! Es gibt schon lange auch in der Technik vergleichbare Zählweisen. So wird das »Alter« vieler Maschinen – von Flugzeugen und von manchen Autos – sogar primär nicht mehr allein in chronologischen Einheiten gemessen (also in Tagen, Monaten oder Jahren), sondern danach, wieviel Leistungssumme, d.h. wieviel Arbeit von ihnen bisher abverlangt wurde. Konkretes Beispiel sind die Wartungsintervall-Messungen durch Computer bei BMW-Automobilen. Diese Bordcomputer messen – wie bei Flugzeugen –, wieviel beschleunigt wird, in welchem Gang gefahren wird, wie stark Leistung abverlangt wird usw., und sie richten die Wartungsintervalle danach und nicht nur nach den Kilometern, die ja sehr unterschiedlich zusammen kommen können. Ein Auto mit 100 000 km auf der Autobahn muß ja bekanntlicherweise nicht unbedingt so alt (im Sinne von verbraucht) sein wie ein PKW, der 20 000 km nur im Stadtverkehr gefahren wurde.

Und bei Flugzeugen ist dieses Altersbestimmungs-Verfahren seit sehr langer Zeit üblich. Es entspricht auch vielmehr der Logik einer Altersangabe, danach zu fragen, wieviel ein Gegenstand oder ein Organismus an Arbeit geleistet hat, als danach, wie lange er in Jahren gemessen schon existiert. Das wird jedem sofort als »logisch« einleuchten. Und hier erweist sich die biologische Zeitmessung auch im physikalischen Sinne als die viel vernünftigere Altersangabe. Soweit also die »technische« Betrachtung der Angelegenheit.

Was ist nun das Besondere an der Theorie der maximalen Stoffwechselrate aus biologischer Sicht? Welche Relevanz hat sie hier? Der Stoffwechsel ist neben der Fortpflanzung und der Reizbarkeit die dritte grundlegende Systemeigenschaft, die alle biologischen Systeme, alle Organismen, d.h. die Leben allgemein auszeichnet. Im Gegensatz zu den beiden erstgenannten Eigenschaften ist er (hier im Sinne der Energiegewinnung) zudem für alle Lebewesen, die in Sauerstoff leben (aerob atmen) – und das sind viele Bakterien, alle Einzeller, alle Pflanzen und alle Tiere –, identisch. Das bedeutet, daß alle aeroben Lebewesen die völlig identischen Stoffwechselwege mit den völlig identischen Stoffwechselsubstanzen und den völlig identischen Stoffwechselenzymen benutzen (Abb. 16.10). Es gibt also keine prinzipiellen Unterschiede zwischen einem Einzeller und einem Menschen auf der einen Seite oder einem Vogel und einem Baum auf der anderen Seite. So ein generelles System würde sich also sehr gut als Zählwerk für die Lebensspanne eignen. Diese Theorie zeichnet sich damit durch die höchste Universalität aller Alter(n)stheorien aus, sie ist intrinsisch, progressiv und zeigt eine »schädliche« Abnahme einer Funktion (des Stoffwechselvorrates, wenn man so sagen darf, was mir aber nicht ganz behagt!). Sie erfüllt somit alle Kriterien von Bernhard Strehler, die von Gerontologen an eine Alter(n)stheorie gestellt werden, geradezu optimal (vgl. S. 418).

Molekularbiologisch ist es zudem auch überhaupt nicht schwierig, sich die Funktion eines solchen Zählwerkes vorzustellen. Alle Produktionen, Leistungen usw. in der Zelle benötigen eine gewisse Menge an Energie. Über den Verbrauch bestimmter Energiemengen könnte sich der Orga-

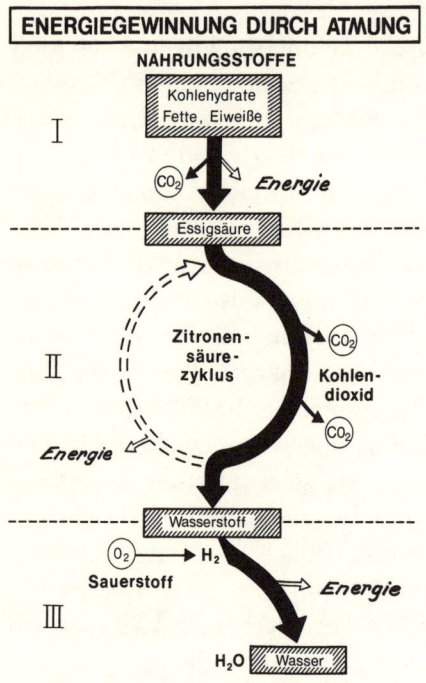

ABBILDUNG 16.10: Schematische Darstellung der Energiegewinnung bei aeroben (sauerstoffbenötigenden) Organismen. In drei Abschnitten werden die Nahrungsstoffe mit Sauerstoff zu Wasser und Kohlendioxid abgebaut, wobei Energie (in Form von ATP) gewonnen wird. I = Glykolyse, II = Zitronensäurezyklus, III = Atmungskette. Im Prinzip verläuft dieser Prozeß bei allen aeroben Organismen (inklusive Pflanzen) völlig identisch.

nismus sehr einfach darüber in Kenntnis setzen, wie weit eine Synthese oder ein Zeitabschnitt abgelaufen ist. Den möglichen Mechanismus hier darzustellen, würde allerdings thematisch zu weit ins Molekularbiologische führen, was ich vermeiden will. Als weiterer positiver Aspekt dieser Theorie ist anzumerken, daß sie experimentell sehr gut zugänglich ist. Dennoch, auch das muß noch einmal gesagt werden: Es handelt sich um eine Theorie mit Schwächen und Stärken wie jede andere Theorie!

Die Theorie der maximalen Stoffwechselrate – keine Theorie, sondern ein Glaube?

Im Jahre 1989 versuchte der bekannte belgische Gerontologe F.A. Lints eine kritische Würdigung der »Stoffwechseltheorie«, die er fälschlicherweise Pearl (1929) zuschrieb (wir wissen, daß sie von Rubner 1908 aufgestellt wurde). Lints hat intensive Untersuchungen an Taufliegen (*Drosophila*) durchgeführt und dabei keinen ursächlichen Zusammenhang zwischen Stoffwechselrate und Lebensdauer gefunden. Aufgrund dieser Befunde an Einzelbeispielen machte er sich daran, die ganze Theorie kritisch zu hinterfragen. Er kam in einem Übersichtsartikel zu dem folgenden Schluß (wörtliches Zitat): «*A theory? No! A faith! Curiously enough the rate of living theory has been assumed to be right by a large number of authors who, in their data, did not have the least indication of the rightness of it.*» Die Übersetzung dieses Kernsatzes lautet: »Eine Theorie? Nein! Ein Glaube! Es ist erstaunlich, daß die Theorie der maximalen Stoffwechselrate von einer großen Zahl von Autoren als richtig angesehen wird, obwohl diese in ihren Daten nicht den geringsten Anhaltspunkt für deren Richtigkeit aufweisen können.«

Die harte, recht niederschmetternde Kritik von Lints erlaubt im Gegenzug sicherlich eine ebenso deutliche Antwort. Lints kennt sich zweifellos gut im Bereich des Alterns bei *Drosophila* aus. Schaut man sich aber die Literatur durch, auf der seine kompromißlose Aburteilung der Stoffwechseltheorie und ihrer Verfechter beruht, wird klar erkenntlich, daß er nur sehr wenig Überblick – sowohl bezüglich Gesamtumfang und als auch bezüglich Aktualität – über das Gesamtgebiet von Stoffwechsel, physiologischer Zeit und ihrer Korrelation zum Lebensalter besitzt. Zumindest wird es in dieser Arbeit absolut nicht manifest. Dennoch ist sein

Artikel in der Zeitschrift *Gerontology* sofort, ohne offensichtlich von anderen Kollegen kritisch gewürdigt worden zu sein, angenommen worden, was eigentlich eher ungewöhnlich ist. Auf der Basis von Artikeln bekannter Forscher (wie es Lint sicher ist) in solch angesehenen Zeitschriften, wird dann aber letztlich bei weniger mit der Thematik befaßten Gerontologen eine negative Wertung der Stoffwechseltheorie vorgenommen. Das kann zu dem angeführten Totschweigen der Theorie in praktisch allen Lehrbüchern führen.

Doch nähern wir uns den Ansichten Lints' wissenschaftlich kritisch. Als erstes ist es natürlich nicht korrekt, die Richtigkeit einer Theorie allein an einer Tiergattung, sprich an einem Beispiel allein zu testen. Ein klein bißchen ist dies so, als würde man abstreiten (was keiner tut), daß Frauen länger leben als Männer, nur weil man in Afrika bei einer Populationsgruppe das Gegenteil gefunden hat. Wer weiß, welche Gründe da noch eine Rolle spielen. Kaum ein ernsthafter Wissenschaftler käme auch auf die Idee zu sagen, Rauchen sei nicht schädlich, nur weil sein Großvater geraucht hat und trotzdem 95 Jahre alt geworden ist (dies ist bekanntlich ein beliebtes Argument von Rauchern). Des weiteren, und das ist noch viel gravierender, ist in der von Lints angesprochenen Fliegengattung *Drosophila* von einer Reihe von Autoren gerade die Stoffwechseltheorie bestätigt worden (vgl. S. 448). Lints kann sich von daher – selbst in der vom ihm bemühten Tiergruppe – seiner Argumentation auf keinen Fall sicher sein. Seine doch ziemlich arrogante Abqualifizierung der Stoffwechseltheorie ist deshalb wissenschaftlich wenig kompetent.

Dennoch könnten all die von mir bei Vögeln grundsätzlich angesprochenen Beziehungen exklusiv für diese Tiergruppe spezifisch sein und meine übrigen Beispiele nur willkürlich ausgewählte, passende Ausnahmen darstellen. Was bleibt, ist die gründliche Analyse von physiologischer Zeit im generellen sowie ihrer Korrelation zur Lebensdauer und zum Stoffwechselumsatz im gesamten Tierreich. Dazu habe ich eine intensive Literaturstudie betrieben und alle verfügbaren Publikationen zu dieser Thematik zusammengesucht und ausgewertet (es waren einige hundert). Vor allem interessierte mich, wie verschiedene chronologische Zeiten von physiologischen (Körperfunktionen) Zyklen mit dem Körpergewicht zusammenhängen.

Diese Körpergewichtsabhängigkeit nennt man eine allometrische Beziehung. Solche Allometrien gibt es nun für eine sehr große Zahl von physiologischen Zeiten, nicht nur für das Lebensalter. Nur einige Beispiele (manche sind für den Laien zugegebenermaßen exotisch), die zeigen, über welch breites Spektrum diese Betrachtung angestellt werden kann: die Dauer eines Augenblickes (Zuckung eines kleinen Muskels), die Zuckungszeiten vieler (anderer) Muskeln, die Zeit für eine Darmkontraktion, die glomeruläre Filtrationszeit der Niere, die Halbwertszeiten (Abbauraten) verschiedener Medikamente im Blutplasma, die π-Globulin-Halbwertszeit (Lebensdauer eines Bluteiweißes), die Zeit des Transferrin-Pool-Turnover, die Flügelschlagzeit von Schmetterlingen, die Ontogenese-Wachstumszeiten, die Embryogenesezeiten, die Schwangerschafts- und Trächtigkeitszeiten, die Zeit eines Herzschlages (Pulsfrequenz), die Verdauungszeiten, die Schlafzeiten, die Schlafzyklen, die Bebrütungszeiten, die Reifezeiten, die Erythrocyten-Lebensdauer (rote Blutkörperchen), die Zeit bis zur ersten Fortpflanzung, die Zeit bis zum ersten Flug bei Vögeln, die Zeitdifferenz der Schallankunft an beiden Ohren usw. Einige Beispiele sind in Tab. 16.3 auf S. 461 angegeben. Für rund hundert verschiedene physiologische Zeiten konnte ich den Massenexponenten der berechneten allometrischen Beziehungen erhalten. Dieser Exponent schwankte lediglich (Grenzwerte) zwischen 0,15 und 0,39. Dieser Schwankungsbereich ist – das wird jeder Fachmann bestätigen – sehr gering und weist auf eine hohe Konstanz hin. Der Wert liegt im Mittel bei 0,248 ±0,053. Keiner wird mir wohl einen gravierenden mathematischen Fehler vorwerfen, wenn ich diesen Exponenten auf +0,25 aufrunde (die Abweichung beträgt ganze 0,8 %!). Und wir sehen, daß es der identische Wert ist, den wir auch bei der maximalen Lebensdauer bei Vögeln schon gefunden haben, was dieses Ergebnis – quasi von anderer Seite her – beweist. Das wiederum bedeutet, daß offensichtlich *alle* physiologischen Vorgänge in der Natur in ihrem Zeitbedarf den gleichen Gewichtsabhängigkeiten (Allometrien) gehorchen wie die maximale Lebensdauer. Um den proportional gleichen Faktor, wie die Lebenserwartung mit steigender Masse zunimmt, nimmt auch z.B. die Dauer eines Augenblickes oder die Dauer einer Darmkontraktion zu. Verdoppelt sich die Lebensdauer, verdoppelt sich beim gleichen Organismus auch die Dauer der Darmkontraktion oder die Dauer des Lidschlages. Wobei – nochmals zur Erinnerung – der Exponent 0,25 zur Masse bedeutet, daß bei einer Verdopplung des Körpergewichtes die entsprechende Zeitvariable um rund 16 % zunimmt. Oder von der anderen Seite aus gesehen: Bei einer Versechzehnfachung des Gewichtes verdoppelt sich die Zeitdauer. Die einzelnen Korrelationen verlaufen somit parallel zueinander (Abb. 16.11, S. 456). Die sehr große Zahl an untersuchten Tieren und Zeitvariablen und die geringe Streuung des erhaltenen Mittelwertes lassen dem Zufall keinen Raum. Hier handelt es sich zweifellos um ein physiologisches Grundgesetz. Somit gilt ganz allgemein:

$$\text{physiologische Zeitdauer } Z = a \cdot M^{+0,25} \text{ (1)},$$

wobei »M« für die Masse steht und »a« eine Konstante ist, die für jeden physiologischen Parameter spezifisch ist (vgl. die a-Werte in Tab. 16.3, S. 461).

Aus diesem Gesetz läßt sich dann allerdings wiederum schließen, daß alle Zeitvariablen sogenannte Submultiple der Lebenszeit darstellen müssen (Submultiple sind Untereinheiten; so wie die Sekunde die Untereinheit der Minute und diese wiederum die Submultiple der Stunde etc. ist). Die Lebenszeit hat demnach den Faktor 1 (man lebt nur einmal). Bezogen auf die Lebenszeit hat – daraus folgend – jeder Organis-

ABBILDUNG 16.11: Die Massenabhängigkeit (Allometrie) der Zeitdauer verschiedener physiologischer Vorgänge. Man kann erkennen, daß die Geraden mehr oder weniger parallel zueinander verlaufen und nichts anderes sind, als Submultiple der Lebensdauer, die den Faktor 1 hat. Alle haben als Massenexponenten ca. den Wert +0,25. Will man nun z.B. wissen, wie häufig ein Herz im Laufe des Lebens schlägt, braucht man nur die betragsmäßige Achsendifferenz zwischen der maximalen Lebensspanne (ca. 6,5) und dem Herzzyklus (ca. -3) zu bestimmen. Sie beträgt 9,5. Das Herz schlägt somit im Leben rund $10^{9,5}$ mal. Das Blut zirkuliert etwa $10^{7,5}$ mal (-1 und +6,5 sind die Achsenabschnitte). Vergleiche dazu Abb. 16.12, auf S. 458.

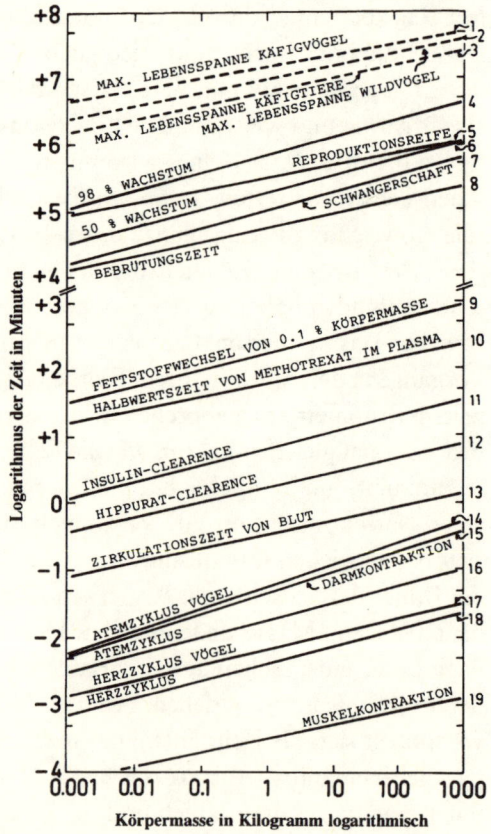

mus auch eine bestimmte, konstante, maximal mögliche Zahl an Atem-
zügen, Herzschlägen, Schlafzyklen, Clearence-Raten der Niere etc., die
durch den Submultiplen-Faktor gegeben ist; so wie immer genau 60 Sekunden eine Minute ausmachen, genau 24 Stunden einen Tag oder genau 12 Monate ein Jahr. Für den Menschen sind einige Circawerte dieser Submultiplenfaktoren in Abb. 16.12 (S. 458) angegeben. Weitere
Werte für andere Parameter des Menschen sowie für Tiere finden sich
in Tab. 16.3 auf S. 461. Wir können daraus ersehen, daß die Mengen-
oder Zahlenkonstanz eines physiologischen Parameters im Laufe des
Lebens gar keine Besonderheit ist, sondern ebenfalls offensichtlich einer Grundgesetzlichkeit folgt, die innerhalb der Parameter der identischen Grundbedingung, nämlich dem Gewichtsexponenten +0,25 gehorchen.

Soweit die Zeitvariablen. Bleibt zum Schluß die Verknüpfung der
Zeitvariablen mit der Umsatzrate, dem Energieverbrauch pro Gewichtseinheit. Über die Umsatzrate gibt es noch weitaus mehr allometrische Untersuchungen als über die Zeitvariablen. In Tab. 16.4 (S. 463) und
Abb. 16.13 (S. 459) sind die entsprechenden Daten dargelegt (die
Nichtspezialisten können ohne Schaden die schwindelerregenden Formeln überlesen!). Es kann überhaupt kein Zweifel daran bestehen, daß
die Energieumsatzrate (S) als Grundprinzip bei allen Organismen mit
dem Massenexponenten -0,25 korreliert. Analog zur Zeitgleichung können wir jetzt schreiben:

$$\text{Umsatzrate } S = b \cdot M^{-0,25}\ (2),$$

wobei »b« wie »a« unter vorstehender Gleichung (1) wiederum eine –
für die jeweilige Gruppe spezifische – Konstante darstellt. Die Korrelation ist im Vergleich zur Zeitvariablen nur sozusagen »umgekehrt«. Um
den gleichen proportionalen Faktor, um den die Zeit pro Gewichtszunah-
me ansteigt, verringert sich proportional die Umsatzrate. Ein Beispiel:
Nimmt die Zeitdauer um 50 % zu, nimmt die Umsatzrate um 50 % ab.
Dies ist eine geradezu phantastisch einfache Beziehung, die auf einer riesigen Zahl von Daten beruht.

Der folgende Schritt ist nun ebenfalls sehr einfach. Wenn wir wissen
wollen, wie hoch bei einem Organismus der Gesamtumsatz G pro Gewichtseinheit in der betrachteten Zeiteinheit ist, müssen wir nur die beiden Gleichungen (1) und (2) miteinander multiplizieren. Diese Operation
sieht folgendermaßen aus:

Wie lange lebt ein Mensch? (Zyklen)

	*Lebenszyklus*	1
	*Lebensdauer in Jahren*	80
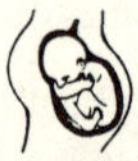	*Schwangerschaften*	100
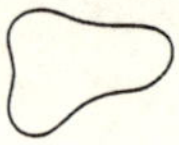	*Fettstoffwechselzyklen*	1 000 000
	*Clearencezyklen*	3 000 000
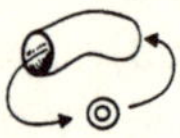	*Kreislaufzyklen*	30 000 000
	*Atemzyklen*	200 000 000
	*Darmkontraktionen*	300 000 000
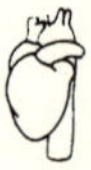	*Herzschläge*	1 000 000 000
	*Augenblicke*	20 000 000 000
	*Energieumsatz*	2 500 kJ/g

ABBILDUNG 16.12: Physiologische Zeiten beim Menschen. Beantwortet wird die Frage, wie oft ein physiologischer Vorgang im Laufe des Lebens ablaufen kann. Dieser Wert ist innerhalb von systematischen Einheiten (z.B. innerhalb der Vögel oder Säuger) konstant. Berechnungsmodus siehe Abb. 16.11 (S. 456) und Tab. 16.3 (S. 461).

$$Z \cdot S = (a \cdot M^{+0,25}) \cdot (b \cdot M^{-0,25}) \ (3),$$

woraus vereinfachend folgt

$$G = a \cdot b \cdot M^0 \ (4)$$

Da M^0 gleich 1 ist, ergibt sich für den Gesamtumsatz G das Produkt der beiden Konstanten a und b, was natürlich wiederum einen konstanten Wert liefern muß:

massenspezifischer Gesamtumsatz = konstant (5)

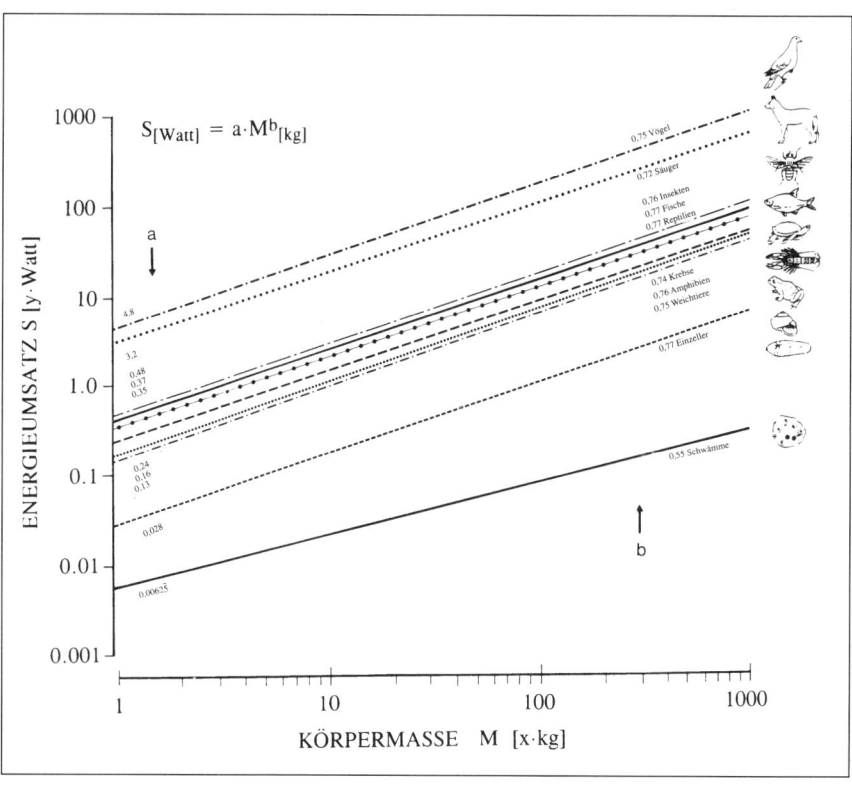

ABBILDUNG 16.13: Allometrie des Energieumsatzes bei verschiedenen Tieren. Wie die Zeitvariablen sind auch hier die Geraden parallel zueinander. D.h., sie gehorchen der gleichen Massenabhängigkeit. Auf das ganze Tier bezogen ist der Massenexponent +0,75; für die Stoffwechselrate (Umsatz pro Gramm) ist der Exponent -0,25. Nur in der Höhe (Faktor »a«) unterscheiden sich die Kurven, was zu einer Parallelverschiebung der Geraden führt.

ABBILDUNG 16.14: Die geringste Lebenserwartung unter der Vögeln haben die mit den höchsten Energieumsatzraten. Kolibris, deren Stoffwechsel etwa doppelt so schnell brennt wie der vergleichbar großer Vögel, leben nur wenige (2 bis 4) Jahre. Die abgebildete Art – die Bienenelfe *Mellisuga helenae* – wird im Extrem nur knapp 2 Gramm schwer (im Vergleich dazu ein Bleistift). Ihr Körper hat Insektengröße; ein Straußenauge ist im Durchmesser vergleichbar (etwa 5 cm).

Das, was wir also schon beim massenspezifischen Gesamtumsatz der Vögel in deren verschiedenen Lebensphasen kennengelernt haben, bestätigt sich im Mittel bei allen übrigen Zeitvariablen bei allen anderen untersuchten Organismen. Egal, wie groß ein Organismus ist, egal welche systematische Stellung er hat und egal wie lange ein bestimmter physiologischer Vorgang bei ihm dauert: Die Umsatzmenge pro Gewichtseinheit dafür ist im statistischen Mittel jeweils ein konstanter Wert. Da die jeweiligen Zeitvariablen nach (1) aber nur Submultiple der Lebenszeit sind, muß logischerweise die Lebenszeit selbst wiederum durch einen konstanten Umsatz definiert sein.

Wer also behauptet, die Theorie der maximalen Umsatzrate böte nicht den geringsten Anhaltspunkt für deren Richtigkeit und könne mit keinen Daten aufwarten, irrt ganz gewaltig – und, ich wiederhole es nochmals, ihm fehlt ganz offensichtlich der notwendige Überblick für solch eine arrogante Kritik. Er bleibt zudem den Nachweis schuldig, wie er dieses enorme Datenmaterial experimenteller und theoretisch-mathematischer Art sehr unterschiedlicher Autoren anders interpretieren würde. Zufall scheidet hier ja wohl aus. Und welch andere Theorie kann für sich in Anspruch nehmen, auf solch breit gestreuter Datenbasis die Bedingungen von Strehler für eine Alternstheorie zu erfüllen? Ich kenne zumindest keine.

Eine Reihe von Autoren diskutieren nun sehr intensiv, inwieweit die Exponenten in den einzelnen Gruppen von dem Betrag 0,25 abweichen und ob dies und andere kleinere Abweichungen Bedeutung für die Theorie haben. Nun, es kann kein Zweifel darüber bestehen, daß dieser Wert von 0,25 die Grundausstattung darstellt, die wie jede andere Eigenschaft von Organismen entwicklungsgeschichtlichen Anpassungen unterliegt, die einer Optimierung der ökologischen Einnischung dienen. Dies ist ein Grundprinzip der Evolution. Solche (geringfügigen) Abweichungen sind deshalb alles andere als Besonderheiten oder gar Beweise gegen die Theorie. Im Gegenteil, sie sind das Normalste in der biologischen Welt. Auf keinen Fall sind sie deshalb geeignet, das Grundprinzip an sich in Frage zu stellen. Die Tatsache, daß im statistischen Mittel das Grundprinzip geradezu exzellent erfüllt wird, zeigt letztlich dessen Stabilität in eindrucksvoller Weise.

TABELLE 16.3: Allometrische Korrelationen (Masse in Kilogramm) verschiedener physiologischer Zeitvariablen. Die 1. Spalte gibt an, wie sich die Zeitdauer des entsprechenden Vorganges mit unterschiedlicher Körpermasse bei Vögeln und Sängern ändert; in der 2. Spalte ist abzulesen, wie häufig diese Zyklen im Laufe des Lebens auftreten (s. Abb. 16.11, S. 456). y = Jahre, d = Tage, m = Minuten, s = Sekunden, μ = 1/1000. Es zeigt sich, daß der Korrelationsexponent innerhalb beider Spalten zu identischen Beträgen (0,25 und etwa 0) tendiert. D.h., daß die Zahl der Zyklen im Laufe des Lebens bei allen Organismen in etwa identisch und von der Masse unabhängig ist. Die Korrelationen beruhen auf Daten zahlreicher Autoren.

Zeitvariable	Einheit und allometrische Gleichung	Zyklenzahl
Säugetiere		
Lebensdauer	$y = 11{,}6 \cdot M^{0,20}$	1
Dauer der Wachstumsphase	$y = 1{,}21 \cdot M^{0,26}$	$9{,}61 \cdot M^{-0,06}$
dto. 50 % Wachstum	$y = 0{,}35 \cdot M^{0,25}$	$3{,}30 \cdot 10^1 \cdot M^{-0,05}$
Geschlechtsreife	$y = 0{,}75 \cdot M^{0,29}$	$15{,}5 \cdot M^{-0,09}$
Schwangerschaftsdauer	$y = 65{,}3 \cdot M^{0,25}$	$6{,}49 \cdot 10^1 \cdot M^{-0,05}$
Lebensdauer Erythrozyten	$d = 22{,}6 \cdot M^{0,18}$	$1{,}87 \cdot 10^2 \cdot M^{+0,02}$
Plasmaalbumin-Halbwertszeit	$d = 3{,}71 \cdot M^{0,28}$	$1{,}14 \cdot 10^3 \cdot M^{-0,08}$
γ-Globulin-Halbwertszeit	$d = 5{,}85 \cdot M^{0,26}$	$7{,}25 \cdot 10^2 \cdot M^{-0,06}$
Transferrin-Turnoverzeit	$d = 3{,}79 \cdot M^{0,24}$	$1{,}12 \cdot 10^3 \cdot M^{-0,04}$
0,1% M Fettstoffwechselzeit	$m = 170 \cdot M^{0,26}$	$3{,}58 \cdot 10^4 \cdot M^{-0,06}$
Methotrexat-Halbwertszeit	$m = 58{,}0 \cdot M^{0,10}$	$1{,}05 \cdot 10^5 \cdot M^{+0,10}$
Insulin-Clearence Niere	$m = 6{,}51 \cdot M^{0,27}$	$9{,}37 \cdot 10^5 \cdot M^{+0,07}$
Totale Plasmaclearence	$m = 1{,}70 \cdot M^{0,22}$	$3{,}59 \cdot 10^6 \cdot M^{-0,02}$
Blutzirkulationszyklus	$s = 21{,}0 \cdot M^{0,21}$	$1{,}74 \cdot 10^7 \cdot M^{-0,01}$
Darmkontraktionszyklus	$s = 2{,}85 \cdot M^{0,31}$	$1{,}28 \cdot 10^8 \cdot M^{-0,11}$
Atemzyklus	$s = 1{,}12 \cdot M^{0,26}$	$3{,}26 \cdot 10^8 \cdot M^{-0,06}$
Lungenfüllzeitkonstante	$s = 0{,}11 \cdot M^{0,30}$	$3{,}32 \cdot 10^9 \cdot M^{-0,10}$
Herzschlagzyklus	$s = 0{,}25 \cdot M^{0,25}$	$1{,}47 \cdot 10^9 \cdot M^{-0,05}$
Zitterdauer (Muskel)	$s = 0{,}05 \cdot M^{0,18}$	$7{,}47 \cdot 10^9 \cdot M^{+0,02}$
schnellste Muskelzuckung	$s = 0{,}02 \cdot M^{0,21}$	$1{,}94 \cdot 10^{10} \cdot M^{-0,01}$
Schalldifferenz Ohren	$\mu s = 195 \cdot M^{0,30}$	$1{,}88 \cdot 10^{12} \cdot M^{-0,10}$

Vögel

Lebensdauer Gefangenschaft	$y = 35{,}97 \cdot M^{0{,}23}$	1
dto.	$y = 28{,}3 \cdot M^{0{,}19}$	-
dto. Freiland	$y = 17{,}6 \cdot M^{0{,}20}$	-
dto. nur Sperlingsvögel	$y = 21{,}70 \cdot M^{0{,}26}$	$1{,}66 \cdot M^{+0{,}03}$
Lebensdauer Freiland	$y = 28{,}66 \cdot M^{0{,}19}$	$1{,}26 \cdot M^{+0{,}04}$
Lebensdauer max. dto.[1]	$y = 21{,}58 \cdot M^{0{,}22}$	$1{,}67 \cdot M^{-0{,}01}$
Ontogenesedauer	$d = 22{,}14 \cdot M^{0{,}28}$	$5{,}99 \cdot 10^{2} \cdot M^{-0{,}05}$
Erste Brut (Röhrennasen)	$y = 2{,}33 \cdot M^{0{,}23}$	$1{,}22 \cdot 10^{1} \cdot M^{0}$
Brutzeit	$d = 28{,}9 \cdot M^{0{,}22}$	$3{,}58 \cdot 10^{2} \cdot M^{+0{,}01}$
Atemzyklus	$s = 3{,}22 \cdot M^{0{,}33}$	$2{,}77 \cdot 10^{8} \cdot M^{-0{,}11}$
dto. nur Sperlingsvögel	$s = 2{,}63 \cdot M^{0{,}28}$	$3{,}40 \cdot 10^{8} \cdot M^{-0{,}05}$
Herzzyklus	$s = 0{,}39 \cdot M^{0{,}23}$	$2{,}32 \cdot 10^{9} \cdot M^{0}$
0,1% M Fettstoffwechselzeit	$m = 1{,}06 \cdot M^{0{,}28}$	$1{,}41 \cdot 10^{5} \cdot M^{-0{,}05}$
Befruchtung bis Eiablage (Tauben/Hühner)	$d = 11{,}7 \cdot M^{0{,}29}$	$8{,}89 \cdot 10^{2} \cdot M^{-0{,}05}$

Reptilien

Lebensdauer	$y = 14{,}6 \cdot M^{0{,}23}$	-

1 Nur von solchen Arten, von denen mindestens über hundert Ringfunddaten vorliegen.

Tabelle 16.4: Absolutwerte des Korrelationsexponenten b der allometrischen Beziehung der Stoffwechselumsatzrate S, basierend auf der Gleichung $S = a \cdot M^b$ (M = Körpergewicht); z.T. beruhen die Daten auf unterschiedlichen Stoffwechselwerten (S_b = Basalumsatzrate, S_r = Ruheumsatzrate, S_e = Existenzumsatzrate, S_s = Standardumsatzrate, S = Stoffwechselumsatzrate ohne Differenzierung).

Stoffwechselrate S (Taxon)	Exponent b	Bemerkungen
$S_{b,r,s,e}$ (Gleichwarme)	0,282	1
S_s (Wechselwarme)	0,240	2
S_s (Reptilien)	0,225	3
S_s (Amphibien)	0,234	4
S_s (Fische)	0,212	5
S_s (Gliederfüßler und Verwandte)	0,258	6
S (Weichtiere, Würmer usw.)	0,260	7
S (Einzelzellen)	0,249	8
S (Protozoa)	0,320	9
S (Vogeleier)	0,253	10
Mittelwert	0,253	
± Standardabweichung	0,03	
Bereich	0,32 – 0.21	
n	10 Hauptgruppen von Organismen (mind. 5 800 verschiedene Arten)	

1 Basierend auf 67 verschiedenen Korrelationen von verschiedenen Autoren über Vögel und Säuger in verschiedenen physiologischen Bedingungen (Tag, Nacht, Schlaf, wach, nistend, im Winterschlaf usw.).

2 Basierend auf 729 verschiedenen Arten; exp(0,051 ± 0,0033)Körpertemperatur.

3 Basierend auf 17 verschiedenen Korrelationen verschiedener Autoren über Schlangen, Warane, Schildkröten, Eidechsen und Reptilien im allgemeinen.

4 Basierend auf 10 verschiedenen Korrelationen verschiedener Autoren über Salamander, Frösche und Amphibien im allgemeinen.

5 Basierend auf 14 verschiedenen Korrelationen verschiedener Autoren über Knochenfische, Forellen, Süß- und Salzwasserfische, Karpfen, Rundmäuler und viele andere Gruppen.

6 Basierend auf 31 verschiedenen Korrelationen verschiedener Autoren über Insekten, Kryptozoen, Spinnen, Insekteneier, Krebse, Dekapodenlarven, Amphipoden, Isopoden, Copepoden, Ostracoden, Phyllopoden, Euphasiaceen.

7 Basierend auf 6 verschiedenen Korrelationen verschiedener Autoren über Mollusken, Merostomaten, Oligochaeten, Nematoden, Anthozoen, Schwämme.

8 Basierend auf verschiedenen Korrelationen verschiedener Autoren über einzelne Zellen, Zellkulturen usw.

9 Einzellige Lebewesen (Protozoen).

10 Bezogen auf etwa 50 verschiedene Vogelarten.

Kapitel 17

Der programmierte Tod

Aufgrund der vorangegangenen Darlegungen kann eigentlich dieses Schlußkapitel relativ kurz ausfallen. Alles, was wir bisher erfahren haben, hat meines Erachtens doch sehr deutlich folgendes gezeigt: Altern und begrenzte Lebensdauer sind sicher nicht primär die Folge einer unerwünschten Verschleißerscheinung des Organismus, der im Prinzip eigentlich viel lieber unsterblich wäre, der aber an seiner eigenen Unzulänglichkeit und Unvollkommenheit scheitert. Auf diese Weise sehen allein wir Menschen die Sache aus unserer sehr subjektiven, egozentrischen Eigenliebe, die sich verständlicherweise den eigenen Tod nur schwer anders akzeptabel machen kann. Das ist übrigens in vielen anderen Kulturen nicht so. Altern und Tod als ureigenstes Programm des Lebens – schwer vorstellbar!?

Und doch zeigt es sich ganz deutlich, daß Unsterblichkeit in biologischen Systemen (Unfälle, Krankheiten oder sonstige Parameter ausgeschlossen) prinzipiell möglich wäre.

Biologisches Altern und technische Alterung – zwei grundverschiedene Dinge

Die Alterung – also der Verschleiß und das Kaputtgehen von technischen Gegenständen – ist passiv erduldet und vor allem durch Außenfaktoren bedingt. Dem steht das aktiv gesteuerte Altern und der »programmatische« Tod von biologischen Systemen (lebenden Organismen) gegenüber. Beide Vorgänge sind deshalb – im Sinne von »ähnlich« – nicht miteinander vergleichbar! Und auf die Frage: »Ist die Verschleißtheorie bzw. sind stochastische Theorien im allgemeinen überhaupt als ursächliche Theorien brauchbar?«, lautet die Antwort m.E. ganz klar: Nein!

Gegenstände altern (zeigen Alterung), weil aufgrund der Entropie ein wahrscheinlicherer Ordnungszustand aller Materie angestrebt wird. Dies ist ein physikalisch-chemisches Grundgesetz unserer Welt. Der wahrscheinlichere Zustand ist der, der größere Unordnung (hohe Entropie) in sich zeigt. Alle statischen Systeme, die mit der Umgebung in offener Verbindung stehen (»offene, statische Systeme«), d.h., mit ihm frei Energie und Stoffe austauschen können, streben einen möglichst hohen Entropiezustand an. Hohe Ordnung (niedriger Entropiezustand), d.h. ein hoher Organisationsgrad der Materie, läßt sich nur durch beständige Zufuhr von Energie gegen den Entropiedruck aufrechterhalten.

Bei einem lebenden Organismus, wie z.B. einem scheinbar leblosen Schwamm, gilt nun zwar dieses gleiche physikalisch-chemische Alterungsgesetz wie im technischen Bereich, die Folgerungen aus diesem Gesetz sind allerdings nicht in der gleichen Weise obligat. Zumindest solange ein biologisches System die Fähigkeit hat, sich zu erneuern, könnte es tatsächlich älter werden, ohne zu altern. Es ist in der Lage, beständig Energie gegen die Entropiezunahme aufzubringen. Das ist ein Grundcharakteristikum des Lebens. Das biologische System hat dafür seinen Stoffwechsel entwickelt.

Ein Organismus ist nämlich ein offenes, dynamisches System, durch das dauernd neue Materie hindurchfließt. Abbau alter und Aufbau neuer Substanzen werden über den Stoffwechsel (beachten Sie den Namen!) durchgeführt, und sie stehen in einem dauernden Fließgleichgewicht zueinander. So ändert sich das Material, das den Organismus aufbaut, dauernd. Auf diese Weise »erneuert« sich z.B. der Mensch – wie bereits erwähnt – in etwa sieben Jahren zu rund 90 %. Das bedeutet, er besteht dann zu diesem Prozentsatz aus völlig neuem Grundmaterial. Bei vielen kleinen Tieren und im Wachstum kann diese komplette Erneuerung sogar innerhalb weniger Tage ablaufen.

So wie ein Springbrunnen seine Form und Dynamik mehr oder weniger stetig beibehält, aber aus immer neuen Wasserteilchen besteht, wechselt auch unser scheinbar immer gleicher Körper die alte Bausubstanz kontinuierlich gegen neue aus. Abnutzung und als ihre Folge Tod wären also nicht zwangsläufig notwendig, zumal der Organismus auch noch über sehr vielfältige Reparaturmechanismen verfügt, wie wir ebenfalls gesehen haben. Es gibt keine prinzipielle biologische Notwendigkeit dafür, daß ein lebendes System im technischen Sinne altern und wegen unausbesserlichem Verschleiß zugrunde gehen muß. Der Tod und das Altern sind kein apokalyptisches Muß, dem das Leben hilflos ausgeliefert ist.

Das Gleiche gilt im übrigen auch für technische, geschlossene, statische Systeme. Wenn wir Verschleißteile oder gealterte Teile regelmäßig gegen neue, unverbrauchte wechseln bzw. austauschen würden, könnte auch ein Gerät ewig »leben«.

Und doch sind die Begrenzung des Lebens, das Altern und der darauf folgende Tod eine elementare Grundeigenschaft des Lebens. Warum eigentlich?

Für unsterbliche Organismen hat die Natur keine Verwendung

Der Sinn dafür ist leicht zu erkennen. In der Natur werden die vorhandenen Organismen regelmäßig durch neu hinzukommende ersetzt. Diese weisen durch Erbänderungen (Mutationen) neue Eigenschaften auf, und im Verlaufe ihrer individuellen Lebensgeschichte werden sie auf optimale, das bedeutet »bessere« Anpassung an die Umweltbedingungen hin getestet. Unsterblichkeit würde dieses System stören – es braucht Platz für Neues, Besseres, energetisch weniger Aufwendiges. Dies ist ein Grundprinzip der Evolution. Der Tod ist mithin eine Grundvoraussetzung für den reibungslosen und schnellen Ablauf der Fort- und Weiterentwicklung des biologischen Systems in Richtung immer besserer Anpassung an die herrschenden Umweltbedingungen.

Die Lebensbegrenzung durch Tod wird daher sinnvollerweise nicht allein dem nicht differenzierenden Zufall (wie Krankheit, Unfall, Beuteopfer usw.) überlassen. Dies wären dann tatsächlich allein Umweltfaktoren, die die Langlebigkeit, das Altern und den Tod bestimmen würden. Begrenztes Lebensalter und Altern werden im Gegenteil ganz offensichtlich als Systemeigenschaft dem Organismus vom ersten Augenblick seiner Entwicklung an mitgegeben. Die Lebensdauer und damit der Tod sind also vom Beginn des Lebens an wie vorprogrammiert. Man nennt dies die Hypothese von der genetisch aktiv gelenkten Alterung, die im Tod ihr

Ziel findet. Diese Theorie ist heute in der Wissenschaft eigentlich unbestritten. Aus genetischer Sicht ist danach Altern keine Krankheit, kein stochastischer, unabwendbarer Verschleiß, dem das biologische System passiv erliegt, sondern ein evolutionsbiologisch sinnvoller Prozeß der notwendigen Generationenfolge. Ich glaube auch, daß das, was ich in den vorangegangenen Kapiteln dargelegt habe, diese Sicht der Dinge klar belegt hat.

Welche Strategie steckt dahinter? Die amerikanischen Alternsforscher Kirkwood und Cutler haben unseren Körper ganz einfach – materialistisch und scheinbar gefühllos – als Einweg-Transportsystem mit Verfallsdatum definiert. Noch salopper kann man ihn als Ex- und Hopp-Organismus ansehen (*disposable soma theory*). Sie gehen aus soziobiologischer Sicht der Dinge davon aus, daß die Erbanlagen (die Gene) die Erhaltungs- und Reparatursysteme des Organismus nur so lange am Arbeiten halten, bis gewährleistet ist, daß das Individuum lange genug gelebt hat, um sich fortzupflanzen, das bedeutet, bis es die Erbanlagen weitergegeben hat. Dann werden sie abgeschaltet bzw. einfach nicht mehr funktionsfähig gehalten. Nach dieser Ansicht ist es nicht sinnvoll, den Organismus als Ganzes mit allen verfügbaren Mitteln auf potentielle Unsterblichkeit anzulegen. Die

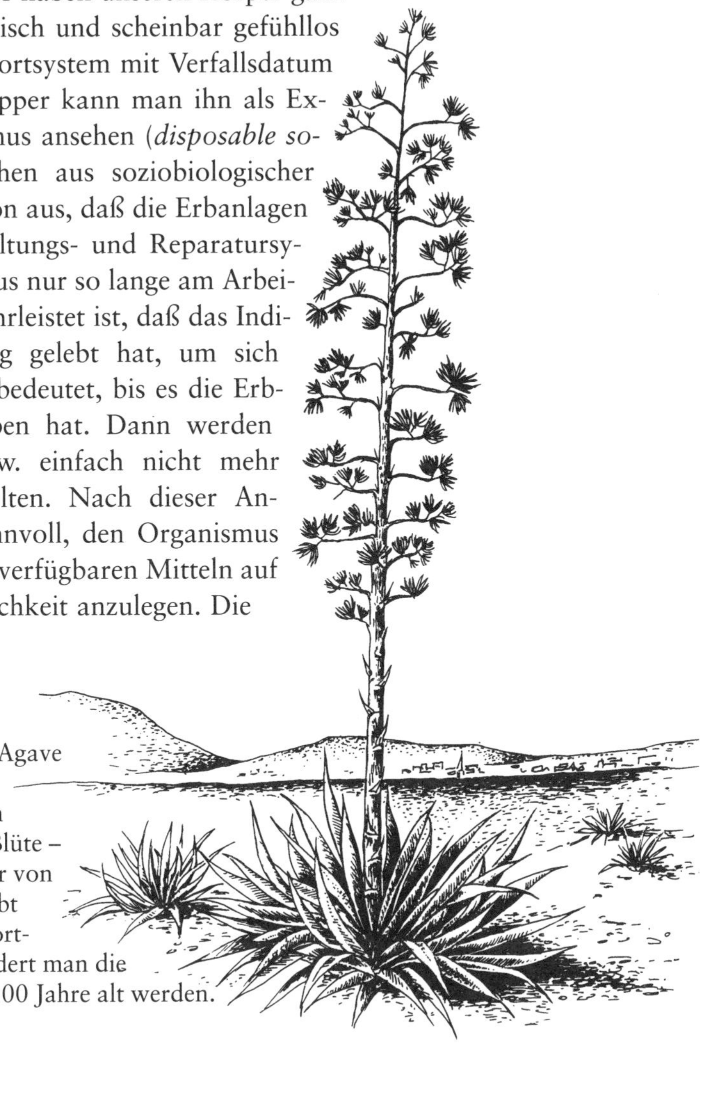

ABBILDUNG 17.1: Die Agave lebt viele Jahre lang vegetativ rein dem Wachstum. Nach der Blüte – normalerweise im Alter von etwa acht Jahren – stirbt sie den sogenannten Fortpflanzungstod. Verhindert man die Blüte, kann sie bis zu 100 Jahre alt werden.

dafür notwendige Energie sei viel günstiger investiert, wenn sie der Fortpflanzung zugute komme. Egal, welche Anstrengungen unternommen würden, den Umweltgefahren fiele das Individuum über kurz oder lang sowieso zum Opfer. Es sei deshalb am günstigsten, in Erhaltungssysteme zu investieren, die lediglich für die zu erwartende Lebensspanne jugendliche Kraft garantierten. So kann das biologische System alle übrige Energie dazu nutzen, um seine Fruchtbarkeit zu maximieren. Danach kann es abgeschaltet werden.

Gehen wir zum Vergleich auf uns alltäglich vertraute Normen zurück. Sie machen uns das Ganze vielleicht leichter verständlich: Im technischen Bereich halten wir unsere genutzten Güter auch nicht für ewig haltbar, obwohl wir das problemlos könnten. Viele Artikel produzieren wir sogar zum einmaligen Gebrauch, weil die Neuproduktion viel einfacher, rationaler und rationeller (?) ist. Keiner bringt sein altes Auto oder seinen Computer durch Einbau neuer Teile und ständige Reparaturen der Verschleißteile auf den technisch und optisch neuesten Stand. Ab einem bestimmten Alter wirft man das »Alte« einfach weg, selbst wenn es noch voll funktionsfähig ist, weil der Neukauf ganz einfach wirtschaftlicher ist. Stark anthropomorph ausgedrückt, »denkt« die Natur genauso.

Das gilt allerdings nur für die Betrachtung des Organismus in toto. Im Detail betrachtet, herrscht doch – auf diesem Prinzip beruhend – eine quasi Unsterblichkeit vor. Ja wie nun!?

Alle somatischen Zellen – das sind alle nicht für die erbliche Fortpflanzung zuständigen Körperzellen – sind also nach der gerade geschilderten Betrachtungsweise nach der Reproduktionsphase entbehrlich. Unsterblich im wahrsten Sinne des Wortes indes sind jedoch die weitergegebenen Erbinformationen, die sich des übrigen Organismus lediglich als entbehrliches Vehikel entledigen, wenn eine neue Trägergeneration in die Welt gesetzt wurde. Seit dem Beginn des Lebens haben sie sich auf diese Weise erfolgreich fortgepflanzt und ihre Existenz am Leben erhalten. Und in jedem von uns steckt so noch die »unsterbliche« Information aus unvorstellbaren Urzeiten, als sich diese Strategie schon als vernünftig erwiesen hat. Und wir geben diese Information an unsere Kinder – soweit vorhanden – weiter.

Altern und Tod als im System selbst liegendes, postreproduktives Erbprogramm ist danach also nur die logische Folge aus diesen Einsichten und eine schlüssige Notwendigkeit. Durch optimale Lebensführung, optimale Umweltbedingungen und medizinische Intervention läßt sich daher

– das haben wir ja schon gesehen – nur die durchschnittliche, nicht aber die genetisch festgelegte, programmierte maximale Lebensspanne des Menschen erhöhen. Das gilt auch für alle anderen Organismen.

Aussichten und Einsichten

Müssen uns diese Aussichten und Einsichten beunruhigen? Ist das programmierte Altern und der programmierte Tod ein Schreckensbild, das einem materialistische Biologen als gnadenloses Schicksal oft scheinbar gefühllos vors Gesicht halten? Ich finde nein! Warum denn? Ändert diese Sicht von Altern und Tod etwas an unserem Leben? Verschließt es uns eine mehr esoterische, kontemplative, beruhigende, metaphysisch oder religiös geprägte Lebenseinsicht?

Im Prinzip ist es für mich persönlich viel akzeptabler, das Altern und den Tod als mir selbst innewohnende, allen Organismen eigene, wunderbare und natürliche Eigenschaft zu begreifen, als mich als Opfer einer mir böse meinenden, verschleißenden Umwelt fühlen zu müssen, die mir ans Leben will und damit letztlich Erfolg hat. Der programmierte Tod als elementares Charakteristikum des Lebens fordert uns im Gegensatz dazu auf, den Ablauf dieses Lebens als natürlichen und nicht krankhaften Alternsvorgang anzunehmen und es glücklich, zufrieden und bewußt, Augenblick für Augenblick zu genießen.

Es würde mich freuen, wenn die Lektüre dieses naturwissenschaftlichen Buches – neben der Erweiterung der reinen Sachkenntnis – ein bißchen zu einer solch mehr metaphysischen Einstellung hat beitragen können. Beide Blickpunkte schließen einander nicht aus; im Gegenteil, sie ergänzen sich. Wer nur die eine Seite sieht, beweist nur eines: seine eigene Beschränktheit.

Tabellenanhang
Maximale Lebensdauer von Organismen

In der folgenden Tabelle sind alle mir bekanntgewordenen maximalen Lebensspannen von Organismen aufgelistet. Die einzelnen Angaben schwanken naturgemäß z.T. sehr stark. Dort, wo Bereiche angegeben sind, wurden verschiedene Angaben zusammengefaßt. Die meisten Werte sind durch sehr unterschiedliche Methoden ermittelt worden (Beringungen, Freilanddaten, Zoowerte, Haltungsangaben, Schätzungen usw.) und sind daher meist nicht direkt miteinander vergleichbar. Zudem haben sie aufgrund dieser Tatsachen untereinander unterschiedliche Zuverlässigkeit. Relativ einheitliche Erfassungen stammen lediglich von beringten Vogelarten (Totfunde beringter Vögel aus dem Freiland). Von Vögeln existieren die meisten Altersangaben. Von über 850 Arten liegen entsprechende Daten vor. Die Tabelle kann davon nur eine kleine Auswahl bringen.

In einigen Fällen ist aus der Literatur der genaue Artname nicht zu erkennen gewesen. Dann ist beim wissenschaftlichen Artnamen entweder der Zusatz »spec.« oder nur der allgemeine Familien- oder Gattungsname angegeben. Bei einigen Arten fehlen deutsche Namen – hier werden dann nur die lateinischen Namen angegeben.

Alle Namen sind innerhalb einer Einheit alphabetisch geordnet.

Dimensionen:	ohne Angabe	= Jahre
	Mo	= Monate
	Wo	= Wochen
	Ta	= Tage
	*	= Angaben über freilebende Vögel (Ringfunde)
	<	= unter, weniger als
	>	= über, länger als

Pflanzen

ALGEN, PILZE, FARNE, MOOSE

Bärlapp (*Lycopodium*) 7

Ceratodon(Laubmoos)-Sporen. . . . 16

Eichenfarn (*Filicinae*) 7

Farn/Mondraute (*Botrychium lunaria*) 30

Funaria(Laubmoos)-Sporen 13

Pilzmycel auf Dung. . . . . . . wenige Ta

Pilzmycel von Hexenringen
. . . . mehrere 100

Podospora anserina . . . . 44 Ta

Widertonmoos (*Polytrichum*) 10

Flechten (Namib-Wüste) . . einige 100

Wurzelpilze (Arten ?) . . . 2 000-5 000

KORMOPHYTEN (LANDPFLANZEN)

Agaven, vegetativ
(*Agave sisalana*) 100

Agaven, befruchtet
(*Agave sisalana*) 8-10

Alpenveilchen (*Cyclamen* spec.) . . . 60

Apfelbaum (*Malus* spec.) 200

Arve (*Pinus cembra*) 1 200

Aspe (*Populus termula*) 150

Bergahorn (*Acer pseudoplatanus*) 600

Birke (*Betula nana*) 120

Birken (*Betula* spec.) . . . . <100

Birnbaum (*Pyrus* spec.) 300

Borstenkiefer (*Pinus aristata*) . . 4 600

Buche (*Fagus* spec.) 900

Eberesche (*Sorbus* spec.) 80

Edelkastanie (*Castanea sativa*) . . . 700

Efeu (*Hedera helix*) 440

Eibe (*Taxus baccata*) 1 000-3 000

Eiche (*Quercus* spec.) 1 300

Fichte *(Picea abies)* 1 100

Fuchsschwanzkiefer
(*Pinus aristata*) 4 600

Ginkgo (*Ginkgo bilobus*) . . . 200-300

Grasclone (amerik. Prärie)
letzte Eiszeit 15 000

Hainbuche (*Carpinus betulus*) . . . 120

Hasel (*Corylus* spec.) 100

Heidekraut (*Erica* spec.) 42

Heidelbeere (*Vaccinum myrtilis*) . . 28

Hundsrose (*Rosa canina*) 400

Kiefer (*Pinus* spec.) 450

Kirsche (*Prunus* spec.) 400

Küsten-Sequoia (*Sequoia sempervivens*) 2 600

Lärche (*Larix decidua*) 600

Linden (*Tilia* spec.) 800-1 900

Mammutbäume (*Sequoia dendron gigantea*) 4 000

Ölbaum (*Olea europaeus*) 700

Pappeln (*Populus* spec.) 600

Platane (*Platanus* spec.) 1 300

Rotbuche (*Fagus sylvatica*) 900

Rottanne (*Abies* spec.) 1 100

Roteiche (*Quercus rubra*) 180

Salweide (*Salix caprea*) 150

Scheinzypresse (*Chamaecyparis formosensis*) 3 000

Schwarzpappel (*Populus nigra*) . . 150

Seychellen-Nuß (Palme) . . . . ca. 1 000

Silberwurz (*Dryas octopetala*) . . . 100

Spitzahorn *(Acer platanoides)* . . . 600
Stieleiche *(Quercus robur)*. 1 000
Traubeneiche *(Quercus petraea)* 1 000
Ulme *(Ulmus* spec.). 600
Wacholder *(Juniperus communis)* 550
Walnuß *(Juglans regia)* 400
Weide *(Salix* spec.) . . . . <100
Weinstock *(Vitis vinifera)* 130
Weißtanne *(Abies alba)*. 300
Welwitschia
   (Welwitschia spec.) . . 1 500-2 000
Zeder *(Cedrus* spec.) 1 300
Zitterpappel *(Populus tremula)* . . 150

Zellen, Samen und Sporen

Tropenpflanzensamen, die nicht an
   die Überdauerung ungünstiger
   Bedingungen angepaßt sind. . . . . >1
einzelne Pflanzenzellen;
   ohne Teilung 100
dto. im Ruhezustand. 100-200
Bohne 22
Buche. 2
Eiche 3
Erbse 31
Eßkastanie . . . . 9 Mo
Feldspark. 1 700
Fingerhut, roter. 68
Gerste 32
Hafer. 41
Hahnenfuß, kriechender. 600
Hanf 19
Haselnuß. 2
Hirse 17

Indische Lotusblume 1288
Kaffee. . . . . 22 Mo
Karotte 31
Kartoffel 200
Kiefersamen am Baum im Zapfen >60
Kohl 19
Kokosnuß. . . . . 16 Mo
Kopfsalat. 20
Kornblume 10
Kürbis 10
Leguminosen 1 000
Lein 18
Lotus-Samen 1 000
Löwenzahn 68
Mais 37
Malvaceen 1 000
Melone 30
Mohn 10
Nachtkerze 80
Quecke 10
Raps 16
Roggen 32
Roßkastanie. . . . . 15 Mo
Sellerie. 39
Sporen 1 000
Tabak 39
Walnuß 5
Weißklee 600
Weizen. 32
Weymouthskiefer 10
Wiesenklee 100
Zitrone. . . . . 16 Mo
Zitterpappel 2
Zwiebel. 22

Tiere
Wirbellose

PROTOZOA (EINZELLER)

Amöbe (*Amoeba proteus*) 2
Pantoffeltierchen
(*Uroleptus mobilis*) . . . . . 4-5 Mo
Versch. Wimperntierchen (*Ciliaten*). 1

PORIFERA (SCHWÄMME) . . . . >50

COELENTERATA (NESSELTIERE)

Anemone (*Anemonia*). 90
Hydra (*Hydrozoa*) . . . . 27 Mo
Hydromedusen (*Hydrozoa*) 20-28 Mo
Seeanemone (*Cereus pedun-
culatus*) . . . . >70
Steinkoralle (*Madreporia*) . . . . . . >28
Pferdeaktinie (*Actinia equina*) . 70-90
Zylinderrose (*Cerianthus mem-
branaceus*) 80-90

ECHINODERMA (STACHELHÄUTER)

Haarsterne (*Comatulidae*) 20
Seeigel (*Echinoidea*) 7
Seelilien (*Isocrinidae*) 20
Seestern (*Asteroidea*) . . . . >5
Seewalze (*Holothuroidea*) . . . . . . >10

MOLLUSKEN (WEICHTIERE)

Auster (*Ostrea* spec.) 12
Flußperlmuschel (*Margaritana
margaritifera*) 100
Krake, männlich (*Octopus* spec.). . . 4

Krake, weiblich (*Octopus* spec.) . . 2-3
Tintenfisch (*Loligo* spec.) 2
Ohrschnecke (*Chiton* spec.) 12
Riesenmuschel (*Tridacnidae*) . 60-100
Schlammschnecke
(*Lymnea stagnalis*) 2-3
Strandschnecke (*Littorina* spec.) . . 20
Teichmuschel (*Anodonta cygnea*). . . 9
Tintenfisch (*Sepia* spec.) 5
Weinbergschnecke
(*Helix pomatia*). 35
Käferschnecke (*Chiton tuber-
culatus*) 12
Meerohr (*Haliotis* spec.) 10-13

PLATHELMINTHES (PLATTWÜRMER)

Blutegel (*Hirudinae*) 27
Bandwurm (*Cestodes*) 35
Spulwurm (*Ascaris* spec.) 5
Strudelwurm (*Planaria* spec.) 2

NEMATODA (FADENWÜRMER)

Älchen (*Anguillula* spec.) . . . 44-47 Ta
Filarie *(Filaria bancrofti)* 17
Fadenwurmcyste (*Tylendus
polyhypnus*). 39
Hakenwurm (*Acanthocephalus*
spec.) 12
Trichine
(eingekapselt im Muskel) 30
Trichine (im Darm lebend). . . . . 5 Mo

versch. Erdnematoden ...... 2-3 Wo

Fadenwurm
   (*Caenorhabditis elegans*) 20-42 Ta

Rotifera (Rädertierchen)

Versch. Arten .... 2-60 Ta

Anneliden (Ringelwürmer)

Regenwurm (*Lumbricus terrestris*) 10

Sabellen (*Sabella* spec.)......... >12

Insecta (Insekten)

17-Jahre-Zikade (Larve)........ 17

Ameisenkönigin 30

Bettwanze (*Cimex lectularis*)... 6 Mo

Bienenarbeiterin (*Apoidea*)
– Sommerbiene .... 6 Wo
– Herbstbiene .... 7 Mo

Bienenkönigin (*Apoidea*)....... 6-30

Blütenstecher (*Anthonomus* spec.).. 3

Eintagsfliege, Kerf
   (*Baetis* spec.) .... wenige Stunden

Eintagsfliege; Larve.............. 3

Fichtenrüßler (*Hylobius abietis*).... 3

Fransenflügler (*Tysanoptera*) 18-70 Ta

Fransenflügler, überwinternd... 8 Mo

Gelbrandkäfer (*Dytiscus marginalis*) 3

Goldlaufkäfer (*Carabus auratus*)... 5

Gottesanbeterin (*Mantis religiosus*). 8

Käferlarven 1 Wo-15

Mondhornkäfer (*Copris* spec.)..... 3

Ohrwurm (*Dermaptera*).......... 7

Pillendreher (*Scarabeus* spec.).... 2-3

Stubenfliege (*Musca domestica*) 76 Ta

Tau-/Fruchtfliege
   (*Drosophila* spec.) ..... 46-80 Ta
– dto. langlebiger Stamm
   (Oregon R) .... 60 Ta
– dto. kurzlebiger Stamm
   (w mei 41 D5) .... 30 Ta

Termiten (*Isoptera*)............. 40

Termitenkönigin 25

Andere Arthropoda (Gliederfüssler – Spinnen, Krebse, Tausendfüssler)

Flußkrebs (*Astacus fluviatilis*).. 20-30

Hummer (*Homaridae*) 45

Niedere Krebse (*Cladocera*).... 6 Mo

Spinnen (*Aranea*) 20

Tarantel (*Tarantula*) 15

Tausendfüßler (*Myriapoda*) 5-6

Vogelspinne (*Orthognatha*)
– Männchen................. 10
– Weibchen................. 20

Wasserfloh (*Daphina* spec.)... 108 Ta

Salinenkrebschen (*Artemia* spec.),
   Embryonen .... >5

Seepocken (Cirripedia)......... >10

Wirbeltiere

FISCHE (PISCES IM WEITESTEN SINNE; KNOCHEN- UND KNORPELFISCHE)

Aal (*Anguilla anguilla*) 88

Bachneunauge (*Ichthyomyzon fossur)*
– Larve 7
– Erwachsener. 3-4

Dornhai (*Squalus acanthias*) 70

Forelle (*Salmo* spec.). 18

Goldfisch (*Carassius auratus*) 41

Guppy (*Poecilia reticulata*). 5

Grundeln (*Latrunculus, Bubyr, Benthophilus*) 1

Haie, versch. 30-50

Hecht (*Esox lucius*). 60-80

Heilbutt (*H. hippoglossus*). 60

Hering (*Clupea* spec.). 20

Karpfen (*Cyprinus carpio*) . . . 70-100

Katzenhai (*Scyliorhinus* spec.) 8

Lachs (*Salmo* spec.) 13

Lanzettfischchen (*Branchiostoma*) . . . . 7 Mo

Lungenfisch (*Dipnoi*) 18

Makrele (*Scombridae)* 20

Nudelfische (*Salanx* spec.) 1

Pacu (*Myleus pacu*) . . . . > 42

Sardelle (*Engraulis* spec.) 2

Scholle (*Pleuronectes platessa*). . . . 30

Seepferdchen (*Hippocampus*). 5

Stör (*Acipenser* spec.). 152

Störe allgemein 70-75

Walhai (*Rhincodon typus*) 70

Wels (*Silurio glanis*) 80

Stichling (*Gasterosteus aculeatus*) . . . . 60-70 Ta

AMPHIBIEN (AMPHIBIA)

Aalmolch (*Amphiuma punctatum*) 26

Agar-Kröte (*Bufo marinus*). . . . 15-20

Armmolch (*Siren lacertina*) 25

Axolotl (*Ambystoma mexicanum*)>24

Engmundfrosch *(Gastrophryne divacea)* 7-8

Erdkröte (*Bufo bufo*) 36-40

Feuerbauchmolch (*Triturus pyrrhogaster*). 25

Feuersalamander (*Salamandra salamandra*). 50

Grasfrosch (*Rana temporaria*) . . 9-12

Grottenolm (*Proteus anguineus*) . . 40

Krallenfrosch (*Xenopus laevis*). 15-35

Laubfrosch (*Hyla coerulea*) . . . 16-22

Marmormolch (*Triturus marmoratus*) 24

Ochsenfrosch (*Rana catesbiana*)14-16

Riesensalamander (*Megalobatrachus maximus*) 52-65

Riesenmolch (*Cryptobranchiae*) . . ›50

Rippenmolch (*Pleurodeles waltii*) . 20

Südamer. Ochsenfrosch (*Leptodactylus pentadyctylus*) . 16

Teichmolch (*Triturus vulgaris*). . . . 28

Wasserfrosch (*Rana esculenta*) . 14-16

REPTILIEN (REPTILIA)

Abgottschlange (*Boa constrictor*). . 24

Alligator (*Alligator* spec.). 56

Anakonda (*Eunectes murinus*). . . . 31

Blindschleiche (*Anguis fragilis*) . . . . 33 (-54)

Boa (*Boa constrictor*) 40

Brückenechse
(*Sphenodon punctatus*) 100

Chamäleon (*Chameleo chameleo*) 5-6

Eidechsen (*Lacertidae*) 5-8

Europ. Sumpfschildkröte (*Emys
orbicularis*) 100

Fächerfußgecko (*Ptyodactylus
hasselquistii*) 9

Felsenpython (*Python sebae*) 18

Galapagos-Riesenschildkröte
(*Testudo elephantopus*) . . . . >150

Gefleckte Bodenagame
(*Amphibolurus maculatus*) 1

Geierschildkröte (*Macrolemys
temminckii*) 58

Gila-Krustenechse (*Heloderma
suspectum*). 20

Griech. Landschildkröte (*Testudo
hermanni*) 90-116

Klapperschlange (*Crotalus* spec.). . 19

Kobra (*Naja* spec.) 28

Komodowaran (*Varanus komo-
doensis*) 17

Krokodile (*Crocodilus* spec.) 110

Leopardleguan (*Gambella
wislizenii*). 9

Marions Schildkröte (*Testudo
sumeirii*) . . . . >152

Maurische Landschildkröte
(*Testudo graeca*) 105

Mississippi-Alligator (*Alligator
mississippiensis*) 66

Netzpython (*P. reticulata*) 21

Nilkrokodil (*Crocodylus
niloticus*) 100

Riesenschlangen (*Boidae*) 40-50

Scheltopusik
(*Ophiosaurus apodus*) 12

Schildkröten, kurzlebige. 30

Schlammschildkröte (Kinosteridae) 30

Schönechse (*Anguis carolensis*) 1

Seychellen-Riesenschildkröte
(*Testudo gigantea*) . . . . >180

Sumpfschildkröte (*Emys
orbicularis*) 70-120

Tigerpython *(P. molurus)* 23

Walzenechse *(Chalcides
sexlineatus)* 25

VÖGEL (AVES)

Aas(Raben)krähe (*Corvus corone*). 19

Agula (*Geranoaetus melanoleucus*) 42

Alpendohle (*Pyrrhocorax graculus*) 21

Alpenkrähe (*Pyrrhocorax
pyrrhocorax*) 31

Amsel (*Turdus merula*) 18

Arakanga (*Ara macao*) 38-64

Andenkondor (*Vultur gryphus*) . . . 52

Ararauna (*Ara ararauna*) 43

Austernfischer (*Haematopus
ostralegus*) 29

Bankskakadu (*Calyptorhynchus
banksii*) 40

Bartmeise (*Panurus biarmicus*) . . 10*

Beutelmeise (*Remiz pendulinus*). . . . 6

Brolga-Kranich (*Megalornis
rubicunda*). 47

Buchfink (*Fringilla coelebs*) 29

Eichelhäher (*Garrulus glandarius*). 17

Elster (*Pica pica*) 25

Emu (*Dromaius
novaehollandiae*) 28-40

Ente (*Anas* spec.). 25 (20*)

Fasan (*Phasianus colchicus*) 27

Fischeule (*Ketupa zeylonensis*) 39

Gänsegeier (*Gyps fulvus*) 38-118

Gartengrasmücke (*Sylvia borin*)... 24

Gaukler (*Terathopius ecaudatus*).. 55

Gelbhaubenkakadu (*Kakatoe galerita*) 56-120

Gelbnackenamazone (*Amazona auropalliata*) 49

Graukranich (*Grus grus*) 43

Graupapagei (*Psittacus erythacus*) 49-73

Graureiher (*Ardea cinerea*)... 60 (5*)

Grauschnäpper (*Muscicapa striata*) 9*

Haubentaucher (*Podiceps cristatus*)23

Hausgans (*Anser anser domesticus*) 35-80

Haussperling (*Passer domesticus*) . 23

Haustaube (*Columba livia domestica*) 30-35

Höckerschwan (*Cygnus olor*) . 30-100

Huhn (*Gallus* spec.) 30

Inka-Kakadu (*Cacatua ledbeateri*). 60

Isabellwürger (*Lanius isabellinus*) .. 8

Kakadu (*Cacatua gymnopsis*) 40

Kakadu (*Cacatua* spec.) 100

Kalif. Kondor (*Pseudogryphus californianus*) 65

Kanadagans (*Branta canadensis*) 33-47

Kanarienvogel (*Serinus canaria*) 24 (34)

Kohlmeise (*Parus major*) 16*

Kolkrabe (*Corvus corax*) 69

Königsgeier (*Sarcorhamphus papa*) 40

Königsalbatros (*Diomedea epomophora*). .... >69

Kormoran (*Phalacrocorax carbo*). 21 (18*)

Krähen (*Corvidae*) 118

Krontaube (*Columba cristata*) 53

Kuckuck (*Cuculus canorus*) 40

Lachtaube (*Streptopelia risoria*)... 42

Lasurmeise (*Parus cyaneus*) 8*

Mandschuren- Kranich (*Megalornis japonensis*) 41

Mauersegler (*Apus apus*) 21*

Mäusebussard (*Buteo buteo*) 24*

Mönchsgeier (*Aegypius monachus*) 39

Nasenkakadu (*Licmetis tenuirostris*) 34-85

Neuntöter (*Lanius collurio*) 11

Pinguin (Art ?) 26

Pirol (*Oriolus oriolus*) 20 (15*)

Raubwürger (*Lanius excubitor*)... 12

Rauhschnabelpelikan (*Pelecanus onocrotalus*) 51

Rosa-Kakadu (*Cacatua roseicapilla*) 47

Rosenstar (*Sturnus roseus*)....... 17

Rotdrossel (*Turdus musicus*) .... >17

Rotkehlchen (*Erithacus rubecula*) 14 (11*)

Rotkopfwürger (*Lanius senator*) .. 6*

Saatkrähe (*Corvus frugilegus*) 20

Sarus-Kranich (*Grus antigone*).... 42

Savannenadler (*Aquila rapax*) 40

Schleiereule (*Tyto alba*) 14*

Schmutzgeier (*Neophron percnopterus*) 101

Schneekranich (*Grus leucogeranus*)41

Schreikranich (*Megalornis americana*). 38

Schuhschnabel (*Balaeniceps rex*) .. 36

Schwalben. 16*

Schwanzmeise (*Aegithalos caudatus*). 8*

Seeadler (*Heliaetus albicilla*) 42

Silbermöwe (*Larus argentatus*). 41-49

Span. Kaiseradler (*Aquila
adalberti*)................. 44

Star (*Sturnus* vulgaris) 22, 20*

Steinadler (*Aquila chrysaetos*) . 60-80

Sterntaucher (*Gavia stellata*) 23*

Stieglitz (*Carduelis carduelis*).... >16

Strauß (*Struthio camelus*)........ 40

Sumpfmeise (*Parus palustris*) 11*

Tannenhäher (*Nucifraga
caryocatactes*) 31

Tannenmeise (*Parus ater*) 10*

Taube (*Columba* spec.).......... 35

Trauerschnäpper (*Ficedula
hypoleuca*)................. 11

Uhu (*Bubo bubo*) 68

Venezuelaamazone (*Amazona
amazonica*) 71

Waldbaumläufer (*Certhia
familiaris*) 7*

Weidenmeise (*Parus montanus*) ... 9*

Weißstorch (*Ciconia
ciconia*) 70-100 (22*)

Wiesenpieper (*Anthus pratensis*) . >13

Wühlerkakadu (*Licmetis
pastinator*)................ 40

Zaunkönig
(*Troglodytes troglodytes*) 5

Durchschnittliche (aus vielen Einzeldaten gewonnene) beobachtete Maximalwerte in verschiedenen Vogelordnungen in Jahren

**Freilanddaten aus
Beringungswiederfunden**

Röhrennasen (*Procellariiformes*) . 15,8

Pelikane (*Pelecaniformes*) 17,8

Entenvögel (*Anseriformes)* 16,3

Storchartige (*Ciconiiformes*).... 14,6

Greifvögel (*Accipitriformes*) 17,9

Falken (*Falconiformes*) 11,9

Hühnerartige (*Galliformes*)...... 8,0

Kranichartige (*Gruiformes*)..... 18,1

Schnepfenvögel (*Charadriiformes*)
.... 10,8

Möwen (*Lariiformes*) 18,3

Spechte (*Piciformes*) 8,5

Sperlingsvögel (*Passeriformes*) ... 8,5

Tauben (*Columbiformes*) 12,7

Eulen (*Strigiformes*)........... 13,7

Kolibris (*Trochiliformes*)........ 6,5

Käfigvögel

Entenvögel (*Anseriformes*) 27,8

Greifvögel (*Accipitriformes*) 42,3

Kranichartige (*Gruiformes*)..... 39,3

Schnepfenartige
(*Charadriiformes*) 14,6

Sperlingsvögel (*Passeriformes)* .. 11,7

Tauben (*Columbiformes*) 22,7

Papageien (*Psittaciformes*) 41,9

Eulen (*Strigiformes*). 33,0
Möwen (*Lariiformes*) 30,7

Säugetiere (Mammalia); inkl. Mensch

Babuin (*Papio babuin*) 45
Behring-Pelzrobbe (*Callorhinus ursinus*) . . . . >21
Belugawal (*Delphinapterus leucas*) 55
Bengal-Lori (*Nycticebus coucang*) . 13
Biber (*Castor fiber*) 20-25
Bison (*Bison bison*) 30
Blauwal (*Balaenoptera musculus*) 12-80
Braunbär (*Ursus arctos*) 47
Breitfußbeutelmaus (*Caenolestes spec.*) 1
Damwild (*Dama dama*) 25
Daubentonia (*Chiromys madagascariensis*) 23
Delphin (*Delphinidae*) 25-30
Desman (*Desmanidae*) 5-6
Dromedar (*Camelus dromedarius*) 28
Eichhörnchen (*Sciurus vulgaris*) . . . 12
Eisbär (*Ursus maritimus*) 41
Elch (*Alces alces*) 25
Elefant, afrikan. (*Loxodonta africans*) 70
Elefant, ind. (*Elephas maximus*) 70-77
Esel (*Equus asinus*) 47-100
Feldhase (*Lepus europaeus*) 8-13
Fledermäuse (*Microchiroptera*) 30-40
Flußpferd (*Hippopotamus amphibius*) 54
Fuchs (*Vulpes vulpes*) 14
Galago (*Galago senegalensis*). 25

Gemse (*Rupicapra rupicapra*). . 25-30
Gibbon (*Hylobatidae*) . . . .>23
Giraffe (*Giraffa camelopardalis*) . . 34
Goldhamster (*Mesocricetus auratus*) 4
Gorilla (*Gorilla gorilla*). 40-60
Grauhörnchen (*Sciurus carolensis*) 15
Grönlandwal (*Balaena mysticetus*) 30-47
Hauskatze (*Felis domesticus*) . . 28-35
Hauspferd (*Equus przewalski*)
– Islandpony 40-47
– Shetlandpony 40-58
– Kaltblüter 61
Hausratte (*Rattus rattus*) 5
Hausrind (*Bos taurus domesticus*) . 49
Hausziege (*Capra domestica*) 20
Hufeisennase (*Rhinolophidae*) 24
Hund (*Canis lupus familiaris*) 34
Dackel, Pekinese 20
Igel (*Erinaceus europaeus*) 14
Kalif. Seelöwe (*Zalophus californianus*) 23
Kanada-Otter (*Lutra canadensis*). . 14
Känguruh (*Macropodidae*). 30
Kaninchen (*Oryctolagus cuniculus*) 18
Kapuzineraffe (*Cebus capucinus*). . 41
Kegelrobbe (*Halichoerus grypus*). . 42
Labormaus (*Mus musculus*) 2-4
Lama (*Lama guanicoe*). 15
Leopard (*Panthera pardus*) 25
Löwe (*Panthera leo*) 30
Löwenäffchen (*Leontocebus rosalia*) 15
Mähnenrobbe (*Otaria byronia*) . . . 23
Maultier (Pferd x Esel) 48
Maulwurf (*Talpa europaeus*) 3-4

Mausohrfledermaus (*Myotis myotis*)................... 24

Meerschweinchen (*Cavia* spec.) ... 15

Mensch (*Homo sapiens*)....... 135

Mohrenmaki (*Lemur macaco*).... 31

Murmeltier (*Marmorata marmorata*) 18

Nashorn (*Rhinoceros unicormis*).. 49

Nilpferd (*Hippopotamus amphibius*) 49

Neuseelandrobben (*Phocarctos* spec.)..................... ›25

Orang Utan (*Pongo pygmaeus*) ... 59

Pavian (*Papio* spec.) 35

Pelzrobbe (*Arctocephalus pusillus*) 20

Reh (*Capreolus capreolus*)....... 16

Rentier (*Rangifer tarandus*) 16

Rhesusaffe (*Macacus rhesus*) 29

Rothirsch (*Cervus elaphus*) 30

Saiga-Antilope (*Saiga tatarica*), Männchen 5-7

Saiga-Antilope (*Saiga tatarica*), Weibchen 11-12

Saki (*Pithecia pithecia*).......... 14

Schaf (*Ovis* spec.) 20

Schimpanse (*Pan troglodytes*) ...>60

Schnabeltier (*Ornithorhynchos anatinus*) 14

Schopfpavian (*Cynopithecus niger*) 18

Schwein (*Sus scrofa*)........... 27

See-Elefant (*Mirounga leonina*) ... 20

Seebär (*Arctocephalus pusillus*) ... 20

Seehund (*Phoca vitulina*) 19

Seekuh (*Trichechus spec.*)........ 60

Seelöwe (*Eumetopias stelleri*)..... 22

Siebenschläfer (*Glis glis*).......... 5

Silbergibbon (*Hylobates lar*) 32

Spinnenaffe (*Ateles paniscus*)..... 24

Spitzmäuse

– Weißzahnspitzmäuse (*Crocidurinae*) 4-6

– Rotzahnspitzmäuse (*Soricinae*) 2-3

Stachelschwein (*Hystrix cristata*).. 20

Tiger (*Panthera tigris*)........ 30-55

Waldmaus (*Apodemus sylvaticus*) .. 6

Wale allgemein 30-50

Weißwal (*Delphinapterus leucas*).. 55

Weiße Maus (*Mus musculus*) 3,5

Weiße Ratte (*Rattus rattus*) 4

Wildkatze (*Felis sylvestris*)....... 25

Wombat (*Lasiorhinus lasiorhinus*). 20

Zebra (*Equus quagga chapmani*).. 40

Zwerghamster (*Cricetinae*) 2-3

Zwergmaus (*Micromys minutus*)... 4

Glossar

Hier sind in Kurzbeschreibungen Wort- und Begriffserklärungen aufgeführt, die im weiteren Sinne mit Alter und Altern in biologischen Systemen zu tun haben. Worte, die mehrfache Bedeutung haben, werden hier nur in ihrem Bezug zum Thema »Alter« erklärt. Falls Begriffe hier nicht gefunden werden und/oder der weiteren Erklärung bedürfen, bitte im Index nachschauen; sie können dann im übrigen Text (auch ausführlicher) erläutert sein.

Zeichenerklärung:
➤ : siehe (auch) unter

A.H.: ➤ Alter Herr.

ABA: Abkürzung für ➤ Abscisinsäure.

Abscisinsäure: Abk. ABA; ein Pflanzenhormon, das u.a. für das Abwerfen von Blättern, Kurztrieben und Früchten im Rahmen der ➤ Senescenz verantwortlich ist.

Abscission: Abwerfen von Blättern, Kurztrieben und Früchten im Rahmen der ➤ Senescenz der Pflanzen. Aktiver Prozeß, bei dem sich die Pflanze mittels eines Trenngewebes von meist gealterten Teilen trennt.

Acervulus: ➤ Hirnsand.

Adolescentenkyphose: Im Alter auftretende Buckelbildung. ➤ Scheuermannskrankheit.

Adolescenz: Zeitlich nicht exakt definierbarer Lebensabschnitt zwischen Beginn oder Ende der Pubertät und dem Erwachsenenalter.

adult: erwachsen, ausgereift (Begriff aus der Zoologie).

Agnosie: Störung der Erkennungsfähigkeit durch Hirnschädigung; typisches Phänomen und Symptomatik bei ➤ Alzheimer-Krankheit.

Akathasie: ➤ Unvermögen, ruhig zu sitzen; unruhiges Umherlaufen (Trippelmotorik); typisches Phänomen und Symptomatik bei ➤ Alzheimer-Krankheit.

Akinese: ➤ Parkinson-Syndrom.

Akrogerie: Lokalisierte Form der ➤ Progerie. Manifestation in der frühen Kindheit. Besondere Form des ➤ Hutchinson-Gilford-Syndroms.

Akromegalie: Wachstumsstörung mit ausgeprägter, selektiver Vergrößerung äußerer Körperteile (Gesichts»anhänge«, Hände etc.) und zahlreichen Begleitphänomenen.

Allopezie: irreversibler Haarausfall; z.B. charakteristisch für ➤ Progerie.

ALS: ➤ Amyotrophische Lateralsklerose.

alt: Neben dem Eigenschaftswort bekannten Sinns auch (abgek. als a.) im Rennsport ein Pferd, das das sechste Lebensjahr überschritten hat.

Altenherrschaft, Gerontokratie: Eine Form der Herrschaft, bei der die Leitung in Händen von alten Männern (Rat der Alten) als den besten Kennern der Überlieferung liegt (Gerusia, Geronten). In reiner Form findet sie sich in den genossenschaftlich aufgebauten Gruppen der Naturvölker. Als Alte gelten dabei nicht nur Greise, sondern auch die Älteren, Erfahrenen, Intelligenten und die durch Rednergabe und Kenntnis der Stammestradition Ausgezeichneten. In den großen geschichtlichen Monarchien und Aristokratien bestand die A. vielfach in Gestalt besonderer Gremien nicht mehr aktiver politisch-militärischer Führer, die als Repräsentanten einer längeren Erfahrung Rat und Kontrolle gegenüber der aktiven Führungsschicht zu leisten hatten.

Altenhilfe: ➤ Altersfürsorge.

Altenteil: auch Ausgedinge, Einsitz, Auszug, Leibgedinge, Leibzucht. Gesamtheit der Rechte eines abtretenden Bauern (Altenteiler, Auszügler), der seinen Hof einem Nachfolger übergibt, sich aber auf Lebzeiten ein Wohnrecht, Naturalleistungen, Nutzungsrechte, Geldrenten und dgl. vorbehält (Übergabevertrag). Auch der Witwe des Bauern, die den Hof einem Ahnerben übergibt, steht ein A. zu. Der Inhalt richtet sich nach Herkommen oder Ortsüblichkeit.

Altentötung: Eine archaische Sitte (vermutlich bei Nomaden), alte Leute in Notzeiten oder auch regelmäßig zu töten. Wird in vielen alten, eurasischen Sagen erwähnt.

Alter Herr: abgek. A.H.; auch Philister. Mitglied einer studentischen Verbindung nach dem Examen bzw. Eintritt ins Berufsleben. Übertragen: Vater.

Alter Mann: Im übertragenen Sinne abgebauter Teil einer Lagerstätte.

Alter(n)stheorie(n): Im biologischen Sinne: Theorien zur Erklärung des Alternsablaufes. ➤ Text (Kap. 16). Physikalisch-technisch: Theorie zur Beschreibung von Abbremsvorgängen bei Neutronen (Physik).

Alter: Darunter versteht man die Zeit des Bestehens eines Systems, ausgedrückt normalerweise in physikalischen Zeiteinheiten (Jahre, Monate, Tage usw.). Bedeutungsgleich mit chronologischer Lebensdauer. Z.T. auch in der Bedeutung von einer bestimmten Altersstufe; z.B. beim Menschen der letzte Lebensabschnitt vor dem Greisenalter.

Altern: Gleichbedeutend mit Altwerden (Älterwerden) = zeitlicher Ablauf des ⇢ Lebenszyklus von biologischen Systemen. Im engeren Sinne (vor allem beim Menschen) die Zeit nach der Fortpflanzungsreife, in der mehr Abbauprozesse als Aufbauprozesse stattfinden. Dies kann beim Nervensystem aber z.B. schon kurz nach der Geburt stattfinden. Altwerden ist immer von einer Veränderung der Organe und Leistungen begleitet, die aber beim Altern im weiteren Sinne zunächst nicht zwangsläufig in ihrer Leistungsfähigkeit abnehmen müssen. Viele Systeme reifen in ihrer frühen Phase des Alterns oft erst aus. Siehe auch Senescenz.

Alternsforschung: Gerontologie. Lehre von den Grundlagen, den Ursachen und dem Vorgang des ⇢ Alterns (Altern mehr im Sinne von letztem Lebensabschnitt); der angewandten Forschung zugehörig.

Altersanorexie: ⇢ *Anorexia senilis*.

Altersbeschwerden: Beschwerden, die auf Veränderungen durch das Altern zurückzuführen sind.

Altersblödsinn: Senile Demenz; höchster Grad von Gehirnrückbildung (Schwund der Gehirnrinde), verbunden mit extremer Vergeßlichkeit.

Altersbrand: ⇢ *Gangraena senilis*; Nekrose, d.h. örtliches Absterben von Zellen und Geweben. Als A. tritt diese Nekrose auf Grund von arteriosklerotischen Gefäßwandverengungen auf.

Altersbuckel: ⇢ Scheuermannskrankheit, Adolescentenkyphose.

Altersdiabetes: Alterszuckerkrankheit; milde Form der Zuckerkrankheit, die im Alter auftritt. Meist Folge von hormonellen Störungen und Übergewicht.

Altersemphysem: Lungenemphysem (Aufblähung der Lunge durch Gase, Luft) durch altersbedingte Funktionsverluste.

Alterserscheinungen: Mit dem Ablauf des Lebenszyklus einhergehende Veränderungen von morphologischen, physiologischen und/oder ethologischen Eigenschaften.

Altersforschung: Lehre von den Grundlagen, den Ursachen und dem Erscheinungsbild des (bzw. eines bestimmten) Alters. Primär unabhängig vom Alter als letztem Lebensabschnitt. Mehr der Grundlagenforschung zugehörig.

Altersfürsorge: Auch Altenhilfe. Eine Form der Altersversorgung; sie wird als individuelle Unterstützung oder als Anstaltspflege durch die Träger der öffentl. oder privaten Fürsorge (Sozialhilfe) geleistet. In beiden Formen ist die A. einer der ältesten Fürsorgezweige. In den mittelalterlichen Hospitälern waren neben Kranken und arbeitsunfähigen Armen viele alte Menschen untergebracht. Manche dieser Hospitäler – wie auch der später entstandenen milden Stiftungen für Alte – sind bis heute bestehengeblieben.

Altersgewichtsrennen: Aus dem Pferderennsport: ein Rennen, bei dem sich die zu tragenden Gewichte nur nach dem Alter der Pferde richten (reine A.) oder zu den Gewichten der Altstabelle Aufgewichte oder Erlaubnisse kommen. Stuten und Wallache erhalten im A. eine Gewichtsauflage (bis zu 1,5 kg).

Altersgrenze: Das Lebensalter, mit dessen Erreichen Beamte zwangsweise in den Ruhestand versetzt werden. Die A. ist länderweise sehr unterschiedlich. In Deutschland wurde sie eingeführt, um eine Überalterung des Beamtenkörpers zu verhindern und die Anstellungsaussichten des Nachwuchses zu verbessern. Als A. gilt in der Regel die Vollendung des 65. Lebensjahres. Für einzelne Beamtenkategorien (z.B. Polizeibeamte) kann gesetzlich eine frühere A. festgesetzt werden. Aus dringenden dienstlichen Gründen kann die Bundesregierung im Einzelfall die A. hinausschieben. Die Landesgesetze enthalten entsprechende Bestimmungen für Landes und Kommunalbeamte.

Altershaut: Die Haut alter Menschen, die durch eine dünne, trockene, faltige Beschaffenheit und eine außergewöhnlich gute Verschiebbarkeit auf der Unterlage gekennzeichnet ist. Ursachen: Rückbildung der Oberhaut, Schwund der Lederhautleisten, des elastischen Gewebes, der Schweiß- und Talgdrüsen.

Altersheim: Gebäude zur pfleglichen Unterbringung alleinstehender, erwerbsunfähiger, aber noch rüstiger Einzelpersonen oder Ehepaare, oft auf Grund von Stiftungen errichtet oder als Teil der sozialen Fürsorge von Gemeinden, kirchlichen oder wirtschaftlichen Verbänden.

Altersherz: Die eingeschränkte Leistungsfähigkeit auch eines gesunden Herzens im höheren Lebensalter. An ihr wirken folgende Vorgänge mit: Minderung der Herzkranzgefäßdurchblutung, Abnahme der Qualität der Herzklappen und der Dehnbarkeit des Herzbeutels, Neigung zu Extrareizen und zur Leistungsverzögerung im Reizleitungssystem, Verkleinerung der Kompensationsbreite. Trotzdem kann das A. noch über erstaunliche Leistungsreserven verfügen.

Altershochdruck: Blutdrucksteigerung in höherem Alter; auf einer vorzeitigen Abnahme der Dehnbarkeit der Gefäßwand beruhend.

Altershyperthyreose/Altershypothyreose: altersbedingte Über- oder Unterfunktion der Schilddrüse.

Altersklasse: Eine durch das Lebensalter unterschiedene Gruppe innerhalb von Gesellschaften, Berufen, Völkern. Als große A. gelten Kindheit, Jugend, Adoleszenz, Erwachsenen- und Greisenalter (auch Teenager, Twens, Jungmänner etc.). In manchen Völkern bestehen scharf abgegrenzte und institutionalisierte A. mit Aufnahmeriten (Initiationen), Verhaltensregeln, gesellschaftlichen Verpflichtungen, z.B. die Epheben im alten Griechenland, in anderen sind die Übergänge fließender. Manchmal werden A. zum beherrschenden Prinzip von Gesellschaftsformen (z.B. Altenrat); gelegentlich nehmen sie den Charakter von Bünden an (Bund). In der industriellen Gesellschaft treten die A. immer mehr zurück, ohne ganz zu verschwinden. ➙ Lebenszyklus.

Alterskleider: Bei Vögeln auftretende, verschiedene Gefiederkleider, die mit dem Alter unterschiedlich aussehen.

Alterskrankheiten: Krankheiten, die vorzugsweise in höherem Alter auftreten, z.B. Arteriosklerose (Arterienverkalkung), besonders der Herzkranz-, Gehirn- und Beingefäße, Lungenemphysem, Kyphose (Buckel), Osteoporose (Knochenatrophie), Prostatahypertrophie, Neigung zu Knochenbrüchen (besonders zu Schenkelhalsbruch), Altersbrand, Altersblödsinn. Fehler der Lebensführung, der Ernährung, Mißbrauch von Genußmitteln, geistige Überbeanspruchung, zu wenig Schlaf, Bewegung und frische Luft führen zu frühzeitigem Aufbrauchen der Kräfte; in Abhängigkeit von den besonderen Schädlichkeiten der Berufe treten die A. vorzeitig in Erscheinung. Vorbeugung: rechtzeitige Aufklärung über vernünftige Ernährung, Erziehung der Jugend zur Verantwortung sich selbst gegenüber, Mäßigkeit, Einschränkung der Genußgifte und ausreichender Schlaf, Maßnahmen der Berufshygiene.

Altersmarasmus: → Altersschwäche, *Marasmus senilis*.

Altersmerkmale allgemein: Morphologische, physiologische und/oder ethologische Eigenschaften, die eine mehr oder weniger eindeutige Bestimmung des chronologischen Lebensalters von Organismen zulassen. In der Regel sind diese Eigenschaften die unmittelbare Folge von → Alterserscheinungen.

Altersmerkmale beim Menschen: Wassergehalt des Körpers nimmt stark ab (auf bis zu 50 % der Normalwerte), Haut wird dünn und trocken, Haare, Nägel und Knochen werden spröde, Blutgefäße verlieren an Elastizität, Wunden heilen langsamer, Leistungsfähigkeit vieler Organe sinkt, Nachlassen der Keimdrüsenfunktion, absterbende Zellen werden nicht mehr ersetzt, Ablagerung von Kalk, Pigmenten (Farbstoffen), Fetten etc. in Zellen und Organen, höhere Anfälligkeit gegen Krankheiten durch reduzierte Immunabwehr u.v.a.m.

Altersmundart: Die jeder kindlichen Entwicklungsstufe eigene Sprache nach Wortbestand und Satzbildung, verschieden von der Sprache der Erwachsenen, aufschlußreich für das Denken des Kindes und für den Standort seiner geistigen Entwicklung.

Alterspemphigoid: Bläschen oder Pusteln, die meist im 7. Lebensjahrzehnt als pralle, unregelmäßig geformte, gruppierte Blasen der Haut auftreten. Die klinische Bedeutung ist unklar. Alterskrankheit.

Alterspigment: → Lipofuscin.

Alterspigmente: Bei älteren Menschen auftretende linsen- bis fünfmarkstückgroße braune Hautflecken.

Alterspräsident: Ältestes Mitglied einer öffentl. Körperschaft, bes. eines Parlamentes. Der A. führt nach Neuwahlen bis zur Wahl des Präsidenten die Geschäfte.

Alterspsychologie: Geronto-Psychologie, die Wissenschaft von den seelischen Begleiterscheinungen des Alterns. Die heute verlängerte Lebenserwartung und Arbeitsfähigkeit des Menschen sowie die gesteigerten Anforderungen der Industriegesellschaft haben die A. als einen Teilbereich der Entwicklungspsychologie in den letzten Jahrzehnten stark an Bedeutung gewinnen lassen.

Altersringe: → Jahresringe; Otolith.

Altersschwäche: Altersmarasmus; Abnahme der körperlichen und geistigen Kräfte im hohen Lebensalter.

Altersschwerhörigkeit: Presbyakusis; im Laufe des Alterns eintretende Schwerhörigkeit (Abnutzung und Schwund der Nerven- und Sinneszellen des Ohres). Zuerst werden hohe Frequenzen nicht mehr gehört.

Alterssichtigkeit: Presbyopie; abnehmende Akkommodationsfähigkeit des Auges (Elastizitätsverlust der Linse); vor allem bei der Naheinstellung wichtig.

Alterssport: Speziell auf das Alter zugeschnittenes Sportprogramm zur Erhaltung von Elastizität und Leistungsfähigkeit. Er nimmt Rücksicht auf den individuellen leib-seelischen Zustand, erstrebt keine Hochleistungen, kann mit Wanderübungen beginnen. Der Puls kann beim Jugendlichen auf Werte um die 200 gesteigert werden. Beim gesunden 70jährigen liegt die obere Grenze bei etwa 145. Von den drei Trainingsarten (Kraft, Schnelligkeit, Ausdauer) ist eigentlich nur das Ausdauertraining wichtig. Dies hat folgende Voraussetzungen: 1.) eine Leistung von über 3 Minuten Dauer, 2.) eine Beteiligung von 1/6 bis 1/7 der gesamten Skelettmuskulatur und 3.) den Einsatz von rund 50 % der gesamten Leistungsfähigkeit.

Radfahren, Schwimmen, Laufen, Rudern, Bergwandern, Skiwandern und Golfspielen sind Beispiele für geeignete Sportarten, die die Muskeln entsprechend belasten. 50 % der maximalen Leistungsfähigkeit kann anhand der Pulsfrequenz ermittelt werden. Dieses Maß ist bei einem 60jährigen z.B. erreicht, wenn der Puls etwa 115 erreicht. Und dieser Puls sollte dann etwa 3 Minuten durchgehalten werden (täglich), um einem Leistungsverfall vorzubeugen. Es ist selbstverständlich, daß alle o.g. Angaben auf gesunden Menschen beruhen.

Altersstar: *Cataracta senilis*; grauer Star, Trübung der Linse.

Altersstarrsinn: Stures Beharren auf Meinungen, Ansichten usw.; bei älteren Menschen oft als Zeichen mangelnder geistiger Flexibilität gedeutet.

Altersstufen: Die Einzelabschnitte des Lebenslaufes, die durch mehr oder weniger deutl. Einschnitte in der Entwicklung voneinander getrennt sind und sich untereinander hinsichtlich charakteristischer Eigenarten und physischer Grundhaltungen unterscheiden. Beim Menschen z.B. ist die Gliederung in Säuglingsalter (bis zum 1. Jahr), Kleinkindalter (2.-3. Jahr), Vorschulalter (4.-5. Jahr), Schulalter (6.-18. Jahr), Adoleszenz (18.-21. Jahr), Erwachsenenalter, absteigende Phase (Beginn um das 45. Lebensjahr) und Greisenalter gebräuchlich.

Altersulkus: Riesenmagengeschwür des alten Menschen; tritt meist erst nach dem 60. Lj. auf.

Altersversicherung: Zweig der Lebens-, Pensions- und Sozialversicherung, gewährleistet den Versicherten für den Lebensabend ein Kapital oder eine Rente (Altersversorgung, Rentenversicherung).

Altersversorgung: Allgemein die Versorgung im Alter, soweit sie nicht aus Vermögen oder Ersparnissen bestritten werden kann. Im engeren Sinne entsprechende Versorgung aus öffentlichen Mitteln.

Alterswarze: *Verruca senilis*; meist erst ab dem 5. Dezennium entstehende Neubildung der Haut. Hellbraune bis schwarze, papilläre, fettige, wie auf die Haut aufgesteckte, rundliche bis ovale, meist in großer Zahl auftretende, linsen- bis bohnengroße Bildungen.

Alterung: Allgemein die zeitliche Veränderung von Stoffen z.B. in Form von Oxidation, Relaxation, Auskristallisieren, Entmischung, Umwandlungen des Gefüges, Versprödung, Erweichung u.ä.; meist unerwünscht. Oft fälschlicherweise und ungenau mit ➤ Altern gleichgesetzt. Altern in biologischen Systemen beruht aber auf den mehr physikalisch/chemischen Grundlagen der Alterung.

Älteste: 1) ➤ Presbyter. 2) Ä. der Kaufmannschaft, kaufmännische Korporationen, die seit Beginn des 19. Jahrh. in Preußen an bedeutenden Handelsplätzen entstanden, mit Selbstverwaltungsrecht und Rechtsfähigkeit kraft königlicher Verleihung ausgestattet. Aus ihnen gingen z.T. die Handelskammern hervor.

Ältestenrat: Seniorenkonvent, eine parlamentarische Einrichtung: Als Organ des Bundestages besteht der Ä. aus dem Bundestagspräsidenten, seinen Stellvertretern und von Fraktionen benannten Mitgliedern, deren Gesamtzahl der Bundestag festsetzt. Er hat den Bundestagspräsidenten bei der Führung der Geschäfte zu unterstützen, eine Verständigung zwischen den Fraktionen über den Arbeitsplan des Bundestags herbeizuführen und die Stellen der Ausschußvorsitzenden zu verteilen. Die Einberufung des Ä. erfolgt durch den Bundestagspräsidenten; sie muß geschehen, wenn drei Mitglieder es verlangen.

Altmeister: Ursprünglich Vorsteher einer Innung, dann hervorragender Meister; auch übertragen: A. der Gelehrten, A. Goethe.

Altsitz: Der Ruhesitz des Bauern nach der Übergabe an den Hoferben (Altenteil).

Alttier: Weibliches Tier vom Elch-, Rot- und Damwild; biologisch: nachdem es das erste Kalb gesetzt hat; nach dem Abschußplan: ab dem zweiten Jahr nach der Geburt.

Altvorderen: (althochdeutsch »altvorderon«, aus alt und vordoro = früher), Vorfahren, Voreltern.

Altweiberfastnacht: Weiberfastnacht; eine den Frauen vorbehaltene Fastnachtsfeier, die auf das 14. Jahrh. zurückgeht.

Altweibermühle: Die scherzhafte Darstellung einer Wundermühle, die von einer Seite her mit runzligen Alten beliefert wird und auf der Gegenseite junge Mädchen auswirft. Im Bild erscheint die A. erstmals um 1630/40 mit erklärendem Verstext, als Stoff eines Fastnachtspiels aus dem Tiroler Stubaital 1814.

Altweibersommer: (seit 1800), Jahreszeit, in der Spinnfäden von verschiedenen, meist jugendlichen Spinnen zur Herbstzeit ausgestoßen werden. Vom Wind davongetragen, durchziehen die Fäden die Luft, und schließlich läßt sich auch die Spinne von ihnen forttragen. Der Volksglaube hält den A. für ein Gespinst von Elfen, Zwergen (schwed. dwärgsnät), mythischen Spinnerinnen (Frau Holle) oder der Jungfrau Maria (Marienseide, Liebfrauenfäden, französ. *fils de la Vierge*, niederländisch *mariendraadjes*). Gleichgesetzt später mit jahreszeitlicher Schönwetterperiode meist im Herbst, in der Spinnfäden (gleichgesetzt mit grauen Haaren) von verschiedenen Spinnenarten durch die Luft schweben.

Alzheimer Demenz: ➤ Alzheimer Krankheit.

Alzheimer-Krankheit: ➤ Demenz vom Alzheimer Typ; fortschreitende, diffuse Hirnatrophie mit einem Maximum zwischen dem 50. und 60. Lj. Hirnzellen (vor allem der Hirnrinde; insbesondere Hippocampus, Assoziationscortex) zeigen vakuoläre Degeneration und Ablagerungen (Plaques, Fibrillen), z.T. aus Amyloidsubstanzen. Die Ursachen der Krankheit sind unbekannt. Biochemisch gesehen wird das kortikale, cholinerge System gestört; es kommt zu einer Verminderung der Azetyltransferase und der Acetylcholinsynthese. Dies hat zur Folge, daß es zunächst zu Gedächtnisstörungen (vor allem Kurzzeitgedächtnis) kommt, die sich immer mehr verstärken – bis zum völligem Gedächtnisverlust. Es folgen Symptome wie Unruhe, Orientierungsprobleme, Euphorie und Depression, Gedächtnisschwund, vermindertes Lernvermögen, Sprachstörungen, Sinnestäuschungen, Orientierungslosigkeit, vollständiger Verlust der Sprache etc., die alle zusammen letztendlich zu völliger Hilflosigkeit führen. Eine Heilung ist nicht möglich. Meist Gabe von Beruhigungsmitteln. Charakteristische Alterskrankheit.

Amyloid-Plaques: Ablagerung auf Nervenzellen; typisches Phänomen und Symptomatik bei ➤ Alzheimer-Krankheit.

Amyotrophische Lateralsklerose: Abgekürzt ALS. Degenerative Erkrankung von Neuronen verbunden mit Muskelatrophie, die sich meist zwischen dem 40. und 65. Lj. manifestiert. Alterskrankheit.

Anakoluth: Gebrauch nicht vollständiger und/oder folgerichtig beendeter Sätze; der A. nimmt mit dem Alter zu.

Anciennität: von frz. »ancien« = alt. Rangfolge nach Dienst- oder Lebensalter.

Angina pectoris: auch Stenokardie, Herzenge, Herzangst, Herzbräune. Tritt anfallsweise auf mit einem heftigen Gefühl der Beklemmung über der Brust, Atemnot, Todesangst, Schmerzen in der linken Brustseite, die über den Arm bis in die ganze Hand ausstrahlen und sich sogar auf die ganze linke Seite bis in den Fuß ausdehen können. A.p. ist immer ein Zeichen starken Sauerstoffmangels im Herzen. Dieser kann verursacht sein durch Vergiftungen, Rheumatismus, Überdehnung des Herzens oder vor allem durch ➤ Arteriosklerose (Text, Kap. 11).

Anorexia senilis: ➤ Altersanorexie = Alters-Appetitlosigkeit.

Apoplexie: ➤ Gehirnschlag.

Apoptose: programmierter Zelltod; zeichnet sich dadurch aus, daß die Zellen schrumpfen, in kleine membranumschlossene Gebilde zerfallen und dann von Makrophagen (Freßzellen) phagozytiert werden. Die Apoptose unterscheidet sich damit ganz klar von der ➤ Nekrose. Der »Startknopf« für die Apoptose liegt nach den bisherigen Theorien in einem Gen, das man p53 nennt. Es macht wahllos alle Zellen, gesunde oder kranke, »lebensmüde«. Das p53-Protein bringt Zellen so sofort zum Absterben. Die Gegenspieler von p53 sind LAG genannte Gene (Langlebigkeit gewährleistende Gene, longevity assurance gene), die in jungen Zellen aktiver sind als in alten. Steigert man die LAG-Aktivität alter Zellen, leben diese länger. Diese Gene produzieren zwei Proteine (bcl-2 und myc). Bcl-2 kann das Todesprogramm ausschalten, während myc je nach Konzentration und Beteiligung anderer Proteine (max, mad) eine Zellteilung anregen bzw. als sog. Terminator III antagonistisch zu bcl-2 das Todesprogramm anwerfen kann.

Apraxie: Störung von Bewegungs- und Handlungsabläufen, so daß z.B. Gegenstände nicht mehr sinnvoll verwendet werden können; Folge einer Hirnschädigung; typisches Phänomen und Symptomatik bei ➤ Alzheimer-Krankheit.

Arcus senilis: ➤ Greisenbogen.

Artericus: ➤ Otolith der Lagena.

Arteriosklerose: »Arterienverkalkung«; wichtigste und häufigste krankhafte Veränderung der Arterien mit Verhärtung, Verdickung, Elastizitätsverlust und Einengung. Typische Alterskrankheit.

Arthritis: Entzündliche Veränderungen der Gelenke.

Arthropathien: Durch Stoffwechsel- oder Nervenkrankheiten hervorgerufene Veränderung der Gelenke.

Arthrose: Degenerative oder Abnutzungserscheinung der Gelenke.

Aslan-Therapie: ➤ Geriatricum.

Ataxia teleangiectatica: syn. für Louis-Bar-Syndrom. Autosomal-rezessiv erbliche Krankheit mit Störung der Bewegungsabläufe (Ataxie) durch eine Funktionsstörung des Gehirns. Patienten sterben meist zwischem dem 20. und 30. Lj.

Ataxie: ➤ *Ataxia teleangiectatica*; Störung der Koordination von Bewegungsabläufen.

Atherosklerotische Demenz: Tritt präsenil (60. bis 65. Lj.) auf und entsteht durch viele kleine, als solche nicht spürbare Hirninfarkte. .

Atrophie: Rückbildung eines Organs oder Gewebes.

Ausgedinge: ➤ Altenteil.

Auszug: ➤ Altenteil.

Autolyse: Nach dem Tode eintretende Selbstauflösung der Zellen durch zelleigene Verdauungsenzyme.

Autopsie: Entnahme von Gewebeproben aus einem Organ eines Leichnams (Biopsie: Entnahme aus einem lebenden Organismus).

Autosomale Vererbung: Vererbung, die über Gene verläuft, die nicht auf Geschlechtschromosomen (Heterosomen) liegen. Diese wird dann als heterosomale Vererbung bezeichnet.

Auxin: Pflanzenhormon, das an der Juvenilität der Pflanze beteiligt ist. ➤ Juvenilitätsfaktoren.

Baunscheidtismus: Altes (Mitte des 19. Jahrh.), ehemaliges Heilverfahren, bei dem ein Bündel feiner Stahlnadeln (»Lebenswecker«) mittels einer Feder in die Haut geschnellt wird. In die entstandenen feinen Öffnungen wurden Öle und Medikamente eingerieben.

Bcl-2(-Gen/-Protein): ➤ Apoptose.

Benzimidazol: Senescenzhemmender Stoff bei Pflanzen.

Benzylaminopurin: Senescenzhemmender Stoff bei Pflanzen.

Biographie: ➤ Lebenslauf.

Biologische Systeme: Zellen, Zellkulturen, Organe, Organismen, Populationen. Lebende Organisationsstufen verschiedener Komplexität (auch künstliche, wie z.B. Kulturen).

Biomorphose: (griech. »bios« = Leben, »morphos« = Gestalt); Vorgang des natürlichen Alterns mit Veränderung von Gestalt und Funktion.

Biopsie: ➤ Autopsie.

Blastem: Ansammlung von undifferenzierten Zellen an einer Regenerationsstelle; indifferentes Keimgewebe.

Blastom: Geschwulst.

BLV: ➤ Burkitt-Lymphom; EBV.

Bogomoletz-Serum: ➤ Geriatricum.

Bovines Leukämievirus (BLV): ➤ Retrovirus.

Brand: ➤ Altersbrand.

Bries: ➤ Thymus.

Burkitt-Lymphom: Bösartige Erkrankung des B-Lymphozyten-Systems; vor allem bei afrikanischen Kindern verbreitet. Tumorkrankheit, die durch ein Virus (BL-Virus) ausgelöst wird.

Bypass-Operation: Operative Umgehung einer durch ➤ Arteriosklerose verursachten Engstelle in einem Herzkranzgefäß.

Cataracta senilis: ➤ Altersstar.

Centrophenoxin: ➤ Procain.

Cholesterin: ➤ Arteriosklerose.

Cholesterol: ➤ Cholesterin, Arteriosklerose.

Chorea Huntington: von griech. choreia = Tanz. Syn. Veitstanz. Autosomaldominant vererbte Erkrankung, die sich meist zwischen dem 30. und 50. Lj. manifestiert und mit progressiver ➤ Demenz verbunden ist. Beruht auf einer Atrophie bzw. Schädigung von Gehirnteilen und einer damit einhergehenden Störung des Neurotransmitterstoffwechsels (insbes. GABA). Als Symptome treten regellose, plötzliche Bewegungen auf, die nicht steuerbar sind und an unnatürliche Tanzbewegungen erinnern können (daher der Name Veitstanz). Nicht heilbar!.

Cytolyse: Auflösung einer Zelle nach ihrem Tode. ➤ Autolyse.

De Saint Germain, Graf C.-L.: ➤ Lebenselixier.

Deanol: Alterspsychotonikum.

Debilität: angeborener Schwachsinn. ➤ Demenz.

Degeneration: Abbau von organischer Substanz im Körper durch ➤ Cytolyse.

Demenz: Im Laufe des Lebens erworbener Schwachsinn (➤ Debilität) durch Schädigungen des Gehirns.

Dendrochronologie: Die Altersbestimmung von Bäumen durch Auszählen von Wachstumsringen. ➤ Jahresringe.

Determination: Festlegung der omnipotenten Zelle im Laufe ihrer Entwicklung auf ein bestimmtes Differenzierungsprogramm. Z.B. Festlegung einer Knochenmark-Stammzelle, die alle Blutkörperchentypen bilden kann, ein rotes Blutkörperchen zu werden. Im normalen Entwicklungsgang ist die Determination endgültig und nicht umkehrbar.

DHEA: DeHydroEpiAndosteron. Ein Hormon der Nebenniere, das als Vorläuferstoff von Testosteron fungiert und in der letzten Zeit als Jugendmittel Furore macht.

Diatrigerie: Genetisch bedingtes, erst nach dem 65. Lj. einsetzendes verzögertes Altern.

Dictyosom: ➤ Golgi-Apparat.

DMAE: ➤ Procain.

DNA: Desoxiribo-Nucleid-Acid (engl.); dt. Desoxyribonucleinsäure DNS. Enthält die genetische Erbinformation der Zelle und ist zur Reduplikation fähig.

DNS: ➤ DNA.

Dormanz: Botanik: Unterbrechung der pflanzlichen Entwicklung durch eine Ruheperiode (z.B. Knospenbildung, ruhende Samen). Zoologie: Ruhephase im Entwicklungs- oder Lebensablauf von Tieren als Antwort auf eventuelle ungünstige Lebensbedingungen (Winterschlaf, Winterruhe, Winterstarre, Parapause, Diapause, Oligopause, ➤ Quieszenz). Tiere und Pflanzen zeigen in diesem Zustand vermindertes Altern und leben deshalb wesentlich länger als solche, die keine Dormanz haben.

Down-Syndrom: ➤ Trisomie.

Dyskeratosis congenita: ➤ Zinnser-Engmann-Cole-Syndrom.

Dysphasie: Sprachstörung (langsames Sprechen, Worte fehlen) als Folge einer Hirnschädigung; typisches Phänomen und Symptomatik bei ➤ Alzheimer-Krankheit.

Einsitz: ➤ Altenteil.

Elastose, senile: ➤ Faltenbildung.

Elixir vitae: ➤ Lebenselixier.

Engholz: ➤ Jahresringe.

Epheben: ➤ Altersklasse.

Epstein-Barr-Virus: EBV, 1964 entdecktes, humanpathogenes Virus, das u.a. B-Lymphozyten zu permanent wachsenden Zellen transformieren kann.

Ethologie: Lehre vom Verhalten von Organismen.

Eugerie: genetisch bedingtes frühzeitiges Altern. ➤ Progeria.

Eutelie: Bei Schlauchwürmern (Rädertierchen, Fadenwürmer, Saitenwürmer u.a.) vorkommende definierte Zahl von Körperzellen, die bereits im Ei determiniert sind. Aus dem Ei geschlüpft, können diese Würmer Zellen nicht mehr regenerieren; d.h. auch, daß sie Wunden nicht ausheilen können. Die Keimzellen sind von der Eutelie aber nicht betroffen. Tiere mit Eutelie sind von besonderem Interesse für Alternsforscher, da an ihnen Alternseffekte gut untersucht werden können.

Ewiges Leben: Begriff aus dem alten Judentum und Heilsbegriff des christlichen Glaubens, der auf der Überzeugung beruht, daß das persönliche Leben über den Tod hinaus fortdauert. Gemeint ist dabei allerdings nicht das zeitliche, vergängliche Leben, sondern im übertragenen Sinne die vollkommene Gemeinschaft mit Gott.

Exitus: von lat. »Ausgang, Ende«; medizinisch der Tod (*Exitus letalis*). ➤ Tod.

extrinsisch: von außen kommend; z.B. von außen wirksamer Faktor; Gegenteil: ➤ intrinsisch.

Faltenbildung (altersabhängige): senile Elastose. Durch Feuchtigkeitsverlust und Quervernetzung kollagener Hautfasern entstehende Faltenbildung der Haut.

FDA: Amerikanische Gesundheitsbehörde (Federal Drug Administration).

Friedreich-Ataxie: ➤ Ataxie der späten Kindheit; rezessiv vererbbare Krankheit.

Frischzellen-Therapie: ➤ Geriatricum.

Frühholz: ➤ Jahresringe.

Gangreaena senilis: ➤ Arteriosklerose; Altersbrand.

Gehirnschlag: auch Schlagfluß, Apoplexie, Hirnschlag. Aufgrund von ➤ Arteriosklerose und anderen Faktoren verursachter, plötzlicher Verschluß eines wichtigen Hirngefäßes mit Ausfall eines bestimmten Hirnbereiches.

Gelée royale: frz. »königlicher Saft«, Weichselfuttersaft. Der Königinnen erzeugende Futtersaft der Biene soll eine erfrischende, das Allgemeinbefinden bessernde Wirkung auf den menschl. Organismus haben, die jedoch nicht exakt definierbar ist. Er wird von Ammenbienen aus Kopfdrüsensekret und Honigmageninhalt zubereitet. Hauptbestandteile sind: ca. 24 % Wasser, 31 % Eiweiße, 15 % Kohlenhydrate, 15 % etherlösliche Substanzen sowie 2 % Aschebestandteile. Weiterhin sind Spurenelemente wie Eisen, Mangan, Nickel, Kobalt u.a. sowie zahlreiche Vitamine enthalten. Synthetisch hergestelltes G.r. führt im übrigen nicht zur Bildung von Königinnen. D.h., es müssen auch noch spezielle Entwicklungshormone in der Substanz vorhanden sein. G.r. wird vielen kosmetischen und geriatrischen Mitteln (Geriatrica) beigefügt. Es ist allerdings nicht bewiesen, daß es zur Linderung von Altersbeschwerden tatsächlich irgendeine pharmakologische Wirkung besitzt.

Gelenkschäden; altersabhängige: ➤ Arthrose, Arthritis, Arthropathie.

Geriatrica: Mehrzahl von ➤ Geriatricum.

Geriatricum: von griech. »geron« = Greis, Mittel zur Behandlung von Alterserscheinungen mit dem Ziel der Auffrischung und Verjüngung. Mit der Entwicklung von Geriatrie und Gerontologie sowie mit dem Anstieg der Lebenserwartung steigerte sich auch der Bedarf an G., die heute in zahlreichen pharmazeutischen Präparaten vorliegen. Sofern sich die G. nur aus Vitaminen, Mineralstoffen, Spurenelementen, den Vitalstoffen, zusammensetzen, sind sie zumindest nicht schädlich. Schwieriger ist die Beurteilung von Wert oder Unwert bei Substanzen, die wie Modewellen aufgegriffen werden; z.B. dem Bogomoletz-Serum (Bogomoletz), dem Bienenköniginnen-Futtersaft (Gelée royale, Biene), dem Novocain (Aslan-Therapie, eingeführt von der rumän. Ärztin Ana Aslan, geb. 1898) oder bei Verfahren nach der Frischzellentherapie.

Geriatrie: Altersheilkunde. Die Wissenschaft von der Erkennung, der Behandlung und Heilung von altersbedingten Krankheitserscheinungen. ➤ Alterskrankheiten.

Géronte: Figur eines lächerlichen alten Mannes in mehreren Komödien Molières.

Geronten: griech. Greise, schon bei Homer die Ältesten, die dem König als Adelsrat zur Seite standen und Recht sprachen. Später hießen so in manchen oligarchischen Staaten die Mitglieder des Rates, der Gerusia. In Sparta, wo dieser aus 28 (mit den Königen 30) auf Lebzeiten gewählten, über 60 Jahre alten Spartiaten bestand, bildeten die G. als eine Art von Staatsrat ein wichtiges Organ der Verfassung. ➤ Altenherrschaft.

Geronto-Psychologie: ➤ Alterspsychologie.

Gerontogene: Gene, die das Altern steuern.

Gerontokratie: ➤ Altenherrschaft.

Gerontologie: Alternsforschung, die Lehre vom Altern des Menschen und seinen körperlichen, seelischen und sozialen Auswirkungen. Die Verbindung der verschiedensten Wissenschaften (Geriatrie, Alterspsychologie, Soziologie) gewinnt dabei zunehmende Bedeutung. Der ständig wachsende Anteil der über 60 Jahre alten Personen an der Gesamtbevölkerung läßt die Beschäftigung mit dem Problem des Alterns als bes. wichtig erscheinen, Altersvorgänge, im Sinne nicht mehr reversibler, z.T. die Neuanpassung erschwerender Prozesse können allerdings in manchen Funktionsbereichen schon mit 35 Jahren, in anderen dagegen erst im 9. Lebensjahrzehnt festgestellt werden. Das kalendar. Alter ist deshalb nicht als gleichbedeutend anzusehen mit dem biolog. und psych. Alter. ➤ auch Alternsforschung.

Gerontoxon: ➤ Greisenbogen.

Gerusia: ➤ Altenherrschaft, ➤ Geronten.

Geschlechterlücke: Der Unterschied in der Lebenserwartung bei Frau und Mann. Frauen werden in Industrieländern um rund 10 % älter als Männer. Auch bei vielen Tierarten nachgewiesen.

Gibberellin: Pflanzenhormon, das an der Juvenilität der Pflanze beteiligt ist. ➤ Juvenilitätsfaktoren.

Gigantismus: Wachstumsstörung mit Riesenwuchs.

Ginseng: *Panax schin-seng*; Geriatricum; ist eine staudenartige, anemonenähnliche Pflanze, die in Korea und China wild wächst, aber dort auch angebaut wird. Die Wurzel enthält Steroid-Derivate (aus ähnlichen Stoffen sind die Geschlechtshormone aufgebaut). In der chinesischen Medizin wird sie als lebensverlängerndes, aphrodisierendes Tonikum angewandt und wurde bis zum Dreifachen des Gewichtes in Gold aufgewogen. Die Steroide und weitere Inhaltsstoffe (Glykoside, Saponine u.a.) regen ganz allgemein den Eiweiß- und Nucleinsäurestoffwechsel an. Die Zelle kann schneller DNA und RNA herstellen. Dadurch kommt es unter Umständen auch zu mehr Zellteilungen. Dies hat man unter anderem in Rattenlebern festgestellt. Allerdings ist die Leber, als Organ mit hoher Regenerationsfähigkeit, dafür nur beschränkt tauglich. Sie besitzt eine größere Zahl von teilungsfähigen Zellen im Ruhezustand, die bei Gebrauch aktiviert werden können. Ginseng hat also nur bereits vorhandene, jugendliche Zellen zur Teilung angeregt, aber keine alten Zellen wieder jung gemacht. Außerdem sollen Ginseng-Bestandteile das Immunsystem anregen, die Blutgerinnung vermindern (Blut wird »flüssiger«), die Blutbildung anregen sowie cholesterinsenkende Wirkung haben.

Einige angebotene Ginseng-Mittel haben allerdings überhaupt keine wirksamen Ginsenginhaltsstoffe.

Golgi-Apparat: Zellorganell, das aus mehreren hintereinander angeordneten konvex-konkav zusammengefalteten, abgeflachten Doppelmembransäckchen (Diktyosomen) besteht, die die ➤ Lysosomen bilden und entsprechende Enzyme enthalten.

grauer Star: ➤ Altersstar.

Greis: Mensch in hohem Alter, meist mit allmählich nachlassenden Kräften.

Greisenbogen: griech. Gerontoxon, latein. *Arcus senilis*, eine sichel- oder ringförmige, 1 bis 2 mm breite Lipoid- und Kalkeinlagerung in der Hornhaut des menschl. Auges, die diese grau verfärbt und die vom Hornhautrand durch eine etwa 1 mm breite, klare Randzone getrennt ist. Der G. ist eine gutartige Veränderung, der infolge seiner peripheren Lage keine Sehstörung verursacht. Tritt der G. bei Jugendlichen auf, so zeigt er eine Störung des Fettstoffwechsels an. Bei älteren Menschen sind jedoch entsprechende Beziehungen nicht gesetzmäßig; insbes. kann nicht aus dem Vorhandensein von G. auf das Ausmaß arteriosklerotischer Veränderungen geschlossen werden.

Greisenkrankheiten: ➤ Alterskrankheiten.

Hallermann-Streiff-Syndrom: Syndrom, das zu der vorzeitigen Vergreisung gerechnet wird, mit folgenden Kennzeichen: sogenanntes Vogelgesicht, grauer Star und Unterentwicklung des Kinns. Nervliche Störungen wie Epilepsie. Wahrscheinlich erblich.

Hayflick-Phänomen: Phänomen, daß sich Zellen in Kultur nur eine bestimmte Anzahl mal teilen können. Bei menschl. Fibroblasten beträgt diese Zahl etwa 50; bei langlebigen Schildkröten kann sie bis zu 120 betragen.

HeLa-Zellen: 1952 wurde der Krebspatientin Henriette Lack Tumorgewebe entnommen und in Zellkulturen weiter vermehrt. Diese Zellen, die nach den Anfangsbuchstaben der kurz darauf verstorbenen Spenderin HeLa heißen, leben heute noch und werden als »die Krebszellen schlechthin« als Ausgangszellkultur für die verschiedensten Untersuchungen benutzt.

Hemimetabolie: biol. Begriff aus der Entwicklung der Insekten. Der Lebenszyklus verläuft aus dem Ei über erwachsenenähnliche Jugendstadien (Larven) direkt (ohne Puppenstadium) zum erwachsenen ➤ Imago.

Herzangst: ➤ *Angina pectoris.*

Herzbräune: ➤ *Angina pectoris.*

Herzenge: ➤ *Angina pectoris.*

Herzinfarkt: Verschluß eines Herzkranzgefäßes bei ➤ Arteriosklerose.

Heterosomale Vererbung: ➤ Autosomale Vererbung.

Hirnsand: Ab dem 2. Lebensjahrzehnt wird das Drüsengewebe des Pinealorgans Schritt für Schritt verkalkt. Die verkalkten Reste der Zirbeldrüse nennt man Hirnsand oder Acervulus.

Hirnschlag: ➤ Gehirnschlag.

HIV-Viren (AIDS, SIV): ➤ Retrovirus.

Holometabolie: biol. Begriff aus der Entwicklung der Insekten. Der Lebenszyklus verläuft über Larve und Puppe zum ➤ Imago.

HTLV-Viren (HTLV 1 und 2): ➤ Retrovirus.

Hutchinson-Gilford-Syndrom: Bereits in der frühesten Kindheit einsetzende Vergreisung; sehr seltene Krankheit (weniger als 30 Fälle weltweit bekannt). ➤ Progeria.

IES: ➤ Auxin, Indolessigsäure.

Imaginalscheibe: Bei Insektenlarven eine Gruppe von nicht ausdifferenzierten, aber determinierten Zellen, die im Puppenstadium zu Organen des erwachsenen Insektes (Imago) werden.

Imago: Adult(Erwachsenen)stadium eines Insektes.

immatur: jugendlich, unausgereift, unausgefärbt z.B. bei Vogelfederkleid (Begriff aus der Zoologie).

Immortalisation: »Unsterblichmachung«; durch ➤ (Zell)Transformation können Zellen unsterblich werden und sich unbegrenzt teilen. In der allgemeinsten Definition eine irreversible, zeitabhängige Veränderung von Struktur und Funktion lebender Systeme.

in vitro: lat. im Glas; Untersuchung außerhalb des lebenden Organismus, also z.B. im Reagenzglas.

in vivo: lat. am Lebendigen; Untersuchung in einem lebenden Organismus.

intrinsisch: von innen kommend; im System liegend.

Involution: postpubertäre Degeneration der Thymusdrüse.

Jahresringe: Auf Stammquerschnitten sichtbare, konzentrische Ringe, die dadurch entstehen, daß Holzgewächse im Frühjahr weitlumige, dünnwandige Gefäße (Frühholz, Weitholz, Weichholz) und im Spätsommer/ Herbst englumige und dickwandige Gefäße (Spätholz, Sommerholz, Engholz) bilden. Durch das Aneinandergrenzen von vorjährigem Spät- und nachfolgendem Frühholz werden die Jahresringe meist deutlich sichtbar.

Jasmonsäure: Ein Pflanzenhormon, das u.a. für das Abwerfen von Blättern, Kurztrieben und Früchten im Rahmen der ➤ Senescenz verantwortlich ist.

Jugendhormon: ➤ Juvenilhormon.

Jugendsubstanz: ➤ Juvenilitätsfaktor.

juvenile: jugendlich, jung (Begriff aus der Zoologie).

Juvenilhormon: Neotenin; Hormon bei Insekten, das in Zusammenarbeit mit anderen Hormonen die Häutung kontrolliert. Neotenin verhindert, daß aus einer Larve ein erwachsenes Insekt (Imago) wird; wirkt also, wenn man so will, als Jugendhormon.

Juvenilität: Jugendstadium; bei der Pflanze durch Blühunwilligkeit, gute Bewurzelungsfähigkeit, schnelles Wachstum u.a. gekennzeichnet. ➤ Juvenilitätsfaktoren.

Juvenilitätsfaktoren: Jugendsubstanzen; Substanzen, die für die ➤ Juvenilität der Pflanzen verantwortlich sind; z.B. Zytokinine (Kinetin), Auxin, Gibberellin.

Kanzerogene: Stoffe, die Krebs auslösen.

Karzinogene: ➤ Kanzerogene.

Kinetin: Antagonist zu ABA (➤ Abscisinsäure); senescenzhemmender Stoff bei Pflanzen. Pflanzenhormon, das an der Juvenilität der Pflanze beteiligt ist. ➤ Juvenilitätsfaktor.

Klimakterium praecox: ➤ Klimakterium.

Klimakterium: Wechseljahre der Frau mit Übergang von der vollen Geschlechtsreife zum ➤ Senium durch Erlöschen der Ovarialfunktion. Enthält die Phase der Menopause. Verfrühtes Klimakterium: *Klimakterium praecox.*

Klimax: ➤ Klimakterium.

Klon: Gemeinschaft von Nachkommenzellen, die alle durch asexuelle Vermehrung aus einer einzigen Zelle hervorgegangen sind und daher genetisch identisch sind (bzw. sein sollten).

Knochenatrophie: ➤ Osteoporose.

Knochenerweichung: ➤ Osteomalazie.

Knochenschwund: ➤ Osteoporose.

Koma: Coma, aus dem griechischen, fester Schlaf. Zustand tiefster Bewußtlosigkeit mit schwersten Bewußtseinsstörungen, bei der der Patient durch äußere Reize nicht mehr weckbar ist. Geht meist dem Tod voraus.

Kyphose: ➤ Scheuermannskrankheit.

LAG(-Gen/-Protein): ➤ Apoptose.

Lapillus: ➤ Otolith im Utriculus.

Leben: Ist im philosophischen Sinne eine Seinsform der irdischen Materie und tritt stets nur in Form eines hoch komplex organisierten Verbandes ihrerseits ebenfalls hoch komplexer Strukturen (Organelle, Organe) auf, die durch geregeltes Zusammenwirken Leben als Systemeigenschaft möglich machen. Leben ist ein für alle Lebewesen charakteristisches Geschehen, das sich von der unbelebten Natur nicht durch einzelne Merkmale, sondern nur durch ein komplexes System (Ganzheit) von Eigenschaften kennzeichnen läßt: chemische Makromoleküle, zelluläre Organisation, Stoff- und Energiestoffwechsel, Reizbarkeit, Fortpflanzung und Vererbung, Fähigkeit zur Selbstorganisation, Wachstum und Individualentwicklung, Artenbildung durch Evolution, Informationsspeicherung im Genom, Individualisierung, Motilität (Beweglichkeit).

lebender Leichnam: Primär in der Rechtsgeschichte Erbrechte eines Toten; später Glaube an das körperliche Weiterleben nach dem Tode. Aus diesem Glauben entwickelten sich z.B. Bestattungsriten: Grabbeigaben oder Fesselung und Verbrennung von Toten, um ein Wiederkommen Verstorbener zu verhindern.

Lebensbaum: ➤ Lebenssymbole.

Lebensbrunnen: ➤ Lebenssymbole.

Lebensbuch: Die religiöse Vorstellung (Islam, babylonisch. Religion), daß alle Lebenstage und irdischen Taten des Menschen in einem himmlischen Buch verzeichnet sind.

Lebenselixier: Eine Zubereitung aus vielen pflanzlichen Substanzen, die in Wein oder Alkohol gelöst wurden und als (Arznei-)Mittel (*Elixir vitae*) verabreicht wurde (vor allem 16.-18. Jahrhundert). Sollte Kraft und Schönheit verleihen. Der angeblich über 200 Jahre alt gewordene Graf C.-L. de Saint-Germain (18. Jahrhundert) machte das Lebenselixier als Saint-Germain-Tees (Holunder, Anis, Fenchel, Weinstein, Weinsäure, Sennesblätter; ein mildes Abführmittel) bekannt. Über ein Jahrhundert lang war dieses Mittel die meistverwandte

Universalmedizin in Dänemark; die dänische Regierung hatte die Vertriebsrechte vom Grafen erworben.

Lebenserwartung: Statistischer Mittelwert, der angibt, wie hoch die zu erwartende Lebensdauer eines Neugeborenen oder einer bestimmten Altersklasse ist.

Lebenskraft: *vis vitalis*; eine mangels anderer Erklärungsmöglichkeiten von Vitalisten postulierte - allen Lebewesen innewohnende und sie damit von der unbelebten Natur abhebende - Eigenschaft. Die Vorstellung wurde im wesentlichen im 19. Jh. überwunden.

Lebenskünstler: Ein Mensch, der fähig ist, sein Leben ohne besondere Anstrengungen angenehm, erfolgreich und wertvoll zu gestalten.

Lebenslauf: Schriftliche Darstellung der wichtigsten Daten und Ereignisse des eigenen Lebens = Biographie oder *Curriculum vitae*.

Lebenslicht: → Lebenssymbole.

Lebensrate: Überlebensrate. Anteil der in einem bestimmten Zeitraum überlebenden Individuen einer Population.

Lebensschwäche: Unfähigkeit eines Neugeborenen, den Lebensanforderungen außerhalb des Mutterleibes selbständig gerecht zu werden.

Lebenssymbole: Glücksbringende Symbole; in vielen Kulturen bekannt. Im Altägyptischen ähnlich einem Kreuz; im Christlichen als solches übernommen. Wichtige Lebenssymbole sind weiterhin der Baum (Lebensbaum im Christentum) und die Quelle (z.B. Taufbrunnen; Beginn des Lebens); beide oft in stilisierter Form. Dazu gehört auch das Licht (Lebenslicht); am verbreitesten als Symbol z.B. in der Geburtstagskerze. Verlöscht die Kerze, verlöscht symbolisch das Lebenslicht.

Lebenstafel: Tabellarische Zusammenstellung von Fruchtbarkeit und Sterblichkeit einer Population.

Lebenswecker: → Baunscheidtismus.

Lebenswende: Ausdruck allgemeiner Art für die Wandlungen, denen der alternde Mensch unterworfen ist (z.B. Wechseljahre).

Lebenszeichenmotiv: Ein Gegenstand, eine Pflanze oder ein Tier wird in der Sympathievorstellung mit einem geliebten Menschen verbunden und zeigt dessen Befinden an. Verwelkt z.B. eine Pflanze, zeigt dies symbolisch Krankheit oder Tod des Geliebten an. Symbolisch wird diese Verbundenheit heute z.B. noch dadurch gezeigt, daß bei einer Geburt o.ä. ein Bäumchen für das Kind gepflanzt wird.

Leibgedinge: → Altenteil.

Leibzucht: → Altenteil.

Leiche: Leichnam; toter Organismus. Biologisches System, bei dem alle Lebensfunktionen aufgehört haben, d.h., bei dem der → Tod eingetreten ist. Eine »Leiche« in diesem Sinne in biologischen Systemen tritt erstmals bei der Kugelalge *Volvox* auf. Nach der Bildung von Tochterkolonien, die innerhalb der Hohlkugel der Mutterkolonie heranwachsen, stirbt diese ab und entläßt die Nachkommen unter Hinterlassung einer Leiche ins Freie.

Leichenflecke: → Totenflecke.

Leichengifte: Ptomaine, von griech. *ptoma* = Leiche, Kadaver. Bezeichnung für die aus faulendem Eiweiß entstehenden Stoffe. Die ursprünglich als P. bezeichneten Stoffe waren Decarboxylierungsprodukte von Aminosäuren und relativ ungiftige biogene Amine. Heute versteht man darunter auch giftige Stoffwechselprodukte von Bakterien, die auf Fleisch angesiedelt sind.

Leichenstarre: *Rigor mortis*; Totenstarre. Beginnt meist 4 bis 12 Stunden nach dem Tode (beginnend am Unterkiefer und dann den Körper absteigend) durch ATP-Mangel und verschwindet nach 1 bis 6 Tagen.

Leichnam: ➤ Leiche.

Lektine: Bezeichnung für bestimmte Eiweißstoffe, die sehr spezifische Zuckerstoffe auch in Lipid- oder Protein-gebundener Form erkennen und binden. L. sind in allen lebenden Organismen weit verbreitet. Hauptgewinnungsort für ➤ Phytohämagglutinine: Bohnen u.a. Hülsenfrüchte.

Lentiviren: ➤ Retrovirus.

Leukämie: »Weißblütigkeit«, bösartige Erkrankungen der weißen Blutzellen (Leukozyten); ungehemmte Vermehrung dieser Zellen auf der Höhe verschiedener Reifungsstadien. Zahlreiche verschiedene Formen sind bekannt.

Liebfrauenfäden: ➤ Altweibersommer.

Lipofuscin: (Fuscin), eisenfreies, braunes Pigment, das den Lipoiden nahesteht; kommt in mesenchymalen Zellen vor; vermehrt bei ➤ Atrophie und im Alter als sog. Abnutzungspigment. Vor allem in den ➤ Lysosomen sammeln sich immer mehr dieser Farbstoffe an. Sie entstehen vermutlich durch die Anhäufung unverdaulicher Moleküle (»residual bodies«). Lipofuszin-

granula findet man vor allem in Leber, Herz und Gehirn. Meist sind sie in der Nähe des Zellkerns lokalisiert. Im Herzen beträgt die mittlere Zuwachsrate etwa 0,03 % des Herzvolumens pro Jahr. Man findet dieses Alterspigment aber auch schon bei Neugeborenen. Im Alter von 90 Jahren beträgt der mittlere Lipofuscingehalt des Herzmuskels etwa 6-7 %. In Nervenzellen von 28 Monate alten Ratten und Mäusen wurden schon Gehalte von 25 % gefunden. Die Anhäufung von L. kann offenbar durch Diät und bestimmte Pharmaka beeinflußt werden. Bei Vitamin E-Mangel kommt es zu einer Steigerung der Akkumulation. Allerdings kann dieses Vitamin die Ablagerung von L. im höheren Lebensalter nicht verhindern.

Livores: ➤ Totenflecke.

Louis-Bar-Syndrom: ➤ *Ataxia teleangiectatica*.

Lysosomen: Bläschenförmige Zellorganellen, die vom Golgiapparat gebildet werden und Verdauungsenzyme enthalten. Speicherort des Alterspigmentes ➤ Lipofuscin.

Mad(-Gen/-Protein): ➤ Apoptose.

Makuladegeneration, senile: Mit dem Alter fortschreitende Sehstörung im Bereich des gelben Fleckes = *Macula lutea* (Zentrum besten Sehens, Stäbchen am dichtesten konzentriert); später Verlust des zentralen Sehvermögens.

Marienseide: ➤ Altweibersommer.

Mauserung: In der allgemeinen Biologie (Gefiedermauser) die Erneuerung des Gefiederkleides bei Vögeln. In der Medizin die ständige Erneuerung von verbrauchten Zellen durch neue Zellen

(Zellmauserung). Regelmäßig bei vielen Oberflächen(Epidermis)zellen und aus ihnen abgewandelten Zelltypen.

Max(-Gen/-Protein): ➤ Apoptose.

Maximale Lebenserwartung: ➤ Physiologisches Lebensalter.

Meclophenoxat: ➤ Procain.

Menarche: Zeitpunkt des ersten Auftretens der Menstruation bei der Frau. Typisches Alterskennzeichen. Auftreten in der Pubertät abhängig von zahlreichen ethnischen, klimatischen und konstitutionellen Faktoren. Eskimos z.B. erst mit etwa 23 Lj.; Südeuropa zwischen dem 10. und 12. Lj.; Mitteleuropa im Alter von etwa 13-14 Jahren.

Menopause: Zeitpunkt der letzten Menstruation, auf die retroperspektiv ein Jahr lang keine weitere Monatsblutung erfolgt ist. Alternsmerkmal der Frau, das meist zwischen dem 45. und 50. Lj. auftritt. ➤ Klimakterium.

Meristem: Voll teilungsfähiges, omnipotentes Gewebe bei Pflanzen ohne Alterserscheinungen. Wachstumszone einer Pflanze, von der aus junge, undifferenzierte Zellen nachgeliefert werden können, um abgestorbene zu ersetzen.

Mitochondrium: ➤ Zellorganell mit eigener DNA, das die Energieversorgung der Zelle bewerkstelligt.

Mitogene: Substanzen, die die Zellteilung (erneut) induzieren; häufig pflanzlichen Ursprungs; z.B. Phytohämagglutinine.

Mongolismus: ➤ Trisomie.

Morbidität: Krankheitshäufigkeit bzw. Krankheitsgeschehen innerhalb einer Population.

Morbus Alzheimer: ➤ Alzheimer Krankheit.

Morbus: allgemein »Krankheit«; Krankheitsbezeichnung der Form »Morbus« und nachgestellt ein Eigenname.

moribund: sterbend; von ➤ lat. *moribundus.*

Morphologie: Lehre vom Bau von Organismen.

Myc(-Gen/-Protein): ➤ Apoptose.

Nekrose: Pathologischer Zelltod (ausgelöst durch Verletzungen, Infekte usw.). Hier schwellen die Zellen an, platzen und die freigesetzten Zellbestandteile lösen Entzündungsreaktionen aus. ➤ Altersbrand, Apoptose.

Neoplasma: Neubildung von Gewebe; oft auch für Krebs benutzt.

Neotenie: Das Phänomen, daß Tiere sich nicht vollständig durchentwickeln und auf dem Larvenstadium stehenbleiben, wobei sie in dieser Phase auch fortpflanzungsfähig werden. Beispiel: Grottenolm. Durch Hormongaben (z.B. Thyroxin) können die neotenen Tieres »erwachsen gemacht werden«.

Neotenin: ➤ Juvenilhormon.

Novocain: ➤ Geriatricum.

Ökologische Lebenserwartung: Statistische Lebenserwartung einer Population unter natürlichen Bedingungen; also insbesondere inkl. Krankheiten, Unfälle, Kindersterblichkeit, Mangelernährung etc.

Ökologisches Lebensalter: Lebensalter, das ein Organismus unter normalen Lebensbedingungen erreichen kann. Enthält im statistischen Mittel einer Population auch Faktoren wie Tod durch Unfall, Krankheiten, Mangelernährung und ähnliches. ➤ Physiologisches Lebensalter.

Omnipotenz, omnipotente Zelle: Zellen, die in der Lage sind, jedes Gewebe des Organismus zu bilden. Diese Fähigkeit verlieren die meisten Zellen nach ihrer Ausdifferenzierung. Synonym: Totipotenz.

Onkogene: Gen(e), die Krebs auslösen. Teilweise auch in der Bedeutung von ➤ Karzinogene.

Onkoviren: ➤ Retrovirus.

Osteochondrosis: ➤ Scheuermannskrankheit.

Osteomalazie: ➤ Knochenerweichung durch Störung des Mineralstoffwechsels.

Osteoporose: ➤ Knochenschwund.

Otolith: Gehörsteinchen; drei kleine Kalkgebilde im inneren Ohr von Fischen, die Jahreswachstumsringe aufweisen und deshalb zur Altersbestimmung von Fischen herangezogen werden können.

p53(-Gen/-Protein): ➤ Apoptose.

Parkinson-Syndrom: Degeneration von dopaminergen Nervenzellen im Gehirn. Diese Neurone hemmen cholinerge Nervenzellen. Symptome: Leise und monotone Sprache, Verlangsamung aller Bewegungen (Akinese, Hypokinese), Fehlen physiologischer Mitbewegungen, gebückte Haltung, kleinschrittiger, z.T. schlurfender Gang, Fallneigungen; Rigor: Verkrampfung der Muskulatur; Tremor: Zittern der Muskulatur (Schüttellähmung), die bei Gebrauch der Muskeln z.T. aufhört. Zahlreiche weitere Symptome. Therapie: Dopamingaben, Beruhigungsmittel. Nicht heilbar. Typische Alterskrankheit, von der mehr oder weniger alle Alten betroffen sind.

Parkinsonismus: Alte Bez. für ➤ Parkinson-Syndrom.

Pemphigoid: ➤ Alterspemphigoid.

PHA: ➤ Phytohämagglutinin; ➤ Mitogene.

Philister: ➤ Alter Herr.

Physiologie: Lehre von der Funktion von biologischen Systemen.

Physiologische (maximale) Lebenserwartung: Statistische Lebenserwartung einer Population unter optimalen Bedingungen, die die Einschränkungen durch Krankheiten, Unfälle, Kindersterblichkeit, Mangelernährung etc. nicht kennt. ➤ Ökologische Lebenserwartung.

Physiologisches Lebensalter: Maximal mögliches, potentielles Lebensalter, das ein Organismus erreichen kann, wenn er unter optimalen Bedingungen lebt (Ernährung etc.) und nicht vorzeitig durch Unfall oder Krankheiten stirbt. ➤ Ökologisches Lebensalter.

Phytohämagglutinin: Abk. PHA; pflanzliche Substanzen, die durch ihren Gehalt an ➤ Lektinen zur Verklumpung (Agglutination) menschlicher Erythrozyten führen. Kommen in einigen Pflanzenarten vor (*Dolichos biflorus, Vicia cracca, Phaseolus limensis, Cystisus sessifolius, Laburnum alpinum, Lotus tetragonolobus, Ulex europaeus* u.a.). Einige können als ➤ Mitogene die mitotische Zellteilung (wieder) auslösen. Bedeutung in der Zellkulturforschung (z.B. AIDS) zur Anregung und Auslösung von Zellteilungen.

Pick-Krankheit: Hirnatrophie mit Denkstörungen, schneller geistiger Ermüdbarkeit, Persönlichkeitsveränderungen, Enthemmung, Sprachstörungen. Verstärkt ab dem 40. Lj. Alterskrankheit.

Pigment: Farbstoff. ➤ Lipofuscin.

Potentielles Lebensalter: ➤ Physiologisches Lebensalter.

Presbyakusis: ➤ Altersschwerhörigkeit.

Presbyopie: ➤ Alterssichtigkeit.

Presbyter: von »presby« griech. alt. Presbytorus = der Ältere; der Älteste als Amtsträger im Judentum (Zaken) und Christentum. Die Bindung an das chronologische Alter wurde schon bald gelöst.

Procain: Geriatrikum; Procain (und seine Verwandten Centrophenoxin, Meclophenoxat, DMAE) ist an sich ein Lokalanästhetikum. In der Geriatrie wirkt es stark revitalisierend. Diesen Effekt fand die rumänische Altersforscherin Ana Aslan, nach der dann eine dementsprechende Therapie benannt wurde. In ihrer Klinik stellte sie fest, daß bei älteren Patienten nach Procain-Gaben eine Revitalisierung stattfand (z.B. Haarwuchs in den ursprünglichen Farben). Procain wirkt auf Zellen anregend. Die Eiweißsynthese wird angeregt, Enzyme werden aktiviert und Zellen teilen sich zusätzlich. Ganz vernichtend hinsichtlich seiner Wirksamkeit wurde das »Wundermittel« Procain dagegen auf wissenschaftlicher Basis beurteilt. Bereits 1977 wurde eine umfangreiche Arbeit publiziert, die auf über 285 Veröffentlichungen beruhte und die Daten von 100 000 Patienten in 25 Jahren auswertete. Es konnte für dieses Mittel lediglich ein »positiver antidepressiver Effekt« nachgewiesen werden.

Progeria (Progerie): Vorzeitige Vergreisung. ➤ Hutchinson-Gilford-Syndrom, Werner-Syndrom.

Progeria adultorum: Von griech. »geraios« alt; syn. Werner-Syndrom; rezessiv erbliche ➤ Progerie, die um das 20. Lj. einsetzt mit Schwund der Fettpolster, Atrophie und Sklerotisierung der Haut u.a.m.

Progeria infantilis: ➤ Hutchinson-Gilford-Syndrom.

Progeroid: Unvollständig ausgebildetes ➤ Hutchinson-Gilford-Syndrom mit erhaltener Kopfbehaarung.

Proliferation: ➤ Zellteilung.

Prostata-Adenom: Vergrößerung der Vorsteherdrüse (Prostata) beim Menschen, deren Ursache noch ungeklärt ist. Typisches Altersleiden beim Mann. Ab dem 50. Lj. bei etwa 60 % aller Männer auftretend. Als Symptomatik tritt vor allem erschwertes Harnlassen auf. Bei starken Beschwerden ist eine Entfernung der Drüse notwendig.

Proterogerie: Exogen bedingtes vorzeitiges Altern.

Provirus: ➤ Retrovirus.

Psychopharmaka: Medikamente, die das Nervensystem im Sinne von Beruhigung, Antidepressiva u.ä. beeinflussen. Die Einnahme von P. nimmt mit zunehmendem Alter sehr stark zu.

Ptomaine: ➤ Leichengifte.

Pubertas praecox: Frühzeitige Geschlechtsreife bei Kindern. Die jüngste Mutter der Welt war z.B. 5,5 Jahre.

Hat nichts mit frühzeitiger Alterung zu tun. Lebenserwartung ist normal groß.

Pubertät: Zeit der Geschlechtsreife. In Europa bei Mädchen z.Z. zwischen dem 10. und 13. Lj.; bei Jungen zwischen dem 12. und 15. Lj. ➤ Menarche.

Putrescin: ein Diamin; ➤ senescenzhemmender Stoff bei Pflanzen.

Quieszenz: Ruhe-Überdauerungszustand bei ungünstigen Lebensbedingungen mit stark verminderter Stoffwechselaktivität. Eine Form der ➤ Dormanz.

Rat der Alten: ➤ Altenherrschaft.

Regeneration: Heilung, Wiederherstellung, Ersatz von Geweben und Körperteilen.

Rentenneurose: Verschiedenartigste neurotische Erscheinungen (Depressionen, Wehleidigkeit, Gedächtnisstörungen, Schlaflosigkeit usw.), die als Reaktion auf Unfälle, Verrentung, Kriegsverletzungen usw. auftreten.

Reprogrammierung: hier: R. des Zellkerns; nach der Differenzierung sind im Zellkern nur noch ein Teil der Gene aktiv. Durch Reprogrammierung (z.B. bei Regeneration) können diese normalerweise nicht mehr exprimierten Gene wieder aktiviert werden.

Retin-A: ➤ Vitamin-A-Säure.

Retinsäure: ➤ Vitamin-A-Säure.

Retrovirus: Weitverbreitete RNA-Viren bei Wirbeltieren, bei deren Vermehrung eine einzelsträngige Genom-RNA in eine doppelsträngige DNA (Provirus) umgeschrieben wird. Dies ist ein dem normalen Informationsfluß DNA auf RNA gegenläufiger Prozeß, der durch eine virusspezifische RNA-abhängige DNA-Polymerase (reverse Transkriptase) katalysiert wird. Mit großer Wahrscheinlichkeit sind endogene RNA-Viren im Genom aller Wirbeltiere und der Menschen integriert vorhanden. Dazu gehören z.B. Onkoviren, Spumavirus, HTL-Viren (HTLV 1 und 2), Bovines Leukämievirus (BLV), Lentiviren, HIV-Viren (AIDS, SIV), Tumorviren, Rous-Sarkom-Virus u.a.

reverse Transkriptase: ➤ Retrovirus.

Rigor mortis: ➤ Leichenstarre.

Rigor: ➤ Parkinson-Syndrom.

RNA-Viren: ➤ Retrovirus.

RNA: Ribo-Nucleid-Acid (engl.); dt. Ribonukleinsäure RNS; es gibt verschiedene Formen der RNA, die an der Umsetzung der genetischen Information des Zellkerns in Proteine u.a. Substanzen beteiligt sind. ➤ Translation, Transkription.

Rothmund-(Thomson-)Syndrom: Wird zu den Syndromen der vorzeitigen Vergreisung gerechnet. Beginnt im 3. bis 12. Lj. mit Hautveränderungen und Blutergüssen an Händen und Füßen, später auch an Armen, Beinen und dem übrigen Körper. Weiterhin Hautrückbildungen, platzende Blutkapillaren, braune Überpigmentierung, hochgradige Lichtempfindlichkeit, Grauer Star.

Rous-Sarkom-Virus: ➤ Retrovirus, den Rous 1911 entdeckt hat; transformiert Zellen (➤ Transformation) und führt zu Krebs.

Rutin: Geriatrikum; (früher als Vitamin P bezeichnet) ist ein Pflanzenstoff, der in vielen Pflanzen als Begleiter des

Vitamins C vorkommt. Es steigert die kapillare Durchblutung und fördert die Membrandurchlässigkeit. Von der amerikanischen Gesundheitsbehörde FDA wurde allerdings 1970 die Zulassung als Heilmittel wegen fehlender Wirksamkeitsnachweise zurückgezogen. Bei uns werden synthetische Abkömmlinge als Venenmittel sowie bei Durchblutungsstörungen angewandt.

Sagitta: ➤ Otolith im Sacculus.

Saint Germain-Tee: ➤ Lebenselixier.

Schaufensterkrankheit: Wenn bei einer ➤ Arteriosklerose z.B. die Beckenregion nicht mehr vollständig durchblutet wird, fällt das Gehen schwer und die Betroffenen zeigen die sogenannte Schaufensterkrankheit. Sie können immer nur kurze Strecken gehen - in der Stadt dann meist von Schaufenster zu Schaufenster. Sie müssen regelmäßig stehenbleiben, weil sie sonst zu starke Schmerzen in den Beinen bekommen.

Scheintod: *Vita reducta*. Zustand, bei dem klinisch Herzschlag, Atmung, Pupillenreaktionen etc. nicht oder kaum noch wahrnehmbar sind, so daß das Leben erloschen scheint. Erscheinen von ➤ Totenflecken. EEG und EKG sind aber noch nachweisbar. Tritt auf z.B. bei Ertrinken, elektrischen Unfällen, Narkosen, starker Unterkühlung, Blitzschlag, Schlafmittelvergiftungen, starken Blutverlusten usw. Bei Säuglingen kann man einen blauen Scheintod (bläuliche Verfärbung der Haut) und den viel gefährlicheren weißen Scheintod (weiße Haut) unterscheiden. Therapie: künstliche Beatmung, Geißelung der Brust mit feuchten, kalten Tüchern, Medikamente. Der Begriff wird in der Medizin weniger verwendet.

Scheuermannskrankheit: Buckelbildung (Kyphose; Rundrücken) mit Haltungsinsuffizienz. Nicht auf das Alter beschränkt; im engeren Sinne ist die S. juvenile (jugendliche) Kyphose.

Schlagfluß: ➤ Gehirnschlag.

Schüttellähmung: ➤ Parkinson-Syndrom.

Sendai-Virus 40 (SV 40): Virus, das Transformation auslösen kann. U.a. Ursache für endemische Pneumonien bei Mäusen.

Senescenzfaktoren: Substanzen, die ein Altern von Pflanzen bewirken. Z.B. ➤ Abscisinsäure, ➤ Jasmonsäure.

Senescenz: auch Seneszenz, (von lat. senescere = alt werden). Z.T. wird der Begriff synonym mit ➤ Altern verwendet (gesamter Ablauf der ontogenetischen Veränderungen von der Genese eines biologischen Systems bis zu seinem Tode). Unter S. im eigentlichen Sinne versteht man die in der Altersphase ablaufenden Veränderungen, die schließlich zum Tode führen. Es handelt sich also um die letzte Phase des Alterns. Die S. ist vor allem bei Pflanzen untersucht worden, wo man zahlreiche S.-Faktoren fand und charakterisieren konnte.

Senile Demenz: ➤ Altersblödsinn, ➤ Demenz. Tritt jenseits des 80. Lj. auf und besteht in einer Einengung der Hirnleistung, vorwiegend des Gedächtnisses. Im fortgeschrittenen Stadium der D. kann es auch zu Charakterveränderung und Störungen der Gesamtpersönlichkeit kommen.

Senile Makuladegeneration: ➤ Makuladegeneration.

Senilität: Senile Altersstufe (von lat. senilis = greisenhaft); gleichbedeutend mit Senium, durch Gewebsstruktur-veränderungen und Abnahme der physiologischen Funktionen gekennzeichnete Zeitspanne im Leben höherer Säugetiere und des Menschen. Beginn nicht exakt anzugeben; beim Menschen meist zwischen dem 50. und 70. Lebensjahr. Durch mangelnde Durchblutung d. Gehirnes oder atrophische Erscheinungen kann es zu typischen Krankheiten dieser Altersstufe kommen: z.B. senile Demenz, senile Psychosen u.a.

Seniorenkonvent: ➤ Ältestenrat.

Senium: ➤ Senilität.

Sommerholz: ➤ Jahresringe.

Spätholz: ➤ Jahresringe.

Spermidin: ein Polyamin; ➤ senescenzhemmender Stoff bei Pflanzen.

Spermin: ein Polyamin; ➤ senescenzhemmender Stoff bei Pflanzen.

Spumavirus: ➤ Retrovirus.

Stenokardie: ➤ Angina pectoris.

Sterben: Vorgang des Erlöschens der Lebensfunktionen. ➤ Tod.

Sudecksches Syndrom: Entkalkung der Knochen besonders nach Knochenbrüchen und Gelenkverletzungen mit anfangs schmerzhaften Entzündungserscheinungen, dann zunehmend schlechtere Durchblutung, Volumenabnahme der Muskulatur etc. Später erhebliche Bewegungseinschränkungen bis hin zu Gelenkversteifungen. Auf diesen Zustand hat als erster der Hamburger Chirurg Paul Sudeck um 1900 hingewiesen. Hierbei besteht ein sicherer Zusammenhang

zwischen vegetativem Nervensystem und dem Hormonhaushalt. Dies dürfte einer der Gründe sein, weshalb diese Veränderungen besonders ausgeprägt bei Frauen in den Wechseljahren zwischen dem 45. und 54. Lebensjahr vorkommen. Die Behandlung erfolgt meist mit Vitamin-D-Gaben, Hormonen und Cortison.

Tanner-Whitehouse-Standard: Theoretisch kann man an jedem Skelettteil des Menschen eine Altersbestimmung durchführen. Praktischerweise nimmt man aber die (normalerweise linke) Hand oder die Handgelenke, da sich diese Körperteile besonders einfach röntgen lassen. Solche Untersuchungen sind vor allem in der Kriminalistik wichtig, wo man dann anhand von Skelettteilen Geschlecht und Alter des Fundes genau bestimmen kann. Der Tanner-Whithouse-Standard gibt die für eine solche Altersbestimmung notwendigen Kriterien und Parameter an.

Terminator: ➤ Apoptose.

TGF: Abk. für Transforming Growth Factor; Wachstumsfaktor, der spezifische Zellen zur ➤ Transformation bringt; ➤ Mitogen; ist chemisch gesehen ein konservatives, säurestabiles Protein.

Thymus/Thymusdrüse: Syn. Brustdrüse. Hinter dem Brustbein (Sternum) gelegene Jugenddrüse, die mit der Pubertät allmählich in einen (retrosternalen) Fettkörper umgebaut wird. Im Funktionszustand im Kindesalter hat die T. Einfluß auf das Körperwachstum und den Knochenstoffwechsel und dient als Teil des lymphatischen Systems der Reifung von T-Lymphozyten zu Ausbildung der zellvermittelten Immunität. Bei Rindern auch als Kalbsbries bekannt.

Tod: lat. *Exitus;* irreversibler Stop aller Lebensfunktionen. Heute (in Deutschland) definiert als Aufhören von elektrischen Potentialen des Gehirns (entweder eine Stunde lang, oder 12 Stunden nach dem Tod) = biologischer Tod. Klinischer Tod: Kreislaufstillstand mit fehlender Atmung, fehlender Karotispulsation, maximaler Erweiterung der Pupillen, Verfärbung der Haut (blaßgrau, zyanotisch). Einzelne Organe können nach dem Tode des Gesamtorganismus u.U. noch jahrelang weiterleben bzw. am Leben erhalten werden. Die Festlegung des Todeszeitpunktes aber auch des Beginns des Lebens ist heute eine außergewöhnlich schwierige Frage und Definition. Chemisch gesehen ist der Tod charakterisiert durch einen mehr oder weniger schnellen Zerfall des dynamischen Gleichgewichts durch die Ausschaltung jener dem lebenden Organismus innewohnenden Systemeigenschaften, welche die Aufrechterhaltung eines thermodynamisch stabilen Zustands ermöglichen.

Todesprogramm der Zelle: ➤ Apoptose.

Totenflecke: Leichenflecke, Livores; infolge des Absinkens des Blutes in tiefere Teile des Körpers entstehende rötliche Flecke. Treten meist etwa ½ bis 1 ½ Stunden nach Todeseintritt auf und verschwinden nach ca. zwölf Stunden wieder. Können auch schon in der Agonie (Todeskampf) auftreten.

Totenstarre: ➤ Leichenstarre.

Totipotenz: ➤ Omnipotenz.

Transdetermination: Erneute, andere Determination einer bereits ausdifferenzierten bzw. determinierten Zelle. ➤ Determination.

Transformation: Nicht mehr teilungsfähige, alternde Zellen werden durch Transformation in unsterbliche, sich dauernd weiterteilende Krebszellen überführt. Eine solche Transformation ist irreversibel und vererbbar. Viele Viren und auch chem. Substanzen und Strahlung haben die Fähigkeit zur Transformation von Zellen.

Translation: Übersetzung der durch die ➤ Transkription in die Messenger-RNA umgeschriebenen genetischen Information in die Aminosäuresequenz der Proteine mit Hilfe der Transfer-RNA.

Transkription: Übersetzung des DNA-Codes des Zellkernes in die Messenger-RNA. ➤ Translation.

Tremor: ➤ Parkinson-Syndrom.

Tretinoin: ➤ Vitamin-A-Säure.

Trippelmotorik: ➤ Akathasie.

Trisomie: Genommutation mit Verdreifachung des Chromosomensatzes. Besonders bekannt: Mongolismus oder Down-Syndrom (Trisomie 21), bei der das Chromosom 21 verdreifacht ist. Meist mit charakteristischem Krankheitsbild: geistige Anomalien, epileptische Anfälle, Muskelschwächen etc. Krankheitshäufigkeit nimmt mit zunehmendem Alter der Mutter deutlich zu.

Tumor: Gewebswucherung (Geschwulst) infolge krankhafter übermäßiger Zellvermehrung. Der Tumor kann gutartig (benigner T.) sein, wenn die Tochterzellen dem Muttergewebe homolog sind, und bösartig (maligner T.), wenn die Zellen zur Mutterzelle heterolog (weniger differenziert bzw. entartet) sind; gleichbedeutend dann mit Krebs.

Tumorviren: ➤ Retrovirus; Viren, die im geeigneten Wirt ➤ Tumoren (Krebs) durch (Zell)Transformation auslösen können. Bei Frauen sind etwa 20 %, bei Männern etwa 10 % der Krebsfälle durch solche Viren ausgelöst.

Veitstanz: ➤ Chorea Huntington.

Verruca senilis: ➤ Alterswarze.

Vis vitalis: ➤ Lebenskraft.

Vita reducta: ➤ Scheintod.

Vita: lat. das Leben.

Vitamin-A-Säure: Vitamin-A-Säure wird künstlich hergestellt und hat eine ähnliche chemische Struktur wie das fettlösliche Vitamin-A. Das Syntheseprodukt wird auch Retinsäure, Tretinoin und Retin-A genannt. In Salben ist es meist in einer Konzentration von 0,1 % gelöst. Es schält die Haut ab und bewirkt dadurch eine Nachbildung neuer, junger Haut.

vorzeitige Vergreisung: ➤ Progerie, Zinsser-Engmann-Cole-Syndrom, Hallermann-Streiff-Syndrom, Rothmund-(Thomson-)Syndrom.

Wachstumsringe: ➤ Jahresringe; Otholith.

Weichholz: ➤ Jahresringe.

Weichselfuttersaft: frz. ➤ Gelée royale.

Werner-Syndrom: ➤ *Progeria adultorum.*

Xeroderma pigmentosum: Meist vor dem Schulalter auftretende, tödliche Krankheit durch erbliche (autosomal-rezessiv) Lichtüberempfindlichkeit.

Zaken: ➤ Presbyter.

Zellmauserung: ➤ Mauserung.

Zellorganellen: Organartige Bestandteile der Zelle mit eigenständiger Funktion.

Zelltransformation: Transformation; Umwandlung normaler Zellen zu Zellen mit unbegrenzter Lebensdauer und verändertem Wachstum. Kann durch viele (Tumor-, Onko-)Viren, kanzerogene Substanzen, Strahlung oder spontan auftreten.

Zinsser-Engmann-Cole-Syndrom: Symptome wie Verhornungsstörung der Haut, Partien mit geringer Oberflächenwärme, Haarwachstumsstörungen und Zahnanomalien, die sich erst nach dem 10. Lj. voll ausprägen. Wird zu den Phänomenen der vorzeitigen Vergreisung gerechnet.

Abbildungsverzeichnis

Außer dem Verfasser haben Frau Ellen Mostafawy und Herr H. Grommet die Abbildungen gezeichnet.

Aus den nachfolgend aufgeführten Publikationen wurden Abbildungen als Vorlagen übernommen:

Baltes & Staudinger (1992)
Bayreuther (1991)
Brizzee et al. (1969)
Broderbund Software (1992)
Brody (1973)
Brookbank (1990)
Brosche (1991)

Calder III (1984)
Carcasson (1977)
Comfort (1974)
Curtis (1966)
Cutler (1976)

DBG-*Lexikon der Medizin* (1970)

Frenzel & Schwartzkopff (1991)

GEO-Wissen (1991)
Greiling & Haubeck (1991)
Gressner (1991)
Grzimek (1971)

Hadorn & Wehner (1971)
Haid (1991)

Harrison (1983)
Hayflick (1965, 1980)
Herders *Lexikon der Biologie* (1983-1987)
Höhn (1994)
Horzinek (1985)

Jones (1956)

Kleinig & Sitte (1986)
Kohn (1978)

Laube (1991)
Linder (1980)

Martin et al. (1970)
Meyers Lexikon *Der Mensch und seine Krankheiten* (1973)
Mohr & Schopfer (1985)

Ohrloff (1991)

Pesch (1991)
Peters (1986)
Pflumm (1989)

Platt (1991)
Prinzinger (1979, 1989, 1990, 1991, 1992, 1993)
Prinzinger et al. (1979)
Pschyrembel (1990)

Rahn & Ar (1974)
Rost (1990)
Rowl et al. (1976)
Rubner (1908)

Sacher (1959)
Schneiders Lexikon *Reiten A-Z* (1977)
Shock (1962)
Schröder & Müller (1991)

Steinhardt (1990)
Storch & Welsch (1991)
Strasburger (1971)
Strehler (1977)
Strehler et al. (1959, 1975, 1979)

Tanner (1962)

Ulmer (1991)

Venzmer (1936)
Vogel (1991)
Vömel (1991)
von Hahn (1979)

Zeeh (1991)

Literatur

Mehr als drei Autoren wurden auf »et al.« gekürzt. Bei den Monographien und Büchern wurde, auch wenn das Werk nicht vom angeführten Autor selbst verfaßt wurde, auf die Kennzeichnung »Herausgeber« (Hrsg.) verzichtet.

Monographien/Bücher

Academy of Science and Literature (1972): *Aging and Development.* Schattauer Verlag, Stuttgart.

Adelman, R.C. & G.S. Roth (1982): *Testing the theories of aging.* CRC Press, Boca Raton, Fla.

Anonymus (1968): *Cancer and aging.* Thule International Symposia, Skandia Group, Nordiska Bokhandelns Förlag, Stockholm.

Baltes, P.B. & J. Mittelstrass (1992): *Zukunft des Alterns und gesellschaftliche Entwicklung.* De Gruyter, Berlin.

Behnke, J.A., C.E. Finch & G.B. Moment (1978): *The biology of aging.* Plenum Press, New York.

Behnke, J.A.,C.E. Finch & G.B. Moment (1980): *A New Look at Biological Aging.* A.I.B.S. Publications.

Benet, S. (1974): *Abkhasians: The long-living people of the Caucasus.* Holt, Reinhart and Winston, New York.

Bergener, M. (1987): *Psychogeriatrics: An International Handbook.* Springer, New York.

Bergener, M., M. Ermini & H.B. Stähelin (1985): *Thresholds in Aging.* Academic Press, London, New York.

Bergsma, D. & D.E. Harrison (1978): *Genetic Effects of Aging.* Liss, New York.

Bianchi, L. et al. (1988): *Aging in liver and gastrointestinal tract*. MTP Press Ltd., Lancaster.

Birren, J. & W. Schaie (1977): *Handbook of the physiology of aging*. Van Nostrand Reinhold, New York.

Birren, J.E. & J.J.F. Schroots (1991): *Metaphors of aging in science and the humanities*. Springer, New York.

Blumenthal, H.T. (1983): *Handbook of diseases of aging*. Van Nostrand, New York.

Borscheid, P. (1989): *Geschichte des Alters*. DTV, München.

Broderbund Software Inc. (1992): *PC-Globe 5.0*. DOS-PC-Programm.

Brody, H., D. Harman & J.M. Ordy (1975): *Clinical, Morphologic and Neurochemical Aspects in the Aging Central Nervous System* Vol.1. Raven Press, New York.

Brookbank J.W. (1990): *The biology of aging*. Harper & Row, New York.

Brookbank, J.W. (1978): *Improving Quality of Health Care for the elderly*. University Florida Press, Gainsville.

Bürger, M. (1960): *Altern und Krankheit*. Thieme, Leipzig.

Burnet, F.M. (1974): *Intrinsic Mutagenesis: A Genetic Approach to Ageing*. Medical and Technical Publ. Co., St. Leonardgate.

Burnet, F.M. (1978): *Endurance of Life*. Cambridge University Press, London.

Busse, E.W. & G.L. Maddox (1983):*The Duke longitudinal studies on aging and the aged*. Springer Verlag, New York.

Calder, W.A. (1984): *Size, function, and life history*. Harvard University Press, Cambridge, Massachusetts, London.

Carcasson, R.H. (1977): *A Field Guide to the Coral Reef Fishes*. Collins, London.

Chef-Pferdebücher (1977): *Reiten von A-Z. Das Lexikon für Pferdefreunde*. Franz Schneider Verlag, München-Wien.

Comfort, A. (1964): *The Biology of Senescence*. Routledge & Kegan, London.

Comfort, A. (1979): *The Biology of Senescence*. Churchill Livingstone, Edinburgh.

Curtis, H.J. (1966): *Biological Mechanisms of Aging*. Charles Thomas, Springfield, Illinois.

Curtis, H.J. (1968): *Das Altern. Die biologischen Vorgänge*. Fischer, Stuttgart.

DBG-Autorenteam (1970): *Lexikon der Medizin*. Ullstein, Frankfurt.

Dietz, A.A. (1979): *Aging- it's chemistry*. Amer. Ass. Clin. Chem., Washington.

Doberauer, W., R. Nissen & F.H. Schulz (1965): *Handbuch der Praktischen Geriatrie*. Enke Verlag, Stuttgart.

Doflein, F. (1919): *Das Problem des Todes und der Unsterblichkeit bei den Pflanzen und Tieren*. Fischer, Jena.

Eisdorfer, C. & W.E. Fann (1973): *Psychopharmacology and Aging*. Plenum Press, New York.

Eisdorfer, C. (1979): *Annual Review of Gerontology and Geriatrics*. Springer, New York.

Emerit, E. et al. (1992): *Free Radicals and Aging*. Birkhäuser, Basel.

Erler, R. (1987): *Das Blaue Palais. Unsterblichkeit*. Bastei Lübbe, Bergisch-Gladbach.

Everitt, A.V. & J.A. Burgess (1976): *Hypothalamus, Pituitary and Ageing*. Charles Thomas, Springfield, Illinois.

Exton-Smith A.N. & X. Evans (1977): *Care of the elderly: Meeting the challenge of dependency*. Grune & Stratton, New York.

Finch, C.E. & E.L. Schneider (1985): *Handbook of the Biology of Aging*. Van Nostrand Reinhold, New York.

Finch, C.E. (1990): *Longevity, Senescence, and the Genome*. University of Chicago Press.

Ford, D.H. (1973): *Neurobiological Aspects of Maturation and Aging*. Progress in Brain Research. Elsevier, Amsterdam-New York.

Franke, H. (1983): *Gerotherapie*. Fischer-Verlag, Stuttgart-New York.

Fries, J.S. & L.M. Crapo (1981): *Vitality and aging*. Freman, W.H. & Co., San Francisco.

Frolkis, V.V. (1975): *Mechanismen des Alterns*. Akademie-Verlag, Berlin.

Fruchart, J.C. & J. Shepherd (1989): *Human plasma lipoproteins*. Walter de Gruyter, Berlin – New York.

Gavrilov, L.A. & N. Gavrilova (1991): *The Biology of Life Span. A Quantitative Approach*. Harwood Academic Publishers.

GEO-Wissen (1991): *Altern und Jugendwahn*. Gruner & Jahr, Hamburg.

Gershon, S. & A. Raskin (1975): *Aging*. Raven Press, New York.

Goss, R. (1974): *Regeneration*. Georg Thieme Verlag, Stuttgart.

Grzimek, H.C. (1971 ff.): *Grzimeks Tierleben*. Kindler, Zürich.

Gurdon, J.B. (1974): *The control of gene expression in animal development*. Clarendon Press Inc., Oxford.

Hadorn, E. & R. Wehner (1974): *Allgemeine Zoologie*. Georg Thieme Verlag, Stuttgart.

Hahn, H.P. von (1979): *Das biologische Altern. Erscheinungsformen und Mechanismen des Alterns*. Kurzmonographien Sandoz, Nürnberg.

Hall, D.A. (1976): *The Ageing of Connective Tissue*. Academic Press, London-New York.

Hanawalt, P.C. & R.B. Setlow (1982): *Molecular Mechanisms for Repair of DNA*. Plenum Press, New York.

Harris, R. (1977): *Guide of fitness after fifty*. Plenum Press, New York.

Harrison, P. (1983): *Seabirds – an identification Guide*. Croom Helm, London.

Hayflick, L. (1988): *Why and how we age*. Ballantine Books and Random House Inc.

Haynes, S.G. & M. Feinleib (1980): *Epidemiology of Aging*. NIH publication 80-969, Washington.

Herder (1983-1987): *Lexikon der Biologie.* 9 Bde. Herder Verlag, Freiburg, Basel, Wien.

Heyman, D.K. (1987): *Duke University Council on Aging and human development.* Duke University, Medical Center, Durham.

Holečková, E. & V.J. Cristofalo (1970): *Aging in Cell and Tissue Culture.* Plenum Press, New York.

Horzinek, M.C. (1985): *Kompendium der allgemeinen Virologie.* Parey, Berlin, Hamburg.

Hufeland, C.W. (1860): *Makrobiotik oder die Kunst, das Leben zu verlängern.* 1. Auflage: Jena, 1796. 8. Auflage bei Georg Reimer, Berlin, 1860.

Imhof, A.E. (1990): *Ars moriendi. Die Kunst des Sterbens – einst und heute.* Böhlau-Verlag, Wien.

Katchadourian, H. (1977): *The Biology of Adolescence.* Freeman and Company, San Francisco.

Katzman R. (1978): *Aging, Vol. 1, Alzheimer's Disease, senile dementia, and related disorders.* Raven Press, New York.

Kay, M.B., J. Galpin & T. Makinodan (1980): *Aging, Immunity, and Arthritic Disease.* Raven Press, New York.

Kirkwood, T.B.L., Holliday R. & R.F. Rosenberger (1984): *Stability of the cellular translation process.* International Review of Cytology.

Kleinig, H. & P. Sitte (1986): *Zellbiologie.* Fischer, Stuttgart.

Kohn, R.R. (1971): *Principles of Mammalian Aging.* Prentice-Hall, Englewood Cliffs, New Jersey.

Koreman S.G. (1982): *Endocrine aspects of aging.* Elsevier, New York, Amsterdam.

Lehr, U. & H. Thomae (1987): *Formen des seelischen Alterns.* Enke, Stuttgart.

Lehr, U. (1991): *Psychologie des Alterns.* Quelle und Meyer, Heidelberg.

Leshem, A., A. Abrahman & Y. Ya'Avoc (1986): *Process and control of plant senescence.* Elsevier, Amsterdam-New York.

Libbert, E. (1987): *Lehrbuch der Pflanzenphysiologie.* Gustav Fischer Verlag, Stuttgart.

Linder, H. – Autorenkollektiv (1980): *Biologie.* J.B. Metzler und Poeschel, Stuttgart.

Maddox, G.L. (1987): *The encyclopedia of aging.* Springer, New York.

Meyers Lexikon (1973): *Der Mensch und seine Krankheiten.* Bibliographisches Institut, Mannheim.

Mohl, H. (1993): *Die Altersexplosion.* Kreuz-Verlag, Stuttgart.

Mohr, H. & P. Schopfer (1985): *Lehrbuch der Pflanzenphysiologie.* Springer, Berlin, Heidelberg, New York, Tokio.

Monod, J. (1971): *Zufall und Notwendigkeit.* Piper, München.

Murphy, C., W.S. Cain & D.M. Hegstedt (1989): *Nutrition and the Chemical Senses in Aging.* Ann. N.Y. Acad. Sci. 561 (338 S.).

Namba, M. et al. (1981): *Neoplastic transformation of human diploid fibroblasts treated with chemical carcinogenes and Co-60 gamma rays*. Gann, Monograph on Cancer Research 27, Tokyo University Press.

Niehans, P. (1952): *20 Jahre Zellulartherapie*. Beihefte zur medizin. Klinik 47. Verlag Urban und Schwarzenberg, Berlin-München-Wien.

Nuland, S.B. (1994): *Wie wir sterben*. Kindler, München.

O'Connor, R.J. (1984): *The growth and development of birds*. Wiley & Sons, Chichester, New York.

Olbrich, E., K. Sames & A. Schramm (1995): *Kompendium der Gerontologie*. Verlag ecomed.

Ordy, J.M. & K. Brizzee (1979): *Sensory Systems and Communication in the Elderly* (Aging, Bd. 10). Raven Press, New York.

Paul, J. (1970): *Cell and tissue culture*. E. & S. Livingstone, Edinburgh-London.

Pearl, R. (1928): *The rate of living*. University of London Press, London.

Perlmutter, M. (1990): *Late life potential*. Gerontol. Soc. of America, Washington D.C.

Peters, R.H. (1986): *The ecological implications of body size*. Cambridge University Press, London.

Pflumm, W. (1989): *Biologie der Säugetiere*. Parey, Berlin, Hamburg

Platt, D. (1974): *Altern – Zentralnervensystem, Pharmaka, Stoffwechsel*. F.K. Schattauer, Stuttgart, New York.

Platt, D. (1976): *Alternstheorien*. Schattauer Verlag, Stuttgart, New York.

Platt, D. (1976): *Biologie des Alterns*. Quelle & Meyer, Heidelberg.

Platt, D. (1979): *Interdisciplinary Gerontology*. Forum Medici.

Platt, D. (1983): *Geriatrics*. Springer Verlag, Berlin-Heidelberg-New York.

Platt, D. (1986): *Drugs and Aging*. Springer Verlag, Berlin-Heidelberg-New York.

Platt, D. (1988): *Pharmakotherapie und Alter – ein Leitfaden für die Praxis*. Springer Verlag, Berlin-Heidelberg-New York.

Platt, D. (1989): *Gerontology – Present State and Research Perspectives in the Experimental and Clinical Gerontology*. Springer Verlag, Berlin-Heidelberg-New York.

Platt, D. (1989): *Handbuch der Gerontologie*. Fischer Verlag, Stuttgart.

Platt, D. (1991): *Biologie des Alterns*. De Gruyter, Berlin, New York.

Prasad, K.N. (1974): *Human Radiation Biology*. Harper & Row, New York.

Pschyrembel, W. (1993): *Klinisches Wörterbuch*. De Gruyter, Berlin, 257. Auflage.

Ramachandran, G.N. & A.H. Reddi (1976): *Biochemistry of Collagen*. Plenum Press, New York.

Reimann, H. & H. (1983): *Das Alter. Eine Einführung in die Gerontologie*. Enke, Stuttgart.

Robert, L. & B. (1973): *Aging of Connective Tissue-Skin*. S. Karger AG, Basel.

Rockstein, M. & M.L. Sussman (1973): *Development and Aging in the Nervous System*. Academic Press, New York.

Rockstein, M. (1974): *Theoretical Aspects of Aging*. Academic Press, New York.

Rose, M.R. (1991): *Evolutionary Biology of Aging*. Oxford University Press.

Rosemeier, H.P. (1984): *Tod und Sterben*. De Gruyter, Berlin, New York.

Rosenfeld, A. (1985): *Prolongevity II*. Alfred A. Knopf Publ. New York.

Rost, R. (1990): *Herz und Sport. Eine Standortbestimmung*. Beitr. Sportmedizin 22. Perimed, Erlangen.

Rothstein, M. (1983): *Review of biological research in aging*. Alan R. Liss, N.Y.

Rubner, M. (1908): *Das Problem der Lebensdauer und seine Beziehungen zu Wachstum und Ernährung*. R. Oldenbourg Verlag, München-Berlin.

Salthouse, T. (1991): *Theoretical perspectives on cognitive aging*. Erlbaum, Hillsdale, N.J.

Samuel, D. et al. (1983): *Aging of the brain*. Raven Press, New York.

Schlierf, G. (1986): *Ernährung im Alter*. WVG, Stuttgart.

Schmid-Nielsen, K. (1984): *Scaling: Why is animal size so important?* Cambridge University Press.

Schneider, E.L. & J.W. Rowe (1990): *Handbook of the Biology of Aging*. Academic Press, San Diego.

Schneider, E.L. (1978): *The Genetics of Aging*. Plenum Press, New York.

Shock, N.W. (1966): *Perspectives in Experimental Gerontology*. Charles Thomas, Springfield, Illinois.

Shock, N.W. et al. (1984): *Normal human aging, the Baltimore longitudinal study*. NIH Publication No. 84-2450, U.S. Government Printing Office, Washington D.C.

Sinex, F.M. & C.R. Merril (1982): *Alzheimer's disease, Down's syndrome, and aging*. Annals of the New York Academy of Science 396.

Smith, D.W. (1993): *Human Longevity*. Johns Hopkins University Press, Baltimore.

Smith, E.L. & R.C. Serfass (1981): *Exercise and aging: the scientific basis*. Hillside, New Jersey, Enslow.

Smith, K.C. (1976): *Aging Carcinogenesis and Radiation Biology*. Plenum Press, New York.

Steinhardt, M. (1990): *Altern. Seine Ursachen und seine Biologie*. Hirzel, Stuttgart.

Storch, V. & U. Welsch (1991): *Systematische Zoologie*. Fischer, Stuttgart.

Strasburger, E. – Autorenkollektiv (1971): *Lehrbuch der Botanik*. Fischer, Stuttgart.

Strehler, B.L. (1977): *Time, Cells, and Aging*. Academic Press, New York.

Tallis, R. (1989): *The Clinical Neurology of old age*. John Wiley & Sons, Chichester – New York.

Tanner, J.M. (1962): *Wachstum und Reifung des Menschen*. Thieme, Stuttgart.

Terry, R.D. & S. Gershon (1976): *Neurobiology of Aging*. Aging, Raven Press, New York, Vol.3.

Theimer, W. (1973): *Altern und Alter*. Georg Thieme Verlag, Stuttgart.

Thiman, K.V. (1980): *Senescence in plants*. CRC Press Boca Raton, Florida.

Thorbecke, G.J. (1975): *Biology of Aging and Development*. Plenum Press, New York and London.

Timiras, P.S. (1972): *Developmental Physiology and Aging*. MacMillan, New York.

Venzmer, G. (1936): *Wie wir alt werden. Alt werden und jung bleiben*. Kosmos, Stuttgart.

Venzmer, G. (1938): *Wie wir jung bleiben. Alt werden und jung bleiben*. Kosmos, Stuttgart.

Verzár, F. (1956): *Experimentelle Alternsforschung*. Birkhäuser Verlag, Basel.

Viidik, A. (1982): *Lectures in Gerontology*. Academic Press, New York.

Vogel, H.G (1973): *Connective tissue and ageing*. Excerpta Medica, Amsterdam.

Vollmert, B. (1985): *Das Molekül und das Leben*. Rowohlt, Reinbek.

Walford, R.M. (1986): *The 120 year diet*. Simon & Schuster, New York.

Warner, R.H. et al. (1987): *Modern Biological Theories of Aging*. Raven Press, New York.

Willis, D.P., & K.G. Manton (1992): *The Oldest Old*. Oxford University Press.

Wyndam, J. (1973): *Ärger mit der Unsterblichkeit*. Heyne, München.

Zappia, V., P. Galletti & R. Porta (1987): *Advances in post-translational modifications of proteins and aging*. Plenum Press, New York.

Zeitschriftenartikel

Abbott, M.H. et al. (1974): *The familial component of longevity. A study of offspring of nonagenarians*. Johns Hopkins Med. J. 134: 1.

Abell, C.W. & T.M. Monahan (1973): *The role of Adenosine 3'5'-cyclic monophosphate in the regulation of mammalian cell division*. J. Cell. Biol. 59: 549-558.

Acker, M.A. et al. (1978): *Skeletal muscle as the potential power source for a cardio-vascular pump: Assessment in vivo*. Science 236: 234.

Ackerman, R.A. et al. (1980): *Oxygen consumption, gas exchange and growth of embryonic wedge-tailed shearwaters (Puffinus pacificus chlororhynchos)*. Physiol. Zool. 153: 210-221.

Akagawa, T. et al. (1984): *Differential effects of age in mitotically active and inactive bone marrow sterm cells and splenic T cells in mice*. Cell Immunol. 86: 53-63.

Alexander, P. (1966): *Is there a relationship between aging, the shortening of lifespan by radiation and the induction of somatic mutations?* In: Perspectives in

Experimental Gerontology. N.W. Shock & Ch. Thomas (Hrsg.). Publ., Springfield, Illinois.

Ancoli-Israel, S. et al. (1985): *Sleep apnea and periodic movements in an aging sample.* J. Gerontol. 40: 419 – 425.

Anderson, K.M., W.P. Castelli & D. Levy (1987): *Cholesterol and mortality. 30 years of follow-up from the Framingham study.* JAMA 257: 2176.

Andres, R. (1981): *Aging, diabetes, and obesity: Standards of normality.* Mount Sinai J. of Medicine 48: 489.

Andrews, A.D., S.F. Barrett & J.H. Robins (1972): *Xeroderma pigmentosum neurological abnormalities correlate with colony-forming ability after ultraviolet irradiation.* Proc. Nat. Acad. Sci., USA, 75.

Aniansson, A. et al. (1983): *Muscle function in 75-year-old-men and women – a longitudinal study.* Scand. J. Rehab. Med. 9, Suppl.: 92-102.

Anonymus (1988): *Dem Geheimnis des Alterns auf der Spur.* In: Das Beste aus Reader's Digest 8: 170-175.

Arab, L. (1985): *Ernährungszustand von Senioren – Ergebnisse einer repräsentativen Bevölkerungsuntersuchung.* Ernährungs-Umschau 32: 67-71.

Arking, R. (1987): *Successful selection for increased longevity in Drosophila: Analysis of the survival data and presentation of a hypothesis on the genetic regulation of longevity.* Exp. Geront. 22 (3): 199-220.

Armelin, M.C. & H.A. (1977): *Serum and hormonal regulation of the »resting-proliferative« transition in a variant of 373 mouse cells.* Nature 265: 148-151.

Arms, K. (1968): *Cytonucleoproteins in cleaving eggs of Xenopus laevis.* J. Embryol. Exp. Morphol. 20 (3): 367-374.

Augenlicht, L.H. & R. Baserga (1974): *Changes in the G0-State of WI-38 fibroblasts at different times after confluence.* Exp. Cell Res. 89: 255-262.

Avery, O.T., C.M. McLeod & J.M. McCarty (1944): *Induction of transformation by a desoxyribonucleic acid fraction of Pneumococcus type III.* J. Exp. Med. 79: 137.

Azzarone, B., D. Pedulla & C.A. Romanzi (1976): *Spontaneous transformation of human skin fibroblasts derived from neoplastic patients.* Nature 262: 74-75.

Azzarone, B. et al. (1984): *Abnormal properties of skin fibroblasts from patient with breast cancer.* J. Cancer 33: 759-764.

Baird, M.B. & J. Liszczynskyi (1985): *Genetic control of adult lifespan in Drosophila melanogaster.* Exp. Geront. 20: 171-177.

Baird, M.B. et al. (1975): *A brief argument in opposition to the Orgel hypothesis.* Gerontologia, Basel 21: 57.

Balin, A.K. (1982): *Testing the free radical theory of aging.* In: Adelmann, R.C. & G.A. Roth (Hrsg.): Testing the theories of aging. CRC Press, Boca Raton.

Baltes, M-M, K.P. Kühl & D. Sowarka (1992): *Testing for limits of cognitive re-*

serve capacity: A promising strategy for early diagnosis of dementia. J. Gerontol. 47:165-167.

Baltes, P.B. & U-M. Staudinger (1992): *Über die Gegenwart und Zukunft des Alterns: Ergebnisse und Implikationen psychologischer Forschung.* MPI-Gesellschaft; Berichte und Mitteilungen 4/93: 154-185.

Bank, L. & L.E. Jarvik (1978): *A longitudinal study of aging in human twins.* In: Schneider, E.L. (Hrsg.): Genetics of Aging, Plenum Press, New York.

Barker, G.A & A.H. Norris (1980): *Assessment of biological age using a profile of physical parameters.* J. of Gerontol. 35: 177.

Barnes, D.M. (1988): *Blood-forming stem cells purified.* Science 241: 24-25.

Barnes, G.M. (1982): *Patterns of alcohol use and abuse among older persons in a household population.* In: Wood, W.G. & M.F. Elias (Hrsg.): Alcoholism and aging, CRC Press, Boca Raton.

Bauer, K.A. et al. (1987): *Aging-associated changes in indices of thrombin generation and protein C activation in humans. Normative aging study.* J. Clin. Invest. 80: 1527-1534.

Bayreuther, K. (1975): *Die genetische Regulation des zellulären, organischen und organismischen Alterns.* Verh. Dtsch. Ges. Path. 59: 110-118.

Bayreuther, K. et al. (1978): *A unifying concept of the molecular mechanisms of cellular aging and cellular neoplastic transformation of dividing cells.* Congress Series No. 469, Adv. Gerontol. Tokyo.

Beaupain, R., C. Icard & A. Macieira-Coelbo (1980): *Changes in DNA alkali-sensitive sites during senescence and establishment of fibroblasts in vitro.* Biochem. Biophys. Acta 606: 251-261.

Bell, E. et al. (1978): *Loss of division potential in vitro: Ageing or differentiation?* Science 202: 1158-1163.

Bell, E. et al. (1979): *Do diploid fibroblasts in culture age?* Int. Rev. Cytol. Suppl. 10: 1-9.

Bell, E.L. et al. (1980): *Loss of division potential in culture: Ageing or differentiation?* Science 208: 1483.

Benditt, E.P. & J.M. (1973): *Evidence for a monoclonal origin of human atherosclerotic plaques.* Proc. Nat. Acad. Sci., USA 70: 1753-1756.

Bentley, J.P. (1979): *Aging of collagens.* J.Invest. Dermatol. 73: 80-83.

Berdyshev, G.D. & S.M. Zhelabovskaya (1972): *Composition, template properties and thermostability of liver chromatin from rats of various age at deproteinization by NaCl solutions.* Exp. Geront. 7: 321.

Bergmann, K. et al. (1981): *A correlation of repair and UV-induced DNA damage and maximum life span in primate lymphocytes.* XII. Intern. Congr. Gerontology 2: 125.

Bergsma, D. & D.E. Harrison (1978): *Genetic Effects of aging.* Liss, New York.

Bergstedt-Lindquist, S., E. Severinson & C. Fernandez (1982): *Limited life-span of extensively proliferating B cells: No evidence for a continuous class or subclass switch.* J. Immunol. 129 (5): 1905-1910.

Bernstein, C. (1979): *Why are babies young?* Persp. Biol. Med.: 539-544.

Bertler, A. (1961): *Occurrence and localization of catecholamines in the human brain.* Acta physiol. Scand. 51: 97.

Besdine, R. (1980): *Geriatric medicine.* Ann. Rev. Gerontol. Ger. 1: 135.

Bidder, G.P. (1932): *Senescence.* Brit. Medical J. 2: 583.

Biermann, E.L. (1977): *The effect of donor age on the in vitro lifespan of cultured human arterial smooth-muscle cells.* In Vitro 14: 951-955.

Bishop, J.M. (1987): *The molecular genetics of cancer.* Science 237: 305

Bjorksten, J. (1969): *The crosslinkage theory of ageing.* Suom Kemistieuran Tiedonantoja 80 (2).

Blazer, J.T. & C.D. Williams (1980): *Epidemiology of dysphoria and depression in the elderly population.* Am. J. Psych. 137: 439.

Blem, C.R. (1973): *Laboratory measurements of metabolized energy in some passerine nestlings.* Auk 90: 859-897.

Boaz, R.F. (1987): *The 1893 amendments to the social security act: Will they delay retirement? A summary of the evidence.* Gerontologist 27: 151.

Boddington, M.J. (1978): *An absolute metabolic scope for activity.* J. theor. Biol. 75: 443-449.

Breuer, G. (1994): *Altern und Krankheit durch Mitochondrienschäden.* Natwiss. Rdschau 47: 439-441.

Brizzee, K.R. et al. (1975): *Accumulation and distribution of lipofuscin, amyloid and senile plaques in the aging nervous system.* In: Aging, Vol.1: Clinical, Morphologic and Neurochemical Aspects in the Aging Central Nervous System. Brody, H., D. Harman & J.M. Ordy (Hrsg.). Raven Press, New York.

Brizzee, K.R. et al. (1969): *The amount and distribution of pigments in neurons and glia of the cerebral cortex.* J. Gerontol. 24: 125.

Brocas, J. & F. Verzar (1961): *The ageing of Xenopus laevis.* Experientia 17 (9): 421-422.

Brocklehurst, J.C. (1968): *Nutrition in old age.* Geront. clin. 10: 309.

Brody, H. (1955): *Organization of the cerebral cortex. III. A study of aging in the human cerebral cortex.* J. comp. Neurol. 102: 511.

Brody, H. (1970): *Structure changes in the aging nervous system.* In: Interdisc. Topics in Gerontol. 7. Karger AG, Basel.

Brosche, T. (1991): *Lipidstoffwechsel.* In: Platt, D. (Hrsg.), Biologie des Alterns: 169-184. De Gruyter, Berlin, New York.

Brothers, A.J. (1980): *Control of early embryonic development: an analysis of a cytoplasmic component and its mode of action.* Res. Probl. Cell. Differ. 11: 65-70.

Brüschke, G. & W. Doberauer (1971): *Stand und Perspektiven der Gerontologie.* Scriptum Geriatricum 9-21.

Bucala, R., P. Model & A. Cerami (1984): *Modification of DNA by reducing su-*

gars: A possible mechanism for nucleic acid aging and age-related disfunction in gene expression. Proc. Nat. Acad. Sci. USA, 81.

Burnet, F.M. (1983): *Age-associated hetero-degenerative conditions of the central nervous system.* In: Blumenthal, H.T. (Hrsg.): Handbook of Diseases of Aging, Van Nostrand, New York.

Burton, F.G. & S.G. Tullett (1985): *Respiration of avian embryos.* Comp. Biochem. Physiol. 82 A: 735-744.

Busse, E.W. & G.L. Maddox (1980): *Final report; the Duke longitudinal studies 1955-80.* Duke University Medical Center, Center for study of aging and development, Durham, N.C.

Caranasos, G.J. (1982): *Drug use in the elderly.* J. Florida Medical Assoc. 69: 294.

Carey, J.R. et al. (1992): *Slowing of mortality rates at older ages in large medfly cohorts.* Science 258: 457-461.

Carlsson, A. & B. Winblad (1976): *Influence of age and time interval between death and autopsy on dopamine and 3-methoxytyramine levels in human basal ganglia.* J. Neural Transm. 38: 271.

Carrel, A. & A. Ebeling (1921): *The multiplication of fibroblasts in vitro.* J. exp. Med. 34: 317-337.

Carrel, A. & A. Ebeling (1923): *Survival and growth of fibroblasts in vitro.* J. exp. Med. 38: 487-497.

Carrel, A. (1913): *On the permanent life of tissues outside of the organism.* J. Exp. Med. 15: 156.

Cerami, A. (1985): *Hypothesis: Glucose as a mediator for aging.* J. Amer. Ger. Soc. 33: 626.

Cheung, H.T., J.S. Twu & A. Richardson (1985): *Mechanism of the age-related decline in lymphocyte proliferation: role of IL-2 production and protein synthesis.* Exp. Geront. 18 (6): 451-460.

Cole, L.C.D. (1954): *The population consequences of life history phenomena.* Quart. Rev. Biol. 29: 103-137.

Cole, R.D.A. (1984): *A minireview of microheterogenity in H1 histone and its possible significance.* Ann. Biochem. 136: 24-30.

Collatz, K.-G. (1995): Alternsbiologie. In: Olbrich, Sames & Schramm (Hrsg.): *Kompendium der Gerontologie*; IV: 1-15. Verlag ecomed.

Colvez, A. & M. Blanchet (1981): *Disability trends in the United States population, 1966-76.* Amer. J. Publ. Health 71: 464.

Comfort, A. (1961): *The lifespan of animals.* Scient. Amer. 205: 108.

Comfort, A. (1974): *The position of ageing studies.* Mech. Age. Dev. 3: 1.

Cooke, J. (1978): *News and views: embryonic and regeneration patterns.* Nature 271: 705-706.

Courtois, Y. & F. Regnault (1976): *Biology of the epithelial lens cells in relation to development, ageing and cataract.* I.N.S.E.R.M. Paris.

Cristofalo, V.J. & B.A. Rosner (1981): *Glucocorticoid modulation of cell prolife-ration*. In: Baserga, R.(Hrsg.), Handbook of experimental pharmacology, Vol 57. Springer Verlag, Berlin-Heidelberg-New York: 209-228.

Cristofalo, V.J., J.M. Wallace & B.A. Rosner (1979): *Glucocorticoid enhance-ment of proliferate activity in WI-38 cells.* Hormones and cell culture, Cold Spring Harbour Conference on Cell Proliferation 6: 875-887.

Crown, W.H. (1988): *State economic implications of elderly interstate migration.* Gerontologist 28: 533.

Cugini, P.G. et al. (1987): *The gerontological decline of the renin-aldosterone sy-stem: A chronobiological approach extended to essential hypertension.* J. Ge-rontol. 42: 461.

Curtis, H.J. & K. Miller (1971): *Chromosome aberrations in liver cells of guinea pigs.* J. Gerontol. 26: 292.

Curtis, H.J., J. Leith & J. Tilley (1966): *Chromosome aberrations in liver cells of dogs of different ages.* J. Gerontol. 21: 268.

Cutler, R.G. (1972a): *Spectra of gene transcription activities of whole mouse or-gans as a function of chronologial age.* Proc. 9th Intern. Congr. Gerontol., Kiev I (1972a): 96.

Cutler, R.G. (1972b): *Transscription of reiterated DNA sequence classes throughout the lifespan of the mouse.* Advances in Gerontol. Research. Aca-demic Press. New York 4: 219.

Cutler, R.G. (1973/74): *Redundancy of information content in the genome of mammalian species as a protective mechanism determining aging rate.* Mech. Age. Dev. 2: 381.

Cutler, R.G. (1975): *Evolution of human longevity and genetic complexity go-verning aging rate.* Proc. nat. Acad. Sci., Washington 72: 4664.

Cutler, R.G. (1976a): *Evolution of longevity in primates.* J. human Evol. 5: 169.

Cutler, R.G. (1976b): *Crosslinkage hypothesis of aging: DNA adducts in chro-matin as a primary aging process.* In: Aging, Carcinogenesis and Radiation Biology. K.C. Smith (Hrsg.). Plenum Press, New York.

Cutler, R.G. (1976c): *Nature of aging and life maintenance processes.* In: Cellu-lar Aging: Concepts and Mechanisms, Part I. Interdisc. Topics in Gerontol., Karger AG, Basel 9: 83.

Cutler, R.G. (1980): *Evolutionary Biology of Senescence.* In: J.A. Behnke, C.E. Finch & G.B. Moment (Hrsg.): A New Look at Biological aging. A.I.B.S. Pu-blications.

Dall, J.L.C. (1970): *Maintenance digoxin in elderly patients.* Brit. Med. J. 2: 705.

Danes, B.S. (1971): *Progeria: A cell culture study on aging.* J. Clin. Invest. 50: 2000-2003.

Daniel, Ch.W. (1977): *Cell longevity in vivo.* In: Finch, C.E. & L. Hayflick (Hrsg.): Handbook of the Biology of Aging: 122-158. Van Nostrand Rein-hold Comp. New York.

Danielli, J.F. (1956): *On the ageing of cells in tissues.* In: Experimentelle Alterns-forschung, F. Verzár (Hrsg.). Birkhäuser Verlag Basel, Suppl. IV: 55.

Danot, M., H. Gershon & D. Gershon (1975): *The lack of altered enzyme mole-cules in »senescent« mouse embryo fibroblasts in culture.* Mech. Age. Dev. 4: 289.

Davidson, M.B. (1979): *The effect of aging on carbohydrate metabolism: a re-view of the english literature and a practical approach to the diagnosis of dia-betes mellitus in the elderly.* Metabolism 28: 688.

Davies, P. (1979): *Neurotransmitter-related enzymes in senile dementia of the Alzheimer type.* Brain Research 171: 319-327.

Dawson, W.R. & J.W. Hudson (1970): *Birds.* In: G.C. Whittow (Hrsg.): Compa-rative Physiology of Thermoregulation, vol.1: 223-310. Academic Press. New York, London.

Dawson, W.W. (1978): *Biocompatible prostethic devices.* In: J.W. Brookbank (Hrsg.): Improving Quality of Health Care for the elderly. University Florida Press, Gainsville.

DeBusk, F.L. (1972): *The Hutchinson-Gilford Progeria syndrome.* J. Pediatrics 80(4): 697-724.

Dekoninck, W.J., M. Collard & G.Noel (1977): *Cerebral vasoreactivity in senile dementia.* Gerontology, Basel 23: 148.

DeNicola, P. & G. Casale (1983): *Disorders of haemostasis in the aged.* In: D. Platt (Hrsg.): Geriatrics 2: 273-292. Springer Verlag, Berlin-Heidelberg-New York.

Doberauer, W. (1956): *Entwicklung und Wandel der Problemstellung in der Leh-re vom Altern.* Asklepios 3: 129-133.

Doberauer, W. (1958): *Altersheilkunde und Altenfürsorgung.* Soziale Berufe 10 (8/9): 1-10.

Doberauer, W. (1958): *Bemerkungen zum Altersproblem.* Mitt. Österr. Sanitäts-verw. 59 (10): 1-2.

Doberauer, W. (1958): *Die Alterfürsorgung in Wien vor 100 Jahren. »Alter und Krankheit«.* Verh. Förd. wiss. Forsch. 1:8.

Doberauer, W. (1962): *Der Einfluß des Lebensalters auf die Granulationsge-websbildung.* Scriptum Geriatricum: 167-197.

Doberauer, W. (1968): *Wundheilung und Wundheilungskomplikationen im Al-ter.* Handbuch der prakt. Geriatrie, Bd. III: 418-447.

Doberauer, W. (1972): *Über die Wirkung von Coroverlan beim Altersherz.* Der prakt. Arzt 305: 1253-1266.

Doll, R. & R. Petro (1976): *Mortality in relation to smoking: 20 years' observa-tion on male British doctors.* Brit. J. Medic. 2: 1525.

Dorner, H. (1991): *Skelettmuskulatur.* In: Platt, D. (Hrsg.), Biologie des Alterns: 280-290. De Gruyter, Berlin, New York.

Drent, R. H. & S. Daan (1980): *The prudent parent: energetic adjustments in avian breeding.* Ardea 68: 225-252.

Dreyfuß, J.-C., H. Rubinson, F. Schapira, A. Weber, J. Maire & A. Kahn (1977): *Possible molecular mechanisms of ageing*. Gerontology 22: 211-218.

Duncan, B.K. & B. Weiss (1978): *Uracils-DNA glycosylase mutants are mutators*. In: Hanawalt, P.C. (Hrsg.), Repair Mechanisms. Academic Press, New York.

Effros, R.B. & R.L. Walford (1984): *T cell cultures and the Hayflick Limit*. Human Immunol. 9: 49-65.

Epstein, C.J. et al. (1966): *Werner's syndrome. A review of its symptomology, natural history, pathologic features, genetics and relationship to the natural aging process*. Medicine 45: 177.

Ermini, M. (1976): *Ageing of striated muscle*. Gerontology 22/4. Basel.

Ershler, W.B. et al. (1986): *The age-related decline in antibody response is transferred by old to young by bone marrow transplantation*. Exp. Geront. 21 (1): 45-54.

Esser, K. & P. Tudzynski (1979): *Genetic control and expression of senescence in Podospora anserina*. In: Lehmke, P.A. (Hrsg.): Viruses and plasmids in fungi: 595-615. Marcel Decker Inc., New York-Basel.

Esser, K. & P. Tudzynski (1980): *Senescence in fungi*. In: Thiman, K.V. (Hrsg.): Senescence in plants: 67-83. CRC Press Inc., Boca Raton/Florida.

Esser, K. & W. Keller (1976): *Genes inhibiting senescence in the ascomycete Podospora anserina*. Molec. gen. Genet. 144: 107-110.

Esser, K. et al. (1981): *The Podospora plasmid causing senescence originates from mitrochondrial DNA*. Abstr. Cold Spring Harbour Sympos., New York: 108.

Evans, C.H. (1983): *An inverse relationship between mammalian lifespan and cartilage cellularity*. Exp. Geront. 18(2): 137-138.

Exton-Smith, A.N. (1977): *Functional consequences of aging: Clinical manifestations*. In: Exton-Smith A.N. & X. Evans (Hrsg.), Care of the elderly: Meeting the challenge of dependency. Grune & Stratton, New York.

Eyre, D.R., M.A. Paz & P.M. Gallop (1987): *Cross-linking in collagen and elastin*. Ann. Rev. Biochem. 53: 717-748.

Finch, C.E. (1976): *The regulation of physiological changes during mammalian aging*. Quart. Rev. Biol. 51: 49.

Fitts, R.H. (1981): *Aging and skeletal muscle*. In: E.L. Smith, R.C. Serfass (Hrsg.): Exercise and aging: the scientific basis: 31-44. Hillside, New Jersey, Enslow.

Fleming, J.E. et al. (1986): *Age dependent changes in proteins of Drosophila melanogaster*. Science 231: 1157.

Florini, J.R. & D.Z. Ewton (1989): *Skeletal muscle fiber types and myosin ATPase activity do not change with age or growth hormone administration*. J. Gerontol. 44: B 110-117.

Flower, S.S. (1938): *Contributions to our knowledge of the duration of life in vertebrate animals. Further notes, IV. Birds.* Proc. zool. Soc. London, Ser. A. 107: 195.

Foote, R.S. & M.P. Stulberg (1981): *Efficiency and fidelity of cell-free protein synthesis by transfer RNA from aged mice.* Mechanisms of Aging and Development 13: 93.

Fox, J.H., M.S. Parmacek & K. Patel-Mandlik (1975): *Effect of aging on brain respiration and carbohydrate metabolism of Syrian hamsters.* Gerontologia, Basel 21: 224.

Francis, A., W.H. Lee & J.D. Regan (1981): *The relationship of DNA excision-repair of UV-induced lessions to the maximum life span of mammals.* Mechanisms of Ageing and Development 16: 181.

Frank, L.M. (1975): *Ageing in differentiated cells.* Gerontologia, Basel 20: 51.

Frenzel, H. & B. Schwartzkopff (1991): *Herz.* In: Platt, D. (Hrsg.): Biologie des Alterns: 223-235. De Gruyter, Berlin, New York.

Frenzel, H. et al. (1989): *Changes of myocardial structure with aging.* In: Platt, D. (Hrsg.): Gerontology: 93-106. Springer Verlag, Berlin – Heidelberg.

Friedman, D.B. & T.E. Johnson (1988): *Three mutants that extend both mean and maximal life span of the nematode, Caenorhabditis elegans, define the age-1 gene.* J. Gerontol. 43: B102.

Fries, J.F. (1980): *Aging, Natural Death and the Compression of Morbidity.* New Engl. J. Med. 303/3:130-135.

Fulder, St.J. (1977): *The growth of cultured human fibroblasts treated with hydrocortisone and extracts of the medicinals plant panax ginseng.* Exp. Geront. 12: 125-131.

Funk, R., D. Platt & A. Vogel (1989): *REM studies on age related changes in the surface structures of rat hairs.* Arch. Gerontol. Geriatr. 9: 271-276.

Gafni, A. & K.-C.M. Yuh (1989): *Age related molecular changes in skeletal muscle.* Prog. Clin. Biol. Res. 287: 277-282.

Gahan, P.B. & J. Middleton (1984): *Euploidization of human hepatocytes from donors of different ages and both sexes compared with those from cases of Werner's syndrome and progeria.* Exp. Geront. 19 (6): 335-358.

Geller, J. & J. Albert (1982): *The effect of aging on the prostate.* In: S.G. Koreman (Hrsg.): Endocrine aspects of aging. Elsevier Biomedical, New York, Amsterdam.

George-Hyslop H. et al. (1987a): *Absence of duplication on chromosome 21 genes in familial and sporadic Alzheimer's disease.* Science 238: 664.

George-Hyslop H. et al. (1987b): *The genetic defect causing familial Alzheimer's disease maps on chromosome 21.* Science 235: 885.

Gershon, D. et al. (1975): *Age-associated alterations in enzyme regulation and function.* Proc. 10th Intern. Congr. Gerontol., Jerusalem I: 39.

Gershon, H. & D. (1970): *Detection of inactive enzyme molecules in aging organisms.* Nature 227: 1214.

Gershon, H. & D. (1973): *Inactive enzyme molecules in aging mice: Liver aldolase*. Proc. nat. Acad. Sci., Washington 70: 909.

Gilliam, T.C. et al. (1987): *A DNA segment encoding two genes very tightly linked to Huntington's disease*. Science 238: 950.

Goldgaber, D.M. et al. (1987): *Characterization and chromosomal localization of a cDNA encording brain amyloid of Alzheimer's disease*. Science 235: 877.

Goldstein, H. et al. (1989): *Geriatric Otorhinolaryngology*. B.C. Decker, Toronto.

Goldstein, S. & E.J. Moerman (1975): *Heatlabile enzymes in Werner's syndrome*. Nature 255: 159.

Goldstein, S. & E.J. Moerman (1976): *Defective proteins in normal and abnormal human fibroblasts during aging in vitro*. In: Cellular Aging: Concepts and Mechanisms, I. Interdiscipl. Topics in Gerontol., S. Karger AG, Basel 10: 24.

Goldstein, S. (1969): *Lifespan of cultured cells in progeria*. Lancet 1: 424.

Goldstein, S. (1971): *The role of DNA repair imaging of cultured human fibroblasts from xeroderma pigmentosum and normals*. Proc. Soc. Exp. Biol. Med. 137: 730-741.

Goldstein, S., J. J. Gallo & W. Reichel (1989): *Biologic Theories of Aging*. – AFP (3) 40: 195-201.

Gompertz, B. (1825): *On the nature of the function expressive of the law of human mortalilty and on a new mode of determining the value of life contingencies*. Philos. Transact., Ser. A. 115: 513.

Goto, M., K. Tanimoto, Y. Horiuchi & T. Sasazuki (1981): *Family analysis of Werner's syndrome: a survey of 42 Japanese families with a review of the literature*. Clin. Genet. 19: 8-15.

Grassmann A., H. Wolf & G.W. Bornkamm (1980): *Expression of Epstein-Barr-Virus genes in different cell types after microinjection of viral DNA*. Proc. Nat. Acad. Sci. 77 (1): 433-436.

Greenberg, L.J. & E.J. Yunis (1978): *Genetic control of autoimmune disease and immune responsiveness and the relationship to aging*. Birth Defects 14: 249.

Gregory, St. P., N. MacLean & M.J. Pocklington (1981): *Artificial modification of nuclear gene activity*. Int. J. Biochem. 13: 1047-1063.

Greiling, H. & H.D. Haubeck (1991): *Proteoglycane*. In: Platt, D. (Hrsg.): Biologie des Alterns: 123-134. De Gruyter, Berlin, New York.

Gressner, A.M. (1991): *Proteinstoffwechsel*. In: Platt, D. (Hrsg.): Biologie des Alterns: 137-153. De Gruyter, Berlin, New York.

Grundy, S.M., G.L. Vega & D.W. Bilheimer (1988): *Kinetic mechanisms determining variability in low density lipoprotein levels and rise with age*. Arteriosclerosis 5: 623-630.

Gsell, D. (1965): *Alternstheorien*. In: W. Doberauer, R. Nissen & F.H. Schulz (Hrsg.): Handbuch der Praktischen Geriatrie, Band I. Enke Verlag, Stuttgart.

Gsell, O. (1968): *Die Basler Studie über longitudinale Alternsforschung, 1955-*

1965. In: Herz und Atmungsorgane im Alter. Veröffentl. Deutsche Gesellschaft für Gerontologie 1: 16.

Gurdon, J.B. (1976): *Nuclear transplantation in amphibia and the importance of stable nuclear changes in promoting cellular differentiation*. Quart. Rev. Biol.: 315-339.

Gurdon, J.B., R.A. Laskey, E.M. DeRobertis & G.A. Partington (1979): *Reprogramming of transplanted nuclei in amphibia*. Int. Rev. Cytol. Suppl. 9: 161-178.

Hadley, E.C. (1982): *Genetic alteration and the pathology of aging*. In: Adelman, P.C. & G.S. Roth (Hrsg.) Testing the theories of aging. CRC Press, Boca Raton, Fla.

Hager, K. (1991): *Funktion und Aufbau des Haemostasesystems*. In: Platt, D. (Hrsg.): Biologie des Alterns: 293-302. De Gruyter, Berlin, New York.

Hager, K. (1991): *Thrombozyten*. In: Platt, D. (Hrsg.): Biologie des Alterns: 94-97. De Gruyter, Berlin, New York.

Hager, K., J. Setzer & T. Vogl (1989): *Blood coagulation factors in the elderly*. Arch. Gerontol. Geriatr. 9: 277-282.

Hager, K. & R. Breidung (1987): *Thrombozyten und Alter – Protein- und Neuraminsäuregehalt von Thrombozyten männlicher Spender unterschiedlicher Altersgruppen*. Folia Haematol. 114: 646-655.

Hahn, H.P. von (1988): *Interdisciplinary Topics in Gerontology*, Vol. 23. Karger-Verlag, Basel.

Hahn, H.P. von (1970a): *Structural and functional changes in nucleoproteins during the ageing of the cell*. Gerontologia, Basel 16: 116.

Hahn, H.P. von (1970b): *The regulation of protein synthesis in ageing cells*. Exper. Geront. 5: 323.

Hahn, H.P. von (1971): *Failures of regulation mechanisms as causes of cellular ageing*. Advances in Gerontol. Research. Academic Press, New York 3: 1.

Hahn, H.P. von (1973): *Primary causes of aging: A review of some modern theories and concepts*. Mech. Age. Dev. 2: 245.

Hahn, H.P. von (1973): *Subzelluläre Mechanismen des Alterns: Neue Erkenntnisse über die Funktion der Nukleinsäuren in alternden Zellen*. Triangel 12: 149.

Hahn, H.P. von (1976): *Geriatrie und experimentelle Gerontologie*. In: Scriptum Geriatricum 1976, W. Doberauer (Hrsg.). Österreichische Gesellschaft für Geriatrie, Wien.

Hahn, H.P. von (1978): *Entwicklung und zukünftige Schwerpunkte in der experimentellen Gerontologie*. Aktuelle Gerontologie 8: 1.

Hahn, H.P. von (1979): *Recent trends in experimental gerontology: Developments in cell culture and neuronal metabolism*. In: Interdisciplinary Gerontology, D. Platt (Hrsg.), Forum Medici.

Hahn, H.P. von (1983): *The biological aging process*. Experientia 39: 47-49.

Haid, C.T. (1991): *Ohr*. In: Platt, D. (Hrsg.): Biologie des Alterns: 270-279. De Gruyter, Berlin, New York.

Hall, J.D., R.E. Alarv & K.L. Scherer (1982): *DNA repair in cultured human fibroblasts does not decline with donor age*. Experimental Cell Research 139: 351.

Hamburger, V. (1958): *Regression vs. peripheral control of differentiation in motor hypoplasia*. Amer. J. Anat. 102: 365.

Hamilton, P.J.et al. (1974): *The effect of age upon the coagulation system*. J. Clin. Path. 27: 980-982.

Hamlin, C.R., R.P. Kohn & J.H. Luschin (1975): *Apparent accelerated aging of human collagen in diabetes mellitus*. Diabetes 24: 902-904.

Harding, J.J., H.T. Beswick & R. Ajiboye (1989): *Non-enzymatic post-translational modification of proteins in aging*. Mech. Age. Dev. 50: 7-16.

Harley, C.B. & S. Goldstein (1980): *Retesting the commitment theory of cellular aging*. Science 107: 191-193.

Harley, C.B. et al. (1980): *Protein synthetic errors do not increase during aging of cultured human fibroblasts*. Proc. Nat. Acad. Sci. USA 77: 1885.

Harman, S.N. & P.D. Tsitouras (1980): *Reproductive hormones in aging men: Measurement of sex steroids, basal leutinizing hormone and Leydig cell response to human chorionic gonatropin*. J. Clin. Endocr. Metab. 51: 35.

Harrison, B.J. & R. Holliday (1967): *Senescence and the fidelity of protein synthesis in Drosophila*. Nature 213:990.

Harrison, D.E. (1975): *Normal function of transplanted marrow cell lines from aged mice*. J. Gerontol. 30: 279-285.

Harrison, D.E. (1983): *Long-term erythropoetic repopulation ability of old, young and fetal stem cells*. J. exp. Med. 157: 1496-1504.

Harrison, D.E., J. Archer & C.M. Astle (1982): *The effect of hypophysectomy thymic aging in mice*. J. Immunol. 129: 2673.

Harrison, D.E. & C.M. Astle (1982): *Loss of stem cell repopulation ability upon transplantation*. J. exp. Med. 156: 1767-1779.

Harrison, R.G. (1907): *Observation on the living, developing nerve fiber*. Proc. Soc. Exp. Biol. Med. 4: 140.

Hart, R.W. & J.E. Trosko (1976): *DNA repair processes in mammals*. In: Cellular Aging: Concepts and Mechanisms, Part I. Interdiscipl. Topics in Gerontol., S. Karger AG, Basel 9: 134.

Hart, R.W. & R.B. Setlow (1974): *Correlation between DNA excision-repair and lifespan in a number of mammalian species*. Proc. Nat. Acad. Sci. 7/6: 2169-2173.

Hart, R.W. & R.B. Setlow (1982): *DNA repair and life span of mammals*. In: Hanawalt, P.C. & R.B. Setlow (Hrsg.), Molecular Mechanisms for Repair of DNA. Part B., Plenum, New York.

Hart, R.W. (1976): *Role of DNA repair in aging*. In: Aging Carcinogenesis and Radiation Biology, K.C. Smith (Hrsg.). Plenum Press, New-York: 537.

Hart, R.W. et al. (1979): *Longevity, stability and DNA repair*. Mech. Age. Dev. 9: 203.

Hayes, D. & J. Jerger (1979): *Aging in the use of hearing aids*. Scand. Audiol. 8: 33.

Hayflick, L. & P.S. Moorhead (1961): *The serial cultivation of human diploid cell strains*. Exp. Cell Res. 25: 585-621.

Hayflick, L. (1960): *The cell biology of human aging*. Scient. Amer. 242: 58.

Hayflick, L. (1965): *The limited in vitro human diploid cell strains*. Exp. Cell. Res. 37: 614-636.

Hayflick, L. (1965): *The limited in vitro lifetime of human diploid cell strains*. Exp. Cell Res. 37: 614-636.

Hayflick, L. (1966): *Senescence and cultured cells*. In: Perspectives in Experimental Gerontology, N.W. Shock (Hrsg.)., Charles Thomas, Springfield, Illinois: 195.

Hayflick, L. (1967): *Oncogenesis in vitro*. National Cancer Institute Monograph 26: 355-382.

Hayflick, L. (1970): *Aging under glass*. Exp. Gerontol. 5: 291-303.

Hayflick, L. (1972): *Cell senescence and cell differentiation in vitro*. In: Aging and Development, Academy of Science and Literature, Mainz, Germany. Schattauer Verlag, Stuttgart.

Hayflick, L. (1973): *The biology of human aging*. Am. J. Med. Sci. 265: 433-445.

Hayflick, L. (1974): *Cytogerontology*. In: Rockstein, M. (Hrsg.): Theoretical Aspects of Aging. Academic Press, New York.

Hayflick, L. (1975): *Nuclear control of cellular aging demonstrated by hybridization of anucleate and whole cultured normal human fibroblasts*. Exp. Cell Res. 96: 113-121.

Hayflick, L. (1977): *The cellular basis for biological aging*. In: Finch, D., L. Hayflick (Hrsg.): Handbook of the Biology of Aging,

Hayflick, L. (1979): *Cell Aging*. In: Eisdorfer, C. (Hrsg.), Annual Review of Gerontology and Geriatrics, Vol. I, Springer Publ. Co. Inc., New York.

Hayflick, L. (1980): *Future directions in aging research*. Proc. Soc. Exp. Biol. Med. 165: 206-214.

Hayflick, L. (1980): *Recent advances in the cell biology of aging*. Mech. Aging Dev. 14: 59-79.

Hayflick, L. (1980): *The cell biology of human aging*. Sci. Am. 242: 58-66.

Hayflick, L. (1980): *Zellbiologie des Alterns*. Spektrum der Wissenschaft 3: 77-83.

Hayflick, L. (1981): *Genetic disparties of senescence*. In: Rothschild, H. (Hrsg.): Biocultural aspects of disease: 599-629, Academic Press, New York.

Hayflick, L. (1981): *The biology of human aging*. Plastic and Reconstruction Surgery 67 (4): 536-550.

Hayflick, L. (1982): *Aging and death in vertebrate cells*. In: Viidik, A. (Hrsg.): Lectures in Gerontology, Vol 1A: 59-91, Academic Press, New York.

Hayflick, L. (1984): *Dr. Alexis Carrel and tissue culture.* J. Am. Med. Ass. 252: 44-45.

Hayflick, L. (1984): *Immortality.* Science 225: 268.

Hayflick, L. (1984): *The aging of humans and their cultured cells.* Resident & Staff Physician 30 (8): 36-44.

Hayflick, L. (1985): *Perspectives in biogerontology.* Meth. Clin. Pharmacol. 6: 5-17.

Hayflick, L. (1985): *The cell biology of aging.* In: Clinics in Geriatric Medicine, Vol. 1. The Aging Process 1: 15-27.

Hayflick, L. (1985): *Theories of biological aging.* Exp. Geront. 20: 145-159.

Hayflick, L. (1986): *Aging and drug in cultured normal human cells.* In: Platt, D. (Hrsg.): Drugs and aging: 21-34. Springer Verlag, Berlin-Heidelberg.

Hayflick, L. (1987): *Cellular aging in vitro, cellular aging in vivo, cellular transformation biological aging theories.* In: Maddox, G. (Hrsg.): The Encyclopedia of Aging. Springer, New York.

Hayflick, L. (1987): *Mortality and immortality in vitro.* In: Heyman, D.K. (Hrsg.): Duke University Council on Aging and human development »Proceedings of Seminars 1970-76«: 65-72, Duke University, Medical Center, Durham.

Hayflick, L. (1991): *General Aspects of Fibroblast Cell Culture.* In: Platt, D. (Hrsg.): Biologie des Alterns: 54-72. De Gruyter, Berlin, New York.

Heckers, H. & D. Platt (1985): *Lipide and Lipoproteine im Alter und hohen Alter. Einflußfaktoren, Prävalenzen von Abnormitäten und prognostische Bedeutung.* Akt. Endokrinol. Stoffw. 6: 11-24.

Herrmann, V. (1987): *Histiogenese, De- und Regeneration sowie Adaptations-. Alterns- und Kompensationserscheinungen an der Skelettmuskulatur.* Zentralbl. allg. Pathol. Anat. 133: 391-411.

Heseker, H. & W. Kübler (1983): *Die Bedarfsdeckung älterer Menschen mit Vitaminen.* Ernährungs-Umschau 30: 366-369.

Heseker, H., W. Kübler & J. Westernhöfer (1990): *Psychische Veränderungen als Frühzeichen einer suboptimalen Vitaminversorgung.* Ernährungs-Umschau 37: 87-94.

Hirokawa, K. & Makinodan T. (1975): *Thymic involution: Effect on T cell differentiation.* J. Immun. 6: 1659.

Hirsch, G.P. (1978): *Somatic mutations and aging.* In: Schneider, E.L. (Hrsg.): The Genetics of Aging. Plenum, New York.

Hochschild, H. (1973): *Effect of Dimethylaminoethanol on the life span of senile male A/J mice.* Exp. Geront. 8: 185-191.

Hochschild, R. (1973): *Effect of various additives on in vitro survival time of human fibroblasts.* J. Geront. 28 (4): 450-451.

Hockwin, O. & C. Ohrloff (1984): *The eye in the elderly: Lens.* In: D. Platt (Hrsg.): Geriatrics 3: 373-424. Springer, Berlin-Heidelberg-New York.

Hocman, G. (1979): *Biochemistry of aging.* Ant. J. Biochem 10: 867-876.

Hofecker, G. & H. Niemüller (1976): *Tierexperimentielle Untersuchungen zum Altern des Bindegewebes.* Tagungsbericht der Van-Swieten-Tagung: 155-156. Verl. Österr. Ärztekammer.

Hofecker, G. & H. Niemüller (1981): *Biologische Grundlagen des Alterns.* Wiener Tierärztl. Mitschr. 68 (10): 376-382.

Höhn, H. (1994): *Gene oder Umwelt. Welche Faktoren bestimmen Langlebigkeit und Altern des Menschen?* Nat. Wiss. Rundschau 47: 453-460.

Holland, J.J., D. Kohne & M. Doyle (1973): *Analysis of virus replication in aging human fibroblast cultures.* Nature 245:316.

Holliday, R. & G.M. Tarrant (1972): *Altered enzymes in ageing human fibroblasts.* Nature 238: 26.

Holliday, R., J.S. Porterfield & D.D. Gibbs (1974): *Premature ageing and occurence of altered enzyme in Werner's syndrome fibroblasts.* Nature 248: 762.

Holliday, R. (1975): *Testing the protein error theory of aging. A reply to Baird, Samis, Massie and Zimmerman.* Gerontologia, Basel 21: 64.

Holliday, R. et al. (1977): *Testing the commitment theory of cellular aging.* Science 198: 366-372.

Hunziker, O. et al. (1978): *Quantitative studies in the cerebral cortex of aging humans.* Gerontology, Basel 24: 27.

Ide, T. et al. (1983): *Reinitiation of host DNA synthesis in senescent human diploid cells by infection with simian virus 40.* Exp. Cell Res. 143: 343-349.

Islam, M.S. & W.T. Ulmer (1983): *Referenzwerte der ventilatorischen Lungenfunktion.* Prax. Klin. Pneumol. 37: 9-14.

Jones, H.B.A. (1956): *A special consideration of the aging process, disease, and life expectancy.* Adv. Biol. Med. Phys 4: 281.

Jorgensen, K.A., J.Dryerberg & A.S. Olesen (1980): *Acetylsalicylic acid, bleeding time and age.* Thromb. Res. 19: 79-85.

Kahn, A. et al. (1977): *Accuracy of protein synthesis in vitro aging. Search for altered enzymes in senescent cultured cells from human livers.* Gerontology, Basel 23: 174.

Kallman, F.J. & G. Sander (1949): *Twin studies on senescence.* Am. J. Psych. 106: 29.

Kapides, J. & D. Zierdt (1967): *Compatibility of normal renal function with aging.* J. Amer. med. Ass. 201: 778.

Kasim, S. & R.A. Kreisberg (1988): *Lipoprotein metabolism and aging.* In: J.R. Sowers, J.V. Felicetta (Hrsg.): The endocrinology of aging: 175-194. Raven Press, New York.

Kasjanovova, D. & V. Balaz (1986): *Age-related changes in human platelet function in vitro.* Mech. Ageing Dev. 37: 175-182.

Katz, M.L. & G. Robinson jr. (1983): *Lipofuscin response to the »age reversing« drug centrophenoxine in rat pigment epithelium and frontal cortex.* J. Gerontol. 38: 525.

Kendeigh, S.C., V.R. Dolnik & V.M. Gavrilov (1977): *Avian energetics*. In: J.Pinowski & S.C. Kendeigh (Hrsg.): Granivorous Birds in Ecosystem: 129-204. Cambridge University press. Cambridge, London.

Kirkwood, T.B.L. & T. Cremer (1982): *Cytogerontology since 1881: A reappraisal of August Weismann and a review of modern progress*. Hum. Genet. 60: 101-121.

Kirkwood, T.B.L. (1983): *Repair and its evolution: Survival versus reproduction*. In: Townsend, C.R. & P. Calow (Hrsg.): Physiological Ecology: An Evolutionary Approach to Resource Use. Blackwell, Oxford.

Knook, D.L. (1990): *Altern – Zufall oder programmierter Tod?* Umschau 83/23: 701-705.

Kohn, R.R. (1982): *Cause of death in very old people*. JAMA 247 (29): 2793-2797.

Kohn, R.R., A. Cerami & V. Monnier (1984): *Collagen aging in vitro by non-enzymatic glycosylation and browning*. Diabetes 33: 57.

Kontermann, K. & K. Bayreuther (1979): *The cellular aging of rat fibroblasts is a differentiation process*. Gerontology 25: 261-274.

Kovanen, V. (1989): *Effect of ageing and physical training on rat skeletal muscle*. Acta Physiol. Scand. Suppl. 577: 1-56.

Kübler, W. (1991): *Vitaminstoffwechsel*. In: Platt, D. (Hrsg.): Biologie des Alterns: 185-194. De Gruyter, Berlin, New York.

La Greca, A.J., R.L. Akers & J.W. Dwyer (1988): *Life events and alcohol behaviour among older adults*. The Gerontologist 28: 552.

Lajtha, L.G. & R. Schofield (1971): *Regulation of stem cell renewal and differentiation: possible significance in aging*. Adv. Geront. Res. 3: 131-145.

Laube, H. (1991): *Kohlenhydratstoffwechsel*. In: Platt, D. (Hrsg.): Biologie des Alterns: 154-168. De Gruyter, Berlin, New York.

Lehnhardt, E. (1978): *Zur Fragwürdigkeit des Begriffs »Altersschwerhörigkeit«*. HNO 26: 406.

Leiniecki, J., A. Bajerska & C. Andryszek (1971): *Chromosomal aberration in human lymphocytes irradiated in vitro from donors (male-females) of varying age*. Int. J. Radiat. Biol. 19: 349.

Leopold, A.C. (1978): *The biological significance of death in plants*. In: Behnke, J.A., C.E. Finch & G.B. Moment (Hrsg.): The Biology of Aging, Plenum Press: 101-114.

Lewin, R. (1986): *Age factors loom in Parkinsonian research*. Science 234: 1200.

Lewin, R. (1987): *The origin of the modern human mind*. Science 236: 668.

Lewin, R. (1988): *Cloud over Parkinson's therapy*. Science 240: 390.

Lewis, C.M. & G.M. Tarrant (1972): *Error theory and ageing in human diploid fibroblasts*. Nature 239: 316.

Lewis, C.M. & R. Holliday (1970): *Mistranslation and ageing in Neurospora*. Nature: 877.

Lewis, C.M. (1972): *Protein turnover in relation to Orgel's theory of ageing.* Mech. Age. Dev. 1: 43.

Lexell, J., K. Hendriksson-Larsen & B. Winblad (1983): *Distribution of different fiber types in human skeletal muscle: effects of aging studied in whole muscle cross sections.* Muscle Nerve 6: 588-595.

Lindemann, J. (1995): *Lebenserwartung – was uns erwartet.* Naturw. Rdschau. 48: 260-262.

Lindstedt, S.L. & W.A. Calder (1981): *Body size, physiological time, and longevity of homeothermic animals.* Q. Rev. Biol. 56: 1-16.

Lints, F.A. (1985): *Insects.* In: Finch, C.E. & E.L. Schneider (Hrsg.): Handbook of the Biology of Aging. Van Nostrand Reinhold, New York.

Lints, F.A. (1989): *The Rate of Living Theory Revisited.* Gerontology 35: 36-57.

Linzbach, A.J. (1972): *Das Altern des menschlichen Herzens.* In: Altmann, H.W., F. Büchner, H. Cottier (Hrsg.): Handbuch der allgemeinen Pathologie, VI/4: 369-428. Springer Verlag, Berlin – Heidelberg – New York.

Lipschitz, D.A., S.K. McGinnis & K. Udupa (1983): *The use of long-term bone marrow culture as a model of the aging process.* Age 6: 122-127.

Lockshin, R.A. & J. Beaulaton (1974): *Programmed cell death / Cytochemical evidence for lysosomes during the normal breakdown of the intersegmental muscle.* J. Ultrastr. Res. 46: 43-62.

Lockshin, R.A. & J. Beaulaton (1974): *Programmed cell death : Cytochemical appearance of lysosomes when death of the intersegmental muscle is prevented.* J. Ultrastr. Res. 46: 63-78.

Loo, D.T. et al. (1987): *Extended culture of mouse embryo cells without senescence: Inhibition by serum.* Science 236: 200.

Macieria-Coelbo, A. & A. Ponten (1969): *Analogy between late passage human embryonic and early passage human adult fibroblasts.* J. Cell Biol. 43: 374-377.

Macieria-Coelbo, A. (1976): *Metabolism of ageing cells in culture.* Gerontology, Basel 22, No. 1-2.

Macieria-Coelbo, A. (1981): *Tissue culture in aging research: present status and prospects.* Experientia 37: 1050-1053.

Macieria-Coelbo, A. (1986): *Review article: Cancer and Aging.* Exp. Geront. 21 (6): 483-495.

Madden, D.J. (1985): *Age-related slowing in the retrieval of information from long-term memory.* J. of Gerontol. 40: 208.

Makinodan, T. & M.M. Kay (1980): *Age influence on the immune system.* Adv. Immunol. 29: 287.

Makinodan, T., M.P. Chang & N. Kinohara (1986): *Influence of age on cellular differentiation: a T-cell model.* Exp. Geront. 21 (4/5): 241-253.

Makrides, S.C. (1983): *Protein synthesis and degradation during aging and senescence.* Biol. Rev. 58: 343-422.

Martin, G.M. (1978): *Genetic syndromes in man with potential relevance to the pathobiology of aging.* Birth Defects 14 (1): 5-39.

Martin, G.M., C.A. Sprague & C.J. Epstein (1970): *Replicative lifespan of cultivated human cells. Effect of donor's age, tissue, and genotype.* Lab. Invest. 23: 86-92.

Martin, G.M., C.E. Ogburn & C.A. Sprague (1975): *Clonal senescence of vascular cells: Implications for atherogenesis.* Proc. 10th Intern. Congr. of Gerontol., Jerusalem I: 68.

Martin, G.W. & M.S. Tuker (1988): *Model systems for the genetic analysis of mechanisms of aging.* J. Gerontol. 43: B33.

Martin, M. (1983): *Gerinnung.* In: D. Platt (Hrsg.): Handbuch Gerontologie – Innere Medizin, Band 1. Fischer Verlag, Stuttgart – New York.

Marttila, R.J. et al. (1977): *Viral antibodies in the sera of patients with Parkinson's disease.* European Neurology 15: 25.

Masoro, E.J. (1988): *Food restriction in the rodents: An evaluation of its role in the study of aging.* J. Gerontol. 43: B59.

Masoro, E.J., B.P. Yu & H.A. Bertrand (1982): *Action of food restriction in delaying the aging process.* Proc. Nat. Acad. Sci., USA 79: 4239.

Masoro, E.J., M.S. Katz & C.A. McMahan (1989): *Evidence for the glycation hypothesis of aging from the food-restricted rodent model.* J. Gerontol. 44: B20.

Masters, P.M. (1981): *Amino acid recemization in structural proteins.* In: Reff, M.E. & E.L. Schneider (Hrsg.): Biological Markers of Aging Conference. Nat. Inst. Aging, Bethesda.

Matsumura, T. et al. (1980): *Senescent human diploid cells (WI-38): Attempted induction of proliferation by infection with SV40 and by fusion with irradiated continuous cell lines.* Exp. Cell. Res. 125: 453-457.

Matsumura, T., Z. Zerrudo & L. Hayflick (1979): *Senescent human diploid cells in culture: survival, DNA synthesis and morphology.* J. Geront. 34 (3): 328-334.

Mazess, R. & S. Forman (1979): *Longevity and age by exaggeration in Vilcabamba, Ecuador.* J. Gerontol. 34: 94-98.

McCullough, C.H.R. et al. (1973): *Nuclear DNA content and senescence in Physarum polycephalum.* Nature New Biology 245: 263-265.

McKay, C.M., M.F. Crowell & L.A. Maynard (1935): *The effect of retarded growth upon the length of life span and upon the ultimated body size.* J. Nutr. 10: 63-79.

Medvedev, Z. A. (1980): *The role of infidelity of transfer of information for the accumulation of age changes in differentiated cells.* Mech. Age. Dev. 14: 1.

Medvedev, Z.A. (1983): *Development switches in reiterated genes may reduce the rate of age changes in DNA.* Exp. Geront. 18, 73-78.

Meier-Ruge, W. & P. Iwangoff (1976): *Biochemical effects of ergot alkaloids with special reference to the brain.* Postgr. Med. J. 52: 47.

Meier-Ruge, W. (1976a): *Pathophysiologie des alternden Gehirnes.* Akt. Geront. 6: 177.

Meier-Ruge, W. (1976b): *Stoffwechsel des Altergehirnes.* Ärztl. Praxis 28: 648.

Meier-Ruge, W. (1978): *Advances in the Experimental Pharmacology of Hydergine.* Gerontology 24, Suppl.1.

Meier-Ruge, W. et al. (1975): *Experimental pathology in basic research of the aging brain.* In: Aging, S. Gershon & A. Raskin (Hrsg.), Raven Press, New York 2: 55.

Menconi, M., L. Taylor & B. Martin (1987): *A review: Prostaglandins, aging and blood vessels.* J. Am. Geriatr. Soc. 35: 239-247.

Mester, U. (1989): *Netzhaut.* In: D. Platt (Hrsg.): Handbuch der Gerontologie, Bd. 3, Augenheilkunde: 170-208. Fischer Verlag, Stuttgart.

Miggleton-Harris, A.L. &. L. Hayflick (1976): *Cellular aging studied by reconstruction of replicating cells from nuclei and cytoplasms isolated from human diploid cells.* Exp. Cell Res. 103: 321-330.

Miller, N.E. (1987): *On the association of body cholesterol pool size with age, HDL cholesterol and plasma total concentration in humans.* Atherosclerosis 67: 163-172.

Miller, R.C. et al. (1977): *In vitro aging.* Exp. Cell Res. 110: 63-73.

Mintz, B. & K. Illmensee (1975): *Normal genetically mosaic mice produced from malignant teratocarcinoma cells.* Proc. Nat. Acad. Sci. 72 (9): 3585-3589.

Miquel, J. & J.E. Fleming (1984): *A two-step hypothesis on the mechanisms of in vitro cell aging: Cell differentiation follows by intrinsic mitochondrial mutagenesis.* Exp. Geront. 19: 31-36.

Mitchell, D.H. & T.E. Johnson (1984): *Invertebrate models in aging research.* CRC Press, Boca Raton, Florida.

Moment, G. B. (1982): *Theories of aging: An overview.* In: Adelman, R.C. & G.S. Roth (Hrsg.): Testing the Theories of Aging, CRC Press, Boca Raton, Florida.

Monnier, V.M. & A. Cerami (1981): *Non-enzymatic browning in vivo: Possible process for aging of long-lived proteins.* Science 211: 491-493.

Mor, V., C.E. Gutkin & S. Sherwood (1985): *The cost of residential care home serving elderly adults.* J. Gerontol. 40: 164-171.

Mori, H., J. Kundo & Y. Ihara (1987): *Ubiquitin is a component of paired helical filaments in Alzheimer's disease.* Science 235: 1641.

Morley, J.E. & A.J. Silver (1988): *Anorexia in the elderly.* Neurobiol. Aging 9: 9-16.

Moscicki, E.K. et al. (1985): *Hearingloss in the elderly: an epidemiologic study of the Framingham Heart Study Cohort.* Ear Hear 6: 184.

Moser, P.W. (1987): *Helfen Anti-Falten Cremes wirklich?* Das Beste aus Reader's Digest 4: 91-96.

Muggleton A. & F. Danielli (1968): *Inheritance of the »life-spanning« phenomenon in Amoeba proteus.* Exp. Cell Res. 49: 116-120.

Muggleton-Harris, A. (1971): *Ageing factors affecting the ability of adult lens cell nuclei for cleavage and development.* Exp. Geront. 6: 461-467.

Muggleton-Harris, A. & K. Pezzella (1972): *The ability of the lens cell nucleus to promote complete embryonic development through to metamorphosis and its application to ophthalmic gerontology.* Exp. Geront. 7: 427-431.

Muggleton-Harris, A. & L. Hayflick (1976): *Cellular aging studied by the reconstruction of replicating cells from nuclei and cytoplasms isolated from normal human diploid cells.* Exp. Cell Res. 103: 321-330.

Muggleton-Harris, A. & D.W. DeSimone (1980): *Replicative potential of various fusion products between WI-38 and SV 40 tranformed WI-38 cells and their components.* Som. Cell Gen. 6: 689.

Muggleton-Harris, A. & M.A. Aroian (1982): *Replicative potential of individual cell hybrids derived from young and old donor human skin fibroblasts.* Som. Cell Genet. 8 (1): 41-59.

Muggleton-Harris, A., P.S. Reisert & R.L. Burghoff (1982): *In vitro characterization of response to stimulus (wounding) with regard to ageing in human skin fibroblasts.* Mech. Aging Dev. 19: 37-43.

Murphy, C. (1986): *Taste and smell in the elderly.* In: H.L. Meiselman, R.S. Rivlin (Hrsg.): Clinical Measurement of Taste and Smell: 343-371. Macmillan, New York, N.Y.

Murphy, E.A. (1978): *Genetics of longevity in man.* In: Schneider, E.L. (Hrsg.): The Genetics of Aging. Plenum Press, New York.

Murray, V. & R. Holliday (1981): *Increased error frequency of DNA polymerases from senescent human fibroblast.* J. Mol. Biol. 146: 55.

Namba, M., M. Karai & T. Kimoto (1987): *Comparison of major cytoskeletons among normal human fibroblasts, immortal human fibroblasts transformed by exposure to Co-60 gamma rays, and the latter cells made tumorigenic by treatment with Harvey murine sarcoma virus.* Exp. Geront. 22 (3): 179-186.

Nandy, K. & F.H. Schneider (1978): *Effects of dihydroergotoxine-mesylate on aging neurons in vitro.* In: Advances in the Experimental Pharmacology of Hydergine. Gerontology, Basel 24 Suppl.1: 66.

Nelson, J.F. et al. (1982): *Longitudinal study of the estrous cycle in aging C57Bl/6J mice. I. cycle frequency, length, and vaginal cytology.* Biol. Reprod. 27: 327.

Niemüller, H., G. Hofecker & A. Kment (1975): *Gerontologische Untersuchungen des Nukleinsäurestoffwechsels bei der Ratte. I. Mitteilung: Hemmung der Denovo-Synthese von Thymidin mit Methotrexat.* Akt. Geront. 5 (8): 445-451.

Nienhaus, A.J., B. DeJong & L.P. Tenkate (1971): *Fibroblast culture in Werner's syndrome.* Humangenetik 13: 244-246.

Nies, A., D.S. Robinson & J.M. Davis (1973): *Changes in monoamine oxidase with aging.* In: Psychopharmacology and Aging, C. Eisdorfer & W.E. Fann (Hrsg.). Plenum Press, New York.

Nooden, L.D. & J.E. Thompson (1985): *Aging and senescence in plants*. In: Finch, S.E. & E.L. Schneider (Hrsg.): Handbook of the Biology of Aging. Van Nostrand Reinhold, New York.

Norwood, T.H. & R. Smith (1985): *The cultured fibroblast-like cell as a model for the study of aging*. In: Finch, C.E. & E.L. Schneider (Hrsg.): Handbook of the Biology of Aging: 291-321. Van Nostrand Reinhold, New York.

Ogomori, K. et al. (1988): *Aging and cerebral amyloid: early detection of amyloid in the human brain using biochemical extraction and immunostain*. J. Gerontol. 43: B157.

Ohno, S. & Y. Nagai (1978): *Genes in multiple copies as the primary cause of aging*. In: Bergsma, D. & D.E. Harrison (Hrsg.), Genetic Effects of aging. Liss, New York.

Ohrloff, C. & U. Eckerskorn (1989): *Linse: physiologische Altersveränderungen, Kataraktentstehung und Katarakttherapie*. In: D. Platt (Hrsg.): Handbuch der Gerontologie, Bd. 3, Augenheilkunde: 117-152. Fischer Verlag, Stuttgart.

Ohrloff, C. (1991): *Auge*. In: Platt, D. (Hrsg.): Biologie des Alterns: 197-205. De Gruyter, Berlin, New York.

Ono, T., S. Okada & T. Sugahara (1976): *Comparative studies of DNA in various tissues of mice during the aging process*. Exp. Gerontol. 11: 127.

Orgel, L.E. (1963): *The maintenance of the accuracy of protein synthesis and its relevance to ageing*. Proc. Nat. Acad. Sci. 49: 517-521.

Orgel, L.E. (1970): *The maintenance of the accuracy of protein synthesis and its relevance to aging: A correction*. Proc. nat. Acad. Sci., Washington 67: 1476.

Osborne, T.B. & L.B. Mendel (1915): *The resumption of growth after continued failure to grow*. J. Biol. Chem. 23: 439-447.

Pantelouris E. (1973): *Thymic involution and ageing*. Exp. Geront. 8:169-171.

Paul, J. (1967): *Masking of genes in cytodifferentiation and carcinogenesis*. In: A.V.S. de Reuck & J. Knight (Hrsg.): Cell Differentiation. Ciba Foundation Symposium. Churchill Ltd., London.

Pearl, R. (1924): *Studies in human biology*. Williams & Williams, Baltimore.

Pellegrino, M.A. et al. (1976): *Changes in HL-A Antigen profiles on SV40-transformed human fibroblasts*. Exp. Cell Res. 97: 340-345.

Pereira-Smith, O.M. & J.R. Smith (1983): *Evidence for the recessive nature of cellular immortality*. Science 221: 964.

Pereira-Smith, O.M. & J.R. Smith (1988): *Genetic analysis of indefinite division in human cells: Identification of four complementation groups*. Proc. Nat. Acad. Sci. 85: 6032.

Peress, N.S., W.C. Kane & S.M. Aronson (1973): *Central nervous system findings in a tenth decade autopsy population*. In: D.H. Ford (Hrsg.): Neurobiological Aspects of Maturation and Aging. Progress in Brain Research. Elsevier, Amsterdam 40: 473.

Perls, T.T. (1995): *Vitale Hochbetagte.* Spektrum d. Wiss. 3/95: 72-77.

Pesch, H.-J. (1991): *Knochen.* In: Platt, D. (Hrsg.): Biologie des Alterns: 236-245. De Gruyter, Berlin, New York.

Pesch, H.J. et al. (1980): *Der altersabhängige Verbundbau der Lendenwirbelkörper. Eine Struktur- und Formanalyse.* Virchows Arch. A., Path. Anat. & Histol. 386: 21-41.

Pesch, H.J., F. Henschke & H. Seibold (1977): *Einfluß von Mechanik und Alter auf den Spongiosaumbau in den Lendenwirbelkörpern und im Schenkelhals. Eine Strukturanalyse.* Virchows Arch. A., Path. Anat. & Histol. 377: 27-42.

Pfaffenholz, V. (1978): *Correlation between DNA repair of embryonic fibroblasts and different life span of 3 inbred mouse strains.* Mech. Aging Dev. 7: 131-150.

Pitot, H.C. (1977): *Carcinogenesis and aging – two related phenomena ?* Am. J. Pathol. 87 (1): 444-472.

Platt, D. (1983): *Geriatrika.* In: Franke, H. (Hrsg.): Gerotherapie: 211-218, Fischer-Verlag, Stuttgart-New York.

Plattig, H.-H. (1991): *Geruchs- und Geschmacksorgane.* In: Platt, D. (Hrsg.): Biologie des Alterns: 215-219. De Gruyter, Berlin, New York.

Podlisny, M.B., G. Lee & D.J. Selkoe (1987): *Gene dosage of the amyloid beta precursor protein in Alzheimer's disease.* Science 238: 669.

Pomerance, A. (1983): *Age-related cardiovascular changes and mechanically induced endocardial pathology.* In: Silver, M.D. (Hrsg.): Cardiovascular Pathology: 87-124. Churchill Livingstone, New York-Edinburgh-London-Melbourne.

Posner, J., M. Danhof & M.W.E. Teunissen (1987): *The disposition of antipyrine and its metabolites in young and elderly healthy volunteers.* Br. J. Clin. Pharmacol. 24: 51-55.

Price, D.L. et al. (1982): *Alzheimer's disease and Down's syndrome.* In: Sinex, F.M. & C.R. Merril (Hrsg.): Alzheimer's disease, Down's syndrome, and aging. Annals of the New York Academy of Science 396.

Prinzinger, R. (1979): *Lebensalter und relative Gesamtenergieproduktion beim Vogel.* J.Orn. 120 : 103-105.

Prinzinger, R. (1981): *Ist die Lebensdauer ein Energieproblem?* Kosmos 8/82: 82-83.

Prinzinger, R. (1989): *The Energy Cost of Life Stages in Birds.* In: Wieser, W. & E. Gnaiger (Hrsg.): Energy Transformations in Cells and Organisms: 123-129. Thieme. Stuttgart, New York.

Prinzinger, R. (1990): *Die Lebensstadien und ihre physiologische Zeit bei Vögeln – eine allometrische Betrachtung.* J. Orn. 131: 47-61.

Prinzinger, R. (1990): *Leben und Energieverbrauch.* Dokument und Analyse 17/7:49-51.

Prinzinger, R. (1990): *Lebensalter und biologische Zeit – der feine Unterschied. Betrachtungen zur Begrenzung der Lebenszeit aus der Sicht eines Stoffwechselphysiologen.* In: Lebensenergie, EKH Heft 1: 51-60. VBU-Verlag Bonn.

Prinzinger, R. (1990): *Lebensalter und physiologische Zeit. Betrachtungen zur Messung der Lebensdauer in biologischen Systemen.* Forschung Frankfurt 8/3: 2-11.

Prinzinger, R. (1991): *Lebensalter und physiologische Zeit.* Universitas 7/1991: 661-673.

Prinzinger, R. (1991): *Theorie des Alterns und Prävention.* In: E. Theurl & J. Dezsy (Hrsg.): Ökonomie der Prävention: 23-54. Universität Innsbruck.

Prinzinger, R. (1991): *Wie tickt die biologische Uhr? Lebensalter und physiologische Zeit.* Universitas 46: 661-673.

Prinzinger, R. (1992): *How does the Biological Clock Tick. Life Span and Biological Time.* Universitas, Int. J. Sci. & Human. 34: 50-60.

Prinzinger, R. (1992): *Theorie und Prävention des Alterns.* Krankenhauspharmazie 13/4: 141-145.

Prinzinger, R. (1993): *Altern auf verschiedenen biologischen Organisationsstufen.* Krankenhauspharmazie 14/4:147-152.

Prinzinger, R. (1993): *Energy metabolism – a unit for physiological time?* Interdisc. Sci. Rev. 18/1:35-44.

Prinzinger, R. (1993): *Life span in birds and the ageing theory of absolute metabolic scope.* Comp. Biochem. Physiol. 105A/4:609-615.

Prinzinger, R. (1993): *Wie alt werden Vögel?* Ornithologen-Kalender 1994:214-221. Aula Verlag, Wiesbaden.

Prinzinger, R. (1993): *Wie tickt die biologische Uhr – und wie lange? Zeit-Erleben. Zwischen Hektik und Müßiggang.* Goldegger Dialoge 12: 148-153.

Prinzinger, R., H. Maisch & K. Hund (1979): *Untersuchungen zum Gasstoffwechsel des Vogelembryos: I. Stoffwechselbedingter Gewichtsverlust, Gewichtskorrelation, tägliche Steigerungsrate und relative Gesamtenergieproduktion.* Zool. Jb. Physiol. 83: 180-191.

Prothero, J.W. (1979): *Maximal oxygen consumption in various animals and plants.* Comp. Biochem. Physiol. 64A: 463-466.

Raes, M. & J. Remacle (1987): *Alteration of the microtubule organization in aging WI-38 fibroblasts, a comparative study with embryonic hamster lung fibroblasts.* Exp. Geront. 22 (1): 47-58.

Raes, M. & Remacle J. (1983): *Ageing of hamster embryo fibroblasts as the result of both differentiation and stochastic mechanisms.* Exp. Geront. 18 (3): 223-240.

Rahn, H. & A. Ar (1974): *The avian egg: incubation time and water loss.* Condor 76 : 147-152.

Rahn, H. (1989): *Time, Energy, and Body Size.* In: V. Paganelli & L.E. Farhi (Hrsg.): Physiological Function in Special Environments: 203-213. Springer-Verlag, New York-Berlin-Heidelberg.

Rahn, H., C.V. Paganelli & A. Ar (1974): *The avian egg: Air-cell gas tension, metabolism and incubation time.* Resp. Physiol. 22: 297-309.

Rauterberg, J. (1991): *Struktur, Eigenschaften und Biosynthese von Kollagenen.* In: Platt, D. (Hrsg.): Biologie des Alterns: 98-110. De Gruyter, Berlin-New York.

Rees, A.R., E.D. Adamson & C.F. Graham (1979): *Epidermal growth factor receptors increase during the differentiation of embryonal carcinoma cells.* Nature 281: 309-311.

Reichel, W., R. Garcia-Bunuel & J. Dilallo (1971): *Progeria and Werner's syndrome as models for the study of normal human aging.* J. Am. Geriatr. Soc. 19: 369-375.

Reincke, U. et al. (1982): *Proliferative capacity of murine hematopoietic stem cells in vitro.* Science 215: 1619-1622.

Reiss, U. & D. Gershon (1976): *Rat-liver superoxide dismutase. Purification and age-related modifications.* Europ. J. Biochem. 63: 617.

Reitz, M. (1980): *Altern und DNA-Reparatur.* Umschau in Wissenschaft und Technik, 1: 25-26.

Richardson, A. & M.C. Birchenall-Sparks (1983): *Age-related changes in protein synthesis.* In: M. Rothstein (Hrsg.): Review of biological research in aging, Bd. 1: 255-273. Alan R. Liss Inc., New York.

Richardson, A., M.C. Birchenall-Sparks & J.L. Staecker (1983): *Aging and transcription.* In: M. Rothstein (Hrsg.): Review of biological research in aging, Bd. 1: 275-294. Alan R. Liss Inc., New York.

Richardson, A., M.S. Roberts & M.S. Rutherford (1985): *Aging and gene expression.* In: M. Rothstein (Hrsg.): Review of biological research in aging, Bd. 2: 395-419. Alan R. Liss Inc., New York.

Richardson, A. & I. Semsei (1987): *Effect of aging on translation and transcription.* In: Rothstein, M., W.H. Adler, V.J. Cristofalo (Hrsg.): Review of biological research in aging, Bd. 3: 467-483. Alan R. Liss Inc., New York.

Ries, W. & D. Pöthig (1984): *Chronological & biological age.* Exp. Geront. 19: 211-216.

Ries, W., D. Pöthig, I. Hunecke & I. Sauer (1981): *Untersuchungen über das biologische Alter von Menschen.* Z. Altersforsch. 36 (4): 255-262.

Rink, H. (1989): *Linse – biochemische Veränderungen.* In: D. Platt (Hrsg.): Handbuch der Gerontologie, Bd. 3, Augenheilkunde: 92-111. Fischer Verlag, Stuttgart.

Robinson, D.S., A. Nies & J.N. Davis (1972): *Aging, monoamines and monoamine oxidase levels.* Lancet 1: 290.

Rodemann, H.P. & K. Bayreuther (1979): *Verlängerung der mitotischen Lebensspanne menschlicher Glia-Zellen in einem quantitativen Zellkultursystem durch Centrophenoxin.* Arzneim.-Forsch. / Drug Res. 29 (1): 124-129.

Rogers, J. & F.E. Bloom (1985): *Neurotransmitter metabolism and function in the aging central nervous system.* In: Finch, C.E. & E.L. Schneider (Hrsg.): Handbook of the Biology of Aging. Van Nostrand Reinhold, New York.

Rohme, D. (1981): *Evidence for a relationship between longevity of mammalian species and life spans of normal fibroblasts in vitro and erythrocytes in vivo.* Proc. Nat. Acad. Sci. U.S.A. 78: 5009-5013.

Rose, M.R. (1984): *The evolution of animal senescence.* Can. J. Zool. 62: 1661.

Rose, M.R. & J.L. Graves jr. (1989): *What evolutionary biology can do for gerontology.* J. Gerontol. 44: B27.

Rosenbloom, A.L., S. Goldstein & C.C. Yip (1978): *Insulin binding by cultured fibroblasts from normal and insulin-resistant subjects.* Adv. Exp. Med. Biol. 96: 205.

Rosner, B.A. & V.J. Cristofalo (1979): *Hydrocortisone: a specific modulator of in vitro cell proliferation and aging.* Mech. Aging Dev. 9: 485-496.

Roth, M. (1983): *»Glycated« hemoglobin, not »glycosylated« or »glucosated«.* Clin. Chem. 29: 1991.

Rothstein, M. (1975): *Age-related changes in enzymes properties.* Proc. 10th Intern. Congr. of Gerontol., Jerusalem I: 40.

Rowe, J.W. & K.L. Minaker (1985): *Geriatric medicine.* In: Finch, C.E. & E.L. Schneider (Hrsg.), Handbook of the Biology of Aging. Van Nostrand Reinhold, New York.

Rusting, R.L. (1993): *Warum altern wir?* Spektrum d. Wiss. 2/93: 60-67.

Sacher, G. A. (1959): *Relation of life span to brain weight and body weight in mammals.* Ciba Found. Coll. 5: 115-141.

Sacher, G.A. (1975): *Maturation and longevity in relation to cranial capacity in hominid evolution.* In: Tuttle, R.H. (Hrsg.): Antecedents of Man and After, Vol 1. Mounton, Den Hague.

Sacher, G.A. & E.F. Staffeldt (1974): *Relation of gestation time to brain weight for placental mammals. Implications for the theory of vertebrate growth.* Amer. Nat. 108: 539-615.

Sacher, G.A. & R.W. Hart (1978): *Longevity, aging and comparative cellular and molecular biology of the house mouse, Mus musculus, and the white-footed mouse, Peromyscus leucopus.* In: Bergsma, D. & D.E. Harrison (Hrsg.): Genetic Effects of Aging. Alan R. Liss, New York.

Salk, D., E. Bryant, K. Au, H. Hoehn & G.M. Martin (1981): *Systematic growth studies, cocultivation and cell hybridization studies of Werner syndrome cultured skin fibroblasts.* Hum. Genet. 58: 310-316.

Salk, D., H. Hoehm & G.M. Martin (1981): *Cytogenetics of Werner's syndrome cultured skin fibroblasts: variegated translocation mosaicism.* Cytogenet. Cell. Genet. 30: 92-107.

Salk, D., F. Yoshisasa & G.M. Martin (1982): *Werner's syndrome and human aging.* Adv. Exp. Med. Biol. 190. Plenum Press, New York.

Samorajski, T. (1977): *Central neurotransmitter substances and aging: a review.* J. Amer. Geriatr. Soc. 25: 337.

Saunders, J.W. jr. (1966): *Cell death in embryonic systems.* Science 154: 604.

Schachtschabel, D.O. (1991): *Fibroblasten.* In: Platt, D. (Hrsg.): Biologie des Alterns: 73-84. De Gruyter, Berlin, New York.

Schachtschabel, D.O., E.A. Binninger & J.W. Rohen (1989): *In vitro cultures of trabecular meshwork cells of the human eye as a model system for the study of cellular aging.* Arch. Gerontol. Geriatr. 9: 251-262.

Schellenberg, G.D. et al. (1988): *Absence of linkage of chromosome 21q21 to familial Alzheimer's disease.* Science 241: 1507.

Schiffman, S.S. (1979): *Changes in Taste and Smell with Age: Psychophysical Aspects.* In: J.M. Ordy & K. Brizzee (Hrsg.): Sensory Systems and Communication in the Elderly (Aging, Vol.10), pp. 227-246. Raven Press, New York.

Schneibel, A. B. (1978): *Structural aspects of the aging brain: Spine systems and the dendritic arbor.* In: Katzman R. (Hrsg.): Aging, Vol. 1, Alzheimer's Disease, senile dementia, and related disorders. Raven Press, New York.

Schneider, E.L. & Y. Mitsui (1976): *The relationship between in vitro cellular aging and in vivo human aging.* Proc. Nat. Acad. Sci. U.S.A 73: 3584-3588.

Schneider, E.L. et al. (1981): *Skin fibroblast cultures derived from members of the Baltimore longitudinal study: a new resource for study of cellular aging.* Cytogenet. Cell Genet. 31:40-46.

Schneider E.L. & G.D. Bynum (1983): *Disease of feature alterations resembling premature aging.* In: Blumenthal, H.T. (Hrsg.): Handbook of Diseases of Aging. Van Nostrand, New York.

Schneider, E.L. & J.D. Reed (1985): *Modulations of the aging process.* In: Finch, C.E. & E.L. Schneider (Hrsg.): Handbook of the biology of aging. Van Nostrand Reinhold, New York.

Schröder, B. (1994): *Das Altern: Eine Energiekrise der Zelle.* Biuz 24/3.

Schröder, H.C. (1986): *Biochemische Grundlagen des Alterns.* Chem. unserer Zeit 20: 128-138.

Schröder, H.C. & W.E.G. Müller (1991): *Zellkern und Zellorganellen.* In: Platt, D. (Hrsg.): Biologie des Alterns: 25-53. De Gruyter, Berlin, New York.

Schuckit, M.A. (1977): *Geriatric alcoholism and drug abuse.* The Gerontologist 17: 168.

Schuknecht, H.F. (1989): *Pathology of presbyacusis.* In: Goldstein, Kashima, Koopmann (Hrsg.): Geriatric Otorhinolaryngology: 7 40. B.C. Decker Inc. Toronto – Philadelphia.

Schwab, N.W., T.H. Dissmann & W. Schubert (1963): *Der Einfluß des Alters auf die Flüssigkeiten des Körpers.* Klin. Wschr. 41: 1174.

Selkoe, D.J. (1992): *Alterndes Gehirn – alternder Geist.* Spektrum d. Wiss., 11/92: 124-132.

Selkoe, D.J., D.S. Bell, M.B. Podlisny, D.L. Price & L.C. Cork (1987): *Conservation of brain amyloid proteins in aged mammals and humans with Alzheimer's disease.* Science 235: 873.

Shamburek, R.D. & J.T. Farrar (1990): *Disorders of the digestive system in the elderly.* N. Engl. J. Med. 322: 438-443.

Shanas, E. (1978): *New directions in health care for the elderly.* In: Brookbank

J.W. (Hrsg.): Improving the quality of health care for the elderly. University of Florida Press, Gainsville.

Sharma, H.K. & M. Rohstein (1980): *Altered enolase in aged Turbatrix aceti results from conformational changes in the enzyme.* Proc. Nat. Acad. Sci. 77: 5865.

Shock, N.W. (1962): *The physiology of aging.* Scientific American 206, No.1: 100.

Shock, N.W. (1977): *Biological theories of aging.* In: Birren, J. & W. Schaie (Hrsg.): Handbook of the physiology of aging. Van Nostrand Reinhold, New York.

Siegel, J.S. (1980): *Recent and prospective demographic trends for the elderly population and some indications for health care.* In: Haynes, S.G. & M. Feinleib (Hrsg.): Epidemiology of Aging. NIH Publication No. 80-969, U.S.Goverment Printing Office, Washington D.C.

Smith-Sonneborn, J. (1985): *Aging in unicellular organisms.* In: Finch C.E. & E.L. Schneider (Hrsg.): Handbook of the Biology of Aging. Van Nostrand Reinhold, New York.

Spangrude, G.J., Sh. Heinfeld & I.L. Weissman (1988): *Purification and characterization of mouse hematopoietic stem cells.* Science 241: 58-62.

Spearman, M.E. & K.C. Leibman (1984): *Aging selectively alters Glutathione S-transferase isoenzyme concentrations in liver and lung cycle.* Drug Metabol. Dispos. 12 (5): 661-671.

Spencer, P.S. et al. (1987): *Guam amyotropic lateral sclerosis-Parkinsonism-dementia linked to a plant excitant neurotoxin.* Science 237: 517.

Stadtman, E.R. (1988): *Protein modification in Aging.* J. Gerontol. 43: B112-120.

Stanley, J.F., D. Pye, A. MacGregor (1975): *Comparison of doubling numbers attained by cultured animal cells with the life span of species.* Nature 255: 158-159.

Steinhardt, M. (1985): *Effect of donor age on clonal differentiation of human skin fibroblasts in vitro.* Gerontology 31: 27-38.

Steinhardt, M. (1986): *Alterung und begrenzte Teilungsfähigkeit normaler, diploider Amphibienfibroblasten in vitro in bezug auf die Zellkerntransplantationen bei Amphibien.* Z. Gerontol. 19: 148-151.

Strehler, B.L. (1975): *Implications of aging research for society.* Federation Proceedings 34: 5-8.

Strehler, B. (1986): *Genetic instability as the primary cause of human aging.* Exp. Geront. 21 (4/5): 283-319.

Strehler, B.L. et al. (1959): *Rate and magnitude of age pigment accumulation in the human myocardium.* J. Gerontol. 14: 430.

Strehler, B. et al. (1971): *Codon-restriction theory of aging and development.* J. theor. Biol. 33: 429-474.

Strehler, B.L. & M.-P. Chang (1979): *Loss of hybridizable ribosomal DNA from human post-mitotic tissues during aging. Age dependent loss in human cerebral cortex-hippocampal and somatosensory cortex comparison.* Mech. Ageing Dev. 11: 379.

Streib, G.F. (1984): *Retirement: Implication for clinical practice.* Amer. Fam. Phys. 29: 239.

Tanzi, R.E. (1987): *Amyloid beta protein gene: cDNA, mRNA, distribution and genetic linkage near the Alzheimer locus.* Science 235: 880.

Taylor, W.C. et al. (1987): *Cholesterol reduction and life expectancy.* Annals of internal medicine 106: 605.

Tollefsbol, T.O. & H.J. Cohen (1986): *Review article: Expression of intracellular biochemical defects in aging. Proposal of a general aging mechanism which is not cell-specific.* Exp. Geront. 21 (3): 129-148.

Tudzynski, P. & K. Esser (1979): *Chromosomal and extrachromosomal control of senescence in the ascomycete Podospora anserina.* Molec. gen. Genet. 173: 71-84.

Ulmer, W.T. & G. Reichel (1963): *Untersuchungen über die Altersabhängigkeit der alveolären und arteriellen Sauerstoff- und Kohlensäuredrucke.* Klin. Wschr. 41 : 1.

Ulmer, W.T. (1991): *Lunge.* In: Platt, D. (Hrsg.): Biologie des Alterns: 255-267. De Gruyter, Berlin-New York.

Varmus, H. (1988): *Retroviruses.* Science 240: 1427.

Venn, R.D. (1976): *Electroencephalogram and ergot alkaloids.* Postgr. Med. J. 52, Suppl.1: 55.

Verzar, F. (1963): *The aging of collagen.* Sci. Am. 208: 104.

Verzar, F. (1964): *Ageing of the collagen fiber.* Intern. Rev. Conn. Tiss. Res. 2: 243.

Vleck, C.M., D. Vleck & D.F. Hoyt (1980): *Patterns of metabolism and growth in avian embryos.* Amer. Zool. 20: 405-416.

Vleck, C.M., D.F. Hoyt & D.Vleck (1979): *Metabolism of avian embryos; patterns in altricial and precocial birds.* Physiol. Zool. 52: 363-377.

Vleck, D., C.M. Vleck & D.F. Hoyt (1980): *Metabolism of avian embryos: ontogeny of oxygen consumption in the rhea and emu.* Physiol. Zool. 53 (2) : 125-135.

Vogel, H.G. (1978): *Influence of maturation and age on mechanical and biochemical parameters of connective tissue of various organs in the rat.* Conn. Tiss. Res. 6: 161-166.

Vogel, H.G. (1979): *Influence of maturation and aging on mechanical and biochemical parameters of rat bone.* Gerontology 25: 16-23.

Vogel, H.G. (1985): *Age-dependence of viscoelastic properties in rat skin; directional variations in relaxation experiments.* Bioeng. Skin 1: 157-174.

Vogel, H.G. (1985): *Reifung und Alterung der Haut. Experimentelle Grundlagen.* Parfümerie + Kosmetik 4: 219-225.

Vogel, H.G. (1987): *Age-dependence of mechanical and biochemical properties of human skin. Part I: Stress-strain experiments, skin thickness and biochemical analysis.* Bioeng. Skin 1: 67-91.

Vogel, H.G. (1987): *Age-dependence of mechanical and biochemical properties of human skin. Part II: Hysteresis, relaxation, creep and repeated strain experiments.* Bioeng. Skin 2: 141-176.

Vogel, H.G. (1988): *Restitution of mechanical properties of rat skin after repeated strain. Influence of maturation and aging.* Bioeng. Skin 4: 343-359.

Vogel, H.G. (1991): *Biomechanik des Bindegewebes.* In: Platt, D. (Hrsg.): Biologie des Alterns: 111-122. De Gruyter, Berlin-New York.

Vömel, T. (1991): *Erythrozyten.* In: Platt, D. (Hrsg.): Biologie des Alterns: 85-90. De Gruyter, Berlin- New York.

Vömel, T. (1991): *Leukozyten.* In: Platt, D. (Hrsg.): Biologie des Alterns: 91-93. De Gruyter, Berlin-New York.

Vömel, T. (1991): *Milz.* In: Platt, D. (Hrsg.): Biologie des Alterns: 268-269. De Gruyter, Berlin-New York.

Vracko, R. & B.M. McFarland (1980): *Lifespan of diabetic and non-diabetic fibroblasts in vitro.* Exp. Cell Res. 129: 345-350.

Walford, R.L., S. Jawaid & F. Naeim (1983): *Evidence for in vitro senescence of T-lymphocytes cultured from normal human peripheral blood.* Age 4: 67.

Wallace, D.C. (1992): *Mitochondrial Genetics: A Paradigm for Aging and Degenerative Diseases?* Science 256: 628-632.

Warner, C.M. et al. (1985): *Lymphocyte aging in allophenic mice.* Exp. Geront. 30 (1): 35-45.

Weale, R.A. (1989): *Sehen im Alter.* In: D. Platt (Hrsg.): Handbuch der Gerontologie, Bd. 3, Augenheilkunde: 1-18. Fischer Verlag, Stuttgart.

Webster, G.C., S.L. Webster & W.A. Landis (1981): *The effect of age on the initiation of protein synthesis in Drosophila melanogaster.* Mech. Ageing Dev. 16: 71.

Weindruch, R. & R.L. Walford (1982): *Dietary restriction in mice beginning at 1 year of age: Effect on life-span and spontaneous cancer incidence.* Science 215: 1415.

Weiter, J. (1987): *Phototoxic Changes in the Retina.* In: D. Miller (Hrsg.): Clinical light damage to the eye: 79 ff. Springer Verlag, New York.

Whalley, L. J. (1982): *The dementia of Down's syndrome and its relevance to aetiological studies of Alzheimer's disease.* In: Sinex, F.M. & C.R. Merril (Hrsg.): Alzheimers's disease, Down's syndrome, and aging. Annals of the New York Academy of Sience 369.

Williams, G.C. (1957): *Pleiotropy, natural selection, and the evolution of senescence.* Evolution 11: 398.

Wilson, P.D. (1973): *Enzyme changes in ageing mammals.* Gerontologia, Basel 19: 79.

Wilson, V.L. & P.A. Jones (1983): *DNA methylation decreases in aging but not in immortal cells.* Science 220: 1055.

Wisniewski, H.M. & P.B. Kozlowski (1982): *Evidence for blood-brain barrier changes in senile dementia of the Alzheimer typ (SDAT).* In: Sinex, F.M. & C.R. Merril (Hrsg.): Alzheimers's disease, Down's syndrome, and aging. Annals of the New York Academy of Science 369.

Wisniewski, H.M. & R.D. Terry (1973): *Morphology of the aging brain, human and animal.* In: D.H. Ford (Hrsg.): Neurobiological Aspects of Maturation and Aging. Progress in Brain Research, Elsevier, Amsterdam, 40: 167.

Witkowski, J.A. (1979): *Carrel and the mysticism of tissue culture.* Medical History 23: 279-296.

Witkowski, J.A. (1980): *Dr. Carrel's immortal cells.* Medical History 24: 129-142.

Witkowski, J.A. (1985): *The myth of cell immortality.* Trends in Biochem. Sci. 10: 258-260.

Witkowski, J.A. (1987): *Review article: Cell aging in vitro. A historical perspective.* Exp. Geront. 22 (4): 231-248.

Wolf, N.S. & R.K. Arora (1982): *Depletion of reserve in the hemopoietic system: I. Selfreplication by stromal cells related to chronologic age.* Mech. Aging Dev. 20: 127-140.

Wright, W.E. & L. Hayflick (1975): *Nuclear control of cellular aging demonstrated by hybridization of anucleate and whole cultured normal human fibroblasts.* Exp. Cell Res. 96: 113-121.

Wulf, J.H. & R.G. Cutler (1975): *Altered protein hypothesis of mammalian ageing processes. I. Thermal stability of glucose-6-phoshate dehydrogenase in C 57 BL/6 J mouse tissue.* Exp. Geront. 10: 101.

Wynne, H., L.H. Cope & E. Mutch (1989): *The effect of age upon liver volume and apparent liver blood flow in healthy man.* Hepatology 9: 297-301.

Yamamoto, Y. & Y. Fujiwara (1987): *Culture-age effect of Uracil-DNA glycosylase activity in normal human skin fibroblasts.* J. Gerontol. 42: 470.

Yamauchi, M., D.T. Woodly & G.L. Mechanic (1988): *Aging and crosslinking of skin collagen.* Biochem. Biophys. Res. Commun 152: 818-909.

Zeeh, J. (1991): *Leber.* In: Platt, D. (Hrsg.): Biologie des Alterns: 246-254. De Gruyter, Berlin-New York.

Zeeh, J., J.L.C. Dall & A.C.A. Glen (1989): *Effect of age upon steady-state sorbitol clearance.* Eur. J. Clin. Pharmacol. 36: A 218.

Zeelon, P., H. Gershon & D. Gershon (1973): *Inactive enzyme molecules in aging organisms. Nematode fructose-1,6-diphosphate aldolase.* Biochemistry 12: 1743.

Zhelabovskaya, S.M. & G.D. Berdyshev (1972): *Composition, template activity and thermostability of the liver chromatin in rats of various age.* Exp. Geront. 7: 313.

Zs-Nagy, I. (1979): *The role of membrane structure and function in cellular aging.* Mech. Ageing Dev. 9: 237.

Zs-Nagy, I. & L. Sensei (1984): *Centrophenoxine increases the rates of total and mRNA synthesis in the brain cortex of old rats: an explanation of its action in terms of the membrane hypothesis of aging.* Exp. Geront. 19: 171-178.

Register

Eigennamen (Krankheiten, Namen von Organismen u.ä.) sind kursiv gedruckt. Eine Zahlergänzung mit f bedeutet, daß der Begriff hier intensiver (über mehrere Seiten hinweg) erläutert wird. Eventuell lohnt es sich, einen bestimmten Sachverhalt unter mehreren Stichworten zu suchen.

A.H. 482
Aal (*Anguilla anguilla*) 475
Aalmolch (*Amphiuma punctatum*) 475
Aas(Raben)krähe (*Corvus corone*) 476
ABA 168f, 481
Abelson Leukämie-Virus 410
Abgottschlange (*Boa constrictor*) 475
Abnutzungspigment 498
Abnutzungstheorie 420f
Abraham 250
Abscisinsäure 142, 168f, 170, 481
Abscission 152f, 481
Absprossung 131
Absterbephase 137
Abtreibung 35, 386
Abtreibungspille RU 486 375
Abwerfen von Blättern 481
Acarbose 344
Acervulus 116, 481, 494
Acetylcholin 329, 333, 340, 379
Acetylcholinsynthese 488
Acetylierung 46
Acetyltransferase 424, 488

Adaptogen 378
Addison-Krankheit 429
Adenoviren 413
Adler 213
Adoleszentenkyphose 481
Adoleszenz 34, 481, 486
Adoption 37
ADP 105
adult 481
Adultstadium 28, 137, 437f
Adventitia 323
Adventivwurzeln 170
Aegyptopithecus 245
Affe 404
Affendrüse 370, 377
Afghanistan 248, 271
Afrika 271
Agave (*Agave sisalana*) 151, 159, 304, 467, 471
Age-1-Gen 179
Agglutination 500
Agnosie 334, 481
Agonie 505
Aggressivität 258
Agrobacterium tumefaciens 408

Agula (*Geranoaetus melanoleucus*) 476

Ägypten 271

AIDS 404, 412, 413, 494, 500, 502

Akathasie 334, 482

Akinese 340, 482

Akkommodation Auge 122, 486

Akrogerie 482

Akromegalie 482

Akromikrie 355

Alan 22

Albatros 441

Albumin 54, 96, 103

Älchen (*Anguillula* spec.) 473

Aldehyd 426

Aldolase 96, 105

Algen 130

Algerien 271

Alkohol 192, 256, 264, 424

All 332

Alligator (*Alligator* spec.) 213, 475

Allometrie 209, 455f, 461, 463

Allometrie Grundumsatz 459

Alltagsentscheidungen 236

Alopezie 355, 482

Alpendohle (*Pyrrhocorax graculus*) 476

Alpenkrähe (*Pyrrhocorax pyrrhocorax*) 476

Alpenveilchen (*Cyclamen* spec.) 471

Alpha-1-Antitrypsin-Defizienz 265

ALS 482, 488

Altenherrschaft 482

Altenhilfe 482

Altenteil 482, 487

Altentötung 482

Alter 21, 48

Alter Mann 482

Alter(n)stheorien 416f, 482

Alteration 74, 406

Altern 21, 464f, 483

Altern in vitro 39

Altern, verzögertes 358f

Alternsablauf 33f

Alternserscheinungen 295f

Alternsforschung 24f, 483, 493

Alternsprävention 393

Altersanoxerie 483, 488

Altersappetitlosigkeit (*Anorexia senilis*) 126

Altersbeschwerden 377, 483

Altersbestimmung 295f, 306, 490, 500

Altersblödsinn 483

Altersbrand 483, 492

Altersbuckel 483

Altersdatierung 313

Altersdiabetes 342, 483

Altersemphysem 483

Alterserscheinungen 483

Altersfaktoren 219

Altersfleck 86, 365

Altersforschung 24f

Altersfürsorge 483

Altersgewichtsrennen 483

Altersglocke 286

Altersgrenze 484

Altersgrenze für Beamte 37

Altersgries 113, 222

Altershaut 363, 484

Altersheim 484

Altersherz 484

Altershochdruck 484

Altershyperthyreose 484

Altershypothyreose 484

Altersklasse 484

Alterskleider (Vögel) 300

Alterskrankheiten 314f, 484

Alterslunge 346

Altersmarasmus 485

Altersmerkmale 295f, 485

Altersmultimorbidität 314

Altersmundart 485

Alterspemphigoid 485

Alterspigment 52f, 92, 106, 181, 182, 188, 351, 388, 485, 498

Alterspräsident 485

Altersprogramm 232

Alterspsychologie 485

Alterspsychotonikum 490

Alterspyramide 66, 282, 286
Altersringe 122, 485
Altersschwäche 239, 284, 485
Altersschwachsinn 351
Altersschwerhörigkeit 127, 485
Alterssichtigkeit 123, 486
Altersskleratose 87
Alterssport 486
Altersstandard 307
Altersstar 486, 490
Altersstarrsinn 122, 324, 486
Altersstufen 486
Alterstheorie 467
Alterstrauer 381f
Altersulkus 486
Altersurne 286
Altersversicherung 486
Altersversorgung 486
Alterswarze 486
Altersweitsichtigkeit 122
Alterszucker 115, 483
Alterszusammensetzung 191, 281
Alterung 21, 464f, 487
Älteste 487
Ältestenrat 33, 487
Altherrenleiden 338
Altmeister 487
Altricial 442
Altsitz 487
Alttier 487
Aluminium 334
Altvorderen 487
Altweiberfastnacht 487
Altweibermühle 361, 487
Altweibersommer 488
Alveolarvolumen 110
Alveolen 346
Alzheimer, Alois 333
Alzheimer-Syndrom 120, 121, 333f,
    488
Ameisenkönigin 474
Amerikanische Gesundheitsbehörde
    492
AML 332
Amöbe (*Amoeba proteus*) 473

AMP 105
AMP-Nucleotide 47
Amphibien 199f, 459, 463, 475
Amphipoden 463
Amputation 415
Amsel (*Turdus merula*) 476
Amyloid 120, 488
Amyloid-Plaques 488, 334
amyotrophische Lateralsklerose 356,
    482, 488
Anakoluth 237, 488
Anakonda (*Eunectes murinus*) 202,
    475
Anämie 333
Anämie, perniziöse 429
Anaphase 57f
Anciennität 488
Andenkondor (*Vultur gryphus*) 476
Anemone (*Anemonia*) 473
Angestellter 262
Angina pectoris 323, 488
Angola 271, 248
Ängstlichkeit 383
Anneliden (Ringelwürmer) 474
Anolis carolensis 202
Anopheles 30
Anorexia senilis 126, 483, 488
Antechinus 215
Antherogener Effekt 331
Anthocyan 148
Anthozoen 463
Antidepressiva 501
Antifaltencreme 364
Antigene 428
Antikörper 426, 428
Antioxidantien 179, 423
Apfel 153
Apfelbaum (*Malus* spec.) 161, 471
Apikaldominanz 162
Apoplexie 488, 492
Apoptose 67f, 408, 488
Appellsuizid 240
Appendizitis 315
Apraxie 334, 489
Arakanga (*Ara macao*) 476

Aranea 187
Ararauna (*Ara ararauna*) 476
Archaeocyten 172
Arcus senilis 489, 494
Arenaviridae 410
Argentinien 270, 288
Aristolochia 144
Aristoteles 419
Armenier 268
Armmolch (*Siren lacertina*) 475
Artericus 489
Arterienverkalkung 103, 489
Arteriosklerose 101f, 232, 315, 322,
    351, 489, 492
Arthritis 318f, 489
Arthropathien 489
Arthropoda (Gliederfüsser) 186, 474
Arthrose 91, 318f, 489
Arthrosis deformans 319
Arve (*Pinus cembra*) 471
Arzt 262
Ascorbinsäure 424
Asien 271
Aslan, Ana 379, 501
Aslan-Therapie 379, 489
Aspe (*Populus termula*) 471
Assimilationszelle 77
Assoziationscortex 488
Astericus 304
Astronaut 317
Astwirtel 304
Asylbewerber 306
asynchrone Teilung 73
Ataxia teleangiectatica 489
Ataxie 489
Atemnot 347
Atemzeit 456f
Atemzyklus 461, 462
Atherosklerose 322
Atherosklerotische Demenz 489
Äthiopien 248, 271
Athletiker 263, 387
Äthylen 171
Atmung 388, 452
Atmungsintensität Blatt 149

Atmungskette 452
Atmungskontrolle 50
ATP 105, 452
ATP-Synthetasen 49
Atropa belladonna 366
Atrophie 489
Atropin 366
Aufblähung der Lunge 483
Auge 122, 486
Augenhornhaut (Cornea) 400
Aurora 417
Ausgedinge 482
Auskristallisierung 23, 487
Auster (*Ostrea* spec.) 473
Austernfischer (*Haematopus ostrale-
    gus*) 476
Australien 271, 288
Auszug 482
Autoimmunität 428f
Autolyse 157, 489
Autophagie 157
Autopsie 489
Autosom 354
autosomale Vererbung 489
Auxin 142, 149, 152, 170, 489, 495
Avian Erythroblastosis-Virus 404
Axolotl (*Ambystoma mexicanum*) 32,
    475
Axon 121

B-Lymphocyten 429, 490
Babuin (*Papio babuin*) 479
Babyface 305f
Bachneunauge (*Ichthyomyzon fossur*)
    475
Bacillus esterifans 372
Bacillus kefir 372
Bäcker 262
Bacterium caucasi 372
Badminton 393
Bailey, Francis 274
Bakterien 130f, 438
Ballon-Dilatation 331
Banane 154
Bänder 89

Bandwurm (*Cestodes*) 473
Bangladesch 271, 288
Bankskakadu (*Calyptorhynchus banksii*) 476
Bärlapp (*Lycopodium*) 471
Bärlappbaum 303
Bartmeise (*Panurus biarmicus*) 476
Basalumsatzrate 463
Basalzelle 57
Basiliarmembran 127
Basketball 393
Bastfaserzelle 77
Blastulastadium 36
Bauchspeicheldrüse 115, 342
Bauer 262
Baulieu, Etienne-Emile 375
Baumalterbestimmung 162f
Bäume 161
Baumkrone 162
Baumwollsaatöl 326
Baunscheidtismus 489
Bayreuther, Konrad 59, 64, 335
bcl-2(-Gen/-Protein) 69, 488
Bebrütungszeit 440, 455
Befruchtung 28, 462
Befruchtung 462
Begriffstutzigkeit 122
Behinderte, geistig 260
Behring-Pelzrobbe (*Callorhinus ursinus*) 479
Bekenntniswechsel 37
Belladonna 366
Belugawal (*Delphinapterus leucas*) 479
Bengal-Lori (*Nycticebus coucang*) 479
Benthophilus 197
Benzimidazol 153, 170, 489
Benzylaminopurin 153, 170, 489
Bergahorn (*Acer pseudoplatanus*) 471
Bergsteigen 393
Beringung 208
Beringungswiederfunde 478
Besenheide 161
Bestattungsriten 496

Beta-A4-Protein 335
Beta-Amyloid 121
Beta-Carotin 371, 423
Beta-Oxidation 50
Beta-Thromboglobulin 108
Bettwanze (*Cimex lectularis*) 474
Beutelmeise (*Remiz pendulinus*) 476
Bevölkerungsgliederung Deutschland 287
Bhutan 248
Bibel 249
Biber (*Castor fiber*) 97, 479
Biene 189f, 448
Bienenarbeiterin (*Apoidea*) 474
Bienenelfe (*Mellisuga helenae*) 460
Bienenkönigin (*Apoidea*) 474
Bierbauch 84
Bierhefe (*Saccharomyces cerevisiae*) 132
Bilanzselbstmord 240
Bilayer 41
Bindegewebe 86
Bindegewebszelle 77
Bioethik-Konvention 386
Biographie 490, 497
biologische Systeme 23f, 38, 490
biologische Zeit 451
Biomorphose 490
Biopsie 489
Birke (*Betula nana*) 471
Birnbaum (*Pyrus* spec.) 471
Bison (*Bison bison*) 479
BL(Bovine-Leukämie)-Virus 410, 490
Blastem 77, 415, 490
Blastocyt 34
Blastom 490
Blattfall 147, 152, 170, 171
Blattwelken 147
Blaualgen 130
Blauwal (*Balaenoptera musculus*) 213, 479
Blindschleiche (*Anguis fragilis*) 202, 475
Blühunwilligkeit 140
Blumenstrauß 154

Blut 101f, 330, 369
Blut-pH 104
Blut-Säurestärke 104
Blutarmut 333
Blutdruck 106, 225, 484
Blutegel (*Hirudinae*) 473
Blütenbildung 140, 151, 170
Blütenfarbe 156
Blütenstecher (*Anthonomus* spec.) 474
Blutfarbstoff 424
Blutgefäßsystem 101f
Blutgerinnung 102, 104, 379
Bluthochdruck 325
Blutplättchen 102, 108
Blutsystem 67, 332f
Blutzelle 72f, 77
Blutzirkulationszyklus 461
Blutzuckerspiegel 342
BLV 490, 502
Boa (*Boa constrictor*) 476
Bodenagame 202
Bogomoletz-Serum 492
Bohne 472
Bolivien 270
Borstenkiefer (*Pinus aristata*) 144, 471
Borstgras 161
Boten-RNA 42
Botswana 271
Bovine-Leukämie-Virus 410, 490, 502
Brack, Ch. 194
Bradykardisierung 387
Brasilien 270, 288
Brauer 262
Braunbär (*Ursus arctos*) 213, 479
braune Atrophie 96
Brecht, Bertolt 390
Breitfußbeutelmaus (*Caenolestes* spec.) 479
Brennessel 161, 339
Bries 115, 490
Brille 122

Brolga-Kranich (*Megalornis rubicunda*) 476
Bronchialkarzinom 111
Bronchitis 110
Brückenechse (*Sphenodon punctatus*) 202, 476
Brust 126
Brustdrüse 115, 504
Brut 462
Brutbeginn 206
Bruterfolg 207
Brutparameter 206
Brutpartner 206
Brutzeit 462
Bubyr 197
Buchdrucker 262
Buche (*Fagus* spec.) 471, 472
Buchfink (*Fringilla coelebs*) 476
Buckelbildung 481, 503
Buddha 250
Bulgarien 272
Bundestag 487
Bundestagspräsidenten 487
Bunyaviridae 410
Burkitt-Lymphom 406, 490
Burundi 248
Busen 362
Butter 329
Bypass-Operation 331, 490

C-onc-Gen 412
C13 313
C14 311f
CA-Schiffe 155
Calcitonin 317
Caliciviridae 410
Calment, Jeanne 252, 273
Carotin 374
Carrel 57, 59
Cataracta senilis 486, 490
Ceanolestes 215
Ceboidea 245
Centriol 40
Centrophenoxin 379, 490, 501
Cephalisationsindex 245

Ceratodon-(Laubmoos)-Sporen 471
Cercopithecoidea 245
Cerebellum 128
Chamäleon (*Chameleo chameleo*) 476
Chile 270
China 271, 288
Chlamydomonas 166
Chlorophyll 148
Chloroplast 40
Cholesterin 50, 105, 108, 127, 260, 322f, 325f, 329, 330, 490
Cholesterinhypothese 260
Cholesterol 329, 490
Cholin 380
Cholinacetyltransferase 333
Cholinantagonist 336
Cholinesterase-Hemmer 336
Chondroitin-Sulfat 89
Chorea Huntington 357, 490
Choroidea 125
Chroatingerüst 43
Chromatinkomplex 46
Chromosom 259, 335, 354, 428
Chromosomen-Aberrationen 44
Chromosomensatz 28, 196
Chromosomenstörungen 71
Chromosomentheorie 260
chronische Nierenerkrankung 315
chronologische Lebensdauer 482
Chronometer 21
Churchill, Winston 268, 387
Chylomikron 330, 331
Clearence-Rate 112
Cnidozyten 174
Codon-Restriktionstheorie 55
Coelenterata (Nesseltiere) 174, 473
Collotheca 178
Colorado-Tanne (*Abies concolor*) 163
Copepoden 463
Coris aygula 301
Coris formosa 301
Coris gaimardi 301
Coronaviridae 410
Corpus striatum 340

Corticale Atrophie 351
Corticoid 380
Cortison 321, 380, 388
Coxa valga 351
Cranach, Lucas 363
cross-linking 46
CSSR 272
Curriculum vitae 497
Cutler 467
Cyanobakterien 130
Cysten 181
Cystenstadium 137
Cystisus sessifolius 500
Cytochrom b 49
Cytochrom P-450-System 55, 96
Cytochrom-b5-Reduktase 105
Cytokinie 170
Cytokinine 142
Cytolyse 490
Cytopathologie 405
Cytosol 40

Dackel 479
Daf-2-Gen 180
Damwild (*Dama dama*) 487, 479
Dänemark 272, 288
Danielli-Modell 41
Darmdivertikel 95
Darmentzündung 348
Darmepithel 57
Darmkontraktionszeit 456f
Darmkontraktionszyklus 461
Darmkrebs 69, 372
Darmtrakt 94
Daubentonia (*Chiromys madagascariensis*) 479
Dauerleistung 93, 224
De Saint Germain, Graf C.-L. 490
Dean, James 267
Deanol 381, 490
Debilität 490
Definitionen 21
Defolians 171
Degenerationsphase 64
Degeneration 490

Dehnung 23
Dehydroepiandosteron 375, 490
Dekapodenlarven 463
Delichon urbica 206
Delphin (*Delphinidae*) 213, 479
Demenz 490
Dendrit 121
Dendrochronologie 490
Deng Hsiaopeng 368
Denkstörung 501
Depression 239f, 256, 267, 334, 348, 370
Desman (*Desmanidae*) 479
Desoxiribonucleinsäure 27, 42, 491
Determination 414, 490, 81
Deterministische Alternstheorien 420f
Deutsche Herzstiftung 328
Deutschland 272, 288
DHEA 375, 490
Diabetes 51, 342, 351
Diabetes mellitus 115, 315
Diamin 502
Diapause 184, 491
Diatrigerie 491
Dickdarm 95
Dickdarmkrebs 402
Dictyostelium 165, 446
Dicyosomen 57
Dieldrin 341
Differenzierung 39, 76f, 414
Dihydroxyaceton 365
Diktyosom 491
Dimethylaminoethanol (DMAE) 379
Diphosphonat 317
Diradikal 422
Disposable-Alterstheorie 467
Distelöl 326
DMAE 379, 491, 501
DNA 27, 48f, 129, 156, 165, 179, 378, 425, 491
DNA-Maskierung 57
DNA-Polymerase 502
DNA-Reparatur-Kapazität 46
DNA-Reparatursystem 44f, 74, 356, 424

DNA-Replikation 47
Dolichos biflorus 500
Donders, E. 122
Dopamin 120, 329, 340, 385, 500
Dormancy hormone 168
Dormanz 491
Dornhai (*Squalus acanthias*) 197, 475
Dosenschildkröte 202
Douglasie (*Pseudosuga*) 163
Down-Syndrom 44, 356, 491, 505
DPG 105
DPN 105
Dritte Welt 248
Dromedar (*Camelus dromedarius*) 479
Drosophila 51, 55, 191f, 448, 453
Drüsenzelle 77
du Fresne, Marion 202
Ductus ejaculatorii 337
Dyskeratosis congenita 356, 491
Dysphasie 334, 491
Dystress 269

Eberesche (*Sorbus* spec.) 471
EBV(Epstein-Barr)-Virus 410, 490
Ecdyson 116
Echinodermata (Stachelhäuter) 183f, 473
Ecuador 270
Edelkastanie (*Castanea sativa*) 471
EEG 234, 398
EF-Gen 193
Efeu (*Hedera helix*) 140f, 161, 471
Eiablage 462
Eibe (*Taxus baccata*) 164, 471
Eiche (*Quercus* spec.) 471, 472, 161
Eichelhäher (*Garrulus glandarius*) 476
Eichenfarn (*Filicinae*) 471
Eichhörnchen (*Sciurus vulgaris*) 479
Eidechsen (*Lacertidae*) 476
Eidesfähigkeit 37
Eidotter 380
Eierstock 125, 381, 227
Eileiter 47

Eimasse 440
Eingeklemmte Hernie 315
Einschichtkultur 405
Einschlafschwierigkeiten 235
Einsitz 482
Eintagsfliege(*Baetis* spec.) 31, 188,
    474
Einzeller 129f, 133, 438, 446, 459
Einzelzelle 129f, 463
Eiproduktion 205
Eisbär (*Ursus maritimus*) 479
Eisenbahner 262
Eishockey 393
Eiskunstlauf 394
Eisprung 227
Eiszeit 471
Eiweißstoffwechsel 378
Eizahl 206
Eizelle 77, 114, 221
Eizelle, Lebensdauer 67
Eizellen-Zahl Mensch 223
Eizellenproduktion 71
Ejakulation 337
Ektoderm 80, 174
Ektopterygoid 203
Elastica externa 323
Elastica interna 323
Elastose 491
Elch (*Alces alces*) 299, 479, 487
Elefant 46, 98, 213, 244, 438, 440
Elefant, afrikan. (*Loxodonta africans*)
    479
Elefant, ind. (*Elephas maximus*) 479
Elektroencephalogramm (EEG) 398
Elektrolyte 105
Elektronentransportsystem 50, 55
Elixir vitae 491
Ellison, Jason 352
Elongationsfaktor EF 193
Elster (*Pica pica*) 476
Embryo 34, 257, 381
Embryogenese 28, 436f, 439
Embryogenesezeit 455f
Embryonalentwicklung 439, 441
Embryonalstadium 137

Embryonenschutzgesetz 36
Empfängnisfähigkeit 228
Emu (*Dromaius novaehollandiae*)
    476
Endgröße 308
Endo(Exo)-Cytose 40, 130
Endomorphin 389
Endonuclease 424
Endoplasmatisches Reticulum ER 40,
    42, 53f
Endosymbiontenhypothese 130
Endothel 323
Endothermer 447
Energiegewinnung 452
Energiereiche Phosphate 105
Energieumsatz 70, 204, 205, 216,
    234, 261, 267, 309, 433
Energieumsatz pro Körpermassenein-
    heit 439
Energieverbrauch 393
Engholz 302, 491, 495
Engmundfrosch *(Gastrophryne diva-*
    cea) 475
Enolase 105
Ente (*Anas* spec.) 104, 476
Entenvögel (*Anseriformes)* 478
Entkalkung 90
Entkalkung der Knochen 504
Entmischung 23, 487
Entoblast 34
Entoderm 80, 174
Entropie 465
Entwicklungsländer 270
Entwicklungstyp 443
Entwicklungszeit 442
Enzymausstattung 105
Enzyme 423
Eos 417
Epheben 484
Epidermiszelle 77
Epilepsie 232, 356
epiphänomenale Alternstheorien 419f
Epiphyse 116, 222
Epithelzelle 77

Epstein-Barr-Virus 407, 410, 413, 491
ER 40, 42, 53f
Erbanlage 256, 352
Erbinformation der Zelle 491
Erbkrankheit 64, 343, 349, 354ff, 489
Erbrechte eines Toten 496
Erbse 472
Erdkröte (*Bufo bufo*) 475
Ergometer 93
Eritrea 248
Erkennungsfähigkeit 481
Ernährung 266
Erstbrut 207
Erwachsenenalter 486
Erwachsenenstadium 439
Erweichung 23, 487
Erytheme 355
Erythrocyten 53, 57, 104, 105, 309, 461
Erythrocyten-Flexibilität 105
Erythrocyten-Volumen MCV 105
Esel (*Equus asinus*) 479
Eskimo 324, 499
Essensgewohnheiten 372
Essigälchen (*Tubatrix aceti*) 177
Ester 426
Eßkastanie 472
Ethiknorm 386
Ethologie 491
Ethylen 150, 152, 154, 171
Eucalyptus (*Eucalyptus*) 163
Eucyte 130
Eudorina 166
Eugerie 491
Eukaryoten 130
Eukaryotische Zelle 38
Eule 213
Eulen (*Strigiformes*) 478, 479
Euphasiaceen 463
Euphorie 334
Europa 272
Euspongia 173
Eutelie 177, 491

Evans, John 252
Evolution 38, 243, 432
Ewiges Leben 491
Existenzumsatzrate 463
Exitus 491, 505
Exonuclease 424
Exothermer 447
Expirationsstoß 108, 224
Expression 55
Exprimierungsfähigkeit 81
Extrinsisch 46, 491

Fächerfußgecko (*Ptyodactylus hasselquistii*) 476
Fadenwurm (*Caenorhabditis elegans*) 179, 474, 491
Fadenwurmcyste (*Tylendus polyhypnus*) 473
Failla 420
Falken (*Falconiformes*) 478
Falten 363
Faltenbildung 491
Familiäre Amyloidose 356
Familie 243
Farbstoffzelle 77
Farn/Mondraute (*Botrychium lunaria*) 471
Fasan (*Phasianus colchicus*) 476
FDA 492
Fechten 393
Federal Drug Administration 492
Federkleid 299
Federn 84
Fehlerkatastrophentheorie 55
Feinmotorik 93
Feldhamster 213
Feldhase (*Lepus europaeus*) 479
Feldspark 137, 472
Feline Sarcoma-Virus 404
Felsenpython (*Python sebae*) 476
Fernpunkt des Auges 123
Feten 364
Fettleibigkeit 325
Fettpolster 86
Fettstoffwechsel 325, 461, 456
Fetus 34, 367, 385

Feuerbauchmolch (*Triturus pyrrhogaster*) 475
Feuersalamander (*Salamandra salamandra*) 475
FEV-Werte 109
Fibroblast 57, 60f, 66, 200, 205, 354, 431
Fibrome 405
Fichte (*Picea abies*) 161, 164, 471
Fichtenrüßler (*Hylobius abietis*) 474
Filarie *(Filaria bancrofti)* 473
Fingerhut, roter 472
Fink 438, 440
Finnland 272
Fische 196, 284, 301, 459, 463, 475, 500
Fischeule (*Ketupa zeylonensis*) 476
Fistelstimme 351
Fitneßwelle 389
Fledermaus 61, 213, 214, 447, 479
Fließgleichgewicht 465
Floscularia 178
Flug, erster 455f
Flügelnuß (*Pterocarya*) 163
Flügelschlagzeit 455f
Fluid-Mosaic-Modell 42
Fluorid 317
Flußkrebs (*Astacus fluviatilis*) 474
Flußmuschel 184
Flußperlmuschel (*Margaritana margaritifera*) 213, 473
Flußpferd (*Hippopotamus amphibius*) 479
Follikelhormone 228
Forelle (*Salmo* spec.) 475
Fortpflanzung 176, 455f
Fortpflanzungsfähigkeit 227
Fortpflanzungsverhalten 206
Fragmentierung 131
Frankreich 272, 288
Fransenflügler (*Tysanoptera*) 474
Frau Holle 488
Freie Radikale 51
Freie Radikale-Theorie 420f
Freilanddaten 212

Frid, Armando 252
Friedreich Ataxie 356, 492
Frischzellen 413f
Frischzellenkur 366f
Friseur 262
Froschherz 399
Frucht-/Taufliege (*Drosophila*) 51
Früchte 152
Fruchtfall 153
Fruchtfliege (*Drosophila*) 186, 191f
Fruchtreifung 153
Frühholz 492, 495
Frühlingsholz 302
Fuchs (*Vulpes vulpes*) 479
Fuchsschwanzkiefer (*Pinus aristata*) 471
Führerschein 37
Funaria-Laubmoos 471
Fundamentale Alternstheorien 419f
Funktionsdemenz 232
Fürst, Paulus 363
Fuszin, siehe Lipofuscin
Futterreduktion 196

G-Phase 57f
GABA (Gamma-Amino-Buttersäure) 357, 490
Gabun 271
Galago (*Galago senegalensis*) 479
Galapagos-Riesenschildkröte (*Testudo elephantopus*) 202, 476
Gallo, Robert 412
Gameten 28
Gametogenese 28
Gamma-Amino-Buttersäure 357
Gamma-Globulin-Halbwertszeit 455f, 461
Gangreaena senilis 483, 492
Gänsegeier (*Gyps fulvus*) 212, 476
Gap junctions 403
Gartengrasmücke (*Sylvia borin*) 212, 477
Gärung 446
Gasterosteus aculeatus 449
Gastritis 95, 429

Gastro-Intestinal-System 94f
Gastwirt 262
Gasvolumen, intrathorakales (IGV) 109
Gaukler (*Terathopius ecaudatus*) 477
Gazioch, Wilhelm 253
GDNF 342
Gebäralter 43
Gebärmutter (Placenta) 229, 364
Geburtsrisiken 256
Geburtstagskerze 497
Gedächtnis 118
Gefangenschaft 210f, 462
Gefiedermauser 498
Gefleckte Bodenagame (*Amphibolurus maculatus*) 476
Gehen 393
Gehirn 117f
Gehirndurchblutung 107
Gehirnflüssigkeit 119
Gehirngröße 248
Gehirnmasse 224
Gehirnrückbildung 483
Gehirnschlag 488, 492
Gehirnschnitte 119
Gehör 127f
Gehörsteinchen 303, 500
Gehring, W. 193
Geierschildkröte (*Macrolemys temminckii*) 202, 476
Geistlicher 262
Gelber Fleck 498
Gelbhaubenkakadu (*Kakatoe galerita*) 477
Gelbnackenamazone (*Amazona auropalliata*) 477
Gelbrandkäfer (*Dytiscus marginalis*) 474
Gelée royale 189, 206
Gelegegröße 206
Geleitzelle 77
Gelenk 89, 318, 489
Gelenkflüssigkeit 318
Gelenkrheumatismus 86, 320
Gelenkschäden 492

Gemmulae-Knospen 172
Gemse (*Rupicapra rupicapra*) 479
Gendefekt 356
Gene 493
Generative Zellen 70
Genetische Schäden 45
Genetische Stabilität 71
Genexprimation 427
Gennommutation 505
Genom 44
Genom-RNA 502
Georgier 268
Geriatrie 24f, 492
Geriatrika 372, 377, 383, 492
Geronten 482, 492
Geronto-Psychologie 485
Gerontogene 493
Gerontokratie 384, 482, 493
Gerontologie 24f, 483, 493
Gerontology 454
Gerontoxon 493, 494
Geroprotektor 378
Gerste 472
Geruch 94, 126f
Gerusia 482
Gesamt-Lipid 330
Gesamtcholesterin 326
Gesamtenergieproduktion 450
Gesamtlipide 105
Gesamtumsatz 443
Geschäfts- und Schuldfähigkeit 37
Geschlecht 256
Geschlechterkampf 263
Geschlechterlücke 257f, 270, 449, 493
Geschlechtschromosomen 258, 489
Geschlechtsdifferenz, siehe Geschlechterlücke
Geschlechtseffekte 257
Geschlechtsorgane 112, 227
Geschlechtsreife 461
Geschlechtsreife frühzeitig 351, 501
Geschlechtsreifung 222
Geschmack 94, 126f
Geschmacksknospen 224

Geschwulst 490, 505
Gesichtszüge 305
Gewebe-Transplantation 66
Gewebswucherung 505
Geweih 299
Gewicht Mensch 223
Gibberellin 142, 149, 170, 493, 495
Gibbon (*Hylobatidae*) 479
Gicht 325
Gigantismus 493
Gila-Krustenechse (*Heloderma suspectum*) 476
Ginkgo (*Ginkgo bilobus*) 471
Ginseng 378, 493
Giraffe (*Giraffa camelopardalis*) 479
Glaser 262
Glaskörper 125
Glatzenbildung 84
Gleichwarme 447, 463
Gliazelle 335
Gliederfüßler (*Arthropoda*) 186f, 463
Globulin-Eiweiß 96
glomeruläre Filtration 224, 455f
Glossar 481
Glucose 342
Glucose-6-Phosphat-Dehydrogenase 105
Glutathion 424
Glutathion-Peroxidase 422, 423, 424
Glutathion-Transferase 424
Glyconlipid 54
Glykogen 96
Glykolyse 403, 452
Glykosylase 424
Goethe, J.W. 487
Gold 321
Goldfisch (*Carassius auratus*) 475
Goldhamster (*Mesocricetus auratus*) 213, 479
Goldhähnchen 208
Goldlaufkäfer (*Carabus auratus*) 474
Golfspielen 393
Golgi-Apparat 40, 56f, 491, 494
Gompertz, Benjamin 274
Gompertz-Kinetik 431

Gompertzgleichungen 274f
Gompertzkurve 315
Gonadenfunktion 224
Gonium 165
Gorbatschow 368
Gorilla (*Gorilla gorilla*) 245, 248, 479
Gottesanbeterin (*Mantis religiosa*) 474
Graf von Saint Germain 358
Grannen-Borstenkiefer (*Pinus aristata*) 144, 161
Granulocyten 102
Grasfrosch (*Rana temporaria*) 200, 475
Grasklone (amerik. Prärie) 145, 159, 471
Grauer Star 345f, 351, 355, 486

Grauhörnchen (*Sciurus carolensis*) 479
Graukranich (*Grus grus*) 477
Graupapagei (*Psittacus erythacus*) 477
Graureiher (*Ardea cinerea*) 477
Grauschnäpper (*Muscicapa striata*) 477
Greifkraft 308
Greifvögel (*Accipitriformes*) 211, 447, 478
Greis 494
Greisenalter 34, 486
Greisenbogen 489, 493, 494
Griech. Landschildkröte (*Testudo hermanni*) 476
Griechenland 272, 288
Grippe 232, 315
Grönlandwal (*Balaena mysticetus*) 479
Großbritannien 272
Großhirn 120, 329
Großhirnrinde (Isocortex) 334, 381
Grottenolm (*Proteus anguineus*) 32, 200, 475, 499
Grünalgen 165

Grundel (*Latrunculus, Bubyr, Benthophilus*) 197, 475
Grundprinzipien des Alterns 418f
Grundstoffwechsel 111, 224
Grundumsatz 257, 459
Guar 344
Guinea 248
Guinea-Bissau 248, 254
Guinessbuch der Rekorde 250f
Guppy (*Poecilia reticulata*) 475
Gurdon, J.B. 78

Haarausfall 482
Haare 83f, 351
Haarfollikel 84
Haarpflegemittel 366
Haarstern (*Comatulidae*) 183, 473
Haarstern 183
Haarwuchsmittel 366
Habrobracon 194
Hadorn, E. 80
Hafer 472
Hahnenfuß 138
Hahnenfuß, kriechender 472
Hai 100f, 475
Hainbuche (*Carpinus betulus*) 471
Hakenwürmer (*Acanthocephalus* spec.) 473
Halbwertszeit 312
Hallermann-Streiff-Syndrom 355f, 494
Haltungsinsuffizienz 503
Hämoglobin 105, 309, 424
Hamster 46
Handball 393
Handmuskelkraft 224
Hanf 472
Harman, Denham 420, 436
Harnblase 337
Harnblasenzelle, Lebensdauer 67
Harnsäure 423, 424
Harnsperre 338
Harnstauniere 338
Harvey-Sarkom-Virus 410
Harzol 339

Hasel (*Corylus* spec.) 471
Hashimoto-Thyreoditis 429
Haubentaucher (*Podiceps cristatus*) 477
Hauerausbildung 299
Hausgans (*Anser anser domesticus*) 477
Hauskatze (*Felis domesticus*) 479
Hausmaus 447
Hauspferd (*Equus przewalski*) 479
Hausratte (*Rattus rattus*) 479
Hausrind (*Bos taurus domesticus*) 479
Haussperling (*Passer domesticus*) 477
Hausspitzmaus (*Crocidura russula*) 217, 447
Haustaube (*Columba livia domestica*) 477
Haustier 378
Hausziege (*Capra domestica*) 479
Haut 85f, 265, 364, 484, 486, 501, 506
Haut-Elastizität 87
Haut-Reißfestigkeit 87
Haut-Relaxationskoeffizient 88
Hautbräunung 365
Hauterkrankung 355
Hautflecken 485
Hautschuppe 341
Hautwunde 88
Hautzelle, Lebensdauer 67
Hayflick, L. 59, 63f, 79, 197, 217, 420, 429, 446
Hayflick-Phänomen 494
Hayflick-Zahl 73, 59f, 134, 201, 202, 205, 352, 380, 407, 431
HDL-Cholesterin 326f
Hecht (*Esox lucius*) 197, 475
Hedera helix 140
Hefe 132, 381
Heidegger, Martin 395
Heidekraut (*Erica* spec.) 471
Heidelbeere (*Vaccinum myrtilis*) 161, 471
Heilbutt (*H. hippoglossus*) 475

HeLa-Zellen 494
Helmlocktanne (*Tsuga heterophylla*)
163
Hemimetaboles Insekt 29
Hemimetabolie 494
Hemingway, Ernest 395
Hepadnavirus 413
Hepar 95f
Hepatozyten 96
Herbizide 170
Herbstbiene 474
Herbstfärbung Blätter 148
Hering (*Clupea* spec.) 475
Herkulesstaude 424
Herpes 413
Herz 47, 105f, 381, 484
Herz-Kreislauf-System 387
Herzangst 488
Herzausstoß 107, 111, 224
Herzbräune 488
Herzenge 488
Herzerkrankung 315, 232
Herzfrequenz 309, 392
Herzinfarkt 227, 324, 388, 494
Herzkatheter 331
Herzklappen 321
Herzkrankheiten 327
Herzkranzgefäße 226
Herzmuskelzelle 74
Herzschlagdauer 455f
Herzschlagzyklus 461
Herztransplantation 398
Herzzellen 53
Hesiod 215
Heterochromosomen 258
Heterosomale Vererbung 489, 494
Heterosomen 489
Heterozygotie 358
Hexokinase 105
Hippocampus 488
Hippurat-Clearence 456f
Hirn-Ventrikel 120
Hirnanhangdrüse 228, 319
Hirnatrophie 119, 333, 488, 501
Hirndurchblutung 120

Hirninfarkt 489
Hirnleistung 237, 235
Hirnmasse 244
Hirnsand 116, 481, 494
Hirnschädigung 481
Hirnschlag 492, 494
Hirnstromkurve 398
Hirntod 397, 400
Hirsch 299
Hirse 472
Histone 47
Historische Altersentwicklung 246
HIV 404
HIV-Viren 494, 502
Hochleistungssport 268, 388, 450
Höckerschwan (*Cygnus olor*) 212,
441, 442, 477
Hoden 124, 381
Höhlenbewohner 32
Hohltiere (*Coelenterata*) 174
holometaboles Insekt 29
Holometabolie 494
Homer 492
Hominiden 245
Homo erectus 244f
Homo europaeus 244f
Homo habilis 243f
Homo neanderthalensis europaeus
243f
Homo sapiens sapiens 243f
Homoiothermer 447
Homöopathisches Mittel 381
Homöostase 238
Hörbereich 127
Hörleistung 123
Hormondrüsen 113f
Hornhaut 494
HTL-Virus 410, 502
HTLV-Viren 404, 495
Hufeisennase (*Rhinolophidae*) 479
Hüfte 91
Hüftgelenk 319
Huftiere 244
Huhn (*Gallus* spec.) 61, 73, 104, 216,
404, 477

Hühnerartige (*Galliformes*) 478
Hühnerkrebs 411
Human Immunodeficiency Virus 404
Human T-Lymphotropic Virus 404
Hummer (*Homaridae*) 474
Hund (*Canis lupus familaris*) 104,
  213, 319, 435, 438, 440, 446, 479
Hundebandwurm (*Echinococcus*) 178
Hundertjährige 253f, 431
Hundsrose (*Rosa canina*) 471
Hunger 214
Hungerdiät 447
Hunza-Tal 268
Husten 110
Hutchinson-Gilford-Syndrom 349f,
  351, 428, 482, 495
Hydra (*Hydrozoa*) 473
Hydra attenuata 176
Hydra fusca 176
Hydra viridissima 176
Hydrocortison 380
Hydrolasen 157
Hydromedusen (*Hydrozoa*) 473
hydrophil(-phob) 41
Hydroxyradikal 422
Hylobatidae 245
Hyperion 417
Hyperkeratose 351
Hyperpigmentierung 355
Hypertonie 315
Hypochlorsäure 425
Hypogenitalismus 354
Hypogonadismus 351
Hypokinese 340
Hypophyse 228, 381
Hypophysen-Vorderlappen 308
Hypothalamus 381

IES 170, 495
Igel (*Erinaceus europaeus*) 479
IGF1 376
IGV 109
Imaginalscheibe 80, 495
Imago 29, 80, 495
Immatur 495

Immortalisation 74f, 406, 495
Immunabwehr 425
Immunität 504
Immunsystem 231, 266, 320, 335,
  379, 390
Immuntheorie 116, 420f
Immunzellen T4/T8 390
in vitro 495
Indien 271, 289
Indifferentes Keimgewebe 490
Indol-3-Essigsäure 153, 170
Indolessigsäure 495
Indonesien 271, 289
Industrieländer 270
Infektionskrankheiten 232, 390
Initiationen 484
Inka-Kakadu (*Cacatua ledbeateri*)
  477
Inkohärenz der Gedankengänge 383
Inkorporation 130
Innung 487
Insecta (Insekten) 474
Insekten (*Hexapoda*) 186f, 301, 459,
  463
Insektenhäutung 116
Insektenlarven 301, 495
Insulin 115, 342
Insulin-Clearence 456f
Insulin-Clearence Niere 461
Insulinrezeptoren 105
Intelligenz-Leistung 237
Intelligenz-Quotient 236
Intelligenzalter 308
Interleukin-6 335
Interphase 57f
Interstitielle Zellen 175
Intima 323
Intrinsikalität 419
intrinsisch 491, 495
Invasivität 403
Involution 115, 495
Ipomoea tricolor 155f
IQ-Wert 236
Irak 271
Iran 271

Iridocyten 199
Irland 272, 289
Isabellwürger (*Lanius isabellinus*) 477
Islam 496
Islandpony 479
Isocortex 334
Isopoden 463
Isotop 311
Israel 271, 289
Italien 272

Jahresringe 302f, 345, 485, 490, 492,
   495
Jahreswachstumsringe 500
Jahreszyklus 160
Japan 254, 271, 289
Jasmonsäure 142, 150, 152, 495
Jazwinski 132
Jemen 248, 271
Joggen 268
Joghurt 372
Judo 393
Jugendalter 34
Jugendblätter 141
Jugenddrüse 504
Jugendentwicklung 308, 439, 442
Jugendhormon 116, 495
Jugendmittel 490
Jugendphase 137
Jugendpille 375
Jugendsubstanz 495
Jugoslawien 272
Jungbrunnen 361
Jungfrau Maria 488
Juristische Altersstufen 35, 37
Juristisches Altern 33f
Juvenilhormon 116, 495
Juvenilität 137, 139f, 495
Juvenilitätsfaktor 141f, 493, 495
Kabeljau 303, 329
Kadaver 497
Käfer 189, 438
Käferlarven 474
Käferschnecke (*Chiton tuberculatus*)
   473

Kaffee 472
Käfigvögel 478
Kaiseradler (*Aquila adalberti*) 478
Kakadu (*Cacatua gymnopsis*) 477
Kalbsbries 115, 504
Kalden, Robert 321
Kalium 105
Kalk 323
Kalkverlust 316
Kalorienreduktion 215
Kaltblutpferd 479
Kalziumantagonist 332
Kambodscha 248, 271
Kamerun 271
Kanada 271, 289
Kanadagans (*Branta canadensis*) 477
Kanarienvogel (*Serinus canaria*) 477
Känguruh-Ratte 61
Känguruh (*Macropodidae*) 479
Kaninchen (*Oryctolagus cuniculus*)
   61, 104, 357, 479
Kapir 372
Kapuzineraffe (*Cebus capucinus*) 479
Karotispulsation 505
Karotte 472
Karpfen (*Cyprinus carpio*) 197, 475
Kartoffel 138, 144, 153, 472
Karzinogene 495, 500
Kasachstan 271
Kastanien-Eiche (*Quercus castaneifo-*
   lia) 163
Kastration 214, 260, 448
Katalase 96, 422, 423
Katarakt 125, 345
Katastrophentheorie 179, 420 f
Katze 104, 319, 404, 435, 446
Katzenhai (*Scyliorhinus* spec.) 475
Kaukasier 268
Kefir 372
Kegeln 393
Kegelrobbe (*Halichoerus grypus*) 479
Keimbahn 27, 432
Keimblätter 80
Keimdrüse 114, 319
Keimfähigkeit 138

Keimling 34, 138
Keimung 139, 170
Keimzellen 27, 45, 70
Keimzellenbildung 28, 57
Kellner 262
Kenia 271
Kern-Plasma-Relation 43
Kiefer (*Pinus* spec.) 164, 471, 302
Kiefersamen 472
Killerdrüse 185
Kim Il Sung 368
Kindchenschema 305
Kindersterblichkeit 247
Kinetin 142, 149f, 170, 495
Kirkwood 467
Kirsche (*Prunus* spec.) 471
Kiwi 437
Klapperschlange (*Crotalus* spec.) 476
Kleiderlaus (*Pediculus*) 32
Kleinhirn 128
Kleinkindalter 34, 486
Klepzig, Harald 328
Klimakterium 112, 154, 228, 496
Klimakterium praecox 496
Klimax 496
Klinischer Tod 400
Klon 130, 496
Knoblauch 371
Knochen 90f
Knochenatrophie 316, 496
Knochenerweichung 496, 500
Knochenfische 475
Knochengesundheit, Kuratorium für 317
Knochengewebe 316
Knochenkrebs 402
Knochenmarksleukämie 230
Knochenmarkstammzellen 72f
Knochenschwund 90, 316, 496
Knochenzelle 77
Knorpel 77, 89, 319
Knorpelfische 475
Knospen 167
Knospenbildung 170
Knospenruhe 170

Knospung 175, 176
Kobra (*Naja* spec.) 476
Kohl 472
Kohlmeise (*Parus major*) 477
Kohortenstudie 192f
Kokosnuß 472
Kolibris (*Trochiliformes*) 212, 438, 440, 447, 460, 478
Kolkrabe (*Corvus corax*) 477
Kollagen 110, 200, 425
Kollagentheorie 420f
Kolumbien 270
Koma 496
Kombinationspräparat 381
Komodowaran (*Varanus komodoensis*) 476
Kompartimente 49
Kondor (*Pseudogryphus californianus*) 477
Konfabulation 383
Konfluenz 60
Konfuzius 384
Kongo 271
Königsalbatros (*Diomedea epomophora*) 437, 444, 477
Königsgeier (*Sarcorhamphus papa*) 477
Konjugation 133f
Konstitutionstypen 256, 263, 387
Konsumverhalten 326
Kontaktparanoidie 383
Kopfform 305
Kopffüßler (*Cephalopoda*) 184
Kopfrechnen 236
Kopfsalat 472
Koran 250
Kormophyten 471
Kormoran (*Phalacrocorax carbo*) 477
Kornblume 472
Koronarerkrankungen 226
Körper-Geist-Dualismus 398
Körperfunktion 308
Körpergewicht 224
Körperlänge 235
Körpermasse/Stoffwechsel 438

Körpermerkmal 308
Körperproportionen 306
Körpertemperatur 309
Körperwasser 111, 224
Korrelation Massenabhängigkeit/Lebensdauer 437f
Korrelationsexponenten 463f
korrelative Effekte 169
Kosmetik 363f
Kragengeißelzellen 172
Krähen (*Corvidae*) 477
Krake (*Octopus* spec.) 159, 473
Krallenfrosch (*Xenopus laevis*) 78, 200, 475
Krampfadern 226
Kranichartige (*Gruiformes*) 478
Kreatinausscheidung 309
Kreatinin-Clearence 112
Krebs 232, 347f, 351, 401f, 412
Krebse (*Cladocera*) 474
Krebse (Crustacea) 186f, 301, 459, 463
Krebsresistenz 223
Krebszellen 403, 446
Kreislaufblockade 322
Kreislaufsystem 332f
Kreuzspinne 188, 301
Krokodile (*Crocodilus* spec.) 447, 476
Krontaube (*Columba cristata*) 477
Krustenflechte 161
Kryptozoen 463
Kuba 270, 289
Kuckuck (*Cuculus canorus*) 477
Kugelalge (*Volvox*) 166
Kuh 46, 435, 438, 440
Künstler 262
Künstliches Gelenk 319
Kürbiskern 339, 472
Kurzatmigkeit 347
Küsten-Sequoia (*Sequoia sempervivens*) 163, 471
Kyphose 496, 503
Kyppe 372

L-Dopamin 341
Labormaus (*Mus musculus*) 479 (s. a. Maus)
Laburnum alpinum 500
Lachs (*Salmo* spec.) 160, 197f, 475
Lachs, Henriette 494
Lachtaube (*Streptopelia risoria*) 477
LAG(-Gen/-Protein) 69, 132, 488, 496
lag-Phase 63
Lagena 304
Laifa, Gong 253
Lama *(Lama guanicoe)* 479
Landschildkröte 202
Langerhans-Inseln 308
Langstreckenlauf 391
Lanzettfischchen (*Branchiostoma*) 475
Lapillus 304, 496
Lärche (*Larix decidua*) 471
Larvenruhe 137, 189, 499
Lasurmeise (*Parus cyaneus*) 477
Lateropulsion 340
Latrunculus 197
Laubfrosch (*Hyla coerulea*) 475
Laufen 393
LDL-Cholesterin 326, 330
Lebensabschnitte 28, 496
Lebensalter, ökologisches 499
Lebensalter, physiologisches 500
Lebensalter, potentielles 501
Lebensbaum 496
Lebensbedingungen 254
Lebensbereich 256
Lebensbrunnen 496
Lebensbuch 496
Lebensdauer 28f, 461
Lebenseinstellung 267
Lebenselixier 490, 496
Lebenserwartung 243f, 497
Lebensführung 265
Lebenskraft 497
Lebenskünstler 497
Lebenslauf 486, 490, 497
Lebenslicht 497

Lebensphasen 439
Lebensrate 497
Lebensregeln 269
Lebensschwäche 497
Lebenssymbole 497
Lebenstafel 497
Lebensuhr 27f, 71
Lebensumsatz 444f
Lebenswecker 489, 497
Lebenswende 497
Lebenszeichenmotiv 497
Lebenszyklus Pflanze 137
Lebenszyklus Tiere 27f
Leber 47, 95f, 381
Leberenzyme 96
Lebertran 329, 381
Leberzelle 42, 49, 57
Leberzirrhose 232, 315
Lecithin 380
Leguminosen 472
Leguminosensamen 137
Lehrer 262
Leibgedinge 482
Leibzucht 482
Leiche 164, 497f
Leichenbildung 33
Leichenerscheinung 400
Leichenflecke 497, 505
Leichengifte 497
Leichenstarre 498
Leichnam, lebender 496
Lein 472
Leinöl 326
Leistenbruch 232
Lektine 498, 500
Lemming 160
Lemur 244
Lentiviren 498, 502
Leopard (*Panthera pardus*) 479
Leopardleguan (*Gambella wislizenii*)
    476
Leptosome 256, 263, 387
Lernen 118
Lethargie 447
Leukämie 69, 230f, 332, 402, 413, 498

Leukämieviren 409
Leukozyten 67, 101f, 498
Libanon-Zeder (*Cedrus libani*) 163
Liberia 248
Libido 114
Libyen 271
Lichtempfindlichkeit 355
Lichtschrumpfhaut 356
Lichtüberempfindlichkeit 506
Liebfrauenfäden 488
Lien 107
Ligase 424
Linde (*Tilia europaea*) 164, 471
Linolensäure 380
Linolsäure 380
Linse 304
Linsentrübung 345
Lints, F.A. 453
Lipiddoppelmembran 42
Lipidperoxidation 50
Lipidreparatur 424
Lipofuscin 52f, 86, 92, 106, 126, 127,
    181, 182, 421, 498
Lipoide 498
Lipome 405
lipophil 41
Lipoprotein 330
Lippfische 301
Liquor cerebrospinalis 119
Livores 498, 505
LOG-Phase 63
Loligo 184, 185, 446
Longitudinalstudie 293f
Lotus tetragonolobus 500
Lotusblume 472
Lotussamen 137, 472
Louis-Bar-Syndrom 489, 498
Löwe (*Panthera leo*) 213, 479
Löwenäffchen (*Leontocebus rosalia*)
    479
Löwenzahn 472
Lunge 108f
Lungen-Dehnbarkeit 109, 110
Lungen-Strömungswiderstand 109
Lungen-TBC 111

Lungenbläschen (*Alveolen*) 346
Lungenembolie 111
Lungenemphysem 346f, 483
Lungenentzündung 232
Lungenfisch (*Dipnoi*) 475
Lungenfüllzeitkonstante 461
Lungenkrebs 111, 264, 402
Lutein 371
Luxemburg 254
Lymphocyten 72, 102
Lysophosphatlipase 105
Lysosomen 40, 52f, 498

Claudius, Mathias 395
m-RNA 42
Macronucleus 134f
Macula lutea 498
mad(-Gen/-Protein) 69, 488, 498
Madagaskar 271
Magee, Sylvester »Slave« 253
Magen 94
Magengeschwür 486
Magensalzsäure 95, 309
Magenschleimhautentzündung 95
Magicicade septemdecim 31
Magnetarmband 322
Mähnenrobbe (*Otaria byronia*) 479
Mähre 298
Mais 472
Maiskeimöl 326
Makrele (*Scombridae)* 475
Makuladegeneration 126, 498
Malaria-Mittel 322
Malariamücke (*Anopheles*) 30
Malat-Dehydrogenase 105
Malawi 248
Malaysia 271
Maler 262
Mali 248, 272
Malphigischicht 87
Malvaceen 472
Malvensamen 137
Mammalia 212f
Mammutbaum (*Sequoiadendron*) 161, 163, 471

Mandschuren-Kranich (*Megalornis japonensis*) 477
Mao Tse-tung 368f
Marathon-Läufer 388
Margarine 329
Marienseide 488
Marions Schildkröte (*Testudo sumeirii*) 202, 476
Marmormolch (*Triturus marmoratus*) 475
Marokko 272
Matrix 49
Maturität 34, 137
Mauersegler (*Apus apus*) 477
Maultier 479
Maulwurf (*Talpa europaeus*) 479
Mauretanien 248, 272
Maurische Landschildkröte (*Testudo graeca*) 476
Maus 46, 61, 73, 87, 93, 104, 213, 404, 438, 440
Mäusebussard (*Buteo buteo*) 477
Mauserung 94, 101, 127, 498
Mausohrfledermaus (*Myotis myotis*) 480
Mausvogel 204
Max(-Gen/-Protein) 69, 488, 499
maximale Lebensdauer 470f
maximale Lebenserwartung 499
Mechanorezeptoren 128
Meclophenoxat 379, 499, 501
Media 323
Medikamentation 55
Meduse 175
Meerohr (*Haliotis* spec.) 473
Meerschweinchen (*Cavia* spec.) 104, 216, 435, 480
Mehlschwalbe (*Delichon urbica*) 191, 206f, 284
Meiose 57
Meise 438, 440
Melancholie 341
Melanin 84
Melatonin 116
Melissenöl 379

Mellisuga helenae 460
Melone 472
Membranfluidität 57
Membranstrukturen 105
Menarche 499
Menopause 125f, 499
Menschenfloh (*Pulex irritans*) 29
Menschwerdungszeitpunkt 35
Menstruation 114, 499
mentale Faktoren 267
Meristem 77, 142f, 144f, 158, 499
Merostomaten 463
Mesoderm 80
Mesoglöa 174
Mesostoma 178
Mesozoa 178
messenger-RNA 505
Metall-Chelatoren 423
Metallionen 426
Metaphase 57f
Metformin 344
Methotrexat 322, 456f
Methotrexat-Halbwertszeit 461
Methusalem 250, 358
Methylierung 46
Metschnikoff, I. 372
Metzger 262
Mexiko 270, 289
MHC-Komplex 428
Micronucleus 134f
Microstomun 178
Mikrographie 340
Mikrotumoren 405
Milchdrüsenkanäle 126
Milchgebiß 98
Milchsäure 403, 446
Milz 107f, 381
Milz-Lymphknoten-Leukämie 230
Mineralstoff-Tabletten 374
Mississippi-Alligator (*Alligator mississippiensis*) 476
Mistel 379
mitochondrialer Elektronentransport 50
Mitochondrien 48f, 39, 40, 93, 130, 233, 375, 499
Mitogene 499f
Mitose 57, 348, 431
Mittwoch, Ursula 263
Mohn 472
Mohrenmaki (*Lemur macaco*) 480
Molière 492
Mollusken (Weichtiere) 184, 463, 473
Monatsblutung 228
Mönch 449
Mönchsgeier (*Aegypius monachus*) 477
Mondhornkäfer (*Copris* spec.) 474
Mongolei 271
Mongolismus 44, 356, 499, 505
Monokarpe Pflanze 159
Monolayer 405
Monoraphis 173
Monozyten 102
Monterey-Zypresse (*Cupressus macrocarpa*) 163
Moorhead 431
Morbidität 499
Morbus 499
Morbus Alzheimer 499
Morbus Parkinson 385
moribund 499
Morphologie 499
Mortalitätsraten 274f, 284f, 431
Mosambik 248, 272
Moses 250
Motoneuron 93
Möwen (*Lariiformes*) 478
MS 335, 429
Müller 262
Multiple Sklerose 335, 429
Mund 94
Mundmucosa 94
Murine Sarcoma-Virus 404
Murmeltier (*Marmorata marmorata*) 480
Musca domestica 448
Muscheln (Bivalvia) 184
Muskelatrophie 488

Muskelkraft 92
Muskelschmerz 320
Muskelzelle 57, 77
Muskelzuckung 461, 455f
Muskulatur 91f, 387
Mutationstheorie 196, 420f
Mutter, jüngste 501
Myasthenia 429
myc(-Gen/-Protein) 69, 488, 499
Myelinscheide 121
Myelocytomatosis-Virus 404
Myokardfasern 106

Nachtkerze 472
Nagezähne 97
Nahpunkt des Auges 123
Nahrungsmittel 329
Nahrungsreduktion 54
Nasenkakadu (*Licmetis tenuirostris*)
    477
Nashorn (*Rhinoceros unicormis*) 480
Natrium 105
Neanderthaler 243f
Nebenniere 308, 381, 429, 490
Nebennierenfunktion 224
Nebennierenrinde 215
Nekrose 69, 483, 488, 499
Nemathelminthes 177
Nematoda (Fadenwürmer) 463, 473
Neocortex 245
Neoplasma 232, 315, 402, 406, 499
Neotenie 200, 499
Neotenin 495, 499
Nephron 112
Nervenfaser-Zahl 224
Nervenleitungsgeschwindigkeit 111,
    224
Nervensystem 117f
Nervenzelle 57, 77, 488
Nervenzelle, Lebensdauer 67
Nerz 61
Nestflüchter 443
Nesthocker 443
Netzhaut 125
Netzpython (*P. reticulata*) 476

Neugeborener 34, 306
Neuntöter (*Lanius collurio*) 477
neurofibrilläre Degeneration 335
Neurone 74, 244, 488
Neurotransmitter 490
Neuseeland 271
Neuseelandrobben (*Phocarctos* spec.)
    480
Newcastle Disease-Virus 410
NHP-Nichthistonproteine 78
Nicaragua 270
Nichtraucher 256
Niehans, P. 366
Niere 381
Nieren-Filtrationsrate 111
Nieren-Plasmafluß 111, 224
Nierendurchblutung 107
Nierenerkrankungen 232
Nierenfunktion 223
Nierenglomeruli Zahl 224
Nierenkrebs 402
Nierenzelle, Lebensdauer 67
Nietzsche, F. 183
Niger 248, 272
Nigeria 248, 272
Nikotin 325
Nilkrokodil (*Crocodylus niloticus*)
    202, 476
Nilpferd (*Hippopotamus amphibius*)
    480
Nitrat 266
Nonne 449
Nordamerika 271
Nordkorea 271
Norwegen 272
Novalis 395
Nucleinsäurestoffwechsel 378
Nucleus 40
Nudelfisch (*Salanx*) 197, 475
Nukleon 311
Nuland, B. 396

Oberschenkelspontanbruch 317
Obstreifung 154f

Ochsenfrosch (*Leptodactylus penta-dyctylus*) 475
Ochsenfrosch (*Rana catesbiana*) 475
Octopus 159, 184, 185
Ohr 485, 500
Ohrknöchelchen 199
Ohrschnecke (*Chiton* spec.) 473
Ohrstöpsel 304
Ohrwurm (*Dermaptera*) 474
ökologische Lebensdauer 208, 246
Ölbaum (*Olea europaeus*) 471
Oleinsäure 380
Oligochaeten 463
Oligopause 491
Omnipotenz 39, 72, 76, 172, 500
Oncovirinae 412
Onkogene 404, 500
Onkoviren 409, 500, 502
Ontogenese 28, 437f, 442f, 462
Ontogenesezeit 455f
Oocyten 28
Optimisten 256, 263
Orang-Utan (*Pongo pygmaeus*) 248, 480
Ordensleute 262
Oregon R 474
Organalterung 83f, 223
Organelle 39, 40
Organisationsgrad der Materie 465
Organpräparate 381
Organspende 399
Orgasmusfähigkeit 228
Orgel 179, 420
Orientierung 236
Orthomyxoviridae 410
Oscarella 173
Osmotische Stabilität 105
Ossifikation 300
Osteoblasten (-klasten) 90
Osteochondrosis 500
Osteomalazie 500
Osteopenie 316
Osteoporose 90f, 316f, 351, 500
Osterluzei 144
Österreich 272

Ostracoden 463
Östriol 377
Östrogen 114, 317
Östrogenproduktion 90
Otholit 199, 303, 485, 489, 496, 500
Otter (*Lutra canadensis*) 479
Ötzi 320
Ovar 125
Overtraining 390
Oxidation 487
oxidative Schäden 423
oxidierte PUFA 105
Ozon 266

p-450-Enzym 341
p-53-Gen 69
p-16-Gen 409
p-53(-Gen/-Protein) 408, 488, 500
Pacu (*Myleus pacu*) 475
Paddeln 393
Pakistan 271
Palmitinsäure 380
Palolowurm 160
Pandorina 166
Pankreas 115, 342
Pantoffeltierchen (*Paramecium*) 32, 33, 78, 133f, 473
Pantothensäure 366
Paovaviren 413
Papagei 204, 447
Papageien (*Psittaciformes*) 211, 478
Pappel (*Populus* spec.) 144, 163, 471
Paradontose 94
Paraguay 270
Paramecium 32, 33, 78, 133f, 473
Paramyxoviridae 410
Parapause 491
Pärchenegel (*Schisostoma*) 178
Parkinson-Syndrom 51, 340f, 348, 385, 500
Parodontose 348
Pauling, Linus Carl 374
Pavian (*Papio* spec.) 480
Pcheco, José Andres 253
Pearl 420, 436, 453

Pearson-Syndrom 51
Pediculus 32
Peeling 88
Pekinese 479
Pelikane (*Pelecaniformes*) 478
Pelzrobbe (*Arctocephalus pusillus*) 480
Pemphigoid 500
Pemphigus 429
Penis 362
Peptidase 423
Perilla frutescens 149
Periode 112
Peroxid-Radikal 422f
Peru 270
Pessimisten 256, 263, 267
Pestizid 341
Pferd 61, 104, 216, 297, 435, 482
Pferdeaktinie (*Actinia equina*) 473
Pferderennsport 483
Pflanzen 136f
Pflanzenhormon 142, 170, 489, 493
Pflanzenkrebs 408
PHA 413, 498f, 500
Pharmakotherapie 383
Phaseolus limensis 500
Phenol 365
Philippinen 271
Philister 482
Phloem 170
Phosphatid 323
Phosphatidylcholin 54
Phosphatidylethanolamin 379
Phospho-Frukto-Kinase 105
Phospholipase 423
Phospholipide 105, 108, 330
Phosphorsäure 380
Phosphorylierung 47
Phosphorylierungskapazität 50
Photosensibilisierung 424
Photosynthese 149
Phyllodoce 178
Phyllopoden 463
Physarum 165
Physiognomie 305

Physiologie 500
physiologische Lebensdauer 208, 499
Phytohämagglutinin 413, 498f, 500
Phytosterin 339
Phytotherapeutikum 339
Phytotherapie 371
Pick-Krankheit 119, 501
Picornaviridae 410
Pigment 498
Pigmentflecken 405
Pillendreher (*Scarabeus* spec.) 474
Pillenknick 287
Pilze 144, 164
Pilzmycel 471
Pinealorgan 116, 222, 494
Pinguin 477
Pinus aristata 144, 161
Pirol (*Oriolus oriolus*) 477
Placebo-Effekt 384
Placenta 364, 381
Placenta-Extrakt 381
Plasmaalbumin-Halbwertszeit 461
Plasmaclearence 461
Plasmafluß, renaler 105
Plasmalemma 40
Platane (*Platanus* spec.) 163, 471
Plathelminthes (Plattwürmer) 473
Platt, D. 385
Plättchenfaktor 108
Plattfisch 199
Pleodorina 165
Pneumonie 232, 315, 503
Pnie 161
Pockenviren 413
Podospora anserina 165, 471
Poikilothermie 447
Polen 272
Poly(A)-Sequenz 47
Polyadylensäure 47
Polyarthritis 318
polybasische Säuren 426
polykarpe Pflanzen 161
Polylayer 403
Polymerase 424
Polyoma-Virus 413

Polypen 174, 229
Polyploidie 43, 134
Pongo 245
Population 274f
Populationsuntersuchungen 291f
Porifera (Schwämme) 172f, 473
Portugal 272
postnatal(-e Zeit) 29, 34
potentielle Lebenserwartung 243
Potenz 369
Prachtfinken 436
präcocial 442
pränatal (Zeit) 29, 34
Presbyakusis 123, 127, 485, 501
Presbyopie 122, 486, 501
Presbyter 487, 501
Primärfollikel 125
Primaten 244, 248
Pro-Kopf-Einkommen 254
Pro-Mitochondrien 49
Procain 379, 489, 490, 501
Procyte 129
Progeria adultorum 501
Progeria infantilis 353, 501
Progeria, Progerie 349f, 482, 501
progeriekranke Tiere 357
Progeroid 501
programmierter Tod 464f
Progressivität 418
Prokaryonten 129
Proliferation 501
Proliferationskapazität 431
Promotor 193
Prophase 57f
Propulsion 340
Prostata 501
Prostata-Adenom 337f, 501
Prostatahyperplasie 337
Protease 423
Proteinase 423
Proteine 105
Proteinreparatur 423
Proteinsynthese 53f
Proteinsynthese Blatt 148
Proterogerie 501

Protozoa (Einzeller) 130, 463, 473
Provirus 411, 501, 502
Provitamin A 366
Prunkwinde (*Ipomoea tricolor*) 155f
Psyche 370
Psychopharmaka 382, 501
Psychose 382
Psychotonikum 381
Ptomaine 497, 501
Pubertas praecox 351, 501
Pubertät 34, 116, 221, 354, 499, 502
Pulex irritans 29
Puls 486
Pulsfrequenz 455f
Pupillenstarre 400
Puppenruhe 137
Puppenstadium 30
Purkinjezellen 128
Putrescin 142, 502
Pykniker 263, 387
Pyknose 405
Pyrophosphatase 105
Pyruvat-Kinase 105

Q^{10} 374
Qualle 175
Quecke 472
Quelle 497
Querteilung 33
Quervernetzungstheorie 420f
Quieszenz 491, 502
Quinone 426
Quotient Gewicht/Größe 308

r-RNA 42
Rabenvögel 211
Rädertierchen 177, 491
Radfahren 393
Radikal-Theorie 374, 423
Radikale 423, 426
Radikalfänger 51, 422
Radio-Carbon-Methode 311
Radioaktivität 46
Radiometrische Altersbestimmung 311

Raffael 360
Ragotzky, Klaus 328
Raps 472
Rassen 263
Rat der Alten 482
Ratte 46, 54, 61, 84, 87, 88, 96, 104,
    214, 216, 404, 438, 440
Ratten-Neuroblastoma-Virus 404
Ratten-Sarcoma-Virus 404
Rattenhaare 85
Raubwürger (*Lanius excubitor*) 477
Rauchen 111, 256, 264f
Rauhschnabelpelikan (*Pelecanus ono-
    crotalus*) 477
Reaktionsgeschwindigkeit 224
Reaktionszeit Muskel 93
Rechnen 236
Rechts- und Parteifähigkeit 37
Rechtsnormen 33
Reduktionsteilung 57f
Reduplikation 491
Regelblutung 228
Regeneration 172, 183, 188, 401f,
    413f, 415, 490, 502
Regenwurm (*Lumbricus terrestris*)
    474
Reh (*Capreolus capreolus*) 480
Rehwild 299
Reifephase 137
Rekordalter Mensch 250
Relaxation 23, 487
REM-Schlaf 234
Ren 299
Rentenalter 34
Rentenanspruch 37
Rentenneurose 502
Rentier (*Rangifer tarandus*) 480
Reoviridae 410
Reparaturmechanismen 423
Reparatursysteme 355, 423
Reproduktionsphase 468
Reproduktionsreife 456f
Reprogrammierung 78, 502
Reptilien 85, 201f, 459f, 475
RES 107

Reserve-Kapazität 233
Restharnmenge 338
Reticuloendotheliose 413
Retikulo-Endotheliales-System 107
Retin-A 365, 502, 506
Retina 125
Retinsäure 365, 502, 506
Retropulsion 340
retrosternaler Fettkörper 115, 221,
    504
retrovirale Sequenz 55
Retroviren (*Oncovirinae*) 404, 412
Retroviren (*Retroviridae*) 410, 490,
    494, 502
Revolvergebiß 100
Rhabdoviridae 410
Rhesusaffe (*Macacus rhesus*) 480
Rhesusaffe 248
Rheuma 320f
Rheumafaktor 322
rheumatoide Arthritis 89
Rhopalura 178
Ribonucleinsäure RNA 27, 42, 381,
    502
Ribosom 39, 40
Riechen 94
Riesen-Thuja (*Thuja plicata*) 163
Riesenbärenklau 424
Riesenmolch (*Cryptobranchiae*) 475
Riesenmuschel (*Tridacnidae*) 184,
    473
Riesensalamander (*Megalobatrachus
    maximus*) 200, 475
Riesenschildkröten 201, 202
Riesenschlangen (*Boidae*) 476
Riesentanne (*Abies grandis*) 163
Riesenwuchs 493
Rigor 340, 500, 502
Rigor mortis 498, 502
Rind 87
Rindfleisch-Fett 329
Ringen 393
Ringfunde 208
Ripisime, Arshakumi 252
Rippenmolch (*Pleurodeles waltii*) 475

Risikofaktoren 263, 264f
RNA 27, 42, 54, 156, 378, 425, 502
RNA-Viren 410, 502
RNS, siehe RNA
Rochen 101
Roggen 472
Röhrennasen (*Procellariformes*) 462, 478
Rosa-Kakadu (*Cacatua roseicapilla*) 477
Rose, P. 192
Rosenblüte 149
Rosenstar (*Sturnus roseus*) 477
Rost 23
Roßkastanie (*Aesculus hippocasta-num*) 164, 472
Rot-Eiche (*Quercus rubra*) 163
Rotatoria 177, 181
Rotbuche (*Fagus sylvatica*) 471
Rotdrossel (*Turdus musicus*) 477
Roteiche (*Quercus rubra*) 471
Rothirsch (*Cervus elaphus*) 480
Rothmund-(Thomson-)Syndrom 355f, 502
Rotifera (Rädertierchen) 474
Rotkehlchen (*Erithacus rubecula*) 207, 442, 477
Rotkopfwürger (*Lanius senator*) 477
Rottanne (*Abies alba*) 471
Rotwein 371
Rotwild 487
Rotzahnspitzmäuse (*Soricinae*) 213, 217, 447, 480
Rous, Peyton 411
Rous-Sarkom-Virus 404, 410, 502
Ruanda 248
Rubner, Max 420, 433f
Rückenschulp 304
Rudern 393
Ruhehormon 168
Ruhesitz 487
Ruhestadium 30
Ruheumsatzrate 463
Ruhezustände 167f
Ruhr 232, 315

Rumänien 272
Rundrücken 503
Rundwürmer 177
runner's high 389
Rußland 272, 290
Rutin 379, 502

S-Phase 57f
Saatkrähe (*Corvus frugilegus*) 477
Sabellen (*Sabella* spec.) 474
Saccharomyces cerevisiae 132
Saccharomyces fragilis 372
Sacculus 304
Sacher, G.A. 432
Sägepalme 339
Sagitta 304, 503
Saiga-Antilope (*Saiga tatarica*) 480
Saint Germain-Tee 503
Saitenwürmer 491
Saki (*Pithecia pithecia*) 480
Salicylsäure 366
Salinenkrebschen (*Artemia* spec.) 474
Salweide (*Salix caprea*) 471
Sambia 248, 272
Samen 137f
Samenausspritzgang (*Ductus ejacula-torii*) 337
Samenkanal 124
Samenruhe 137
Samenzelle 71, 77
Sardelle (*Engraulis* spec.) 197, 475
Sarkom 413
Sarus-Kranich (*Grus antigone*) 477
Saudiarabien 272
Sauerstoffaufnahmerate 109, 224, 391
Sauerstoffdruck, arteriell 110
Sauerstoffradikale 46
Sauerstoffsättigung Blut 110
Sauerstoffverbrauch 425, 433
Säuger 212f, 284, 459, 461, 479
Säuglingsalter 34, 486
Saugwurm 178
Savannenadler (*Aquila rapax*) 477
Schädelknochen 300

Schädlichkeit 418
Schaf (*Ovis* spec.) 480
Schaf 104
Schaie, T. 235
Schälkur 365
Schalldifferenz Ohren 461
Scharping, R. 241
Schaufensterkrankheit 325, 503
Scheintod 397, 503
Scheinzypresse (*Chamaecyparis formosensis*) 471
Schellfisch 329
Scheltopusik (*Ophiosaurus apodus*) 476
Scheuermannskrankheit 481, 483, 503
Schilddrüse 117, 308, 450, 484
Schilddrüsenüberfunktion 325
Schildkröte 61, 104, 202, 213, 359, 447, 476
Schillerfarben 301
Schimpanse (*Pan troglodytes*) 213, 248, 480
Schlafverhalten 234
Schlafzeit 455f
Schlaganfall 232, 315
Schlagfluß 492, 503
Schlammschildkröte (*Kinosteridae*) 476
Schlammschnecke (*Lymnea stagnalis*) 473
Schlauchpilze 132
Schlauchwürmer 491
Schleiereule (*Tyto alba*) 477
Schleimpilz (*Dictyostelium*) 165, 446
Schlittenhund 446
Schlittschuhlauf 393
Schlosser 262
Schlüpfrate 207
Schmetterling 191, 301
Schmied 262
Schmutzgeier (*Neophron percnopterus*) 477
Schnabeltier (*Ornithorhynchos anatinus*) 480

Schnecken (*Gastropoda*) 184
Schneekranich (*Grus leucogeranus*) 477
Schnepfenvögel (*Charadriiformes*) 478
Scholle (*Pleuronectes platessa*) 475
Schönechse (*Anguis carolensis*) 476
Schönheitschirurg 362
Schopfpavian (*Cynopithecus niger*) 480
Schreikranich (*Megalornis americana*) 477
Schuhschnabel (*Balaeniceps rex*) 477
Schüller, H. 241
Schuppen 303, 355
Schuster 262
Schüttellähmung 120, 340, 385, 500, 503
Schwalben 477
Schwämme (*Porifera*) 172f, 459, 463
Schwand, Peter 328
Schwangerschaft 29
Schwangerschaftsdauer 461, 455f
Schwanzmeise (*Aegithalos caudatus*) 477
Schwarzpappel (*Populus nigra*) 471
Schweden 272, 289
Schwein (*Sus scrofa*) 104, 216, 480
Schweinefleisch-Fett 329
Schweißdrüsen 87
Schweißdrüsenzelle, Lebensdauer 67
Schweiz 254, 272
Schwerelosigkeit 317
Schwerhörigkeit 485
Schwerstarbeiter 450
Schwimmen 393
Schwund der Gehirnrinde 483
Sciaenidae 304
See-Elefant (*Mirounga leonina*) 480
Seeadler (*Heliaetus albicilla*) 477
Seeanemone (*Cereus pedunculatus*) 473
Seebär (*Arctocephalus pusillus*) 480
Seegurke 184

Seehund (*Phoca vitulina*) 480
Seeigel (*Echinoidea*) 183, 473
Seekuh (*Trichechus spec.*) 99, 101, 480
Seele 239f, 267, 381
Seelilien (*Isocrinidae*) 183, 473
Seelöwe, kalif. (*Zalophus californianus*) 479
Seelöwe, Stellers (*Eumetopias stelleri*) 480
Seepferdchen (*Hippocampus*) 475
Seepocken (*Cirripedia*) 474
Seestern (*Asteroidea*) 183, 473
Seewalze (*Holothuroidea*) 473
Sehnen 89
Sehstörung 498
Selbstauflösung der Zellen 489
Selbstmord der Zelle 67f
Selbstmord des Menschen 240f
Sellerie 472
semialtricial 442
Sendai-40-Virus 410, 503
Senegal 272
Senescenz 25f, 34, 137, 146f
Senescenzfaktoren 149f, 503
senile Demenz 483, 503
senile Makuladegeneration 503
Senilität 25f, 34, 504
Seniorenkonvent 487, 504
Senium 25f, 34, 504
Sepia 473
Serotonin-Bindungsstellen 41
Serum-Cholesterin 326
Serumlipide 326
Sexualität Mensch 223
Sexualpraktiken 368
Sexualzyklus 116
Seychellen-Nuß (Palme) 471
Seychellen-Riesenschildkröte (*Testudo gigantea*) 201, 476
Shetlandpony 479
Siebenschläfer (*Glis glis*) 480
Siebzehn(17)-Jahreszikade (*Magicicade septemdecim*) 31, 474
Siebzehn(17)-Ketosteroide 309

Siebzelle 77
Sierra Leone 248
Silberfischchen 188
Silbergibbon (*Hylobates lar*) 480
Silbermöwe (*Larus argentatus*) 477
Silberwurz (*Dryas octopetala*) 471
Silikonbeutel 362
Simian Sarcoma-Virus 404
Single-Dasein 263
Sinnesorgane 122, 266
Sinneszelle 77
Sirenen 99, 101
Sitka-Fichte (*Picea sitchensis*) 163
Sitosterin 339
SIV 494, 502
Skelettalter 307, 310
Skelettmuskelzelle, Lebensdauer 67
Skiabfahrt 393
Skilanglauf 393
Sklerodermie 320, 429
Slalom 393
Smith, Charlie 253
Sojaöl 326
Somalia 248, 272, 290
somatische Zellen 45, 468
somatische Zellteilung 57
Sommerbiene 474
Sommerholz 302, 495, 504
Sommerruhe 191
Sommerschlaf 137, 448
Sommersprossen 365
Sonnenbaden 265
Sonnenbestrahlung 364
Sonnenblumenöl 326
Sorbit-Clearence 96
Sozialstatus 242
Soziobiologie 432, 467
soziokulturelle Bedingungen 241f
Spaltpilze 130
Spanien 272, 290
Spätholz 302, 495, 504
Spechte (*Piciformes*) 478
Speicherzelle 77
Speiseröhre 94
Spenderzelle 367

Sperlingsvögel (*Passeriformes*) 478, 462

Spermidin 142, 504

Spermien 28

Spermin 142, 504

Sphingomyelin 54

Spiegeltest 400

Spinnen (*Arachnida*) 186f, 301, 463, 473, 488

Spinnenaffe (*Ateles paniscus*) 480

Spitzahorn *(Acer platanoides*) 472

Spitzenleistung 224

Spitzmaus 46, 480

Splen 107

Splitger, Minna 253

Sporen 137f, 472

Sporenruhe 137

Sport 387, 393

Sportlerherz 388

Sportverletzung 390

Sprachstörung 491

Sprachverständnis 236

Spulwurm (*Ascaris* spec.) 177, 473

Spumavirus 410, 502, 504

Squamosa Papillome

Stachelhäuter (*Echinodermata*) 183f

Stachelschwein (*Hystrix cristata*) 480

Stammzellen 72f, 414

Standardumsatzrate 463

Star (*Sturnus vulgaris*) 478

Staroperation 345

Starreschlaf 447

Stauchung 23

Stearinsäure 380

Stecklinge 141, 158

Steinadler (*Aquila chrysaetos*) 478

Steinkoralle (*Madreporia*) 473

Steinzelle 77

Stenokardie 488, 504

Stenosierung 112

Sterben 395f, 504

Sterblichkeitsrate 274f, 402

Sterblichkeitstabelle Schweiz 279

Sternhaarzelle 77

Sterntaucher (*Gavia stellata*) 478

Steroid 329

Stichling (*Gasterosteus aculeatus*) 449, 475

Stickstoffarbpigmente 301

Stieglitz (*Carduelis carduelis*) 478

Stieleiche (*Quercus robur*) 472

Stimmungslabilität 341

stochastische Alternstheorien 420f

Stockmauser 205

Stoffwechsel Mensch 223

Stoffwechsel/Körpermasse 438

Stoffwechselabnahme 205

Stoffwechseleffekt 450

Stoffwechselkonstanz 435

Stoffwechselrate 439f

Stoffwechselreduktion 181

Stoffwechseltheorie 213, 420f, 433f, 436f, 445f, 453f

Stoffwechselumsatz 197, 463

Stör (*Acipenser* spec.) 197, 475

Storchartige (*Ciconiiformes*) 478

Stoßzahn 98

Straffähigkeit 37

Strandschnecke (*Littorina* spec.) 473

Strauß (*Struthio camelus*) 213, 441, 478

Strehler, Bernhard 418, 452

Streifenhügel 340

Streptococcus thermophilus 372

Streptokokkeninfektion 320

Streß 258

Strudelwurm (*Planaria* spec.) 178, 473

Stuart-Breitfußbeutelmaus (*Ceanolestes* spec.) 215

Stubenfliege (*Musca domestica*) 190, 448, 474

studentische Verbindung 482

Stuhlabgabe 95

Substantia nigra 340

Südafrika 272

Südamerika 270, 290

Sudan 272

Sudeck, Paul 504

Sudecksches Syndrom 504

Südkorea 271
Suizid 240
Sulfonylharnstoff 344
Sumpfmeise (*Parus palustris*) 478
Sumpfschildkröte (*Emys orbicularis*) 476
Superoxid-Dismutase 50, 96, 179, 422f
Superoxidradikal 422
Supmultiple Lebenszeit 457
Süßwasserpolyp (*Hydra*) 176
SV-40-Virus 413, 503
Symbiontentheorie 51
Synapsen 118
synchrone Teilung 73
Synkaryon 134
Synovialflüssigkeit 318
Syphilis 315
Syrien 272
Szilard 420

T-Helferzellen 429
T-Lymphozyten 504
t-RNA 42
T-Zell-Leukämie 404
Tabak 150, 151, 472
Tacrin-R 336
Tagesdosis 382
Tagesumsatz 443
Talgdrüsen 87
Tannenhäher (*Nucifraga caryocatactes*) 478
Tannenmeise (*Parus ater*) 478
Tanner-Whitehouse-Standard 310, 504
Tansania 272
Tanzen 393
Tarantel (*Tarantula*) 474
Taschenratte 97
Tastsinn 87
Taube (*Columba* spec.) 104, 442, 462, 478
Tauben (*Columbiformes*) 478
Taufbrunnen 497
Taufliege, siehe auch *Drosophila* 448, 453

Tausendfüßler (*Myriapoda*) 474
Teenager 34, 484
Tegmentum 340
Teichmolch (*Triturus vulgaris*) 475
Teichmuschel (*Anodonta cygnea*) 446, 473
Teilbarkeit 66f
Telencephalon 120
telogen 84
Telomer/Telomerase 75, 76, 406
Telophase 57f
Tennis 393
Terminator III 69, 488, 504
Termiten (*Isoptera*) 188, 474
Testierfähigkeit 37
Testosteron 84, 214, 261, 324, 369, 377, 490
Testudo gigantea 201
Tetrahymena 135
Textilarbeiter 262
TGF 504
Thailand 271
Thalamus 381
Theia 417
Thermobacterium bulgaricum 372
Thrombocyten 53, 72, 102, 108
Thrombosen 102
Thymus(drüse) 115, 221, 223, 231, 351, 428, 490, 495, 504
Thymusreduktion 222
Thyroxin 117
Tiefschlaf 234
Tiere 172f
Tierembryonen 366
Tiger (*Panthera tigris*) 480
Tigerpython (*P. molurus*) 476
Tintenfisch, Loligo (*Loligo* spec.) 184, 304, 446, 473
Tintenfisch, Sepia (*Sepia* spec.) 473
Tischtennis 393
Tithonus 417
Tocopherol 424
Tod 28, 34, 395f, 464f, 469, 505
Todeskampf 505
Todesprogramm 76, 136, 505

Todeszeichen 400
Todeszeitpunkt 397, 400
Togaviridae 410
Tollkirsche *(Atropa belladonna)* 366
Tomate 153
Tonoplast 157
Töpfer 262
Torpor 214, 447
Torula kefir 372
Totenflecke 400, 497, 505
Totenstarre 400, 498, 505
Totipotenz 39, 76, 500, 505
TPN 105
TPNH 105
Tracheenzelle 77
Tracheidenzelle 77
Trächtigkeitsdauer 455f
Tradition, buddhistische 398
Tradition, konfuzianische 399
Tradition, shintoistische 398
Training 93, 393
Trampolin 393
Trank der Unsterblichkeit 270, 360
Transdetermination 81, 505
Transfer-RNA, siehe auch RNA 505
Transferrin-Pool-Turnover 455f, 461
Transformation 57, 65, 74f, 405, 406, 409f, 495, 505
Translation 42, 47, 55, 505
Transmitter 93, 333
Transportarbeiter 262
Transskriptase, reverse 502
Transskription 42, 47, 505
Transversalstudie 191f, 293f
Traubeneiche *(Quercus petraea)* 472
Traubenzucker 342
Trauerschnäpper *(Ficedula hypoleuca)* 478
Tremor (Zittern) 341, 500, 505
Tretinoin 365, 505, 506
Trias 340
Triastonal 339
Tricarbonsäurezyklus 50
Trichine 473
Trichloressigsäure 365

Triglycerid 323, 325, 326, 330
Trimm-Spirale 390
Trimm-Tabelle 392
Trippelmotorik 482, 505
Trisomie 21 (Down-Syndrom, Mongolismus) 43, 356, 505
Trockenzelltherapie 368
Trommelfell 127
Trommelfische *(Sciaenidae)* 304
Tropenpflanzensamen 472
Trübung der Linse 486
Tryptophanoxigenase 96
Tschad 248
Tubatrix aceti 177
Tuberkulose 231, 315
Tulpenbaum *(Liriodendron)* 163
Tumor 505
Tumorviren 409, 502, 506
Tumorzelle 402
Tupaia 245, 248
Türkei 272
Turteltaube 212
Twen 34, 484
Tyrosinaminotransferase 96

U_{50} 375
Überdauerungszustand 502
Überernährung 325
Übergewicht 264, 344
Überlebenskurven 281, 283, 284f
Überlebensrate 497
Überlebenszeit 208
Ubichinone 374
UdSSR 272, 290
Uganda 248, 272
Uhu *(Bubo bubo)* 478
Ukraine 272
Ulex europaeus 500
Ulkus 315
Ulmen *(Ulmus* spec.) 472
Umdifferenzierung 77
Umsatzrate 439
Umwandlungen des Gefüges 487
Unfruchtbarkeit 227

Ungarische Eiche (*Quercus frainetto*) 163
Ungarn 273
Unilever 328
Universalität 418
Unsterblichkeit 66f, 70f, 130, 401f, 466f, 495
Unsterblichkeit von Zellkulturen 58
Unsterblichkeitsenzym 75
Ur-Eizellen 114
Ureatablagerung 188, 191
Ureatzelle 200
Urinsekten 188
Urocolius macrourus 204
Urogenitalsystem 111f
Uruguay 270, 290
USA 271, 290
USA-Überlebensraten 247
Uterus 381
Utriculus 304, 496
UV-Strahlung 45, 87, 266

v-erb-Gen 404
v-fms-Gen 404
v-fos-Gen 404
v-myc-Gen 404
v-neu-Gen 404
v-onc-Gen 411, 412
v-Onkogene 404
v-ras-Gen 404
v-sis-Gen 404
v-src-Gen 404
Vaginalsekret 368
Vakuole 40
Valin 54
Vegetarier 372
Veitstanz 357, 490, 506
Venenmittel 379
Venezuela 270
Venezuelaamazone (*Amazona amazonica*) 478
Ventilation 108, 111
Ventilationsarbeit 109
Ventilationsrate 224
Verblühen 156f

Verdauungstrakt 94f
Verdauungszeit 455f
Vererbung 349f, 489
Vererbung, autosomal-dominant 349f
Vererbung, autosomal-rezessiv 349f, 506
Vergeßlichkeit 383, 483
Vergreisung (*Progeria infantilis*) 349, 353, 506
Vergrößerungsgläser 122
Verhornungsstörung der Haut 506
Verjüngungsmittel 370f, 377
Vernalin 139
Vernalisation 139
Verongia 173
Verpaarung 207
Verrucae seniles 486, 506
Verschleißtheorie 263
Verschlucken 95
Versprödung 23, 487
Verstopfung 95
Verwelkungsprozeß 155
Verzár 420
verzögertes Altern 491
Vesikel 40
Vicia cracca 500
Vietnam 271
Vilcacamba-Tal 268
Viren 401f, 409f, 491
Virusinfektionen 259
Virusoncogen 411
vis vitalis 497
Vis vitalis 506
Vita 506
Vita reducta 503, 506
Vitalisten 497
Vitalkapazität 108, 111, 191, 224, 309
Vitamin B 366
Vitamin B12 95
Vitamin C 374, 423, 424
Vitamin E 423, 424
Vitamin E 53
Vitamin K 375
Vitamin P 379, 502

Vitamin-A-Säure 365, 506
Vitamine 373f
VLDL 330
Vögel 87, 127, 204f, 284, 299, 319, 436f, 441, 459f, 476
Vogeleier 463
Vogelgesicht 353
Vogelspinne (*Orthognatha*) 474
Volksmedizin 371
Volljährigkeit 37
Volvox 167
Vorderasien 271
Vorderhirn 120
Vorschulalter 34, 486
Vorsteherdrüse 337, 501
vorzeitige Vergreisung 349

w mei 41 D5- Mutante 474
Wacholder (*Juniperus communis*) 472
Wachphase 235
Wachstumsfaktor 60, 376, 504
Wachstumsphase 461
Wachstumsringe 490, 506
Wachstumsringe Schuppen 203
Wachstumsstörung 493
Wachstumszeiten 456f
Wachtel 47
Wählbarkeit 37
Wahlrecht 37
Wal 304, 438, 440, 480
Waldbaumläufer (*Certhia familiaris*) 478
Waldkauz 212
Waldmaus (*Apodemus sylvaticus*) 480
Waldspitzmaus (*Sorex araneus*) 217, 447
Walford, H. 214, 420
Walhai (*Rhincodon typus*) 475
Walnuß (*Juglans regia*) 472
Wanderalbatros (*Diomedea exulans*) 300
Wasserfloh (*Daphina* spec.) 186f, 474
Wasserfrosch (*Rana esculenta*) 475
Wasserski 393
Wasserstoffperoxid 422

Wechseljahre 112, 228, 319, 497
Wechselwärme 447, 463
Wegschnecke 399
Wehrpflicht 37
Weiberfastnacht 487
Weichholz 302, 495, 506
Weichselfuttersaft 492
Weichteilrheumatismus 320
Weichtiere 184, 459, 463
Weide (*Salix alba*) 163, 472
Weidenmeise (*Parus montanus*) 478
Weinbergschnecke (*Helix pomatia*) 213, 473
Weinstock (*Vitis vinifera*) 472
Weisheitszahn 98
Weisswal (*Delphinapterus leucas*) 480
Weißblütigkeit 498
Weiße Maus (*Mus musculus*) 480
Weiße Ratte (*Rattus rattus*) 480
Weißklee 472
Weißrußland 273
Weißstorch (*Ciconia ciconia*) 478
Weißtanne (*Abies alba*) 472
Weißzahnspitzmäuse (*Crocidurinae*) 213, 217, 447, 480
Weitholz 495
Weizen 472
Wels (*Silurio glanis*) 475
Weltkrieg 287
Welwitschia (*Welwitschia* spec.) 472
Werlhof-Krankheit 429
Werner, Otto 354
Werner-Syndrom 351, 354, 358, 428, 506
Wespe 188, 194, 301
Weymouthskiefer 472
White, Carrie 250, 268, 450
Widdertonmoos (*Polytrichum*) 471
Wiesenglockenblume 161
Wiesenklee 472
Wiesenpieper (*Anthus pratensis*) 478
Wildkatze (*Felis sylvestris*) 480
Wildschwein 299
Wimperepithelzelle 77
Wimpertierchen (*Ciliaten*) 134

Windkesselfunktion 106
Winterbiene 189
Winterruhe 491
Winterschlaf 137, 214, 447, 491
Winterstarre 203, 491
Wirbellose 87
Wirbelsäule 229
Wirtschaftskrise 287
Wohlbefinden 237, 238
Wombat (*Lasiorhinus lasiorhinus*) 480
Wortschatz 236
Wühlerkakadu (*Licmetis pastinator*) 478
Wundheilung 88
Würmer 177f, 463
Wurzelhaarzelle 77
Wurzelpilze 471
Wüstenpflanze 138

X-Chromosom 259
Xenopus laevis 78, 200f
Xeroderma pigmentosum 356, 428, 506
XX-Träger 214
XY-Träger 214
Xylem 170

Y-Chromosom 259
Yang 368
Yin shui 368

Zahnarzt 262
Zahnbettschwund 94
Zähne 94f, 307, 310
Zaire 248, 272
Zaken 501
Zarathustra 183
Zaunkönig (*Troglodytes troglodytes*) 441, 444, 478
Zeatin 142, 170
Zebra (*Equus quagga chapmani*) 480
Zebrafink 444
Zeder (*Cedrus* spec.) 472
Zeitdifferenz Schallankunft Ohr 455f

Zeiten, physiologische 458f
Zeitmesser 21
Zeitmessung 451
Zeitvariable 455f, 461
Zell-pH 158
Zellaltern 38f
Zellbestandteile 39, 40
Zelldrüse 56f
Zelle 38
Zellkern 40, 42f
Zellkolonien 165
Zellkonstanz 177
Zellkultur 39, 64, 380, 463
Zellmauserung 498
Zellmembran 42
Zellorganelle 506f
Zellteilung 431f, 499
Zellteilungsfähigkeit 57f
Zellteilungstheorie 420f
Zelltod, programmierter 488
Zelltransformation 506
Zellulose 40
Zellwand 40
Zellzyklus 146
Zentralafrikanische Republik 248, 272
zerebrale Zirkulation 224
Zerr-Eiche (*Quercus cerris*) 163
Zeus 417
Zhi-Sui Li 368
Ziege 104
Zinnser-Engmann-Cole-Syndrom 356, 491, 506
Zirbeldrüse 494
Zirkulationszeit Blut 456f
Zisternen 57
Zitrone 153, 472
Zitronenfalter 448
Zitronensäurezyklus 452
Zitterdauer (Muskel) 461
Zittern 341
Zitterpappel (*Populus tremula*) 472
ZNS 315
Zuchtstuten 278
Zuckerkonsum 344

Zuckerkrankheit 342
Zugkraft Arme 308
Zweitbrut 207
Zweiteilung 130
Zwerghamster (*Cricetinae*) 480
Zwergmaus (*Micromys minutus*) 480
Zwergwuchs 351, 355
Zwiebel 472

Zygote 27, 34
Zygotenbildung 28
Zyklen 461
Zylinderrose (*Cerianthus mem-branaceus*) 473
Zypresse 161
Zytokinine 495